弹药学

姜春兰　王在成　毛亮　李明　编著

国防工业出版社

·北京·

内 容 简 介

本书详细论述了各类常规弹药(战斗部)的结构组成、作用原理和主要性能特点,特别融入了近些年弹药领域的最新研究成果和最新进展。主要内容包括弹药基础知识以及榴弹、穿甲弹、破甲弹、迫击炮弹、火箭弹、导弹战斗部、子母弹、航空炸弹、灵巧弹药和软杀伤弹药等的结构组成、作用原理和主要性能特点。

本书可作为兵器类、航空航天类及相关专业本科生、研究生的教材或教学参考书,同时也可供各军兵种、科研院所及相关企业从事武器、弹药相关科研、生产、使用、维修和靶场试验的技术及管理人员参考。

图书在版编目(CIP)数据

弹药学/姜春兰等编著. —北京:国防工业出版社,2022.9
 ISBN 978-7-118-12630-3

Ⅰ.①弹… Ⅱ.①姜… Ⅲ.①弹药 Ⅳ.①TJ41

中国版本图书馆 CIP 数据核字(2022)第 246018 号

※

国防工业出版社出版发行
(北京市海淀区紫竹院南路23号 邮政编码100048)
天津嘉恒印务有限公司印刷
新华书店经售

*

开本 787×1092 1/16 印张 31 字数 715 千字
2022年9月第1版第1次印刷 印数 1—1500 册 定价 168.00 元

(本书如有印装错误,我社负责调换)

国防书店:(010)88540777 书店传真:(010)88540776
发行业务:(010)88540717 发行传真:(010)88540762

FOREWORD 前言

弹药（ammunition）是武器的核心组成部分，是武器系统完成作战使命的最终手段。弹药作为武器系统实现终端高效毁伤的共性关键技术，其发展对提升武器系统的总体效能具有极其重要的意义。弹药学是一门结合工程应用背景研究各种弹药结构组成与作用原理的学科，具有理论与工程应用紧密结合的特点。

弹药技术是武器装备发展中最活跃的领域，现代战争模式和目标特性的变化，不断对弹药提出新的要求，促进了新技术、新原理、新材料在弹药领域的应用；微电子技术、信息技术、计算机技术、人工智能技术等系列新技术与弹药相结合，使常规弹药经历了较大的发展变化，正向着远射程、高精度、大威力、多功能、低附带、灵巧化、网络化和智能化方向发展。进入 21 世纪以来发展的系列新型弹药，其在作用原理、结构、功能、技术性能、使用效能上均与传统常规弹药有较大区别，弹药技术已经有了质的飞跃。先后出现了弹道修正弹、制导炸弹、自寻的末制导弹药、末敏弹、广域值守弹药、巡飞弹、网络化弹药、仿生弹药、蜂群弹药等灵巧和智能弹药。由于这类弹药具有优良的性能及较高的效费比，近年来得到迅速发展，已形成新的技术及装备领域。此外，在战斗部技术上，出现了活性材料战斗部、横向效应增强战斗部、威力可选择战斗部、低附带毁伤战斗部等，这些新型弹药（战斗部）的出现，极大丰富了弹药学的技术内涵。

本书以主要常规弹药为主线，详细论述了各类常规弹药的结构组成、作用原理和主要性能特点，在力求使弹药知识全面、系统化的同时，特别注重反映和吸纳近几年弹药领域的最新技术及进展，并融入编著者近几年的研究成果。全书共分 12 章。第 1 章为弹药基础知识，概要介绍弹药的定义、分类和基本作用方式以及内弹道、外弹道、引信、火工品和火炸药的相关基础知识；第 2～12 章分别讲述榴弹、穿甲弹、破甲弹、迫击炮弹、特种弹、火箭弹、导弹战斗部、子母弹、航空炸弹、灵巧弹药和软杀伤弹药的构造和作用。

本书由姜春兰、王在成、毛亮、李明编著，由姜春兰统稿、定稿，胡榕、祁宇轩等参与了部分书稿整理工作。

本书在编写过程中参考和引用了国内外专家、学者、科研及工程技术人员、研究生的研究成果、发表的著作、论文以及专业媒体上的部分内容和相关图片，还参考了兄弟院校的有关教材及书籍资料，谨在此对原作者一并表示最诚挚的谢意！

本书得到了教育部"卓越工程师教育培养计划"、爆炸科学与技术国家重点实验室（北京理工大学）出版基金的资助，在此表示衷心的感谢。

弹药技术涉及的学科门类及内容十分广泛，由于编著者水平所限，尽管倾注了极大的努力，但书中难免存在不妥之处，敬请读者批评指正，以便后续不断修订完善。

编著者

2021 年 11 月于北京

CONTENTS | 目录

第1章 弹药基础知识 … 1
  1.1 弹药的定义、组成及分类 … 1
    1.1.1 弹药的定义 … 1
    1.1.2 弹药的组成 … 1
    1.1.3 弹药的分类 … 3
  1.2 目标分类及其特性 … 6
    1.2.1 空中目标 … 7
    1.2.2 地面目标 … 7
    1.2.3 水中目标 … 10
  1.3 弹药的毁伤作用 … 11
    1.3.1 杀伤作用 … 11
    1.3.2 爆破作用 … 12
    1.3.3 穿甲作用 … 12
    1.3.4 破甲作用 … 13
    1.3.5 燃烧作用 … 13
  1.4 内弹道和外弹道基础知识 … 14
    1.4.1 内弹道学基础知识 … 14
    1.4.2 外弹道学基础知识 … 18
  1.5 弹药的投射精度 … 28
    1.5.1 落点散布 … 28
    1.5.2 落点误差的描述 … 31
  1.6 引信 … 34
    1.6.1 引信的功能 … 34
    1.6.2 引信的基本组成 … 35
    1.6.3 引信的作用过程 … 36
    1.6.4 引信的分类 … 38
    1.6.5 对引信的基本要求 … 44
  1.7 火工品 … 48
    1.7.1 火工品的分类 … 49
    1.7.2 常用火工品的特点与作用 … 49
    1.7.3 弹药中的发火序列 … 53
  1.8 火药 … 56
    1.8.1 火药的组成和分类 … 57
    1.8.2 火药的应用 … 58

1.9 炸药 ··· 59
   1.9.1 炸药的发展简史 ··· 59
   1.9.2 炸药的组成和分类 ··· 60
   1.9.3 常用的起爆药 ·· 62
   1.9.4 常用的猛炸药 ·· 65
   1.9.5 炸药装药 ·· 75

第 2 章 榴弹 ··· 76

2.1 概述 ··· 76
2.2 榴弹的分类与基本结构 ··· 76
   2.2.1 榴弹的分类 ·· 76
   2.2.2 榴弹的组成及基本结构 ··· 77
2.3 榴弹对目标的毁伤作用 ··· 84
   2.3.1 杀伤作用 ·· 84
   2.3.2 侵彻作用 ·· 88
   2.3.3 爆破作用 ·· 89
   2.3.4 燃烧作用 ·· 90
2.4 远程榴弹 ··· 90
   2.4.1 榴弹增程技术概述 ··· 90
   2.4.2 底凹弹 ·· 94
   2.4.3 枣核弹(低阻远程弹) ·· 95
   2.4.4 火箭增程弹 ·· 97
   2.4.5 底排弹 ··· 101
   2.4.6 底排火箭复合增程弹 ·· 104
   2.4.7 次口径脱壳弹 ·· 107
2.5 小口径榴弹 ··· 108
   2.5.1 薄壁榴弹 ·· 108
   2.5.2 近炸引信预制破片弹 ·· 109
   2.5.3 AHEAD 弹 ··· 111
2.6 榴弹的发展趋势 ··· 114

第 3 章 穿甲弹 ·· 117

3.1 概述 ··· 117
3.2 穿甲作用及对穿甲弹的性能要求 ··· 117
   3.2.1 穿甲作用 ·· 117
   3.2.2 对穿甲弹的性能要求 ·· 120
   3.2.3 影响穿甲作用的因素 ·· 122
3.3 普通穿甲弹 ··· 122
   3.3.1 尖头穿甲弹 ·· 123

3.3.2 钝头穿甲弹 ……………………………………………………… 123
　　　3.3.3 被帽穿甲弹 ……………………………………………………… 125
　　　3.3.4 半穿甲弹 ………………………………………………………… 126
　3.4 次口径超速穿甲弹 ……………………………………………………… 127
　3.5 脱壳穿甲弹 ……………………………………………………………… 129
　　　3.5.1 旋转稳定超速脱壳穿甲弹 …………………………………… 131
　　　3.5.2 尾翼稳定超速脱壳穿甲弹 …………………………………… 132
　3.6 横向效应增强弹 ………………………………………………………… 141
　3.7 贫铀弹 …………………………………………………………………… 144
　　　3.7.1 贫铀简介 ………………………………………………………… 144
　　　3.7.2 贫铀弹 …………………………………………………………… 145
　3.8 穿甲弹的发展趋势 ……………………………………………………… 147

第4章 破甲弹 ………………………………………………………………… 149
　4.1 概述 ……………………………………………………………………… 149
　4.2 破甲作用原理 …………………………………………………………… 149
　　　4.2.1 聚能效应 ………………………………………………………… 149
　　　4.2.2 金属射流的形成 ………………………………………………… 150
　　　4.2.3 破甲作用 ………………………………………………………… 152
　4.3 影响破甲威力的因素 …………………………………………………… 154
　　　4.3.1 炸药装药 ………………………………………………………… 155
　　　4.3.2 药型罩 …………………………………………………………… 155
　　　4.3.3 隔板 ……………………………………………………………… 159
　　　4.3.4 弹丸结构 ………………………………………………………… 160
　　　4.3.5 旋转运动 ………………………………………………………… 160
　　　4.3.6 炸高 ……………………………………………………………… 160
　　　4.3.7 靶板 ……………………………………………………………… 161
　　　4.3.8 引信 ……………………………………………………………… 162
　4.4 聚能装药破甲弹的结构 ………………………………………………… 162
　　　4.4.1 气缸式尾翼稳定破甲弹 ………………………………………… 162
　　　4.4.2 长鼻式尾翼稳定破甲弹 ………………………………………… 164
　　　4.4.3 旋转稳定破甲弹 ………………………………………………… 166
　　　4.4.4 火箭增程破甲弹 ………………………………………………… 168
　4.5 爆炸成型弹丸战斗部 …………………………………………………… 169
　　　4.5.1 EFP 的成型模式 ………………………………………………… 170
　　　4.5.2 EFP 的主要特点 ………………………………………………… 171
　　　4.5.3 EFP 成型特性的主要影响因素 ………………………………… 172
　　　4.5.4 多爆炸成型弹丸战斗部 ………………………………………… 175
　4.6 破甲弹的发展趋势 ……………………………………………………… 179

第 5 章　迫击炮弹 181
5.1　概述 181
5.2　迫击炮弹的构造 181
5.2.1　弹体 182
5.2.2　炸药 184
5.2.3　稳定装置 185
5.2.4　引信 185
5.2.5　发射装药 185
5.3　典型的迫击炮弹 190
5.4　迫击炮弹的发展趋势 193

第 6 章　特种弹 195
6.1　概述 195
6.2　烟幕弹 196
6.2.1　烟幕弹概述 196
6.2.2　烟幕弹的作用方式 196
6.2.3　典型烟幕弹的结构特点 198
6.2.4　烟幕弹作用效果的影响因素 199
6.3　燃烧弹 201
6.3.1　燃烧弹概述 201
6.3.2　燃烧弹的结构特点 202
6.3.3　燃烧弹的使用要求 206
6.4　照明弹 207
6.4.1　照明弹概述 207
6.4.2　典型照明弹的结构 208
6.4.3　照明弹的使用要求 213
6.5　宣传弹 214
6.5.1　宣传弹概述 214
6.5.2　宣传弹的结构特点 214
6.6　侦察弹 215

第 7 章　火箭弹 219
7.1　概述 219
7.1.1　火箭弹的性能特点和分类 219
7.1.2　火箭弹的结构组成 221
7.1.3　火箭弹的工作原理 224
7.2　涡轮式火箭弹 225
7.3　尾翼式火箭弹 227

		7.3.1	尾翼式火箭弹的结构组成	228

    7.3.2 尾翼装置的结构形式 …………………………………… 230
  7.4 简易制导火箭弹 ………………………………………………… 233
  7.5 火箭深水炸弹 …………………………………………………… 238
    7.5.1 火箭深水炸弹概述 …………………………………… 238
    7.5.2 火箭深水炸弹外弹道特点 …………………………… 239
    7.5.3 典型火箭深水炸弹 …………………………………… 240
  7.6 其他类型火箭弹 ………………………………………………… 242
  7.7 火箭弹的发展趋势 ……………………………………………… 244

第 8 章 导弹战斗部 …………………………………………………… 246
  8.1 概述 ……………………………………………………………… 246
    8.1.1 导弹的分类 …………………………………………… 247
    8.1.2 导弹的主要组成 ……………………………………… 250
    8.1.3 导弹战斗部的作用及其分类 ………………………… 251
  8.2 杀伤战斗部 ……………………………………………………… 252
    8.2.1 破片杀伤战斗部 ……………………………………… 252
    8.2.2 杆条杀伤战斗部 ……………………………………… 261
    8.2.3 定向杀伤战斗部 ……………………………………… 265
    8.2.4 聚焦杀伤战斗部 ……………………………………… 271
  8.3 聚能装药战斗部 ………………………………………………… 272
    8.3.1 单聚能装药战斗部 …………………………………… 273
    8.3.2 多聚能装药战斗部 …………………………………… 275
  8.4 半穿甲战斗部 …………………………………………………… 278
    8.4.1 反舰船目标半穿甲战斗部 …………………………… 279
    8.4.2 反深层目标半穿甲战斗部 …………………………… 280
  8.5 爆破战斗部 ……………………………………………………… 283
  8.6 串联战斗部 ……………………………………………………… 285
    8.6.1 破 - 破式串联战斗部 ………………………………… 286
    8.6.2 穿 - 破式串联战斗部 ………………………………… 289
    8.6.3 破 - 爆式串联战斗部 ………………………………… 289
    8.6.4 多级串联战斗部 ……………………………………… 293
  8.7 燃料空气弹药/战斗部 …………………………………………… 294
    8.7.1 燃料空气弹药特点 …………………………………… 294
    8.7.2 云爆弹 ………………………………………………… 295
    8.7.3 温压弹 ………………………………………………… 299
    8.7.4 典型的燃料空气弹药 ………………………………… 300
  8.8 新型战斗部 ……………………………………………………… 305
    8.8.1 活性毁伤元弹药/战斗部 …………………………… 305

8.8.2　威力可调战斗部 ………………………………………………………… 314
8.8.3　低附带毁伤战斗部 ……………………………………………………… 317

第9章　子母弹 …………………………………………………………………… 320

9.1　概述 …………………………………………………………………………… 320
9.2　子母弹开舱与抛射 …………………………………………………………… 320
    9.2.1　母弹的开舱 …………………………………………………………… 320
    9.2.2　子弹药的抛射 ………………………………………………………… 323
9.3　炮射子母弹 …………………………………………………………………… 327
    9.3.1　炮射子母弹结构与作用 ……………………………………………… 327
    9.3.2　杀伤子母弹 …………………………………………………………… 329
    9.3.3　反坦克布雷弹 ………………………………………………………… 330
    9.3.4　反装甲杀伤子母弹 …………………………………………………… 331
9.4　航空子母炸弹 ………………………………………………………………… 334
9.5　机载布撒器 …………………………………………………………………… 340
    9.5.1　机载布撒器的分类 …………………………………………………… 340
    9.5.2　机载布撒器的结构与系统组成 ……………………………………… 344
    9.5.3　机载布撒器典型作用过程 …………………………………………… 349
    9.5.4　机载布撒器战斗部系统（子弹药） …………………………………… 349
    9.5.5　机载布撒器的发展趋势 ……………………………………………… 355

第10章　航空炸弹 ………………………………………………………………… 357

10.1　概述 ………………………………………………………………………… 357
10.2　航空炸弹的分类 …………………………………………………………… 357
10.3　航空炸弹基本构造与弹道性能 …………………………………………… 359
    10.3.1　航空炸弹基本构造与作用 ………………………………………… 359
    10.3.2　航空炸弹的弹道性能 ……………………………………………… 361
10.4　普通航空炸弹 ……………………………………………………………… 362
    10.4.1　航空爆破炸弹 ……………………………………………………… 362
    10.4.2　航空杀伤及杀伤爆破炸弹 ………………………………………… 372
    10.4.3　航空反跑道炸弹 …………………………………………………… 375
    10.4.4　航空燃烧炸弹 ……………………………………………………… 379
10.5　制导航空炸弹 ……………………………………………………………… 380
    10.5.1　制导航空炸弹分类与组成 ………………………………………… 380
    10.5.2　激光制导航空炸弹 ………………………………………………… 382
    10.5.3　电视制导航空炸弹 ………………………………………………… 385
    10.5.4　红外制导航空炸弹 ………………………………………………… 385
    10.5.5　联合直接攻击弹药（JDAM） ……………………………………… 387
    10.5.6　小直径炸弹 ………………………………………………………… 390

10.6　航空炸弹的发展趋势 …………………………………………………… 394

第 11 章　灵巧弹药 ……………………………………………………………… 396
11.1　弹道修正弹药 ……………………………………………………………… 396
11.1.1　弹道修正弹的组成及作用原理 ……………………………………… 397
11.1.2　弹道修正弹的分类 …………………………………………………… 401
11.1.3　典型弹道修正弹药 …………………………………………………… 402
11.2　末敏弹药 …………………………………………………………………… 404
11.2.1　末敏弹的结构组成与作用原理 ……………………………………… 405
11.2.2　典型末敏弹 …………………………………………………………… 409
11.3　末制导弹药 ………………………………………………………………… 413
11.3.1　末制导炮弹 …………………………………………………………… 414
11.3.2　末制导迫击炮弹 ……………………………………………………… 423
11.3.3　末制导反装甲子弹药 ………………………………………………… 425
11.4　网络化弹药 ………………………………………………………………… 426
11.4.1　地面网络化弹药 ……………………………………………………… 427
11.4.2　地面网络化弹药关键技术 …………………………………………… 429
11.4.3　典型的地面网络化弹药 ……………………………………………… 434
11.4.4　网络化弹药的发展趋势 ……………………………………………… 437
11.5　巡飞弹 ……………………………………………………………………… 437
11.5.1　巡飞弹的分类 ………………………………………………………… 438
11.5.2　巡飞弹的结构组成 …………………………………………………… 439
11.5.3　巡飞弹的作用过程 …………………………………………………… 444
11.5.4　巡飞弹的关键技术 …………………………………………………… 445
11.5.5　典型的巡飞弹产品 …………………………………………………… 445
11.5.6　巡飞弹的蜂群作战及智能化 ………………………………………… 448
11.5.7　巡飞弹的发展趋势 …………………………………………………… 449
11.6　仿生弹药 …………………………………………………………………… 451
11.6.1　仿生弹药的定义及特点 ……………………………………………… 451
11.6.2　空中仿生弹药 ………………………………………………………… 451
11.6.3　陆地仿生武器 ………………………………………………………… 453
11.6.4　水下仿生武器 ………………………………………………………… 455
11.6.5　仿生弹药的关键技术 ………………………………………………… 456

第 12 章　软杀伤弹药 …………………………………………………………… 458
12.1　反有生力量软杀伤弹药 …………………………………………………… 459
12.1.1　非致命光学类弹药 …………………………………………………… 459
12.1.2　非致命声学类弹药 …………………………………………………… 460
12.1.3　非致命化学类弹药 …………………………………………………… 460

12.2 反装备器材与基础设施软杀伤弹药 ……………………………………… 461
12.2.1 高能激光武器 ……………………………………………………… 461
12.2.2 通信干扰弹 ………………………………………………………… 462
12.2.3 红外诱饵弹 ………………………………………………………… 466
12.2.4 反装备器材非致命化学弹 ………………………………………… 469
12.2.5 微波武器与电磁脉冲弹 …………………………………………… 470
12.2.6 碳纤维弹 …………………………………………………………… 474
12.2.7 软杀伤弹药的发展 ………………………………………………… 476

参考文献 ………………………………………………………………………… 477

第 1 章 弹药基础知识

1.1 弹药的定义、组成及分类

1.1.1 弹药的定义

弹药(ammunition)是武器的核心组成部分,执行着赋予武器的根本使命,是完成作战任务的最终手段。

所谓弹药,通常指含有金属或非金属壳体,装有火药、炸药或其他装填物,能对目标起毁伤作用或完成其他作战任务(如电子对抗、信息采集、心理战、照明等)的一次性使用军械物品。具体而言,弹药包括枪弹、炮弹、手榴弹、枪榴弹、火箭弹、航空炸弹、导弹、鱼雷、水雷、深水炸弹、地雷、爆破筒、发烟罐乃至爆炸药包等。

此外,用于非军事目标的礼炮弹、警用弹、增雨弹以及采掘、狩猎、射击运动的用弹等,也属弹药的范畴。

1.1.2 弹药的组成

弹药的组成和结构应满足发射性能、运动性能、终点效应、安全性和可靠性等诸多方面的综合要求。现代弹药通常是由多个零部件组成具备一种或多种功能的复合体,按照功能划分,弹药通常由战斗部、引信、投射部、稳定部和导引部等部分组成,各个功能模块是由单个部件或者多个零部件组成的。不是所有弹药都具备 4 个不同的功能模块,有些弹药的一个结构模块或部件承担多种功能,如炮弹弹丸壳体作为战斗部的一部分,兼有盛装装填物、形成毁伤元、连接弹丸各部分和用于发射导引等功能。不同类型弹药的具体结构形式有较大的差异。

1. 战斗部

战斗部是弹药毁伤目标或完成既定作战任务的核心部分。某些弹药仅由战斗部单独构成。典型的战斗部由壳体(弹体)、装填物和传爆序列组成。壳体容纳装填物并连接引信,也是多种弹药形成毁伤元的基体。装填物通常是毁伤目标的能源物质、战剂或其他物品。常用的装填物有炸药、烟火药、生物战剂、化学战剂、核装药等其他物品。弹药通过装填物的自身反应或其特性,产生或释放各种毁伤元(如冲击波、破片、射流、电磁脉冲、热辐射、核辐射等),利用各种毁伤元的机械、热、声、光、化学、生物、电磁、核等效应来毁伤目标或达到其他战术目的。战斗部通常要配用引信,引信是为了使战斗部产生最佳终点效应而适时引爆、引燃或及时抛撒其他装填物的控制装置。常用的引信有触发引信、近炸引信、时间引信等,有的弹药配用多种引信或多种功能的引信系统。战斗部中全部爆炸品,从引信中的雷管(火帽)直至弹体中的炸药装药,按感度递减而输出能量递增的顺序配置,组成传爆序列,保证弹药的安全性和可靠性。

根据对目标作用和战术技术要求的不同,不同类型战斗部的结构和作用机理呈现不同特点。

(1) 爆破战斗部一般采用相对较薄的壳体,装药量较大,主要利用炸药爆炸产生的高温、高压、高速膨胀的爆轰产物的直接作用或爆炸冲击波毁伤各类目标。

(2) 杀伤战斗部通常具有适中厚度的金属壳体,内装炸药及其他金属杀伤元件,通过爆炸后形成的高速破片杀伤有生力量、车辆、飞机或其他轻型技术装备。

(3) 动能侵彻战斗部通常采用实心的或装少量炸药的高强度、高断面比重的弹体,主要利用其动能击穿各类装甲目标,然后靠冲击波、破片或燃烧等作用毁伤目标,常用结构类型有实心式和装药式两种。

(4) 破甲战斗部具有带药型罩的聚能装药结构,利用聚能效应产生的高速金属射流或自锻弹丸,侵彻穿透各类装甲目标并造成破坏效应。

(5) 特种弹战斗部壳体较薄,内部空间用于装填发烟剂、照明剂、燃烧剂、宣传品等,以达到特定作用目的。

(6) 子母弹战斗部一般也采用较薄壳体,母弹弹体内装有抛射系统和子弹药等,到达目标区域后,按照预定程序抛出子弹药,由子弹药毁伤较大区域内的目标。

2. 投射部

投射部是弹药系统中提供投射动力的装置,其作用是将弹药或战斗部按照一定速度射向预定目标处或其附近,完成毁伤目标的基本条件。投射部的作用原理和结构类型与武器的发射方式紧密相关。身管武器发射的射击式弹药的投射部由发射药、药筒或药包、辅助元件等组成,弹药发射后,投射部的残留部分从武器中退出,不随弹丸飞行。火箭弹、鱼雷、导弹等自推式弹药的投射部,由装有推进剂的发动机形成独立的推进系统,发动机与战斗部或弹体连接在一起,工作停止前持续提供飞行动力。某些弹药没有单独的投射部,如地雷、水雷、航空炸弹、手榴弹等。

3. 稳定部

弹药在发射和飞行中,由于各种随机因素的干扰和空气阻力的不均衡作用,导致弹药飞行状态产生各种非理想变化,使其飞行轨迹偏离理想弹道,形成散布,降低命中率,影响作战效能。稳定部是保证战斗部能够抵抗干扰,以正确姿态稳定飞行直至接触目标的部分。典型的稳定部结构有:赋予战斗部高速旋转的装置(如弹带或涡轮装置);使战斗部空气阻力中心移于质心之后的尾翼装置;旋转装置和尾翼装置的组合。有的弹药不具有稳定装置,如普通枪弹和某些小口径炮弹。

4. 导引部

导引部是弹药系统中导引和控制射弹正确飞行运动的部分,对于无控弹药,简称导引部,使射弹尽可能沿着事先确定好的理想弹道飞向目标,实现对射弹的正确导引。炮弹的导引部主要是在弹体表面做成上下定心突起或定心舵形式的定心部;无控火箭弹则做成导向块或定位器的形式与发射器相契合。

对于制导弹药,简称制导部。它可能是弹上自带的一套完整制导系统,也可能与弹外制导设备联合组成制导系统。导弹的制导部通常由目标探测装置、信息处理装置和执行装置3个主要部分组成。根据导弹类型的不同,相应的制导方式也不同。常用的有自主制导、寻的制导、遥控制导和复合制导4种。

1.1.3 弹药的分类

目前,各个国家已经装备的和正在发展的弹药种类很多,为了便于研究、管理和使用,通常从不同角度将弹药进行分类。弹药分类方法很多,常用的有以下几种。

1. 按用途划分

根据弹药用途可分为主用弹药、特种弹药、辅助弹药。

(1) 主用弹药:供直接毁伤敌方有生力量或摧毁各种非生命目标的弹药,如各种爆破弹、杀伤弹、穿甲弹、破甲弹、子母弹等。

(2) 特种弹药:供完成某些特殊战斗任务又不直接摧毁目标的弹药,如照明弹、烟幕弹、宣传弹、曳光弹、信号弹、诱饵弹、电视侦察弹等。该类弹药与主用弹药的根本区别是其本身不直接参与对目标的毁伤。随着现代战争的发展,特种弹药的类型也在不断增加。

(3) 辅助弹药:用于靶场试验、部队训练和院校教学等用途的弹药,如演习弹、教练弹、配重弹、摘火弹等。

2. 按装填物类型划分

按装填物类型可将弹药分为常规弹药、化学(毒剂)弹药、生物(细菌)弹药和核弹药。

(1) 常规弹药:战斗部内装有非生、化、核填料的弹药总称,以火炸药、烟火剂、子弹或破片等杀伤元素,以及其他特种物质(如照明剂、干扰箔条、碳纤维丝等)为装填物。

(2) 化学弹药:战斗部内装填化学战剂(又称毒剂),专门用于杀伤有生目标。战剂借助爆炸、加热或其他手段,形成弥散性液滴、蒸汽或气溶胶等,黏附于地面、水中或悬浮于空气中,经人体接触染毒、致病或死亡。

(3) 生物弹药:战斗部内装填生物战剂,如致病微生物毒素或其他生物活性物质,用以杀伤人、畜,破坏农作物,并能引发疾病大规模传播。

(4) 核弹药:战斗部内装有核装料,引爆后能自持进行原子核裂变或聚变反应,瞬时释放巨大能量,如原子弹、氢弹、中子弹等。

生、化、核弹药由于其威力大,杀伤区域广阔,而且污染环境,属于"大规模杀伤破坏性弹药",国际社会先后签定了一系列国际公约,限制这类弹药的试验、扩散和使用。本书主要论述常规弹药。

3. 按投射运载方式划分

按投射运载方式可将弹药分为射击式弹药、自推式弹药、投掷式弹药、布设式弹药。

1) 射击式弹药

射击式弹药是指利用各种身管武器膛管内火药燃气压力获得较高初速,经膛管导向向外发射的弹药,包括各种炮弹和枪弹。榴弹发射器配用的弹药也属于射击式弹药。炮弹、枪弹具有初速大、射击精度较高、经济性好等特点,是战场上应用最广泛的弹药,适用于各军兵种。

(1) 炮弹是指口径在20mm(含20mm)以上,利用火炮将其发射出去,飞抵命中目标的弹药。主要用于压制敌方火力,杀伤有生力量,摧毁工事,毁伤坦克、飞机、舰艇和其他技术装备。

（2）枪弹是指口径小于20mm、从枪膛内发射的弹药，多用于步兵，主要用于对付人员及薄装甲目标，普通枪弹弹头多是实心的。

2）自推式弹药

自推式弹药是指依靠所处平台本身所带的推进系统产生的推力作用，经过全弹道（或部分弹道）的自主飞行后命中目标弹药，包括火箭弹、导弹、鱼雷等。这类弹药靠自身推进系统推进，以一定初始射角从发射装置发射后，不断加速至一定速度，全弹道自主飞行或经部分弹道自主飞行后进入惯性自由飞行阶段。由于发射时过载低、发射装置对弹药的限制因素少，使自推式弹药具有各种结构形式，易于实现制导和远程投射，具有广泛的战略战术用途。自推式弹药的推进系统可以是火箭发动机、喷气发动机或者电力驱动的螺旋桨（适合水下推进）。火箭弹、导弹和鱼雷是典型的自推式弹药。

（1）火箭弹是一种无控或简易制导的弹药，它利用火箭发动机从喷管中喷出的高速燃气流产生推力。轻型单兵火箭弹可由单兵使用便携式发射筒发射，射程近、机动灵活、易于隐蔽，特别适于步兵反坦克或攻坚作战。重型火箭弹通常采用车载发射，可多发联射，火力猛，突袭性强，适用于压制和毁伤地面集群目标。

（2）导弹是依靠自身动力装置（火箭或喷气发动机）推进，在大气层内或大气层外空间飞行，由制导系统导引，控制其飞行路线并导向目标的武器。导弹是兼有战术和战略价值的重要武器装备。中小型战术导弹通常采用破甲、杀伤或爆破战斗部，多用来打击敌方坦克、飞机、舰艇等高价值战术目标。装备核弹头的中、大型中远程导弹，主要用于打击固定的战略目标，起威慑作用。

（3）鱼雷是能在水中自航、自控和自导，通过水中爆炸以毁伤目标的水中武器，它可以从舰艇上发射，也可以从飞机上发射。通过舰艇发射时，它以较低的速度从发射管射入水中，使用热动力（或电力）驱动鱼雷尾部的螺旋桨或通过其他动力装置的作用在水中航行。鱼雷战斗部一般装填大量高能量炸药，主要用于袭击水面舰艇、潜艇和其他水中目标。

3）投掷式弹药

投掷式弹药是指依靠人力或其他装置，以一定的初速（一般较小）离开投掷平台，在重力、气动力或水动力作用下，在空气或水中沿着一定的弹道无动力运动的弹药。根据初始投掷位置的不同，又可分为地面投掷、航空投掷和水面－水下投掷等类型。各类手榴弹、航空炸弹和深水炸弹是典型的投掷式弹药。

（1）手榴弹是典型的地面投掷弹药，通常依靠人力投掷。手榴弹初速较低、射程有限，各种随机因素对其飞行弹道影响较为明显，投掷精度不高。因此，弹药根据其作用特点采取相应技术措施。杀伤手榴弹的金属壳体常刻有槽纹，内装炸药，配用3～5s定时延期引信，投掷距离可达30～50m，弹体破片能杀伤5～15m范围内的有生力量和毁伤轻型技术装备。手榴弹还有发烟、照明、燃烧、反坦克等类型。

（2）航空炸弹是典型的航空投掷弹药，一般利用飞行的飞机和其他航空器提供投掷初速进行投放。航空炸弹是空军的主要机载弹药，主要用于空袭、轰炸机场、桥梁、交通枢纽、武器库、水面舰艇及其他重要目标，或对付地面集群目标。航空炸弹弹体上安装了供飞机内外悬挂的吊耳和起飞行稳定作用的尾翼。航空炸弹具有类型齐全的各种战斗部，其中爆破、燃烧、杀伤、侵彻战斗部应用最为广泛。

（3）深水炸弹是从水面舰艇或飞机发（投）射，在水中一定深度爆炸，用于攻击潜艇或其他水中目标的弹药。

4）布设式弹药

布设式弹药是指预先设定在一定区域（地域、空域或海域），等待目标接近或通过，在适当时空触发以毁伤、阻碍或干扰目标的弹药。可用空投、炮射、火箭撒布或人工布（埋）设于要道、港口、海域等预定地区。待目标通过时，引信感觉目标信息或经遥控起爆，阻碍并毁伤步兵、坦克或水面、水下舰艇等。具有干扰、侦察、监视等作用的布设式弹药，可适时完成一些特定的任务。有的在布设之后，可待机发射子弹药，对付预期目标。典型的布设式弹药包括地雷、水雷及一些干扰、侦察、监视弹等。

（1）地雷是撒布或浅埋于地表待机作用的弹药。防步兵地雷还可是通过反跳装置，在距离地面0.5~2m的高度空炸，增大杀伤效果。内装聚能装药的反坦克地雷，能击穿坦克底甲、侧甲或顶甲，还可杀伤乘员及炸毁履带。

（2）水雷是布设于水中待机作用的弹药，有自由漂浮于水面的漂雷、沉底水雷以及借助雷索悬浮在一定深度的锚雷。其上安装触发引信或近炸引信。近炸引信感受舰艇通过时一定强度的磁场、音响及水压场等而作用；某些水雷中还装有定次器和延时器，达到预期的目标通过次数或通过时间才爆发，起到迷惑敌人、干扰扫雷的作用。

4. 按稳定方式划分

按照飞行稳定的方式不同，弹药可分为旋转稳定式弹药和尾翼稳定式弹药。

（1）旋转稳定式：依靠火炮膛线或者其他作用方式使弹丸高速旋转来保持弹丸飞行稳定。这与陀螺稳定的原理相同，高速旋转的物体有保持旋转轴线不变的特性，在外力作用下，沿外力矩矢量的方向产生进动而不翻倒。大多数的榴弹、穿甲弹均采用这种稳定方式。旋转稳定的弹丸不能太长。

（2）尾翼稳定式：利用在弹丸尾部设置尾翼稳定装置，以使空气动力作用中心（压力中心）后移至弹丸质心之后的某一距离处，来保持弹丸飞行稳定。

5. 按控制程度划分

根据对弹药的控制程度可将其分为无控弹药、制导弹药和阶段控制弹药。

（1）无控弹药：整个飞行弹道上无探测、识别、控制和导引能力的弹药。普通的炮弹、火箭弹、炸弹都属于这一类。

（2）制导弹药：在外弹道上具有探测、识别、控制、导引跟踪能力，并精确命中目标的弹药，如反坦克导弹、空空导弹、空地导弹等各种精确制导弹药。

（3）阶段控制弹药：有一些弹药介于上述两类弹药之间，它们在外弹道的某弹道段上或目标区具有一定的控制、探测、识别、导引能力，如弹道修正弹药、传感器引爆子弹药、末制导炮弹等，是无控弹药提高精度的一个发展方向。

6. 按弹药配属的军种划分

按配属于军兵种不同，弹药可分为下列几类。

（1）炮兵弹药：配备于炮兵的弹药，主要包括用于地面火炮系统的炮弹、地面火箭弹和导弹等。

（2）航空弹药：配备于空军的弹药，主要包括航空炸弹、航空炮弹、航空导弹、航空火箭弹、航空鱼雷、航空水雷等。

（3）海军弹药：配备于海军的弹药，主要包括用于舰载火炮、岸基火炮的炮弹，以及舰射或潜射导弹、鱼雷、水雷及深水炸弹等。

（4）轻武器弹药：配备于单兵或班组的弹药，主要包括各种枪弹、手榴弹、肩射火箭弹或导弹等。

（5）工程战斗器材：主要包括地雷、炸药包、扫雷弹药、点火器材等。

7. 按弹药口径划分

按弹药口径的分类方式主要用于身管武器发射的弹药，分为以下几种。

（1）小口径：地面炮为 20~70mm；高射炮为 20~60mm；舰载炮为 20~100mm。

（2）中口径：地面炮为 70~155mm；高射炮为 60~100mm；舰载炮为 100~200mm。

（3）大口径：地面炮为大于 155mm；高射炮为大于 100mm；舰载炮为大于 200mm。

8. 按弹丸与药筒（药包）的装配关系划分

按弹丸与药筒（药包）的装配关系分类，弹药可分为定装式弹药、药筒分装式弹药和药包分装式弹药。

（1）定装式弹药：弹丸和药筒结合为一个整体，射击时一起装入膛内，因此发射速度较快，容易实现装填自动化。这类弹药口径一般不大于 105mm。

（2）药筒分装式弹药：弹丸和药筒分体，发射时先装弹丸，再装填药筒，因此发射速度较慢。但是可以根据需要调整药筒内的发射药量。这类弹药口径通常大于 122mm。

（3）药包分装式弹药：弹丸、药包和点火器具分 3 次装填，没有药筒，依靠炮闩来密闭火药气体。一般在岸炮、舰炮上采用此类弹药，弹药口径大，射速较慢。

9. 按弹丸与火炮口径关系划分

（1）适口径弹：弹径与火炮口径相同的弹药，大多数炮弹属于此类。

（2）次口径弹：弹径小于火炮口径的弹药，脱壳穿甲弹、枣核弹属于此类弹药。

（3）超口径弹：弹径大于火炮口径的弹药，战斗部露于炮口之外，以提高威力，如反坦克火箭筒发射超口径破甲弹、某些迫击炮发射的长弹等。

10. 按发射的装填方式和使用的火炮划分

（1）后膛装填式弹药：弹药从火炮炮尾部装填，关闭炮闩后发射。

（2）前膛装填式弹药：弹药从炮口装入膛内，靠重力下滑击发，大多数迫击炮弹属于此类。

（3）无后坐力炮弹或无后坐力炮发射的火箭增程弹。

1.2 目标分类及其特性

战争中为达到相应战略和战术目的，使用弹药攻击的人和物等各种对象统称为目标，包括有生力量、武器装备、技术装备、作战平台、军事设施、工业设施、交通设施、通信与指挥设施、其他政治/经济目标等。在战场上，目标与弹药通过弹药终点效应体现为对立和统一的两个方面，弹药以毁伤与破坏目标为目的，而目标以防御、对抗、欺骗和干扰等为目的。不同的目标具有各自不同的特性（几何、结构、材料、防护能力、运动速度、信号特征等），弹药要实现其高效毁伤目的，就需要对既定目标的类型、几何特性、结构特性、毁伤特性（毁伤模式、毁伤元的选择等）等进行针对性的研究。

现代及未来战场上的目标不断发展,纷繁多样,分类方式也有很多种。一般来说,按照目标数量构成及组合形式,可分为单个目标和集群目标;根据地位和作用不同,可分为战略目标和战术目标;按照目标的防御能力不同,可分为"软"目标和"硬"目标;按目标的大小及其相对位置,可分为点目标、线目标和面目标;按照目标的运动性能,可分为固定目标、机动目标、低速目标和高速目标等;按照目标所存在或活动的空间位置,可分为空间(大气层外)目标、空中(大气层内)目标、地面目标、地下目标、水面目标和水下目标等。不同类型的目标,其所处环境、功能、大小与结构防护能力、机动性等各不相同。下面主要根据目标活动空间不同,对现代战场上常规弹药对付的主要目标类型及其主要特性进行介绍,包括空中目标、地面目标(地面机动目标、地面固定目标)、水中目标等。

1.2.1 空中目标

现代战争中,要打击的空中目标包括各种固定翼、旋转翼军用飞机,各种来袭无控弹药和精确制导弹药等,如各种歼击机、强击机、轰炸机、运输机、预警机、加油机、直升机、无人机、空地导弹、弹道导弹等。这类目标的特点是体积小、速度高、机动性好、活动范围大,但也有其脆弱性。主要呈现以下特性。

(1) 空间特征:空中目标是点目标,其入侵高度和作战高度从几米到几十公里不等,作战空域大,活动范围广。

(2) 运动特征:空中目标的运动速度快,机动性好,可进行水平飞行、俯冲、爬高、侧向转弯、翻转、规避机动等。

(3) 易损性特征:空中目标一般没有特殊的装甲防护,其被动防护能力较弱,只有某些型号的军用飞机驾驶舱有局部的轻装甲防护,武装直升机在驾驶舱、发动机、油箱、仪器舱等重要部位有一定装甲防护。

(4) 区域环境特征:很多空中目标自己又有隐身特征,或能够采用低空或超低空飞行,如掠海、掠地飞行,利用雷达的盲区或海杂波、地杂波的影响,降低敌方对目标的发现概率。

(5) 对抗特征:为了提高空中目标的生存能力,通常采取对抗措施,如电子对抗、红外对抗、烟火欺骗、金属箔条欺骗、激光报警、机动对抗、隐身对抗等。来袭武器类空中目标本身具备很强的主动打击和毁伤能力,很多空中目标能够携带大量武器弹药,具有很强的攻击火力。

1.2.2 地面目标

1. 地面固定目标

地面固定目标是现代战场上的主要目标类型,包括各种建筑物、永备工事、掩蔽部、雷达、野战工事、港口、机场、桥梁等,地面固定目标的尺寸范围很大,结构形式及建造材料多样,坚固程度及防护性能不等。既包括野战工事、炮兵阵地、障碍物等战术目标,也包括战略导弹发射井、大型指挥中心等战略目标。对付这类目标通常需要较大口径和较多数量的弹药。研究地面固定目标的特性及其易损性对研制地面压制火炮弹药、航空炸弹和对地导弹等有重要意义。

地面固定目标,按防御能力不同分为硬目标和软目标;按照集结程度可分为集结目标和分散目标。根据地面目标在战争中所起的作用不同,分为战略目标、战场目标和野战工事。战场目标包括野战工事、火炮工事、导弹和火箭发射阵地、雷达及各种障碍物。为便于分析,按目标的防护能力分类。对有掩盖的野战工事的抗力等级规定为简易型、轻型、加强型、重型、超重型5个等级。对掘开式永备工事的抗力等级规定为轻型、加强型、重型、超重型4个等级。

地面固定目标主要呈现以下基本特性。

(1)位置特征:地面固定目标有确定的位置,不具有运动速度和机动性。

(2)防护特征:对于为军事目的修建的建筑和设施,通常具有较好的防护,一般采用钢筋混凝土或钢板制成,并设有盖层,有的还深埋于地下十几米,抗弹能力强。对纵深战略目标都有防空部队和地面部队保护。

(3)隐蔽特征:地面固定目标一般采用消极防护,如通过地形或植被隐蔽、设置专门伪装等。

2. 地面机动目标

用于陆上作战的各种坦克、装甲车辆、自行火炮、军用车辆和铁路运输车辆等是典型的地面机动目标。其中装甲车辆、自行火炮和坦克是现代战争中应用越来越广泛的陆上机动作战平台。

装甲车辆是协同主战坦克作战的主要战斗及辅助车辆,主要包括步兵战车、装甲输送车、装甲指挥车、装甲救护车、装甲扫雷车、装甲补给车、装甲侦察车等多种细分类型。步兵战车是装甲车辆中最主要的车辆,其配置数量往往多于坦克。

坦克是搭载大口径火炮以直射为主、全装甲、有炮塔的履带式战斗车辆,是一种集强大直射火力、坚固防护和高度越野机动性于一身的装甲战斗车辆。现代坦克的正面对动能弹的防护能力可达700mm以上,2000m射程的穿甲深度可到700mm,越野速度可达$60\sim70km/h$,最大行程500km。它是现代地面战争中的主要突击作战平台,主要用于与敌方坦克和其他装甲车辆作战,也可用于压制、消灭反坦克武器,摧毁野战工事,歼灭有生力量。

自身具有坚固防护是现代坦克的突出特点之一,现代坦克防护技术可分为主动防护和被动防护两类。被动防护是指借助装甲的抗弹能力来防御反坦克弹药的攻击;主动防护是指在弹药未碰击装甲前将其摧毁或者削弱其效能,使其达不到预期毁伤目的。

常用的装甲类型主要有均质装甲、复合装甲(含间隙装甲)、反应装甲和贫铀装甲。

(1)均质装甲。这是一种传统的轧制钢装甲,它主要通过提高装甲材料的力学性能、增加装甲的厚度、增大装甲的倾斜度来提高其对抗性能。虽然依靠单一的均质装甲难以抵抗现代反坦克弹药的攻击,但是它依然是现代坦克作为防护的最基本装甲,而且仍然在不断发展,发展重点是增强硬度、提高强度和增大冲击韧性。为提高坦克的防护能力,在均质装甲基础上发展了各种新型装甲。

(2)复合装甲。它是由两层或多层装甲板之间放置夹层材料结构所组成。夹层材料一般采用玻璃纤维、碳纤维、尼龙、陶瓷和铬刚玉等。复合装甲的特点是抗侵彻性能明显优于等重量的均质装甲,且材料来源丰富。通过不同的复合材料夹层及内衬的组合,可以研制多种结构形式和性能的复合装甲结构。与均质装甲相比,复合装甲对动能弹的抗弹能力可提高2倍以上。复合装甲结构已成为现代主战坦克广泛采用的装甲结构形式,复合装甲及其应用技术已成为现代坦克提高防护性能的关键技术之一,也是改造现有坦克的主要技术手段。

(3)反应装甲。反应装甲一般指炸药爆炸式反应装甲。由以色列首先于20世纪70年代末80年代初在装甲车辆上采用,1982年在战争中首次使用,是一种用于主装甲之外的附加装甲,目前已发展了多代产品。反应装甲基本结构如图1.1所示,每块反应装甲由两层金属板(前板、后板)和中间钝感炸药夹层组成。当高速运动的弹体或聚能射流撞击反应装甲时,炸药在冲击载荷作用下起爆,爆炸生成物以及运动的钢板(前板、后板)对弹体或射流产生干扰作用,致使弹体运动方向偏转、射流断裂或分散,从而降低弹体或射流对主装甲的侵彻能力。

反应装甲的特点是抗破甲弹效果好,重量轻,使用灵活。反应装甲模块可根据需要采用不同的排列方式和角度,用螺栓或其他连接方式固定在坦克或装甲车辆等需要防护的车体的前部、炮塔周围或车辆侧部。反应装甲典型应用如图1.2所示。

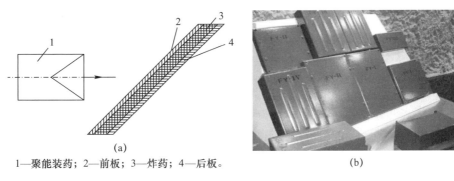

1—聚能装药;2—前板;3—炸药;4—后板。

图1.1 爆炸式反应装甲

(a)反应装甲基本结构;(b)反应装甲产品。

图1.2 披挂反应装甲的坦克

(4)贫铀装甲。提高装甲材料密度可有效降低穿甲弹的侵彻能力,贫铀的密度约为钢的2.5倍,利用贫铀装甲可以获得高强度、高韧性的优良靶板材料。贫铀装甲是一种采用高密度贫铀合金的复合装甲,由美国在1988年首先研制成功。它由钢－贫铀夹层－钢3层组成,是一种高技术新型装甲,是目前世界上防护性能最好的复合装甲。贫铀装甲的主要特点是强度和硬度高、密度大、防御性能好,采用合理的贫铀夹层结构和其他复合材料的搭配制成的贫铀装甲结构具有良好的综合抗弹性能,对破甲弹和穿甲弹的抗弹能力均可大幅度提高。

此外,利用电磁原理进行防护的电磁装甲、利用电热原理进行防护的电热磁装甲、采用对来袭弹进行主动探测和干扰或拦截的主动防御系统等新型防护技术也不断发展,并逐渐应用于现代坦克上。

1.2.3 水中目标

1. 水中目标的分类

水中目标主要指海面上的各种作战舰艇、各种运输补给舰艇、水下潜艇、无人潜航器等。可笼统分为水面舰艇、潜艇和其他3类目标。

水面舰艇按其作战方式和吨位可分为航空母舰、战列舰、巡洋舰、驱逐舰、护卫舰、鱼雷艇、猎雷艇、两栖作战舰艇、高速作战舰艇等。除了上述这些战斗舰艇外,还包括大量的勤务舰船(又称辅助舰船),如各种运输船、修理船、油船、淡水补给船、测量船、卫生船、防护救生船、训练船等。

潜艇按其动力源可分为核动力潜艇和常规动力潜艇两种;按其作战方式又可分为战略型潜艇和攻击型潜艇。

在海上用于防御敌方进攻的水面障碍物(如水雷),开发石油的钻井平台等目标统称为其他目标。

2. 水中目标的基本特性

(1) 属于点目标。虽然舰艇尺寸较大(如大型航母约 $340m \times 80m$),航行时相互之间要保持一定距离,因此,相对广阔海面和舰载武器的射程而言,舰艇属于点目标。

(2) 防护能力较强。舰艇的防护能力包括直接防护和间接防护。直接防护(被动防护)是指被来袭反舰武器命中后如何不受损失或减少损失;间接防护(主动防护)是指如何防止被来袭的反舰武器命中。第二次世界大战前,世界各国主要是发展带厚装甲和强火力的战列舰,加厚装甲的厚度是主要防御途径之一。但第二次世界大战的大量海战表明,仅靠被动式的防御难以抵御现代弹药的毁伤。这些经验引起了战后舰艇设计者的注意,采用轻装甲快速、轻便、机动性强的攻击性舰艇模式。在防御的模式上体现了主动性,如发展了预警、隐身、干扰、电子对抗和反导、反鱼雷等技术。

(3) 损害管制能力强。损害管制能力是指在战斗中处理受害、局部损伤、维持恢复战斗的能力。现代舰艇在结构设计上考虑舱段的密封性和不透水性,为了保持舰船的不沉性和平衡,还考虑了为受害的舱段强制进水的措施,在船舷和船底层还有灌水和燃油的特殊舱室,作为减弱战斗部爆破作用的缓震器。

(4) 火力装备强。在各种舰艇上装备了导弹、火炮、鱼雷、作战飞机等现代化的武器进行全方位的进攻和自卫。

(5) 机动性强。大炮巨舰时代的战列舰已经或将全部退出现役,现在使用最多的是轻装甲、高速度和导弹化的护卫舰、驱逐舰等。

(6) 要害部位大。如航空母舰储备 $8000 \sim 15000t$ 舰载机、$2000 \sim 1000t$ 舰载机弹药、$7000 \sim 8000t$ 舰用燃油,这些都是薄弱处,即使是机动性很强的现代舰艇,在外暴露的电子设备(如雷达)、武器系统等,也是它们的要害。

舰艇遭受武器命中后,弹药对舰艇基本有以下形式的破坏。

(1) 接触爆炸(在舰体上层建筑或舱室内爆炸)。爆炸直接引起的破损,爆轰产物的高温毁伤设备;高速破片、爆炸冲击波、振动对设备和人员的损伤以及爆炸引起的火灾;

弹药舱的爆炸等二次效应。

（2）非接触爆炸（鱼雷和深水炸弹等水下爆炸）。主要是强烈的冲击波和气泡脉动对舰体、设备的破坏和人员伤亡。

1.3 弹药的毁伤作用

弹药对目标的毁伤是通过弹道终点处弹药能量的释放、转化和传递实现的，利用弹药形成的各种毁伤元对目标施加机械、化学或热效应等方式造成毁伤和破坏。不同的目标具有不同的结构、材料和功能特性，形成不同的易损性，因此必须根据目标的抗毁伤特性选择相应的毁伤模式才能对其进行有效毁伤。弹药对目标的毁伤与破坏通常有多种作用模式，包括破片杀伤作用、装药的爆破作用、弹药的穿甲作用、破甲作用、软杀伤作用、燃烧作用、碎甲作用等。

1.3.1 杀伤作用

对于人员、雷达、飞机、车辆等目标，由于没有厚重的装甲，其防护性能较差，通常采用具有一定动能的金属块、杆条等毁伤元即可侵彻甚至穿透目标，从而实现对目标的损伤与破坏作用。

破片杀伤作用是指带壳体或预制破片的弹药爆炸时形成的高速破片对目标的毁伤效应。破片命中各类目标后对目标的杀伤和破坏作用有击穿、引燃和引爆3种，击穿作用对各类目标都起作用，引燃和引爆作用仅仅对带有可燃物和爆炸物的目标起作用。杀伤作用的大小取决于破片的分布规律、目标性质和射击（或投放、抛射）条件。破片的分布规律包括：弹药爆炸时所形成破片的质量分布（不同质量范围内的破片数量）、速度分布（沿弹药轴线不同位置处破片的初速）、破片形状及破片的空间分布（在不同空间位置上的破片密度）。而这些特性则取决于弹体材料的性质、弹药结构、炸药性能以及炸药装填系数等参量。为了在不同作战条件下对不同目标（人员、军械等）起到毁伤作用，需要不同质量、不同速度的破片和不同的破片分布密度。图1.3所示为破片场杀伤作用示意图。

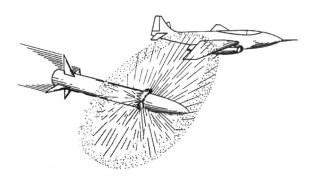

图1.3 破片场杀伤作用示意图

射击条件包括射击的方法（着发射击、跳弹射击和空炸射击）、弹着点的土壤硬度、引信装定和引信性能。当引信装定为瞬发状态进行着发射击时，弹药撞击目标后立即爆炸。此时破片的毁伤面积是由落角(弹道切线与落点的水平面的夹角)、落速、土壤硬度和引信性能决定的。落角小时,部分破片进入土壤或向上飞散而影响杀伤作用。随着落角的增大,杀伤作用提高。引信作用时间越短,杀伤作用越大。弹药侵入地内越深,则杀伤作用下降越快。当进行跳弹射击(通常落角小于20°,引信装定为延期状态)时,弹药碰击目标后跳飞至目标上空爆炸。跳弹射击和空炸射击时的空炸高度适合时,杀伤作用有明显提高。

1.3.2 爆破作用

炸药爆炸产生的能量很大,但是传递到破片、杆条等毁伤元上的动能较少,很难实现对坚固目标的有效毁伤,爆破作用是通过将弹药送入目标内部或者使弹药与目标直接接触,炸药爆炸的巨大能量部分或全部作用于目标,从而可以实现较好的毁伤效果。例如,对于战地工事、地下指挥所等坚固目标,破片、杆条等毁伤元实施小孔径的侵彻贯穿很难进行有效毁伤,需要利用弹药本身的动能侵入目标内部,然后利用弹药爆炸形成的爆轰产物和冲击波对目标进行更大范围的毁伤。

爆破作用的主要机制如下。

1. 爆轰产物的直接破坏作用

装药爆炸时,形成高温高压气体,以极高的速度向四周膨胀,强烈作用于周围邻近的目标上,使之破坏或燃烧。由于作用于目标上的压力随距离的增大而下降很快,因此它对目标的破坏范围较小,只有弹药与目标接触或者在极近的距离处爆炸才能发挥强烈的破坏作用。

2. 冲击波的破坏作用

弹丸、战斗部或爆炸装置在空气、水等介质中爆炸时所形成的强压缩波对目标的破坏作用。冲击波是由爆炸时高温高压的爆轰产物,以极高的速度向周围膨胀飞散,强烈压缩邻层介质,使其密度、压力和温度突跃升高并高速传播而形成的。当冲击波在一定的距离内遇到目标时,将以很高的压力(超压和动压之和)或冲量作用于目标上,使其遭到破坏。

弹药在水中爆炸与在空气中爆炸具有突出差别,除了产生比在空气爆炸更强的冲击波外,还会形成气泡脉动及其效应。爆轰产物在液态水中形成气泡,气泡第二次膨胀开始时产生的脉动压力具有与冲击波相当的冲量和有效的毁伤作用。气泡脉动引起水介质的往复运动,称为脉动水流,对水中目标具有振荡冲击效应。此外,如果气泡附近有障碍物,会因为气泡脉动产生穿越气泡中心并指向障碍物的聚合水流,也具有较强的毁伤破坏作用。

1.3.3 穿甲作用

对于坦克装甲这类厚实、坚硬的目标,破片和杆条之类毁伤元的动能还远不能实现对厚装甲的穿透破坏,需要动能、比动能更大的毁伤元才能实现贯穿。

弹药的穿甲作用是指弹丸等以自身的动能侵彻或穿透装甲,对装甲目标造成破坏。在穿透装甲后,利用弹丸或弹、靶破片的直接撞击作用,或由其引燃、引爆所产生的二次效应,或弹丸穿透装甲后的爆炸作用,可以毁伤目标内部的仪器设备和有生力量。

1.3.4 破甲作用

破甲作用是利用空心装药的聚能效应,弹药爆炸后药型罩形成高速射流,利用射流对目标的穿透和后效作用来造成毁伤,可以对付各种装甲和坚固工事,空心装药破甲弹(简称破甲弹)是另一种反装甲及硬目标的有效弹种。

金属射流的速度很高。例如,采用适当结构的紫铜药型罩形成的射流,头部速度一般在8000m/s以上,它的动能很大,射流依靠这种动能可侵彻与穿透厚装甲。当射流与靶板碰撞时,在碰撞点周围形成了一个高温、高压、高应变率的区域,在这种情况下靶板材料的强度可以忽略不计。图1.4所示为射流侵彻靶板的典型过程。根据药型罩结构与材质、装药结构的不同,破甲弹对钢质装甲的穿深可为装药直径的1~10倍。破甲弹药的突出特点和优势是可不依赖弹药的速度和动能,对发射条件和武器平台没有过高要求,使用范围广,应用方式灵活,可广泛应用于高效毁伤厚装甲、混凝土等坚固目标。

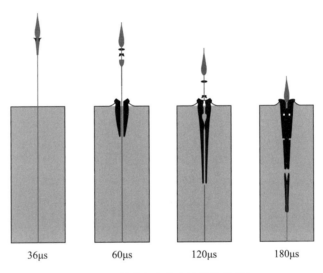

图 1.4 射流侵彻靶板(数值仿真)

1.3.5 燃烧作用

弹药燃烧作用是指燃烧弹等弹药通过纵火对目标的毁伤作用。目标通常指可燃的木质或塑料材料与结构物、建筑物、油料库、弹药库、地表面的易燃覆盖层和带有可燃物的装备等。纵火包括引燃和火焰蔓延两个过程。不同种类的燃烧弹,其火种温度在1100~3300K范围内,可以引燃燃点为几十至数百度的干木材和汽油等可燃物。燃烧弹纵火的效果与燃烧弹爆炸后火种的数量、分布密度、燃烧温度、火焰大小、持续时间以及目标的物理性质(燃点、湿度、温度等)和堆放条件等因素有关。火种的高温有时也能直接毁伤目标。目前采用的燃烧剂主要有金属燃烧剂、油基纵火剂和烟火纵火剂等。

除上述几种作用类型外,弹药还可以实现对装甲目标的碎甲作用、对人员及装备等目标的各种软杀伤等作用模式。

1.4 内弹道和外弹道基础知识

研究弹丸或其他发射体运动规律及伴随发生有关现象的学科称为弹道学。弹道学领域大体分为 4 个主要学科分支,即内弹道学、外弹道学、中间弹道学和终点弹道学。内弹道学是研究弹丸在膛内运动规律及其伴随射击现象的一门学科。弹丸自炮口飞出到伴随流出的气体作用消失为止的运动过程,有时作为内弹道学的一部分,后来形成了单独的学科,通常称为中间弹道学。弹丸与发射装置之间力的相互作用中断后的飞行弹道称为外弹道,外弹道学是研究弹丸在空中运动规律及有关问题的学科。下面对内弹道学和外弹道学的基础知识分别作简要介绍。

1.4.1 内弹道学基础知识

火炮内弹道过程概括地说就是利用火药在身管中燃烧所产生的高温高压气体膨胀做功,推动弹丸沿身管运动的过程。内弹道过程是一个能量转换的过程,身管中的火药通过燃烧将蕴涵在火药中的化学能转变为热能,热能通过燃气膨胀做功,转化成弹丸、后座部分的机械能。身管、火药及弹丸是进行此过程的物质基础。其中身管为工作机,火药为能源,而弹丸是做功的对象。

火炮身管是一个适应弹药发射过程需求、能够承受很高压力的厚壁金属管,通常在接受发射药点火的一端封闭,它的基本结构如图 1.5 所示。发射过程中,身管为弹丸运动提供支撑和导向的作用。身管的后端装有炮闩,它的作用是通过闩体的开启和关闭进行闭锁炮膛以保证身管的封闭状态和保护抽出发射后的药筒。此外,闩体中还装有击发机构,以便弹药装填后进行击发。身管中炮闩前方安装药包或药筒的空间称为药室。药室前端直径逐渐缩小的锥形部分称为坡膛。从坡膛最小端面开始直到炮口的部分内径保持不变。根据发射弹丸的飞行稳定方式不同,炮膛结构也完全不同,对于发射旋转稳定弹丸的火炮,在身管的炮膛内壁刻有与炮膛轴线成角度的若干条螺旋形沟槽的膛线,用以导引弹丸做旋转运动。对于炮膛内没有膛线的火炮,在弹丸挤进和运动过程中,它的受力与线膛炮的情况有所不同。

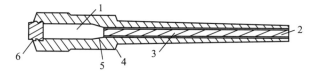

1—药室;2—炮口;3—膛线部;4—膛线起始部;5—坡膛;6—炮闩。

图 1.5 身管结构示意图

火炮射击时,从击发开始到弹丸出炮口所经历的全过程称为内弹道过程。内弹道过程经历的时间很短暂,一般只有几毫秒到十几毫秒。膛内在很短的时间内发生复杂的物理、化学传热及机械现象,膛内各种相互作用和能量转换具有瞬态特征,是一个非平衡态不可逆过程,根据变化过程的主要特征不同,内弹道过程可以分为点火传火过程、挤进过程、弹丸在膛内运动过程和后效作用过程,这 4 个过程不是相互独立,而是相互作用甚至相互重叠的。

火炮的击发通常是利用炮闩的击发装置的机械作用,使击针撞击药筒底部的底火,或用电热方式使底火药(通常是雷汞、氯酸钾和硫化锑的混合物)着火,其火焰又进一步点燃底火中的点火药(通常是黑火药或多孔性硝化棉火药),产生高温高压燃气和灼热的固体微粒,再点燃药室中的发射药,使其着火燃烧,这就是射击开始的点火传火过程。点火传火过程是内弹道循环中最复杂的过程。完成点火传火过程后,随着火药的燃烧,产生大量高温高压燃气推动弹丸开始运动,相继开始挤进过程、弹丸在膛内运动过程、弹丸出炮口的后效作用时期。

弹丸在膛内运动的速度变化及其在炮口处速度值(v_0)取决于膛压做功,与膛压曲线的形状、身管长度 L、炮膛横断面积及弹丸质量等因素有关。其中膛压 P 为膛内压力,表示膛内火药燃气在弹丸后部空间的平均压强。

图 1.6 所示为膛压和弹丸速度随行程和时间的变化过程,图 1.6(a)以弹丸装填到位后弹底的位置作为坐标原点,图 1.6(b)以弹丸开始运动的瞬间作为时间坐标的原点,弹丸在膛内运动可分为以下 4 个时期。

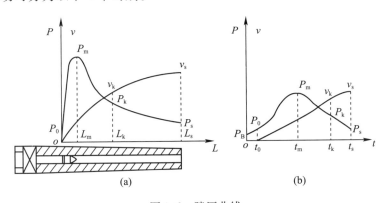

图 1.6 膛压曲线
(a)膛压、速度 – 行程曲线;(b)膛压、速度 – 时间曲线。

1. 前期

前期是指击发底火到弹丸即将启动瞬间的阶段。图 1.6 中以 t_0 表示,此时 $P = P_0$,$v = 0$,$L = 0$。

发射时,底火被击发着火后,点火药迅速燃烧,压力达到 P_B(P_B 称为"点火压力",一般 $P_B = 2 \sim 5 \mathrm{MPa}$),接着瞬时引燃发射药,随着发射药燃烧,燃气压力不断增加,弹带开始被挤入膛线,产生塑性变形,其变形阻力将随着挤入长度的增加而增大,弹带全部挤入膛线时阻力值最大,此时,弹带被切出与膛线吻合的凹槽。弹丸迅速向前运动,弹带不再产生塑性变形,阻力迅速下降。与最大阻力相对应的膛内火药燃气的平均压力称为"挤进压力",用 P_0 表示。在内弹道学中认为膛压达到挤进压力 P_0 时弹丸才开始运动。所以,常将挤进压力称为"起动压力"。火炮射击过程中,一般 $P_0 = 25 \sim 40 \mathrm{MPa}$。

前期特点:忽略弹带宽度全部挤进膛线的微小位移,认为弹丸在前期中是在定容情况下燃烧,弹丸不动。前期火药燃烧量约占总发射药量的 5%。

2. 第一时期

第一时期是指弹丸从开始运动到发射药全部燃烧结束的瞬间为止,即图 1.6 中 $t_0 \sim$

t_k 段。这是一段重要而复杂的时期,其特点是:火药全部燃烧完生成大量燃气,使膛压上升;但弹丸沿炮膛轴线运动速度越来越快,使弹后空间不断增加,这又使膛压下降,这种互相联系又互相影响的作用贯穿着射击过程的始终。

第一时期开始阶段,由于弹丸是从静止状态逐渐加速,弹后空间增长的数值相对较小,这样发射药在较小的容积中燃烧,燃气生成率 $d\psi/dt$ 猛增(ψ 为已燃的发射药量与发射药总量之比的百分数),燃气密度加大,使膛压随燃烧时间改变的变化率 dP/dt 不断增大,$dP/dt>0$,膛压急骤上升。但膛压增加,使弹丸加速运动,弹后空间不断增加,又使燃气密度减少;同时,由于燃气不断做功,其温度相应地会降低,这些因素都促使膛压下降。此时,发射药虽仍在燃烧,它所生成的燃气量使膛压上升的作用已逐渐被使膛压下降的因素所抵消。当对膛压影响的两个相反因素作用相等时,出现了一个相对平衡的瞬间 t_m,使 $dP/dt=0$,所以在 $P-t$ 或 $P-L$ 曲线上出现一个压力峰值 P_{max},称其为最大膛压 P_m,与此相对应的时间、弹丸行程分别为 t_m、L_m。通常,P_m 出现在弹丸运动了 2~7 倍口径行程内,在 L_m 点之后,弹丸速度 v 因压力做功而迅速增加,弹后空间又猛增,燃气密度减少,$dP/dt<0$,膛压曲线逐渐下降,直到发射药燃烧结束。此时,在 $P-t$ 或 $P-L$ 曲线图上对应的膛压为 P_k,与此相对应的时间、弹丸行程和弹丸速度分别为 t_k、L_k 和 v_k。由于弹丸底部始终受到火药燃气压力的作用,其速度 v_k 一直是增加的。

最大膛压 P_m 是一个十分重要的弹道数据,直接影响火炮、弹丸和引信的设计、制造与使用。对身管强度、弹体强度、引信工作可靠性、弹丸内炸药应力值以及整个武器的机动性能都有直接影响。因此,在鉴定或检验火炮火力系统的性能时,一般都要测定 P_m 的数值。现代火炮中,除迫击炮和无后坐炮的 P_m 值较低外,一般火炮的 P_m 在 250~350MPa 范围内。近年研制的高膛压火炮其 P_m 值已超过 500MPa。

3. 第二时期

第二时期是指火药燃烧结束的瞬间起,到弹底离开炮口断面时为止。在图 1.7 中为 $t_k \sim t_s$ 段。此时期特点是:虽然发射药已全部燃完,因这段时间极短,膛内原有的高温、高压燃气相当于在密闭容器内绝热膨胀做功,继续使弹丸加速运动,弹后空间仍在不断增大,膛压继续下降,当弹丸运动到炮口时,其速度达到膛内的最大值,称为炮口速度。对应的压力、行程及时间分别称为炮口压力 P_s、膛内总行程 L_s 及弹丸膛内运动时间 t_s,现代火炮 v_s 值高达 1900m/s,P_s 值在 20~100MPa 范围内冲击炮口,然后流失于大气中。

从前期到第二期统称为膛内时期。现代火炮 t_s 都小于 0.01s,在此极短的时间内要使弹丸速度由零增至所要求的炮口速度,其加速度值是很大的。

4. 后效时期

后效时期是指从弹丸底部离开膛口瞬间起,到火药燃气压力降到使膛口保持临界断面(即膛口断面气流速度等于该截面的当地音速)的极限值时为止。该极限值一般接近 0.18MPa。

后效期的特点是:火药燃气压力急剧下降,燃气对弹丸的作用时间和燃气对炮身的作用时间是不同的,即起点相同而结束点各异。在膛内时间,火药燃气压力在推动弹丸沿身管轴线向前运动的同时,也推动炮身向弹丸行进的反向运动(称为后坐),后效期开始,燃气从炮口喷出,燃气速度大于弹丸的运动速度,继续作用于弹丸底部,推动弹丸加速前进,直到燃气对弹丸的推力和空气对弹丸的阻力相平衡时为止,此时,弹丸的加速度为零,在炮口前弹丸的速度增至最大值 v_{max} 之后,燃气不断向四周扩散,其压力与速度大幅度下降,同时弹丸已远离炮口,燃气不能再对弹丸起推动作用。可是,在整个后效期中,膛内火药燃气压力自始至终对炮身作用,使其加速后坐,直到膛内压力降到约 0.18MPa 为止。显然,这段作用时间是较长的。图 1.7 绘出了发射过程中各时期的燃气压力、弹丸速度两者随时间变化的一般规律。图中 τ_1 和 τ 分别代表后效期内火药燃气对弹丸作用和对炮身作用的时间。

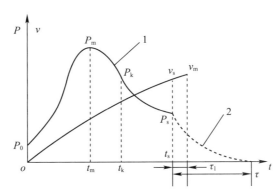

1—膛内时期(实线);2—后效时期(虚线)。

图 1.7 各时期膛压、速度 – 时间曲线

初速 v_0 是为了简化问题而定义的一个虚拟速度,它并非弹丸质心在枪炮口的真实速度 v_s。弹丸在后效期末达到最大速度 v_m,此后效期内弹速的真实变化曲线大致如图 1.8 中实线上升段所示。由于目前对后效期内弹丸运动的规律研究不够,尚难对此时期的弹速进行准确计算,因而在实用中假设弹丸一出枪炮口即仅受重力和空气阻力作用,为了修正此假设所产生的误差,采用一虚拟速度即初速 v_0。这个 v_0 必须满足的条件是:当仅考虑重力和空气阻力对弹丸运动的影响、而不考虑后效期内火药气体对弹丸的作用时,在后效期终了瞬间的弹速必须与该瞬时的真实弹速 v_m 相等。

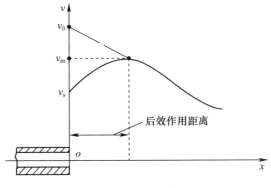

图 1.8 初速示意图

最大压力和初速是火炮内弹道的两个最重要弹道量,它们是火炮性能和弹药检验的主要标志量。

内弹道过程概括地说就是利用火药在炮管中燃烧所产生的高温高压气体膨胀做功,推动弹丸沿身管运动的过程,是一种涉及能量转换的复杂物理、化学、传热变化过程。对

内弹道的研究有不同的方法,从而形成了不同的内弹道理论体系,截至目前已发展了经典内弹道理论、内弹道势平衡理论和现代内弹道理论等。通过对内弹道过程的研究,主要解决弹道计算、弹道设计和装药设计3个方面的问题。为了解决内弹道问题,必须对膛内射击现象进行深入研究,这包括点火、传火规律,火药的燃烧规律,燃气生成规律,压力变化规律,温度变化规律,火药燃气和颗粒的流动规律,弹丸的运动规律,身管及后坐部分的运动规律,膛内能量转换及传递的热力学规律,燃气与膛壁之间的热传导规律等。这些规律的研究涉及化学、燃烧学、流体力学、热力学、固体力学和多体动力学等学科及复杂的跨学科知识。

1.4.2 外弹道学基础知识

弹丸与发射装置失去力的联系后在空气中的运动是外弹道学的研究内容。由于弹丸受到发射条件、大气环境以及弹丸本身各方面因素的干扰,因此会呈现出复杂的运动规律。通常,外弹道学可分为质点弹道学和刚体弹道学。所谓质点弹道学就是在一定假设下,略去对弹丸运动影响较小的一些力和全部力矩,把弹丸当成一个质点,研究其在重力、空气阻力和火箭推力作用下的运动规律。质点弹道学的作用在于研究在此简化条件下的弹道计算问题,分析影响弹道的诸因素,并初步分析形成散布和产生射击误差的原因。所谓刚体弹道学就是考虑弹丸所受的一切力和力矩,把弹丸当作刚体研究其质心运动、围绕质心的角运动及其两者之间的相互影响。刚体弹道学的作用在于解释弹丸飞行中出现的各种复杂现象,研究弹丸稳定飞行的条件,形成散布的机理及减小散布的途径,还可用来精确计算弹道或应用于编制射表。

1. 弹丸受力分析

弹丸在膛内运动过程中,弹轴与炮膛轴线并不完全重合,这是由于弹炮间隙、弹丸的质量偏心误差以及炮膛磨损等因素造成的。当弹丸出炮口时,后效期火药燃气对弹丸的作用也是不均匀的,因而使弹丸轴线 ζ 与速度矢量 v(即弹道切线)不重合,它们之间的夹角称为攻角 δ(章动角),如图1.9所示。

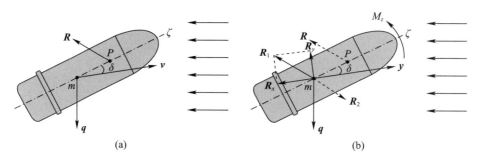

图1.9 弹丸的攻角
(a)受力状况;(b)力的分解。

作为刚体运动的弹丸,分析其空中运动特性是一个六自由度问题。对该问题的研究可以归结为积分6个联立的微分方程组,其中3个方程描述弹丸的质心运动,另外3个方程描述弹丸绕质心的转动运动。在任意条件下,同时研究6个方程式的积分是比较复杂的。由于在解决许多实际问题时只需分别知道弹丸的质心运动和绕质心的运动,因而常常进行简化,分别研究弹丸的两种运动。这种处理问题的方法,只有在弹轴与弹道切线(速度矢量线)的夹角 δ(章动角或攻角)为零或很小时才是允许的。从应用角度看,对弹丸绕质心运动的研究恰恰是为了保证弹丸飞行的稳定性,即使弹轴与弹道切线的夹角在全弹道上保持在允许的范围内。对于弹丸质心运动的研究,也常常是在标准条件(即标准气象条件、标准弹道条件)下研究平面(xoy 面)运动问题,而对弹丸在笛卡儿坐标系中沿 z 轴方向的运动,则作为偏流或修正问题进行讨论。

作为刚体运动的弹丸,在飞出炮口以后,除受重力作用外,还将受到空气动力和力矩的作用。在速度坐标系中,总的空气动力和力矩的各分量有迎面阻力、升力、侧向力、滚动力矩、偏航力矩、稳定或翻转力矩。对火箭弹来说,除上述力和力矩外,在火箭发动机工作的一段弹道(主动段)上还将受到推力和推力矩的作用。

由于长圆形弹丸头部是圆锥面,弹丸质心靠近弹尾,头部受空气阻力作用面积大,头部压力也比尾部压力要大,因此,空气阻力 R 的作用点 P(又称阻心)位于偏心弹丸前部,即在弹顶与质心 m 之间。在有攻角 δ 的情况下,由于弹丸迎向气流一方的压力比背向气流一方的压力大,这又使 R 与 v 不平行,使 R 的指向偏在攻角增大的方向上。所以,空气阻力 R 的作用线既不通过弹丸质心 m,也不与 v 平行,从而产生了一个使弹丸绕其质心 m 旋转的力矩。即相当于将阻力 R 从 P 点平移至质心 m 处,转化成一个力矩 M_z 及一个作用于质心的 R_1 力。M_z 使弹轴 ζ 绕质心 m 远离 v 而翻转,称 M_z 为翻转力矩。R 可分解为与 v 反方向的分力 R_x 和垂直于 v 的分力 R_y,R_x 就是前述的空气阻力,或称为迎面阻力;R_y 改变 v 的方向,称为升力。翻转力矩 M_z 的作用方向和升力 R_y 的方向都是指向使 δ 增大的方向,M_z 和 R_y 在数值上也都随 δ 的增大而增加。

2. 空气阻力的组成

当弹丸与空气之间存在相对运动时,空气对弹丸的作用力即空气阻力。

在一定条件下,气流静止、弹丸运动,与弹丸静止、气流运动两者基本相似,根据此种相似原理,将弹丸放置在风洞(即产生一定速度的均匀气流的试验装置)中,进行吹风试验,可分析出空气阻力是由摩擦阻力、涡流阻力及超声速时的波动阻力组成。下面简要说明这几部分阻力的物理本质。

1)摩擦阻力

摩擦阻力原因是由于空气的黏性造成的。根据黏附条件,弹丸在空气中飞行时,其表面黏附着一薄层空气伴随弹丸一起运动,这层空气外面相邻的一层空气因为黏性作用也被带动,但比黏附在弹丸表面上的一层空气速度低,被带动的、速度较小的这一层空气,又因黏性作用带动其更外一层空气。以此类推,逐层往外带动,速度逐渐减小,直至有一个不能被带动的空气层存在,在此层之外,空气就与弹丸运动无关,好像空气是没有黏性的理想气体一样形成对称的扰流流过,如图 1.10(a)所示。接近弹丸表面,受空气黏性影响的实际是很薄的一层空气,这一层通常叫做附面层或边界层,由于弹丸速度较高,边界层通常都是混合边界层,只在接近弹头很小的区域内为层流边界层,后面就转化为湍流边界层,如图 1.10(b)所示。由于飞行过程中的弹丸表面的附面层不断形成,即沿途的、接近的弹丸表面的一薄层空气不断被带动,消耗着弹丸的动能,使弹丸减速。与此相应的阻力,就是摩擦阻力。

摩擦阻力的大小与空气密度、弹丸速度、弹丸特征面积等因素有关。此外,摩擦阻力

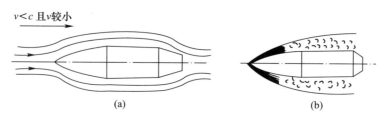

图 1.10 气流相对运动
(a) 环流；(b) 附面层示意。

还与弹丸表面粗糙度有关,表面粗糙可使摩擦阻力增加到 2～3 倍。在亚声速时,弹丸的摩擦阻力占总阻力的 35%～40%,超声速时占比则大幅降低(10% 左右)。对于中等速度(即 500m/s 左右)的现有制式弹而言,在总的空气阻力中一般摩擦阻力占 6%～10%。

弹丸表面加工应有一定的光洁度,实践中,常用弹丸表面涂漆的方法来改善表面粗糙度,其目的之一就是为了减小摩擦阻力,这样可以使射程增加 0.5%～2.0%。但由于在总阻力中摩擦阻力占的比例较小,故对弹丸表面粗糙度的要求一般不是很高。须注意的是,对于同一种弹丸而言,应力求各弹丸的表面粗糙度基本一致;否则,也将影响射程误差。

2) 涡流阻力

当增大弹丸与空气之间的相对速度 v 至一定程度且 v 小于声速 c 时,附面层空气从弹头流向弹尾过程中,根据流体力学连续方程 $\rho S v = $ 常数(S 为流体的流管横断面积)和伯努利方程 $\rho v^2/2 + p = $ 常数,由于弹丸截面的变化和速度的影响,会出现附面层中流体的流动被阻滞,甚至附面层不再贴近弹丸表面流动而是与弹丸表面分离的现象,气流明显地不环绕弹丸表面流动,在弹丸底部形成接近真空的低压区,周围压力较高的气体则向低压区填补,导致弹底附近出现杂乱无章的旋涡,如图 1.11 所示。因此,除摩擦阻力外,伴随涡流的出现又产生了涡流阻力。

试验发现,涡流区压力远小于弹头附近气流中的压力,弹头与弹尾的压力差即构成所谓涡流阻力。影响此阻力的主要因素是弹丸截面变化情况、弹尾部形状、弹丸与气流之间相对运动速度的大小和方向以及弹丸底部是否排气等。根据弹丸稳定性等设计要求,弹尾做成收缩形状可减小涡流的影响。

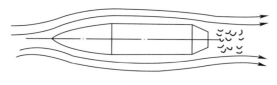

图 1.11 涡流示意图

涡流阻力通常又称为底阻。对于亚音速弹丸,底阻占总阻力的 60%～65%;对于超声速弹丸,底阻占总阻力的 15%～30%;对于中等速度飞行的弹丸,底阻占总阻力的 40%～50%。因此,设法减小底阻来实现弹丸增程具有实际意义。例如,美国一种 155mm 榴弹就将弹头和弹尾都做得细长,使弹形变成了枣核形,称为枣核弹,其底阻明显降低,射程随之增大。另外,增大底部涡流区内气体压力也是一种减小底阻的方法。有一种空心船尾部弹丸,称为底凹弹,在亚声速时,有保存底部气体不被带走,提高底压的作用;在超声速时,在底凹侧壁开孔,将前方压力高的气体引入底凹以提高底压。用这种方法可以提高射程7%~10%。一种最有效的方法是底部排气,在弹底凹槽中装上低燃速火药,火药燃烧生成气体提高底压,可提高射程30%左右。

3) 波动阻力

当弹丸与空气之间的相对运动速度 v 大于声速 c 时,会在弹头部以及弹身其他部位产生激波,激波的形成大量消耗能量,由此又增加了一种波动阻力或称激波阻力,此阻力是伴随着激波而产生的,如图1.12所示。激波的出现与空气的可压缩性密切相关。声速 c 是表示介质可压缩性的量,c 大者可压缩性小,或反之。当弹丸在具有可压缩性的空气中运动时,弹丸是扰动源,空气受到压缩扰动后以疏密波的形式向外传播,弱扰动传播的速度记为声速,连续产生的扰动将以球面波的形式向外传播。当弹丸超声速飞行时,弹丸的位置总是在各个时刻发出的波前面,诸扰动波形成一个以弹尖为顶点的圆锥形包络面,其扰动只能向锥形包络面的后方传播,此包络面是空气扰动区与未扰动区的分界面,分界面上有扰动的叠加作用,在包络面前后有压力、密度、温度的突变,压力、密度、温度突变的分界面就是超声速气流中特有的激波现象。

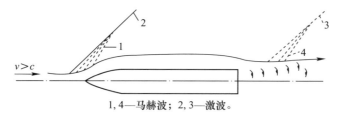

1,4—马赫波;2,3—激波。

图1.12 激波的形成

当弹丸超声速飞行时,沿弹头表面以及弹带、弹尾等任何凸凹不平处,在其附近各条流线的每一点上,气流方向被迫向外转折,每点成为一个点扰源均各产生一个马赫波(由微弱扰动波重叠而成),如图1.12中虚线所示,由此无数个马赫波重叠的结果即为激波,在弹头部的称为弹头波,而弹带及弹尾部位的则分别称为弹带波及弹尾波,总称为弹道波。在弹道波出现处,形成空气强烈压缩,带来了空气压力、密度和温度的强烈变化。激波总是强烈压缩,它的形成会大量消耗能量,它相应形成的阻力就是波动阻力。

波动阻力的大小主要取决于弹头部的形状和长度:弹头越钝扰动越强,消耗的动能越多,前后压差大;弹头越锐,扰动越弱,产生的激波越弱。因此,一般超声速弹丸头部都设计得比较尖。

弹丸在亚声速飞行时,涡流阻力占总阻力的大部分,此时,为了减小阻力应尽量将弹丸尾部设计成流线型以减小涡阻,比如亚声速的迫击炮弹就是这样。弹丸初速在中等速度以上时,一方面,由于在一定的时间内弹丸超声速飞行,应将弹丸设计成锐长一些以减小波阻;另一方面,由于弹丸出炮口后弹速不断变化,可能在大部分时间内以亚声速或跨声速飞行,故应注意减小涡流阻力。考虑到上述两方面及其他有关要求,常将弹尾部做成截锥形(一般称为船尾型)。对于某些初速的制式榴弹,锐化头部时弹头半顶角一般不大于20°,以避免出现波阻较大的分离波;而船尾角一般以6°~9°时产生涡流阻力最小。这些角度范围在空气动力学中均有其理论或试验依据。

对于某些弹丸,如近程穿甲弹等,几乎在全弹道上均以超声速飞行,波阻在总阻力中起决定性的作用,一般不考虑减小底阻的问题,而将弹尾部做成圆柱形。

3. 空气阻力的计算

1)空气阻力表达式

根据量纲分析理论及试验研究得知,空气阻力一般表达式为

$$R_x = \frac{\rho v^2}{2} S C_{x0}\left(\frac{v}{c}\right) \tag{1.1}$$

式中:R_x 为空气阻力,也称迎面阻力或切向阻力(N),其指向与弹丸质心速度矢量 v 共线反向,起减速作用;ρ 为空气的密度(kg/m³);S 为弹丸特征面积(m²),$S = \pi d^2/4$,d 一般可取弹丸的最大直径;c 为弹丸所在处的声速;$C_{x0}(v/c)$ 为阻力系数,无量纲,在一定速度范围内近似为 $Ma(v/c)$ 的函数,脚标"0"表示攻角 $\delta = 0$ 的情况。

严格而言,空气阻力系数也是雷诺数 Re 的函数,试验研究表明,当 $Ma > 0.6$ 后,雷诺数 Re 的影响较小,主要由马赫数 Ma 决定。基于空气动力学发展,对于不同形状的弹丸,结合一定的试验条件,可以对空气阻力系数进行比较准确的计算。图 1.13 给出了几种不同类型弹丸的阻力系数与马赫数之间的关系曲线。

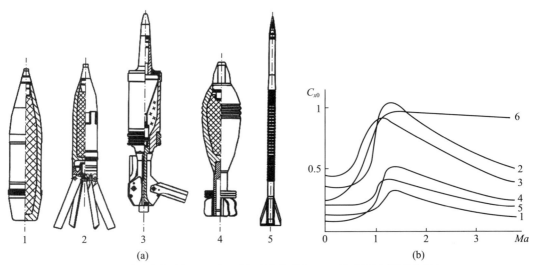

1—旋转稳定弹丸;2—张开式尾翼稳定弹丸;3—杆形头部尾翼稳定弹丸;
4—滴状同口径尾翼稳定弹丸;5—杆式尾翼弹丸。

图 1.13 不同类型弹丸的阻力系数与马赫数的关系

2)阻力定律及弹形系数

由大量试验发现,对于形状相差不大的弹丸 Ⅰ 及 Ⅱ,它们各自的阻力系数曲线彼此之间存在图 1.14 及式(1.2)所示的特性。

$$\frac{C_{x0}^{\text{Ⅰ}}(Ma_1)}{C_{x0}^{\text{Ⅱ}}(Ma_1)} \approx \frac{C_{x0}^{\text{Ⅰ}}(Ma_2)}{C_{x0}^{\text{Ⅱ}}(Ma_2)} \approx 常数 \tag{1.2}$$

式中,上角"Ⅰ"及"Ⅱ"分别表示对应于弹丸 Ⅰ 及 Ⅱ,下角"0"仍表示攻角 $\delta = 0$。式(1.2)说明,形状相差不大的两个弹丸,它们在 Ma 数相同且 $\delta = 0$ 时的阻力系数比值近似等于常数。

如果取定某个标准弹,精确地测出 $\delta = 0$ 时的阻力系数曲线(也可用一组标准弹测出

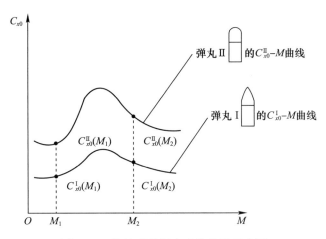

图 1.14 旋转弹的阻力系数曲线示意图

它们平均的 $C_{x0}-Ma$ 曲线,此种标准弹的阻力系数与 Ma 的关系称为阻力定律,记为 $C_{x0N}(Ma)$。目前我国常用的是 43 年阻力定律即 $C_{x0N43}(Ma)$,它用的标准弹为旋转式弹丸,其弧形弹头部长为:$h_r=(3.0\sim3.5)d$,如图 1.15 所示。43 年阻力定律曲线见图 1.16。

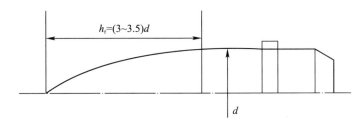

图 1.15 43 年阻力定律的弹形示意图

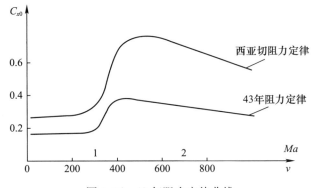

图 1.16 43 年阻力定律曲线

有了阻力定律,则对于和标准弹形状相近的某待测弹,就只需用少量试验测出任一马赫数 Ma_1 处的 $C_{x0}(Ma_1)$ 值,然后用简便的计算法可得出该待测弹的阻力系数曲线。

$$\frac{C_{x0}(Ma_1)}{C_{x0N}(Ma_1)}=i(\text{常数}) \tag{1.3}$$

式中:i 为弹形系数,其定义为:某待测弹相对于某标准弹的弹形系数,是该待测弹与该标准弹在相同马赫数下且δ=0时阻力系数的比值。i 值反映了弹形差异所引起的阻力系数差异并引起的阻力差异。由于待测弹的 i 值必相对一定的标准弹而言,所以,i 值的大小与待测弹形状和标准弹形状(或阻力定律)均有关。在一定的 Ma 数下,一定的弹丸只有一个阻力系数值,但由于所取阻力定律不同却有不同的 i 值。在实际应用中,曾出现不同的阻力定律,我国还采用过西亚切阻力定律,其标准弹仍为旋转式弹丸,但 $h_r = (1.2 \sim 1.5)d$。

i 是反映弹形特征的重要参数,它的取值大小标志着枪炮及弹丸的设计质量。比如,i 值过大说明弹丸所受空气阻力大,要求枪炮具有较高的初速才能使弹丸飞行到给定的距离,而初速过大则对弹、炮、枪的设计均可能产生不利因素。如果 i 值过小,则在一定条件下必须使弹丸设计将锐长些,这对旋转弹的飞行稳定性可能不利;或使炸药装药量减小而降低威力。在具体设计中,必须针对设计任务,对弹丸结构及气动外形等进行全面、深入的反复研究才能得出合适的 i 值。

4. 弹道系数

在各种力的作用下,弹丸和火箭弹在空气中的质心运动轨迹即为弹道(图 1.17)。在图中,oa 段是火箭发动机继续工作的一段,称为主动段,而 asc 一段称为被动段。

为方便起见,常用下标 o、s、c 和 a 分别表示射出点、顶点、落点和主动段终点的弹道诸元。采用英文大写字母表示主要弹道诸元,如 X 表示全射程,Y 表示最大弹道高等。

对质心运动研究表明,弹丸的外弹道诸元由所谓弹道系数 C、初速 v_0 和射角 θ_0 所决定。对射程而言,可以写出以下函数关系,即

$$X = X(C, v_0, \theta_0) \tag{1.4}$$

其中初速和射角对射程(或弹道诸元)的影响是显而易见的。在此只对弹道系数的影响作一说明。

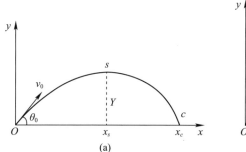
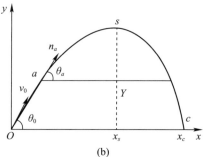

图 1.17 外弹道示意图
(a)炮弹弹丸弹道;(b)火箭弹弹道。

阻力对质心速度大小和方向的影响是通过阻力的加速度 a_x 来体现的,即

$$a_x = \frac{R_x}{m} = \frac{S}{m} \frac{\rho v^2}{2} C_{x0}(M) \tag{1.5}$$

将阻力系数 $C_{x0}(M)$ 以标准弹阻力系数乘弹形系数的形式表示,并注意到 $S = \pi d^2/4$,得

$$a_x = \left(\frac{id^2}{m} \times 10^3\right)\left(\frac{\rho}{\rho_{0N}}\right)\left[\frac{\pi}{8}\rho_{0N} \times 10^{-3} v^2 C_{x0N}(M)\right] \tag{1.6}$$

式中:第一个组合表示弹丸本身特征(形状、尺寸和重量)对运动影响的部分,称为弹道系

数,用 C 表示,即

$$C = \frac{id^2}{m} \times 10^3 \tag{1.7}$$

式中:i 为弹形系数,对于确定的弹丸可视为常数;d 为弹丸直径;m 为弹丸质量。

分析式(1.7)可知,弹道系数反映了弹丸保持运动速度的能力。弹道系数大,说明做惯性运动的弹丸容易失去其速度;弹道系数小,说明弹丸保持其速度的能力强。由于弹丸质量 m 与弹丸的体积相关,即有 $m \propto d^3$。若引入弹丸质量系数(或称弹丸相对质量),则

$$C_m = \frac{m}{d^3}(\text{kg/dm}^3) \tag{1.8}$$

则式(1.7)可写为

$$C = \frac{i}{C_m d} \tag{1.9}$$

不同种类的弹丸,其质量系数值不同。但对于相似的同类弹丸,其质量系数值将在不大的范围内变化。可见,形状相似的同类弹丸,其弹道系数与弹径成反比,即弹径越大,弹道系数越小,因而空气阻力的影响也小。

5. 弹丸飞行稳定性

飞行稳定性是指弹丸在飞行中受到扰动后其攻角能逐渐减小,或保持在一个小角度范围内的性能。毫无疑问,飞行稳定是对弹丸的基本要求。如果不能保证稳定飞行,攻角将很快增大,弹丸翻转,此时不但达不到预定射程,而且会使落点散布也很大。

目前,保证弹丸飞行稳定的方法有两种,即旋转稳定(即陀螺稳定)和尾翼稳定。

1) 旋转稳定原理

图1.18所示为无尾翼弹的飞行状态,这种弹的主要空气动力在头部,故总空气动力 R 的作用中心 P 在质心之前,这时的力矩 M_z 有使弹轴远离速度矢量方向、攻角增大的趋势,如不采取措施,弹丸就会因为攻角增大而翻跟头,造成飞行不稳定。故称力矩 M_z 为翻转力矩,这种弹称为静不稳定弹。使静不稳定弹飞行稳定的方法是令其绕弹轴高速旋转(如线膛炮发射的弹丸或涡轮火箭弹),在一定的力矩条件下,只要转速高于某个范围,弹轴将不会因为翻转力矩的作用而翻转,而是围绕某一个平均位置旋转(进动)与摆动(章动),这就是陀螺稳定性,从而利用陀螺定向性保证弹头向前稳定飞行。

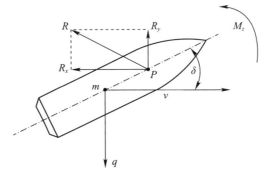

图1.18 旋转稳定性原理

根据理论力学的知识可知,当旋转稳定的陀螺在地面上处于倾斜状态时,相对于其地面支撑点,它受到重力力矩的作用,该力矩倾向于使之倒下,但是由于刚体的回转效应,陀螺不会因为重力力矩而倾倒,反而会绕垂直于地面的一个轴线进动,这就是陀螺稳定性原理,如图 1.19 所示。飞行中旋转的弹丸就是使用了这个原理。由于其自身旋转,在气动力矩的作用下,弹丸并不会发生翻转,而是绕其速度方向进动(事实上是摆线进动)。在这个过程中,其攻角将一直发生变化,虽不能减小到 0,但是却可以保持在一个较小的范围内,从而使得弹丸具有飞行稳定性,这也称为弹丸的陀螺稳定性,如图 1.20 所示。

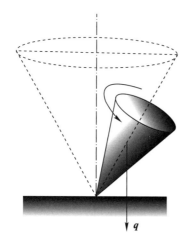

图 1.19　陀螺稳定原理

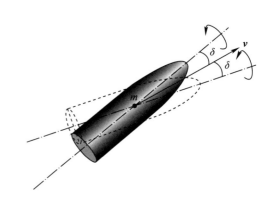

图 1.20　旋转稳定弹丸陀螺稳定原理

对于旋转弹丸,它的飞行稳定性除了上述陀螺稳定性外,还有追随稳定性的问题。所谓追随稳定性,就是指在弹丸飞行过程中,由于重力的作用,其飞行弹道将向下弯曲(弹道切线向下转动),为使弹丸攻角不至于增大,弹丸的轴线方向必须追随弹道切线向下转动,以保证稳定飞行,如图 1.21 所示。当弹丸旋转角速度适当时,能够自然满足追随稳定性。

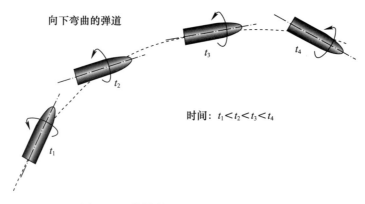

图 1.21　旋转弹丸的追随稳定性示意图

旋转弹丸的陀螺稳定性和追随稳定性都对其飞行稳定性产生影响。要达到稳定飞行的状态,弹丸的陀螺稳定性要求其旋转角速度高于一个下限值,但是不能太高,太高的旋转角速度将造成弹丸陀螺稳定性太强,而失去追随稳定性。弹丸的追随稳定性要求其旋转角速度低于一个上限值,但是不能太低,太低的旋转角速度将造成弹丸陀螺稳定性不强而发生翻转。只有当弹丸旋转角速度适当时,其陀螺稳定性和追随稳定性才能较好地满足,从而具有较好的飞行稳定性。弹丸旋转角速度的上、下限将是火炮膛线缠度(以口径的倍数表示的膛线旋转一周前进的距离)上、下限设计的基础。

此外,从弹丸的整个飞行过程来分析,仅考虑直线段的陀螺稳定性和曲线段的追随稳定性还不够,还应考虑全弹道上的章动运动是否逐渐衰减,弹丸的这种特性称为动态稳定性。

2) 尾翼稳定原理

图1.22所示为尾翼稳定性原理。

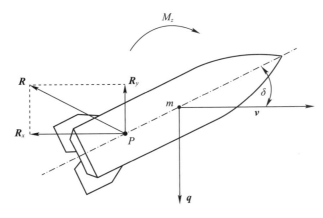

图1.22 尾翼稳定性原理

由于尾翼部分空气动力大,使弹丸的压力中心移至弹丸质心之后。此时,空气动力对弹丸产生的力矩 M_z 有使弹轴向速度矢量方向靠拢、迫使攻角不断减小的趋势,从而起到稳定作用,称为稳定力矩,这种弹称为静稳定弹。通过尾翼、压力中心和质心距离的合理设计,就可实现弹丸的稳定飞行。根据实践可知,当尾翼弹的压力中心与质心的距离与全长的比值为10%~15%时,就能保证它具有良好的静态稳定性。当弹丸遇上由攻角引起的扰动时,该力矩会阻止攻角的增大,迫使弹丸绕弹道切线做往返摆动。这是尾翼弹飞行稳定的必要条件。为使弹丸在全弹道上稳定飞行,还要求这种摆动迅速衰减,而且在曲线段具有追随稳定性;对于微旋尾翼弹,还要求弹丸具有良好的动态稳定性。

在弹丸和火箭弹设计中,究竟采用哪种稳定方式好呢?一般来说,旋转稳定弹丸在结构上要比尾翼稳定弹丸简单,其精度也会高些,且造价较低。因而,如无其他不利的原因,均以采用旋转稳定为宜。但是,在以下情况下却常常采用尾翼稳定方式。

(1) 尾翼稳定弹丸比旋转稳定弹丸具有较大的长径比。只要其长度不超过勤务处理(储存、维修和装填等)的限制,为了取得比相应旋转稳定弹丸具有较大的炸药装填容积,尾翼稳定弹丸长径比可尽量增加。

(2) 弹丸的威力或其他终点效应因弹丸的旋转而降低时,如空心装药破甲弹就是这种情况。

(3) 弹丸的战斗使命若要求在大射角下进行射击时,这是因为旋转稳定弹丸在射角大至 65°左右将使稳定性严重变坏,其精度急剧下降,而尾翼稳定弹丸却不会出现这种情况。

(4) 弹丸可以设计成由滑膛炮发射时。

1.5 弹药的投射精度

弹药在实际应用中,由于受到多种因素的影响,任何一种投射方式都不能使弹药百分之百地命中目标,因此都存在精度问题。弹药投射精度是表征弹药系统性能的一个综合指标,在长期的工程应用实践中,基于概率和统计理论对精度描述已形成了具有共性的概念和计算方法,可以用于对各种弹药投射方式的精度进行分析和计算。当然,不同的投射方式具有不同的精度特点,相应的影响因素也不相同。因此,本节首先对落点散布、落点误差描述等投射精度的共性知识进行讨论;然后对部分投射方式的精度特点和影响因素进行介绍;最后根据以上知识对命中概率的计算方法进行讨论。

1.5.1 落点散布

1. 落点散布特点

以炮弹射击为例,弹丸落点之所以存在散布,是因为弹丸存在质量偏心、气动力外形上的不对称、弹重不完全相同、发射药量不完全相同、火药的性质、火药的燃烧情况、炮膛温度、炮膛的磨损情况不完全一样、外界条件(空气温度、密度、气压、风向)时刻变化等诸多随机因素引起的。但总的散布是有一定规律的,如图 1.23 所示,具有以下特点:① 落点散布范围基本呈椭圆形;② 散布中心密集,边缘稀疏;③ 散布区域分布对称,并服从正态分布规律。

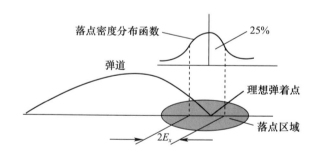

图 1.23 落点散布区域示意图

2. 射击准确度和射击密集度

1) 射击准确度

射击准确度,表示射弹散布中心对预期命中点的偏离程度。这种偏离是由在射击准备过程中地理坐标、气象、弹道等方面的误差以及射表误差和武器系统技术准备误差等综合产生的射击诸元误差造成的,通常称为诸元偏差,因此射击准确度又叫诸元精度。诸元偏差在一次射击中是不变的系统误差,可以通过校正武器或者修正射击诸元来缩小或者消除。射击准确度通常用诸元概率偏差来表征,且其值越小射击准确度越好。诸元概率偏差通常采用理论与试验相结合的方法来确定。在枪械射击中,射击准确度一般用平均弹着点偏离预期命中点的距离来近似度量。这个距离越小,射击准确度就越好。平均弹着点是一定数量弹着点分布空间的中心位置。在弹着点无限多时它就是射弹散布中心。

2) 射击密集度

在相同的射击诸元条件下,用同批弹药对同一目标进行瞄准射击时,各发弹的弹道也不会重叠在一起,而是形成一定的弹道束,各发弹的落点也不会重叠,而是落在一定的范围内,这种现象称为射弹散布。通常用射击密集度来表征弹丸落点的散落程度,射击密集度表示各个弹着点对散布中心偏离程度的总体度量。这种偏离来源于各发射弹发射时武器平台、弹药、气象、发射操作及其他有关因素的非一致性造成的各不相同的随机偏差。这种偏差引起射弹散布,也叫散布偏差,因此射击密集度也称为散布精度。它是射弹散布疏密程度的表征。由于散布偏差是随机偏差,只能设法减小,不能完全消除,故射弹散布是不可避免的。

通过实践可知,若对弹药进行多次投射,在多种因素(随机和非随机因素)的影响下,在靶平面上总会形成图 1.24 所示的落点散布。图中"·"表示单发弹落点,如果在靶平面上建立 $x-y$ 平面坐标系,并对所有落点的 x、y 坐标分别进行平均,就得到落点散布中心坐标($\bar{x}$,$\bar{y}$)(落点散布中心也称为平均落点,用"★"表示)。

根据散布中心与瞄准点的关系以及落点散布的疏密程度,一般可用准确度和密集度来对落点散布的特点进行描述。不同准确度和密集度下的落点散布特点如图 1.25 所示,图 1.25 落点散布示意图中坐标原点为瞄准点。

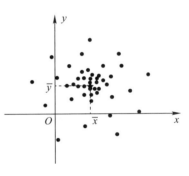

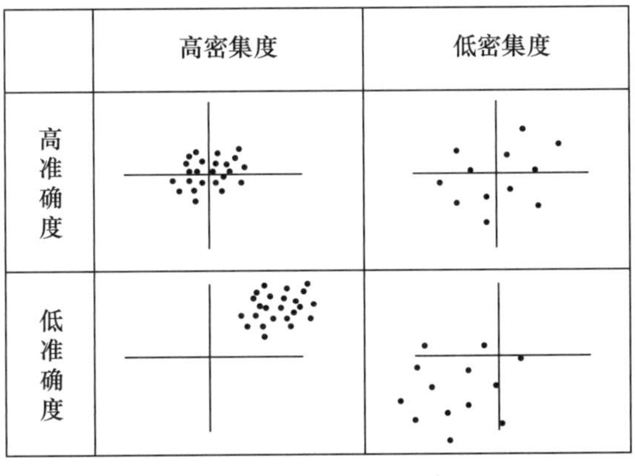

图 1.24 落点散布示意图

图 1.25 不同准确度和密集度下的落点散布示意图

从图 1.25 所示的落点散布可以看出,落点散布是与投射误差相联系的,其中准确度与投射的系统误差相联系,投射系统误差越小,则散布中心与瞄准点越接近,表明准确度越好,反之就越差;密集度与投射的随机误差相联系,投射的随机误差越小,则落点越密集,表明密集度越好,反之就越差。落点的准确度和密集度是投射精度的两个重要指标,对投射精度进行评价,需综合考量准确度和密集度的大小。

从射击实践的具体结果看,密集度高其准确度不一定高,准确度高的密集度也不一定高,这是因为射击密集度与射击准确度是由两类不同性质的误差引起的。射击精度高,则要求密集度和准确度都高。提高武器系统射击精度要从提高武器系统射击密集度和准确度入手,提高密集度主要是能控制影响密集度的各项散布源,提高准确度需从提高基本开始诸元精度入手。

以火炮武器系统为例,对目标射击,总要设法使弹着点的散布中心通过预定的某一点(即瞄准点)。然而任何一种决定诸元的方法都要进行许多测量、计算等工作,每一环节都会产生误差。火炮武器系统从射击准备到射击实施,有一系列系统误差影响诸元误差或射击准确度。火炮、弹药、射手操作、气象条件等方面的微小偶然变化因素,都具体反映在火炮系统各单体、各部件结构、尺寸、质量、性能参数及运动参数、炮手操作和气象条件等诸多方面的微小变化上,最终以射弹散布形式表现出来。尽管影响密集度的散布因素错综复杂,但是从外弹道学的观点看,即用在外力作用下弹丸运动观点分析,上述复杂因素造成的后果有两个方面:一是引起弹丸质心速度大小和方向的随机变化;二是受力状态的随机变化。影响火炮射击准确度和密集度的具体因素如表 1.1 和表 1.2 所列。

表 1.1 影响准确度的因素

误差分类	误差根源
火炮方面	决定火炮(观察所)地理坐标误差
	决定火炮(观察所)海拔高度误差
	火炮定向误差
目标位置误差	决定目标地理坐标误差
	决定目标海拔高度误差
弹道准备误差	决定火炮和装药批号初速偏差量误差
	决定药温偏差量误差
气象准备误差	决定地面气压偏差量误差
	决定弹道温偏误差
	决定弹道风误差
模型误差	射表误差
	计算方法误差
技术准备误差	人工操瞄时零位零线检查误差、自动操瞄时传感器误差、倾斜修正误差
其他	未测定或未修正的射击条件误差

表 1.2 影响密集度散布的因素

类别	散布因素
火炮方面	每次发射时炮身温度、炮膛干净程度的微小差异;炮身的随机弯曲;炮架、车体的连接,火炮放列的倾斜;炮身振动;药室与炮膛的磨损;底盘与火炮上部的连接,底盘与地面的接触状态以及弹炮相互作用等

续表

类别	散布因素
弹药方面	发射药重量、组分、温度和湿度的微小差异;装药结构、点火传火与燃烧规律的微小变化;火药的几何尺寸、密度、理化性能的微小变化;弹丸的几何尺寸、重量、质量分布、弹带理化性能、几何尺寸、闭气环的性能等的微小变化
炮手操作与阵地放列	装定射击诸元,瞄准的微小差异;排除空回,装填力和拉火(击发力)、装填方法的差异;火炮两轮、驻锄、放列及土地土质等微小差异
气象方面	每发射击在地面和空中的气温、气压、风速、风向的微小变化及气象数据的处理误差
弹着点测量	观测弹着点的方法,计算弹着点的方法,观侧器材的精度

1.5.2 落点误差的描述

如果在靶平面建立 $x-y$ 平面坐标系并设定瞄准点为原点,就可以根据落点散布坐标数据,利用一些统计参量对落点误差进行描述,其中标准差和圆概率误差最为常用。

1. 标准差(σ)

一般来讲,认为落点的 x、y 坐标为相互独立的随机变量,且都关于散布中心服从高斯正态分布。若投射次数为 n,每次投射的落点坐标为 (x_i, y_i),当投射次数足够多时,x、y 两个方向的落点方差为

$$\begin{cases} S_x^2 = \dfrac{1}{n-1} \sum_{i=1}^{n} (x_i - \bar{x})^2 \\ S_y^2 = \dfrac{1}{n-1} \sum_{i=1}^{n} (y_i - \bar{y})^2 \end{cases} \quad (1.10)$$

如果用 σ_x、σ_y 分别表示大量投射次数下的落点在 x 和 y 方向的真实标准差,当 n 足够大时,在样本偏差为 0 的情况下,有

$$\begin{cases} \sigma_x^2 = S_x^2 \\ \sigma_y^2 = S_y^2 \end{cases} \quad (1.11)$$

所以,方差的平方根就等于标准差,有

$$\begin{cases} \sigma_x = \sqrt{\dfrac{1}{n-1} \sum_{i=1}^{n} (x_i - \bar{x})^2} \\ \sigma_y = \sqrt{\dfrac{1}{n-1} \sum_{i=1}^{n} (y_i - \bar{y})^2} \end{cases} \quad (1.12)$$

这样 σ_x、σ_y 就成为描述落点随机误差的重要参数,当投射次数 n 越大时,σ_x、σ_y 的值就越准确。

按照二维高斯正态分布规律,如果随机变量 x、y 是独立的,而且暂不考虑系统误差时,落点位于目标所处平面的分布概率密度函数为

$$P(x,y) = \dfrac{1}{2\pi \sigma_x \sigma_y} \exp\left(-\dfrac{x^2}{2\sigma_x^2} - \dfrac{y^2}{2\sigma_y^2} \right) \quad (1.13)$$

当有系统误差存在时,考虑落点散布中心坐标为(x,y),则以上分布概率密度函数为

$$P(x,y) = \frac{1}{2\pi\sigma_x\sigma_y}\exp\left(-\frac{(x-\bar{x})^2}{2\sigma_x^2} - \frac{(y-\bar{y})^2}{2\sigma_y^2}\right) \tag{1.14}$$

式(1.13)和式(1.14)描述了投射落点散布的统计特征量σ_x、σ_y与概率密度函数之间的关系。实际上,式(1.13)和式(1.14)的重要意义还在于,利用它们可以计算投射落点对某一目标区域的命中概率。当目标区域的面积为S_T时,在投射落点散布概率密度函数已知的情况下,就可以利用概率密度函数在目标区域的积分得到命中概率P_m,即

$$P_m = \iint\limits_{S_T} P(x,y)\mathrm{d}x\mathrm{d}y \tag{1.15}$$

代入式(1.14),有

$$P_m = \frac{1}{2\pi}\iint\limits_{S_T}\exp\left(-\frac{(x-\bar{x})^2}{2\sigma_x^2} - \frac{(y-\bar{y})^2}{2\sigma_y^2}\right)\mathrm{d}\left(\frac{x}{\sigma_x}\right)\mathrm{d}\left(\frac{y}{\sigma_y}\right) \tag{1.16}$$

式(1.16)说明,如果通过大量的投射试验,获得落点散布中心坐标(x,y)以及x、y方向的落点标准差σ_x、σ_y,就可以得到落点散布概率密度函数。这样,只要给定目标或目标区域的外形特征,就能通过对面积S_T的积分计算得到某次投射对目标的命中概率。

2. 圆概率误差

在有些射击条件下,弹药投射落点分布不会在x、y方向存在显著差异,所以从统计上来讲,式(1.13)和式(1.14)中x、y方向的标准差参数应该一致,即σ_x、$\sigma_y = \sigma$,这样,在暂不考虑系统误差时,有以下圆形正态分布概率密度函数,即

$$P(x,y) = \frac{1}{2\pi\sigma^2}\exp\left(-\frac{x^2+y^2}{2\sigma^2}\right) \tag{1.17}$$

所以,当落点分布在x、y方向存在的差异可以忽略时,一般定义圆概率误差(circular error probability,CEP)来描述投射落点精度。圆概率误差是指在暂不考虑系统误差时,以瞄准点为中心,以半径R画一个圆形,在稳定投射条件下多次投射,将有50%的落点位于这个圆形之内。圆概率误差大小一般就用这个圆形的半径R来度量,有时也记为$R_{0.5}$,称为CEP半径,或直接简称为CEP,其值越小表明投射精度越高,如图1.26所示。

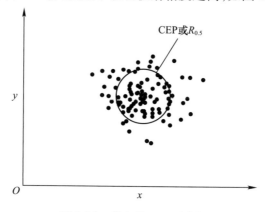

图1.26 落点的CEP示意图

下面讨论在落点呈圆形正态分布的情况下,其标准差 σ 和 CEP 半径的相关性。根据 CEP 的定义,利用式(1.17)在原点位于瞄准中心的圆形区域内积分,就可以计算得到圆概率,即

$$P_{\mathrm{m}} = \iint_{x^2+y^2 \leqslant R^2} P(x,y) \mathrm{d}x \mathrm{d}y \tag{1.18}$$

通过变量变换:$x = r\cos\theta$、$y = r\sin\theta$($0 \leqslant \theta \leqslant 2\pi$),再将式(1.17)代入式(1.18)中,则得圆概率为

$$P_{\mathrm{m}} = \frac{1}{2\pi\sigma^2} \int_0^R \int_0^{2\pi} \mathrm{d}\theta \exp\left(-\frac{r^2}{2\sigma^2}\right) r \mathrm{d}r \tag{1.19}$$

积分得

$$P_{\mathrm{m}} = 1 - \exp\left(-\frac{R^2}{2\sigma^2}\right) \tag{1.20}$$

按 CEP 的定义,可以令圆概率 $P_{\mathrm{m}} = 0.5$,于是可得 CEP 半径为

$$R_{0.5} = \sigma\sqrt{2\ln 2} \approx 1.1774\sigma \tag{1.21}$$

由此可得,CEP 半径是标准差的 1.1774 倍。通常认为标准差 σ 实际上是单变量,或一个方向上的散布量度,而圆概率误差常被认为是弹着点的二维散布的量度。

根据命中概率,对 CEP 半径又可以作另一种解释。即假定投射系统的设计误差散布等于标准差 σ,如果用该投射系统对一个半径为 $R \approx 1.1774\sigma$,且圆心位于期望弹着点上的圆形目标进行射击,则命中这样一个特定目标的概率是 0.5。由此可以预料,将会有一半的投射命中目标,而另一半则脱靶。

利用圆概率误差作为投射精确性的量度是很方便的。因为 $R_{0.5} \approx 1.1774\sigma$,它与标准差之间有依赖关系,可以互相转换。因此,各类投射方式都广泛应用圆概率误差作为落点散布误差的量度。

3. 概率误差

在有些情况下,比较关注落点处于平行于靶平面上 x 轴或 y 轴的无限长带状区域内的概率(该区域要以散布中心为中心),由此可以定义概率误差(probability error,PE)。概率误差是指,在暂不考虑系统误差时,以瞄准点为中心,以 $2E$ 的宽度平行于 x 轴(或 y 轴)画一个无限长带状区域,在稳定投射条件下多次投射,将有 50% 的落点位于这个带状区域之内。概率误差大小一般就用这个带状区域宽度的一半,即 E 来度量,有时也记为 $E_{0.5}$,其值越小表明投射精度越高。一般来讲,根据平行于 x 轴方向的带状区域所获得的概率误差 $E_{0.5(y)}$ 与根据平行于 y 轴方向的带状区域所获得的概率误差 $E_{0.5(x)}$ 有所不同,如图 1.27 所示。

在描述炮兵射击的落点散布时,概率误差这个概念用得较多,并被称为中间偏差。如果靶平面 x 方向正向是火炮射击方向,对应的 $E_{0.5(x)}$ 此时被称为距离中间偏差;相应地,$E_{0.5(y)}$ 被称为方向中间偏差。

同样,根据概率论可知,概率误差(PE)和标准差的关系为

$$\begin{aligned} E_{0.5(x)} &\approx 0.6745\sigma_x \\ E_{0.5(y)} &\approx 0.6745\sigma_y \end{aligned} \tag{1.22}$$

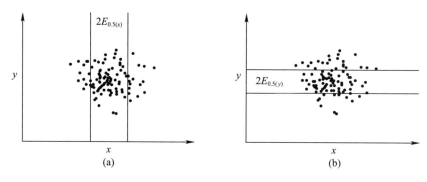

图1.27 落点的 PE 示意图
(a)$E_{0.5(x)}$；(b)$E_{0.5(y)}$。

4. 其他误差描述

在实际使用中，还常常使用其他统计量对落点误差进行描述，如径向标准差、平均半径等，这些量在特定应用中具有统计简单、使用方便的特点。

1.6 引信

引信是一种能感觉目标或其他预定的信息，如时间、气压、指令等，并适时起爆弹丸或战斗部的一种装置。引信也作为点火装置使用，如用来点燃抛射药以及控制弹药系统抛出照明炬、燃烧炬、子母弹的子弹等。引信配用于炮弹、火箭弹、迫击炮弹、航弹、地雷、水雷、枪榴弹、手榴弹、导弹战斗部和原子弹等。由于弹药种类很多，而且大小、重量、用途的差别很大，所以配用于不同弹药的引信在形状、尺寸和复杂程度上也有很大不同。引信的起爆作用对弹丸或战斗部的精度和终点效能（杀伤、爆破、侵彻、燃烧等）具有重要的甚至是决定性的影响，其作用相当于弹药的大脑。

引信能根据对付目标的不同控制弹药适时起爆，达到毁伤效果最佳的目的。新式的杀伤子母弹和反坦克子母弹，需在一定的高度打开母弹舱，以便释放出子弹，这就要靠时间引信来实现；对付掩体工事、坚固建筑物及碉堡等目标时，最好让弹药进入目标内爆炸，就需要引信具有环境识别和延期功能；对付空中目标或杀伤地面人员、破坏轻型车辆和器材等，在目标附近爆炸效果最好，需要具有近炸功能等。

引信的作用及其在武器系统中的地位，随着目标、弹药及武器系统功能、作战方式和科学技术的发展而不断进步。人们对于引信的认识在不断深化，引信的功能在不断完善，现代引信已成为一种能够利用目标信息、环境信息、平台信息和网络信息，按照预定策略引爆或引燃战斗部装药，可选择攻击点、给出功能指令（如控制续航或增程发动机点火）或毁伤效果信息的控制系统。

1.6.1 引信的功能

引爆战斗部是引信最基本的功能，但是，如果引信错误动作导致战斗部提前爆炸，就会造成己方人员伤亡或设备破坏。所以，引信一方面要保证弹药飞达目标区域之前不引爆，另一方面必须根据需要，选择最有利时机控制弹药按照需要功能和方式作用，最大限度地发挥其作用,达到最佳毁伤效果。将"安全性"和"可靠引爆战斗部"两者结合起来,才完整构成现代引信的基本功能。引信需具有保险、解除保险、感觉目标、起爆(包括点燃,下同)四项功能。

(1)保险。必须保证引信在预定的起爆时间之前不起作用,保证弹药在生产、装配、储存、运输、装填、发射及发射后的起始弹道段上,引信不能提前作用,以确保安全。

(2)解除保险。引信必须在发射后适当的时机控制引信由不能直接对目标作用的保险状态转变为可作用的待发状态,即解除保险。通常是利用发射过程或飞行过程中产生的环境信息,也可以利用时间装置、无线电信号使引信解除保险。

(3)感觉目标。引信通过直接或间接的方式感受目标信息,并加以处理和识别,判断目标的出现或状态。

凡引信直接从目标获得信息而起爆的属于直接感觉。直接感觉有:① 接触目标,引信或弹体与目标直接接触而感觉目标;② 感应目标,引信或弹体与目标不直接接触,而利用感应目标导致的物理场变化的方法来感觉目标。

间接感觉有:① 预先装定,根据测得的从发射(包括投掷、布置)开始到预定起爆的时间或按目标位置的环境信息进行预先装定;② 指令控制,引信根据其他装置感觉到目标信息后发出的指令而起作用。

(4)起爆。向战斗部输出足够的能量,完全可靠地引爆或引燃战斗部装药。引信必须在产生最佳效果的条件下起爆战斗部。引信可以在接触目标前、接触目标瞬时或接触目标后起爆,这取决于对引信的战术技术要求。

1.6.2 引信的基本组成

引信的基本组成和功能实现是密切相关的。根据现代引信的基本功能,引信一般都由安全系统、目标探测与发火控制系统、爆炸序列和能源装置4个基本部分组成。保险和解除保险的功能由引信的安全系统来完成,感觉目标由引信的目标探测与发火控制系统来完成,起爆功能由引信的爆炸序列来完成。图1.28给出了引信的基本组成部分、各部分之间的联系及引信与环境、目标、战斗部的关系示意图。实践中,根据弹药类型及功能差异,配用的引信在具体结构形式上是有差异的。

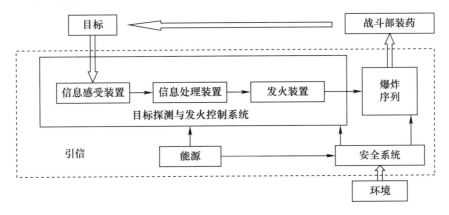

图 1.28　引信的功能组成

（1）安全系统。这是用于防止引信在感受到预定的发射或弹道飞行过程的环境信息并完成延期解除保险之前解除保险和作用的各种装置的组合,常用的有环境敏感装置、指令动作装置、可动关键件或逻辑网络以及传火序列或传爆序列的隔离件等。其作用是保证引信在勤务处理、使用和进入目标区以前的安全性,并利用合理的环境信息或控制信息可靠解除保险,转入待发状态。

（2）目标探测与发火控制系统。它是感觉目标信息或目标区的环境信息,或接收使用者发出的指令,对信息进行处理和鉴别后,使爆炸序列的第一级元件作用的系统。由信息接收装置(包括目标敏感装置)、信息处理装置和发火装置组成。其作用是控制爆炸序列在战斗部能够发挥最佳效果的位置上开始起爆。

目标敏感装置,是感觉、接收目标或目标周围环境信息,并能将信息以力、电信号输出的装置。根据引信对目标的感觉方式,可以分为直接感觉和间接感觉两种敏感装置。前者设在引信内部,由引信直接感觉目标信息,并将这些感觉到的信息转送到信息处理装置;后者是引信外部的探测设备,这些外部设备将获得的信息通过武器的火控系统转变为预定信号或指令信号发送到信息处理装置。

信息处理装置是对接收到的信号进行处理,以实现控制最佳作用时机的装置。一般信号处理装置可以对信号进行放大、辨伪等处理,有些先进的信息处理装置还能对弹药侵彻目标的信息进行识别和处理,对作用时机和位置进行自动控制,达到最佳毁伤效果。在有的引信中,信息处理装置的结构非常复杂,现代最先进的智能引信,在信息处理装置中,还有人工智能模块,可以进行复杂的信息处理。

发火装置是引信爆炸序列中第一级起爆元件发火的装置,也称为执行装置。常用的发火装置由击发机构、点火机构等组成。

（3）爆炸序列。这是各种火工、爆炸元件按其敏感度逐渐降低、输出能量逐渐提高的顺序排列的组合。爆炸序列的作用过程是第一级火工元件启动后,将其发火能量有控制地逐级放大,直到最后一级火工元件的能量能完全、可靠地引爆或引燃主装药,即将较小的刺激冲量有控制地逐级放大到足以使战斗部装药完全爆炸或燃烧的水平。

（4）能源装置。能够为引信正常工作提供某种形式的必要能量的装置,主要包括内储能和各种电源,如各种电池、电容等装置。

1.6.3 引信的作用过程

引信的作用过程是指从引信发射开始直至整个爆炸序列起爆,输出爆轰冲量(或火焰冲量)引爆弹丸或战斗部的主装药(或抛射药)的整个过程。引信的作用过程主要包括从保险状态到解除保险过程、利用目标信息或预定信号的发火控制过程和引爆过程。

1. 解除保险过程

引信有保险状态和待发状态两种状态。保险状态(也称为安全状态)是指引信所有保险机构(装置)和隔爆机构均未启动的状态。保险状态是引信在勤务处理、使用中等所处的一种状态,对大多数引信来说就是出厂时的装配状态。引信爆炸序列的第一级火工元件(雷管或火帽)通常是非常敏感的,即使很微弱的信号也能反应,所以对引信还要保证弹药的安全。这一任务由保险机构、隔爆机构、各种开关和控制电路组成的引信安全系统完成。

待发状态,又称解除保险状态,指引信所有保险机构解除、所有爆炸元件的传爆(传火)通道通畅,处于准备起爆的状态。处于待发状态时,一旦接收来自直接目标传递或由感应得来起爆信息,或从外部得到起爆指令,或达到预先装定的时间等条件,引信就能引爆。

引信由保险状态向待发状态的过渡过程,称为解除保险过程。引信解除保险的信息来源于对使用环境信息的识别判断,以及武器系统或弹药给出的信息。大多数引信解除保险的能量是由战斗部运动所产生的环境力(后坐力、离心力、空气动力等)提供,有的引信利用武器系统的能源解除保险。

2. 发火控制过程

发火控制过程由引信的发火控制系统完成。对于已进入待发状态的引信,从获取目标信息到输出发火能量的过程称为发火控制过程。发火控制过程的信息系统的作用过程大致分为 4 个步骤,即信息获取、信息传输、信号处理和处理结果输出。对于引信来说,信息处理结果输出的形式为发火能量。信息获取包括信息传递和转换,是指通过探测装置探测环境或目标信息或预定信号,并将其转换为适于引信内部传输的信号,如电信号、位移信号等。信号处理包括识别真假信号、信号放大和提供发火控制信号 3 项任务。这通常由信号处理装置完成,该装置的名称、设置、所要完成的具体任务根据引信类型和战术技术要求而各不相同,如机械触发引信中的延期机构、电引信中的放大电路和目标识别电路等。

引信处理结果输出的形式与一般系统不同,要求输出能够起爆火工品的发火能量,所以将引信的处理结果输出定义为"发火输出",完成发火输出的装置为执行装置。

3. 引爆过程

完成发火输出后,进入引信的引爆过程。其作用是由发火输出能量引爆起爆元件,并将能量逐级放大,直至输出引爆战斗部主装药的爆轰能或火焰能。引爆过程由引信的爆炸序列完成。

当引信输出爆轰能,引爆战斗部主装药后,引信的主要作用过程结束。除了上述过程外,现代引信还要求其不能正常作用时引信具有自毁功能。

图 1.29 所示为 B-37 引信,该引信配用于 37mm 高炮榴弹,攻击空中目标,以触感方式获取目标信息。引信的作用过程如下。

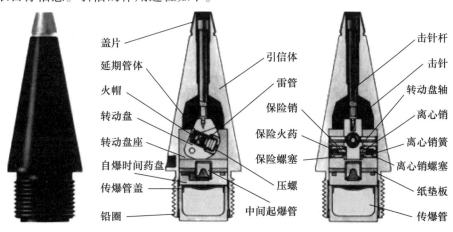

图 1.29 B-37 引信

1) 保险

平时,击针抵在转动盘的缺口上,不能下移刺发火帽。转子中的火帽倾斜一个角度,不与击针对正。转动盘被离心子和火药保险销锁住不能转动,而处于保险状态。同时,转动盘中的雷管与转子座中的导爆药错开,隔断爆炸序列爆轰能的传递通道。这样,在平时击针不会撞击击火帽而发火,引信处于保险状态。

2) 解除保险过程

发射时,膛内发火机构获取后坐力信息,由火帽转换为位移信号,使击针刺发火帽点燃固定火药保险销的保险火药与自炸药盘的时间药剂。炮弹出炮口20m后,保险火药燃烧完毕,同时在离心力信息的控制下,离心子与火药保险销都甩开,释放转动盘。此时,转动盘也在离心力矩信息作用下立即转至平衡位置。这样,火帽对正击针,而雷管也正好对正导燃药,解除保险过程结束,引信处于待发状态。

3) 信息作用过程

碰击目标时,目标的反作用力将目标信息(定位信息)传递给击针,并由击针转换为位移信号,即完成目标信息获取。位移信号又通过击针传输给火帽,即击针移动刺向火帽,输出火焰能信号,完成发火输出。而发火信号经过延期体上的斜孔和环形火道,得到一定的延时,通过弓形片上的小孔传输到雷管,对发火信号进行放大,则信号处理完成。此时炮弹进入目标内部,引信完成信息作用过程。

4) 引爆过程

从雷管输出爆轰能信号后,就进入引爆过程,先后引爆导爆药和传爆药,最后向主装药输出爆轰能足够的引爆信号,引爆过程结束,弹丸爆炸。

5) 自毁

若炮弹未命中目标,经过 9~12s,在弹道的降弧段上自炸药盘燃尽,输出发火信号,引爆导爆药和传爆药,并输出引爆信号使弹丸爆炸,以免弹丸落入我方地区碰地爆炸,危及人员和物资设备的安全。

1.6.4 引信的分类

为了便于研究和使用,引信常根据需要按其特点进行分类。分类方法较多,可按配用弹种、用途、装配位置、作用方式、作用原理和输出特性等进行分类。现介绍几种常用的分类方法。

1. 按装配位置分类

根据引信在弹丸或战斗部上装配的部位可分为以下几种引信。

(1) 弹头引信。是指在弹丸或战斗部头部装配的引信。

(2) 弹底(弹尾)引信。是指装在弹丸的底部或火箭弹、导弹战斗部尾部的引信。侵彻战斗部、穿甲纵火战斗部、碎甲弹等战斗部常用弹底引信。

(3) 弹头-弹底引信。引信的敏感装置在弹头部,而其余部分在弹尾部。

(4) 弹身引信。是指装在弹体中间部位的引信,一般在导弹、航空炸弹和水雷上使用较多。

2. 按作用方式和原理分类

引信的作用方式,主要取决于获取目标信息的方式。引信获取目标信息的方式可以归纳为3种,即触感式、间接式(执行信号式)和近感式。因此,引信相应地可以分为触感引信、执行引信和近感引信三大类。在实际使用中,上述三大类引信又结合作用原理可以作进一步分类。

1)触感引信

这是指按触感方式作用的引信。又称为触发或着发引信。按其作用原理,目前使用较多的是机械式和压电式两大类。其中机械式触感引信又根据引信作用时间分为瞬发式、惯性式和延期式等。

(1)瞬发引信,是指利用接触目标时对引信的反作用力获取目标信息而作用的引信。此类引信都是弹头引信,其作用时间短达100μs。因此,适用于杀伤弹、杀伤爆破弹和破甲弹上。

(2)惯性引信,也称短期引信。是利用碰击目标时急剧减速对引信零件所产生的前冲力获取目标信息而作用的引信。作用时间一般在1~5ms之间。常配用于爆破弹、半穿甲弹、碎甲弹和破甲弹或子母弹的子弹。配用此类引信的榴弹,爆炸可在中等坚实的土壤中产生小的弹坑,在坚硬的土壤有小量侵彻。这对榴弹的杀伤作用有影响,但可用于跳弹射击,以实施空炸,如图1.30所示。而对穿甲弹与爆破弹来说,它的延期时间不够长,因而单独使用较少。此类引信有装在弹头的,也有装在弹底的。

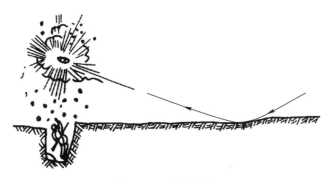

图1.30 跳弹空炸

(3)延期引信,是指目标信息经过信号处理延长作用时间的触感引信。延期的目的是保证弹丸进入目标内部爆炸。延期时间一般为10~300ms。延期触发引信主要配用于穿甲、爆破及杀伤爆破弹药,用于对付飞机、舰艇、地面工事、机场跑道等有一定防护能力的目标。此类引信可以是弹头引信,也可以是弹底引信。但是在对付很硬的目标时,总是用弹底引信。

(4)压电式触感引信(简称压电引信),是指用压电元件将目标信息转化为电信号的触感引信。压电引信的作用时间短(小于100μs),可以实现弹头触感和弹底引爆,常配用于破甲弹上。

压电引信于20世纪50年代问世,由引信头部和引信尾部(包括传爆药、起爆药、电雷管、保险机构、隔离机构等零部件)组成,所以又称这种引信为弹头压电弹底起爆引信。其中的压电元件为压电陶瓷,又称压电晶体。它因弹头碰击目标而受压力变形时,上下表面能产生电荷和电压。其产生的电量虽有限,但电压非常高(达几千伏),足以使电雷管起爆,从而引爆弹丸,产生聚能金属射流,穿透装甲。

压电引信的一个重要特点是大幅度提高了瞬发度。当破甲弹用机械引信时,从碰着目标到炸药爆炸约需万分之几秒,而用压电引信后就仅需十万分之几秒了,这样便大大减小因着速不同而造成的炸高散布。所以,压电引信既可用于高初速火炮(如加农炮、反坦克炮、坦克炮等),又适用于低初速火炮(如无坐力炮)及火箭筒和反坦克导弹等。这不仅扩大了反坦克武器的种类和使用范围,并且使破甲威力显著提高。

2) 执行引信

这是指直接获取外界专门的仪器装置发出的信号而作用的引信。按其获取方式可分为时间引信和指令引信。

(1) 时间引信,是指按预先(发射前)装定的时间而作用的引信。按其原理又分为机械式(钟表计时)、火药式(火药燃烧药柱长度计时)和电子式(电子计时)。这类引信多用于杀伤爆破榴弹、炸弹和特种弹等。

时间引信广泛配用于空炸、跳炸、穿透目标后爆炸和深入目标(如防御工事等)内部爆炸等各种定时起爆的弹药。时间引信的延期时间是根据弹药的战术使命和使用要求设计的,短的只有几百毫秒或几秒,长达几天、几十天甚至几个月。

药盘(火药)时间引信是利用火药分层、等速燃烧的特性进行计时的时间引信。常用的计时装置有药盘、延期药管、导火索等。这种时间引信具有结构简单、易于制造、成本低廉等优点。其主要缺点是时间散布大、受环境因素影响大、额定的定时间隔小、长储性能差等。

机械(钟表)时间引信是采用钟表机构计时的时间引信。一般在发射前要进行定时装定。机械时间引信的主要优点是时间散布小,容易取得需要的作用时间;对环境因素不敏感,抗干扰能力强。缺点是制造工艺要求高、成本高。

电子时间引信是采用电子计时装置计时的时间引信。数字式电子时间引信应用数字计时电路,是通过记录等时振荡电脉冲的脉冲数来控制发火的。数字式电子时间引信具有作用时间长、时间装定精度高、可进行无损检测、易与火控系统联动实现遥控装定、电子计时装置的通用化程度高等优点,被广泛应用于各种弹药。模拟式电子时间引信是利用电流或电压按一定规律、随时间变化的特性来实现时间装定的,如采用 RC 电路。电子时间引信的结构主要优点是时间散布精度高、作用可靠性高、制造工艺简单;缺点是受环境因素影响大、抗干扰能力差。

(2) 指令引信,是指利用接收遥控(或有线控制)系统发出的指令信号(电的和光的)而工作的引信。此种引信只需设置接收指令信号的装置,因而结构较简单。但是,它需要一个大功率辐射源和复杂的遥控系统,容易暴露,一旦被敌方炸毁,引信便无法工作,因而使用较少,目前多用在地空导弹上。

3) 近感引信

这是指在接触目标前的一定距离范围内感觉目标并起作用的引信,又称为近炸引信。

二战期间的多次战例中,虽然高射炮火非常猛烈密集,但击落的飞机却有限,这是因为当时高射炮弹配用的是触发或机械时间引信。为提高炮弹对目标的毁伤效果,美国在 1943 年率先研制成功了无线电近炸引信,并于当年投产装备美军。

当炮弹飞出炮口一定距离后,引信保险装置动作,使引信处于工作状态,振荡器产生特定频率的无线电振荡信号,由无线电收发机向外发出,发出的无线电波碰到空中目标(如飞机、导弹等)被反射回来。由于炮弹和目标间的相对运动,反射波与发射波之间产生一个频率差,称差拍音频。差拍音频信号经选择放大器选择并放大,当信号强度达到一定数值后,就可接通电子开关,引爆电雷管,从而使炮弹在离目标较近的距离爆炸,靠弹丸形成的破片和冲击波毁伤目标。

由于无线电近炸引信是在第二次世界大战中研制成功的,它与雷达、原子弹被誉为第二次世界大战期间武器装备的三大发明。

今天,许多国家不仅将无线电近炸引信配用于高射炮弹,且已广泛应用到榴弹、子母弹、火箭弹、导弹等领域,使其在接近目标或目标上空一定高度空炸,对目标的毁伤效果比其落地爆炸威力大几倍至数十倍。

随着现代科学技术的飞速发展,各种原理的近炸引信不断出现,如光近炸引信(包括激光和红外)、声近炸引信、磁近炸引信及复合作用近炸引信等。

近感引信按其借以传递目标信息的物理场的性质,可以分为无线电、光、磁、声、电容(电感)等引信。

(1) 无线电引信,是指利用无线电波获取目标信息而作用的近感引信。在这些引信中,有许多是采用雷达原理获取目标信息的近感引信,俗称为雷达引信。在近感引信中,无线电引信是应用最广泛的一种引信。

无线电引信按其工作波段可分为米波式、微波式和毫米波式等;按其作用原理可分为多普勒式、调频式、脉冲调制式、噪声调制式和编码式等。其中米波多普勒无线电引信,由于简单可靠,应用十分广泛。

无线电近炸引信是根据无线电波的多普勒效应研制成功的。这种引信主要由振荡器、无线电收发机、选择放大器、电子开关、电雷管、电池、传爆药、自炸装置和保险机构等部件组成。

(2) 光引信,是指利用光波获取目标信息而作用的近感引信。根据光的性质不同,又可分为红外引信和激光引信。红外引信使用较为广泛,特别是在空对空火箭和导弹上应用更多。激光引信是一种新发展的抗干扰性能好的引信。

(3) 磁引信,是指利用声波获取目标信息而作用的近感引信。这种引信只能用来对付具有铁磁物质的目标,如坦克、车辆、舰艇和桥梁等。目前主要配用于航空炸弹、水中兵器和地雷上。

(4) 声引信,是指利用声波获取目标信息而作用的近感引信。许多目标如飞机、舰艇和坦克等都带有功率很大的发动机,有很大的声响。因此,常使用被动式声引信,主要配用于水中兵器。由于武装直升机是采取超低空飞行,利用地形、地表物隐蔽飞行,处于雷达盲区,此时声引信有着十分明显的优势。同时,水中电磁波存在剧烈衰减,在水中作战的条件下声引信也有明显优势。

(5) 电容引信,是指利用弹、目接近时电容量的变化而作用的近炸引信。引信与战斗部壳体间的有效电容量受引信与目标、战斗部壳体与目标间有效电容量的影响,并随着弹、目间距离的减小而增加(图1.31)。将这种增量或增量的变化率检测出来作为弹、目距离信息,便可实现对目标的定距。电容(或电感)引信具有原理简单、作用可靠、抗干扰性能好等优点;缺点是作用距离近。目前电容引信主要用于空心装药破甲弹上,也有用于榴弹的。

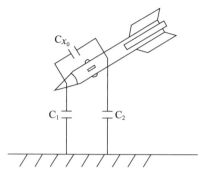

图1.31 电容引信工作原理

(6) 周炸引信,是指利用目标周围环境信息而作用的近炸引信。常用的周炸引信有气压式(利用大气压力的分布规律)与水压式(利用水压力与水的深度变化规律)两种。

目前,近感引信还常按"体制"进行分类。所谓引信体制是指引信组成的体系,因而按体制分类,就是按引信组成的特征进行分类。由于引信的组成特征与原理紧密相关,所以通常与原理结合在一起进行分类,如多普勒体制、调频体制、脉冲体制、噪声体制、编码体制和红外体制等。

近感引信按其借以传递目标信息的物理场来源,可分为主动式、半主动式和被动式等3类。

(1) 主动式近感引信,是指由引信本身的物理场源(简称场源)辐射能量,利用目标的反射特性获取目标信息而作用的引信,如图1.32所示。由于物理场是由引信本身产生的,与外界偶然因素关系较小,工作稳定性好。但是,增加场源会使引信线路复杂,并要求有较大功率的电源来供给物理场工作,给引信设计增加了一定的困难。此外,这种引信容易被敌人侦察发现,有可能被敌人干扰。

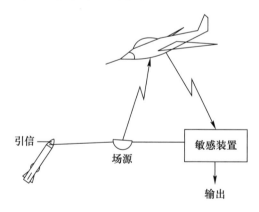

图1.32 主动式近感引信作用方式

(2) 半主动式近感引信,由我方(在地面上、飞机上或军舰上)设置的场源辐射能量,用目标的反射特性并同时接收场源辐射和目标反射的信号而获取目标信息进行工作的引信,如图1.33所示。这种引信的结构简单,场源特性稳定,而且可以控制。关键在于引信要能鉴别从目标反射的信号和场源辐射的信号,同时需要一个大功率场源和一套专门设备,使指挥系统复杂化且易暴露。目前,除导弹外,这种引信使用较少。

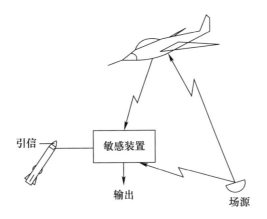

图 1.33 半主动式近感引信作用方式

(3) 被动式近感引信,是利用目标产生的物理场获取目标信息而工作的引信,如图 1.34 所示。大多数目标都具有某种物理场,如发动机就可以产生红外光辐射场与声波、高速运动的目标因静电效应而存在静电场、铁磁物质有磁场等。这类引信由于本身不产生物理场,不但结构可以简化,能源消耗可以减少,而且不易暴露给敌人。但是,引信获取目标信息完全依赖于目标的物理场,会造成引信工作的不稳定性。因为各种目标物理场的强度可能有显著的差别,敌人也可能采取特殊的措施使目标物理场产生变化或减小,甚至可以暂时消失,如喷气发动机将气门关闭或喷气孔后加挡板。然而,在通常情况下目标物理场还是具有一定稳定性的,很多红外引信就是被动式的。

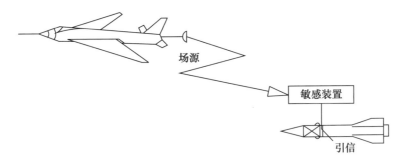

图 1.34 被动式近感引信作用方式

4) 新型引信

(1) 多用途引信。这种引信也称为多选择或多功能引信,是集触发、近炸、时间及延期等功能于一体的新型引信。

美国的多选择引信 XM773 具有近炸(炸高可调,对人员 7m、对器材设备及车辆 3m、配发烟弹用 75m)、定时、触发和延期(侵彻砖墙至少 305mm、混凝土至少 203mm)4 种功能,作战使用时可选择装定。

美国 M734 引信有 PRX(高空炸)、NSB(低空炸)、IMP(碰炸)和 DLY(延迟)4 种工作模式(图 1.35)。PRX 和 NSB 模式是利用多普勒原理的无线电近炸模式,当炮弹离地一定高度时内置电路自动点燃电雷管引爆弹药,可以最大限度地发挥空炸榴弹破片杀伤范围,有效杀伤卧倒或躲在壕沟内的目标;IMP 模式既可以杀伤暴露的有生目标,也可以摧毁运输车辆等软目标;DLY 模式提供了 0.02s 的延迟,能够使炮弹穿入目标内部爆炸,摧毁隐蔽所、掩体、建筑物,杀伤内部人员。而且,4 种工作模式的调节只需拧动引信头部的塑料帽即可。

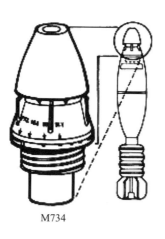

图 1.35　M734 多用途引信

(2) 声/红外复合引信。这种引信实质上是一种声/红外复合探测器。为适应现代战场越来越多的电磁干扰及电磁对抗环境的需要,采用被动探测技术的新型引信,已成为外军引信发展的重要趋势之一。

美国发展的声/红外复合引信用于智能灵巧弹药 BAT(Brilliant Anti - armor Technology)。BAT 子弹的红外探测器装在子弹头部,声探测器靠 4 个销钉固定于弹翼翼端。红外探测器能探测目标的热源特征,而声探测器能探测目标的噪声特征,两者相辅相成、配合默契地识别和捕获目标。奥地利的"黑基"(Helkir)声/红外复合引信用于反直升机地雷上,由微音器及一系列红外和光学探测系统组成,用来探测直升机发动机的热声特征与旋翼声波。

不同类型近炸引信,发火控制系统的作用原理略有区别。例如,无线电近炸引信是利用无线电波获得目标信息而控制发火,其广泛配用于对付各种地面、水面和空中目标的杀伤弹或杀伤/破甲弹;光近炸引信是利用光波获得目标信息而控制发火;磁引信是利用弹药接近目标时磁场的变化获得目标信息而控制发火,主要用于对付坦克、舰艇等目标,也可配用于各种导弹,用以对付飞机、导弹等带有磁性金属的目标;电容感应引信是利用弹药与目标接近时电容量的变化获得目标信息而控制发火,通常配用于杀伤弹、杀伤/破甲弹、破甲弹和爆破弹等,用以对付地面和空中的各种目标;声引信是利用声波(或声信号)获得目标信息而控制发火,通常配用于水雷、鱼雷等弹药,用来对付舰艇等目标。

1.6.5　对引信的基本要求

根据武器系统战术使用的特点和引信在武器系统中的作用,对引信提出了一些必须满足的基本要求。由于对付的目标不同和引信所配用的战斗部性能不同,对各类引信还有些具体的特殊要求。这里主要介绍对引信的基本要求。

1. 安全性

引信安全性是指引信在生产、勤务处理、发射等解除保险前各种环境中，在非作用条件下不能解除保险和起爆的性能。这是对引信最基本的也是最重要的要求。爆炸或点火的功能或过程是不可逆的，所以引信是一次性作用的物品。引信不安全将导致勤务处理中爆炸、发射时膛炸或早炸等，不仅不能完成消灭敌人、毁伤目标等任务，反而会对我方造成危害。

1) 勤务处理安全性

勤务处理是指由引信出厂到发射所受到的全部操作和处理，包括对引信电路的例行检查、运输、搬运、弹药箱的叠放和倒垛、运输中的吊装、空投、发射前的装定和装填、停止射击时的退弹等。勤务处理中可能遇到的比较恶劣的环境条件是运输中的震动、磕碰以及搬运、装填时的偶然跌落，空投开伞和着地时的冲击，以及周围环境的静电与射频干扰等。要求引信不能因受这些环境条件的作用或由于例行检查时的错误操作而提前解除保险、提前发火或失效。

2) 发射安全性

发射安全性是指在发射平台上及安全距离内引信不解除保险和起爆的性能。不同的弹种对发射安全性的具体要求不同，例如，火炮弹丸在发射时的加速度很高，某些小口径航空炮弹发射时加速度峰值可达 $110000g$，中大口径榴弹和加农炮榴弹发射时加速度峰值可达 $1000 \sim 30000g$。火箭弹弹底引信靠近火箭发动机，发射时引信会因热传导作用被加热。坦克作战中可能有异物进入炮膛，发射时弹丸在膛内遇异物而突然受阻。用磨损了的火炮射击时，引信零件在炮口附近有时受到高达零件重量 $500 \sim 800$ 倍的章动力。如果引信保险机构在膛内已解除保险，引信已成待发状态，在这样大的章动力下，就可能发生炮口早炸。如果隔离火帽的引信在膛内提前发火，灼热气体可暂时储存在火帽附近的空间内，而弹丸一出炮口，隔离机构中堵塞火帽传火的通道就被打开，气体下传，也会引起引信的炮口早炸。对空射击时，炮口附近遇到树枝、庄稼等障碍物，多管火箭炮在发射时，前面的火箭弹喷出的火药气体会对后面火箭弹的引信有影响，在这些环境影响下，引信的火工品不能自行发火，各个机构不应出现不应有的紊乱或变形。

炮弹引信的发射安全性包括膛内安全性和炮口一定距离的安全性，火箭弹引信的发射安全性还包括在规定的安全距离内发动机突然熄火或爆炸时，前一发火箭弹发动机喷出的火药燃气或火药颗粒作用于后一发弹的引信时，引信不能解除保险或起爆的性能。弹道起始段安全性由保险机构和隔离机构来保证。解除保险（或解除隔离）的距离，最小应大于战斗部的有效杀伤半径，最大应小于火炮的最小攻击距离。引信的发射安全性与安全距离密切相关。安全距离是指弹丸或战斗部发射后在弹道飞行中爆炸时不危害操作人员及发射系统炸点与发射系统的最小距离。引信必须在弹丸或战斗部到达安全距离后才能解除保险。对于不同的弹种，对安全距离的要求各自不同。火炮弹丸和火箭弹战斗部的安全距离分别从炮口和发射器前端算起，也称为炮口安全距离。弹径大、装药量的弹药需要的安全距离就大。安全距离一般在理论分析基础上用试验方法确定。

3) 弹道安全性

弹道安全性是指弹药发射后，引信从解除保险进入待发状态到正常爆炸点之前的弹道上不起爆的性能。弹道安全性是为了保证引信对目标作用的可靠性。引信在弹道飞行中会遭受各种环境力或信息的干扰。例如,引信解除保险后,在弹道飞行过程中,引信顶部受到迎面空气压力;弹丸在弹道上做减速飞行、减速炸弹在阻力伞张开时,引信内部的活动零件受到爬行力或前冲力;大雨中射击时,引信头部会受到雨点的冲击;在空气中高速运动时,引信顶部因摩擦生热而使温度升高;近炸引信会受到人工和自然的各种干扰。在上述这些环境条件的作用下,引信不能提前发火。弹道安全性可由弹道保险、防雨保险、抗干扰装置等保证。

2. 作用可靠性

引信的作用可靠性系指在规定的储存期内,在规定的条件下(如环境条件、使用条件等)和规定时间内,引信必须按预定的方式作用的性能。主要包括解除保险可靠性、解除隔离可靠性、引爆特性、抗干扰特性等。

引爆特性要求是直接完成引信任务的一项战术技术要求,它将最终影响对目标的毁伤效果,因而又称它为功能性要求。所谓引爆特性(简称引爆性),是指引信选择引爆战斗部的最佳时间或空间位置,并使其完全爆炸的性能。这一要求主要包括两个内容:一是炸点选择的时间或空间特性,通常称为适时性;二是使战斗部完全爆炸的性能,通常称为完全性。

为了满足适时性要求,在引信设计中,应力求使引爆战斗部的时间和空间特性与战斗部毁伤区相一致,以保证战斗部充分发挥威力。在导弹武器系统中,将解决最佳时间或空间特性问题称为"引战配合",意思是引信配合战斗部取得最大毁伤效率。为了满足完全性要求,则必须合理地设计传爆序列,保证引信输出的爆轰能量足以引爆战斗部主装药,使其爆炸完全。

引信种类不同,描述适时性的特征量也不同:在触感引信中是"瞬发度"和"延期时间";在近感引信中是"炸高"(对地目标)和"作用距离"(对空目标)等。这些特征量参数即为评定引信适时性要求的定量指标。

3. 使用性能

引信的使用性能是指引信的检测、与战斗部配套、装配、接电以及作用方式或作用时间的装定,对引信的识别等战术操作项目实施的简易、可靠、快速、准确程度的综合。它是衡量引信设计合理性的一个重要方面。引信设计者应充分了解引信服务的整个武器系统,特别是引信直接相关部分的特点,充分了解引信可能遇到的各种战斗条件下的使用环境,研究引信中的人因工程问题。确保在各种不利条件下(如在能见度很低的夜间或坦克内操作,在严寒下装定等)操作安全、简便、快速、准确。应尽可能使引信通用化,使一种引信能配用于多种战斗部和一种战斗部可以配用不同作用原理或不同作用方式的引信。这对于简化弹药的管理和使用,保证战时弹药的配套性能和简化引信生产都有重要意义。

4. 环境适应性

引信从生产、勤务处理到按预定方式作用以前的整个过程中,会受到各种环境因素的影响,引信必须很好地适应各种环境影响,而不能非正常工作直到失效。广义地讲,所有这些影响因素都称为干扰。但是,引信延期解除保险结束前的干扰影响,已作为引信安全性要求提出,所以引信抗干扰不包括这些干扰。抗干扰性是指引信在延期解除保险后抵抗各种干扰仍能保持正常工作的能力。

一般地，引信延期解除保险结束，就处于待发状态。因而抗干扰的实质是提高引信识别目标的能力，故这些干扰又称为假目标。

应当指出，引信抗干扰性要求与引信安全性一样，也是从引信可靠性要求中独立出来的。从抵抗干扰来说，抗干扰性与安全性的最大区别在于：前者主要是采用提高引信识别目标的能力；而后者是采用保险措施。

引信干扰的种类可分为内部干扰、自然干扰和人工干扰。

1）内部干扰

引信自己产生的干扰叫内部干扰。引信在各种力的作用下，机构零件、电子元器件和电源发生机械振动，在其他物理作用影响下，机构零件变形与误动作、电子元器件与电源产生噪声，以及在线路中开关接电或断电时所产生的瞬变过程等，都是属于内部干扰。特别是电子元器件与电源的噪声，一般在弹道初始阶段较大，经过放大后，就能产生足够大的电压而使引信发火。

2）自然干扰

由引信工作环境中各种自然现象与物理现象，包括雷电、雨集云、太阳以及摩擦静电、空气动力热等所产生的干扰，称为自然干扰。例如，闪电的光和太阳对光引信的干扰；空气动力热对压电引信的干扰等。不同原理的引信会受到不同自然干扰。

3）人工干扰

它是人为制造的干扰，多用于干扰无线电引信，又分为无源干扰和有源干扰。

（1）无源干扰，又称消极干扰，如在空中撒下大量的锡箔或强反射能力的特制金属针以及等离子形成物等，使引信误动作。

（2）有源干扰，是使用专门的大功率发射机，发射各种类型的无线电信号来模拟含有目标信息的信号，对引信实施干扰，破坏引信正常工作。这种发射机通常称为引信干扰机，它是目前最常见的一种人工干扰。

对无线电引信来说，抗干扰问题尤为突出。因为无线电引信干扰与反干扰是电子战的一部分。

评定引信抗干扰能力的大小，通常用有干扰与无干扰条件下杀伤效率之比来表示，称为效率准则。由于干扰手段的多样性，引信抗干扰能力总是对一定干扰条件而言的。另外，在具体应用中，还有功率准则、信息准则和线路改善因子准则等。

5. 经济性

经济性的基本指标是引信的生产成本。在决定引信零件结构和结合方式时，应考虑尽量简化引信生产过程，能采用生产率高、原材料消耗少的工艺方法，并便于实现生产过程和装配过程的自动化和系列化。

采取上述措施，不仅可降低引信的成本，而且由于引信生产过程的简化和生产率的提高使引信的生产周期缩短，就为战时提供更多的弹药创造了条件。它的意义已不仅限于经济性良好这一个方面。

6. 长期储存稳定性

弹药在战时消耗量极大，因此在和平时期要有足够的储备。一般要求引信储存 15～20 年后各项性能仍能合乎要求。零件不能产生影响性能的锈蚀、发霉或残余变形，火工品不得变质，密封不得破坏。设计时，应考虑到引信储存中可能遇到的不利条件。可能产生锈蚀的零件应进行表面处理;引信本身或其包装物应具有良好的密封性能,以便为引信的长期储存创造良好的条件,尽可能延长引信的使用年限。

7. 引信标准化

标准化是引信现代化的标志之一,它包括引信系列化、通用化和引信标准,通常简称"三化"。设计引信时应符合引信标准化的要求。

引信系列化和通用化,不仅可以使后勤供应大为简化,减少使用、供应和调运中的差错,便于战士操作,并且可使新型引信的研制周期大为缩短,有利于提高质量和减少生产设备、降低成本、提高生产率。

在上述对引信的战术技术要求中,最基本的要求是安全性、引爆性、可靠性和经济性,可称为引信的四大战术技术要求,而其他要求多数是由这四大要求引申出来的。显然,安全性要求大大超过引爆性要求,但引爆性是由战争的基本规律所决定的,在引信的发展中始终起主导作用,而安全性只是保证引爆性的前提条件,明确这一点对引信的发展是很重要的;可靠性是保证充分发挥引信引爆性和安全性的作用,否则引信将失去使用价值,经济性对这一次使用和大量消耗的引信具有重大意义,在一定程度上对引信的"命运"起着决定性的作用,因而绝不能一味追求引信的功能,而忽视其经济性。

1.7 火 工 品

火工品是装有火药或炸药,受外界较小能量刺激后产生燃烧或爆炸反应,用以引燃火药、引爆炸药、做机械功等预定功能的一次性使用元件或装置的总称。火工品装药以燃烧或爆炸方式进行反应,释放出大功率的能量,用来引燃、引爆或做功。除了用于引燃火药、引爆炸药外,还可作为小型驱动装置,用以快速打开活门、解除保险及火箭级间分离等。它是起爆与点火序列中最敏感的始发能源,其功能首发性和作用敏感性决定了其在武器系统中的地位和作用,作为武器系统中的最敏感部分,其安全性、可靠性直接影响武器系统的安全性和可靠性。常用火工品包括火帽、底火、点火头、点火管、延期件、雷管、传爆管、导火索、导爆索以及爆炸开关、爆炸螺栓、作动器、切割索等。其中,火帽、底火、延期件、点火具等主要用作引燃(点火)器材;雷管、传爆管、导爆索等主要用作引爆器材。

由于火工品具有体积小、反应速度快、功率大和威力高等特性,在军事领域及民用工业中均得到广泛应用。在军用领域,从武器发射、飞行姿态调整到对目标的毁伤都离不开火工品的作用。火工品在武器系统的主要功能有:用于武器系统或航天器中的点火、传火、延期及其控制系统,保证武器发射、运载等系统功能的实现及安全可靠地运行;用于弹药的起爆、传爆及其控制系统,以控制战斗部的作用,实现对目标的毁伤;用于武器系统中的推、拉、切割、分离、抛撒和姿态控制等做功序列及其控制系统,使武器系统实现自身调整、状态转换与安全控制等。例如,用火工品引爆弹丸中的爆炸装药、点燃药筒内的发射药、点燃火箭发动机等。在民用工业中,火工品首先是用于工程爆破作业中,如用于石油勘探、矿山开采、开山筑坝、修路筑坝、建筑物拆除等。其次,火工品也广泛用作动力源器件和爆炸加工,如切割索用于切割钢板、射钉弹用于安装工程、爆炸成型等。

1.7.1　火工品的分类

火工品一般是结构、体积较小的火炸药元件,具有比较高的感度,能由各种类型的很小的能量引起作用,输出一个需要的能量。由于使用条件不同,激发火工品的输入能量的形式和大小各有差别,在输出能量上也有较大的不同。

火工品种类繁多、功能不一,可按照输入、输出、结构、用途等多种方式进行分类。

按输入的性质划分,可以分为以下几种。

（1）针刺:针刺火帽、针刺雷管等。
（2）撞击:撞击火帽、撞击雷管等。
（3）火焰:火焰雷管、延期雷管、导火索等。
（4）电能:电雷管、电点火具等。
（5）爆炸:导爆管、传爆管、导爆索等。

电火工品通常由换能元、火工药剂和火工序列3部分构成。目前电热换能元主要由镍-铬丝或多晶硅组成。当通入一定电能后,镍-铬丝或者多晶硅进行电-热转换产生热量,以此激发火工药剂,引发燃烧或者爆炸,最终实现点火、起爆或做功等功能。

按输出的性质划分,可以分为以下几种。

（1）引燃:火帽、底火、点火具、电点火管等。
（2）引爆:雷管、导爆管、传爆管、电雷管等。
（3）时间:延期管、延期药盘等。
（4）做功:爆炸螺栓、爆炸铆钉、启动器、曳光管、气体发生器等。

1.7.2　常用火工品的特点与作用

武器系统从发射到毁伤的整个过程均是从火工品首发作用开始,几乎所有的弹药都要配备一种或多种火工品,作为武器系统的关键部件,它们具有功能首发性、作用敏感性、使用广泛性和作用一次性等特点。武器系统中常用的火工品有火帽、底火、点火具、延期药、雷管等。

火工品的结构主要由外壳、发火件和火工药剂等组成。火工药剂是火工品的能量来源,一般包括起爆药、猛炸药、火药等。火工药剂对火工品的敏感性、输出威力、储存安定性、勤务处理安全性及作用可靠性等有很大影响。

1. 火帽

火帽通常是弹药点火或起爆序列中的首发元件。它的作用是在针刺、摩擦、撞击或电能等作用下发出火焰,用它产生的火焰或经点火药放大后点燃发射药、延期药、时间药盘、火焰雷管等。火帽按照用途分类,可分为药筒火帽（底火火帽）、引信火帽、用于切断销子和激发热电池等的动作用火帽。按照激发方式,可分为针刺火帽、撞击火帽、摩擦火帽、碰炸火帽、电火帽、压空火帽等。为保证弹药的可靠作用和正常发挥威力,火帽应该具有足够的点火能力、适当的感度、使用安全性和其他对火工品的共性要求。

针刺火帽主要用于引信的传火序列和传爆序列中,由击针刺入而发火,然后点燃后续火工品,因此,有时也将针刺火帽称为引信火帽。撞击火帽主要用于枪弹药筒和炮弹的撞击底火,由枪或炮的圆头击针撞击发火,点燃发射药;摩擦火帽用于拉发手榴弹,由火帽中的摩擦子摩擦发火,引燃延期药,再引爆火焰雷管等火工品。图 1.36 所示为撞击火帽的典型构造,一般由帽壳、发火和击砧(火台)组成。火台的作用是,当火帽受击时,火台顶着受击的药剂,从而增加了发火的可靠性。火台的形状、材料密度、接触端面大小及接触的紧密性对产品的感度和安全性均有很大影响。

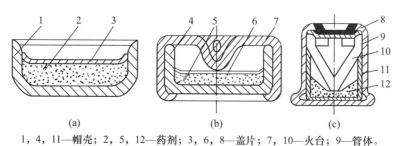

1,4,11—帽壳;2,5,12—药剂;3,6,8—盖片;7,10—火台;9—管体。

图 1.36　常用撞击火帽构造
(a)7.62 枪弹火帽;(b)小口径炮弹火帽;(c)迫击炮弹火帽。

2. 底火

底火是靠输入机械能或者电能刺激而发火的引燃性火工品,用于输出火焰引燃发射药或传火药,是发射装药或传火序列的第一级火工品。靠撞击作用发火的称撞击底火,用于绝大部分枪弹和炮弹;靠电能作用发火的称电底火,用于绝大部分导弹战斗部和部分火箭弹。单独使用一个火帽来引燃发射药只适用于枪弹和口径很小(25mm 以下)的炮弹。当弹的口径增大时,所装的发射药量增加,单靠火帽的火焰就难以使发射药正常燃烧,以致造成初速和膛压下降,甚至发生缓发射,火炮后坐不到位,影响连续射击的进行,也会造成近弹和射击精度下降。当口径大于 25mm 时,通常用增加黑火药或点火药的方法来加强点火系统的火焰,增加的黑火药或点火药可以散装,也可以压成药柱。为了使用方便,通常将火帽、火台、黑火药(或点火药)、底火体等零部件结合在一起形成一个组合体成为底火。所以底火是一种复合的火工品。通常由底火体、火帽、火台、传火药、闭气塞、盖片等组成。图 1.37 所示为一中大口径弹上通用的底 -9 底火。为了加强点火能力,有时在底火上加装较长的多孔传火管,插入发射药中间。管中装传火药,火焰从管壁传火孔喷出,点燃发射药。

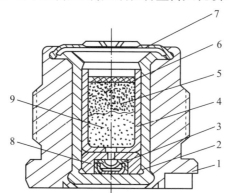

1—底火体;2—外壳;3—HJ-3 火帽;4—内管;
5—黑火药;6—纸垫;7—密闭盖;8—火帽座;9—点火药。

图 1.37　底 -9 底火

底火的种类较多,按照弹种的种类分为枪弹底火和炮弹底火;按照激发能量不同分为撞击底火、电底火、电击两用底火,电底火又分为桥丝式底火和导电药底火。底火的点火能力主要取决于点火药的成分和药量。

弹药射击时,底火在药筒的底部,在击发机构的撞针撞击下,使底火发生火焰,引燃药筒内的发射装药。因此,底火应有合适的感度、足够的点火能力、足够的机械强度和良好的密封性,才能满足作用要求。

3. 点火具

点火具是引燃火药、火箭推进剂等发射药的装置,其作用是将发射药的表面迅速地加热到它的起燃温度以上,并在燃烧室中建立一定的压力,以便待发射药正常地进行燃烧。点火装置由引火头部分及点火药组成,引火头部分受到外界能量(电能或机械能)作用后,产生一定的火焰,点火药起着扩大引火头能量的作用,使装药能迅速全面地燃烧。点火药量的多少与发射药类型、数量及装药条件等一系列因素有关。对点火具的要求除了一般火工品的共性要求外,还要求:① 在外界激发能量作用下,点火具切实可靠发火;② 点火具的点火药燃烧后,应可靠点燃发射药。当点火具用于弹道上点火时,有严格的时间要求。

点火具按其激发能量的形式分为电点火具和机械点火具(惯性点火具)两类。电点火具中有引火头,根据发火部分的结构分为桥丝式、火花式和导电药式3种。常用的是桥丝式的。一般火箭弹和火焰喷射器常用电点火具来点火,增程弹常用惯性点火具。

桥丝式点火具是由引火头和点火药组成,根据引火头和点火药的安装位置又可分为两类,即整体式和分装式。整体式的点火具是将引火头放在点火药盒内做成一个整体的点火装置,导线引出与弹体的电极部分相接。为了保证点火的可靠性,一般都采用两个或者两个以上并联的引火头。其优点是结构简单,点火延迟时间较短。图 1.38 所示为一整体式点火具。分装式点火具是点火药与引火头不做成一体,而采用分别安装的方法。分装式点火具的优点是引火头和点火药可以分开储存和运输,安全性高,便于更换个别零件。

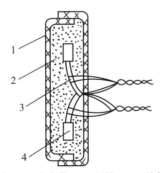

1—点火药盒;2—点火药;3—导线;4—引火头。

图 1.38 整体式点火具

惯性点火具常用于增程弹中火箭增程的点火,主要由膛内发火机构(火帽、击针和针簧)、延期机构(延期药)和点火扩燃机构(点火药盒)组成。惯性点火具中的发火部分为火帽。惯性点火具的作用过程:当弹丸在发射筒内向前运动时,和火帽座一起产生一个直线惯性力,此力可以使火帽克服弹簧的最大抗力向击针冲去,火帽受针刺作用而发火,火帽的火焰通过击针上传火孔点燃延期药,经一定时间(如0.09~0.12s)燃烧后再点燃点火药,点火药燃烧形成一定的点火压力,并迅速地点燃弹丸的火箭火药,完成点火作用。

4. 延期元件

延期元件是利用延期药的平行层燃烧而获得一定延期时间的火工元件。延期药是弹药传播序列中控制时间的元件,它一般由火帽点燃,经过稳定燃烧来控制时间,以引燃或引爆序列中的下一个元件。延期时间的长短由延期药的长度和燃烧速度控制。其优点是结构简单、价格便宜。延期元件的基本要求有足够延期时间和一定的精确、较好的火焰感度、足够的火焰输出、燃烧可靠且不中断、足够的机械强度、长储性能稳定。

延期药按它们燃烧后产物状态分为有气体和微气体(或叫无气体)两种。有气体延期药指黑药,微气体延期药通常是金属类可燃剂和氧化剂混合成的烟火剂。延期元件常用于弹药的引信中。引信中的延期元件主要分为两类:一是用于控制传火序列或传爆序列的作用时间,如延期管、时间药盘、火药保险等;二是用于点火与传火,如点火药、加强药、接力药柱等。

5. 雷管

雷管是在管壳内装有起爆药和猛炸药,可由非爆炸冲能或火帽等输出的冲能激发,并能可靠引爆其后面的猛炸药装药使其发生爆轰的一种火工品。它是传爆序列不可缺少的一个元件。雷管与火帽最本质的区别在于输出能量形式的不同,火帽输出的能量以火焰为主,雷管输出的能量以爆轰波为主,它能在较小外界能量激发下输出爆轰波,以引爆下一级火工品或猛炸药,所以雷管属于引爆类火工品。普通雷管一般由起爆药、猛炸药、管壳、加强帽或盖片等组成。管壳的作用是把雷管的各个部分结合成一个整体,保护雷管内的药剂,还起着屏蔽作用,使炸药爆轰成长迅速。起爆药在外界初始冲能作用下发火,由燃烧转为爆轰,爆轰波引爆猛炸药,猛炸药扩大雷管的输出能量,确保雷管有足够的威力输出。加强帽的作用是阻止起爆药刚刚点火时的气体泄漏,加速压力增长,使起爆药快速由燃烧转为爆轰,使雷管爆轰波向下传递。

雷管的类别品种较多,各种雷管的主要区别在于引火装置和延期元件的不同。直接用导火索引爆起爆药,没有延期引爆元件的雷管叫做火雷管。采用电引爆元件的雷管叫做电雷管。没有延期引爆元件的电雷管,在通电后瞬间就爆炸,称为瞬发电雷管;有延期引爆元件的电雷管,根据其通电后延期爆炸时间的不同,分为微秒延期雷管、毫秒延期雷管、秒延期雷管。按输入能的形式不同分为火焰雷管(输入能形式为火焰)、针刺雷管(输入能形式为针刺)、电雷管(输入能形式为电能)、拉发雷管(输入能形式为摩擦)、碰炸雷管(输入能形式为碰击)等。其中用电能激发的电雷管广泛应用于弹药引信中(如近炸引信和触发引信),此外,还在导弹和航天工程中作为一种特殊的能源物质,用于各种一次性作用的动力源器件中。按照向雷管输入电能时,使用的换能元件的不同,电雷管又分为灼热桥丝式电雷管、火花式电雷管、中间式电雷管、爆炸桥丝式电雷管、金属镀膜式电雷管和半导体开关式电雷管。各种电雷管都由电引火部分和普通雷管组成。图1.39所示为针刺雷管典型结构,图1.40所示为灼热桥丝式电雷管的典型结构。

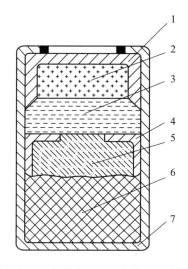
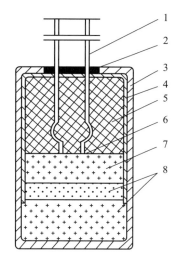

1—火帽壳；2—针刺药；3—延期药；4—加强帽；
5—起爆药；6—猛炸药；7—管壳。

图1.39 针刺雷管

1—脚线；2—绝缘套；3—雷管壳；4—加强帽；
5—塑料塞；6—导电膜；7—起爆药；8—猛炸药。

图1.40 灼热桥丝式电雷管

6. 索类火工品

索类火工品是外形呈索状，具有连续细长装药的起传火、传爆、切割或者延时作用的火工品。包括导火索、导爆索、延期索、切割索、导爆管及小直径柔爆索类。

导火索是传递火焰的火工品，它是以黑火药作为药芯，以棉线、纸条、玻璃纤维、石油沥青等材料被覆而成的索状火工品。其主要作用就是传火、点火和延期，用于木柄手榴弹、宣传弹、燃烧弹、礼花弹和工程爆破。根据燃速的不同，导火索可分为速燃导火索和缓燃导火索。速燃导火索的燃速在100s/m以下，缓燃导火索的燃速在100s/m以上。缓燃导火索又分为普通缓燃导火索(燃速为100～200s/m)和高秒导火索(燃速大于200s/m)。

导爆索指的是用于传递爆轰波、传爆或引爆炸药装药的索类火工品。它本身需要其他起爆器材引爆，然后将爆轰能传递到另一端，引爆与之相连的炸药或另一段导爆索。按包覆材料的不同分为棉线导爆索、塑料导爆索和金属管导爆索等。导爆索的炸药药芯由苦味酸、梯恩梯(TNT)发展为太安、黑索金、奥克托今等。导爆索与导火索的区别在于导爆索传递的是爆轰而不是火焰，导爆索单位传爆速度可达6000～8000m/s，其性能主要受炸药性能及粒度、装药密度、装药量和金属管材料的影响。导爆索具有安全、简便、可靠、不怕静电干扰等优点。广泛应用于导弹、火箭、航天器和工程爆破等。

7. 传爆药柱

传爆药柱是用来传递和扩大爆轰能量的火工品。常用于扩大雷管的能量，引爆较钝感的主装药。传爆药柱一般是由较敏感的猛炸药压制而成，过去常用特屈儿，现在多用太安、黑索今，有时也用奥克托今。在主装药量过大，不易被一个传爆药柱完全起爆时，可加辅助传爆药柱。

1.7.3 弹药中的发火序列

火工品是弹丸发射和爆炸的先导，是各系统的始发元件，又是最敏感的元件，要保证

弹药按战术技术要求适时和可靠作用,必须正确地选用火工品,并运用火工品组成所需要的发火序列。弹药中典型的发火序列如下:

(1) 组成引信中的传爆序列,引爆弹丸装药。
(2) 组成引信中的传火序列,引燃特种弹的抛射药等。
(3) 组成发射用的传火序列,引燃火炮发射药及火箭发动机等。

发火序列就是通过一系列火工品组成一个感度由高到低、威力由小到大的激发装置,将较小的初始能量加以转换和放大,最后形成一个较大的能量输出,适时并可靠地引发弹丸装药。

弹药的发火序列可按其作用不同分为两类,即传爆序列和传火序列。传爆序列最终给出爆轰冲能,用以起爆弹丸中的炸药;传火序列最终给出火焰冲能,用以引燃弹药中的火药装药。

1. 引信中的传爆序列

传爆序列一定要有给出爆轰冲能的火工品——雷管,它把击针给出的针刺能或火焰给出的火焰能等激发能量转变为爆轰冲能。

引信典型传爆序列如图 1.41 所示,它们可以大致分为四类。

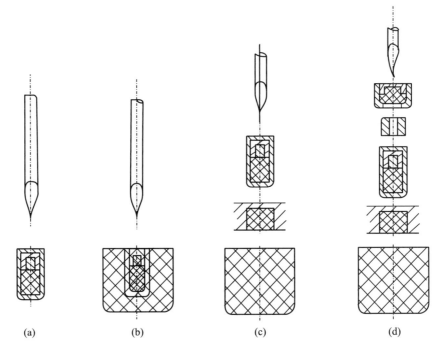

图 1.41 引信传爆序列示意图
(a)适用于小口径榴弹(非保险型);(b)适用于航弹、低速破甲弹(非保险型);
(c)适用于小口径榴弹破甲弹(保险型);(d)适用于有延期作用的中、大口径榴弹、火箭弹(保险型)。

(1) 最简单的传爆序列由一雷管组成,图 1.41(a)所示为引信击针－雷管－弹丸装药。引信与弹丸装配后,雷管即埋入装药中。适用于弹丸装药量较少的小口径榴弹的非保险型引信中。

(2) 35mm 以上的弹丸非保险型引信,因弹丸直径较大,装药量较多,光用雷管起爆弹丸装药可能引起半爆,所以传爆序列增加一个传爆药柱,将雷管爆轰冲能放大。其传爆序列如图1.41(b)所示,为引信击针－雷管－传爆药－弹丸装药。

(3)保险型引信,雷管靠一定厚度的金属隔板与传爆药柱隔离,以保证平时及射击的安全。为使雷管可靠地引爆传爆药柱,就需在隔板上装有导爆药。其传爆序列如图1.41(c)所示,为引信击针－雷管－导爆药－传爆药－弹丸装药。

(4)中、大口径榴弹有的需要延期装定,就在火帽和雷管之间装上延期药,以后再实现能量逐级放大。其传火序列如图1.41(d)所示,为引信击针－火帽－延期药－雷管－导爆药－传爆药－弹丸装药。

传爆序列基本上分为上述四类。当然根据引信的战术技术要求及具体结构,可有其他衍生形式。

电引信及雷达引信中,传爆序列的第一个火工品接受的激发冲能是电能,这就要求该火工品为电火工品。其传爆序列为电源－电雷管－延期药－传爆药－弹丸装药。

随着新武器的发展,某些引信还利用无线电波、红外线、声效应、磁效应和光效应等。这些都仅仅是敏感元件不同,火工品所接受的仍然是电能,故发火序列与电引信相同。

综上所述,组成传爆序列的最基本的火工品是雷管和传爆药,靠它们完成能量的转换和放大。根据输入冲能和用途不同,可进一步考虑增减火工品,以组成满足引信战术技术要求的传爆序列。

2. 典型的传火序列

特种弹如宣传弹、照明弹等没有爆炸装药,不需要爆轰冲能来引爆;但有火药装药构成抛射药,需用火焰冲能点燃。这类弹丸引信的发火序列为传火序列。另外,弹丸发射时,点燃发射药也靠传火序列。

(1)引信传火序列类型

最简单的为引信击针－火帽－弹丸中装药。有延期作用和时间要求的,其传火序列为引信击针－火帽－时间药剂－扩焰药－弹丸装药等,或引信击针－火帽－定时药－弹丸装药等。

(2)底火传火序列类型

步枪和机枪中,因口径小、发射药量少,其传火序列只有一个火帽组成,即撞针－火帽－发射药。炮弹口径为37mm以上时,只用一个火帽不能完成引燃发射药的任务,这时采用发火能量较强的火工品——底火。底火由火帽和黑药组成,火帽发出的火焰由黑药燃烧而扩大,其传火序列为撞针－底火－发射药。在大口径炮弹中,为扩大底火火焰,又增加了传火药。其传火序列为撞针－底火－传火药－发射药。一些自动武器和大口径火炮多数采用电能激发,其传火序列为电源－电底火－传爆药－发射药。

(3)火箭发动机中火箭装药的传火序列

它们也分为机械能激发及电能激发两类,其传火序列为机械冲能－火帽－点火具－点火药－火箭装药,或电冲能－电点火管－点火具－点火药－火箭装药。

从上列各类传火序列看,构成传火序列的基本元件是火帽和传火药,由它们来实现能量的转换和放大。

传火序列和传爆序列在弹药中的应用如图1.42和图1.43所示。图1.42所示的炮弹转入炮膛后,首先由击针撞击底火,底火发火点燃发射药,发射药燃烧产生很高的气体压力,把弹丸推出炮膛。弹丸到达目标后,引信首先起作用。引信中各个火工品组成传爆序列,达到适时、可靠地引爆弹丸中的装药。

从每发全备弹的作用过程来看,弹丸的发射要底火先起作用,弹丸中炸药爆炸又要引信先起作用,而底火和引信都装有火工品。从图中可见,它们各按需要装有火帽、雷管、导爆药、传爆药、撞击火帽及黑药等火工品。所以,火工品是弹丸发射和爆炸的激发器材。

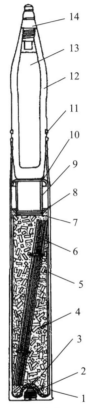

1—药筒;2—底火;3—点火药;4—粒状发射药;
6—管状发射药;14—榴-3引信;余为炮弹其他部件。

图1.42 加农炮全装药杀伤榴弹

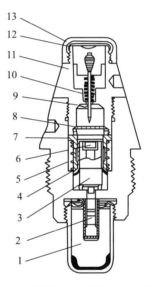

1—传爆管;2—雷管;6—火帽;
余为引信其他部件。

图1.43 榴-3引信

1.8 火 药

火药是在无外界供氧条件下,可由外界适当能量激发,自身进行迅速而有规律的燃烧,同时生成大量热和气体的含能材料。

火药的用途相当广泛,无论在军事、宇航还是民用领域,都是重要的特种能源物质。在军事领域,火药是弹药系统的主要动力能源,是武器系统直接做功的功质。其在整个弹药系统中占有非常重要的地位。火药主要用作枪弹或炮弹的发射药,以及用作发射火箭和导弹的燃料,也有用来作点火药和延期药。

火药不是天然物质,通常不是单一化合物,而是由多种成分经过一定的加工而成的复杂物系。最初火药是由硝石、硫黄和炭粉混合而成的,如今将这类火药称为黑火药(简称黑药)。19世纪初,以硝化纤维素为基的火药出现,大大改善和提高了火药的性能,同时也促进了武器的进一步发展。20世纪中期,复合火药的发展,使火药在品种、性能、工艺及应用上都获得了较大的发展。除了黑火药外,用得比较多的是由硝化棉、硝化甘油为主要成分,外加部分添加剂胶化成的无烟火药。例如,98%硝化棉以及少部分醚溶剂、二苯胺等胶化成的单基无烟药;由45%硝化棉溶于40%硝化甘油及15%的其他成分胶制成的巴里斯泰型发射药;60%硝化甘油和1.5%的其他成分用硝化棉胶化成的柯达型发射药等。

1.8.1 火药的组成和分类

现代火药的品种日趋增多。为了使用、学习和研究的方便,将火药进行分类。火药的分类方法很多,国内外不尽相同。按照用途,火药可分为枪炮发射药、火箭固体推进剂及其他用途的火药。枪炮发射药包括单基发射药、双基发射药、三基发射药和多基发射药,火箭固体推进剂包括双基推进剂、复合推进剂和复合改性双基推进剂。下面概略介绍各种火药的组成及其特点。

1. 单基火药

以硝化纤维素为唯一能量组分的火药称为单基火药,硝化纤维素是纤维素经过硝化反应后制成的纤维素硝酸酯,它是这类火药的主要成分,通常占90%以上。除了硝化纤维素外,单基火药成分通常还包括化学安定剂、钝感剂、消焰剂、光泽剂、降温剂等。

单基火药在制造时,为了使溶剂易于排除,火药的厚度就要受到一定的限制,而且生产周期长。这类火药含有挥发和具有一定的吸湿性的成分,随着溶剂的挥发和水分的变化,火药的内弹道性能将会发生一些变化。单基火药含有残余挥发成分和它本身有一定的吸湿性,故和其他火药相比,单基火药对枪、炮膛的烧蚀作用较小。单基火药常用作各种步枪、机枪、手枪、冲锋枪以及火炮的发射装药。

2. 双基火药

以硝化纤维素和硝化甘油(或其他含能增塑剂)为主要成分的火药称为双基火药。硝化纤维素和硝化甘油是双基火药的主要能量组分,火药成分还包括主溶剂(增塑剂)、助溶剂(辅助增塑剂)、化学安定剂和其他附加物。

双基火药在制造过程中一般没有挥发性溶剂的去除问题,生产周期较短,适于制造厚度较大的火药。双基火药吸湿性较小,物理安定性和弹道性能稳定。双基火药中的硝化纤维素和硝化甘油配比可在一定范围内变化,所以火药能量能满足多种武器要求。缺点是双基火药燃烧温度较高,对炮膛烧蚀较重,生产过程不如单基火药安全。双基火药主要用于迫击炮和大口径火炮的发射装药。

3. 三基火药

三基火药是在双基火药的基础上加入一定数量的含能成分(如硝基胍)而制得的,因其有3种主要含能成分,故称为三基火药。这种火药多用挥发性溶剂工艺制造。当加入硝基胍以后,可以降低火药的燃烧温度,减少对炮膛的烧蚀,所以加硝基胍的火药有"冷火药"之称。

三基火药多用于各种加农炮、榴弹炮、无后坐炮和滑膛炮的炮弹发射装药。除上述的三基火药外,还有加入其他含能组分(如黑索今)的三基火药及多基火药。

4. 双基推进剂

双基推进剂是以硝化纤维素和硝化甘油或其他含能增塑剂为基本成分,再加入适应火箭发动机弹道性能各种要求的弹道改良剂而成,其配方虽与双基火药相类似,但比双基火药复杂。双基推进剂可由压伸法和浇铸法生产,生产周期短;原材料来源比较广,工艺比较成熟;药柱均匀性好,常温下具有较好的安定性和力学性能,药柱质量稳定,重现性好;储存寿命长,对湿气不敏感;发射时排气无烟,适用于军事用途,因而双基推进剂广泛用于小型火箭、导弹。双基推进剂的主要缺点是能量较低,实际比冲在 1850~2050N·s/kg;密度较小,一般为 1.54~1.65g/cm^3;燃速范围较窄,使用温度范围窄,低温力学性能较差,与发动机壳体黏结比较困难,因而不适宜于大型火箭发动机装药。

5. 改性双基推进剂

为了改善双基推进剂的性能,在双基的基础上加入一定量的高氯酸铵和铝粉,组成改性双基推进剂(或称为复合改性双基推进剂)。为进一步提高改性双基推进剂的能量,通常采用奥克托今或黑索今替换或部分替换高氯酸铵。复合改性双基推进剂是以双基黏合剂、结晶氧化剂及金属粉燃料为基组成的推进剂,可以把它看成双基推进剂与复合推进剂之间的中间品种。

复合改性双基推进剂与其他类型推进剂相比,具有较高的比冲,原料来源比较现成,可以借助原有双基火药的生产基础,因此获得了比较迅速的发展和应用。但是,复合改性双基推进剂仍然存在着高低温力学性能较差、使用温度范围较窄、生产比较危险等缺点。随着新技术的发展,其性能有了较大的提高。复合改性双基推进剂广泛应用于战略导弹和大型助推发动机中。为了改善改性双基推进剂的力学性能,可采用交联剂使硝化棉交联成网状结构,以增加伸长率,构成交联双基推进剂。用聚醚和乙酸丁酸纤维素取代交联双基推进剂中的硝化棉作为黏合剂,以液体硝酸酯作为增塑剂制成的一种新的推进剂,称为硝酸酯增塑聚醚推进剂,其能量和力学性能均高于交联双基推进剂,已用于MX 导弹(和平卫士)第三级发动机。

6. 复合推进剂

复合推进剂是由结晶氧化剂及粉状金属燃料(如铝粉)用高分子黏合剂黏结成一体混合物。其组成成分主要包括氧化剂、黏合剂、金属燃料和附加组分。复合推进剂的特征是结构不均匀,即其组分微粒的平均尺寸大于分子或胶体粒子的典型尺寸,各组分之间存在着明显的界面,所以有异质火药之称。其组成主要有氧化剂(硝酸盐、高氯酸盐及硝基化合物)、燃料(铝粉、氢化铝等)、黏合剂和附加物。

1.8.2 火药的应用

1. 火药的药型

根据使用目的的不同,火药需要制成不同的形状和一定的尺寸。单体火药,小的称为药粒,大的称为药柱。药粒尺寸可以很小(直径可小至 0.5mm),小药粒主要用于各种轻武器装药或者要求燃烧速度快、作用时间短的装置。大的药柱可以非常大,重量可达几吨或几十吨,而且具有复杂的形状,主要用于各种火箭发动机装药。

根据内弹道学理论,火炮的膛压时间曲线和火箭发动机的推力时间曲线,很大程度上都取决于单位时间内火药气体的质量生成速度。火药气体的质量生成速度与火药的燃烧表面积、密度以及线性燃烧表面积的乘积成正比。

火药密度通常都在一个很窄的范围内变化,对火药气体的质量生成速度的影响较小。因此,火药燃速及燃烧表面积随时间的变化对火炮膛压和弹丸初速、火箭发动机推力和燃烧室压力具有决定性影响。火药种类选定后,燃速参数变化不大,火药燃烧表面可以通过改变药粒和药柱的几何形状在较大范围内调节。所以,选择和修改药型是火药装药设计的重要内容。

药型是指药粒或药柱的初始燃烧表面形状。按燃烧过程中燃烧表面积的变化情况,将药型分为恒面燃烧、增面燃烧和减面燃烧3种类型。恒面燃烧是指火药燃烧表面积在整个燃烧时间内近似保持不变,如管状火药的燃烧、端面药柱的燃烧。恒面燃烧药型通常用于火箭发动机装药和火炮装药。增面燃烧是指火药燃烧表面积随着燃烧时间不断增加,如多孔药粒的燃烧,增面燃烧药型通常用于火炮装药。减面燃烧是指火药燃烧表面积随时间不断减小,如球状药、片状药、带状药的燃烧。减面燃烧药型通常用于迫击炮或某些轻武器的装药。

2. 火药的特性

火药除了具有一定的化学组成、一定的几何形状和尺寸外,还必须具有一定的性能,才能满足武器弹药的要求。武器对火药的性能要求主要包括能量特性、燃烧特性、力学特性、安定性、安全性和经济性等。

现在各种发射和推进剂在能量、密度、燃速、力学性能、危险等级、使用性能等方面可以根据需要具有较大的选中范围,某些性能可以通过配方、装药结构和工艺进行调整和改进。但是,调整某些特性时,会引起其他特性的一些变化。所以,应用时应全面鉴定其各个性能,结合选用的火药类型,对药的性能和成型工艺进行深入调研分析、合理设计计算和试验验证,以满足战术和技术要求。

1.9 炸 药

炸药(explosive)是一种受到一定的激发能量后,能够产生快速的化学反应,并放出大量的热量和气体产物,从而能够对周围介质形成一定的机械破坏和抛掷效应的化合物或混合物。能够产生化学爆炸的物质很多,但不是都可定义为炸药。炸药的化学组成包括氧化剂和可燃剂,两种组分在高温、高压下快速反应,释放出大量热量,能使反应持续进行,并产生气体产物对外做功。

炸药是弹药系统中极为重要的组成部分,是弹药对目标做功的能源。炸药的性能将直接影响弹药系统的最终作用效果。

1.9.1 炸药的发展简史

黑火药是中国古代四大发明之一,大约在10世纪初,黑火药进入军事应用。使武器由冷兵器开始向热兵器转变。黑火药传入欧洲后,于16世纪开始用于工程爆破,逐渐在军事领域拓展应用。黑火药作为唯一的军用炸药和点火药,一直使用到18世纪80年代中期。

从 19 世纪中叶开始,进入近代炸药的兴起和发展时期,相继合成了各种单质炸药。1833 年制得的硝化淀粉和 1834 年合成的硝基苯和硝基甲苯,开创了合成炸药的先例。1846 年制得了硝化甘油。1863 年合成了梯恩梯,1891 年实现了它的工业化生产,1902 年用它装填炮弹以代替苦味酸,并成为第一次及第二次世界大战中的主要军用炸药。加上 1877 年合成的特屈儿、1894 年合成的太安、1899 年合成的黑索今以及 1941 年发现的奥克托今,使这一时期已经形成了现在使用的三大系列(硝基化合物、硝铵及硝酸酯)单质炸药。在军用混合炸药方面,第一次世界大战中,含梯恩梯的多种混合炸药(包括含铝粉炸药)是装填各类弹药的主角。在第二次世界大战期间,各国相继使用了特屈儿、太安、黑索今为混合炸药的原料,发展了熔铸混合炸药特屈托儿、膨托利特、赛克洛托儿和 B 炸药等几个系列。以黑索今为主要成分的塑性炸药(C 炸药)及钝感黑索今(A 炸药)在此期间均为美国制式化。A、B、C 三大系列军用混合炸药都在这一时期形成,并一直沿用。

20 世纪 50—80 年代中期,是炸药品种增加和综合性能不断提高的时期。在单质炸药方面,奥克托今进入实用阶段。在军用混合炸药方面,二战后期发明的 A、B、C 三大系列炸药,在 20 世纪 50 年代后均得以系列化及标准化。发展了以奥克托今为主要组成的奥克托儿(octol)熔铸炸药。大力完善了高威力炸药,重点研制了新一类军用混合炸药——高聚物黏结炸药,并开始形成系列。20 世纪 70 年代初,开始使用燃料空气炸药。70 年代后期,出现了低易损性炸药(不敏感炸药)及分子间炸药。

20 世纪 80 年代中期后,现代武器对火炸药的能量水平、安全性和可靠性提出了更高和更苛刻的要求,进入了炸药发展的新时期。1987 年美国的 A. T. Nielsen 合成出了六硝基六氮杂异伍兹烷(HNIW),英、法等国也很快掌握了合成 HNIW 的方法。1994 年,中国也合成出 HNIW,成为当今世界上能生产 HNIW 的少数几个国家之一。在军用混合炸药方面,美国于 20 世纪 90 年代研制出以 HNIW 为基的高聚物黏结炸药,其中的 RX – 39 – AA、AB 及 AC,相当于以奥克托今为基的 LX – 14 系列高聚物黏结炸药,可使能量效率增加约 14%。

1.9.2 炸药的组成和分类

现在应用的炸药有很多种。为了便于应用和研究,通常采用按炸药的化学组成及分子结构的特点分类和按炸药的用途分类。

1. 按炸药化学组成分类

按照炸药的化学组成,一般分为单质炸药(或单体炸药)和混合炸药两类。

单质炸药:单质炸药分子内同时含有氧化性基团和可燃性元素,它为一种成分的爆炸物质,多数都是内部含有氧的有机化合物。这类炸药是相对不稳定的化学系统,在外界作用下能发生迅速的分解反应,放出大量的热,内部键断裂,所形成的自由原子(或离子)重新组合成新的热力学上稳定的产物。

混合炸药:混合炸药种类繁多,是由两种或两种以上独立的化学成分构成的爆炸物质。混合炸药弥补了单质炸药在品种、性能、成型工艺、原材料来源和价格方面的不足,具有较大的选择性和适应性,扩大了炸药的应用范围。通常,混合炸药的成分中一种为含氧丰富的,另一种为根本不含氧或含氧量较少的。但是,为了特种目的要加入某些附加物,以改善炸药的爆炸性能、安全性能、力学性能、成型性能以及抗高低温性能等,从而使混合炸药在军事应用上日益扩大,地位越来越重要。

目前应用最广的是固体混合炸药。固体混合炸药又可分为以下几种：

（1）普通混合炸药。如军事上常用的钝化黑索今（A-Ⅸ-Ⅰ）是由95%的黑索今（RDX）和5%的石蜡组成的；再如TNT/RDX 40/60、50/50，钝化TNT/RDX 50/50等各类B炸药以及工程爆破上常用的硝铵炸药都属于此类。

（2）含铝混合炸药。加入铝粉的主要目的，在于增加爆炸反应的热效应，以提高炸药的爆炸威力。这类炸药多用于海空军弹药以及鱼雷、水雷等水中兵器中。

（3）有机高分子黏结炸药。这类炸药主要以黑索今、奥克托今或PETN（太安）为主体炸药，用黏结性较好的少量附加剂进行黏结，以便在保证尽量好的爆炸性能下改善炸药的力学性能、成型性能、安全使用性能等，如聚苯乙烯黏结黑索今等皆属此类。

（4）特种混合炸药。这类炸药主要是为了满足军事应用上的特殊要求研制的，如各种塑态炸药、弹性炸药、橡皮炸药等。

2. 按炸药用途分类

按炸药的应用特性可将其分为起爆药、猛炸药。

（1）起爆药。主要用作激发猛炸药爆轰的引爆剂。它们具有感度高（在很弱的外界作用如热作用或针刺、摩擦等机械作用下很容易发生爆炸）、爆炸成长到最大爆速所需的时间短的特点，因此可用来制造各种起爆器材，如雷管、火帽等。起爆药能直接在外界的作用下激起爆炸。

常用的起爆药有雷汞、叠氮化铅、斯蒂酚酸铅、二硝基重氮酚以及特屈拉辛等。

（2）猛炸药。又称次发炸药，与起爆药相比它们要稳定得多，只有在相当强的外界作用下才能发生爆炸（通常用其爆炸作用来激发其爆轰）。然而，一旦起爆后，它们就具有更高的爆速和更强烈的破坏威力，因此军事上用这类炸药装填炮弹和爆破器材等。

常用的猛炸药有梯恩梯、黑索今、特屈儿、奥克托今及B炸药等。

3. 对炸药的基本要求

炸药的组成成分和类型有多种，但是对炸药及其组成物有很多共性的基本要求，主要有以下几项。

（1）具有做功、加载和抛射作用的最大作用效率。

（2）利用相应的引发手段能可靠地形成爆轰。

（3）炸药和以其为基础组成的物质在全部应用环节中应足够钝感（按照相关安全要求），因此炸药自身应比较钝感，或将其钝化到所需要的程度。

（4）具有相应的安定性，炸药组分及其爆轰产物具有低毒性，与各种结构材料和组分配料的相容性。

（5）使用过程中具有安全性，包括各种状态下的储存、运输和制造安全性。

（6）装药结构性能的可控制性，如密度、孔隙度、不同成分按粒度等级的分布规律等。

（7）较低的吸湿性、静电性、液体聚集状态下的低黏性、合适的结晶速度、各种配料的良好混合性、结晶时较小的收缩率。

（8）炸药能按照需求被加工成所需质量和几何形状的结构。

（9）在整个寿命周期中，无论采用何种方法制备的炸药装药都应该保持其几何尺寸。

（10）原料及生产成本是可以接受的。

1.9.3 常用的起爆药

1. 常用起爆药的性能和用途

起爆药是用来激发猛炸药爆轰的引爆药,具有感度高、爆轰成长期短等特征。由于起爆药较易直接在外界的作用下起爆,所以也称为初发炸药,可用来制造各种起爆器材、雷管、火帽等。

1）雷汞

雷汞是发现最早的起爆药,是雷酸的汞盐,学名雷酸汞,分子式 $Hg(ONC)_2$,相对分子质量284.65。为白色或灰色八面体结晶(白雷汞或灰雷汞),属斜方晶系,机械撞击、摩擦和针刺感度均较高,稍受外力就会产生激烈的爆炸,起爆力和安定性均次于叠氮化铅。耐压性较差,压药压力增高,火焰感度下降,200MPa 时被"压死",此时只能发火和燃烧,而不能爆炸。易溶于乙醇、吡啶、氰化钾水溶液、氨水、乙醇胺及氨的丙酮溶液(饱和)。

晶体密度 $4.42g/cm^3$,表观密度 $1.55\sim1.75g/cm^3$,爆发点210℃(5s),爆燃点165℃,爆热 $1.4MJ/kg$,密度 $3.07g/cm^3$ 时爆速 $3.93km/s$,爆容 $250\sim300L/kg$,做功能力 $25.6cm^3$(2g)(铅铸扩孔值),撞击功12J,摩擦感度100%,火焰感度20cm(全发火最大高度),起爆 1g 梯恩梯或黑索今所需量分别为 0.25g 及 0.19g,75℃、48h 失重 0.18%,100℃、16h 爆炸。

雷汞与硝酸钾和硫化锑混合制成击发药,用以装填火帽,与特屈儿和石蜡混合做导爆索的药芯,还可与黑索今装填8号工程雷管。

由于雷汞使用时能与金属发生作用腐蚀枪管,其本身又是一种有毒物质,所以它的使用和发展受到一定的限制,已逐渐被其他起爆药所取代,在我国已基本被淘汰。

2）叠氮化铅

叠氮化铅是由叠氮化钠和硝酸铅或醋酸铅作用制成的白色物质。简称氮化铅(lead azide,LA),分子式为 $Pb_2(N_3)_2$,相对分子质量为291.26。

叠氮化铅爆炸性能中最突出的优点是爆轰成长期短,能迅速转变为爆轰,在单位时间内放出的能量大,故起爆能力也大(比雷汞大几倍),对特屈儿的极限起爆药量为 $3\times10^{-5}kg$。LA 还具有良好的耐压性能及良好的安全性(50℃下可存储数年),水分含量增加时,其起爆力也无显著降低。和目前常用的其他的几种起爆药相比,它是性能最优良的一种,但也存在一定缺点,如火焰感度和针刺感度较低,在空气中特别是在潮湿的空气中,LA 晶体表面会生成对火焰不敏感的碱性碳酸盐薄层。为了改善 LA 的火焰感度,在装配火焰雷管时,常用对火焰敏感的三硝基间苯二酚铅压装在 LA 的表面,用以点燃氮化铅,同时还可以避免空气中水分和 CO_2 对 LA 的作用。另外,LA 受日光照射后容易发生分解,生产过程中容易生成有自爆危险的针状晶体等。因而不能单独作为针刺雷管装药。

叠氮化铅装药的流散性和耐压性能好,适于装填电雷管;与针刺药和猛炸药一起可装填针刺雷管;与针刺药、延期药和猛炸药一起可装填延期雷管;与斯蒂酚酸铅和猛炸药一起可装填火焰雷管。

叠氮化铅是白色结晶体,可以形成4种晶型($\alpha-$、$\beta-$、$\gamma-$ 及 $\delta-$),工业上生产的是

α-LA，短柱状晶体，属于斜方晶系，是稳定晶型。LA 吸湿性为 0.8%（糊精）或 0.03%（非糊精）（30℃，相对湿度 90%），室温下不挥发，不溶于冷水、乙醇、乙醚及氨水，稍溶于沸水，溶于浓度为 4mol/L 的醋酸钠水溶液，易溶于乙胺。晶体密度 4.83g/cm³（糊精），表观密度 1.5g/cm³（糊精），爆发点 340℃（5s，糊精），爆燃点 320~360℃，爆热 1.54MJ/kg，爆压 9.3GPa，密度 3.8g/cm³ 时爆速 4.5km/s，爆容 308L/kg，做功能力 110cm³（铅铸扩孔值），撞击功 2.5~4J（纯品）或 3~6.5J（糊精），撞击感度（400g 落锤）上限 24cm，下限 10.5cm，摩擦感度 76%，火焰感度 8cm（全发火最大高度），起爆 1g 梯恩梯或黑索今所需量分别为 0.25g 及 0.05g（糊精），100℃、48h 失重 0.34%（糊精）。

叠氮化铅也是一种有毒物质，分解产生的氮氢酸毒性更大，在生产、储存和使用时应引起重视。

3）三硝基间苯二酚铅

2,4,6-三硝基间苯二酚铅是 2,4,6-三硝基苯二酚的铅盐（lead-2,4,6-trinitro-resorcinate styphnate，LTNR），又称斯蒂酚酸铅（lead styphnate，LS）。一般情况下，三硝基间苯二酚铅（中性铅盐即正铅盐）含一分子结晶水，其分子式为 $C_6H(NO_2)_3O_2Pb \cdot H_2O$，分子量为 468.29。此外，还有碱式铅盐和酸式铅盐。中性三硝基间苯二酚铅，加热到 115℃经 16h 才能脱去结晶水；若加热至 135~145℃，脱水速度可增快。无水三硝基间苯二酚铅在潮湿大气中又能吸水重新形成水合物。

中性三硝基间苯二酚铅为橘黄色到浅红棕色晶体，热安定性好，80℃下经 56 天仍保持其爆炸性能。撞击感度比雷汞及氮化铅的低，但火焰感度远高于此两者，而静电火花感度则是起爆药中最高的。吸湿性 0.02%（30℃、相对湿度 90%），几乎不溶于四氯化碳、苯和其他非极性溶剂，微溶于丙酮、乙酸及甲醇，易溶于 25%~30% 的醋酸铵溶液，常温下在水中溶解度为 0.04g/(100g)。晶体密度 3.02g/cm³，表观密度 1.4~1.6g/cm³，爆发点 282℃（5s），熔点 260~310℃（爆炸），爆燃点 274~280℃，爆热 1.5MJ/kg，密度 2.6g/cm³ 时爆速 4.9km/s，爆容 368L/kg，做功能力 130cm³（20g）（铅铸扩孔值），撞击功 2.45~4.90J，撞击感度（400g 落锤）上限 36cm、下限 11.5cm，摩擦感度 70%，火焰感度 54cm（全发火最大高度），起爆力较弱。100℃第一个 48h 失重 0.38%，第二个 48h 失重 0.73%，100h 内不爆炸。

三硝基间苯二酚铅不与金属作用，可装于任何金属壳体中应用。它的流散性好、纯品无"压死"现象。因其金属含量较高（44.25%），爆轰成长期较长，故它的起爆力较弱，不适于单独装填雷管。由于它具有较高的火焰感度，所以又常用作引燃药，如装氮化铅的火焰雷管，一般用它作为上层的引燃药，以弥补氮化铅火焰感度低的缺陷。三硝基间苯二酚铅与四氮烯的混合剂，对针刺敏感，常用作火帽中无锈蚀击发药或针刺雷管副药。它的电荷感应能力很大，还可作电雷管的点燃药。

三硝基间苯二酚铅的主要缺点是静电感度大，容易产生静电积累，造成静电火花放电而发生爆炸事故。特别是它与其他物质或晶粒之间相互摩擦时，都易产生静电积聚现象。

4）二硝基重氮酚

二硝基重氮酚是一种做功能力可与梯恩梯相比的单质炸药，学名 4,6-二硝基-2-重氮基-1-氧化苯，简称 diazodinitrophenol（DDNP），分子式 $C_6H_2(NO_2)_2N_2O$，相对分子质量 210.11。

二硝基重氮酚纯品为黄色针状结晶,工业品为棕紫色球形聚晶。吸湿性 0.04% (30℃、相对湿度 90%),50℃ 放置 30 个月无挥发。微溶于四氯化碳及乙醚,25℃ 时在水中溶解度为 0.08%,可溶于丙酮、乙醇、甲醇、乙酸乙酯、吡啶、苯胺及乙酸。晶体密度 1.63g/cm^3,表观密度 0.27g/cm^3 熔点 157℃,爆发点 195℃(5s),爆燃点 180℃,爆热 3.43MJ/kg,密度 0.9g/cm^3 时爆速 4.4km/s,爆容 865L/kg,做功能力 326cm^3(10g)(铅铸扩孔值)或 97%(TNT 当量),撞击功 1.47J,撞击感度(400g 落锤)上限大于 40cm、下限 17.5cm,摩擦感度 25%,火焰感度 17cm(全发火最大高度),起爆力较弱。100℃ 第一个 48h 失重和第二个 48h 失重分别为 2.10% 和 2.20%,100h 内不爆炸。

二硝基重氮酚可单独作为雷管第一装药,广泛用于工业爆破雷管中,也被用来装填电雷管和毫秒延期雷管以及其他火工品。它之所以能引起国内外的重视,主要在于它是一个不含重金属的有机化合物,具有较大的威力和良好的起爆性能,其撞击感度和摩擦感度均低于雷汞及纯氮化铅,接近于糊精氮化铅,其火焰感度高于精糊氮化铅而与雷汞相近。它的突出优点是起爆力高,且有良好的化学安定性。此外,还有原料丰富、工艺简单的优点;但其流散性和耐压性差,压药时易引起爆炸等缺点。

5) 四氮烯

四氮烯是一种氮含量很高的单质起爆药,又称特屈拉辛,学名 1-(5'-四唑基)-4-脒基四氮烯,含一分子水,分子式 $C_2H_6N_{10} \cdot H_2O$,相对分子质量为 188.16。一般由硝酸氨基胍与亚硝酸进行重氮化反应制得。

四氮烯为松细的白色或淡黄色结晶,吸湿性 0.77%(30℃、相对湿度 90%),50℃ 时失去表面常含有的 4% 低分子挥发物。基本不溶于冷水及一般有机溶剂(如丙酮、乙醇、乙醚、苯、甲苯、甲醇、四氯化碳及二氯乙烷等),溶于稀硝酸。晶体密度 1.64g/cm^3,表观密度 0.4~0.5g/cm^3,熔点 140~160℃(爆炸),爆发点 160℃(5s),爆热 2.75MJ/kg,爆容 1190L/kg,做功能力 155cm^3(铅铸扩孔值),撞击功 0.981J,撞击感度(400g 落锤)上限 6.0cm、下限 3.0cm,摩擦感度 70%,火焰感度 15cm(全发火最大高度)。高于 75℃ 时分解,75℃ 48h 失重 0.5%,100℃ 第一个 48h 失重 23.2%,第二个 48h 失重 3.4%,100h 内不爆炸。

四氮烯摩擦感度与火焰感度略低于雷汞,但撞击感度略高于雷汞。流散性和耐热性较差,猛度小,起爆力低,故不能单独用作起爆药。较多地用于初发药的一个成分。若在叠氮化铅中加入少量的四烯氮,能提高针刺感度和点火性能。如将 10%~15% 四烯氮加于叠氮化铅中,可使发火温度由 603K 降至 418~423K。在三硝基间苯二酚铅中加入少许四氮烯,便可增加针刺感度,再与硫化锑、硫酸钡和铝、镁等合金粉混合后,即可制成无腐蚀的击发药,可以代替雷汞、氯酸钾和硫化锑组成的击发药。四氮烯的猛度低,适用于延期引信的击发火帽中,代替雷汞。此外,在工业雷管中还可作为点火剂,与六硝基甘露糖混合可制作爆炸螺栓。

四氮烯是一有毒物质,应引起生产和使用部门的重视。

6) 混合起爆药

由于近代军事和民用工业的发展,对起爆药提出了增大起爆力、提高安全性、选择合适的针刺感度和良好的火焰感度等要求。当前仅有的常用单体起爆药已不能满足需要,如雷汞的感度适宜,但起爆力较小;叠氮化铅的起爆力较大,但火焰和针刺感度又较小;四氮烯的针刺感度较好,原料来源丰富,但却不能单独作起爆药。所以,需将几种起爆药或物质混合起来,以满足不同的使用要求。

混合起爆药按用途分为击发药、点火药、延期药等。可用机械法、吸附、黏合或化合过程共沉淀等方法进行混合。

2. 起爆药运输和储存中的安全

长途运输中的颠簸和振动,极易导致起爆药发生爆炸事故,因此,起爆药应在制造厂就地装配作用,严禁长途运输。厂内运输起爆药应使用手提药箱或防颠手推车,按照途中无火源的平整路线由专人精神集中地送往指定地点,严格遵守注意事项,以确保起爆药运输的安全。

1.9.4 常用的猛炸药

猛炸药分为单体炸药和混合炸药。目前,常用的单体炸药有梯恩梯、黑索今、太安、特屈儿和奥克托今等。

1. 单体炸药

1) 梯恩梯

梯恩梯于1863年由J.威尔布兰德(J. Willbrand)首次制得,1891年,德国开始工业化生产,是目前使用量最大和应用最广泛的一种炸药,学名2,4,6-三硝基甲苯,代号TNT,分子式$C_6H_2(NO_2)_3CH_3$,相对分子质量为227.13。为浅黄色物质。沸点为240℃(爆炸),熔点为80.9℃(军用的为80.2℃或80.4℃)。

梯恩梯是最常用的单体炸药之一,因其威力较大,机械感度低,适于装填各种类型的弹药。有适宜的凝固点,能用于复杂药室的铸装。化学安定性好,利于运输和长期储存。以它为基础可制造一系列的混合炸药,借以扩大军用和民用炸药的来源。同时,梯恩梯还具有原料丰富、成本低廉等特点,所以至今仍然是主要的军用单体炸药。

梯恩梯的主要爆炸性能如下:撞击感度为(锤重为10kg,落高为25cm,或以2kg重锤从100cm高度落下)4%~8%,爆速在$\rho_0=1.21\times10^3 kg/m^3$时,为4720m/s,在$\rho_0=1.62\times10^3 kg/m^3$时,为6990m/s。爆热随装药密度的增加而增加,当密度为$1.0\times10^3 kg/m^3$时,爆热为$3.807\times10^6 J/kg$;密度增为$1.5\times10^3 kg/m^3$时,爆热增加到$4.226\times10^6 J/kg$。

压制梯恩梯的爆轰感度良好,其雷汞的极限起爆药量为$3.8\times10^{-4} kg$,铸装梯恩梯的爆轰感度很小,8号雷管不能可靠地起爆,因而需采用中间传爆药柱。

梯恩梯单独使用时常用于装填炮弹和航弹以及制造爆破器材和传爆药柱等。也可以与其他物质(炸药或非炸药)制成混合炸药。由梯恩梯与黑索今以及梯恩梯、黑索今、铝粉组成的混合炸药可用装填弹药。

梯恩梯和其他硝基化合物一样是有毒的,在生产和使用中,主要以粉尘和蒸汽形式污染皮肤或造成呼吸道和消化道中毒。

2) 特屈儿

特屈儿纯品为白色结晶,工业品呈浅黄色。学名为2,4,6-三硝基苯甲硝胺,分子式为$C_7H_5N_5O_8$,分子量为287.1。

1877年由默顿斯首先合成出来,1906年才开始用作炸药,因为爆炸威力和爆轰感度较高,第一次世界大战时被用作雷管装药和炮弹的传爆药柱。第二次世界大战期间用于混合炸药组分。但由于毒性较大,逐渐被黑索今、太安取代。

特屈儿的撞击感度高于梯恩梯和苦味酸,10kg 落锤 25cm 落高,爆炸百分数为 48%,摩擦感度为 16%,爆发点为 536K(5s)。威力铅铸试验值为 $0.34 \times 10^{-3} m^3$。当密度为 $1.592 \times 10^3 kg/m^3$ 时,爆速 $D = 7284 m/s$;当密度为 $1.70 \times 10^3 kg/m^3$ 时,爆速为 7860m/s。特屈儿的爆轰感度良好,压装药柱的雷汞极限起爆药为 $2.9 \times 10^{-4} kg$,叠氮化铅为 $3 \times 10^{-5} kg$,过去曾用于传爆药柱,复合雷管二级装药和导爆索装药。

特屈儿具有较大的毒性,在接触它时应特别注意,它对人的皮肤有强烈的着色作用,并引起皮炎。粉尘进入呼吸道也会引起发炎与脓肿。从事生产及处理特屈儿的人,应穿戴防护服,下班后必须洗澡。由于特屈儿生产过程危险复杂、毒性较大以及废水严重污染环境等缺点,使其应用日益受到限制,并逐渐被淘汰。

3)黑索今

黑索今(RDX)是硝胺类炸药中最重要的一种,学名环三亚甲基三硝胺,分子式 $C_3H_6N_6O_6$,分子量 222.1。呈白色粉状结晶,不溶于水,微溶于苯、丙酮、芳烃和乙醚。熔点 205.5℃,沸点 234℃。

黑索今最早是被德国医学家亨宁在 1899 年合成出来的,并获得医药专利。直到 1922 年,黑索今才被发现是一种能量很高的炸药,而且爆轰感度高,还可以用于雷管、导爆索里的炸药装药。

黑索今具有良好的爆炸性能,爆速、猛度、威力比梯恩梯和特屈儿等都大(是 TNT 的 158%),且原料来源丰富,生产工艺简单,但其机械感度较高,这在一定程度上影响了它的使用。

黑索今的爆速随装药密度而变化,当密度为 $1.0 \times 10^3 kg/m^3$ 时,爆速 $D = 6080 m/s$,但当密度增加到 $1.796 \times 10^3 kg/m^3$ 时,爆速可达 8741m/s。

黑索今的威力较大,铅铸扩张值为 470mL;猛度当 $\rho_0 = 1000 kg/m^3$ 时,铅柱压缩值为 24.9mm;撞击感度在特屈儿和太安之间,10kg 落锤,25cm 落高,爆炸百分数为 80%±8%;摩擦感度为 76%±8%;用氮化铅起爆 $0.4 \times 10^{-3} kg$ 黑索今的最小用量为 $0.05 \times 10^{-3} kg$;其爆热值为 $5.732 \times 10^6 J/kg$,比容为 $0.908 m^3/kg$。

因黑索今爆速高、爆轰感度大,早期主要用于雷管和导爆索,进而用作传爆药柱代替特屈儿。经钝感处理或与 TNT 混合而制成的混合炸药,其应用范围则更为广泛。从炮弹、航弹到鱼雷、水雷、地雷的装药中,都可以找到黑索今的成分。

作为爆炸装药的黑索今一般有以下形式。

① 钝化型(美国称 A 炸药,苏联称 A-IX-I 炸药),含 90% 以上的黑索今,其余为地蜡等钝感剂。可用压装方式进行弹丸装药。

② 由黑索今和梯恩梯组成的混合炸药叫梯黑炸药,其中 B 炸药专指可铸的 RDX/TNT60/40;Cyclotol 是指一系列的 RDX/TNT 混合炸药,其中 RDX/TNT 可由 25/75→80/20。此类炸药已用于大口径炮弹的装药。

③ 黑索今和黏性材料制成的混合炸药柔软,有塑性并略带黏性。用增塑剂处理黑索今所得的塑性炸药,又称 C 炸药,这类炸药可用于弹体装药和军事工程爆破。

④ 钝化黑索今和铝粉混合的高威力炸药。

黑索今是一种有毒物质,长期吸入微量粉尘会导致慢性中毒,其症状为头晕,消化障碍,妇女发生闭经,多数患者发现贫血。短期吸入或经消化道进入大量黑索今,则会发生急性中毒。目前对于黑索今中毒尚无特殊疗法。应通过加强工房通风、上班穿戴工作服、下班更衣洗澡及加强饮食营养等方法,以避免发生中毒事故。

4) 奥克托今

奥克托今在英国原称高熔点炸药(high melting point explosive),简称 HMX 作为其代号,是当前使用威力最大的一种炸药。分子式为$(CH_2NNO_2)_4$,分子量为296.17,为无色结晶。

1941年,生产黑索今的一家化工厂发现,在黑索今中的一种杂质的含量可以决定黑索今的爆炸效果。这种杂质多,这批产品质量就好;否则就要差些。经过提纯,发现这是一种黑索今的同系物,只不过是一个八元环,所以被命名为 octagon(八边形),音译为奥克托今。

当密度为$1.84 \times 10^3 kg/m^3$时,奥克托今爆速$D = 8917 m/s$;当密度为$1.877 \times 10^3 kg/m^3$时,$D = 9010 m/s$。其爆压(文献值)为39.3GPa,爆发点600K(5s)或653K(0.1s)。爆热$5.674 \times 10^6 J/kg$,撞击感度100%(即10kg落锤,25cm落高的爆炸百分数)。有的文献用2kg落锤的下限落高来表示,奥克托今为32cm,黑索今为33cm,梯恩梯为100cm。

应当指出,不同晶型奥克托今的机械感度有很大差别,其中以 β 型 HMX 感度最低。

奥克托今具有爆速高、密度大及良好的耐高温、耐热性等优点,这使装有这种炸药的炮弹更能经受因高速连续射击而迅速升高的炮膛温度,有利于发挥火炮的威力。由于奥克托今的生产成本太高,故至今尚未用于常规炮弹装药。

奥克托今感度大、熔点高,一般不单独装药。它的使用也和黑索今相似,如可与梯恩梯以各种比例混合制成奥克托儿,也可与尼龙等组成各种高分子黏结炸药。

5) 太安

太安的化学名称是季戊四醇四硝酸酯,系统命名为2,2-(双硝酰氧基甲基)-1,3-丙二醇二硝酸酯,分子式为$C(CH_2ONO_2)_4$,相对分子质量为316.15,氧平衡-10.12%,代号 PETN,太安是俄文(ТЭН)的译音。

太安为白色物质,熔点141.3℃,晶体密度$1.77 g/cm^3$,不吸湿,不溶于水,但易溶于丙酮(工业上即用丙酮精制太安)。太安的爆炸性能较好,密度$1.70 g/cm^3$时爆速为8300m/s,爆热5895kJ/kg。太安的撞击感度很高,10kg落锤25cm落高,其爆炸百分数为100%,故作为主装药使用时必须进行钝化处理。太安最好的钝化剂是凡士林、石蜡和地蜡,但钝感后会使威力严重下降。此外,太安具有较大的摩擦感度,爆轰感度很高,用叠氮化铅引爆雷管的极限药量为$1.0 \times 10^{-5} kg$,所以可作雷管的次发装药和导爆索药芯。

1894年制出太安,第一次世界大战后,在军事上、工业上曾得到广泛使用。第二次世界大战中大量用以装填雷管、导爆索及制成传爆药柱,钝感后的太安可装填各种爆破弹和杀伤弹等。太安除单独使用外,还可与梯恩梯、硝酸铵及金属粉末等混合,用于装填雷管、导爆索、传爆药柱和小口径弹药。

太安在硝酸酯类炸药中是较安定的,但安定性低于黑索今,而威力又稍大于黑索今。虽然也有原料来源丰富的优点,但由于太安的感度较高,现已部分被黑索今取代(我国已不使用)。

太安的毒性较小,因其蒸气压较低,故不致因吸入蒸气而发生中毒,即使少量粉尘进入呼吸道,也不会发生有害的影响,它可作为长效冠状动脉扩散药,用于治疗心绞痛。

6) CL-20

CL-20 又称六硝基六氮杂异伍兹烷(HNIW),是由两个五元环及一个六元环组成的笼形硝铵,6 个桥氮原子上各带有一个硝基,它的学名是 2,4,6,8,10,12-六硝基-2,4,6,8,10,12-六氮杂四环[$5.5.0.0^{5,9}0^{3,11}$]十二烷,其分子式为 $C_6H_6N_{12}O_{12}$,相对分子质量为 438.28,氧平衡 -10.95%(HMX 为 -21.60%)。

CL-20 是白色结晶,易溶于丙酮、乙酸乙酯,不溶于脂肪烃、氯代烃及水。CL-20 是多晶型物,常温常压下已发现有 4 种晶型(α、β、γ 及 ε),其中 ε-晶型的结晶密度可达 $2.04 \sim 2.05 \text{g/cm}^3$,爆速可达 $9.5 \sim 9.6 \text{km/s}$,爆压可达 $42 \sim 43 \text{GPa}$,爆热 6.23MJ/kg,爆发点 283.9℃(5s),标准生成焓约 900kJ/kg(HMX 的为 250kJ/kg)。以圆筒试验测得的能量输出,ε-HNIW 比 HMX 的可高约 14%。HNIW 的撞击感度及摩擦感度与粒度及颗粒外形有关,初步可认为与 HMX 的相仿,静电火花感度似与太安(PETN)或 HMX 的不相上下。

目前,正在研究把 CL-20 用于多种高能混合炸药中,如以聚氨基甲酸乙酯(estane)或乙烯醋酸乙烯共聚物(EVA)为黏结剂的 PBX,以聚叠氮缩水甘油醚(GAP)或端羟基聚丁二烯(HTPB)为黏结剂的 PBX。此外,将 CL-20 用作固体推进剂的含能组分,在能量方面肯定可优于现用的含能组分 HMX 及 RDX,推进剂的比冲和燃速可有较大幅度提高,燃烧性能也可能有所改善(但燃气的相对分子质量较大),从而有可能制得高性能、低特征信号及对环境污染少的新型推进剂。常见的单体炸药爆炸性能的比较如表 1.3 所列。

表 1.3 最常用单体炸药爆炸性能的比较

性能	梯恩梯	黑索今	太安	特屈儿	奥克托今	CL-20
熔点/K	353.5	477.1	414.3	402.45	550	
结晶密度/(g/cm³)	1.65	1.816	1.78	1.73	1.90	2.04
爆速/(m/s)	6900 ($\rho=1.56$)	8350 ($\rho=1.7$)	8300 ($\rho=1.7$)	7850 ($\rho=1.7$)	9124 ($\rho=1.84$)	9500
爆发点/K	785/5s	533/5s	498/5s	526/5s	610/5s	557/5s
比容/(m³/kg)	0.730	0.908	0.790	0.160	—	
燃烧热/(J/kg)	15004.11×10³	9644.09×10³	8251.32×10³	12180.52×10³	9321.4×10³	980×10³
爆热/(J/kg)	4514.5×10³	5434×10³	5789.3×10³	4681.6×10³	5668.08×10³	6230×10³
爆温/K	3353	4153	4333	3953	—	
生成热/(J/kg)	328.13×10³	-401.28×10³	1600.94×10³	58.52×10³	252.89×10³	-8330×10³
猛度(TNT 当量)	100	131	127	116	154	
威力(TNT 当量)	100	170	170	128	145	165

2. 军用混合炸药

由于火炮和弹药种类及用途不同,对所用炸药的各种性能提出了不同的要求,单体炸药不可能同时满足这些要求。混合炸药由单质炸药和添加剂或由氧化剂、可燃剂和添加剂按适当比例混制而成。

采用混合炸药可以增加炸药品种,扩大炸药原料来源及应用范围,且通过配方设计可实现炸药各项性能的合理平衡,制得具有较佳综合性能且能适应各种使用要求和成型工艺的炸药。绝大多数实际应用的炸药都是混合炸药,品种极多。目前各国装备的装药品种大部分是各种混合炸药。苏联和美国在常规兵器中,几乎已全部用混合炸药代替了单体炸药。如美国现装备的主要混合炸药见表1.4,苏联装备的混合炸药见表1.5。

英、法、德国、瑞典等国新研制的榴弹也都使用黑索今与梯恩梯组成的混合炸药。

表1.4 美国装备的主要混合炸药

名称	B	B-4	A-3	C-4	奥克托儿
组分比例	黑索今60 梯恩梯39 蜡1	黑索今59.5 梯恩梯40.5 硅酸钙0.5	黑索今91 蜡9	黑索今91 聚乙丁烯2.1 马达油1.6 二辛基癸二酸酯5.3	奥克托今77 梯恩梯23
用途	榴弹 破甲弹	榴弹	破甲弹 小口径榴弹	破甲弹	破甲弹 小口径榴弹

表1.5 苏联装备的主要混合炸药

名称	TT	TД	A-IX-I	A-IX-II
组分	黑索今50 梯恩梯50	梯恩梯90~50 二硝基萘10~50	黑索今95 蜡5	黑索今76 铝20 蜡4
用途	破甲弹	迫弹	破甲弹	破甲弹 穿甲弹 高炮榴弹

按照混合炸药的组分特点,可将常用的军用混合炸药分为熔注炸药、高聚物黏结炸药、高威力混合炸药、燃料-空气炸药和低易损性炸药。

1)熔注炸药

熔注炸药是指以熔融方式进行注装的混合炸药,它们能适应各种形状药室的装药,综合性能较好。大多数熔注炸药是梯恩梯与其他猛炸药(或硝酸铵)的混合物,最典型的代表是梯恩梯、黑索今的混合物,简称梯黑炸药,英、美等国称为B炸药和赛克洛托儿(Cyclotol),俄罗斯称为TT炸药。

梯黑炸药的组成可在较大幅度内变化,聚能装药的破甲弹要求高爆速,采用梯/黑为40/60,大型药柱则可采用梯/黑为70/30的比例。表1.6给出了部分梯黑炸药的爆炸性能。

表 1.6 部分梯黑炸药的组成及爆炸性能

组成			爆炸性能							
TNT /%	RDX /%	蜡/%	注装密度/ (g/cm³)	爆速/ (m/s)	比容/ (m³/kg)	爆热/ (J/kg)	撞击感度 (匹克汀兵工厂落锤)	威力 (铅铸TNT 为0.1m³)	枪击爆炸/%	用途
40	60	1 (外加)	1.68	7840	—	—	35.5	0.133	3	杀伤弹、榴弹、聚能装药
25	75	—	1.71	8035 ($\rho=1.70$)	0.862	5.1205×10^6	—	—	30	
30	70	—	1.71	8060 ($\rho=1.73$)	0.854	5.0703×10^6	35.5	0.135	30	榴弹、聚能装药、特殊杀伤弹
35	65	—	1.71	7975 ($\rho=1.72$)	0.845	5.037×10^6	—	0.134	—	
40	60	—	1.68	7900 ($\rho=1.72$)	0.845	4.995×10^6	35.5	0.133	5	

梯黑炸药具有原料来源丰富、性能良好、工艺简单、装药方便等优点。它是目前世界各国军事上广泛应用的较为重要的混合炸药,其爆炸性能优于梯恩梯,爆轰感度较高,机械感度低于特屈儿,能满足一般弹药的使用要求。因梯恩梯和黑索今都具有良好的安定性,故混合后仍能满足长期储存的要求,它还具有良好的抗水性能,如将梯黑60/40的药柱浸水72天,仍能完全起爆。采取熔注装药,可适于装填任意复杂药室形状的弹体,利于扩大它的应用范围。美、英、法、德等国常用来装填榴弹、破甲弹、航弹及地雷等常规弹药,苏联也常用来装填破甲弹及导弹战斗部。

梯黑炸药因装药有时因渗油和凝固收缩而产生空隙,机械强度不够高,耐热性较差,难以满足某些武器的需要,因此需要进一步改进熔注炸药的综合性能。使用能量密度更高的奥克托今与梯恩梯组成的混合炸药——奥克托儿,它是目前能量最高的一种熔注炸药,HMX/TNT 为 77/23 的奥克托儿,密度为 $1.81\times10^3 kg/m^3$,爆速为 8480m/s,而 RDX/TNT 为 77/23 的赛克洛托儿,密度为 $1.754\times10^3 kg/m^3$,爆速只有 8250m/s。也可选用优于梯恩梯的低熔点炸药,如黑索今66、特屈儿17、乙基特屈儿17 混合物的爆速为 8200m/s。奥克托今95、特屈儿2、乙基特屈儿3 经热压后的爆速可达 9080m/s,也可以采用新的真空浇注热压法以提高浇注质量的装药密度。

梯恩梯和特屈儿组成的特屈托儿,当梯恩梯/特屈儿为 25/75,$\rho=1.6\times10^3 kg/m^3$ 时,爆速为 7385m/s,在第二次世界大战中曾用来装填榴弹及传爆药。

2) 高聚物黏结炸药

黑索今、奥克托今和太安等猛炸药虽然有良好的爆炸性能和安定性,但因为它们的熔点和感度较高,既不能单独铸装,也难以压装,使应用受到限制。这些猛炸药用少量的蜡进行钝感再压装能得到较重要的军用炸药,但由于药柱容易产生裂纹、耐热性差、机械强度和能量降低较多,故不能满足现代化武器发展的需要,于是出现了用高聚物黏结剂制备出综合性能优良、应用广泛的高聚物黏结炸药。

高聚物黏结炸药，通常以粉状的高能炸药为主体，另加入黏结剂增塑剂等附加成分。常用的主体炸药有黑索今、奥克托今和太安，其他组分有黏结剂（如环氧树脂、聚酯、氟橡胶）及增塑剂（常为有机酯类）和活性增塑剂（如高能脂肪族硝基化合物）等。

所用高聚物及其助剂应具有优异的安定性和润滑性，良好的黏结和钝感作用，同主体炸药和药室材料有较好的相容性；有适宜的热力学性能；容易制造、成型和加工；吸湿性小和抗水性强等性质。

高聚物炸药的种类很多，目前尚无统一的分类方法，但各国多按物理状态分为造型粉（MP）、塑性炸药（PX）、挠性炸药、浇铸高聚物黏结炸药等类型。

（1）造型粉。由猛炸药和热塑性高聚物及其助剂制成，造型粉外观似小米和砂糖，通过压装即可得到所需的药柱。造型粉的能量高，应用广泛，易于制造和加工成型，可用于装填破甲弹和导弹战斗部。但耐热性不够好，在较高温度下强度降低，尺寸稳定性差，在较低温度下变脆，温度急剧变化出现裂纹，安全问题较多。

（2）塑性炸药。塑性炸药由猛炸药和黏结剂制成。产品的外观像生面团，具有塑性，易于捏成所需形状，可用于装填复杂形体的弹药。塑性炸药具有良好的黏结性，可用手工或机械装药，抗水性好，使用方便。但因能量不够高，并难以制成力学性能好的药柱，应用上受到了一定限制。

（3）挠性炸药。挠性炸药是由猛炸药、黏结剂、增塑剂和附加物等组分组成的。它的外观像橡胶或软质塑料制品，具有良好的弹性和韧性，可以折叠和弯曲，耐水性能良好。猛炸药的含量一般在80%左右，常用的有奥克托今、黑索今、六硝基芪和太安等，黏结剂的含量一般为10%~20%。挠性炸药根据不同的用途可分为耐热挠性炸药、抗水挠性炸药、橡皮炸药和弹性炸药。挠性炸药适于军用和民用，尤其适用于制造各种特殊的导爆和扩爆器，在金属切割和成型方面的应用较为广泛。

（4）浇铸高聚物黏结炸药。浇铸高聚物黏结炸药通常是由猛炸药、黏结剂、固化剂（或交联剂）、催化剂、引发剂等组分组成。主体炸药多数采用黑索今、奥克托今等，含量一般占70%~80%，黏结剂的种类很多，但符合力学性能良好、室温能固化、成型工艺简单等要求的只有聚酯、聚硅酮树脂、端羟聚丁烯、端羟基聚丁二烯等。浇铸高聚物黏结炸药是将液态的高聚物与炸药混合、浇铸或压伸到容器中，固化成型。它与常规的铸装药柱不同，克服了脆性大、温度低、易产生缩孔、裂纹、粗晶、高温渗油而低温脆裂等弱点。

部分高聚物压装型混合炸药的性能见表1.7。

表1.7 部分高聚物压装型混合炸药的性能特点

名称	组成	密度/(g/cm³)	爆速/(m/s)	爆压/GPa	用途
聚奥-11	HMX、黏结剂等	1.849（理论密度） 1.833（装药密度）	8830（$\rho=1.835$） 8837（$\rho=1.833$）	37.0 （$\rho=1.833$）	主要用于武器系统的战斗部装药
聚奥-L	HMX、黏结剂、钝感剂等	≥0.8（堆积密度） 1.82（装药密度）	8650（$\rho=1.82$）		主要用于深井石油射孔弹的耐热装药
聚奥-F	HMX、黏结剂、增塑剂等	1.731	8264±19		主要用作武器系统的战斗部装药

续表

名称	组成	密度/(g/cm³)	爆速/(m/s)	爆压/GPa	用途
钝化RDX（即A-IX-I）	RDX、钝感剂等	1.60	7910	26.5	组成与PBX9407相似，广泛应用于各种弹丸装药、工程爆破和高威力混合炸药的制造
钝黑-5	RDX、黏结剂、钝感剂等	1.80（理论密度）	$8245(\rho=1.667)$		用作引信的传爆药或导爆药
聚黑-2（8701）	RDX、黏结剂、添加剂等	1.7776（理论密度）	$8425(\rho=1.722)$	29.5	用作武器系统的战斗部装药
聚黑-6	RDX、黏结剂、钝感剂等	1.764（理论密度）1.61~1.67（装药密度）	$8308(\rho=1.680)$		用作引信的传爆药或导爆药
聚黑-14	RDX、黏结剂、钝感剂等	1.739	8410	32.1	用于传爆管、导爆管、继爆管的传爆装药及传爆药柱，还可用于破甲弹、杀伤弹或深井射孔弹等的装药
聚黑-16	RDX、黏结剂、钝感剂等	1.720	8439±29		用作高能起爆药，也可用于装填深井射孔弹

3）高威力混合炸药

高威力混合炸药是由主体炸药和高能添加剂组成的，常用的主体炸药有梯恩梯、黑索今、太安等。高能添加剂是组成高威力混合炸药的特征成分，通常有铝及其合金、硅、硼及镁等元素，金属氧化物或高氯酸铵等高效氧化剂，实际主要使用的是铝粉。由于加入单位质量或单位体积的这种添加剂，使炸药的爆热有显著的提高，从而具有较高的做功能力。用于装填爆破弹时，可提高爆破作用；装填水下武器弹药，可提高摧毁舰艇钢甲的能力；装填对空榴弹能提高破片温度，从而加强对乘员飞机的杀伤作用。在民用爆破、地震波勘探、空间技术等方面，都可提高作用效果。因此，高威力混合炸药已经成为当代混合炸药中一个重要的系列。

以普通的单体炸药为主体的高威力混合炸药，铝含量在20%以下。威力不算太高，但由于原料丰富、成本低廉、综合性能较好，所以目前实际用于装备武器的高威力混合炸药的大部分是这一类，表1.8列出的是几种含铝混合炸药的配方与性能。

表1.8 几种含铝混合炸药的配方与性能

名称	组成	性能				用途
		密度/(g/cm³)	爆速/(m/s)	TNT当量/%	撞击感度/m	
钝黑铝（A-IX-II）	钝化RDX80，铝粉20，钝感剂等	1.77	$8089(\rho=1.77)$ $7954(\rho=1.769)$ $7300(\rho=1.700)$		$4×10^{-2}$	装填小口径炮弹

续表

名称	组成	性能				用途
		密度/(g/cm³)	爆速/(m/s)	TNT当量/%	撞击感度/m	
梯黑铝	RDX 24,TNT 60,粒状铝粉13,片状铝粉3,钝感剂等	1.77	7200($\rho=1.862$) 7500($\rho=1.775$) 7119($\rho=1.770$) 7384($\rho=1.740$)	147	2.6×10^{-2}	装填鱼雷、水雷等水中兵器
THLD-5	TNT 37.5, RDX 40.5 粒状铝粉18,精制地蜡4,尿素(外加)0.1	1.74	7399±47	132.5	4×10^{-2}	装填霹雳2号战斗部
钝奥铝	HMX、铝粉、添加剂等	2.023(理论密度)	7561±18($\rho=1.949$)	199		可用于高射武器弹药、各种口径舰载或机载武器弹药、压制兵器弹药、水中兵器弹药,也可用于装填杀伤弹及军事爆破
钝奥氯铝-1	HMX、铝粉、添加剂等	1.90	7368			主要用作武器系统的战斗部装药
A-32	RDX 65,铝粉32,混制蜡1.5,石墨1.5	1.904	7879	142	1.6×10^{-2}	装填小口径高射炮弹和航空炮弹
A-IX-II	A-IX-I 80±2 铝粉20±2	1.77	8089	116		TM-625反坦克地雷100海军炮爆破弹
HMX-7	RDX 40,TNT 38,铝粉17,D-2蜡5,氧化铬0.5	1.69	7224	133		深水炸弹、响尾蛇第二代战斗部
HTA-3	HMX 49,TNT 29,铝粉22	1.90	7866	120		
托尔佩克斯	RDX 49,TNT 40,铝粉18	1.81	7495	138	铸装直径25mm	深水炸弹、水雷
特里托纳尔	TNT 80,铝粉20	1.71	6475	124		空投水雷、毒气弹装药
8702	RDX 76,铝粉20,DNT 2.4,硬脂酸0.5,聚酯酸乙烯酯1.6	1.815	7989	157	1.8×10^{-2}	装填57高榴弹

铝粉实际加入量要根据使用要求确定,如装填以爆破为主、兼备杀伤作用的含铝炸药,要求具有高爆热和较高的爆速,铝粉含量一般不超过20%;当装填爆破榴弹时,要求爆破良好并产生一定燃烧效果时,铝粉含量应大于20%,当含铝炸药有氧化剂时,铝粉含

量允许在30%以上。若需装填高密度、低爆速和强烈的燃烧性能的炮弹时,铝粉的含量可以更高。

4) 燃料-空气炸药

燃料-空气炸药(FAE)是由固态、液态、气态或混合态燃料(可燃剂)与空气(氧化剂)组成的爆炸性混合物。使用时,把燃料装入弹中,送至目标上空引爆,燃料被抛散至空气中形成汽化云雾,经二次引点火使云雾发生区域爆轰,产生高温(2500℃左右)火球和超压爆轰波,同时在炸药作用范围内形成一缺氧区(空气中氧含量减少8%~12%),可使较大面积内的设施及建筑物遭受破坏、人员伤亡。

燃料-空气炸药于20世纪70年代用于战场,其特点是爆炸后引起的超压虽低,但破坏面积大,适于对付集团军队、布雷区、丛林地带工事以及轻型装甲等大面积目标。例如,1kg环氧乙烷作燃料与空气中的氧产生云雾爆轰所放出的能量要比同质量的梯恩梯爆轰时所放出的能量大4~5倍,冲击波阵面压力作用面积比梯恩梯大40%。

燃料-空气炸药的燃料分为4类,有气体、液体、固体和混合态,所选的燃料应具有易于抛散、起爆及一定的物理化学安定性,能产生较高的爆轰压力。现使用的主要是液体燃料,这些液体燃料大致可分为5类:① 不需要氧可自行分解的环氧乙烷、肼等;② 没有氧或空气仍能继续燃烧的如硝酸丙酯;③ 含有大量氧与可燃物质接触时发生剧烈反应,如过氧化乙酰;④ 在常温下与湿空气接触时发生爆炸的,如二硼烷;⑤ 接触富氧物质时反应剧烈,与某些物质接触时能自燃,如无水偏二甲肼。

固体燃料可分为固体可燃剂和固相单体炸药。固体可燃剂如镁、铝、钛等金属粉以及煤粉均能在空气中爆炸。单体炸药也可以作为燃料-空气炸药,在分散的状态下,不用空气中的氧便能爆轰。据此,燃料-空气炸药除可选用易挥发的碳氢化合物外,还可用一些高能的固体燃料,也可采用液体混合炸药与固体单相炸药混用。气态燃料有甲烷、丙烷、乙烯、乙炔,但常压缩成液体使用。

目前燃料-空气炸药用于武器的有环氧乙烷和环氧丙烷,它们的特点是易挥发、蒸气压大、与空气混合易于爆轰,但因密度较低、能量不高,故爆轰后的超压较低,甲烷或甲烷与丙烷、乙烷的混合物在大规模应用上比较有效,目前已被采用;另外还有一些碳氢化合物如丙炔、丙乙烯、丙烷等可以组成混合燃料使用。

5) 低易损性炸药

低易损性炸药是对外部作用不敏感、安全性高的炸药。它对撞击、摩擦的感度低,不易烤燃,不易殉爆,也不易由燃烧转爆轰,在生产、运输、储存特别是作战条件下都较安全。低易损性炸药目前正处于研究发展阶段,目标是制造能量不低于B炸药或高聚物黏结炸药PBX-9404但安全性分别高于此两类炸药的低易损性炸药。3种典型低易损性炸药的组成和性能见表1.9。

表1.9 3种典型低易损性炸药的组成和性能

项目		LX-17	PBX-9502	PBX-9503
组成(质量分数)/%	奥克托今	0	0	15
	三氨基三硝基苯	92.5	95	80
	三氟氯乙烯与偏二氟乙烯共聚物	7.5	5	5

续表

	项目	LX-17	PBX-9502	PBX-9503
性能	颜色	黄	黄	黄
	理论最大密度/(g/cm³)	1.944	1.942	1.936
	装药密度/(g/cm³)	1.89~1.94	1.90	1.88
	计算爆热(气态水)/(MJ/kg)	4.27	4.39	4.64
	爆速(密度)/(km/s)(g/cm³)	7.63 (1.908)	7.71 (1.90)	7.72 (1.90)
	撞击感度 h50(12型仪,2.5kg落锤)/cm	>177	>320	174(12B型仪)
	真空安定性(120℃)/[cm³/(g·48h)]	≤0.02		
	热导率/(W/(m·K))	0.798	0.552	

1.9.5 炸药装药

炸药装药方法与炸药、弹药、武器装备的发展联系紧密,而炸药的物理化学性质、爆轰性能、安全性能等关系到正确选择装药方法和装药工艺的安全性。装药方法的选择应依据弹丸的作用与结构、选用的炸药、装药的生产效率等方面综合考虑。常用的装药方法有捣装、压装、注装、螺旋压装、塑态装药。随着装药工艺设备向自动化方向发展,逐渐形成了复合装药、真空振动装药、球注法、块注法、等静压装药等新型装药技术。

(1)捣装法。此法是最古老的操作,也是最简单的一种方法,一般用手工或简单工具将松散炸药装入药室后用力捣实。目前已基本不被采用。

(2)压装法。此法是利用液压机的压力对模具或弹体中的松散颗粒炸药施加一定的压力而压实的方法。压装法适用于装填中小口径、药室不鼓起的弹药,它对炸药的适应性最大,能获得高密度的装药。

(3)注装法。此法类似金属铸造,先将固体炸药加热熔化,将熔化的炸药或悬浮炸药经过一定处理后注入药室(弹体或模具)中冷却凝固成型的方法。注装可以装填任何口径、任何形状的药室,注装的设备简单。但它对所使用的炸药有一定的限制,熔点不宜过高,一般应控制在110~130℃之间,且高于熔点20~30℃保持1~2h不分解。

(4)螺旋装药法。此法是用螺旋装药机,靠螺杆作用将散粒体炸药输入药室并压紧的方法。螺旋装药法与压装法本质上基本相同,其特点是能适应较大药室形状的变化,适于装填弧形药室的弹药,目前只能用于摩擦感度和冲击感度小的炸药。

(5)塑态装药法。是将塑态炸药在压力作用下装入弹体后固化为固体炸药的方法。

(6)复合装药法。即混合采用两种以上的装药方法,如有的弹药一部分装药用螺旋装药法,另一部分用注装法或者用压装和注装的结合。

(7)振动装药法。将较高黏度的熔态悬浮炸药装入弹体内,用振动的方法使之密实,凝固成型。常在真空条件下操作,故又称真空振动装药。

(8)其他装药方法。如离心沉降法、压力沉降法、压力注装法、注射法,均属于注装法范畴。

炸药装药工艺过程取决于不同弹种和不同种类的炸药,装药工艺一般分为6个部分,即装药前弹体及炸药准备、弹体装药、药柱加工与固定、弹体零件装配、弹体外表面防腐处理、弹体装药的最后加工。

第 2 章 榴 弹

2.1 概 述

榴弹是弹药家族中的"元老",是炮弹家族的主要成员之一。"榴弹"只是一种传统的说法,通常将爆破弹、杀伤弹和杀伤爆破弹统称为榴弹。榴弹弹丸内装填猛炸药,利用炸药爆炸释放的能量、壳体破裂产生的具有一定动能的破片实现爆破和杀伤作用,利用发射或抛掷平台将其发射或投放出去,主要用于压制、削减或毁伤敌方的集群有生力量、坦克装甲车辆、炮兵阵地、机场设施、通信指挥系统、雷达阵地、防御工事、水面舰艇等武器装备和军事设施目标。通过对这些目标实施中远程打击,使其永久或暂时丧失作战功能,达到消灭敌人或延缓敌方作战行动的目的。

榴弹的发展与火炮及发射能源、弹丸设计理论和增程技术、新的应用需求和其他相关技术的发展密切相关,世界各国相继发展了多种口径系列,发射平台遍及榴弹发射器、地面火炮(榴弹炮、加农炮、加榴炮、迫击炮、高射炮、无后坐力炮、反坦克炮)、机载火炮、舰载火炮和火箭炮等。其中以杀伤爆破弹的发展最为活跃,为适应"远射程、高精度、大威力"的发展目标,杀伤爆破弹在炸药装药、弹体外形、弹体材料、破片形式、增程方式、引信技术等方面都经历了一系列发展和改进,使其综合威力和作战效能都得到显著提高。在现代高技术战争中,榴弹仍然是广泛应用的主要弹种,具有举足轻重的作用和地位。

2.2 榴弹的分类与基本结构

2.2.1 榴弹的分类

目前世界各国研制或装备的榴弹种类很多,为了科研、设计、生产、保管及使用的方便,通常可以按以下方式进行分类。

1. 按毁伤效应划分

(1) 杀伤榴弹。侧重破片杀伤效应的榴弹,弹壁较厚或使用预制破片,弹体质量较大,通常使用能量高、驱动能力强的猛炸药。

(2) 爆破榴弹。侧重爆破效应的榴弹,弹壁较薄,装填炸药质量大、爆破威力大。

(3) 杀伤爆破榴弹。兼顾杀伤、爆破两种效应的榴弹,简称杀爆弹。其中远程杀爆弹是炮兵弹药中压制兵器的主要弹药,也是目前榴弹中发展较为活跃的弹种。

2. 按对付的目标划分

(1) 地炮榴弹。用以对付地面目标的榴弹,用途比较广泛。

(2) 高炮榴弹。用以对付空中目标的榴弹,如飞机、来袭弹药等空中目标。

3. 按弹丸稳定方式划分

（1）旋转稳定榴弹。采用旋转稳定方式，由线膛炮发射。

（2）尾翼稳定榴弹。采用尾翼稳定方式，通常由滑膛炮发射。

4. 按发射平台划分

（1）一般火炮榴弹。

（2）迫击炮榴弹。

（3）无后坐力炮榴弹。

（4）枪榴弹。

（5）小口径发射器榴弹。

（6）火箭炮榴弹。

（7）手榴弹。

2.2.2 榴弹的组成及基本结构

榴弹一般由弹丸和药筒两大部分组成，如图2.1所示。发射时，弹丸和发射装药作为一个整体或者分两部分装入炮膛进行发射，榴弹在炮膛内的装填状态如图2.2所示。

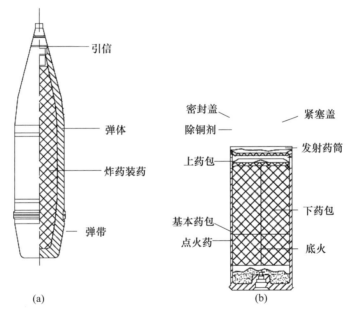

图 2.1 榴弹的组成
（a）弹丸部分；（b）药筒部分。

1. 弹丸部分

弹丸部分是直接完成战斗任务的部件，由引信、弹体、炸药或其他装填物、弹带或尾翼稳定装置（采用尾翼稳定的弹丸）等组成。一般线膛火炮配用的弹丸采用旋转稳定方式，而滑膛火炮，因火炮没有膛线，弹丸采用尾翼稳定方式。

弹丸的外形除了与发射平台相适应外，主要是考虑减小空气阻力来设计的。远程弹丸的初速较高，其弹头部尖锐，可以减小激波阻力；近程弹丸初速度较低，头部较钝圆，而弹尾部较长，以减小涡流阻力。

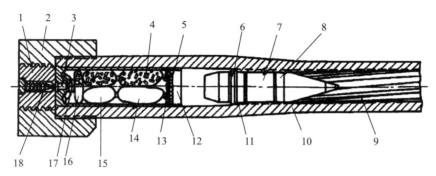

1—闩体；2—炮尾；3—底火；4—发射药；5—紧塞盖；6—弹带；7—弹丸；
8—定心部；9—膛线；10—炮管；11—坡膛部；12—药筒；13—除铜剂；
14—上药包；15—下药包；16—基本药包；17—点火药包；18—击针。

图 2.2　榴弹待发状态示意图

采用不同稳定方式的榴弹结构具体介绍如下。

1）采用旋转稳定方式的榴弹

采用旋转稳定方式的榴弹，相对于尾翼稳定榴弹空气阻力小、射程远、精度好。下面以图2.3所示杀爆弹为例，介绍旋转稳定方式的榴弹一般外形特征和结构特点。

（1）外形特征。

采用旋转稳定方式的弹丸外形通常为回转体，分为流线型弹头部、圆柱部和弹尾部。弹丸的外形与弹丸的初速和飞行阻力都有关。弹丸初速越高，弹丸形状要求越细长，老式杀爆弹长径比（L/D）只有 4 左右，新型杀爆弹的长径比达到 5.8，最新式的全弧形远程弹的长径比已达到 6 以上。弹丸外形的好坏，直接关系到弹丸在飞行中遇到的阻力大小，弹丸每一部分的形状所涉及的阻力成分各不相同。

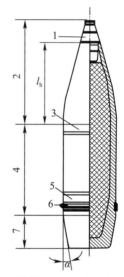

1—引信；2—弹头部；3—上定心部；4—圆柱部；
5—下定心部；6—弹带；7—弹尾部。

图 2.3　122mm 杀爆弹的结构

① 弹头部。弹头部是从引信顶端到上定心部上缘之间的部分，常把引信下面这段弹头部称为弧形部（l_h）。弹丸以超声速飞行时，速度越高，弹头激波阻力占总阻力的比例越大。为减少波阻，高初速榴弹弹头部应呈流线型，可增加弹头部长度和弹头的母线半径使弹头尖锐。低初速、非远程弹丸的弹头部可为截锥形加圆弧形；有的小口径弹丸的弹丸头部形状为截锥形。

② 圆柱部。圆柱部是指上定心部上边缘到弹带下边缘部分。弹丸在膛内的定心及沿轴向正确运动靠此部分来保证，所以圆柱部又称导引部，导引部的长度对榴弹在膛内运动的正确性有直接的影响。

弹丸在膛内径向定位是依靠定心部和弹带。定心部的轴向宽度、径向尺寸、在弹体上的具体位置及其数量对弹丸在膛内运动的正确性有直接影响。其加工要求比较精密，不允许锈蚀、磕碰和喷漆。为确保弹丸在膛内定心可靠，应尽量减少弹丸和炮膛的间隙；

为保证弹丸顺利装填,弹炮之间又需要留有一定间隙;为减小弹丸在膛内的章动又不能使间隙过大。因此,合理的弹炮间隙设计十分重要。通常,中、大口径榴弹具有上、下两个定心部;小口径榴弹可以不设置下定心部。

一般来说,圆柱部越长,越有利于弹丸在膛内的稳定性,也越有利于炸药药量的增多,但会使飞行阻力加大,影响射程。

③ 弹尾部。弹尾部是指弹带下边缘到弹底端面之间的部分。为减少弹尾部与弹底的阻力,弹尾部一般采用船尾形,即短圆柱加截锥体的结构形式,尾锥角 α 为 $3°\sim9°$。不同初速的弹丸,尾锥角不同,初速越高的弹丸,尾锥角越小。

(2) 结构特点。

① 引信。引信是使弹体内装填物适时作用的专用控制装置。榴弹主要配用触发引信,具有瞬发(0.001s)、惯性(或称短延期 0.005s)和延期(0.01s)3 种装定。在需要时也配用时间引信和近炸引信。

② 弹体。弹体是弹丸的主体组成部分,用以盛装装填物(炸药、燃烧剂、发烟剂、照明剂、子弹药等),保证弹丸发射安全性、射程、密集度和威力等战术技术指标,完成战斗任务的主要零件。具体而言,它连接弹丸各个部分,赋予弹丸最有利的外形,使弹丸在飞行中具有最小的空气阻力,保证发射及飞行过程中的结构强度和装药安全性,并正确飞向目标,以其自身强度和动能碰击侵彻目标或在炸药爆炸时产生大量破片来杀伤敌有生力量。装填物是毁伤目标或完成其他战斗任务的能源或物品。

弹体结构可分为整体式和非整体式两类。非整体式弹体由弹体和口螺、底螺等组成。随着炸药装药技术及工艺发展,弹体的螺结构已经基本淘汰。为确保弹丸具有足够的强度以及爆炸后产生适当数量和质量的破片,通常要求弹体采用强度较高的优质炮弹钢材。过去常用的弹体材料是 D60 或 D55 炮弹钢(高碳结构钢),随着材料技术的发展,58SiMn、50SiMnVB、60Si$_2$Mn 等高强度、高破片率钢在榴弹加工中获得应用。对中、大口径弹体一般采用热冲压、热收口毛坯车制成形,而小口径弹体一般由棒料直接车制而成。也有部分弹体(如37mm 和 57mm 高射炮榴弹)采用冷挤压毛坯精车成型的办法,其材料为 S15A 或 S20A 冷挤压钢。

③ 弹带。弹带是密封火药气体,赋予弹丸旋转的重要零件。通常采用嵌压或焊接等方式固定在弹体上。为了牢固嵌压弹带,在弹体上车制出环形弹带槽,在槽底辊花或环形凸起上铲花,以增加弹带与弹体之间的摩擦,避免相对滑动,如图 2.4 所示。

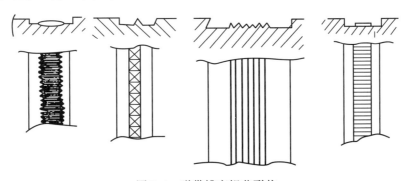

图 2.4 弹带槽底辊花形状

弹带的材料应选用韧性适宜、易于挤入膛线、有足够的强度、对膛壁磨损小的材料。定装式榴弹的弹带结构及材料还需要考虑弹丸发射过程的影响,即弹丸克服药筒拔弹力,弹带以一定速度冲击嵌入膛线的动态作用过程的影响。铜质弹带耐磨性和可塑性好,有利于保护炮膛。紫铜、铜镍合金和黄铜是过去采用较多的弹带材料。例如,初速较低的榴弹常采用紫铜弹带,初速较高的榴弹常采用强度较高的铜镍合金或 H96 黄铜,也有的采用软钢。近年来有许多弹丸用塑料或粉末冶金陶铁弹带,如美国 GAU8/A 30mm 航空炮榴弹采用尼龙弹带;法国 F5270 式 30mm 航空炮榴弹采用粉末冶金陶铁弹带。这类新型塑料,不仅能保证弹带所需的强度,而且摩擦系数较小,可减小对膛壁的磨损。据报道,若其他条件不变,改用塑料弹带,可提高身管寿命 3~4 倍。

弹带的主体外径应大于火炮身管的口径(阳线间的直径 d),至少应等于阴线间直径 d_1,一般均稍大于阴线间直径,此稍大的部分称为强制量,如图 2.5 所示。因此,弹带外径 D 等于火炮身管口径 d 加 2 倍阴线深度 Δ 再加 2 倍强制量 δ,即

$$D = d + 2\Delta + 2\delta \qquad (2.1)$$

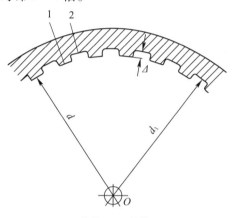

1—阳线;2—阴线。

图 2.5　膛线横剖面

一定的强制量可以保证弹带可靠地密封火药气体,即使在线膛有一定程度的磨损时仍可起到密封作用。强制量还可以增大膛线与弹带间的径向压力,从而增大弹体与弹带间的摩擦力,防止弹带相对于弹体滑动。但强制量也不可过大;否则会降低身管的寿命或使弹体变形过大。弹带强制量一般在 0.001~0.0025 倍口径之间。

弹带的宽度应能保证它在发射时的强度,即在膛线导转侧反作用力的作用下,弹带不致破坏和磨损。在阴线深度一定的情况下,弹带宽度越大,则弹带工作面越宽,因而弹带的强度越高。所以,膛压越高,膛线导转侧反作用力越大,弹带应越宽;初速越大,膛线对弹带的磨损越大,弹带也应越宽。弹带越宽,被挤下的碎屑越多,挤进膛线时对弹体的径向压力越大,飞行时产生的飞疵也越多,所以弹带超过一定宽度时,应制成两条或在弹带中间车制可以容纳余屑的环槽。根据经验,弹带的宽度不超过下述的值为宜:小口径榴弹 10mm;中口径榴弹 15mm;大口径榴弹 25mm。

弹带在弹体上的固定方法因材料和工艺而异。对金属弹带,主要是利用机械力将毛坯挤压入弹体的环槽内。其中小口径弹丸多用环形毛坯,直接在压力机上径向收紧使其嵌入槽内(通常为环形直槽),中、大口径弹丸多用条形毛坯,在冲压机床上逐段压入燕尾槽内,然后把两端接头碾合收紧。挤压法的共同特点是在弹体上需要有一定深度的环槽,从而削弱了弹体的强度。为保证弹体的强度,弹带部位的弹体必须加厚,这样又影响了弹丸的威力。近年来发展了熔敷扩散焊接工艺,已应用于多种口径的榴弹。使用焊接弹带,不需要在弹体上环形刻槽,从而降低了对弹体强度设计要求,可提升弹体结构的优化设计空间。至于塑料弹带,除了可以塑压结合外,还可以使用黏结法。

④ 弹丸装药。弹丸内的装药是形成破片杀伤威力和冲击波摧毁目标的能量来源,通常是由引信体内的传爆药直接引爆,必要时在弹丸口部增加扩爆管。目前普遍应用的炸

药是梯恩梯、钝黑铝炸药和 B 炸药。梯恩梯炸药通常用于中、大口径榴弹,多采用螺旋压药(常称螺装)工艺,将炸药直接压入药室,并通过螺杆上升速度来控制炸药的密度分布。钝黑铝炸药(钝化黑索今 80%、铝粉 20%),又称 A - Ⅸ - Ⅱ炸药,一般用在小口径榴弹中,先将炸药制成药柱,再装入弹体。在现代大威力远程榴弹中也采用高能的 B 炸药,多采用真空振动注装。炸药装药的选择要与弹体材料合理匹配。

2) 采用尾翼稳定方式的榴弹

对于榴弹来说,采用尾翼稳定,虽然在威力、射程、精度方面都会受到一定影响,但从整个火炮来讲,配备尾翼式榴弹还是必要的。滑膛加农炮、滑膛无后坐力炮和迫击炮,因火炮没有膛线,弹丸采取尾翼稳定方式。尾翼作为稳定装置,可使飞行中的全弹压力中心转移至弹丸质心之后,产生稳定力矩克服外界扰动力矩的作用,保证弹丸出炮口后的飞行稳定。

图 2.6 所示为 100mm 滑膛炮发射的杀爆弹。该弹为超声速尾翼弹(初速为 900m/s)。头部曲线呈圆弧形,因其飞行速度较高,故其头部较长;采用长圆柱部的外形结构,可增大药室容积,提高弹丸威力;弹体下部采用等离子弧焊工艺焊有一条铜质弹带,该弹带的宽度较窄且强制量较小,在弹丸发射时可起定心作用和一定的闭气作用,以减少火药气体外泄;对于超声速尾翼弹,一般都必须使用超口径尾翼才能保证稳定,该弹采用气缸式前张尾翼结构,翼片、翼座和销轴的材料均为 30CrMnSiA。6 片钢翼片通过销轴固定在翼座上,弹丸发射时,尾翼在膛内收拢,发射药燃气通过活塞外侧的两个小孔进入气室,弹丸出炮后,气室外部压力骤减,在气室内的火药气体压力作用下推动活塞运动,剪断剪切圈上的剪切台,活塞便在尾翼座内向后做直线运动。通过活塞下部与翼片上一对齿(相当于齿条和齿轮)的啮合,使尾翼做回转运动,并逐渐张开,直

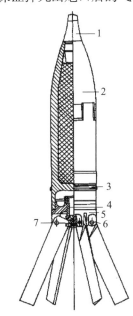

1—引信;2—战斗部;3—铜弹带;4—活塞装配;
5—尾翼座;6—销轴;7—曳光管。

图 2.6 100mm 滑膛炮杀爆弹

到活塞下移到位为止,此时翼片的张开角为 30°。为防止反转,尾翼张开到位后利用螺圈的辊花及剪切台在被剪断时留下的残根来增加活塞与翼座间的摩擦力实现尾翼自锁。

由于弹丸制造与装配误差的存在会导致弹丸气动外形不对称,弹丸飞行时会对质心有一定的偏心,即产生气动力偏心。这种气动力偏心会引起弹丸的弹道偏离,增大落点的散布。在翼片的单侧铣有 7°15′ 的斜面,可使弹丸产生低速旋转。尾翼稳定的弹丸通过低速旋转可以减小或消除这种偏心的影响,有利于提高弹丸的密集度。

2. 发射装药

药筒部分由药筒、发射药、底火及其他辅助元件组成,如图 2.7 所示。它的功用是赋予弹丸能量,达到预定的初速。按弹药装填和装药构造特点不同,发射药分为定装式装药和分装式装药。定装式装药在运输保管以及发射装填时,火药都在药筒内,装药量是固定的,具体又分为全定装药和减定装药,全定装药可使弹丸获得最大速度,减定装药使

弹丸获得比最大速度小的初速。分装式装药的火药放置在药筒、装药模块或药包内,与弹丸分开保管和运输。装填时,先把弹丸装入炮膛,而后再装入药筒、装药模块或药包。分装式装药一般是可变装药,在射击时,根据需求通过调节装药量实现发射初速调节,在不转移阵地的情况下能扩大火炮的射程范围。

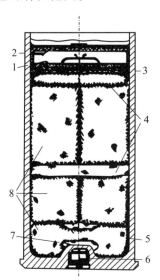

1—紧塞盖;2—防潮盖;3—除铜剂;4—消焰剂;5—药筒;6—底火;7—点火药;8—发射药。

图 2.7　152mm 榴弹炮发射装药

1) 药筒

药筒用来盛装发射药和其他辅助用品。在平时,保护发射药不受潮、不碰坏;发射时,由于药筒壁很薄,又有弹性,火药气体压力使其膨胀紧贴在炮膛壁上,消除了缝隙,保证火药气体不后泄。发射后,药筒弹性恢复,故打开炮闩后可顺利抽出药筒。

炮用弹药使用的药筒有金属药筒和非金属可燃药筒两类。金属药筒使用的材料有黄铜、钢和铝等。黄铜(铜锌合金)材料塑性好、强度较高,弹性模量较小,卸压后弹性恢复量较大,做成药筒时闭气性较好,且有利于形成适当最终间隙,退壳性能好。黄铜还没有低温脆性,因此被广泛用来制造各种炮弹的药筒。黄铜作为药筒材料也有其缺点:一方面是产量少,成本高,经济性较差;另一方面是黄铜存在应力腐蚀破裂倾向,长期储存其口部容易发生自裂。因此,经过多年研究,目前已在多种口径药筒上采用了钢质材料焊接成型工艺,使用优质低碳钢和中碳钢、稀土钢等代替黄铜制造药筒。钢质药筒材料来源丰富,比黄铜成本低,加工时可采用棒料下料,材料利用率比黄铜高,具有较好的工艺性,因此具有良好的经济性。当然它也有许多不足:钢的弹性模量比铜大,不利于退壳;钢的摩擦系数较大,要进行专门的磷化处理;材料具有时效性,即随着时间加长,其力学性能会发生变化,需要通过专门工艺进行处理和控制;钢材料耐腐蚀性比铜差,对表面处理要求高。

目前应用的可燃药筒实质是半可燃药筒,由可燃筒体和金属筒底组成。可燃筒体用硝化纤维等材料制作,可以提供一部分发射能量。半可燃药筒用于坦克炮和自行火炮,可消除或降低发射后药筒堆积在车内有限空间给乘员带来的不便。

2）发射装药

发射装药是具有一定形状、重量和品号的火药,它放置在药包中或在药筒中的一定位置上。发射时,火药被点燃,迅速燃烧生成大量火药气体,产生很高的压力,推动弹丸前进。火药是发射弹丸的能源。火药装药应满足武器战术、技术要求,为武器储备和提供必要的能量,并在发射瞬间完成能量的转换。为了满足榴弹内外弹道性能要求,发射装药通常由多种不同品号和形状的火药混合而成。

3）底火

底火是用来点燃发射药的专用火工品,它由底火体、火帽、发火砧、黑药、压螺、锥形塞等元件组成。图2.8所示为底-4式底火。

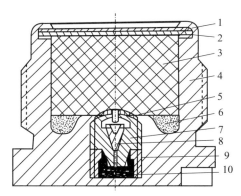

1—盖片；2—垫片；3—黑火药；4—底火体；5—纸片；
6—粒状黑火药；7—发火砧；8—锥形塞；9—螺套；10—火帽。

图2.8 底-4式底火

当火炮炮闩或击针撞击底火体的底部时,底部变形,火帽被发火砧压住,因此火帽被击发火。火帽的火焰通过中心小孔引燃粒状黑药,使黑药饼燃烧,火焰再冲破盖片,点燃药筒内的点火药和发射药。锥形塞的作用是防止膛内火药气体冲破底火体底部而外泄。

4）辅助元件

其包括密封盖、紧塞盖、除铜剂、消焰剂、点火药和护膛剂等,它们都放在药筒内。

（1）密封盖。又称防潮盖,为硬纸制成,放在药筒上方并涂有密封油,用以保护装药不受潮,在射击时要去掉。

（2）紧塞盖。用硬纸制成,用以压紧装药,使其在运输和搬运时不致窜动,以利于火药的正常燃烧。即使变换装药后,仍需将其装入药筒内压紧装药。

（3）除铜剂。弹丸在发射时,由于弹带嵌入膛线,会使弹带的一些铜屑留在膛内,通常称为挂铜,挂铜会影响弹丸的运动,使内弹道性能和射击精度变差。除铜剂是为了消除挂铜用的。除铜剂一般由锡和铅的合金制成,其熔点很低,发射时在高温作用下与挂铜生成熔化物,这种熔化物熔点也很低,易被火药气体冲走或被下一发的弹带带走,没有带走的也容易被擦掉。使用除铜剂后,膛内没有积铜,射击精度可显著提高。除铜剂一般制成丝状,缠成圈状放置在发射药的最上面,其用量为装药总量的0.5%~2.0%。

（4）消焰剂。弹丸飞出炮口后,膛内的火焰气体也随之喷出,其中的可燃成分与空气中的氧发生反应,在炮口进行燃烧,会产生很强的火焰,称为炮口焰。炮口焰是有害的,特别是在夜间,会使阵地暴露并使炮手眼睛发花,影响射击。通常使用氯化钾、硫酸钾等盐类制成消焰剂,加入消焰剂后使火药气体出炮口后不易燃烧,从而减小炮口火焰。黑药中因为有硫酸钾,也有消焰作用,小号装药一般不需放消焰剂。使用消焰剂会产生烟雾,所以白天不使用。消焰剂做成单独的药包放在装药中,或单独放置,射击前按需要放入。为了消除开闩后火药气体在炮尾燃烧产生的炮尾焰,有的在装药底部也放置消焰剂。消焰剂用量占装药量的2%~5%。

(5) 点火药。一般采用黑药,放在基本药包的底部,用以加强底火的火焰,保证充分点燃发射药。点火药量占装药量的1%~2.5%,燃完时能产生4.9~9.8MPa的点火压力。之所以采用黑药作为点火药,是由于其燃烧产生物中有很多固体,大量炽热的固体微粒易于使火药迅速被点燃。黑药中的硝酸钾易受潮,所以必须注意防潮问题。

(6) 护膛剂。采用护膛剂是提高火炮寿命的有效措施。目前常用的护膛剂为钝感衬纸,它是将石蜡、地蜡、凡士林等配成一定成分涂在纸上做成的。初速较高的火炮(小口径初速在800m/s以上,中大口径在700m/s以上)都要使用这种钝感衬纸。因为高初速火炮的装药量多,膛压高,火药气体温度高,对炮膛的冲刷烧蚀作用厉害,特别是较大口径的加农炮,有的仅发射几百发后就不堪使用,寿命是一个严重的问题。采用护膛剂后,能提高寿命2~5倍甚至更多。护膛剂占装药量的5%~8%。近来发现,用石蜡和某些固体润滑剂(如二氧化钛、滑石等)混合作护膛剂,可以使火炮寿命有更大幅度的提高,这对发展大威力的加农炮具有重大意义。

2.3 榴弹对目标的毁伤作用

按照榴弹作用目标时的终点效应不同,榴弹能够对目标产生以下几种类型的毁伤作用。

(1) 杀伤作用——利用破片的动能。
(2) 侵彻作用——利用弹丸的动能。
(3) 爆破作用——利用炸药的化学能。
(4) 燃烧作用——根据目标的易燃程度以及炸药的成分而定。

针对不同目标的性质和战术任务,榴弹对目标的作用效果与引信的装定及作用方式相关。

2.3.1 杀伤作用

杀伤作用是利用弹丸爆炸后形成的具有一定动能的破片实现对目标的毁伤,主要用于杀伤有生力量、破坏武器装备及设备。破片按其形成方式,可分为自然破片、预控破片和预制破片。破片对目标的杀伤效果由目标所在处破片的动能、比动能、破片分布密度和目标特性决定。

1. 弹丸爆炸后的破片分布

弹丸静止爆炸后,由于弹丸是轴对称体,故破片在圆周上的分布基本上是均匀的,但从弹头到弹体的纵向破片分布则是不均匀的,圆柱部产生的破片最多,占70%~80%,而弹头和弹尾部产生的破片较少,一般认为在弹头和弹尾成90°的飞散范围内为杀伤区(占破片总数的92%),一定的角度范围内会形成非杀伤区。图 2.9 所示为某一结构的弹丸在静止状态爆炸后的破片飞散情况。

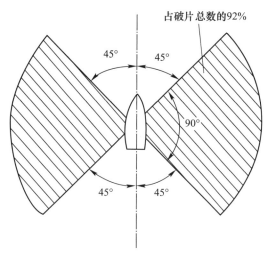

图 2.9　静爆的破片分布

弹丸在动态条件下爆炸后的破片飞散与静止状态下不同,弹丸从空中落下触地爆炸后,弹丸的落速越大,破片就越向弹丸头部方向倾斜飞散。弹丸的落角不同,也会影响破片的散布范围。弹丸垂直于地面姿态爆炸时,破片的分布近乎一个圆形,具有较大的杀伤面积,如图 2.10(a)所示;当弹丸具有一定倾斜角爆炸时,只有两侧的破片起杀伤作用,其杀伤区域大致是个矩形,如图 2.10(b)所示。

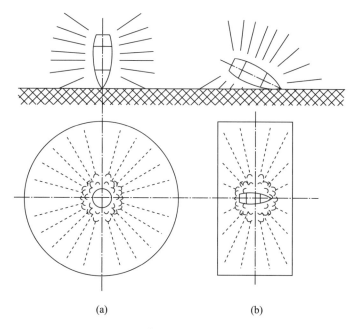

图 2.10　落角不同时的杀伤区域
(a)垂直爆炸;(b)倾斜爆炸。

根据破片分布的特点,在实际射击中,可采用近炸引信或者利用小射角的跳弹射击来提高杀伤作用。如图2.11所示,对于堑壕里的士兵,显然不适合用着发射击。这时可将引信装定为"延期"作用,采用小射角射击(图2.12),由于落角小(一般小于20°),弹丸向空中跳飞,在离地面一定高度时爆炸,因而充分利用了破片的杀伤作用。

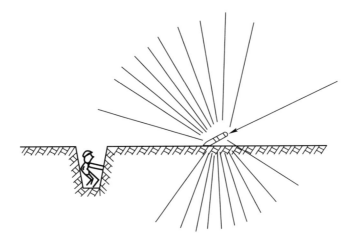

图2.11 触地爆炸对隐蔽目标的毁伤情况

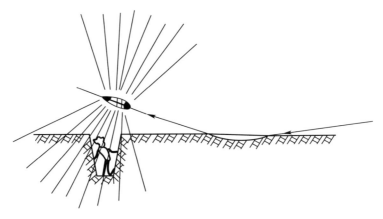

图2.12 用跳弹-空炸实施毁伤

2. 破片对目标的作用

归纳起来,破片对目标的作用有贯穿作用、引爆作用和引燃作用。

(1)贯穿作用是指破片依靠动能对目标造成机械损伤,在目标中形成孔穴或贯穿目标。

(2)引爆作用的实质是破片贯穿炮弹、炸弹或导弹等弹药壳体,在炸药内产生冲击波,冲击波波阵面处的压力、密度和温度急剧上升,造成炸药局部加热产生热点,当温度高于炸药热分解温度时,使炸药分解,最后引起炸药反应而爆炸。

(3)引燃作用是指破片本身的温度或者破片在可燃物内运动产生的热量达到可燃物的燃点从而引起燃烧。

3. 破片的毁伤准则

为了判断破片的杀伤能力,进而评价弹丸的杀伤威力,须有一个定量的毁伤准则。破片的毁伤准则是指有效破片(能够毁伤目标的破片)杀伤破坏各类目标时,破片性能参数的极限值。实际应用中,由于目标种类繁多,不可能对每类目标都由试验来确定毁伤准则。工程上常采用试验类比的方法确定破片对不同目标的毁伤准则,用以指导弹丸设计和使用。

1) 破片动能准则

杀伤弹对目标的毁伤主要是以破片对目标的击穿作用为主,击穿目标主要依靠破片碰击目标时的动能,破片的动能可以作为衡量这一毁伤效应的主要参数。设计时需要在满足毁伤威力的前提下协调破片质量和破片速度的关系。对杀伤有生力量而言,美国规定动能大于78J的破片为杀伤破片,低于78J的破片则被认为不具备杀伤能力。我国规定的杀伤标准为98J。此外,哥尼(Gurney)曾提出以 $m_f v_f^3$ 作为破片的杀伤标准;麦克米伦(McMillen)和格雷(Gregg)提出以75m/s侵彻速度为标准;还有人提出穿过防护层后的破片应具有2.5J的动能等。

2) 破片比动能准则

考虑到破片的各种形状,除球形破片外,由于破片飞行中的翻转,破片与目标遭遇时的交会面积是随机变量,对毁伤效能有较大影响,所以用杀伤破片的比动能作为衡量对目标的杀伤标准,比动能更能确切描述不同类型破片的杀伤能力。

3) 破片密度准则

弹丸爆炸后,破片在空间的分布是不连续的,随着破片离开炸点距离的增大,破片间的距离也加大。即使破片有足够大的动能或比动能,也不一定能命中目标。因此,除了动能和比动能外,还必须考虑破片在威力半径范围内的分布密度。破片密度越大,破片命中和毁伤目标的概率越大。设计时,要合理处理破片密度与破片数量、战斗部质量、破片速度等参数间的协调关系。

我国杀伤破片除考虑动能外,还提出破片质量不小于1g的要求。提出质量要求,除了保证杀伤距离外,还考虑了杀伤效果,也就是致伤标准问题。各种杀伤弹药的战术技术指标中往往对弹丸质量、杀伤威力(杀伤面积、杀伤半径等)都有一定要求,这在实际上要求破片质量在一定范围之内。

目前试验评定破片杀伤能力时,通常采用25mm厚松木板,也可采用1.5mm低碳钢板或4mm合金铝板。根据不同破片贯穿狗胸腔的杀伤试验结果与贯穿25mm松木板的杀伤标准进行对比,得到杀伤人员的破片比动能为 $111 \sim 142 J/cm^2$。破片能击穿靶板,则认为具备杀伤能力。

4. 杀伤效果的评价

评定榴弹对地面有生目标的杀伤威力,以及对已知目标射击预估弹药消耗量,都需要一个能符合实战条件的、能评定弹药杀伤效果的标准。目前国内外都采用杀伤面积或杀伤半径作为评定标准。同时,还要考虑破片致伤的人员丧失战斗力的时间。

1) 密集杀伤半径

密集杀伤半径是由扇形靶试验测得的,其定义是:在该半径的周界上密集排列着(暴露在地面上)由松木板制成的高1.5m、宽0.5m、厚25mm人像靶,弹丸爆炸后,平均每个靶上有一个破片穿透。

2) 杀伤面积

弹丸爆炸后大量破片向四周飞散,形成破片作用场。地面榴弹主要用于对付人员和轻型装甲车辆等目标,高射榴弹主要用于对付飞机、导弹等目标。针对不同目标,用以表征弹丸威力的方法和指标不同。从部队使用武器的角度出发,能提供弹药杀伤面积比较方便。对于地面人员,目前常根据球形靶和扇形靶试验求得杀伤面积。

使用球形靶法计算时,设弹丸在地面目标上空某一高度处爆炸,破片向四周飞散,部分破片击中地面上的目标并使其毁伤。假设地面上围绕(x,y)点的某一微元面积$dxdy$内目标密度为$\sigma(x,y)$,则该面积内的目标数为$\sigma(x,y)dxdy$。设该微元面积内目标被破片杀伤的概率为$P_k(x,y)$,则预期杀伤目标数E_c可表示为

$$E_c = \int_{-\infty}^{+\infty} \int_{-\infty}^{+\infty} \sigma(x,y) \cdot P_k(x,y) dxdy \tag{2.2}$$

进一步假定目标在地面上均匀分布,则$\sigma(x,y)$可简单地表示为一个常数σ,于是式(2.2)可写成

$$A_L = \frac{E_c}{\sigma} = \int_{-\infty}^{+\infty} \int_{-\infty}^{+\infty} P_k(x,y) dxdy \tag{2.3}$$

式中:E_c/σ为预期杀伤的目标数与单位面积目标数量的比值,具有面积量纲,因而被称为杀伤面积,在国外也称为平均效率面积。

由此可见,杀伤面积A_L与目标密度σ相乘可以得到预期的人员杀伤数。必须指出的是,杀伤面积不是炸点附近地面上一块真实的面积,而是一个加权等效面积,杀伤概率是它的加权系数。杀伤面积A_L是杀伤弹药在地面爆炸并考虑二维威力场结构时,目标毁伤概率对面积的积分,相当于在该面积内,目标的杀伤概率为1,也就是在此面积内的目标遭到百分之百的杀伤或摧毁。用杀伤面积来表征弹药毁伤能力,能够很好地将榴弹的威力、爆炸实际条件和目标性质统一结合起来,综合反映不同战斗部对同一目标或同一战斗部对不同目标的毁伤能力差别,较为客观地反映实际情况。

3) 破片致伤的人员丧失战斗力时间

破片致伤的人员丧失战斗力时间是评定榴弹对地面有生目标杀伤威力的重要依据。这里的"人员",主要指现代战场上,敌军使用步兵武器执行地面进攻或防御任务的单兵,且致伤后未进行任何救治处理。

2.3.2 侵彻作用

侵彻作用是指弹丸利用其动能对各种介质的侵入过程。对于爆破榴弹和杀伤爆破榴弹来说,这种过程具有特殊意义,因为只有在弹丸侵彻至适当深度时爆炸,才能获得最有利的爆破和杀伤效果。在这里将要讨论的侵彻作用,主要是地面榴弹对轻型工事、土石介质的侵彻。

榴弹对土木工事射击时,将引信装定为"延期",当弹丸击中目标后,弹丸并不立即爆炸,而是凭借其动能迅速侵入土石介质(图2.13(a)),当弹丸侵彻到一定深度时,延期引信引爆炸药。炸药爆炸时形成高温、高压气体,猛烈压缩和冲击周围的土石介质,并将部分土石介质和工事抛出,形成漏斗状的弹坑(图2.13(b)),称为"漏斗坑",弹丸完成爆破作用。弹丸破坏这类地面或半地下工事主要依靠爆破作用,侵彻作用只是为了获得最佳爆破效果。若引信装定为"瞬发",弹丸将在地面爆炸,大部分炸药能量消耗在空中,炸出的弹坑很浅。相反,如果弹丸侵彻过深,不足以将上面的土石介质抛出地面,而造成地下

坑(出现"隐坑"),如图 2.14 所示,就不能有效地摧毁目标。因此引信装定要和弹丸的爆破威力相适应。

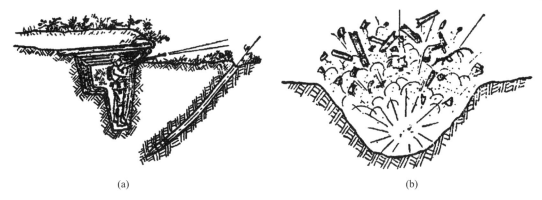

图 2.13 杀爆弹对工事的破坏
(a)弹丸侵入土壤;(b)弹丸爆炸形成弹坑。

图 2.14 隐炸

2.3.3 爆破作用

爆破作用是指弹丸利用炸药爆炸时产生的高温高压爆轰产物和冲击波对目标的破坏或摧毁作用。通常认为,弹丸壳体内的炸药引爆后产生高温、高压的爆轰产物。该爆轰产物猛烈地向四周膨胀,一方面,使弹丸壳体变形、破裂,形成破片,并赋予破片以一定的速度向外飞散;另一方面,高温、高压的爆轰产物作用于周围介质或目标本身,使目标遭受破坏。

弹丸在空气中爆炸时,瞬时(10^{-6} s)产生高温($3.5 \times 10^3 \sim 4 \times 10^3$ ℃)、高压($2 \times 10^4 \sim 3 \times 10^4$ MPa)状态爆轰产物,爆轰产物以极高的速度和压力向周围扩散,压缩周围的空气,产生空气冲击波。空气冲击波在传播过程中将逐渐衰减,最后变为声波。空气冲击波的强度,通常用空气冲击波峰值超压(即空气冲击波峰值压强与大气压强之差)Δp_m 来表征。

球形或近似球形 TNT 裸体炸药在空气中爆炸时,根据爆炸理论和试验结果,拟合得到以下超压计算公式,即著名的萨道夫斯基公式,有

$$\Delta p_{\mathrm{m}} = 0.082 \frac{\sqrt[3]{m}}{r} + 0.265 \left(\frac{\sqrt[3]{m}}{r}\right)^2 + 0.687 \left(\frac{\sqrt[3]{m}}{r}\right)^3 \tag{2.4}$$

式中：Δp_{m} 为峰值超压（MPa）；m 为炸药质量（kg）；r 为到爆炸中心的距离（m）。

空气冲击波峰值超压越大，其破坏作用也越大。冲击波超压对一些目标的破坏作用如表 2.1 所列。

表 2.1　空气冲击波对目标的作用

	超压 $\Delta p_{\mathrm{m}}/10^4\mathrm{Pa}$	破坏能力
对人员的杀伤	<1.96	无杀伤作用
	1.96～2.94	轻伤
	2.94～4.90	中等伤害
	4.90～9.81	重伤甚至死亡
	>9.81	死亡
对飞机的破坏	1.95～2.94	各种飞机轻微损伤
	4.90～9.81	活塞式飞机完全破坏、喷气式飞机严重破坏
	>9.81	各种飞机完全破坏

2.3.4　燃烧作用

榴弹的燃烧作用是指弹丸利用炸药爆炸时产生的高温爆轰产物对目标的引燃作用，其作用效果主要根据目标的易燃程度以及炸药的成分而定。在炸药中含有铝粉、镁粉或锆粉等成分时，爆炸时具有较强的纵火作用。

2.4　远程榴弹

2.4.1　榴弹增程技术概述

现代高技术条件下，远程精确打击是现代战争对武器的基本要求，也是弹药的主要发展方向。增大武器射程正成为各国增强炮兵火力的重点。增大炮弹射程，可以提高火炮在不变换阵地情况下的火力使用灵活性和机动性，能在较大的地域范围内迅速集中火力，给敌人以突然的打击，在较长时间和较大的距离上对进攻中的步兵和坦克进行火力支援。远射程弹药能够对敌人纵深目标（预备队、集结地、指挥部、交通枢纽等）进行压制射击。射程增大可使我军火炮配置在敌人火炮射程之外，又能在防御时将火炮按纵深梯次配置，增强防御和火力打击能力。对于中、小口径防空反导弹药，增加射程可以突破现有防空武器小于 5000m 的防空界限，弥补 5000～6000m 空域内对敌方固定翼飞机、巡航导弹、无人机等目标进行攻击拦截的防御盲区。因此，发展增程技术对于高新技术条件下的现代战争具有很重要的军事意义。

从 20 世纪 60 年代起，国外中、大口径火炮弹丸的最大射程提高很快，远程榴弹的射程大概以每 10 年增加 25%～30% 的速度递增。西方国家配备于师级的 155mm 榴弹炮弹丸的射程在 20 世纪 30—50 年代一直保持在 15km 以下，到 20 世纪 60 年代提高到接近

20km，到了20世纪70年代接近甚至超过了30km。目前，有些弹丸的射程已达到70km。

针对炮弹及其发射平台的特点，炮弹增程的途径可概括为3类：一是从发射平台角度考虑，通过提高弹丸初速实现增程；二是从弹丸角度考虑，通过弹形减阻技术、姿态减阻技术、空心弹减阻技术等减小弹丸阻力实现增程，或利用底排技术、火箭助推技术等添质加能方法实现增程；三是复合增程法，即各种增程方法的综合应用，如底排与火箭复合增程、空心弹与冲压发动机复合增程等。

1. 提高初速增程

初速对增加射程有重要贡献，是增加射程经常使用的方法，也是解决射击偏差所要考虑的重要因素。提高初速增程的技术又可分为3种：改善现有发射技术的性能；采用新的发射装药技术，如密实装药、随行装药、模块装药、液体发射药技术等；采用新型发射技术。

(1) 改善现有发射技术的性能。主要从改进火药的性能、改变装药结构和改变火炮参数3个方面入手，而通过改变火炮参数来实现增程目的的方法主要有提高膛压、加长身管和扩大药室容积。高膛压火炮推进技术，主要是通过增加火药装填密度，将火炮膛压由原来的200～300MPa增加到400～700MPa，以达到增加弹丸初速的目的；火炮身管加长，可以使弹丸在膛内运动时间增加，火药气体压力作用时间加长，因此可以使得初速提高。例如，155mm榴弹炮采取了该措施后，使弹丸的初速由原来的600m/s左右提高到800m/s以上，甚至达到910m/s。

(2) 新的发射装药技术。近年来，发射装药技术有了较大发展，相继发展了一些新概念、新结构的发射装药技术，有些已经应用，在提高初速、提高射速、增加射程和精度等方面起到了非常重要的作用。随行装药技术、液体发射药技术都是运用不同原理来提高弹丸初速的发射技术。随行装药技术是除药室内的发射药外，在弹丸底部携带一定量的火药，并使之随弹丸一起运动，其作用原理是发射药燃烧、膛内气体达到一定压力后，点燃随行装药，在弹丸运动过程中始终在弹底燃烧，从而在弹底部形成一个和膛内压力几乎相当的压力，减小了弹丸和膛底压力梯度，推动弹丸向前加速运动；液体发射药技术，是一种以液体燃料为能源，通过将液体发射药从储箱直接打入药室，进行燃烧反应产生高温、高压气体推进弹丸加速运动。液体发射药的潜在优势在于它的能量特性和流动特性，一方面，在相同的燃烧温度下，液体发射药能够比固体发射药释放更高的能量；另一方面，在变容燃烧的过程中，控制液体发射药的喷射过程，通过流量调节来抵消外界因素的干扰，适时地送入所需药量，可以获得理想的 $p-t$ 曲线，提高初速。

(3) 新型发射技术。新型发射技术包括电磁发射、电热发射和电热化学发射3种。电热发射技术是利用电能作为全部或部分能源，通过电能加热工质产生高温等离子体，高温等离子体再与一种惰性的流体物质混合并使之汽化，产生的高压气体推进弹丸高速运动的发射技术。电热发射能够获得高初速，但是对电能的要求很高，几乎与电磁发射技术不相上下，因而限制了它在纯战术方面的应用。

电热化学能推进技术是能源混合型的发射技术，除电能外，还需要含能材料提供部分能量，它是同时使用电能与化学能的推进技术。含能材料可以使用液体材料或固体材料，分别称为液体发射药电热炮和固体发射药电热炮。液体发射药电热炮的药室内装液体含能材料，首先是等离子体与液体发射药混合并使发射药分解，继而在补加的等离子体的驱动下,液态含能材料在极不稳定的流体动力环境中进行反应,驱动弹丸运动。固体发射药电热炮火炮的内弹道过程与一般火炮的内弹道过程相似,但电热能用来点燃发射药,调节气体生成速度和在发射药燃尽后继续加热燃气,以获得更高的弹丸速度。固体发射药电热炮的燃气生成速度受到压力与温度的影响,高温等离子体的注入会增大燃气压力与温度,所以加注等离子体为燃气发生速度的调节提供了一种方法。

电磁发射技术是把电磁能通过某种方式转换为发射载荷的动能,使弹丸获得超高速。电磁发射是一种不含发射药的高速发射器,它能显著提高弹丸的装甲侵彻力,增大有效射程和改善防空武器系统的效能。目前研究的有轨道式电磁炮和线圈式电磁炮两种。轨道式电磁炮由两条相互平行的轨道组成,轨道之间用一个电枢相连。当电流由一条轨道流出,穿过电枢进入另一条轨道返回时,在两条轨道之间的区域形成一个磁场,通过电枢的电流与磁场相互作用产生加速电枢和弹丸沿着轨道运动的驱动力(洛伦兹力)。在弹道过程中,储存与轨道间的磁场能量以热能的形式释放出来,如果在弹丸运动过程中轨道间的电压保持不变,那么电流强度将随弹丸的运动而减小,弹丸的加速度也会逐渐降低。可通过增加电压来增加电流,以保持弹丸以较高的加速度运动。轨道式电磁炮采用电磁能推动电枢高速运动,不需要发射药,具有较高的热力效率,并可降低火炮的后坐力,增加安全性,具有初速高、射程远、发射弹丸质量范围大、隐蔽性好、安全性高、结构不拘一格、受控性好、工作稳定、反应快等特点。它是高速发射技术中最有前途的技术之一。世界各国在此领域已经进行了半个多世纪的持续研究,诸多关键技术陆续获得突破,尤其是脉冲电源、导轨材料、电枢等技术的进步为装备研制和工程化应用提供了条件,英国、美国和中国等已经研制了工业级的电磁轨道炮,可发射10kg级弹丸,初速达到2500m/s。图2.15所示为英国宇航系统公司(BAE)研制的第一门工业级原型电磁轨道炮。

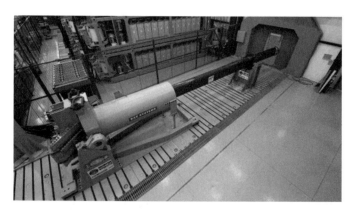

图2.15 英国BAE公司研制的工业级电磁轨道炮

2. 弹形减阻增程

弹形减阻增程法是通过改变弹丸结构参数实现减阻和增程的方法,主要通过改变弹丸长径比、弹头部长占弹丸全长的比例、改变弹头部弧形部半径、弹尾长、船尾角等因素,减小弹丸飞行过程的总空气阻力,达到增程目的。对于高速弹丸,弹形减阻的关键是减小波阻和底阻。对波阻影响最大的因素是弹丸全长以及弹头部长占全弹长的比例。影响底阻最大的因素是弹尾长度及船尾角。为了减少阻力增大射程,近十几年,远程杀爆弹的弹长以及弹头部长占全弹长的比例发生很大变化，老式杀爆弹弹长为 $4.5d$ 左右，远程杀爆弹弹长超过 $6d$，使阻力减小 30% 以上。从远程杀爆弹的发展过程考虑，根据弹长与阻力(弹形系数)的关系，可把远程杀爆弹分为老式圆柱弹、底凹圆柱弹和低阻远程弹（俗称枣核弹）。

弹形减阻技术有以下优点：弹丸威力有保证；在装药结构与弹丸设计比较合理时，密集度指标可以较高；弹丸结构简单、工艺性好。它的主要缺点是增程量有限，很难满足大口径远程弹对射程的要求。

3. 底排增程

弹丸出炮口后在低空飞行时，弹底部阻力大，约占全部空气阻力的 40%，此阶段采用底部排气减小底阻的效果最佳。底排增程是通过在弹丸上安装底部排气装置，使弹丸在飞行中能产生燃气，高温燃气膨胀以提高底压、减小底阻、增加射程。

4. 冲压增程

冲压增程是改变弹丸的结构，在弹丸上设置冲压发动机，弹丸从炮膛发射后高速飞行中，高速迎面气流通过进气道减速增压作用变成亚声速气流流入燃烧室，空气中氧与燃料混合充分燃烧，生成高温、高压燃气，经喷管加速喷出，从而产生推力推动弹丸加速运动。

采用火炮发射的固体冲压增程炮弹，可充分发挥冲压推进技术与火炮各自的优势，实现全程动力飞行，大幅提高炮弹射程、机动性和突防能力。缺点是弹丸结构变得较为复杂，与普通弹丸相比，冲压增程炮弹在结构上需增加进气道、推进剂、燃烧室、喷管等，对膛内发射的适应性要求较高，发动机的工作效率依赖于入口空气流量温度和压强，这与飞行速度和高度有关，不适合很大的飞行包络。

5. 火箭增程

火箭增程是在弹丸上加装火箭发动机，火箭发动机在弹丸飞出炮口后一定距离上点燃，在弹道上为弹丸提供推力，以增大弹药的飞行速度，达到增程目的。火箭助推增程效果比较好，增程率一般为 30%～100%。助推增程需要助推发动机，一般情况下，增程越远，助推发动机的重量越重，使弹药的附加重量增加，会使有效荷重量减小，这对于提高弹药的毁伤能力不利。同时，采用助推增程会使弹药的散布增大，对提高命中精度不利。当射程较远(不小于 50km)时，就要采用弹道控制技术，以减小弹药散布。

6. 滑翔增程

滑翔增程，实质上是通过增大弹丸升力来实现增程的。根据弹丸的空气动力特性和滑翔飞行的弹道特性，在弹丸飞行到某一有利于滑翔飞行状态时，通过控制俯仰控制舵偏转，使其按所需要的攻角飞行，从而产生一个确定的向上升力，且该升力克服弹丸自身重力对其飞行轨迹的不利影响，理想的结果是使弹丸在运动过程中法向加速度趋近于零，这样弹丸便能以较小的倾角沿纵向滑翔较大距离，从而达到增加射程的目的。滑翔增程的主要优点在于对弹丸的初速要求不高，即在一般的发射初速条件下，就可以达到远程炮弹的射程。滑翔增程弹的这一特点为解决武器系统设计中射程与机动性、射程与威力之间的矛盾创造了有利条件，因此该技术备受重视并表现出较好的应用前景。其缺点是要解决尾翼张开的控制问题，会增加结构的复杂性，另外还存在炮弹落速较低的问题。

7. 复合增程

当单独一种增程技术无法满足战术技术指标要求时,将两种或两种以上增程技术共用于同一弹丸上,可以实现复合增程。可采用提高初速与弹形匹配、弹形与底排匹配、底排与火箭复合、空心与冲压复合等增程技术来达到炮弹增程的目的。复合增程效果好,增程率高,但技术难度较大,应在满足最大射程的前提下,选择技术难度小、风险小的复合增程技术。

对于普通榴弹,在一定的初速下,都有与之相适应的弹形选择,实际上是速度与阻力的合理匹配,对于火箭增程弹、底部排气弹、滑翔增程弹和冲压发动机增程弹等,初速、弹形和增程方式也都有一个合理匹配的问题,这些问题都需通过优化设计解决。例如,美国海军的 XM171 型 127mm 炮弹采用高能硝铵发射装药,炮口动能增加到 18MJ,采用火箭发动机、精确制导、导航和控制子系统匹配,提供一种对抗弹头上气动扭转力矩的电-机反应扭转力矩,以控制弹头定位,采用鸭式舵偏转控制整个弹体改变弹道最高点后的飞行轨迹,使弹丸昂头飞行,并沿一个小的倾斜角滑翔,射程提高到 113km。

由于射程、威力和精度间的辩证统一关系,增加射程必须保证在该射程上能够达到满足战术使用的命中精度,也必须保证对预定目标具有足够的毁伤能力;否则射程的增加就失去了意义。实际上,伴随对提高射程技术的研究,必然也要对威力和精度的改善进行探讨。各种类型的子母弹以及末敏弹、末制导炮弹,就是在这种背景下发展起来的。

2.4.2 底凹弹

底凹弹(hollow base cartriages)是指弹丸底部带有凹窝形结构的旋转稳定式炮弹,可用于杀伤爆破弹、子母弹和特种弹等。底凹结构与弹体可为一体,称为整体式底凹弹,或单独的底凹结构用螺纹与弹体连接,称为螺接式底凹弹。在底凹弹中,除了在弹丸底部采用底凹结构外,还常同时在底凹壁处对称开数个导气孔(图 2.16)。这种弹是美国在 20 世纪 60 年代最先开始研制的,它的出现受到了世界各国的普遍重视。

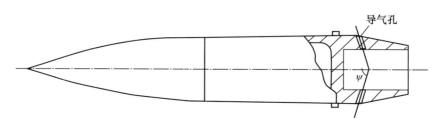

图 2.16 带有导气孔的底凹弹

底凹弹的主要特点如下。

(1) 弹丸的底部阻力减小。由于弹丸在飞行过程中冲开空气而向前运动,从而造成了弹丸头部将承受比较大的压力。而在弹丸底部却由于惯性作用,弹丸向前运动后空气还来不及填充弹丸运动所造成的局部真空(或稀疏),从而使弹底所承受的空气压力降低。这种弹丸头部和底部压力之差,就构成了弹丸的底部阻力。根据风洞试验,采用底凹结构后,特别是带有导气孔的底凹结构后,弹底低压涡流强度减弱,局部真空区被空气填充,从而提高了弹底部的压强,使底部阻力减小。

底凹的深度影响弹底阻力,底凹的凹窝结构在 $(0.9 \sim 1.0)d$ 范围内的称为"长底凹",在 $(0.2 \sim 0.4)d$ 范围内的称为"短底凹"。底凹的深度设计主要取决于弹丸长度和质量的合理分布。试验表明,在亚声速和跨声速范围内,底凹深度以取 $0.5d$ 为宜,而在超声速范围内,底凹深度与底压的关系不大。至于导气孔的设置,其倾角以取 $60° \sim 75°$ 为宜,相对通气面积(即通气面积与弹丸横截面积之比)以取 0.32 为宜。

（2）弹体强度提高。采用底凹结构,弹带可以设置在弹体与底凹之间的隔板处,从而改善弹带处的弹壁受力状况,提高了弹体强度。

（3）飞行稳定性增强。采用底凹结构后,整个弹丸的质心前移,压力中心后移,而且弹丸质量较集中,弹丸飞行中翻转力矩减小,这就给弹丸的飞行稳定性带来好处,从而使空气阻力减小,弹丸的落点散布也得到改善。

（4）弹丸威力提高。与普通榴弹相比,采用底凹结构后可使弹壁减薄、弹丸增长、优化弹体内部结构、增加炸药装药量,从而提高弹丸的威力。

试验表明,单纯的底凹结构增程效果并不显著,一般只能使射程提高百分之几。因而在进行弹丸设计时,常常采用综合措施。例如,在采用底凹结构的同时,加大弹丸长径比,并使弹头部更改为流线型。图 2.17 所示为美军 M470 式 155mm 底凹弹与 M107 式 155mm 普通榴弹的外形对比示意图。

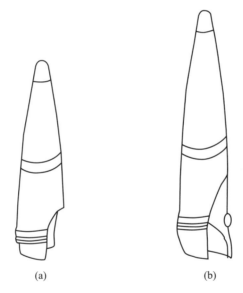

图 2.17　美军 M470 式 155mm 底凹榴弹与 M107 式 155mm 普通榴弹的外形对比
(a)M107；(b)M470。

由图可见,M470 式采用了底凹结构,增大了弹丸长径比,头部更加尖锐。计算表明,该弹以 43 年阻力定律为准的弹形系数 i_{43} 由原 M107 式的 0.95 降至 0.83。

底凹结构的主要问题是：出炮口瞬间由于底凹部分内、外压差很大,可能出现强度不足的现象。因此,在选取底凹部分的材料、确定底凹部分厚度时,必须满足炮口强度要求。

2.4.3　枣核弹(低阻远程弹)

枣核弹是一种通过改变弹形实现增程的低阻远程弹,枣核弹结构的最大特点是没有圆柱部,枣核弹一般均采用底凹结构,以便全弹结构和质量的合理分配。从空气动力学角度看,在目前的各种榴弹中,枣核弹的阻力系数最小。计算表明,枣核弹的弹形系数 i_{43} 约在0.7左右,阻力比老式圆柱杀爆弹的阻力减少25%~30%。采用枣核弹结构,其射程可提高20%以上。如果采用可脱落的塑料弹带,其射程还可进一步提高。

枣核弹的发展过程中出现了两种形式:① 全口径枣核弹,弹丸直径名义尺寸与火炮口径相同;② 次口径枣核弹,弹丸直径名义尺寸比火炮口径略小。

1. 全口径枣核弹

加拿大于20世纪70年代研制成功了155mm全口径枣核弹,其结构如图2.18所示。整个弹体由约为 $4.8d$ 长的弧形部和约为 $1.4d$ 长的船尾部组成。该弹的长径比较大,达到 $6d$,弹头长占全弹长的约80%。利用弹丸弧形部上安装的4个具有一定空气动力外形的定心块和位于弹丸最大直径处的弹带来解决全口径枣核弹在膛内发射时的定心问题。

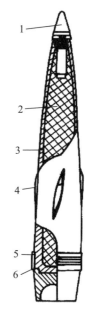

1—引信;2—炸药;3—弹体;
4—定心块;5—弹带;6—闭气环。

图2.18 全口径枣核弹结构示意图

由于枣核弹的特殊结构,定心块的形状、安置角度和位置,在弹丸设计中是需要精心考虑的。除需要考虑实现良好的定心作用外,还应考虑到减小飞行阻力和对飞行稳定性有利。试验表明,在0°~15°的定心块斜置角范围内,随着定心块斜置角的增加,弹丸所受的阻力也将有所增加。由于枣核弹长径比较大,其飞行稳定性比传统弹要差。在弹体上,定心块增加了弹体结构的复杂性,给加工制造与装配带来一定的困难。

加拿大155mm全口径枣核弹的主要参数见表2.2。

表2.2 加拿大155mm全口径枣核弹主要参数

弹丸长/mm	938	弹丸质量/kg	45.58
弹体长(无引信)/mm	843	炸药质量(B炸药)/kg	8.6~8.8
船尾部长/mm	114	弹带宽/mm	36.7
弹尾底部直径/mm	131	弹带直径/mm	157.76
船尾角/(°)	6	定心块倾斜角/(°)	10.4
底凹深/mm	63		

2. 次口径枣核弹

次口径枣核弹是在全口径枣核弹基础上发展起来的,因为弹形进一步得到了改善,在相同条件下,次口径枣核弹可获得比全口径枣核弹略大的初速,其射程可进一步增加。

图2.19所示为次口径弹的两种结构外形示意图。其中图2.19(a)采用了塑料的可脱落弹带和前、后塑料定心环。为了可靠密闭火药气体,它采用了内、外两个闭气环;而图2.19(b)仍然采用了定心块结构。

由于枣核弹长径比较大,所以对于传统的普通旋转稳定弹丸可以不考虑的问题,在

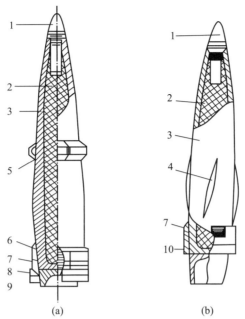

1—引信；2—炸药；3—弹体；4—定心块；5—前定心环；
6—后定心环；7—弹带；8—内闭气环；9—外闭气环；10—闭气环。

图 2.19 次口径枣核弹结构示意图

(a)采用可脱落弹带和定心环的次口径枣核弹；(b)采用定心块结构的次口径枣核弹。

依靠旋转稳定的枣核弹上却不能不予以注意和考虑了。这里所说的就是所谓马格努斯效应问题。

弹丸在飞行中的章动角(δ)是不可避免的。对旋转弹丸来说，章动角的出现引起了附加力和力矩的出现。为了弄清这一附加力和力矩的物理本质，把弹丸看作静止的，而把空气看作运动的，并且把空气的运动沿弹轴和垂直于弹轴的方向分解。这样，在有攻角存在的情况下，将产生与弹轴相垂直的速度分量(图 2.20(a))。由于此垂直于弹轴的空气流与随同弹丸旋转的一薄层空气流的联合作用，自弹尾向弹头方向看去，右方的合成空气流速低，而左方的合成空气流速高，因而产生自右向左的合力 R_m(图 2.20(b))，该力即称为马格努斯力。又由于该力的作用点与弹丸质心不相重合，势必将形成一个力矩，该力矩即称为马格努斯力矩。马格努斯力和力矩对弹丸运动的影响即称为马格努斯效应。

马格努斯力对弹丸运动的影响，无非是使弹丸质心向侧向偏移。然而马格努斯力矩却影响弹丸的飞行稳定性。如果马格努斯力的作用点在压力中心之后，则将对飞行稳定性有利。相反，如果在前则将会造成严重后果，使弹丸不稳定飞行。为了解决这一问题，许多国家在研究改善弹丸船尾形的同时，还解决抗马格努斯效应的方法。

2.4.4 火箭增程弹

火箭增程弹是由一般弹丸加装火箭发动机并由身管火炮发射，以达到增程目的的弹丸。这种弹丸将火箭技术用在普通炮弹上，使弹丸在飞出炮口一定距离后，火箭发动机

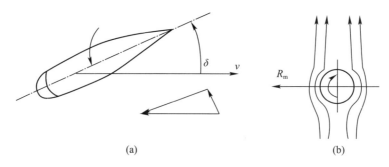

图 2.20 马格努斯力的形成
(a)速度分解示意图；(b)马格努斯力示意图。

点火工作,赋予弹丸以新的推动力,从而增加速度、提高射程。该方法是解决射程和火炮机动性矛盾的重要途径。原则上讲,火箭增程技术可以在各个弹种上使用,但由于各个弹种都有其各自的独特要求,加上采用火箭技术后会出现一些新问题,因而使其在使用上受到一定的限制。

从结构特点上看,火箭增程弹有旋转稳定式火箭增程弹(图 2.21)和张开尾翼式火箭增程弹(图 2.22)两种形式。

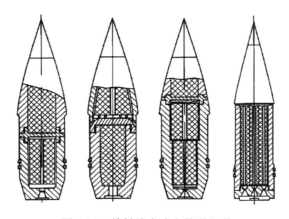

图 2.21 旋转稳定式火箭增程弹

对于火箭增程弹的研究,可以追溯到第二次世界大战以前。后来,由于增程效果、射击精度、炸药装药量等方面的问题,曾经中断对火箭增程的研究。到了 20 世纪 60 年代,随着科学技术的发展,又恢复了对火箭增程的研究。为了解决威力问题,战斗部采用了高破片率钢和装填高能炸药(如 B 炸药)。为了提高增程效果,改进了弹形,采用了新的火箭装药,火箭发动机壳体采用了高强度钢,使增程效果达到 25%~30%。相比于传统榴弹,火箭增程弹结构通过火箭发动机在弹道上施加推力可以实现增程,但是在火箭增程弹丸飞行过程中,火箭发动机的点火时间及其散布对射程和射击精度均有影响,即根据弹丸的弹道飞行条件,存在一个实现最佳增程效果最有利点火时间问题。

图 2.23 所示是美军装备的 M549 式 155mm 火箭增程弹结构组成。该弹采用了堆焊弹带、闭气环以及短底凹等措施。使用不同型号的发射装药和火炮,弹丸炮口速度可实现 586m/s、705m/s、810m/s 和 830m/s 多挡调节,射程范围覆盖 19.5~30.1km,使用 M198 式火炮发射的最大射程为 30.1km,增程效果为 6km。该弹的优点是不改变发射条

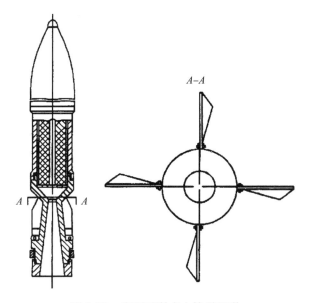

图 2.22 张开尾翼式火箭增程弹

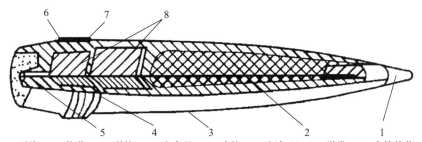

1—引信；2—炸药；3—弹体；4—点火具；5—喷管；6—闭气环；7—弹带；8—火箭装药。

图 2.23 美国 M549 式 155mm 火箭增程弹

件，就可增加火炮射程。

M549 式 155mm 火箭增程弹是一种药包分装式炮弹，弹丸分为战斗部和火箭发动机两部分，两者通过螺纹连接。位于前部的战斗部壳体采用高破片率钢，为适应不同的发射初速，分别发展了两型战斗部，M549 型战斗部装填 7.26kg B 炸药，M549A1 型战斗部装填 6.8kg 注装梯恩梯炸药。位于弹丸后部的火箭发动机壳体采用 4340 钢，壳体内装有推进剂药柱和点火机构。发动机装药分为前、后两个药室，串联双药室结构是为了保证火箭装药在膛内发射高过载条件下能保持完整，避免药柱产生变形或碎裂。该弹虽然有火箭发动机，但是可以有增程和不增程两种作用方式。需要增程时，发射前取下火箭喷管帽。射击时，弹丸发射药燃烧点燃火箭发动机的点火药，点火药点燃延期药，延期药实现 7s 延期燃烧，点燃发动机点火系统，点燃发动机装药，发动机装药持续燃烧工作 3s，产生推力作用与弹丸实现增程。不需要增程时，发射前不取下火箭喷管帽，就像普通弹丸一样完成发射过程。

图 2.24 是美国 M927 式 105mm 火箭增程弹。该弹于 1994 年 10 月产品定型。M927 式炮弹是 M913 式炮弹的改进型，专用于美国陆军 M101/M101A1 式和 M102 式 105mm 榴弹炮，射程增加了 40%。该炮弹采用可增减药包的 M67 发射药系统，也可由 M1191 式 105mm 榴弹炮发射。

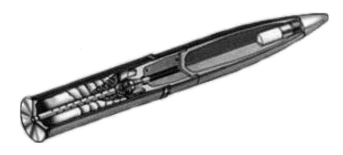

图 2.24　M927 式 105mm 火箭增程弹

M927 式炮弹是弹丸和药筒分装的半固定式火箭增程弹,弹壁相对较薄,弹头头部呈流线型,由 HF-1 高破片钢制成。附加在弹体顶部的火箭发动机用 4340 号钢制造,发动机体底部由火箭分离器帽密封,有点火延迟装置,当需要火箭助推时,分离器帽脱离。火箭发动机内装填羟基聚丁二烯复合推进剂。M927 式炮弹可配用多种火炮,适应不同作战需求,其主要性能指标见表 2.3。

表 2.3　M927 式 105mm 弹主要战术技术性能

弹径/mm	105	药筒	M14B4
炸药装药/kg	2.63（梯恩梯当量）	底火	M28B2
加装火箭发动机时的射程/km	M101/M101A1 火炮,　16.3 M102 火炮,　17.0 M119A1 火炮,　17.1	无火箭发动机时的射程/km	M101/M101A1 火炮,　11.2 M102 火炮,　11.8 M119A1 火炮,　11.9

火箭增程技术的优点是适用弹种多、增程效果好、弹丸存速增大。它的缺点是由于增加了火箭发动机导致结构比较复杂,成本较高,由于火箭推力偏心的影响,弹丸射击密集度较差(比底排弹要差),射击精度下降,有效载荷受到影响导致威力降低。在相同的条件下火箭增程与底部排气弹的增程效果对比如图 2.25 所示,其增程率没有底部排气弹的大。

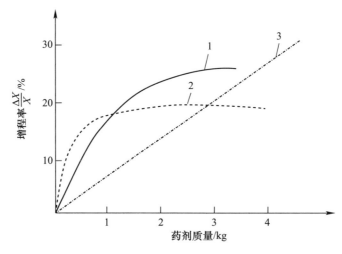

1—船尾角 $\beta=0°$,底部排气;2—船尾角 $\beta=6°$,底部排气;3—船尾角 $\beta=6°$,火箭增程。

图 2.25　底部排气弹和火箭增程弹用药量与增程率的关系

2.4.5 底排弹

底排弹也称为底部排气弹,其结构特点是弹丸底部增加一套专用排气装置(简称底排装置)。它是瑞典于20世纪60年代中期首先开始研制的,在此之后,许多国家也都采用了底排技术提高炮弹射程,底排增程率在15%～30%,随着技术的不断改进,增程率有望提高到40%。

1. 底排增程原理

底部排气弹减阻增程原理:弹丸在空气中高速飞行时,弹头部空气压力高,弹尾部空气压力低,产生压力差,形成底阻,弹尾部的空气流动如图2.26所示。根据气体热力学原理,向弹尾部低压区空间排入质量或者排放热量(即增加能量),可以增加这一空间区域的压力,减小了弹头部与弹底部之间的压力差,使弹底阻力大大下降,因而射程增加。底部有无排气作用效果如图2.27所示。

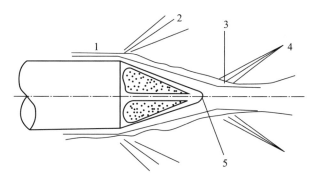

1—边界层; 2—扇形膨胀区; 3—喉部; 4—尾激波; 5—尾迹驻点。

图2.26 弹尾流区的流动示意图

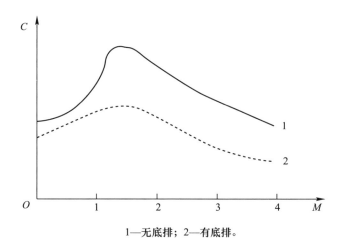

1—无底排; 2—有底排。

图2.27 无底排与有底排情况下的阻力系数对比曲线

底排增程的作用方式,就是根据上述作用原理向弹丸底部有规律地排放高温燃气,提升弹底部压力,减小弹丸飞行时的空气阻力,减缓弹丸飞行速度的衰减程度,使其飞得更远。

从底排原理可以看出,底排增程与火箭增程虽然都是向尾部区域排气,但是两者有本质的区别,前者是提高底压减小底阻,属于减阻增程;后者是利用动量原理,提高弹丸的速度。底排的作用效果由 3 个方面因素贡献,即加入质量的效果、加入能量的作用效果和动量变化的作用效果。

2. 底排装置的结构与作用

底排弹采用的底排装置有复合药剂底排装置和烟火药剂底排装置两种。

1)复合药剂底排装置

复合药剂底排装置一般由钢接螺、底排药柱、点火具和底排壳体等部件组成,如图 2.28 所示。

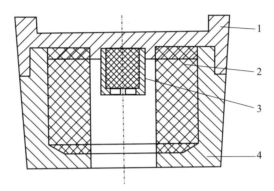

1—钢接螺;2—底排药柱;3—点火具;4—底排壳体。

图 2.28 复合药剂底排装置结构

钢接螺主要功能是将弹丸战斗部壳体与底排壳体相连接,并固定点火具。底排壳体的作用是将底排药柱径向和轴向固定,提供药剂燃烧的空间,并通过其底端的排气孔控制药剂的燃烧规律与燃气的排出流率。底排壳体的设计要考虑保证膛内发射过程和出炮口时的强度,还要尽量降低质量,所以底排壳体材料通常采用高强轻质合金,如 LC4 或 LY12 硬质铝合金。底排药柱的作用是按预先设计的燃烧面和燃烧规律维持一定持续时间的燃气生成。

复合型底排药剂燃速较低、密度较小,通常需要独立的点火具,这些特点对减阻效果和总体结构匹配设计都不太有利,但复合型药柱通常设计成中空多瓣结构,采用中孔面和缝隙面燃烧方式,发射时高温高压燃气充满底排装置,使其具有很好的抗高过载能力。复合型底排药剂在火炮膛内由发射药的高温高压气体点燃,但在炮口附近卸压时会出现被抽灭的现象,故为了确保底排弹的最大射程和密集度,需要点火具提供持续的燃气维持底排药柱的可靠点燃和持续燃烧。

点火具的作用是在火炮膛内和炮口附近维持一定时间的持续燃烧,其燃气应确保底排药柱全面可靠地点燃。点火具内装有由锆粉、镁粉和黑火药等混合而成的点火药剂,一经火炮发射时发射药的高温高压气体点燃后就能维持一定时间的持续燃烧,在炮口泄压时也不会被抽灭,从而可以提供持续的燃气维持底排药柱的持续燃烧。

2)烟火药剂底排装置

烟火药剂底排装置一般由底排药柱、挡药板和底排壳体等部件组成,其结构如图 2.29 所示。

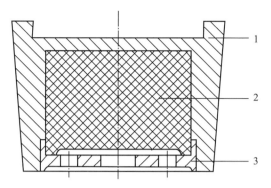

1—底排壳体；2—底排药柱；3—挡药板。

图 2.29 烟火药剂底排装置结构

烟火型底排药剂燃速高、排气流量大、密度大，不需要独立的点火具，这些特点对减阻效果和总体结构匹配设计都是有利的，但为了满足发射时抗高过载的强度要求，其药柱通常设计为实心整体结构，并采用端面燃烧方式。

烟火药剂底排装置通常需要独立的挡药板，该挡药板采用多孔结构形式，既能有效地支撑烟火药剂，又能提供较大的通气面积。

底排装置对底排弹的性能有重要影响，底排装置的设计要考虑以下几个要素，即底排药剂的性能、排流参量和工作时间、船尾长度和船尾角的选取、底排装置底板结构参数。

3. 底排弹的结构组成

底排榴弹都是旋转稳定弹丸，在外形设计上主要有圆柱形和枣核形两种形式。图 2.30 和图 2.31 分别给出了圆柱形和枣核形底排榴弹结构示意图。圆柱形底排榴弹由卵形头部、圆柱部、船尾部、定心部、弹带和底排装置组成。枣核形底排榴弹由卵形头部、船尾部、定心部、弹带和底排装置组成。

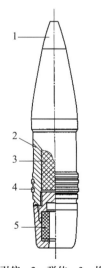

1—引信；2—弹体；3—炸药；
4—弹带；5—底排装置。

图 2.30 圆柱形底排榴弹结构示意图

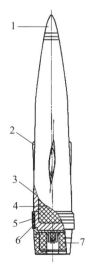

1—引信；2—定心块；3—弹体；4—炸药；
5—弹带；6—闭气环；7—底排装置。

图 2.31 枣核形底排榴弹结构示意图

在超声速条件下,对于一般圆柱形弹丸,底阻占总阻的30%左右。对于低阻远程弹(枣核弹),底阻占总阻的50%~60%(由于枣核形弹丸对弹丸威力发展制约较大以及定心舵片加工工艺复杂等原因,该弹型不太常用)。对于圆柱形远程弹,通常底阻占总阻的40%~45%。

底排榴弹的增程率主要由减小底阻得到,所以其外形结构设计必须以提高底阻占总阻的比例份额为目标。一般通过增加弹丸总长、增加卵形头部的曲率半径和长度、缩短圆柱部长度、增加船尾部长度、减小船尾部船尾角度等措施来实现。同时,底排增程效果又与弹丸飞行马赫数有极大的关系,希望在底排装置工作期间弹丸飞行马赫数大于2.5,这就要求底排榴弹的初速不低于2.5倍马赫数。

瑞典发展的105mm底部排气弹的弹丸质量为18.5kg(用铝制底排装置外壳时为17.3kg),排气装药柱质量为0.33kg(75%过氯酸胺和25%端羧基丁二烯),药柱呈中空圆柱形,并分为两半(药柱长57mm,外径76mm,内径25mm),底螺盖上的喷气孔直径为25mm。喷气药柱的燃烧温度为3000℃左右,燃烧时间为22s,该弹可增程25%。比利时发展的155mm底部排气弹的质量为46.7kg,弹丸长950mm,炸药装药量为8.8kg B炸药,其最大射程达39km,与不加排气装置相比可增程30%。

由德国莱茵金属公司武器与弹药分公司研制生产的DM652/662式155mm底部排气子母弹,装有49枚子炸弹。当使用L39火炮发射时,DM652/662式底部排气子母弹的最大射程为28.5km;使用L52火炮发射时的最大射程为35.9km。底部排气装置降低了炮弹在飞行过程中受到的气动阻力,使得炮弹射程增加。配用小炸弹类型与DM632/642式子母弹相同。

4. 底排弹的优点

与火箭增程弹相比,底排弹有下列优点。

(1)底部排气弹的结构比较简单,只要在弹底的底凹内加装排气装置即可。

(2)底部排气弹可以基本上不减少弹丸的有效载荷(战斗部质量),因而不会使威力降低。

(3)底部排气弹由于空气阻力减小,从而缩短了弹丸在空气中的飞行时间,这就使外界对弹丸运动的影响减小,使弹丸的散布情况得到改善。

(4)由于底部排气装置的燃烧室工作压力低,因而对装置壳体的要求低。实际上,可以利用原来的底凹弹加装排气装置来实现增程,而不必采取特殊的提高强度的措施,这在技术上容易实现。

与枣核弹相比,它不需要高膛压高初速火炮就可获得较为明显的增程效果。因此,底排弹可以说是一种比较实用的、性能较好的远程榴弹。应当指出的是,底部排气弹在可使射程增加的同时,也带来了加大弹丸散布的问题,这主要是由于底排药柱的燃烧条件受高空大气层气象条件的影响,而高空大气层的气象条件瞬息万变,难以十分准确地预测;底排药的点火时间的一致性也有一定问题,目前各国都在努力寻求更好的减小底排弹散布的途径和措施。

2.4.6 底排火箭复合增程弹

根据空气动力学和外弹道理论,弹丸弹道飞行过程中的空气阻力与其飞行高度、空气密度和飞行速度密切相关。针对弹丸飞行阻力的变化规律,弹丸出炮口后在空气密度较大的低空飞行时,空气阻力大,在这部分弹道段采用底排技术,能有效降低弹丸阻力,使弹丸飞行速度损失较小;当弹丸进入空气密度小的高空飞行时,采用火箭发动机助推技术使弹丸加速,这时克服空气阻力耗费的功较小,增速效果明显。两种增程技术与阻力变化规律有机结合,获得最佳增程效果。这就是底排火箭复合增程弹能够获得更大射程的理论依据。因此,底排火箭复合增程弹采用先底排减阻后火箭增速的复合增程方式,能够充分发挥这两种技术的各自优势。这种复合增程技术与高初速和低阻弹形相结合,可使增程效率达到50%以上。

1. 总体布局

在底排-火箭复合增程弹总体结构布局设计时,底排装置总是置于弹丸的最底部,而火箭装置可以放置在弹体的不同部位。依据火箭装置与底排装置的相对位置,底排-火箭复合增程弹的总体结构布局主要有以下3种基本形式,即前后分置式、弹底并联式、弹底串联式。

1)前后分置式布局

前后分置式布局是在弹体头弧部放置火箭装置,弹底放置底排装置。图2.32所示为这种布局形式的155mm增程弹。由于前置火箭发动机完全按照弹丸头部形状来设计,有效地利用了弹丸头部空间,使弹丸的有效载荷装载空间不致减小太多,既可达到一定程度上的增程效果,又确保了弹丸一定的威力性能。这种布局形式特别适合于子母弹。这种布局形式其火箭装置与底排装置的排气通道不重叠,可以实现两个装置的异步工作(即底排结束后火箭开始工作)或工作时段部分重叠的同步工作(即底排工作的同时火箭也工作),但火箭点火序列设计难度较大,弹丸结构比较复杂,并且火箭发动机的推力有一定损失。

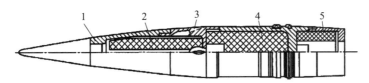

1—弹体;2—火箭发动机;3—喷管;4—炸药;5—底排装置。

图2.32 前后分置式布局

2)弹底并联式布局

弹底并联式布局,即火药药柱在内圈、底排药柱在外圈处一个装置内,并共享同一个排气口。图2.33所示的155mm底排-火箭复合增程弹采用的是此种布局形式。这种布局结构最为简单,也可能是威力牺牲最小的,但经计算与试验表明,其复合增程效率有限。另外,火箭药柱点火的一致性难以保证,并且只能实现先底排后火箭的异步工作。

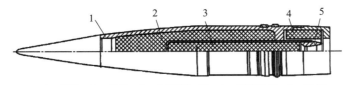

1—弹体;2—炸药;3—火箭推进剂;4—底排装置;5—喷管。

图2.33 并联式布局

3）弹底串联式布局

弹底串联式布局，即火箭装置与底排装置同处弹底部，相对弹头而言，火箭装置在前，底排装置在后，呈串联方式排布。图2.34所示的俄罗斯152mm底排-火箭复合增程弹采用了此种布局形式。目前，南非155mm底排-火箭复合增程弹也采用了此种布局形式。由于火箭装置与底排装置同居弹底，不与弹丸的传爆序列或抛射序列发生干涉，使整个弹丸总体结构布局相对简单许多。根据火箭排气通道的设计与安排，这种基本形式可以实现异步工作或同步工作，从而可以演变成同系列的多种结构布局形式。由于底排装置和火箭装置均占据弹丸有效的圆柱段空间，会使弹体有效携带空间（即威力性能）大为降低。

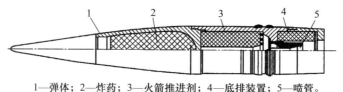

1—弹体；2—炸药；3—火箭推进剂；4—底排装置；5—喷管。

图2.34 串联式布局

2. 结构组成

图2.35所示为一种底排-火箭复合增程榴弹，该弹采用了弹底部串联式总体布局结构，由战斗部、引信、底排装置和火箭装置等构成。

1）底排装置

底排装置一般由底排壳体和底排药柱组成。底排药柱通过采用复合型底排药剂，为了给火箭发动机喷管留出排气通道，底排药柱不采用独立的点火具，而采用烟火药剂递进式点火方式。

2）火箭装置

火箭装置由装药燃烧室、火箭药柱、火箭空中点火具、喷管、喷堵、堵盖等零部件组成。火箭发动机的壳体通常在上、下两端都车制螺纹，分别与战斗部壳体和底排装置壳体连接。为了承受10000g以上火炮发射过载和膛内300MPa以上高温高压气体的冲击与烧蚀，燃烧室、喷管、喷堵、堵盖等零件必须构成一个抗

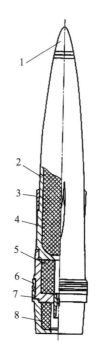

1—引信；2—弹体；3—定心块；4—炸药；
5—火箭装置；6—弹带；7—闭气环；8—底排装置。

图2.35 复合增程弹结构示意图

高过载与抗高速旋转的结构组件。火箭发动机不工作时喷堵、堵盖必须密闭喷管排气通道，而火箭发动机开始工作时喷堵、堵盖则必须被顺利喷出，使喷管排气通道畅通。

目前可用于炮射火箭增程弹的火箭药主要有改性双基型和复合型两种。由于火炮用复合增程弹的总长受到飞行稳定性的限制，弹长设计分配的空间十分有限，希望火箭

发动机占弹长的比例小些为好,这就要求尽量选比冲较大的火箭装药。由于复合型火箭药要比改性双基型火箭药的比冲值大,故复合型火箭药可以作为首选。

由于火箭发动机的起始工作时刻是在飞行弹道高空,则火箭药的点火必须采用延期点传火方式。延期点传火方式一般有两种,即火药延期和电子定时。

电子定时在工程实现上要相对复杂许多,故一般采用火药延期点传火方式。火药延期点传火方式的起始点火能源提供途径一般有两种:发射时的高温高压燃气直接点燃火药延期体;发射时的弹丸环境力(轴向惯性力或离心惯性力)击发火帽产生火焰点燃火药延期体。其中前者是最为安全的点传火方式。

3. 弹道匹配

底排装置与火箭装置的匹配设计是底排-火箭复合增程弹的关键环节之一。除了结构匹配外,还有弹道工作的匹配。影响底排-火箭弹道匹配效果的因素有很多,包括底排的点火时间及工作时间、火箭的点火时机及工作时间、弹丸的气动外形及质量的衰减(飞行过程中其质量衰减幅度大于5%)等因素都会对复合增程弹的飞行弹道产生影响,其直接效果就是增程率的变化。在底排-火箭复合增程弹的总体方案设计时必须很好地考虑和协调这些因素,以便获得底排-火箭最佳匹配工作的效率。底排-火箭如何实现最佳弹道匹配的问题,实际上是最大限度发挥火箭增程效率的问题。在火箭推进剂的质量及其比冲等参数一定的情况下,随火箭点火时间的不同,主动段末端的速度及空气阻力加速度也不同。一般来说,根据火箭外弹道学,在弹道上升弧段是比较好的火箭点火工作时机。具体而言还要考虑弹道倾角和火箭推力损失的影响,弹道倾角决定了弹丸的爬高能力,火箭助推产生的飞行速度增量大小决定了弹丸持续飞行能力。对真空弹道而言,最佳射角为45°,对中、大口径高速弹丸,实际弹道的最佳射角为55°~58°。

实际上,同一底排-火箭复合增程炮弹在同一发射角条件下,存在一个可实现底排-火箭增程效果最佳匹配的火箭点火时间,而且这种匹配效果会随着发射角的减小而减弱。经过对多种底排-火箭复合增程炮弹的弹道诸元计算验证发现,在发射角小于最佳射角55°~58°(地面加农炮的发射角一般在45°)时,底排-火箭要获得理论上最佳的弹道匹配效果,两者必须采取同步工作方式,而这种工作方式并没有最大限度地发挥火箭增程效率。但当发射角大于最佳发射角55°~58°(地面榴弹炮和舰岸火炮的发射角可大于70°)时,底排-火箭采取异步工作方式,可以最大限度地发挥火箭增程效率。

2.4.7 次口径脱壳弹

次口径脱壳弹增程的原理是减小阻力加速度,即在弹丸飞离炮膛后脱落弹托,使弹道上飞行弹丸质量 m_c 减小,更重要的是飞行弹径 d_c 的减小,使飞行弹丸的断面密度大为提高($m_c/d_c^2 > m/d^2$),弹道系数 C 下降,射程增加。

国外次口径脱壳榴弹(ERSC)有两种稳定方式:一种为旋转稳定式,如175mm加农炮远射程175/147mm($d_c = 147$mm)次口径脱壳榴弹,最大射程可达50km,比制式榴弹增程约54%,而杀伤威力由于炸药量减少(为制式榴弹的一半)而降低,约等于155mm榴弹的威力;另一种为尾翼稳定式,由于长细比不受限制,可确保弹丸威力,但是提高密集度较难。美国203/130mm次口径脱壳榴弹(图2.36)的长细比达11.4,炸药量与制式相同而射程超过45km。由此可见,脱壳榴弹的增程效果是相当可观的,但加工复杂、成本高。

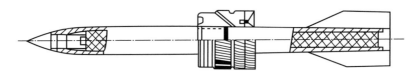

图 2.36　美国 203/130mm 次口径脱壳榴弹

次口径弹是一种减少弹丸正面迎风阻力的弹丸,一般适应于动能穿甲弹,也用于 175mm 和 203mm 等大口径压制火炮,增程可达 40%。随着大口径火炮的逐渐淘汰,次口径远程压制火力弹丸已基本停止研制。

2.5　小口径榴弹

现代战争中,空中目标(导弹、飞机、武装直升机、无人机等)的不断涌现以及性能的不断改进,空袭和反空袭成为现代战争的主要作战模式之一。因此,建立全方位、多层次的防空反导体系显得尤为重要。导弹攻击范围大,命中精度高,是高、中、低空,远、中、近程防空反导武器的主力,但是导弹武器系统复杂,技术难度大,价格昂贵,在其射击死区内不能发挥作用,对近程、超近程、低空、超低空的目标防御能力有限。小口径高炮机动灵活、操作简单、反应快、抗干扰能力强、射速高、火力密度大、死界小,可以覆盖防空导弹的射击死区,对防区附近突然出现的快速目标射击效果显著,有着导弹等其他防御方式不可替代的作用,已经逐渐发展成为一种拦截近程、低空、超低空目标的防空利器。此外,它还可以和导弹相结合组成弹炮一体的多功能系统。为满足小口径高炮的多元化作战需求,需配用不同的弹药,各种小口径高射炮榴弹就是其主用弹种。

2.5.1　薄壁榴弹

小口径高射炮榴弹一般是采取直接命中目标,并要求侵入到机体内部爆炸,或者在目标近距离处作用,利用爆破、杀伤、燃烧作用对目标进行毁伤。

世界各国发展了多种型号的小口径高炮弹药,其中瑞士"厄利空"公司研制的双 35mm 高炮系列榴弹是比较典型的一种,主要用来对付中低空、超低空飞机及其他空中目标、轻型装甲或无装甲的地面和海上目标,图 2.37 所示为其 3 种不同型号的弹丸。

双 35mm 高炮榴弹具有以下特点。

(1)弹壁较薄,装药量大。为最大限度地提高装药量,进行了壳体材料和装药匹配的优化设计,兼顾冲击波和破片杀伤效应。弹丸药室采用特殊的深冲钢材料,经冷挤压成型为瓶形薄壁结构,装药质量为 112g,装填系数达 20%。

(2)初速高,存速大。双 35mm 榴弹的初速为 1175m/s,弹丸外形为流线型,空气阻力小,因此,弹丸飞行时间短(至 1000m 处的时间为 0.96s,2000m 处飞行时间为 2.18s),1000m 处存速为 950m/s 左右,弹丸具有较大的动能,密集度好,大大提高了对付活动目标的命中概率。

(3)引信具有延时功能。能够保证侵入目标体内再发生爆炸,增加对目标内部的毁伤效应。

(4)射速高,火力猛。双 35mm 榴弹射速为 2×550 发/min,可以在较短时间内形成

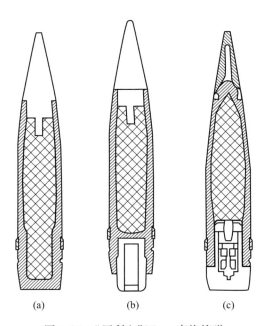

图 2.37 "厄利空"35mm 高炮榴弹
(a)弹头机械引信无曳光榴弹;(b)弹头机械引信曳光榴弹;(c)弹底电子引信榴弹。

密集的火力网,在空中预定空域形成"弹幕",有效对付空中目标。

另外,双 35mm 榴弹装填的 HexalP30 炸药是一种以黑索今为基体加铝粉及钝感物的高能炸药,其爆速为 7500m/s,爆热较高,在获得较高的冲击波超压的基础上增加了燃烧效应。但是从另一方面看,该弹弹体壁较薄,炸药威力又大,形成的破片质量较小。所以,双 35mm 榴弹是以爆破威力为主,杀伤威力为辅,依靠较强的冲击波毁伤目标。

小口径榴弹的结构及性能随着目标特性及作战需求的变化不断发展,薄壁榴弹不能满足对防护能力增强的目标毁伤要求。为了在不改变气动外形的条件下增加对硬目标的侵彻能力,又发展了采用弹底机械引信的杀爆燃榴弹,采用钝头加风帽的结构,弹头部进行加厚设计,在炸药装药前部加入铝锆燃烧剂,增强其引燃功能。引信的延迟起爆时间加长,以便弹丸侵入目标一定深度后爆炸,实现最佳毁伤效果。该弹在 1000m 处可穿透 15mm/60°厚的均质装甲,2000m 处可穿透 10mm/60°厚的均质装甲,能够有效打击具有轻型装甲防护的各类目标。

2.5.2 近炸引信预制破片弹

近炸引信预制破片弹是为了提高小口径高炮弹药对空中目标(飞机、导弹)的毁伤威力而发展起来的,因其弹尾部采用凸起设计,也称为凸底弹。比较典型的有瑞典博福斯 40mm 可编程近炸引信预制破片高速弹,意大利 BPD 公司的 40mm 预制破片弹,比利时 FN 40mm L70 预制破片弹和美国的 40mm 预制破片弹。下面以博福斯 40mm 可编程近炸引信预制破片高速弹为例进行介绍。

该弹结构如图 2.38 所示。可编程近炸引信预制破片弹(prefragmented programmable proximity fuzed)通常简称为 3P – HV 弹。它是博福斯公司继 MK2 式 40mm 预制破片榴弹之后研制的又一种新型弹药,目的是提高对空中目标的杀伤效果和完成野战防空系统所要求的各种辅助战斗任务。该弹的多用途和对各种目标的适应性,可提高武器系统的战术灵活性,并减少后勤供应方面存在的复杂问题。

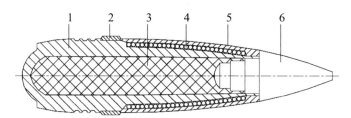

1—弹体;2—弹带;3—炸药;4—预制破片;5—约束套筒;6—引信。

图 2.38　40mm 3P-HV 可编程近炸引信预制破片弹

该弹主要由弹体、弹带、钨球、钨球约束套筒、高能炸药和引信等部分构成,其主要结构特点如下。

(1) 采用重金属预制破片,侵彻威力大。

用重金属制作预制破片,可大大提高破片侵彻能力,增大毁伤效果。弹带前面壳体外放置 1100 枚直径为 3mm 的碳化钨球(作用时,和壳体一起能产生 3000 多枚有效破片),用塑料黏合成筒形,约占弹体长度的 1/3;采用优质钢材料的约束套筒套安装在碳化钨球外面以固定,防止球形破片在离心力作用下被抛出。

(2) 采用凸形底部,改善破片分布。

弹丸圆柱部较长,弹底部为外凸形,改善了破片的空间分布。一般平底榴弹底部破片均向弹后飞散,对于迎面攻击方式的战斗,这部分破片没有用上。考虑到小口径高炮在防空反导战斗中,绝大部分的作战模式为迎面攻击,将弹丸底部做成凸形,弹底的破片可以横向飞散,从而使破片的空间分布更加合理。

图 2.39 所示为该弹在动态条件下的破片空间分布,这是考虑了弹丸速度作为牵连速度的原因。这种破片飞散方式对于迎面攻击的目标将提高命中破片的数量,从而提高其对目标的毁伤概率。

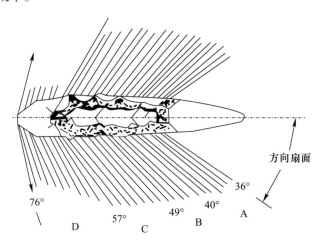

图 2.39　预制破片弹动态条件下破片分布

(3) 采用可编程近炸引信,提高毁伤概率。

引信为可编程电子引信,有可控近炸模式、碰炸优先的可控近炸模式、近炸模式、精确时间模式、有延迟的碰炸模式和装甲侵彻模式等6种作用模式,使用时可根据战场环境和目标的不同,借助近炸引信编程器可为每发弹独立编程序。例如,可控近炸模式,适宜于来袭的飞机、直升机和超低空飞行的导弹;时间模式以空爆的形式作用,适宜于打击障碍物和斜坡后面的目标(如建筑物后面盘旋的直升机);碰炸模式适宜于对付卡车和装甲输送车等目标;装甲侵彻模式适宜于对付轻型装甲车辆和在城市内作战。

该弹装填钝化黑索今、梯恩梯和铝粉混合炸药0.14kg,炸药威力较大,并具有燃烧作用,预制破片初速可达1500m/s左右,可穿透15~20mm的轧制均质装甲。根据不同目标,3P-HV弹比MK2式预制破片榴弹的杀伤效果增加25%~50%,对付战斗机,单发弹的毁伤概率可达50%左右。由于采用了先进的引信工作模式,该弹具有较强的目标适应能力,能够有效地对付各种类型的目标,提高了对目标的毁伤能力,减小的弹药的使用量;缩短了和目标的交会时间;增加了对目标的拦截范围,对地面目标拦截范围大于3km,空中目标小于6km。

2.5.3 AHEAD 弹

1. AHEAD 弹概述

普通榴弹要求直接命中目标才能起到毁伤作用,而实战条件下小口径弹药的直接命中概率是相当小的。带近炸引信的预制破片弹,由于破片在弹的圆周方向上起爆后向弹轴的径向飞散,即使在有牵连速度条件下,仍无法完全集中向前方目标攻击。为解决这个问题,瑞士厄利空-康特拉夫斯公司成功研制出一种全新概念的35mm AHEAD 弹药,AHEAD(advanced hit efficiency and destruction)表示"先进的有效命中和摧毁"弹药的意思,同时也表示超前拦截的意思,这是一种集束定向式预制破片弹,破片全部向弹丸前方抛出,利用弹丸与空袭目标的相对速度对目标进行毁伤。

AHEAD 弹结构如图 2.40 所示。AHEAD 弹是旋转稳定弹,总体比较简单,弹丸由风帽、弹体、预制破片、弹底和引信组成。AHEAD 弹装填152枚预制破片,预制破片共分8层,每层19枚,破片采用高密度重金属材料,以提高杀伤威力、减少飞行阻力和提高飞行稳定性。预制破片有圆柱形和六角柱形两种。圆柱形破片工艺性好,但是装填有间隙,空间利用率较差。六角柱形破片装填工艺性好,装填密实,排列稳定,节省装填空间,有利于增加弹体壁厚,保证发射强度。六角柱形破片的缺点是加工工艺性较圆柱形差,适合于大批量定型产品使用。

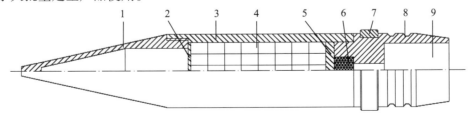

1—风帽;2—上垫片;3—弹体;4—杀伤元素;5—下垫片;6—抛射药;7—弹带;8—弹底;9—引信安装孔。

图 2.40 AHEAD 弹结构示意图

风帽主要功能是保持外形,减少弹丸飞行过程中的阻力,对毁伤而言为冗余质量,所以该风帽采用高强度铝合金材料,整体为截锥形薄壳结构,风帽底部通过螺纹与弹体连接。

弹体是弹丸的主体连接和承力构件,它一方面要装填预制破片等弹丸构件,另一方面把风帽、弹底、引信等连接在一起构成完整的弹丸。弹体内部空腔为圆柱形,便于柱形破片装填和抛出。在弹丸到达目标附近时,弹体在抛射作用下撕裂,释放内部装填的预制破片。

为承受发射时预制破片的惯性力,在轴向实现预制破片固定和定位,在预制破片的前后端设置有上、下垫片。弹底是连接弹体和引信的部件,弹底外侧装有弹带,弹带后面在弹底上有两个环形槽,用于安装测速及引信装订线圈。AHEAD弹采用壳编程电子时间引信,能够根据目标和弹丸发射条件进行编程时间装订。

AHEAD弹区别于传统弹丸依靠炸药爆炸将弹体炸成高速破片或将预制破片高速抛出的特点,而是在弹丸内仅装有少量抛射药,其目的是将预制破片舱打开,将其中的高密度预制破片抛出。它对目标的毁伤不是靠抛射装药提供给破片的速度,而是利用弹丸的弹道存速与目标运动形成的高相对速度。

因为小口径高炮弹丸初速较高,直射距离较近,速度衰减小。例如,当初速为1050m/s时,其在1000m处的存速仍有900m/s以上,此时若空袭导弹的速度为300m/s,则动能杀伤元撞击目标的速度将达到1200m/s以上,3.3g的重金属动能杀伤元可以给来袭导弹以严重的打击。同时,由于小口径高炮武器系统射速高、火力猛,如果以25发为一组,通过引信的精确控制,则可以在目标运动的前方形成一个直径为8m、具有3800个动能杀伤元的弹幕,也就大大提高了命中目标的杀伤密度。因此,AHEAD弹在设计上是一种完全新颖的设计思想。35mm AHEAD弹的主要诸元见表2.4。

表2.4 35mm AHEAD弹主要诸元

诸元	参数值	诸元	参数值
弹丸口径/mm	35	全弹质量/kg	1.78
弹丸质量/kg	0.75	初速/(m/s)	1056
杀伤元素总质量/kg	0.5	飞行时间/s	1000m为1.05s,2000m为2.34s
引信时间装定间隔/ms	1	炮口安全距离/m	60

注:内装钨合金柱形预制破片(子弹)152个,每个质量为3.3g。

AHEAD弹之所以能完成以上所述功能,其关键在于装备了一个可编程的电子时间弹底引信。它可以迅速实现时间装定,具有极高的计时精度,可使弹丸在目标前方精确位置抛射出动能元。引信作用距离为70~4600m,时间精度为1/1000s,距离精度达1m。

2. AHEAD弹工作原理

AHEAD弹药的作用原理:通过炮口装定可编程弹底时间引信控制弹丸适时开舱,抛射出呈前倾锥形分布的钨合金破片,在目标前面形成高动能、高分布密度,并带有一定纵深的破片弹幕,拦截并摧毁目标,如图 2.41 所示。

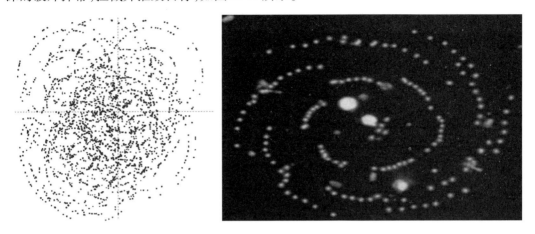

图 2.41 多发弹开舱后形成的破片弹幕

AHEAD 弹发射时的工作过程可分为 5 个阶段,如图 2.42 所示。

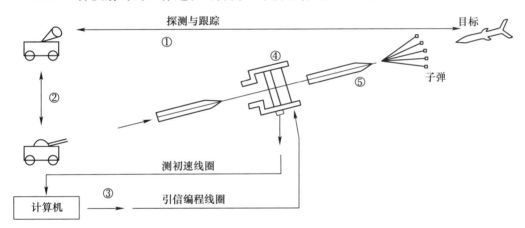

图 2.42 AHEAD 弹发射时的工作原理

(1) 首先雷达发现和探测到来袭目标,并对目标进行跟踪。
(2) 雷达向火炮的火控系统发出指令。
(3) 火炮发射弹丸。
(4) 火控计算机通过炮口线圈测出每发弹的炮口速度,并根据目标运动参数,对每发弹的弹底引信进行时间装定。
(5) 弹丸出炮口后,引信上的计时装置将以 ms 为单位进行倒计时,当达到零标志时,引信作用,点燃抛射药,将 152 枚预制破片(动能元)向前抛出。弹体采用前开舱方式,抛射药很少,但对动能元起到加速作用。152 个动能元被抛出后,向前形成一个顶角为 10°~12°的锥形弹束。理论计算和试验都表明,动能元在离心力作用下在空中形成一个较均匀的弹幕。

传统小口径高炮对空射击,主要依靠弹丸直接命中毁伤目标。对于几何尺寸小、飞行速度快的目标,直接命中的概率较低。采用 AHEAD 弹的 35mm 双管自行高炮,主要依靠弹丸"近炸"、开舱、释放大量预制破片毁伤目标,大幅提高了命中概率,更适合于对付小型快速目标。因此,AHEAD 弹药作为地面防空反导的先进武器已经得到理论与试验的证实,它具有先进性、准确性、有效性和高毁伤效果,是对付导弹威胁的重要手段之一。

3. AHEAD 弹的特点

1) 对小目标的拦截概率高

35mm 高炮的射速按 1000 发/min 计算,则每分钟发射的 AHEAD 弹共抛出 152000 个预制破片。而陆基反导系统的 7 管 30mm 转管炮射速为 4200 发/min。由此可见,35mm 高炮射击 AHEAD 弹能够形成更加密集的"弹幕"。

2) 破片利用率高

AHEAD 弹的设计是在目标前方数米处炸开,152 个预制破片呈倒圆锥形散布向前飞行。一般近炸或时间引信预制破片弹的设计是在目标旁边炸开,预制破片向四周飞散,至少有一半的预制破片向远离目标的方向飞行。所以 AHEAD 弹的载荷利用率较高。

3) 抗干扰能力强

AHEAD 弹的电子时间引信不易受敌方电磁干扰。由于 AHEAD 弹系统的炮口测速、快速解算和装定部分安装在火炮上可重复使用,引信内仅有相对简单的电子计时电路,所以 AHEAD 弹系统的抗干扰能力较强,效费比好。

4) 起爆时间精确

一般时间引信炮弹的计时精度约 100ms,AHEAD 弹的计时精度一般小于 2ms,所以 AHEAD 弹的起爆时间较一般炮弹的时间引信要精确得多。

5) 对于地面人员和设施损害较小

现代空袭兵器可能超低空掠地飞行,这时若使用一般榴弹、脱壳穿甲弹或近炸弹射击,大多数未命中目标的弹丸就有可能在引信自炸功能启动之前落地,容易造成地面人员和设施的意外损失。而 AHEAD 炮弹无论是否命中或接近目标,只要飞行到装定时间即自行炸开。每个仅约 3.3g 重的预制破片失去飞行动力后,落地造成的损害较小。

4. 改进型 AHEAD 弹

为能够有效打击轻型防护目标外部设备或有生力量,又发展了两种 AHEAD 弹的改进型。一种改进型 AHEAD 弹的预制破片质量由 3.3g 改为 1.5g,破片直径由 5.85mm 变为 4.65mm,破片的数量由原来的 152 枚增加到 341 枚,增加了 1 倍多,使命中概率大幅度增加,破片分为 11 层在弹体内装填,每层 31 枚。另一种改进型 AHEAD 弹预制破片质量由 3.3g 改为 1.24g,相同弹体空间内预制破片总数为 407 枚。

2.6 榴弹的发展趋势

高新技术下的现代榴弹,正朝着"增加射程、提高精度、高效毁伤、多种功能"的方向发展。为满足未来战争的需要,远程压制榴弹的发展趋势是口径射程系列化、弹药品种多样化、无控弹药与精确弹药并存。

在提高射程方面,从中近程(20km 左右)发展到超远程(大于 100km)。中近程弹药采用减阻及装药改进技术;远程弹药采用火箭、底排-火箭、冲压发动机增程技术;超远程弹药采用火箭-滑翔、冲压发动机-滑翔、涡喷发动机-滑翔等复合增程技术或新型发射技术等。

在提高精度方面,中近程弹药采用常规技术,远程弹药采用弹道修正、简易控制、末段制导等技术;超远程弹药采用简易控制、卫星定位+惯导、末段制导等多项复合技术。在提高战斗部威力方面,针对不同的目标采用高效毁伤技术。

1. 利用先进增程技术大幅度提高远程打击能力

现代榴弹要满足现代战争的需要,必须拓展其压制纵深,大力发展先进增程技术。中近程榴弹采用底排减阻及弹形优化技术可实现 30~40km 的纵深压制;远程榴弹采用火箭增程、底排-火箭复合增程可实现 40~70km 的纵深研制;超远程榴弹采用冲压发动机-滑翔、火箭-滑翔、涡喷发动机-滑翔等复合增程技术可实现更远距离的纵深压制。从发展现状、今后需求以及技术走向来分析,冲压发动机增程、滑翔增程、复合增程是远程压制杀爆弹药的主要增程技术。

采用冲压发动机增程技术后,中、大口径弹药的射程可以达到 70km 以上,增程率达到 100%。滑翔增程是受滑翔飞机及飞航式导弹飞行原理的启发而提出的一种弹药增程技术。正在研究火箭推动与滑翔飞行相结合、射程大于 100km 的火箭-滑翔复合增程杀爆弹药。其飞行模式为弹道式飞行+无动力滑翔飞行:首先利用固体火箭发动机将弹丸送入顶点高度很高的飞行弹道,弹丸到达弹道顶点后启动滑翔飞行控制系统,使弹丸进入无动力滑翔飞行。炮射巡航飞行式先进超远程弹药,与上面提及的火箭-滑翔复合增程弹药在工作原理上截然不同,其飞行阶段为弹道式飞行+高空巡航飞行+无动力滑翔飞行。

根据动力装置的不同,上述先进超远程弹药又分为采用小型涡喷发动机的亚声速巡航飞行、采用冲压发动机的超声速巡航飞行两种巡航飞行模式。前者动力系统复杂、控制系统相对简单,可以采用火箭-滑翔复合增程弹的一些成熟技术,但是弹丸的突防能力低于后者;后者动力系统简单、控制系统相对复杂、突防能力强,是未来技术发展的主要方向。

2. 利用电子、信息、探测及控制等技术提高远程精确打击能力

随着榴弹射程的增大,弹丸落点的散布随之增大,从而使得毁伤效率下降。为了提高远程榴弹的射击精度,各国正借助日新月异的电子、信息、探测及控制技术,大力开展卫星定位、捷联惯导、末制导、微机电等技术的应用研究,提高远程压制榴弹药的精确打击能力。

与导弹相比,炮射压制弹药的特点是体积小、过载大,而且要求生产成本低,因此精确打击压制弹药的研制必须突破探测、制导及控制等元器件的小型化、低成本、抗高过载等关键技术。

微机械技术与微电子技术相结合,形成了新一代微机电系统,由于它具有低成本、抗高过载、高可靠、通用化和微型化的优势,正是弹药逐步向制导化、灵巧化方向发展所迫切需要的。也正是它的出现使得常规弹药与导弹的界线越来越模糊。

比如,微惯性器件和微惯性测量组合技术的发展,催生了新一代陀螺仪和加速度计,包括硅微机械加速度计、硅微机械陀螺、石英晶体微惯性仪表、微型光纤陀螺等。与传统的惯性仪表相比,微机械惯性仪表具有体积小、重量轻、成本低、能耗少、可靠性高、测量范围大、易于数字化和智能化等优点。

随着压制弹药射程的提高,对弹药命中精度的要求也越来越高,单靠一种技术措施已不能满足要求,需要开展多模式复合制导和修正技术的研究,并不断探索提高射击精度的新原理、新技术。

3. 利用高效毁伤战斗部技术提高作战效能

在远射程、高精度的作战要求下,必然导致战斗部有效载荷降低。为提高远程榴弹的威力,必须加强战斗部总体技术和破片控制技术的研究,采用各种技术措施提高对目标的毁伤能力,归纳起来有采用高威力炸药和改进装药工艺技术、选用高强度高破片率材料作弹体材料、采用预控破片和定向技术提高破片密度、采用含能新型破片提高毁伤效能等方法。

活性破片是一种新型破片,具有很强的引燃、引爆战斗部的能力,能够高效毁伤导弹目标,因此受到高度重视。有 3 种类型的活性破片:本身采用活性材料,当战斗部爆炸或撞击目标时,材料被激活并释放内能,引燃、引爆战斗部;在破片内装填金属氧化物等活性材料,战斗部爆炸时引燃金属氧化物,通过延时控制技术使其侵入战斗部内部并引爆炸药;在破片内装填炸药,并放置延时控制装置,破片在侵入目标战斗部后爆炸,并引爆目标战斗部。

4. 利用多功能引信技术提高作战效能

多功能引信技术指的是一种或几种引信具有多种功能(如近炸、电子定时、触发、简易制导、弹道修正、联合可编程等),同时把点火与控制、弹道修正、制导与控制融为一体的引信技术。技术的成熟性将直接导致引信的种类减少到几种或十几种,使原有库存弹药经过多功能引信的替换可大大提高命中精度和毁伤效能。

以美国为首的北约军事集团,为减少三军引信的种类,在 20 世纪 80 年代开始研究多功能引信的第一代产品,经过 10～15 年的发展,目前榴弹配用有 M782 多选择引信,迫弹配用有 M734A1 多选择引信,火箭弹配用有 M174 电子时间引信,海军配用 EX437 多选择引信(2005 年装备部队)。通过红外技术、激光技术、毫米波技术与末制导技术的复合,仅更换一个引信,就能大幅度提高常规无控榴弹的作战效能。随着全球定位系统(GPS)技术、微机电系统(MEMS)技术的成熟,捷联式惯导系统也可在常规炮弹上使用,高精度的弹道修正将成为现实。

第3章 穿 甲 弹

3.1 概 述

穿甲弹是一种典型的动能弹,主要依靠命中目标时自身的高强度和大动能来穿透装甲,毁伤目标。其特点为初速高、直射距离远、射击精度高,是坦克炮和反坦克加农炮的主要配用弹种,也配用于舰炮、海岸炮、高射炮和航空机关炮。主要用于毁伤坦克、步兵战车、装甲运输车、自行火炮、舰艇和飞机等装甲目标,也可用于破坏坚固防御工事。

穿甲弹是在与装甲防护目标的对抗斗争中发展起来的,最早出现于19世纪60年代,最初主要用来对付覆有装甲的工事和舰艇。第一次世界大战出现坦克之后,穿甲弹在与坦克的对抗中得到迅速发展。普通穿甲弹弹体采用高强度合金钢材料,通过头部不同结构形状和不同硬度分布设计,对轻型装甲目标有较好的毁伤效果。在第二次世界大战中,为满足打击重型坦克的需要,研制了采用碳化钨弹芯的次口径超速穿甲弹,发展了用于锥膛炮发射的可变形穿甲弹,新型穿甲弹弹重减轻,初速提高,着靶比动能大幅增加,提高了穿甲威力。20世纪60年代研制出了尾翼稳定脱壳穿甲弹,进一步提高了着靶比动能,穿甲威力得到大幅度提高。20世纪70年代后,采用了密度为$19g/cm^3$左右的钨合金和具有高密度、高强度、高韧性的贫铀合金作弹体,可击穿大倾角的装甲和复合装甲。20世纪80年代以来,尾翼稳定脱壳穿甲弹初速可达1800m/s,随着弹芯材料及工艺性能的提高,弹芯长径比不断加大,穿甲能力进一步提高。随着科学技术的发展和穿甲理论的研究,精确制导技术用于穿甲弹,又出现了超高速动能导弹,能在2000m以外进行反装甲作战,命中概率高,穿甲威力大,代表了穿甲弹又一新的发展方向。

针对装甲目标的高效打击相继发展了其他类型的各种反装甲弹药,但穿甲弹仍然是反装甲弹药的主力之一。随着目标类型与作战需求的变化,穿甲弹已经发展了很多品种,根据打击目标的不同,有打击飞机、导弹的穿甲弹,打击舰艇的穿甲弹或半穿甲弹,摧毁坦克或其他装甲车辆的穿甲弹等。对付各种轻型装甲车辆、坦克顶甲、飞机装甲和导弹等目标时,主要采用小口径穿甲弹;从正面或侧面打击坦克、坚固混凝土工事等目标时,一般使用中、大口径的穿甲弹。根据终点毁伤效应的应用需求,还发展了穿甲燃烧弹、穿甲爆破弹(半穿甲弹)等不同功能的穿甲弹。

3.2 穿甲作用及对穿甲弹的性能要求

3.2.1 穿甲作用

穿甲弹靠弹丸的碰击作用穿透装甲,并利用残余弹体的动能与高速碎片(破碎弹体或靶板)的撞击带来的引燃、引爆效应,或炸药的爆炸作用毁伤装甲后面的有生力量及各种设施设备。因此,穿甲弹对装甲目标的整个作用过程包括碰撞侵彻作用、杀伤作用和爆破作用等。下面主要叙述侵彻作用(即穿甲作用)。

1. 靶板类型

穿甲弹在作战应用中会遭遇不同装甲目标,在研究过程中,通常把目标等效为结构和厚度均匀的靶板。一般而言,靶板迎弹面尺寸远大于弹体的特征尺寸,靶板厚度对穿甲现象及毁伤效果有显著影响,对有限厚度靶板的穿孔效应尤其突出。靶板按照厚度不同,可分为以下类型。

(1) 薄靶。弹体侵入靶板过程中,靶板中的应力和变形沿着厚度方向没有梯度,或梯度可以忽略。

(2) 中厚靶。远方边界表面对侵入过程有不可忽略的影响,弹体侵入靶板过程中,会一直受到靶板背表面的影响。

(3) 厚靶。弹体侵入靶板相当远的距离后,才感受到靶板背表面的(远方边界表面)的影响。

(4) 半无限靶。弹体侵入靶板过程中不受远方边界表面的影响。

上述靶板的分类方式,体现的是某种相对性,结合不同的靶板材料特性进行具体力学分析时,靶板厚度的划分要具体考虑靶板与弹体尺度及材料弹性波声速的关系。弹靶撞击,弹体中应力波来回传播一次,靶体中的应力波一般可以来回传播多次,具体可以通过下式描述,即

$$N = \frac{\dfrac{L}{c_{ep}}}{\dfrac{H}{c_{et}}} \tag{3.1}$$

式中: L 和 H 分别为弹体长度和靶板厚度; c_{ep} 为弹体材料声速; c_{et} 为靶板材料声速。在常规尺度的弹体长度和靶板厚度范围内,当 $N>5$ 时,靶板归为薄靶。这个数字是根据弹头前方靶板内的应力逐渐取得稳定值时所决定的。当 $1<N<5$ 时,靶板归为中厚靶;当 $0<N<1$ 时,靶板归为厚靶,应力波从靶板背面反射回来所需时间比弹体中的应力波反射回来所需时间还要长。这种选择大体上把薄靶、中厚靶和厚靶区分开来,与用靶厚-弹径比来划分时,差别不太大。

2. 靶板破坏形式

穿甲弹与目标的撞击过程极为复杂。从穿甲弹与目标撞击后的运动形式看,将有3种可能,即穿透、嵌埋和跳飞。穿透是指弹丸穿透了目标;嵌埋是指弹丸侵入目标后留在了目标内;跳飞是指弹丸既未穿透目标,又未嵌埋在目标内,而是被目标反弹出去。从穿甲弹与目标撞击后的形状看也有3种可能,即完整、变形和破裂。保持原有形状者为完整;形状发生较大变化者为变形;破碎为两块以上者为破裂。有时人们根据破裂程度的不同,还把破裂分为碎裂和粉碎。

靶板在各种速度的弹丸撞击过程中经历各种现象,包括弹性波、塑性波的传播,还有摩擦生热等产生的局部变形或整体变形。当撞击速度达到材料的塑性变形极限速度 v_{PA} 与流动变形极限速度 v_{HA} 范围内时,材料响应行为发生根本性变化。撞击速度超过 v_{HA}

时,靶板变形速度超过固体中压缩波的传播速度,从而在材料中形成激波,撞击速度超过 3 倍 v_{HA} 时,材料会开始发生局部粉碎、相变和气化等现象,甚至发生撞击爆炸现象。由于撞击速度、撞击角度、靶板厚度、靶板结构与材料性能、弹丸形状与材料等因素的不同,靶板破坏各有特点,侵彻过程中会出现各种破坏形式,弹丸侵彻或穿透装甲靶板时,靶板的破坏形式主要有以下 5 种(图 3.1),包括韧性破坏、冲塞破坏、花瓣型破坏、破碎型破坏和层裂型破坏。

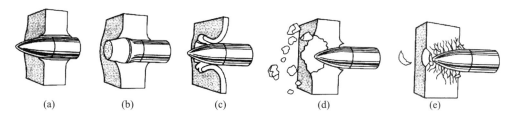

图 3.1 装甲板破坏形式
(a)韧性破坏;(b)冲塞破坏;(c)花瓣型破坏;(d)破碎型破坏;(e)层裂型破坏。

(1) 韧性破坏。当尖头弹垂直撞击机械强度不高的韧性钢甲时,由于靶板富有韧性和延性,撞击开始时靶板材料向表面流动,随弹头部侵入深度增加,靶板材料开始径向流动,沿穿孔方向由前向后挤开,靶板上形成孔径大于弹径的圆形穿孔,同时在靶板的前后表面形成"唇"。靶板阻力将随硬度的增加而增加。靶板厚度增加、强度提高,或法向角增大时,尖头弹将不能穿透靶板或产生跳弹。

(2) 冲塞破坏。这是一种剪切穿孔,当靶板厚度 b 与弹丸直径 d 的比值 $b/d<1/2$,靶厚与弹长 L 之比 $b/L<1/2$ 时,在弹丸强度比较高且不变形的情况下,靶板破坏形式是冲塞型。圆柱形弹及普通钝头弹撞击薄板(即 $b/d<1$ 时)及中等厚度的钢板时,弹和靶接触的环形截面上产生很大的剪应力和剪应变,在短暂的撞击过程中产生的热量来不及散发出去,进一步降低了材料的抗剪切强度,冲出一个近似柱形的塞块,即产生冲塞破坏。

(3) 花瓣型破坏。当锥角较小的尖头弹或卵形头部弹丸以较低速度撞击薄靶板时,容易出现这种破坏。当钝头弹在极限破坏速度附近撞击薄靶板时,也能出现这种破坏。

花瓣型卷边破坏是在弹体四周的靶板上,当初始应力波过去后,产生的环向和径向的高值拉伸应力造成的。弹体撞击靶板向前运动时,会先把靶元的材料向前推,从而造成靶板弯曲,在靶板中产生弯曲应力,由于靶板材料的不均匀性,在其弱点上,这种弯曲应力就造成花瓣型卷边破坏。花瓣型破坏往往伴随产生较大的塑性流动变形和板的永久弯曲变形。如果弹体的撞击速度较大,靶板背面的隆起部分进一步受到弹体的推动,发生进一步变形。最后,隆起部分的拉伸应力超过材料的拉伸强度,在弹体顶端四周产生星形裂缝,弹头钻出靶板背面后,靶板再也挡不住弹体的前冲运动,而靶板其余部分的拉伸应力把已经穿孔的边缘拉住,造成背面的花瓣型卷边破坏。形成的花瓣数将随靶板厚度和弹丸速度的不同而不同。

(4) 破碎型破坏。当弹丸高速穿透中等硬度或高硬度的脆性靶板时,弹丸会产生塑性变形和破碎,靶板也出现破碎并崩落痂片,弹丸穿透靶板后,大量碎片从靶后喷溅出来。

（5）层裂型破坏。在靶板硬度稍高或质量不太好的具有轧制层状组织的情况下，容易出现这种破坏，产生的碟形破片往往比弹丸直径大。层裂型破坏是由于强度大的应力波相互作用造成的。靶板受到弹丸高速撞击后，强冲击加载作用下靶内产生压缩波，压缩波沿着靶板厚度方向传播，传到靶板背面时发生反射，同时形成一道自靶板背面的拉伸波，反射拉伸波与入射压缩波相互作用，在距离靶板背面某一深度处出现拉伸应力超过靶板材料抗拉强度的情况，引起一定厚度材料的崩落。

上述各种现象是一些典型情况，在弹丸侵彻靶板的过程中，实际出现的可能是几种破坏形式的综合。特别是当弹丸对靶板进行斜撞击时，其现象就更为复杂。

3.2.2 对穿甲弹的性能要求

一般来说，对穿甲弹的性能要求常包括以下几个方面。

1. 威力

对穿甲弹的威力要求是能在一定距离上从正面击穿装甲目标，并具有一定的后效作用，即在目标内部有一定的杀伤、爆破或燃烧作用。为便于对穿甲弹进行威力考核，在穿甲弹的科研、生产和产品校验过程中，通常把实际目标转化为一定厚度和一定倾角的均质装甲靶板。穿甲弹的威力可以用下述形式表达："有效穿透距离（m）～装甲厚度（mm）（结构）/装甲水平倾角"，如100mm加农炮用被帽穿甲弹的威力指标为"1000m～100mm/30°"。除均质钢甲外，需注明装甲的结构。

装甲的水平倾角是指靶板法线与水平面的最小夹角。当着速 v'_c 在水平面内时，装甲水平倾角 α 与弹丸的着角（v'_c 与法线向量 N 之间的夹角）相同（图3.2）。由于试验射击中采用小射角射击，弹道平直，可近似认为着速 v'_c 为水平向量，弹轴线与 v'_c 重合。

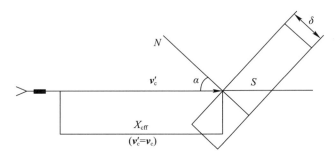

图 3.2 穿甲威力示意图

对于一定的装甲目标，每种弹丸都有着各种各样的最小穿透速度，即弹丸着速低于该值（或范围）时不能穿透，此速度称为极限穿透速度 v_c。v_c 值的大小标志着弹丸的穿甲能力，对于相同的装甲，v_c 越小，穿甲弹的穿甲能力越大；v_c 越大，穿甲能力越小。

弹丸在飞行中速度逐渐衰减，当着速 v'_c 小于极限穿透速度 v_c（即 $v'_c < v_c$）时，则不能穿透指定的装甲目标。为此，将穿透指定装甲目标所对应的最大射程称为有效穿透距离。用 X_e 表示。X_e 值可根据弹丸初速 v_o、对指定装甲目标的极限穿透速度 v_c 及弹道系数 C，由外弹道表查得西亚切函数 $D(v)$，按下式求出：

$$X_e = \frac{D(v_c) - D(v_o)}{C} \tag{3.2}$$

由公式看出,对于不同的弹丸,即使 v_0、v_c 相等,而保存速度的能力不同,则有效穿透距离并不相等,弹道系数 C 越小,有效穿透距离越大。在穿甲弹中常用弹丸飞行 1000m 的速度衰减值(速度降)$\Delta v_{1000\,m} = v_1 - v_2$ 来表示保存速度的能力。v_1、v_2 为弹丸在该距离上的始、末速度。Δv 越小,存速能力越大,有效穿透距离越大。

对于一定结构的穿甲弹和目标,影响穿甲的随机因素依然很多,在某一个着靶速度范围内,通常认为弹丸穿透装甲事件服从正态分布。弹丸着靶速度越高,穿透的概率越大。目前多使用 50% 或 90% 穿透率的概念来衡量穿甲弹对靶板的穿透率。对于一定的装甲目标,每种弹丸都有其 50% 或 90% 穿透率,记为 v_{50}(或 v_{90}),标准方差记为 σ_{v50}(或 σ_{v90}),v_{50} 越小表示弹丸穿甲能力越大,σ_{v50} 越小表示弹丸穿甲能力越稳定。目前,我国对穿甲威力的评价都使用 v_{90},极限穿透速度 v_c 可近似认为与 v_{90} 相等。因此,完整的穿甲威力表示方法可表述为:x 距离处穿透 δmm/α 的均质靶板,穿透率不小于 90%,δ 为靶板厚度,α 为靶板法向角。

2. 直射距离

穿甲弹必须具有高初速、低伸弹道才能及时、有效地摧毁机动灵活的坦克目标。

直射距离是指弹道顶点高度等于给定目标高时的最大射程 X(图 3.3)。根据坦克与装甲车辆的实际高度,通常目标高取 2m。在射击过程中,当目标位于直射距离以内时,可不改变表尺进行快速直接瞄准射击。直射距离越大,弹道越低伸,表示穿甲弹的性能越好。

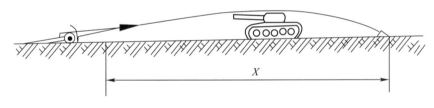

图 3.3 直射距离

X 是 v_0 和 C 的函数。在低初速时,v_0 是决定因素;在高初速时,C 的影响较大。一般情况下用公式 $X = kv_0$ 计算。直射距离系数 $k = f(C, v_0)$,可查有关的弹道表。

3. 密集度

坦克、自行火炮和装甲车等现代装甲目标的机动性好、体积小,而穿甲弹必须直接命中,才能摧毁目标,因此要求火炮系统具有较高的射击精度,包括瞄准精度和射弹密集度。

瞄准精度的提高主要依靠瞄准具的改进、射手的良好训练和经验,增大火炮初速、缩短飞行时间、准确估计射击提前量(按匀速运动估算),将有利于提高瞄准精度。

对直瞄武器的密集度,常用一定距离上的立靶密集度来表示,通常取射距 1000m 或根据弹丸有效穿透距离大小确定射距,用高低中间偏差 E_y 和方向中间偏差 E_z 来评定密集度。

4. 火炮系统的机动性

增大弹丸的初速和质量,可满足穿甲弹的威力、直射距离等战技要求,但将直接影响火炮的机动性能。在战争中,火炮的机动性非常重要。炮口动能的大小直接影响火炮的质量,炮口动能越大,火炮质量越大,其机动性能越差。因此,在确定弹丸的初速和弹丸质量时,必须综合考虑,以解决威力和机动性能的矛盾。近年来出现的高速脱壳穿甲弹具有很高的初速(可达 1800m/s)和较小的弹丸质量,威力较大,是解决上述矛盾的良好途径之一。

3.2.3 影响穿甲作用的因素

1. 着靶动能与比动能

装甲侵彻穿孔的直径、穿透的靶板厚度、冲塞和崩落块的质量在很大程度上取决于侵彻体的着靶动能($E_c = m_c v_c^2/2$,m_c 为飞行弹丸的质量),更确切地说是与着靶比动能($e_c = E_c/(\pi d^2)$,d 为飞行弹丸直径)有关。这是由于穿透钢甲所消耗的能量是随穿孔体积的大小而改变的(即单位体积穿孔所需能量基本相同)。因此,要提高穿甲威力,除应提高弹丸的着速外,还需适量缩小着靶弹径。

2. 弹丸的结构与形状

弹丸的结构与形状不仅影响弹道性能,也影响穿甲作用。对于旋转稳定的普通穿甲弹而言,虽然希望弹丸的质量大,但其长度不宜过长,这样可防止着靶弯曲和跳飞。弹体上适当预制断裂槽或配置被帽,可提高威力。对长杆式穿甲弹,则希望适当增大长细比,一方面,能增加弹丸相对质量,减小弹道系数 C,进而减少外弹道上的弹丸速度降,较大幅度地提高比动能;另一方面,能保证有足够长的弹体消耗在破碎穿甲过程中,并最后剩余一定质量冲塞穿甲。

3. 着角的影响

弹丸的着角是影响穿甲作用的因素之一。当弹丸以 0°着角垂直碰击钢甲时,弹丸侵彻行程最小,极限穿透速度也最小。随着着角的增大,侵彻行程增加,受力情况和能量分配也发生改变,导致极限穿透速度增加。无论对均质、非均质装甲都有相同的规律,对侵彻非均质装甲的影响更大。

4. 装甲力学性能、结构和相对厚度

弹丸穿甲作用的大小在很大程度上取决于靶板材料的抗力。而靶板的抗力取决于其物理性能和力学性能。靶板的力学性能提高、相对厚度(靶板厚度与弹径之比)增加、非均质性增加、密度增大、采用有间隙的多层结构等都会使穿深下降。

5. 弹丸的攻角

弹丸的章动角(也称攻角)越大,弹丸在靶板上的开坑越大,此阶段消耗的弹丸能量越多,导致穿甲深度减小。对于长径比大的弹丸和大法向角穿甲时,章动角对穿甲作用的影响更大。

3.3 普通穿甲弹

普通穿甲弹是指适于口径的旋转稳定穿甲弹,即穿甲弹体的直径与火炮口径一致的旋转稳定穿甲弹,是最早应用于反坦克的弹丸类型。

按有无药室,普通穿甲弹可分为实心穿甲弹和带药室穿甲弹两种。在一般情况下,弹丸口径不大于 37mm 时,通常采用实心弹体结构;口径大于 37mm 时多设计为带药室的结构,装填少量高威力炸药,并配有延期或自动调整延期的弹底引信,弹丸穿透钢甲后爆炸,杀伤内部人员和破坏技术装备,为了提高爆炸威力,对付轻型装甲车辆的小口径穿甲弹和大部分海军用穿甲弹,都适当地增加了炸药装药而形成半穿甲弹或穿甲爆破弹。

普通穿甲弹的结构组成大体相似,一般由弹体、炸药装药、引信、弹带和曳光管等组成,弹体药室部分的弹壁较厚($\lambda_\delta = (1/5 \sim 1/3)d$),装填系数较小($\alpha = 0\% \sim 3.0\%$),为保证对目标的撞击强度和侵彻性能,普通穿甲弹弹体一般采用高强度、高硬度的优质合金钢制造,如 $35CrMnSiA$、Cr_3NiMo 或 $60SiMn_2MoVA$ 等,并经过热处理。一般来说,小口径普通穿甲弹常做等硬度处理,而中、大口径普通穿甲弹常采用淬火和尾部高温回火处理,使头部具有高的硬度,尾部具有好的韧性。

按头部结构不同,普通穿甲弹大致可分为尖头穿甲弹、钝头穿甲弹和被帽穿甲弹3种。

3.3.1 尖头穿甲弹

尖头穿甲弹主要由弹体、炸药、引信、曳光管、弹带和风帽组成,如图 3.4 和图 3.5 所示,其头部母线一般为圆弧形,半径为 $(1.5 \sim 2)d$,且母线与圆柱部相切。图 3.5 所示为 37mm 高射炮尖头穿甲弹,由于弹头部辊压结合风帽后,弹头部尖长,改善了外形。

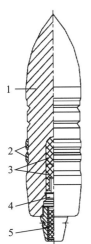
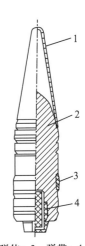

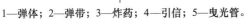

1—弹体;2—弹带;3—炸药;4—引信;5—曳光管。   1—风帽;2—弹体;3—弹带;4—曳光管。

图 3.4 普通尖头穿甲弹   图 3.5 37mm 高射炮尖头穿甲弹

尖头穿甲弹侵彻钢甲时头部阻力较小,对硬度较低的韧性均质钢甲有较高的穿甲能力,但对硬度较高的非均质钢甲以及着角较大时,易发生跳飞现象而且头部易破碎。

3.3.2 钝头穿甲弹

钝头穿甲弹的结构与尖头穿甲弹基本相同,所不同的是弹顶部较平钝。从外形上看,弹顶有平顶形、球形、扁平形和蘑菇形(图 3.6),钝化直径为 $(0.6 \sim 0.7)d$。为了改善弹丸气动外形,减小飞行时的空气阻力,通常在弹头部装有风帽。钝头穿甲弹的典型结构如图 3.7 所示。

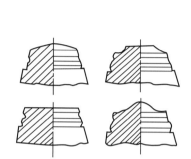

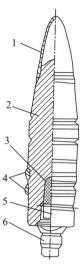

1—风帽；2—弹体；3—炸药；4—弹带；5—引信；6—曳光管。

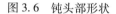

图 3.6　钝头部形状

图 3.7　钝头穿甲弹的结构

钝头穿甲弹主要用于打击硬度大的均质装甲或表面硬化的非均质装甲。由于弹顶部较平钝，所以在碰击目标时，反作用力可分布在较大的横断面上，从而使弹头部的破坏程度大大减轻；着角大时，由于弹顶的边缘与目标接触，目标的反作用力对重心的力矩是使弹头向弹着点的法线方向转动，使着角减小，因此可大大减小跳飞现象的发生，其作用原理如图 3.8 所示。

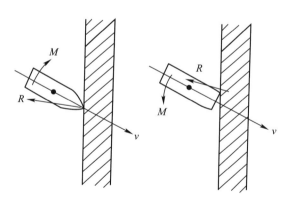

图 3.8　尖头弹和钝头弹对靶板的撞击

无论是尖头穿甲弹还是钝头穿甲弹，在弹丸上定心部与药室之间加工有 1～2 条环形沟槽，称为断裂槽（或称限制槽）。穿甲弹在碰击装甲时，弹体内的应力大大高于材料强度，导致弹头部不可避免地要破碎。为了防止弹体破裂扩展到药室或者不受控制，在头部适当设置断裂槽，以控制头部破坏状态（图 3.9），使断裂局限在断裂槽以上的弹头部，保证弹体完整性。尤其是对于带有药室的穿甲弹，设置断裂槽可以起到保护药室完整、发挥炸药性能的作用。断裂槽的位置、形状、深度，对控制弹体破裂均有影响，通常设置于上定心部上方附近，断裂槽槽深为 $(0.04 \sim 0.05)d$，其断面形状如图 3.10 所示。

图 3.9　有断裂槽的弹头部破坏情况

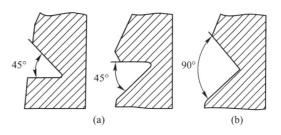

图 3.10　断裂槽断面形式
(a)45°断裂槽；(b)90°断裂槽。

3.3.3　被帽穿甲弹

被帽穿甲弹主要用于打击表面经硬化的非均质装甲，以及表面硬度不太高而韧性较好的装甲目标。被帽穿甲弹的结构与尖头穿甲弹相比，主要差别是在弹体的头部钎焊了钝头形被帽，其余基本相同，被帽穿甲弹结构如图 3.11 所示。被帽穿甲弹是穿甲性能较好的一种普通穿甲弹。目前使用的普通穿甲弹中主要是被帽穿甲弹。

被帽的主要作用如下：

（1）改善弹头部碰击装甲时的受力状态，通过被帽传到弹体头部的应力大大减小，保护了弹丸头部，从而使担负主要穿甲任务的弹头部免遭破碎，见图 3.12。

（2）碰击目标时，被帽被破坏的同时也破坏了装甲的表层，弹体受到较小阻力继续侵彻，从而为弹丸击穿装甲创造了有利条件。

（3）被帽的顶部形状与钝头穿甲弹的顶部形状相同，故在大着角射击时可减小跳飞现象的发生。

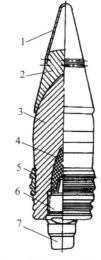

1—风帽；2—被帽；3—弹体；4—炸药；
5—弹带；6—引信；7—曳光管。

图 3.11　被帽穿甲弹的结构

被帽的材料通常采用与弹体材料相当的合金钢制成，并经热处理。被帽的硬度一般比弹头部低些、韧性好些，以免被帽过早破裂而失去对弹头部的保护作用，但提高被帽前端的表面硬度将对穿甲有利，所以某些被帽前端常进行淬火处理。被帽与弹头部的连接通常采用钎焊（锡焊），也可用冲铆的方法固定。产品钎焊后要经落锤试验抽样检验。

被帽的高度 H 和顶厚 t（图 3.13）是主要设计参数。试验结果表明，被帽的高度 H 以能包住弹头部长度的 60%～70% 为宜，顶厚 t 一般取 $(0.2 \sim 0.4)d$，具体与所对付的装甲厚度和硬度有关。在对付厚度较大的渗碳装甲时，选取上限尺寸为好；对付均质装甲时，如果着角较大，为防止跳弹，顶厚宜取下限。被帽顶部形状一般做成球面或锥面，其钝化直径一般为 $(0.4 \sim 0.6)d$，适当加大钝化直径有利于防止跳弹。被帽包裹弹头部的长度应尽量大一些，取 $(0.7 \sim 0.8)d$。

钝头穿甲弹和被帽穿甲弹均有风帽，通过风帽改善弹头形状，减小空气阻力，提高弹丸保存速度的能力。被帽穿甲弹的风帽与被帽通常采用辊压结合。

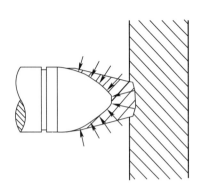 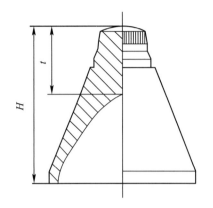

图 3.12　被帽穿甲弹撞击靶板情况　　　　图 3.13　被帽结构示意图

3.3.4　半穿甲弹

半穿甲弹又称为穿甲爆破弹,其结构特点是弹丸有较大的药室,装填炸药量较多,装填系数 α 可达 4%~5%,头部大多是钝头或带有被帽。

小口径半穿甲弹主要用在高射炮或航炮上,如航 30-1 穿甲爆破炸弹和 37mm 高射炮穿甲爆破弹(图 3.14(a)、图 3.14(b))用来击毁空中及地面带有轻型装甲防护的目标。

大、中口径半穿甲弹主要配用在舰炮或岸舰炮上,对敌舰艇射击。虽然舰艇的装甲较薄,但舱室空间较大,各舱室间的密封性较好,因此必须加强穿甲后效作用。在弹丸上一般采取增大药室和装药量的方法。由于弹体壁厚减薄,强度削弱,弹丸的穿甲能力会有所下降。130mm 50 倍口径岸舰炮用半穿甲弹(图 3.14(c))的药室内装有 6 节黑铝药柱,装填系数 $\alpha = 5.15\%$,可穿透 60mm/30°均质钢甲。

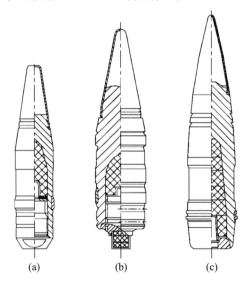

图 3.14　半穿甲弹

(a)航 30-1 穿甲爆破炸弹;(b)37mm 穿甲爆破弹;(c)130mm 岸舰炮用半穿甲弹。

3.4 次口径超速穿甲弹

第二次世界大战中出现的重型坦克的装甲厚度提高到 150~200mm,普通穿甲弹无法穿透。为对付这些目标,反坦克火炮增大了口径、提高了弹丸初速。研制了一种使用高密度碳化钨弹芯的次口径穿甲弹。次口径是指弹丸在膛内发射和空中飞行时是适口径的,命中目标后,起穿甲作用弹芯的直径是小于火炮口径的弹芯,弹丸质量小于普通穿甲弹。超速是指依靠减轻弹丸质量而获得高初速(可达 1000~1200m/s)。这种结构出现后,由于弹芯密度大、硬度高、直径小,提高了比动能,因此提高了穿甲威力,解决了那个时代与重型坦克对抗的难题。

次口径超速穿甲弹的结构与普通穿甲弹相比差别很大。按其外形的不同,可分为线轴型(图 3.15)和流线型(图 3.16)两种。线轴型的弹较轻,流线型的弹形较好。

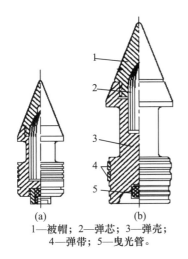

1—被帽;2—弹芯;3—弹壳;
4—弹带;5—曳光管。

图 3.15 线轴型次口径超速穿甲弹
(a)57/25 次口径穿甲弹;(b)85/28 次口径穿甲弹。

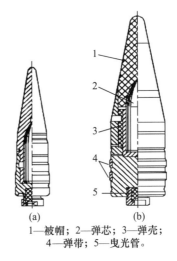

1—被帽;2—弹芯;3—弹壳;
4—弹带;5—曳光管。

图 3.16 流线型次口径超速穿甲弹
(a)37mm 次口径穿甲弹;(b)57mm 次口径穿甲弹。

1. 结构组成

次口径超速穿甲弹主要由弹芯、弹壳、风帽(或被帽)、曳光管和弹带等组成。其中弹芯是次口径超速穿甲弹的主体,由碳化钨制成。弹芯材料之所以采用碳化钨,是因为其硬度高(洛氏硬度为 80~92)、密度大(14~17g/cm^3)和耐热性强(熔点为 2800℃)。

由于弹芯直径很小,一般为火炮口径的 1/3~1/2,弹芯的着靶比动能很高。高硬度碳化钨材料能保证弹芯在穿甲过程中几乎不变形,可认为弹芯能量都用在穿甲上。弹芯在穿透装甲后因为突然卸载产生拉应力使其破碎,碎片温度可到 900℃左右,在坦克内部产生杀伤和引燃作用。弹芯设计为尖头形状,弹芯头部的弧形母线半径为 1.5~2 倍弹芯直径。弹壳起支承弹芯、固定弹带并使弹丸获得旋转稳定的作用。通常把弹芯用氧化铅或干性油配成的油灰固定在弹壳的弹芯室中。弹壳常用一般碳钢或铝合金制成,为了减轻质量常把头部设计成截锥状,中部为线轴形,底部制成凹形。线轴形的两缘构成了定心部。环形突起(图 3.15(a))作为弹带使用,有的弹丸则另加有弹带。被帽可用碳钢、铝合金、塑料或玻璃钢等制成,外形一般为锥形。被帽可采用螺纹或其他方式与弹壳连接。除了碳化钨材料外,弹芯还可采用高碳工具钢和贫铀合金等材料。

用于打击轻型装甲防护的目标时,为降低成本,弹芯可采用钢质材料。图 3.17 所示为用来对付飞机上的薄装甲的航 23-1 次口径穿甲弹,其弹芯采用高碳工具钢制成。钢质弹芯密度较低,穿甲作用较碳化钨弹芯差。为了提高后效作用,在风帽内放置一块形似被帽的燃烧剂。燃烧剂的组分是硝酸钡 40%、铝粉 15%、细铝粉 30%、梯恩梯 12%、提纯地蜡 3%。在穿甲过程中,燃烧剂受钢芯的猛烈撞击和摩擦而燃烧,高温燃气流随钢芯进入目标内部,起引燃作用。

图 3.18 是美国 A-10 飞机七管旋转式 GAU-8/4 式 30mm 航炮配用的次口径穿甲燃烧弹示意图。该弹发射初速为 988m/s,采用贫铀合金弹体,材料强度高、易于切削,由于弹芯密度大($18.6g/cm^3$),弹体长径比较大,弹丸着靶比动能较大。贫铀合金在穿甲过程中燃烧放热而产生高温,有灼热碎块飞向靶后,后效作用显著提高。该弹可穿透坦克的顶装甲。

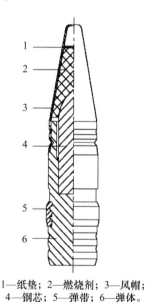 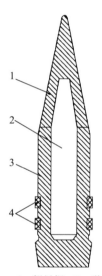

1—纸垫;2—燃烧剂;3—风帽;
4—钢芯;5—弹带;6—弹体。

图 3.17 航 23-1 次口径穿甲弹

1—铝风帽;2—弹芯;
3—铝弹体;4—塑料弹带。

图 3.18 航 30mm 次口径穿甲燃烧弹

2. 作用过程

当弹丸碰击钢甲时,其弹壳将自己的动能部分传给弹芯,它本身则与风帽一起被破坏而留在钢甲外面,如图 3.19 所示。但应指出的是,只有在弹丸轴线与钢甲表面法线夹角 φ 不大(0°~25°)时,弹壳才能将能量传给弹芯,因为在这种情况下,弹芯首先碰击钢甲。当 φ 较大时,在碰击钢甲的最初瞬间,不仅弹芯而且弹壳也碰击钢甲,这就使得弹壳的能量消耗在破坏钢甲的表面层和破坏弹壳自身上了。由于着靶动能高,弹芯材料抗压强度高,在穿甲过程中,虽然受到极高的压应力,弹芯并不破碎。但在钢甲被穿透时,由于突然卸载,便在弹芯内产生拉应力。因为材料的抗拉强度远小于抗压强度,致使弹芯在卸载过程中发生破碎,通常均碎成小碎块,有时在钢甲后面也能回收到破碎后留下的完整头部。弹芯和钢甲的破片在钢甲后面起杀伤作用。

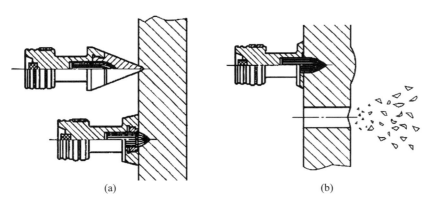

图 3.19 次口径超速穿甲弹的穿甲过程
(a)弹丸垂直着靶;(b)弹芯穿透靶板。

3. 存在的问题

虽然次口径超速穿甲弹的威力比普通穿甲弹有较大的提高,但由于线轴型次口径超速穿甲弹的弹形不好,弹丸断面密度(是指弹丸质量与弹丸或弹芯横截面积之比)不大,弹丸速度衰减很快,不能有效地对付远距离处装甲目标;垂直或小法向角着靶时,穿甲威力较好,大法向角着靶时,弹芯易受弯矩作用折断或跳飞;弹芯抗拉强度差,穿过装甲后易破碎,因此不能有效对付间隔装甲或屏蔽装甲;碳化钨弹芯烧结成型后难以切削加工,工艺性差。由于上述原因,次口径超速穿甲弹不能有效对付现代坦克等目标,加之性能更好的超速脱壳穿甲弹的出现,次口径穿甲弹在反坦克领域已处于被淘汰的地位。

3.5 脱壳穿甲弹

随着坦克装甲材料、防护技术、装甲目标机动性的迅速提高、数量的不断增多,原有的普通穿甲弹、次口径穿甲弹已不能对新型现代坦克进行高效毁伤,新型穿甲弹的研制发展工作受到各国的高度重视。

根据弹坑容积与弹丸着靶动能的关系,将穿甲弹简化为圆柱体,其对均质装甲的侵彻穿深可简化为

$$P = KL_p \rho_p v_c^2 \propto K e_c \tag{3.3}$$

式中:K 为综合考虑各种因素的比例系数;L_p 为弹体长度;ρ_p 为弹体材料密度;v_c 为弹丸着靶速度;e_c 为着靶比动能。

由(3.3)可知,为了提高穿甲威力,穿甲弹体必须有较高的比动能,提高比动能需增加弹体长度、减小弹体直径、增加弹体长径比、提高弹体材料密度和提高着速。提高着速的途径有:提高穿甲弹初速;减小穿甲弹的弹道系数,即减小其在外弹道上的速度衰减。

第二次世界大战后为了对抗防护增强的现代坦克的需要发展的脱壳穿甲弹,正是沿着上述技术途径发展起来的。超速脱壳穿甲弹采用次口径弹体,减轻了弹丸质量(与同口径榴弹相比),因而可以获得较高的初速;采用脱壳技术,飞行弹体的直径较小,相对弹

丸质量较大,因而可以获得较小的弹道系数。这种高初速、小弹道系数弹丸的直射距离、有效穿透距离和威力都得到提高。根据稳定方式不同,分为旋转稳定和尾翼稳定两种类型。尾翼稳定脱壳穿甲弹弹体为长杆形,因此也称为杆式穿甲弹,杆式穿甲弹既在滑膛炮上配用,也在线膛炮上配用。

脱壳穿甲弹弹丸一般由飞行部分和脱落部分(弹托、弹带等)组成。飞行部分的直径小于弹丸直径,当弹丸出炮口完成与脱落部分分离后,飞行部分独自具有飞行稳定性。

脱落部分的主体结构是弹托,弹托的外径等于弹丸直径。弹托的主要作用是:脱壳穿甲弹在炮膛内发射时,弹托对飞行部分起到定心和导引作用,传递火药燃气压力和火炮膛线对弹丸的导转侧力(使用滑膛炮发射没有此力),使飞行部分获得高初速和一定的转速;弹丸出炮口后,弹托脱离飞行部分,保证飞行部分具有良好的起始外弹道性能。弹托上安装弹带,用于密封弹丸与炮膛的间隙,防止火药燃气泄漏。脱落部分对于穿甲毁伤不起作用,属于消极质量,在保证其强度的前提下应尽量减轻其质量。

弹丸出炮口后,脱落部分与飞行部分完成分离的过程称为脱壳,产生脱壳的动力主要有火药燃气的作用力、弹丸旋转的离心力、空气动力。利用这3种动力可形成对应的脱壳方式。

(1) 离心力脱壳。弹托卡瓣上设置斜孔的尾翼稳定穿甲弹或旋转稳定穿甲弹靠离心力使弹带破裂,卡瓣沿切向飞离弹体。

(2) 火药燃气压力脱壳。弹托同时受弹后火药燃气的轴向作用以及气室内火药燃气的侧向作用,紧固环撕断,卡瓣向前翻转并脱离弹体。

(3) 空气阻力脱壳。弹托前端及凹槽受空气阻力的轴向和侧向作用,紧固环撕断,卡瓣向后翻转并脱离弹体。当弹托达到一定攻角时,激波强度减弱,升力使弹托产生俯仰运动,也能使卡瓣侧向飞离弹体。图3.20所示为典型尾翼稳定脱壳穿甲弹在距炮口分别为1.5m、3.3m、4.5m、13m处的狭缝摄影照片,显示了杆式穿甲弹的脱壳过程。

根据不同的需要,可采用不同的脱壳方式。一般来说,旋转稳定脱壳穿甲弹采用离心力脱壳;尾翼稳定脱壳穿甲弹采用3种脱壳方式之一或是其综合方式,脱壳均要求一致性好、脱壳迅速、尽量减小脱落部分飞散范围(危险区域小)。

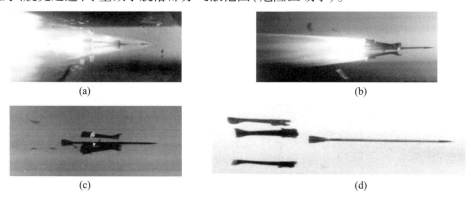

图3.20 脱壳穿甲弹的脱壳过程
(a)距炮口1.5m;(b)距炮口3.3m;(c)距炮口4.5m;(d)距炮口13m。

3.5.1 旋转稳定超速脱壳穿甲弹

次口径超速穿甲弹的穿甲能力有限,为了进一步提高穿甲威力,适应大、中口径线膛炮火炮的应用需求,20世纪70年代发展了旋转稳定超速脱壳穿甲弹,典型旋转稳定超速脱壳穿甲弹基本结构如图3.21和图3.22所示。这种弹丸主要是由飞行弹体和弹托两大部分组成。飞行弹体主要包括弹芯、弹芯外套和曳光管等。其中弹芯常用碳化钨或钨合金制成。弹芯外套的作用是连接曳光管和给弹丸以较好的空气动力外形。弹托是弹丸的辅助部件,平时固定飞行弹体,发射时用于导引和密封火药气体,并利用弹带嵌入膛线而赋予弹丸以高速旋转,出炮口后自行脱落,使飞行弹体获得良好的外弹道性能。为了解决飞行弹体的飞行稳定问题,必须使飞行弹体具有一定的旋转速度,该速度是通过弹托与飞行弹体之间的摩擦力传递的。因为弹托获得的动能对弹丸穿甲毫无用处,所以属于消极质量,在确保满足发射强度的条件下,要求弹托越轻越好,一般采用轻金属(如铝合金)作为弹托材料。

旋转稳定脱壳穿甲弹的结构特点,主要体现在弹托结构及其脱落方式上。图3.21所示为85mm加农炮用脱壳穿甲弹,弹托采用了整体结构,由铝合金制成。在前、后定心部处加有钢圈以提高耐磨性。由于弹丸的转速较高,紫铜弹带已不能满足强度要求,故采用了纯铁弹带。在弹托的前定心部处装有两个带弹簧的离心销来固定飞行弹体。弹丸出炮口后,离心销在离心力的作用下压缩弹簧释放弹体,使弹托在空气阻力的作用下向后脱出,而飞行弹体独自飞向目标。此外,在弹体尾部的曳光管后有一气室,发射时高压火药气体通过弹托底部的小孔进入气室点燃曳光剂,出炮口后由于气室内的气体膨胀也将协助脱壳。由于这种脱壳方法对飞行弹体的干扰小,所以弹丸的精度较高。

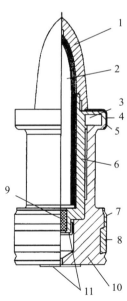

1—风帽;2—弹芯;3—离心帽;4—前定心环;
5—弹簧;6—座套;7—后定心环;8—弹带;
9—曳光管;10—弹托;11—赛璐珞片。

图3.21 85mm加农炮用脱壳穿甲弹

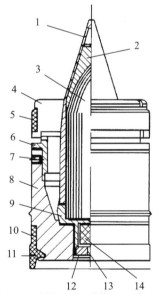

1—外套;2—被帽;3—弹芯;4—定心瓣(3块);
5—前定心环;6—前托;7—定位螺钉;8—后托;
9—底座;10—后定心环;11—闭气环;12—底螺;
13—铜片;14—曳光管。

图3.22 59式100mm用脱壳穿甲弹

图 3.22 所示为 59 式 100mm 旋转稳定脱壳穿甲弹,其弹托主要是由后托和具有 3 块预制卡瓣的前托组成,其材料仍采用硬铝合金。前托与后托用螺纹连接、定位螺钉固定,飞行部分依靠前托 3 个预制卡瓣的内锥固定。在弹托上设置有尼龙前定心环,在后托上设置有尼龙后定心环和橡胶闭气环。如图 3.23 所示,图 3.23(a)给出了卡瓣在发射前的位置,图 3.23(b)给出了发射后的位置。由图 3.23(a)所示的局部放大图可见,d_1 和 d_2(d_1 略大于 d_2)两个尺寸确定的环形槽构成了削弱环形面($n-n$)。发射时,连在一起的 3 块预制卡瓣将在惯性力作用下,沿削弱断面($n-n$)剪断,并使 3 块预制卡瓣分离,完成对弹丸的解脱。但是,由于炮管壁面的限制,分离后的卡瓣仍然被

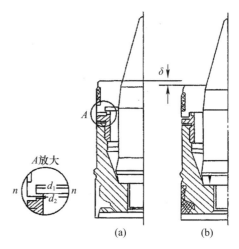

图 3.23　卡瓣与弹体的相对位置
（a）发射前；（b）发射后。

其外面的尼龙前定心环箍住,并继续压在飞行弹体前部的锥面上,保证它在膛内的定心作用。另外,在后托上有一环形凸起,发射时嵌入膛线并使弹托旋转,从而通过摩擦力带动飞行弹体与其一起旋转。在后托上还有一个用丁腈橡胶制成的闭气环,其目的是密闭火药气体,防止气体对炮膛的冲刷。弹丸出炮口以后,膛壁的约束解除,定心卡瓣将在离心力作用下挣断尼龙定心环而解脱,与此同时,后托将在空气阻力作用下与飞行弹体分离。这种弹托结构脱壳性能较好,平时和发射时对飞行弹体的固定作用也好,只是结构比较复杂。旋转稳定脱壳穿甲弹虽然具有初速高、弹道低伸、直射距离远和射击精度高等一系列优点,但是,由于受旋转稳定方式的限制,其弹芯的长径比一般不大于 5,穿甲威力难以进一步提高,而且在大着角射击时容易折断或跳飞,从而影响其穿甲性能。

20 世纪 70 年代末,突破了相对滑动的双层塑料弹带在尾翼稳定脱壳穿甲弹上的使用,解决了降低线膛炮发射尾翼稳定脱壳穿甲弹的炮口转速问题,大长径比尾翼稳定脱壳穿甲弹能够使用线膛炮发射,使穿甲威力得到大幅度提高,因而大、中口径线膛炮发射的旋转稳定脱壳穿甲弹被淘汰。

3.5.2　尾翼稳定超速脱壳穿甲弹

1. 概述

尾翼稳定超速脱壳穿甲弹的弹芯采用长杆式穿甲弹,因此,尾翼稳定超速脱壳穿甲弹也通常称为杆式穿甲弹,如图 3.24 所示。其特点是穿甲部分的弹体直径较小,弹体细长,长径比可达到 24~30,而且仍有向更大长径比发展的趋势,如加装刚性套筒的高密度合金弹芯的长径比可达 40 甚至 60 以上。杆式穿甲弹的初速高,保存速度的能力强,着靶比动能大,穿甲威力得以大幅度提高,这是旋转稳定脱壳穿甲弹所无法比拟的。

苏联于 20 世纪 60 年代初首先成功研制了杆式穿甲弹,装备于 T-62 坦克的 115mm 滑膛炮上。随后受到美、德、英、法等世界各国的重视,相继研制了用于 90mm、105mm 和 120mm 的滑膛炮的杆式穿甲弹,并发展了用于线膛炮发射(采用滑动弹带)的杆式穿甲弹。虽然这两种杆式穿甲弹配用的火炮类型不同,但它们均采用尾翼稳定方式,这两种

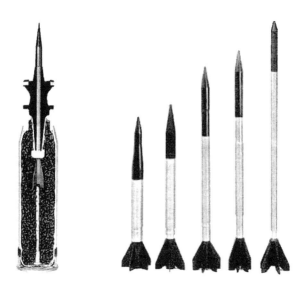

图 3.24　尾翼稳定脱壳穿甲弹弹体的演变

弹丸除弹带部分不同外，结构也大致相仿，都是由飞行弹体和弹托两大部分组成的。

杆式穿甲弹是穿甲弹设计思想的一次飞跃，与传统的穿甲弹相比，其显著特点是：采用大长径比、高密度材料（钨、贫铀合金等），高强度、低密度的超硬铝合金的弹托，大幅度提高了断面能量密度（比动能）。为追求更大的比动能通常采用以下技术途径：提高弹体材料的强度及其综合性能；改进弹体结构增大长径比；改进弹托结构设计，且采用高强度、低密度的复合材料，以减轻重量；提高火药能量、改进装药、加大火炮口径、增加火炮身管长度、提高火炮膛压等以提高初速。现在，高密度材料的杆式穿甲弹被世界各国公认为当前最有效的反坦克弹种之一。

2. 结构组成

尾翼稳定脱壳穿甲弹全弹由弹丸和装药部分组成；弹丸由飞行部分和脱落部分组成；飞行部分包括风帽、穿甲头部、弹体、尾翼、曳光管等；脱落部分包括弹托、弹带、密封件、紧固件等；装药部分一般由发射药、药筒、点传火管、尾翼药包（筒）、缓蚀衬里、紧塞具等组成。尾翼稳定脱壳穿甲弹典型结构如图 3.25 所示。

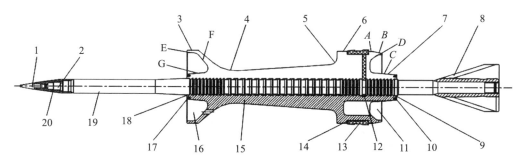

1—风帽尖；2—穿甲块；3—前定心部；4—马鞍部小径；5—马鞍部大径；6—后定心部；7—尾锥；
8—尾翼；9—后内定心部；10—后紧固环；11—后腔；12—密封件；13—外弹带；14—内弹带；
15—马鞍形弹托；16—前腔；17—前紧固环；18—前内定心部；19—弹体；20—风帽体。

图 3.25　尾翼稳定脱壳穿甲弹

1）飞行部分

（1）弹体。

弹体是穿甲弹实施穿甲作用的主体，弹体结构、材料类型及性能、长径比的大小决定了穿甲弹的穿甲能力。目前，弹体常使用高密度、高强度的钨合金或贫铀合金材料以提高穿甲能力。杆式弹体中间部位加工有环形槽或锯齿形螺纹，弹体通过环形槽或螺纹与弹托对应部分啮合，发射时通过环形槽将弹托在炮膛内所受火药燃气的推力传递给飞行部分。为了使传递的推力均匀分布，环形槽的加工精度要求非常高，如要求任意两个环形槽间的距离公差为±0.045mm。弹体分别由风帽和尾翼通过螺纹连接，螺纹尾端的锥体部分起定心作用，保证风帽、尾翼和弹体的同轴度。弹体的前端和尾部的几个环形槽处是在炮膛内发射时经常发生破坏的部位，在正常情况下前端受压应力，尾部受拉应力，但是在弹体直径较小时，前端往往由于压杆失稳而破坏，尾部往往由于产生横向摆动而折断，所以整个弹体的刚度设计是非常重要的。

（2）风帽和穿甲头部。

风帽的作用是优化弹体头部的气动外形，减小飞行阻力。风帽的外形多采用锥形、或抛物线形等。为减少风帽对穿甲的干扰，多采用铝合金材料。

位于弹体前端的风帽和穿甲块统称为穿甲头部，穿甲块的作用是防止弹体在穿甲过程中过早碎裂。采用穿甲块结构有利于对付间隙装甲（如图3.26所示的北约重型3层板）和复合装甲。穿甲块的大小和个数，可根据弹体的直径和对付的目标来确定，穿甲块的材料多采用与弹体相同的材料。目前，弹体也经常使用半球形头部，以利于对付均质装甲板。还有锥形、截锥形等多种形式的头部。这些不同的头部形状的弹体虽然有利于对付一些特定的目标，但在穿甲弹的威力足够大时，仍然可有效对付其他的装甲目标。

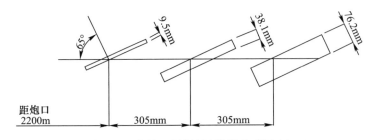

图3.26 北约3层靶板（模拟重型坦克）

（3）尾翼。

尾翼起飞行稳定作用，是决定全弹气动外形好坏的关键零件，为了减少空气阻力，一般采用大后掠角、小展弦比、削尖翼型的6个或5个薄翼片。随弹丸速度的增加，后掠角也增大，一般取65°~75°。设计的翼片厚度为2mm左右，展弦比为0.75左右。削尖的翼型结构，一是为了减少激波阻力；二是使用不对称的斜切角，在外弹道上为飞行部分提供导转力矩，使飞行部分在全外弹道上都具有最佳的平衡转速。在穿甲过程中其对穿甲的贡献甚小，所以目前一般使用铝合金料，早期穿甲弹使用钢尾翼。

穿甲弹以4马赫数或6马赫的速度飞行时，气流在风帽尖端和尾翼片的前缘处将形成驻点处温度分别达到1200K和2300K，气动加热会使铝风帽或铝尾翼严重烧蚀，使空气阻力增大和稳定力矩减小，甚至失去稳定性，造成密集度变差。为避免气动加热烧蚀铝风帽和铝尾翼,可在铝合金风帽的前端加装一个耐热的不锈钢尖;铝风帽和铝尾翼表面均采用硬质阳极氧化处理,在其表面形成一层耐热的致密氧化膜,也可以在表面涂覆一层致密的耐热涂料。而耐热的不锈钢尖的熔点比铝合金要高得多,又由于穿甲弹的作战距离一般为2500m左右,飞行时间仅约1.5s,所以即使有烧蚀,也是在可接受的范围内。105mm及120mm钨合金脱壳穿甲弹都使用了加装耐热不锈钢尖的铝风帽,并进行了高初速、远距离的飞行试验,取得了很好的效果。

右旋线膛炮发射的尾翼稳定脱壳穿甲弹,在炮口具有一定的右旋转速,在外弹道上也应当设计成右旋平衡转速。在膛内尾翼由弹体带动旋转,而在膛外,则由尾翼提供导转力矩带动弹体旋转。传统上尾翼螺纹一般设计成左螺纹,在膛内越旋越紧,而在膛外则越旋越松,所以时而出现在外弹道上掉尾翼的现象。实际上,在膛内尾翼的轴向惯性力在螺纹斜面上产生一个很大的正压力,这一正压力将产生一个比弹体对尾翼的导转力矩大得多的摩擦力矩,所以设计成右旋螺纹,尾翼在膛内不会松动,而在外弹道上则有越旋越紧的趋势。100mm及105mm线膛坦克炮发射的尾翼稳定脱壳穿甲弹均设计成右螺纹,大批量生产与使用表明,完全避免了在外弹道上旋掉尾翼的现象。

2)脱落部分

脱落部分出炮口后与飞行部分分离,在一定的区域内落地。脱落部分是对穿甲没有贡献的消极质量,尽量减少脱落部分的质量有助于提高穿甲威力。

(1)弹托。

弹托是尾翼稳定脱壳穿甲弹的关键零件,它占脱落部分质量的95%以上。在保证功能与性能的前提下,尽量减少其质量是结构改进和优化的目标。在膛内发射时,弹托应具有可靠的强度;各卡瓣在火药燃气的作用下应彼此抱紧成为一个整体;能很好地支撑并导引飞行部分;弹托与密封件及弹带应配合恰当,可靠地密封火药气体。在膛外应脱壳迅速、顺利,对飞行部分的干扰小。

弹托在膛内应具有足够强度,以保证结构完整。弹托在膛内的破坏常见于环形槽处的齿发生剪切破坏,马鞍部小径处折断,尾锥部折断。环形齿处应力(剪切应力与压应力)的大小与环形齿的结构尺寸、个数、加工精度、弹托与弹体材料的力学性能、弹托形状与尺寸等因素有关。为使应力分布均匀、消除应力集中现象,环形槽可设计成不等槽距并加长前后锥体的长度(图3.25)。马鞍部小径及马鞍部锥体角度的选取至关重要,选得太大使弹托的质量增大,选得太小强度不够可能出现折断现象。马鞍部小径、大径及锥体应当遵守等应力设计的原则。若锥体部分较长,设计时还应当着重考虑刚度问题。

飞行部分的发射强度及密集度与弹托的膛内定心作用密切相关。弹托的定心作用由内、外定心部来实现。外定心部对弹丸定心,内、外定心部对飞行部分定心。内外定心部之间的同轴度有着合理的要求。弹托定心的效果可用飞行部分的纵轴线相对于炮管轴线可能产生的最大倾角来度量。倾角越小,表明定心效果越好。

弹托的各个卡瓣在膛内应当牢固地结合为一个整体,不应当发生分离或有发生分离的趋势。在膛内火药燃气的压力作用于弹托的尾部,在D锥面上的作用力有使三瓣发生分离的趋势,而A、B、C锥面上的作用力有使三瓣抱紧的趋势,若抱紧力大于分离的力,弹托将在膛内保持完整性。反之,将丧失完整性而出现断弹和横弹现象。

脱壳过程能否实现迅速和顺利脱壳,取决于对弹托的设计。脱壳方式一般分为单纯空气动力脱壳,多用于滑膛炮发射的尾翼稳定脱壳穿甲弹,弹托为双锥形,弹托质量较小,脱壳干扰大,密集度不好;火药燃气后效与空气动力共同脱壳,多用于线膛炮发射的尾翼稳定脱壳穿甲弹,弹托为马鞍形,目前滑膛炮发射的尾翼稳定脱壳穿甲弹也使用该结构,弹托质量较大,脱壳迅速而顺利,脱壳干扰小,密集度好。前者由弹托的前腔结构来实现脱壳;后者由弹托的后腔及前腔结构的共同作用来实现脱壳,具有炮口转速(如线膛炮发射)的尾翼稳定脱壳穿甲弹的脱壳还有离心力的作用。如图3.25所示,马鞍形弹托采用火药燃气后效与空气动力共同脱壳,前后脱壳作用力的大小必须要匹配,若后部脱壳力太大会使卡瓣前面的环形槽发生对飞行部分的挤压干扰,相反作用于E、F、G面上的前脱壳力太大会使卡瓣后面的环形槽发生对飞行部分的挤压干扰,这将给密集度带来不利影响。只由弹托的前腔结构来实现脱壳,必然发生卡瓣后面的环形槽对飞行部分的挤压干扰,但若控制各卡瓣对飞行部分的挤压干扰力大小的一致性和对称性,即各卡瓣对飞行部分的挤压干扰力可以相互抵消,则总的干扰力的合力为零或很小,脱壳穿甲弹的密集度仍可取得满意的结果。

(2)密封件。

采用密封件对弹托与飞行部分及弹托各瓣间的间隙进行密封,其材料为橡胶,要求能可靠密封火药燃气,耐长储并具有一定的硬度和耐高温(50℃)、低温(−40℃)的性能。

(3)弹带。

弹带的作用是密封弹丸与炮膛之间的间隙,防止火药燃气逸出。弹带密封效果的好坏对弹丸的密集度及发射强度有着至关重要的影响。若密封不好,火药燃气从一边高速逸出,致使该边火药燃气的压力大幅度下降(流速高压力低);而另一边的压力高,导致弹丸产生向压力低的一边摆动,弹带在横向摆动的作用下逐渐密封漏气的一边,而另一边开始漏气,使得压力降低,因此,弹丸又摆回来,如此反复,弹带磨损加大,漏气更为严重,摆动幅度更大,这样将使弹丸的起始扰动增大而使密集度变坏,甚至由于横向摆动的增大,致使横向冲击力加大而使弹体或弹托尾部折断。

线膛炮发射的尾翼稳定脱壳穿甲弹的弹带结构为双层滑动弹带,分别称为内弹带和外弹带,使用双层滑动弹带是为了降低弹丸的炮口转速。这样不仅解决了大长径比弹体飞行稳定性的问题,而且由于弹丸还具有一定的炮口转速,在离心力的作用下使其脱壳更加顺利,脱壳干扰更小,密集度更好。而滑膛炮发射的尾翼稳定脱壳穿甲弹只使用单层弹带,即去掉内弹带。

(4)紧固环。

紧固环的作用是将弹托的各瓣紧固在弹体上,使之成为一个整体,当弹丸出炮膛后,在其预先设计的断裂槽处尽快断裂并留在弹托各瓣的紧固环槽内,以保证脱壳顺利和减少干扰。

图3.25所示的穿甲弹一般设计前后两个紧固环,有些滑膛炮发射的尾翼稳定脱壳穿甲弹只有一个前紧固环,而弹带能起到后紧固环的作用。紧固环一般使用铝合金材料。与弹托紧固环槽采用过盈配合,装配时紧固环上的断裂槽对准弹托各瓣的接缝处压紧紧固环将弹托各瓣箍紧,并在相应的点铆槽处进行点铆。

以前广泛应用的弹托是沿其纵轴均分为3个卡瓣的马鞍形结构,新型穿甲弹使用密度小、强度高、质量更轻的复合材料弹托,一般采用尾锥更长的马鞍形4个卡瓣的结构。

3. 穿甲过程

杆式弹弹体细长、着速高,其穿甲过程与普通穿甲弹不尽相同。根据杆式弹丸对装甲板的破坏现象,杆式弹对靶板的破坏是一个"破碎穿甲"的过程,即弹丸在穿甲过程中一边破碎、一边穿甲。在此过程中,破碎的弹体和装甲破片将沿弹坑壁面反向飞溅,并形成大于弹径的穿孔,孔壁不光滑。有较大着角时,穿孔在开始阶段有明显的向内折转现象。图 3.27 所示为杆式穿甲弹以大着角侵彻均质装甲的示意图。

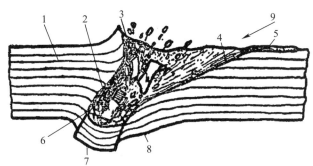

1—钢甲;2—弹体残部;3—翻边;4—滑坡;5—尾翼碰痕;6—破碎弹体;7—塞块;8—鼓包;9—碰击方向。

图 3.27 大着角下的穿甲情况

根据侵彻过程不同阶段的特点,杆式穿甲弹的穿甲过程可以用开坑、反挤侵彻和冲塞 3 个阶段描述。

弹丸高速着靶时,碰击处压力很高($>10^4$ MPa),该压力已大大超过弹体及靶板材料的强度极限,因而弹体头部和装甲金属发生破碎,破碎的材料向阻力较小的方向飞溅。材料不断破碎,也不断飞溅,在飞散的同时也将钢甲表面碎片带走,从而在装甲表面上形成一个口部不断扩大的坑,并在口部形成翻边,称为开坑阶段。

弹体与装甲作用的界面称为侵彻界面。在开坑阶段,弹体速度方向与侵彻界面呈倾斜状态,如果弹体的后续动能不够大,则出现跳飞现象,在倾斜的装甲表面挖出一个长弹坑而不能穿透装甲。如果弹体的后续动能足够大,则在穿甲弹头部作用力和力矩的作用下,弹体速度方向与侵彻界面的夹角逐渐转向垂直,而不出现跳弹。此时的撞击压力仍然很大,弹体还是边破碎边侵彻。一方面,由于装甲金属被不断侵入的弹体所挤压;另一方面,弹体碎片反挤在弹体周围,所以向侧面和表面方向以很高的速度运动,最后使表面和弹体之间的金属破裂、抛出,孔径增大。当弹丸侵彻到一定深度后,在装甲背面出现鼓包。这一阶段称为反挤侵彻阶段。

冲塞阶段是穿甲过程的后期,由于弹丸速度的降低,弹丸不再破碎,装甲的抗力也越来越小。当侵彻深度超过装甲厚度的一半时,剩余弹体将向抗力最小的装甲法向侵彻,于是弹孔出现内折翻转,装甲背面的鼓包因惯性而继续增大。最后,在最薄弱处剪切下一个塞块。随后,灼热的残余弹体和碎片以剩余速度从装甲背面的孔中喷出,可以起到杀伤和引燃作用。至此,杆式穿甲弹完成了全部穿甲过程。

由上述弹丸在开坑和侵彻阶段的运动情况可知,开始时弹丸的破碎部分向外飞溅,剩余弹体继续向前运动,完成开坑;进入侵彻阶段后,弹丸将向装甲板的外法线方向运动。这种飞溅和转正现象,正是杆式穿甲弹在大着角情况下不易跳飞的原因。

实际上,杆式穿甲弹侵彻穿甲是一个连续的过程,上述各阶段是为了描述问题的方便而人为划分的。

4. 典型杆式穿甲弹

1）俄罗斯 115mm 杆式穿甲弹

苏联是首先研制并装备杆式穿甲弹的国家,图 3.28 所示为俄罗斯 115mm 滑膛炮用长杆式穿甲弹的结构示意图。该弹由飞行弹体和弹托两部分组成。飞行弹体部分包括弹杆、风帽、被帽、尾翼、曳光管和压螺等零件。其中弹杆采用整体结构,用 35 铬镍钼合金钢制成。为了与弹托连接,在弹杆中部有环形锯齿形槽。弹杆头部带有风帽和被帽,尾部用螺纹与尾翼连接。该弹的尾翼经精密铸造而成,除保证弹丸的飞行稳定性外,在膛内还起定心作用。曳光管用压螺固定于尾翼的内孔中,为保证尾翼内外的压力平衡,在尾管上开有小孔。尾翼片为后掠式,在后掠部位铣有一定角度的斜面,以使弹丸在飞行中承受旋转力矩而旋转,从而提高弹丸的射击精度。

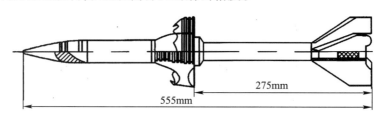

图 3.28　俄罗斯 115mm 长杆式穿甲弹

弹托部分包括 3 块呈 120°的扇形卡瓣和闭气环(图 3.29)。该弹的卡瓣是由钢材制成的。卡瓣内有环形锯齿形凸起,装配时与弹杆上的齿槽啮合。每块卡瓣上都开有两个与弹轴呈 40°的漏气孔,以使弹托在膛内获得炮口脱壳所需要的转速。为了减轻卡瓣质量和便于气体动力脱壳,在卡瓣前面的边缘上开有花瓣形的缺口。为了保证弹丸出炮口后使卡瓣与飞行弹体可靠分离,在对着 3 块卡瓣接缝处的闭气环上制有削弱槽。

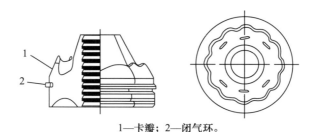

1—卡瓣；2—闭气环。

图 3.29　环形弹托

发射时,膛内的火药气体一方面推动弹丸向前运动,另一方面从弹托的 6 个斜孔中喷出,从而使弹托旋转,并靠摩擦力的作用带动飞行弹体也做旋转运动。此时,在离心力作用下,弹托虽有解脱的趋势,但由于炮管的约束而仍然拖住飞行弹体,只是使闭气环加大磨损为脱壳创造条件。

弹丸飞出炮口后,炮管的约束消失,离心力将起作用。此外,由于火药气体从炮管中高速喷出,并向侧方膨胀,此时作用于卡瓣后部环形槽上的火药气体压力将产生一个使卡瓣向侧方飞散的力。在中间弹道结束后,卡瓣前方将受到空气动力的作用,也将产生一个使卡瓣向侧方飞散的力。在以上诸因素的作用下,挣断闭气环,卡瓣与飞行弹体脱离,从而完成脱壳过程。从弹托与飞行弹体的啮合部位看,该弹在设计思想上采用的是前张式脱壳结构,火药气体对弹托的作用不大。

2) 以色列 105mm 长杆式穿甲弹

图 3.30 所示为以色列 105mm 线膛炮用长杆式穿甲弹的结构示意图。同样,该弹也是由飞行弹体和弹托两部分组成。

飞行弹体部分包括弹杆、穿甲块(3块)、风帽、尾翼(6片)、曳光管等。其中弹杆和穿甲块用钨合金制成。采用穿甲块的目的是控制弹丸在开坑阶段的破碎程度。在弹杆上制有 27 个锯形齿槽,以便与弹托相连接。在弹杆前后均制有螺纹,以便与风帽和尾管连接。该弹的尾翼是将翼片焊接在尾管上的,翼片采用铝合金材料。由于尾翼部分的重量轻,从而使飞行弹体的质心前移,在保证飞行稳定性的前提下,翼展和翼片的面积可以减小,这样有利于减小弹丸所受的阻力、减小火药气体在中间弹道对弹丸运动的干扰,使射击精度提高。

弹托部分包括 3 块呈 120°的扇形卡瓣、滑动弹带(内弹带和外弹带)、三爪橡胶密封圈(图 3.31)和前、后紧固环等。

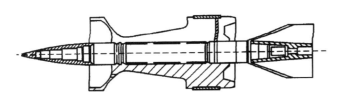

图 3.30 以色列 105mm 长杆式穿甲弹

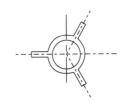

图 3.31 三爪橡胶密封圈

该弹的卡瓣由铝合金制成,在每一块卡瓣上均开有两个小直孔,用来改善弹丸在发射时的受力状态。为了解决线膛炮发射尾翼稳定弹丸的旋转速度问题,该弹采用了滑动弹带的结构。其中内弹带胶粘在卡瓣上,外弹带与内弹带之间呈滑动摩擦状态。发射时,外弹带嵌入膛线,获得高的旋转速度,而卡瓣与飞行弹体却在摩擦力的带动下只做低速旋转运动。三爪橡胶密封圈是为防止火药气体沿齿槽向前泄出而设置的。前、后紧固环是固定卡瓣用的,为了便于脱壳,其上均开有削弱槽。

与俄罗斯 115mm 杆式穿甲弹不同,该弹的弹托呈马鞍形。虽然马鞍形弹托的前后定心部距离较短,但它避免了尾翼打膛现象。实际上,这种马鞍形弹托要比环形弹托优越。无论是环形弹托还是马鞍形弹托,都存在脱壳后的卡瓣飞散问题。卡瓣的可能飞散区域如图 3.32 所示,在这个区域里可能造成自己部队的伤亡。这一问题是脱壳穿甲弹在使用中的主要缺陷。

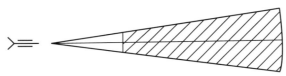

图 3.32 弹托飞散危险区

由上所述不难看出,在杆式穿甲弹中,弹托是一个十分重要的部件,弹托的好坏直接影响着飞行弹体的性能和作用。为此,要求弹托应具备以下几点。

① 具有足够的强度和刚度,并能保护细长的高密度弹杆完整地发射出去。
② 在满足强度的条件下,弹托的质量越轻越好。
③ 在膛内能可靠密闭火药气体,并能正确引导弹丸沿炮管轴线运动。
④ 弹丸出炮口后能顺利脱壳,并且对飞行弹体的干扰小。
⑤ 与药筒的连接可靠,并能防止火药受潮。
⑥ 生产工艺性良好。

3) 其他先进的杆式穿甲弹

随着应用需求、毁伤要求、材料技术及弹药技术的发展,20 世纪末期世界各国研制了性能更为先进的杆式穿甲弹。例如,美国 105mm M833 尾翼稳定杆式脱壳穿甲弹和 105mm M774 尾翼稳定杆式脱壳穿甲弹、加拿大 C148 式 105mm SRTPDS – T 穿甲弹、美国 120 KEW – A1 式曳光尾翼稳定脱壳穿甲弹、德国 DM 53 式 120mm LKE Ⅱ 曳光尾翼稳定脱壳穿甲弹、法国 PROCIPAC 120mm 曳光尾翼稳定脱壳穿甲弹和 OFL 120 F2 式 120mm 曳光尾翼稳定脱壳穿甲弹、美国 105mmM900 曳光尾翼稳定脱壳穿甲弹和 120mm M829 翼稳定脱壳穿甲弹等。

图 3.33 所示为美国 105mm M900 式曳光尾翼稳定脱壳穿甲弹,由美国通用动力公司弹药与战术系统子公司研制并于 1995 年投入生产,为第四代反坦克动能弹。该弹为定装式炮弹,弹丸部分由弹芯和弹托组成。弹芯材料采用贫铀,长 711mm,长径比为 30∶1;弹托材料为铝。M148A1B1 式药筒内装有 6.1kg 低易损性多孔(19 孔)管状发射药,采用 M128 式电底火。M900 式 APFSDS – T 弹丸的初速为 1505m/s,有效射程在 3000m 以上。M900 式 APFSDS – T 的基本战术技术性能如表 3.1 所列。

图 3.33　美国 105mmM900 式曳光尾翼稳定脱壳穿甲弹

表 3.1　M900 式 APFSDS – T 技术参数

弹径/mm	105	弹芯材料	贫铀
全弹重/kg	18.5	药筒长/mm	617
全弹长/m	1.03	初速/(m/s)	1505
弹丸重/kg	6.86	发射药/kg	6.1(M43 式 LOVA)
弹丸长/mm	711		

图 3.34 所示为德国 DM 53 式 120mm LKE Ⅱ 曳光尾翼稳定脱壳穿甲弹,该弹为定装式炮弹,弹芯材料为钨合金;弹托材料为铝;铁制尾翼组件中装有曳光管。该炮弹采用可燃药筒,内装多孔柱状多基发射药,采用 DM142 式电底火。与先前炮弹相比,从 L/44 火炮发射时的初速为 1670m/s,弹丸初速提高了 15%;从 L/55 火炮发射时为 1750m/s;L/55 火炮发射时,速度衰减约为 55m/s(1000m),射程为 3000 ~ 4000m。基本战术技术性能见

表3.2。1998年1月,瑞士陆军宣布将采用德国莱茵金属公司研制的120mm DM53式 LKE Ⅱ APFSDS-T装备其"豹"2主战坦克。

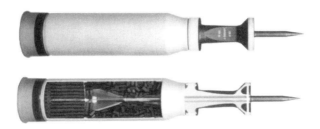

图3.34　德国DM 53式120mm LKE Ⅱ穿甲弹

表3.2　DM53式 LKE Ⅱ APFSDS-T的基本战术技术性能

口径/mm	120	发射药/kg	8.9
全弹重/kg	21.4	膛压/MPa	545
弹芯重/kg	5	弹丸长/mm	743

3.6　横向效应增强弹

横向效应增强弹(penetrator with enhanced lateral efficiency,PELE)是一种基于横向效应增强原理的新型穿甲弹,其显著特点为无引信和装药结构,依靠弹体各部件材料特性不同产生的物理效应,弹丸穿透目标后裂解形成破片,实现对靶后目标的有效毁伤。典型PELE弹结构如图3.35所示,主要高密度外壳、低密度弹芯、风帽以及弹带等组成,外壳可采用合金钢、钨合金等材料,弹芯可采用铝、尼龙、聚乙烯、橡胶等材料。

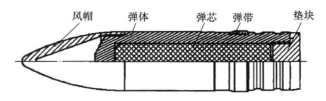

图3.35　PELE弹结构示意图

1. 作用原理及其特点

PELE弹作用目标过程如图3.36所示,弹丸撞靶后,利用高密度外壳实现对靶板的侵彻贯穿,低密度弹芯侵彻能力较弱,侵彻目标过程中受到压力后速度迅速降低,相对弹壳滞后前进,由于受到壳体和靶板的挤压,弹芯材料内部压力急剧上升,进而膨胀挤压壳体材料形成扩孔效应。PELE弹穿透目标后,靶板约束力突然卸载,弹芯和壳体材料应力释放,造成壳体破裂形成破片,破片成一定角度向外飞散,随着距离的增加,破片覆盖面积增加,产生对靶后目标的毁伤效应。PELE弹将部分轴向动能转换为径向动能,以牺牲部分侵彻深度为代价,实现了横向效应增强和壳体破碎杀伤双重功能。PELE弹凭借其独特的毁伤机理,可广泛应用于防空反导、反直升机、反轻型装甲和建筑物等目标的各种口径弹药。

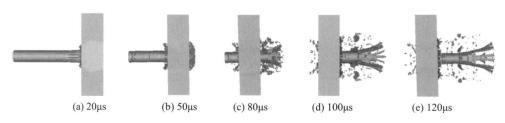

图 3.36　PELE 侵彻及破碎过程

影响 PELE 弹作用效果的因素较多，主要有壳体材料、弹芯材料、长径比、弹丸速度、侵彻角度和转动速度等。相关研究表明，PELE 横向效应主要受到壳体、弹芯材料的弹性模量、泊松比影响。由于 PELE 作用过程涉及冲击加载、应力卸载和材料破碎等复杂的动力学现象，因此，设计时需要考虑弹芯、壳体、目标以及弹道诸元之间的匹配问题。在合适的弹靶条件下，存在最优的弹芯、壳体匹配设计，使得 PELE 弹能发挥最佳的侵彻贯穿和后效毁伤能力。

随着活性材料的逐步应用，其在横向效应增强型弹药中也展现了巨大的应用潜力。图 3.37 为活性芯体 PELE 弹典型结构，主要由弹体外壳、活性材料芯体、金属块、弹带和风帽五部分组成。活性芯体 PELE 弹与目标高速碰撞形成强烈载荷时，内部芯体将发生强烈的爆燃反应，使得活性芯体 PELE 弹不仅具备"动能侵彻"能力，还具备"内爆效应"，实现对目标高致命性的"结构解体毁伤"，达到穿甲、破片杀伤和爆燃多重终点效应，从而使常规硬毁伤类弹药战斗部的威力获得大幅度提升。

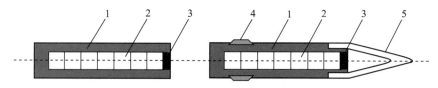

1—壳体；2—活性毁伤元；3—金属块；4—弹带；5—风帽。

图 3.37　活性芯体 PELE 弹基本结构

活性芯体 PELE 弹的有效载荷以活性材料芯体和金属壳体为主，活性材料芯体常选用金属聚合物类低密度活性材料。当 PELE 弹击中目标靶板后，壳体和活性材料芯体共同向前运动侵彻作用靶板，但由于活性芯体材料密度相对较小，在侵彻靶板过程中发生挤压变形，并有一部分发生碎裂，能量在壳体内部有限的空间内迅速聚集，形成热点。当侵彻体贯穿靶板后，由于瞬间泄压的作用使得芯体和壳体形成许多较小的碎片，活性材料被激活发生爆燃反应，能量迅速释放，并对靶后目标形成二次毁伤作用。这样通过侵彻和爆燃联合毁伤作用，大大增强了 PELE 弹的威力，由于没有采用引信和炸药，同时提高了 PELE 弹的安全性。将活性毁伤元应用于横向效应增强型弹药，也克服了传统火炸药无法承受电磁轨道武器发射时的过载问题。图 3.38 为活性芯体 PELE 弹毁伤油箱效果。

与传统常规弹药相比，PELE 弹具有如下优点：

（1）安全性能高。PELE 弹不含有高能炸药和火工元件，在勤务处理和作战使用过

图 3.38　活性毁伤元芯体 PELE 弹毁伤油箱效果

程中不会出现膛炸、哑弹和殉爆等意外情况。同时,PELE 穿透目标防护后仅对一定区域内人员存在杀伤作用,实现了威力控制,降低了附带毁伤,特别适合城市特种作战。

(2) 作战效果好。PELE 弹具有动能侵彻和破片杀伤双重毁伤效果,虽然其穿甲能力约为同口径尾翼稳定脱壳穿甲弹的 80%,但凭借壳体优异的破碎性能,大幅提高了对装甲目标的后效毁伤能力。

(3) 成本价格低。PELE 弹攻击目标过程中不使用引信作为起爆装置,也不需要高能炸药提供能量,节省了含能材料和电子元件,简化了战斗部结构和工艺,降低了弹药生产、运输、储存、使用及销毁成本。同时,利用库存陈旧弹药改装生产 PELE 弹,其费用可大大降低,效费比高。

(4) 应用范围广。传统装填高能炸药的战斗部受到引信元件尺寸、炸药临界爆速和装药工艺等因素的限制,弹药口径一般存在范围区间约束。在弹药口径方面,PELE 弹可以广泛应用于 12.7mm、27mm、35mm 等中小口径弹药,还可以应用于 105mm、120mm、125mm 等大口径弹药。在发射平台方面,PELE 可以适应反器材步枪、高射机枪、坦克火炮等多种平台。在作用目标方面,PELE 弹可以用于反轻型装甲、混凝土工事、武装直升机等多种目标。

2. 典型的 PELE 弹

PELE 弹早期是由德-法圣路易斯实验室(ISL)、德国佛莱堡 GEKE 技术公司和迪尔弹药公司合作开展研究,最早的产品为迪尔公司研制的 20mm 口径横向效应增强弹。国外中小口径 PELE 弹产品以德国迪尔公司的 27mm 横向效应增强弹最具代表性。此外,迪尔公司还研发了 20mm 全口径 PELE 弹、次口径尾翼稳定和旋转稳定 PELE 弹。目前,这类弹药已经装备部队。国外大口径 PELE 弹产品以德国莱茵金属公司研制的 105mm 线膛坦克炮及 120mm 滑膛坦克炮新型横向效应增强弹最具代表性,在最初演示试验中,单发 120mm 横向效应增强弹可以在钢筋混凝土上形成直径约为 500mm 的穿孔破坏,其在城镇作战中对钢筋混凝土具有毁伤优越性,而且能够最大限度控制附带毁伤。后续的验证试验表明,3 发改制横向效应增向弹就能在钢筋混凝土上形成一个 1.6m 高的无障碍通道。在城区作战中,3 发 PELE 弹就能在建筑物上形成一个足以使全副武装士兵通过的洞,如图 3.39 所示。若要达到相同的毁伤效果,则需要使用 5~6 发制式 105mm 碎甲弹。

国内的横向效应增强弹研究起步较晚,但整体发展较快。图 3.40 和图 3.41 分别为国产的小口径 PELE 弹和大口径 PELE 弹。

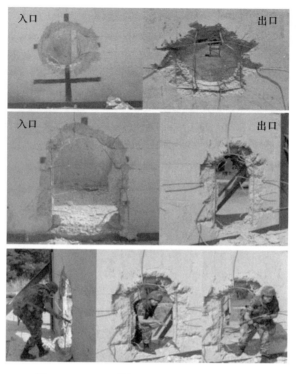

图 3.39　PELE 弹侵彻钢筋混凝土墙体效果

图 3.40　国产小口径横向效应增强弹

图 3.41　国产大口径横向效应增强弹

3.7　贫 铀 弹

3.7.1　贫铀简介

自然界中的铀元素是由铀 234、铀 235 和铀 238 这 3 种放射性同位素组成,它们的含量分别为 99.275%、0.720% 和 0.005%。其中只有铀 235 是裂变性核素,能用来制造原子弹核反应堆燃料。但天然铀中铀 235 含量太低,不能直接用于生产原子弹和核反应堆,必须经过浓缩或富集,使铀 235 的浓度提高到 3% 以上(反应堆燃料)或 90% 以上(核武器燃料)。这种经富集后铀 235 含量高于天然水平的铀,叫富集铀或浓缩铀,经铀 235

富集后剩余的铀就是贫化铀或称贫铀,英文为 depleted uranium,所以有的书中把贫铀弹简称为 DU 弹。

贫铀的密度为 $19.05g/cm^3$,是钢的 2.5 倍,是一般辐射防护材料铅的 1.7 倍。贫铀的强度和硬度都不是很高,但添加一定量的其他金属(如 0.75% 的钛)制成的贫铀合金,强度可比纯贫铀高 3 倍,硬度可达钢的 2.5 倍,并具有良好的机械加工性能。贫铀的商业用途十分广泛,主要用来制造石油井钻、船舶压舱物、各种衡量物、军用和民用飞机的平衡控制系统和阻尼控制器(如外舷升降舵和上侧方向舵)、机械沙囊、辐射探测器、医用或工业用放射性防护罩、化学催化剂、X 射线管、玻璃和陶瓷的上色染料等。

贫铀粉末在常温就能自燃。在摩擦或撞击时,贫铀能在空气中氧化燃烧,释放大量的能量并发生爆炸。用贫铀做成的金属棒在动能驱动下撞击到物体时,表现出自发锐性的特征,穿透性能明显优于军事上用作穿甲弹的钨(钨在撞击装甲时会钝化成蘑菇状,而影响其穿甲性能)。

3.7.2 贫铀弹

贫铀合金具有独特的性质(高密度、易燃易爆、贫铀合金的高强度和高硬度、贫铀穿甲时表现的出的自发锐性)、丰富的储量和良好的机械加工性能。用贫铀合金制造的穿甲弹具有较大比动能,撞击装甲时施加的压力比其他合金大,穿甲能力强,穿甲过程中易于发生化学反应形成高温高压区。而美国是积压贫铀废料最多的国家,因此美国从 20 世纪 50 年代就开始研究用贫铀合金制造各种武器,用来取代军事上广泛应用而又价格昂贵的钨。20 世纪 60 年代先后对用于单兵、车载、舰载、机械,用枪、炮、导弹发射的 7.92mm、20mm、25mm、30mm、105mm 和 120mm 等多种贫铀弹的战斗性能进行了大规模的试验。20 世纪 70 年代开始正式装备部队,并研究和开发了贫铀合金的其他军事用途,如贫铀合金破甲弹、有穿甲燃烧功能的贫铀航空炮弹和贫铀装甲等。

美国从 1975 年开始投产贫铀弹并装备部队,主要包括 20mm、25mm、30mm、105mm 和 120mm5 个口径。例如,120mm 坦克炮配用 M829 系列尾翼脱壳穿甲弹和 105mm 坦克炮配用 M900 式尾翼稳定脱壳穿甲弹。另外,陆军 M2/M3 布雷德利战车 25mm"蝮蛇"自动炮、空军 A-10 攻击机 30mm 航炮和海军"密集阵"火炮系统 20mm 自动炮也都配用贫铀弹芯穿甲弹。

1. 20mm 贫铀穿甲燃烧弹

20mm 贫铀穿甲燃烧弹是一种航炮使用的新型贫铀弹,主要用于反装甲,属于次口径穿甲弹。该弹丸内装有一个直径较小、密度较大的 U238 贫铀穿甲弹芯。它除了具有很强的穿透能力外,还是一种引火材料,可增强穿甲后的燃烧效应,其放射性大约是天然铀的 0.7 倍。该型航空炮弹属 M50 标准系列($\phi 20mm \times 102mm$)电发火炮弹,炮弹质量 250g,弹丸质量 100g,初速 1045m/s。

2. 120mm 贫铀穿甲弹

M829 式 120mm 系列穿甲弹是目前美军装备的主用穿甲弹种之一。M829 式穿甲弹为定装式长杆式侵彻弹,用于对付装甲目标,贫铀弹芯长径比为 30∶1。通过不断改进,先后发展出了多个型号,如图 3.42 所示。M829A1 式采用 7.8kg JA-2 发射药,膛压为 569.8MPa,初速为 1560m/s,在 2000m 的距离上可击穿 550mm 厚的均质钢装甲板,曾经在"伊拉克战争"中获得实战应用。美国于1992年研制出了改进型M829A2穿甲弹,并于1993年开始生产并装备。M829A2式120mm穿甲弹为定装式炮弹,弹丸尾翼材料为铝,弹托采用复合材料制成,弹芯材料为贫铀,采用新的机械加工工艺来改进贫铀侵彻弹芯的结构性能,采用特殊的加工工艺对药包进行处理。弹芯直径为22mm。药筒采用可燃药筒,内装8.7kg JA-2式发射药,膛压为580MPa。该弹的初速为1680m/s,在2000m距离上的穿甲深度为730mm,最大射程在3000m以上。M829A3式是对M829A2式的进一步改进。M829A3式改进了弹托设计,弹丸质量有所增加,通过对发射药装药结构进行改进,发射药密度将增加25%,采用M123A1电子底火,膛压为566MPa。该弹的初速为1555m/s,在2000m距离上M829A3式炮弹的穿甲深度为800mm。M829系列各个型号的穿甲弹技术参数见表3.3。

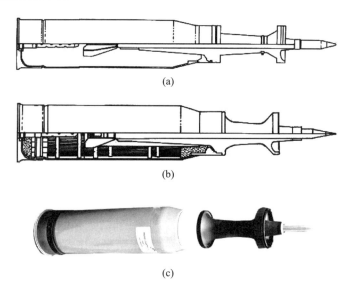

图3.42 美国M829系列120mm脱壳穿甲弹
(a)M829A1式;(b)M829A2式;(c)M829A3式。

表3.3 M829系列穿甲弹技术参数

型号	M829A1	M829A2	M829A3
全弹长/mm	984	984	984
弹丸装配尺寸/mm	780	780	780
弹芯尺寸/mm	684	684	684
弹托尺寸/mm	79.3	79.3	79.3
弹芯直径/mm	22	22	22
全弹质量/kg	20.9	20.36	22.28
弹丸质量/kg	8.165	9	10
弹杆质量/kg	4.6	—	—
发射药/kg	7.9(JA-2)	8.7(JA-2)	8.1(RPD-380)
弹托质量/kg	2.985	2.985	2.985
初速/(m/s)	1560	1680	1555

续表

型号	M829A1	M829A2	M829A3
膛压(21℃)/MPa	569.8	580	566
使用温度/℃	-32 ~ +49	-32 ~ +49	-32 ~ +49
储存温度/℃	-46 ~ +63	-46 ~ +63	-46 ~ +63

3.8 穿甲弹的发展趋势

随着各种新型装甲的不断出现以及反应装甲的发展和应用,迫使穿甲弹必须更加广泛地采用高新技术,以期在与装甲的对抗中处于主动地位。新型穿甲弹除了应继续提高对付均质装甲、复合装甲的能力外,还必须能有效地对付反应装甲和主动防护装甲并兼顾其他装甲目标,同时提高有效射程与首发命中率。

从动能穿甲弹的使用情况看,普通穿甲弹主要是发展小口径穿甲弹和半穿甲弹,它所对付的目标主要是飞机、导弹、舰艇和轻型装甲等;但对于重型装甲目标,则主要是发展长杆式尾翼稳定超速脱壳穿甲弹,目前,杆式穿甲弹虽然在许多国家的军队中进行了装备,但对杆式穿甲弹的研究工作仍方兴未艾,我国发展的杆式穿甲弹也已经接近或赶上世界先进水平。未来杆式穿甲弹的发展方向可以归结为以下几个方面。

1. 提高弹丸着靶比动能

提高弹丸初速、减小外弹道上飞行速度下降量、增加弹芯长径比是提高着靶比动能的主要技术途径。提高弹丸初速的技术途径包括改进火炮、提高火药能量、使用涂覆火药降低温度系数、随行装药技术、密实装药技术、采用新型发射技术等。

2. 减少弹丸消极质量

弹托是弹丸最大的消极质量来源,减轻弹托质量可有效降低动能损失,提高穿甲威力。其技术手段包括:采用小密度高性能的金属、非金属及复合材料,如增强尼龙、树脂基玻璃纤维或碳纤维复合材料等;采用轻金属或轻金属复合材料,如已广泛使用超硬铝合金及其他更轻质的合金及复合材料;使用金属与非金属的复合等。

3. 采用新的高性能弹芯材料与工艺

具有较高力学性能的弹体材料能够承受更高的膛内发射应力,因而可以减短弹托长度,从而减少消极质量以提高弹丸的初速;同时,在火炮速度范围内具有较高力学性能的弹体材料可以提高穿甲威力。发展密度大、硬度高、韧性好的弹芯材料从而使威力提高。因此,先后发展了密度大、综合性能好的钨合金、贫铀合金和贫铀钨合金等材料。20世纪80年代后国外开展了各种复合材料的研究,德国研究了锻造后的高密度钨合金丝与镍、不锈钢、高温合金等的复合材料,这种材料具有极高的韧性和冲击强度,由这种材料制得的弹芯长径比可达40以上,据称可穿透700mm以上均质装甲钢板。

4. 研究对抗新一代反应装甲并兼顾其他装甲目标的穿甲弹结构

由于坦克装甲防护能力的不断提高,如复合装甲、间隔装甲、反应装甲等技术的应用,用普通单一弹芯来侵彻已经不能满足穿甲弹发展的需要。受到同轴间隔射流侵彻能力的启发,提出了分段杆式穿甲侵彻体的思想。对付反应装甲可采用穿甲-穿甲式结构,比如采用多节式穿甲弹芯(如DM33采用两节弹芯);也可采用串联式弹芯,在攻击目标时先由分离结构适时射出前置弹芯打爆反应装甲的头部结构,或将前置弹芯推向弹的前部(与主弹芯形成固定的距离),在反应装甲上打出通孔、开辟通道,主弹芯随后跟进。

5. 提高有效射程与命中概率、发展高速动能导弹

高速动能导弹已成为目前穿甲弹发展的活跃方向之一。因为它不仅具有穿甲弹的穿甲威力,而且具有与一般导弹相同的命中率;由于它有增速和续航发动机,所以可增大射程和得到高的着速,一般能在 2000~6000m 的距离上对付未来战场上出现的坦克及对付距离为 10000m 的空中目标,如直升机、飞机等。

6. 使用电磁炮发射超高速穿甲弹

随着电磁炮等新型发射技术的发展,弹丸初速可以达到 2000m/s 以上,为使用超高速穿甲弹的发展和使用提供了技术支撑。而且,随着空中打击技术和手段的日益发展与更新,以往使用的穿甲弹其单发命中目标的概率相对较低,防空反导效果也相对较差,尤其难以对付高速飞行的目标。为了实现毁伤高速飞行器的目的,提高命中概率,穿甲弹须进一步提高其初射速。这不仅使得穿甲弹的有效射高和有效射击的范围增大,更重要的是可以缩短穿甲弹的飞行时间,这样就可以减少射击的提前量,增加对目标的命中概率。

7. 多功能与高后效毁伤穿甲弹

弹芯是穿甲作用的主体,弹芯材料的性能及结构对穿甲能力有决定性影响。弹芯通过采用高密度易碎材料(如易碎钨合金)、含能结构材料或穿爆燃复合结构弹体,除了具备正常穿甲性能外,还增加横向效应、靶后燃烧、靶后爆炸等功能,提高穿甲弹的靶后毁伤能力,提高穿甲的整体作战效能。

虽然弹芯材料采用高密度、高强度的钨合金或贫铀合金材料,能大幅度提升穿甲能力,但穿甲后效毁伤效应主要依靠弹体和靶板碎片的动能毁伤靶后目标。新型含能金属基材料将易碎钨合金与含能材料有机地结合,它不但能够使次口径脱壳穿甲弹继续保持高初速优势,而且由于充分利用了弹芯材料自身破碎特性和冲击释能特性,在靶后可以产生像榴弹那样的破片效果;同时,在冲击载荷作用下激活含能材料,发生放热式反应,产生燃烧温度达 3000℃ 的纵火效应,可形成爆炸冲击、超压、引燃(爆)等综合杀伤因素。

第4章 破 甲 弹

4.1 概 述

破甲弹是指利用成型装药的聚能效应完成对目标毁伤的一类弹药,是击毁装甲目标、坚固工事等目标的有效弹种。穿甲弹依靠弹丸或弹芯的动能击穿目标,弹丸必须获得很高的速度才能发挥作用。破甲弹则是靠炸药爆炸释放的能量压垮金属药型罩,使之形成一束高速金属流来击穿钢甲,其毁伤效应不受弹丸初速的限制,这就为它的广泛应用创造了条件。破甲弹或利用破甲原理的弹药可以广泛应用于各种榴弹炮、加农炮、无后坐力炮、反坦克火箭筒等各种发射平台上。各种反坦克导弹采用了聚能装药破甲战斗部;在榴弹炮发射的子母弹(雷)中也有用聚能装药破甲子弹(雷)。

20世纪30年代,德国军队首先使用了破甲弹,但伴随装甲目标应用需求的发展,新材料、新结构和新原理不断应用于各种装甲研制,坦克装甲防护能力也得以不断提高。20世纪后半叶以来,人们对于装甲目标特性、破甲作用机理及侵彻过程、破甲弹结构等方面进行了大量研究,采用多种技术提高破甲能力,各种现代破甲弹层出不穷。例如,通过采用精密装药、改进药型罩结构和精密药型罩等技术,破甲深度可由原来的6倍装药直径提高到8~10倍装药直径,且不断探索在大炸高下提高破甲侵彻能力的技术途径,提高破甲弹的炸高适应性。反应装甲的出现,给破甲技术提出了新的难题,为此发展了对付反应装甲的串联装药战斗部。为提高对集群装甲目标的打击效率,发展了远距离打击坦克集群的破甲子母弹、高命中精度的末敏弹药等。

4.2 破甲作用原理

4.2.1 聚能效应

19世纪80年代,美国人门罗在炸药实验过程中发现了带空穴炸药的聚能现象。观察图4.1所示的4个不同结构形式但外形尺寸相同药柱对同一靶板的毁伤效果,当使用相同的电雷管对它们分别引爆时,将会观察到对靶板破坏效果存在较大的差异:圆柱形装药只对靶板造成很浅的凹坑破坏(图4.1(a));底端带有锥形凹槽的装药对靶板的破坏深度略有增加(图4.1(b));锥形凹槽内衬有金属药型罩的装药对靶板造成较深的凹坑破坏(图4.1(c));锥形凹槽内衬有金属药型罩且药型罩底部离开靶板一定高度的装药对靶板造成穿孔破坏,形成了入口大出口小的喇叭形通孔(图4.1(d))。

由爆轰理论可知,一定形状的药柱爆炸时,产生高温、高压的爆轰产物,可以认为,这些产物将沿炸药表面的法线方向向外飞散,因而在不同方向上炸药爆炸能量也不相

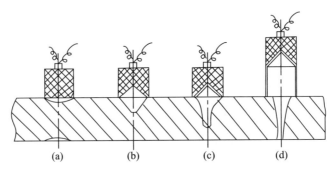

图 4.1　不同装药结构对靶板的破坏

同。通过角平分线法可以确定作用在不同方向上的有效装药。如图 4.2(a)所示,圆柱形装药作用在靶板方向上的有效装药仅仅占整个装药的很小一部分,又由于药柱对靶板的作用面积较大(装药的底面积),因而能量密度较小,其结果是只能在靶板上炸出很浅的凹坑。

对于底端带有凹槽的装药,情况就发生了变化。如图 4.2(b)所示,虽然凹槽使装药量减小,但凹槽部分的爆轰产物沿装药表面的法线方向向外飞散,并且互相碰撞、挤压,在轴线上汇合,最终形成一股高温、高压、高速和高密度的气体流。此时,由于汇聚的气体流对靶板的作用面积减小,能量密度提高,对靶板的破坏深度增加。这种带有凹槽的装药能够使能量获得集中的现象称为"聚能效应"(也称"空心效应")。

由图 4.2(b)还可以看出,在气体流的汇集过程中,总会出现直径最小、能量密度最高的气体流断面。该断面称为"焦点",而焦点至凹槽底端的距离称为"焦距"(图中的距离 F)。不难理解,气体流在焦点前后的能量密度都低于焦点处的能量密度,因而适当提高装药至靶板的距离可以获得更好的毁伤效果。装药爆炸时,凹槽底端面至靶板的实际距离,称为炸高。炸高的大小,无疑将影响气体流对靶板的作用效果。

装药凹槽带有金属药型罩后,炸药爆炸时,汇聚的爆轰产物压垮金属药型罩,由于金属的可压缩性很小,内能增加少,金属射流获得的绝大部分的能量转化为动能,同时避免了高压膨胀引起的能量分散,聚能作用增强,金属罩压垮后在轴线上闭合并形成能量密度更高的金属射流(图 4.2(c)),从而大幅增加了对靶板的侵彻深度;而具有一定炸高时,金属射流在冲击靶板前进一步拉长,在靶板上形成更深的穿孔。

4.2.2　金属射流的形成

如图 4.3 所示,当带有金属药型罩的炸药装药被引爆后,爆轰波以极快速度(8000m/s 左右)开始传播,并产生高温、高压的爆轰产物。当爆轰波传播到药型罩顶部时,所产生的爆轰产物将以很高的压力冲量(峰值 200GPa,平均约 20GPa)作用于药型罩顶部,从而引起药型罩顶部的高速变形、压垮。随着爆轰波的向前传播,这种变形将从药型罩顶部到底部相继发生,其变形速度(亦称压垮速度)很大,一般可达 1000~3500m/s。被压垮的药型罩在极短的时间内变形非常大,应变率达到 $10^4 \sim 10^7$。在药型罩被压垮的过程中,可以认为药型罩微元是理想不可压缩流体,罩微元沿罩壁面的法线方向做塑性流动,并在轴线上汇合(也称"闭合"),汇合后将沿轴线方向运动。

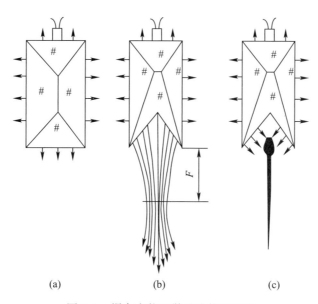

图 4.2 爆轰产物飞散及聚能流汇聚
(a)柱状装药爆轰产物飞散;(b)无罩聚能装药气体流汇聚;(c)金属罩聚能装药金属流汇聚。

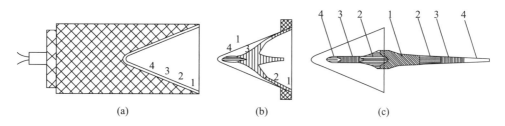

图 4.3 射流和杵体的形成
(a)聚能装药;(b)药型罩压垮;(c)射流。

实验和理论分析都已表明,药型罩闭合后,罩内表面金属的合成速度大于压垮速度,从而形成金属射流(或简称射流);而罩外表面金属的合成速度小于压垮速度,从而形成杵状体(简称杵体),从 X 光照片可以看到,射流呈细长杵状,直径一般只有几毫米,具有很高的轴向速度(7000~10000m/s),在其后边的杵体,直径较粗,速度较低,一般为500~1000m/s。杵体部分的材料位置顺序与药型罩上的前后位置顺序一致,而射流上的前后位置顺序与药型罩上的相反,如图 4.3 中数字所示。因此,某一位置处的药型罩材料的一部分(内表面)会形成射流,另一部分(外表面)会形成杵体。

从对药型罩压垮的过程分析可知,由于药型罩顶部处的有效装药量大,因而压垮速度大,形成的射流速度高;而在药型罩底部,其有效装药量小,因而压垮速度和相应的射流速度都比前者低。可见,就整个金属射流而言,头部速度高,尾部速度低,即存在着速度梯度。这样,随着射流的向前运动,射流将在拉应力的作用下不断被拉长。当射流被拉伸到一定长度后,由于拉应力大于金属流的内聚力,射流会被拉断,并形成许多直径为 0.5~1mm 的细小颗粒(图 4.4)。尚须指出,当爆轰波到达药型罩底部端面时,由于突然卸载,在距罩底端面 1~2mm 的地方将出现断裂,该断裂物以一定的速度飞出,这就是通常所说的"崩落圈"(图4.5)。另外,碰撞压力和温度都很高时,有时可能会产生局部熔化甚至汽化现象。

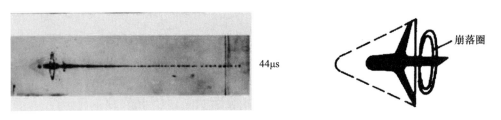

图4.4 金属射流被拉断情形   图4.5 形成崩落圈

对射流的其他实验还表明,射流部分的质量与药型罩锥角的大小有关,对于中、小锥角罩,一般只占药型罩总质量的10%~30%。通过改变药型罩结构和装药条件,可以改变转化为射流的罩材料比率。

总地说来,射流的形成是一个非常复杂的过程,一般可分为两个阶段:第一阶段是空心装药起爆,炸药爆轰,进而推动药型罩微元向轴线运动,在这个阶段内起作用的因素,是炸药性能、爆轰波形、药型罩材料和壁厚等;第二阶段是药型罩各微元运动到轴线处并发生碰撞,形成射流和杵体,在这个阶段中起作用的因素主要是罩材的声速、碰撞速度和药型罩锥角等。

4.2.3 破甲作用

1. 射流破甲的过程

虽然金属射流的质量不大,但由于其速度很高,所以它的动能很大。射流就是依靠这种动能来侵彻与穿透靶板的。金属射流侵彻靶板的过程如图4.6所示。当射流与靶板碰撞时,在碰撞点处将会产生很高的压力,该压力高于靶板强度参数1~2个量级,局部温度快速升高(可达5000K),此时射流和靶板的材料强度都可以忽略不计。同时,将有冲击波分别传入靶板和射流中去。由于射流的直径很小,在稀疏波作用下,传入其中的冲击波很快卸载消失;而靶板的尺寸较大,冲击波传播到自由表面后出现的稀疏波卸载对撞击点的影响较小,因而传入靶板的冲击波能够深入地传播进去。射流与靶板碰撞后,其运动速度等于靶板碰撞后的质点运动速度,即碰撞点的运动速度,一般称其为破甲速度。碰撞后的射流并没有消耗掉它的全部能量,虽然已不能破甲,但却能扩大破孔直径。当后续射流到达新的碰撞点时,继续破甲,但此时射流所碰撞的已不是静止状态的靶板质点,而是具有一定速度的靶板质点。在这种情况下,新碰撞点的压力将会降低,为20~30GPa,温度也会低一些(约为1000K)。碰撞点周围的金属将产生高速塑性变形,其应变率($d\varepsilon/dt$)很大。因此,在碰撞点周围形成了一个高温、高压、高应变率的区域,简称为"三高区"。在这种情况下,靶板材料的强度可以忽略不计。

金属射流对靶板的侵彻过程,大致可分为以下3个阶段。

1)开坑阶段

开坑阶段也就是射流侵彻破甲的开始阶段。当射流头部碰击靶板时,碰撞点的高压使靶板材料被射流从高压区"压挤"出来,冲击波的作用使自由界面崩裂,使靶板和射流

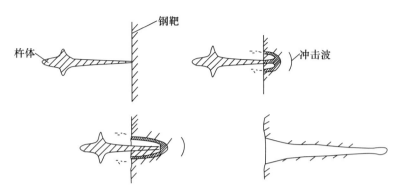

图 4.6 金属射流的破甲过程

残渣朝着射流运动速度相反的方向流出和飞溅,而且在靶板中形成三高区。此阶段所形成的孔深只占整个孔深的很小部分。

2) 准定常阶段

在这一阶段中,射流对三高区状态的靶板进行持续侵彻破孔。侵彻破甲的大部分破孔深度是在此阶段形成的。由于此阶段中的碰击压力不是很高,射流的能量变化缓慢,破甲参数和破孔的直径变化不大,基本上与时间无关,故称为准定常阶段。

3) 终止阶段

这一阶段的情况较为复杂。首先,射流速度已经很低,靶板强度对阻止射流侵彻的作用越来越明显;其次,由于射流速度的降低,不仅破甲速度减小,而且扩孔能力也下降,以至于后续射流推不开前面已经释放出能量的射流残渣,不能作用于靶孔的底部,而是作用于射流残渣上,影响侵彻的进行。实际上,在射流和孔底之间,总是存在射流和残渣的堆积层,在准定常阶段,射流速度较高,存留的堆积层很薄,而在终止阶段越来越厚,最终使射流侵彻过程停止。再者,射流在侵彻的后期出现失稳(颈缩和断裂),从而影响破甲性能。当射流速度低于射流开始失去侵彻能力的所谓"临界速度"时,射流已不能继续侵彻破孔,而是堆积在坑底,破甲过程结束。

由于杵体的速度较低,一般不能起破甲作用,即使在射流穿透靶板的情况下,杵体也往往留存在破孔内。由于射流在破甲过程中是不断消耗的,因而射流太短对破甲不利,应当使其拉长。在破甲弹设计中,射流拉长的程度将由炸高来保证。虽然射流太短不好,但太长也将因射流的断裂而影响破甲性能。因而,应恰当地选择炸高,以使射流的侵彻性能最佳。高速射流的侵彻深度与射流长度、射流材料和靶板材料有关,侵彻深度可按照式(4.1)计算,即

$$L = l\sqrt{\frac{\rho_J}{\rho_T}} \tag{4.1}$$

式中:L 为侵彻深度;l 为射流长度;ρ_J 为射流密度;ρ_T 为靶板材料密度。

2. 射流破甲的孔形

射流破甲的典型孔形状如图 4.7 所示。聚能射流侵彻靶板后,孔口部大致呈喇叭形,孔径从口部往里减小很快,这部分是在开坑阶段形成的,深度约为总侵彻深度的10%;此后孔径均匀下降,这部分孔深约占总深的85%,相当于准定常阶段;孔下部出现

一小段葫芦形,说明此处射流已经断裂,再往下就是孔径略微增大的袋形孔底,里面堆满失去能量的射流残渣。

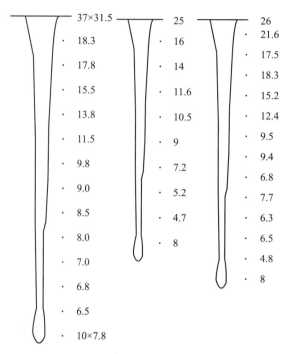

图 4.7　金属射流侵彻靶板的典型孔形(数字代表对应位置孔径,单位:mm)

4.3　影响破甲威力的因素

聚能装药破甲弹主要是用来对付敌方坦克和其他装甲目标的,为了有效地摧毁敌方的坦克,要求破甲弹具有足够的破甲威力。破甲威力是指在一定的炸高、着角条件下,对一定结构装甲的毁伤能力,通常使用一定着角(或靶板倾角)下,能够穿透某种类型的靶板厚度和穿透率来考核,形成聚能射流的破甲威力主要包括侵彻深度、孔容积、后效作用、破甲能力的稳定性等。后效作用是指聚能射流穿透坦克靶板后,对靶板后面的乘员、仪器设备、弹药等的破坏程度。打击坦克时,良好后效作用保证射流穿透装甲后还有足够的能力破坏坦克内部目标,使坦克失去战斗力。破甲能力的稳定性是指命中的破甲弹,有更高的比率能穿透坦克装甲,这就要求金属射流稳定。例如,某破甲弹战术技术规定:对于 120mm 的装甲钢板,着角 65°时穿透率为 90%。实际上,现代装甲目标的不同部位采用不同的防护结构,包括均质装甲、反应装甲、复合装甲、电磁装甲等。不同类型的装甲其结构和性能不同,其破坏机理和对射流的干扰机制也不相同,在弹药研制和使用过程中,考核破甲弹药威力常用的靶板类型主要有均质装甲、复合装甲、间隔装甲和反应装甲等。

影响破甲作用的因素是多方面的,破甲威力与聚能装药破甲弹的药型罩、装药、结构、炸高、隔板、战斗部壳体、旋转运动以及靶板材料等因素密切相关,而且这些因素又能相互影响,因而它是一个比较复杂的问题。

4.3.1 炸药装药

1. 炸药性能

炸药是压缩药型罩使之闭合形成射流的能源,理论分析和试验研究表明,在其他条件一定时,炸药各方面性能中影响破甲威力的主要因素是炸药的爆轰压力。采用不同炸药的破甲威力试验结果如表4.1所列,试验使用的药柱尺寸为 $\phi 48 \times 140 \text{mm}$,药型罩材料为钢,锥角为44°,罩口部直径为41mm;炸高为50mm。

表 4.1 炸药性能对破甲威力的影响

炸药	密度/(g/cm³)	爆压/GPa	破甲深/mm	孔容积/cm³	试验发数
B 炸药	1.71	23.2	144±4	35.1±1.9	8
RDX/TNT 80/20	1.662	20.9	136±9	29.8±1.7	4
RDX/TNT 50/50	1.646	19.4	140±4	27.5±1.2	5
RDX/TNT 20/80	1.634	17.1	138±7	23.5±0.7	5
TNT	1.591	15.2	124±7	19.2±1.2	10

由爆轰理论可知,理想炸药的爆压是炸药爆速和装填密度的函数,爆压 p 的近似表达式为

$$p = \frac{1}{4}\rho D^2 \tag{4.2}$$

式中:ρ 为炸药的装药密度;D 为炸药装药的爆速。由此可知,高爆压对应高爆速和高密度。因此,在聚能装药中,为提高破甲威力,应尽可能采用高爆速炸药,选定炸药后尽量增大填装密度。根据试验结果可知,随爆轰压力的增加,破甲深度和孔容积都将增大。所以,破甲弹和聚能战斗部的装药尽量选用黑索今、奥克托今等高能混合炸药。

2. 装药尺寸

破甲深度与装药直径和长度有关。试验表明,随着装药直径和长度的增加,破甲深度也增加。增加装药直径(相应地增加药型罩口径)对提高破甲威力特别有效,破甲深度和孔径都随着装药直径的增加成线性增加。但是装药直径受弹径的限制,增加装药直径后就要相应增加弹径和弹重,弹径和弹重在实际设计中是有限制的。随着装药长度的增加,破甲深度增加,但当药柱长度超过3倍装药直径以上时,破甲深度不再增加。这是因为轴向和侧向稀疏波的传入使有效装药量接近一个常数。因此,设计装药结构时,采取增加有效装药量的方式是一个有效技术途径,尾锥结构是聚能装药中比较常用的,这样既可以适当增加装药长度,又可以减小装药质量。

另外,聚能射流形成过程中涉及药型罩的对称压垮,因此对装药的均匀性要求比其他战斗部更为严格,装药中气孔、杂质、密度均匀性等瑕疵的存在将严重影响聚能射流的性能。因此,努力提高装密度的同时,应该保证装药均匀,没有气孔和杂质。

4.3.2 药型罩

药型罩是破甲弹的关键部分,是形成金属射流的主要零件。它的形状、锥角、壁厚、

材料和加工质量等都对破甲威力具有显著影响。

1. 形状

药型罩形状可以是多种多样的,常见的有半球形、截锥形、喇叭形和圆锥形等(图4.8)。

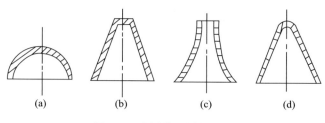

图 4.8　常用药型罩的形状

(a)半球形;(b)截锥形;(c)喇叭形;(d)圆锥形。

不同形状的药型罩,在相同装药结构的条件下得到的射流参数不同。对装药直径为 30mm、长度为 70mm 的聚能装药,壁厚为 1mm 的钢质药型罩所做的试验结果(表 4.2)表明,喇叭形药型罩所形成的射流速度最高,圆锥形次之,而半球形最差。

表 4.2　药型罩形状对射流速度的影响

药型罩形状	药型罩参数		射流头部速度/(m/s)
	底部直径/mm	锥角/(°)	
喇叭形	27.2	—	9500
圆锥形	27.2	60	6500
半球形	28	—	3000

虽然喇叭形药型罩形成的射流速度高,且具有母线长、炸药装药量大和变锥角等优点,但因为其形状较为复杂,工艺性不好,不易保证加工质量,破甲稳定性较差。而锥形罩的威力和破甲稳定性都较好,生产工艺也比较简单,因此,在国内外装备的破甲弹中大都采用锥形罩。

为了解决弹丸高速旋转对破甲性能的影响,设计了抗旋药型罩(如错位药型罩和旋压药型罩,如图4.9所示)。为了提高成型装药破甲弹的侵彻能力,在一些破甲弹上采用图4.10所示的双锥形药型罩。

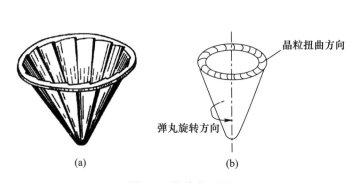

图 4.9　抗旋药型罩

(a)错位药型罩;(b)旋压药型罩。

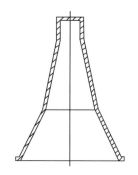

图 4.10　双锥形药型罩

2. 锥角

根据射流形成理论及试验研究，射流速度随药型罩锥角减小而增加，射流质量随药型罩锥角减小而减小。当锥角小时，所形成的射流速度较高，破甲深度也较大，但其破孔直径小，后效作用及破甲稳定性较差；而当锥角大时，虽然破甲深度有所降低，但其破孔直径较大，并且后效作用及破甲稳定性都较好。

对药型罩锥角的研究表明，对侵彻深度有较高要求的破甲弹其锥角在35°~60°范围内选为好。对中、小口径破甲弹可以取35°~44°；对中、大口径，可以取44°~60°。采用隔板时锥角宜大些，不采用隔板时锥角宜小些。

药型罩锥角大于70°后，金属射流的形成过程发生新的变化，射流速度降低，破甲深度下降，但破甲稳定性变好。药型罩锥角达到90°以上时，锥形罩在变形过程中会发生翻转、压合等变形，聚能侵彻体的形成机制发生变化，其破甲深度较小，但孔径较大。图4.11所示为闪光X射线照相记录的锥角为80°~180°时铜药型罩形成射流和杵体的过程。

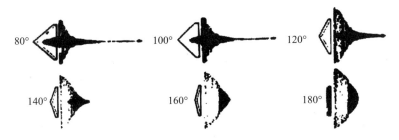

图4.11 不同锥角铜药型罩形成射流和杵体的闪光X射线照片

3. 壁厚

对于一定形状的药型罩，药型罩壁厚的选择与药型罩材料、锥角、直径、装药和有无外壳等因素有关。当爆轰产生的压力冲量足够大时，药型罩的壁厚增加对提高破甲威力有利，但壁厚过厚会使压垮速度减小，甚至药型罩被炸成碎片而不能形成正常射流，而影响破甲效果。药型罩壁厚选择应结合具体应用需求进行设计，一般来说，药型罩壁厚选择应随罩材料密度的减小而增加。目前，炮兵弹药中破甲弹药型罩壁厚大多为罩口径的2%~4%，对于反飞机用的药型罩，在大炸距情况可适当增加壁厚。

为了改善射流性能，提高破甲效果，在实践中通常采用变壁厚药型罩。图4.12所示为壁厚变化对破甲效果的影响，图中b为等壁厚试验情况。从破甲深度试验结果看，采用顶部厚、底部薄的药型罩，穿孔浅而且呈喇叭形（图4.12a）。采用顶部薄、底部厚的药型罩，只要壁厚变化适当（图4.12c），则穿孔进口变小，随之出现鼓肚，且收敛缓慢，能提高破甲效果。但如壁厚变化不合适，则会降低破甲深度（图4.12d、图4.12e）。一般来说，药型罩壁厚变化率为1%左右，锥角小时低些，锥角大的罩壁厚变化率高些。

4. 材料

从有利于毁伤角度考虑，要求药型罩被压垮后，形成连续性好、耐拉伸和不易断裂的射流，密度越大，其破甲越深。因此，从原则上讲，要求药型罩材料密度大、延展性好、在形成射流过程中不汽化、可压缩性小。

以金属材料为例，各种材料由于晶体类型、制造工艺等差异（表4.3），材料性能有较

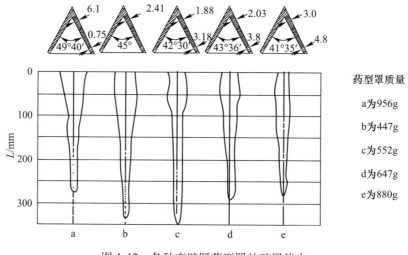

图 4.12 各种变壁厚药型罩的破甲能力

大差异。因此,在相同结构条件下,使用不同药型罩材料,破甲威力会有较大差异。采用相同的聚能装药结构参数和试验条件:梯黑(50/50)药柱、装药直径为 36mm、药量为 100g(装药密度为 1.6g/cm³)、药型罩锥角为 40°、罩壁厚为 1mm、罩口直径为 30mm、炸高为 60mm,不同材料药型罩的破甲试验结果见表 4.4。根据试验结果可知,紫铜的密度较高,塑性好,破甲深度最大;铝虽然延性较好,但密度较低,破甲效果较差;铅虽然密度高,延展性也好,但由于其熔点较低,在形成射流的过程中易汽化。所以,铅和铝的药型罩的破甲效果不好,不太适用于对付装甲目标的破甲弹。

表 4.3 部分金属材料性能参数

	铜	铂	钨	金	贫铀	钽	铅	银
密度/(g/cm³)	8.9	21.4	19.3	19.3	18.9	16.6	11.3	10.5
$\sqrt{\rho/\rho_{Cu}}$	1	1.55	1.47	1.47	1.46	1.37	1.13	1.09
晶体类型	FCC	FCC	BCC	FCC	HCP	BCC	FCC	FCC
熔点/°C	1083	1772	3410	1064	1132	2996	327	962

表 4.4 不同材料药型罩的破甲试验结果

罩材	破甲深度/mm			试验发数
	最小	最大	平均	
紫铜	103	140	123	23
生铁	98	121	111	4
钢	96	113	103	5
铝	70	73	72	5
锌	66	93	79	5
铅	—	—	91	1

为了提高破甲弹的破甲效果,在提高各种纯金属材料性能的基础上,人们又研制了各种高密度、高声速合金,如 W、Ni、Ta、W-Cu 合金和 W-Ni 合金等。在此基础上,又发展了"活性药型罩材料",利用射流侵彻过程中射流材料自身、射流材料与靶板材料之间

的反应行为，提高射流的破甲能力和后效效应。主要包括各种钛合金、锆基合金、聚四氟乙烯与活性金属组成的复合材料等能产生放热反应的材料。另外，也可以通过使用不同材料构成的复合结构药型罩技术，如紫铜－铝合金双层罩，或者其他组合形式的材料加结构的复合药型罩。

5. 加工质量

药型罩一般采用冷冲压法、旋压法和数控机床切削加工法制造，对于紫铜药型罩来说，用冷冲压法要比热冲压后再进行切削加工的药型罩为好，其破甲深度可提高10%～20%。若在冷冲压过程中不退火，则其破甲性能比退过火的高很多。用旋压法制造的药型罩具有一定的抗旋作用，这是因为在旋压过程中改变了金属药型罩晶粒结构的方向，形成内应力所致。

药型罩的壁厚差易使射流扭曲，影响破甲效果，所以在加工时应严格控制壁厚差（不大于0.1mm），特别是靠近锥顶部的壁厚差，对破甲的影响更大，所以更应严格控制。

4.3.3 隔板

隔板是指在炸药装药中，药型罩与起爆点之间设置的惰性体（非爆炸物）或低速爆炸物。隔板的作用是改变药柱中传播的爆轰波形，控制爆轰传播方向和爆轰波到达药型罩表面的时间，提高爆炸载荷驱动作用效果，增加射流速度，达到提高破甲威力的目的。

图4.13是爆轰波在装药中的传播示意图。无隔板装药的爆轰波形是由起爆点发出的球面波，波阵面与罩母线的夹角为 φ_1。有隔板装药的爆轰波传播方向分成两路，一路是由起爆点开始经过隔板向药型罩传播；另一路是由起爆点开始绕过隔板向药型罩传播，结果可能形成具有两个或多个前突点的爆轰波，这时，作用于药型罩上的爆轰波阵面与罩母线的夹角为 φ_2，显然 $\varphi_2 < \varphi_1$。

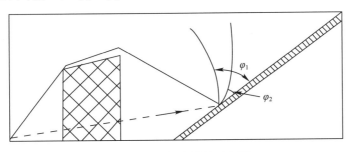

图4.13 爆轰波传播示意图

理论分析和试验结果表明，作用于药型罩壁面某点上的初始压力与 φ 有关。对于紫铜药型罩，初始压力 p_m 的近似表达式为

$$p_m = p_{cj}(\cos\varphi + 0.68) \tag{4.3}$$

式中：p_{cj} 为 C－J 爆轰压力。由于采用隔板后，φ 角变小，故作用于罩面上的初始压力增加。

隔板的材料、形状、尺寸都是重要的设计参数。隔板的形状可以是圆柱形、半球形、圆锥形和截锥形等，目前多采用截锥形。为了获得良好的爆轰波形，必须对隔板材料和尺寸进行合理的选择。隔板材料一般采用塑料，因为这种材料声速低，隔爆性能好，并且密度小,还有足够的强度。表 4.5 给出了几种惰性隔板的性能。

表 4.5　常用的几种惰性隔板材料的性能

材料	酚醛层压布板 (3302-1)	酚醛塑料 (FS-501)	聚苯乙烯泡沫塑料 (PB-120)	标准纸板
密度/(g/cm^3)	1.3~1.45	1.4	0.18~0.22	0.7
抗压强度/MPa	250	140	3	—

除惰性材料外,也可采用低爆速炸药制成的活性隔板。由于活性隔板本身就是炸药,它改变了惰性隔板情况下冲击引爆的状态,从而提高了爆轰传播的稳定性。试验表明,采用活性隔板后,破甲深度的波动量显著减小。

隔板直径的选择与药型罩锥角有很大关系,一般随罩锥角的增大而增大。当药型罩锥角较小时,采用隔板结构效果不明显,装药结构复杂且容易使破甲性能不稳定,因此必要性不大。对于口径较大的破甲弹,如果威力能够满足技术指标要求,则不一定要采用隔板结构。实践表明,在采用隔板时,隔板直径以不小于装药直径的一半为宜。隔板厚度与材料的隔爆性有关,过薄、过厚都没有好处,过薄会降低隔板的作用,过厚可能产生反向射流,同样降低破甲效果。

在确定隔板时,应合理地选择隔板的材料和尺寸,尽量使爆轰波波形合理、光滑连续,不出现节点,以便保证药型罩从顶至底的闭合顺序,充分利用罩顶药层的能量。

4.3.4　弹丸结构

破甲弹头部的形状、强度、刚度、高度以及是否采用防滑帽,都将影响大着角情况下弹丸是否跳弹和作用是否可靠,从而影响射流的侵彻性能。

在实际使用中,聚能装药都有壳体。试验研究表明,装药壳体对破甲效果有一定影响,当药柱增加壳体后,将减弱稀疏波的作用,限制了爆轰能量在其他方向的散失,从而提高炸药能量的利用率。带壳聚能装药的药型罩壁厚及质量可以比无壳体的大。

4.3.5　旋转运动

弹丸的旋转运动会带动装药和药型罩也获得转速,药型罩在爆轰驱动下压垮闭合过程中,药型罩材料会偏离轴线闭合,射流也将获得转速,一方面会破坏金属射流的正常形成,使射流容易断裂;另一方面使金属射流颗粒在旋转离心力作用下可能发生径向分散,以至于横截面增大、中心变空。旋转运动最终可能导致射流分散、紊乱,造成破甲威力下降,转速越高破甲深度下降越大。药型罩锥角越小,旋转对破甲的影响越大。装药直径越大,旋转的影响对破甲的影响越大。聚能装药处于旋转运动状态时,最有利炸高将比无旋转运动时要大大缩短,并且随转速的增加,其最有利炸高将变得更小。

4.3.6　炸高

炸高是指聚能装药在爆炸瞬间,药型罩的底端面至靶板的距离。静止试验时的炸高称为静炸高,而实弹射击时的炸高称为动炸高。由于射流具有沿着长度方向分布的速度梯度,炸高对破甲深度的影响很大。炸高对破甲威力的影响可以从两个方面来分析:一方面,随炸高增加,射流不断伸长,可增加破甲深度;另一方面,炸高继续增加,射流不对称性的影响更加显著,产生径向分散和摆动,射流长度延伸到材料塑性极限后,出现断裂,使破甲深度降低。

因此,随着聚能装药炸高的增大,破甲深度会出现先增加后减小的情况,图4.14所示为不同炸高下射流的破甲深度。这一现象表明,在特定的靶板与一定的聚能装药之间明显存在一个效应极值点,它表示在某一炸高下可获得最大破甲深度。

与最大破甲深度相对应的炸高,称为最有利炸高。影响最有利炸高的因素很多,诸如药型罩锥角、材料、炸药性能和有无隔板等。有利炸高随罩锥角的增加而增加,如图4.15所示。对于一般常用药型罩,有利炸高是罩口径的1~3倍。图4.16给出了罩锥角为45°时不同材料药型罩的破甲深度与炸高的关系曲线。在一般情况下,最有利炸高的数值常根据试验结果而定。破甲深度与炸高的关系曲线称为炸高曲线,炸高曲线能够用于评价聚能射流的侵彻性能,也能够为破甲弹药的合理炸高设计提供依据。

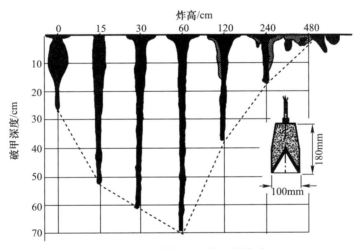

图4.14 炸高与破甲深度的关系

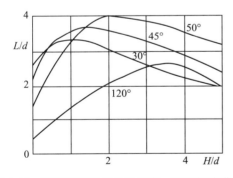

图4.15 不同药型罩锥角的炸高-破甲深度曲线

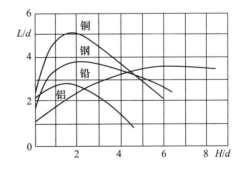

图4.16 不同材料药型罩炸高-破甲深度曲线

4.3.7 靶板

靶板对破甲威力的影响主要有两个方面,即靶板材料和靶板结构。靶板材料的密度和强度是影响破甲效果的两个主要材料性能参数。对于密度大、强度高的靶板,射流的破甲深度也较浅。

靶板倾角、多层间隔板、不同材料构成的复合装甲、反应装甲等靶板的结构特征对射流破甲效果具有不同程度的影响。一般来说,靶板倾角越大越容易产生跳弹,对破甲性能产生不利影响。多层间隔靶抗射流侵彻能力比同样厚度的单层均质靶强,由钢与非金属材料组成的复合装甲可以使射流产生明显的弯曲和失稳,从而影响其破甲能力。对于由夹在两层薄钢板之间的炸药所构成的反应装甲而言,当射流头部穿过反应装甲时,引爆炸药层,爆轰产物推动薄钢板以一定的速度抛向射流,使射流产生横向扰动,从而降低射流的破甲性能。

4.3.8 引信

引信是破甲弹的重要组成部分,与破甲弹的结构、性能有密切关系。引信的响应时间会影响动态作用中破甲弹的具体炸高。引信的起爆能量、传爆特性会影响装药的起爆性能,从而直接影响射流成型和破甲威力。研制破甲弹时,应根据具体的装药结构选择合适的引信,以保证侵彻威力。

实际上,在破甲弹药作用过程中上述各种因素是相互关联、相互影响的,它们共同作用的结果是影响射流成型机理,射流质量,射流速度、密度、有效长度和稳定性等,进而导致破甲威力的变化。

4.4 聚能装药破甲弹的结构

破甲弹药主要用于打击坦克、装甲车辆和混凝土工事等目标。就功能而言,聚能装药破甲弹大都由弹体、炸药装药、药型罩、隔板、引信和稳定装置等部分组成。随着现代材料和装甲结构的发展,装甲防护能力逐渐提高。要求中、大口径破甲弹药或聚能装药战斗部能够对各种目标具有足够侵彻能力和后效作用,保证能够有效穿透装甲防护,破坏目标内部设备、杀伤人员,造成目标毁伤或失去战斗力。此外,还要求破甲威力具有较好的稳定性,对各种随机因素敏感性较低。破甲弹的威力与战斗部口径、战斗部长度、引信配置(弹头引信或弹底引信)、引信灵敏度、弹药射击精度(立靶密集度)、作用可靠性等方面密切相关。破甲弹的性能要求与发射平台、射击条件、目标特性、弹药结构是相互关联的,破甲弹的结构设计要从系统总体要求出发,全盘考虑,不同的破甲弹型号的具体结构设计有所不同。

4.4.1 气缸式尾翼稳定破甲弹

56式85mm加农炮以前所用的破甲弹威力不足以对付现代坦克的大倾角装甲,因此研制了85mm气缸式尾翼稳定破甲弹。为使尾翼式破甲弹能适应线膛炮发射,在结构上要采取一定措施。该弹是利用进入气缸的火药气体压力推动活塞使尾翼展开,故称气缸式尾翼破甲弹,85mm气缸式尾翼稳定破甲弹结构如图4.17所示。该弹的主要诸元见表4.6。

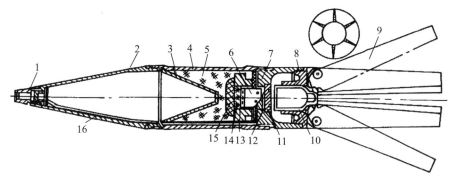

1—引信头部；2—头螺；3—药型罩；4—弹体壳；5—主药柱；6—引信底部；7—弹底；8—尾翼座；9—尾翼（6片）；10—活塞；11—橡皮垫圈；12—螺塞；13—支承座；14—副药柱；15—隔板；16—导线。

图 4.17　85mm 气缸式尾翼破甲弹的结构

表 4.6　85mm 气缸式尾翼破甲弹主要诸元

弹丸质量/kg	7.0	破甲威力/(mm/(°))	100/65
直射距离/m	945	初速/(m/s)	845
800m 处立靶精度/m	0.4×0.4	引信	电-1 引信

1. 弹体

弹体由头螺、弹体壳、弹底和螺塞等零件组成，它们之间均用螺纹连接。在弹壳与弹底、弹底与螺塞连接处用橡皮垫圈密封。弹底是一个带有中心孔的盂状体。中心孔处有一定位台，用以和引信配合。该部位尺寸严格控制，因为当此定位台过浅时压螺不能压紧引信，会使引信在其内部窜动；如果过深则引信凸起，压螺被引信顶住，又不能压紧橡胶密封垫，有可能使火药气体窜入而不安全。

弹体壳的外形通常为圆柱形，其上有两条具有一定宽度的定心部。由于没有闭气装置，火药气体对炮膛的烧蚀和冲刷比较严重，射击 400～500 发以后，可能会引起射击精度下降。由于烧蚀等破坏造成炮膛内径增大后，火药气体前冲会造成对弹体的径向压力。为了减少火药气体对弹丸圆柱部的压力、提高圆柱部强度，在结构上需尽量减少圆柱部和定心部之间的尺寸差值。弹体壳长度的确定与炸药的威力、装药结构以及引信的配置结构等因素有关。弹体必须具备足够的强度，材料一般采用合金钢。

由于弹底在发射时需承受火药气体的压力，在飞行中又受到尾翼的拉力，为保证强度，一般采用高强度铝合金或合金钢材料制造。

2. 炸药装药

炸药装药是形成高速金属射流的能源。使用能量高的炸药，有利于提高射流速度，其破甲效果也好，一般选用梯恩梯/黑索今（50/50）炸药或黑索今为主体的混合炸药或其他高能炸药。炸药的装填可采用铸装、压装或其他装药方法。

3. 药型罩

药型罩由铜板冲压制成，锥角为 40°，在靠近药型罩的口部有 3mm 的孔，引信头部的导线即通过此孔至引信底部。

4. 隔板

隔板是改变爆轰波形，从而提高射流速度的重要零件，一般用塑料制成。

5. 引信

该弹配用压电引信。压电引信一般可分为引信头部和引信底部两个部分。引信头部主要为压电机构,在碰击目标时依靠压电陶瓷的作用产生高电压(可达 10^4 V),供给引信底部电雷管起爆所需要的电能。引信底部包括隔离、保险机构及传爆机构。引信头部和引信底部之间一般以导线相连;也有利用弹丸本身金属零件作为导电通路的。

6. 头螺

头螺是控制破甲弹炸高的部件,用于保证破甲弹以有利炸高作用,其长度一般约为药型罩口部直径的 2~3 倍,破甲弹的药型罩和装药结构不同时,其长度需相应改变。头螺设计要考虑弹丸的着速、药型罩锥角和引信作用时间等因素。在弹丸设计中,头螺长度可以先按照经验公式进行估算,再经过试验考核加以确定。常用的经验公式为

$$H_1 = 2d_1 + v_c t \tag{4.4}$$

式中:H_1 为头螺的估算高度(mm);d_1 为炸药装药直径(mm);v_c 为弹丸着速(m/s);t 为弹丸碰击目标到炸药完全爆轰所需要的时间(μs),对机械着发引信,一般取 200~350 μs,对压电引信取 30 μs。

头螺材料一般用可锻铸铁或稀土球墨铸铁。铸造质量对金属密度影响较大,为保证头螺质量大体一致,头螺下圆柱部为一调整尺寸,根据头螺质量来确定该部尺寸。破甲弹采用头螺结构有利于改善弹丸气动外形和装配弹体内零件,采用适当形状的头部还可产生稳定力矩。

7. 稳定装置

该弹的稳定装置是由活塞、尾翼和销轴等零件组成。活塞安装在尾翼座的中心孔内,尾翼以销轴与尾翼座相连,翼片上的齿形与活塞上的齿形相啮合。平时 6 片尾翼相互靠拢;发射时高压的火药气体通过活塞上的中心孔进入活塞内腔。弹丸出炮口后,由于外面的压力骤然降低,活塞内腔的高压气体推动活塞运动,通过相互啮合的齿面而使翼片绕销轴转动,将翼片向前张开并呈后掠状。

翼片张开后,由结构本身保证"闭销",而将翼片固定在张开位置。翼片张开的角度一般为 40°~60°。为提高射击精度,在翼面上制有 5°左右的倾斜角,使弹丸在飞行中呈低速旋转。该弹翼片采用铝合金材料制成。

气缸式尾翼破甲弹的稳定装置具有翼片张开迅速、同步性好和作用比较可靠的特点,有利于提高弹丸的射击精度。其缺点是结构较为复杂、加工精度要求也高。

4.4.2 长鼻式尾翼稳定破甲弹

长鼻式破甲弹是因其采用瓶状结构的特殊弹形而得名的,这种弹形虽然使空气阻力增加,但杆形头部减小了头部的升力,产生稳定力矩,从而给飞行稳定性带来好处。典型型号有联邦德国 DM-12A1 式 120mm 破甲弹(图 4.18)、瑞典 84mm 破甲弹和我国的 100mm 坦克炮用破甲弹等。各型号在结构形式上各有特点,下面以我国 100mm 破甲弹为例介绍长鼻式破甲弹特点。我国 100mm 破甲弹配用于 53 年式 100mm 线膛加农炮和坦克炮上,主要用于对付坦克和装甲车辆,其结构如图 4.19 所示。该弹的主要诸元见表 4.7。

该弹稳定翼片是通过销轴连接于尾杆的翼座上。由于翼片的质心较销轴中心距弹丸轴线更近,所以发射时翼片的惯性力矩与剪断切断销所需要的剪切力矩之和,大于离

心力所产生的力矩,翼片在膛内自锁而呈"合拢"状态。弹丸飞离炮口后,惯性力矩消失,在离心力作用下,切断销被剪断,翼片绕销轴向后张开,并在迎面阻力作用下使翼片紧靠在定位销上。

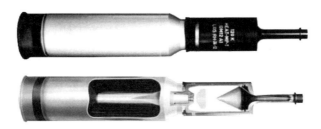

图 4.18　联邦德国 120mm DM 12A1 式

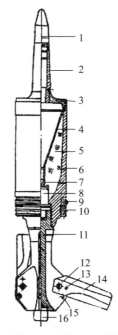

1—引信；2—炸高筒；3—头螺；4—药型罩；5—炸药；6—弹体；7—传火管；8—起爆机构；
9—滑动弹带；10—压环；11—尾杆；12—销轴；13—切断销；14—尾翼；15—定位销；16—曳光管。

图 4.19　100mm 破甲弹结构

表 4.7　100mm 破甲弹主要诸元

弹丸质量/kg	9.45	初速/(m/s)	1013
弹长/mm	609	膛压/MPa	229.3
翼展/mm	208	威力/mm	440(0°)
炸药类型	TT45/55(密度 1.68g/cm^3)	炸药质量/kg	0.967

这种使尾翼张开的结构比较简单,既适用于高速旋转弹丸也适用于低速旋转弹丸。其缺点就是翼片张开的同步性较差,对弹丸的射击精度有一定影响。此外,这种结构有时会出现划膛现象,影响炮管的使用寿命。

为了使弹丸低速旋转,该弹采用了滑动弹带结构(图 4.20),即将弹带镶嵌在弹带座上。弹带座与弹体之间为动配合,并用带有螺纹的压环固定,以限制其轴向运动。这种结构既能在发射时起闭气作用,避免火药气体冲刷炮膛,延长火炮寿命,又能使弹丸低速旋转;既有利于提高弹丸的射击精度,又可保证破甲威力不受高速旋转的影响。滑动弹带可采用紫铜、陶铁或塑料(如聚四氟乙烯)等材料制造。

就目前的情况看,长鼻式破甲弹已在许多国家的坦克炮上进行了装备,在表 4.8 中给出了部分长鼻式破甲弹的性能数据。

表 4.8　国外坦克配用的长鼻式破甲弹性能数据

国别	坦克	火炮口径/mm	初速/(m/s)	膛压/MPa	全弹质量/kg	弹丸质量/kg	侵彻能力/mm
苏联	T-62	115 滑	1070		25.3	12	400(0°)
苏联	T-72	125 滑	1100			19	500(0°)
联邦德国	豹Ⅱ	120 滑	1154	453	23	13.5	北约 3 层重型靶
联邦德国	豹Ⅰ	105 线	1174	370	21.7	10.3	北约 3 层中型靶 360(30°)
联邦德国	M48	90 线	1204	338.52	14.4	5.74	
	JPZ	90 线	1145	338.52	14.4	5.74	
法国	AMX-32	120 滑	1100				

4.4.3　旋转稳定破甲弹

旋转稳定破甲弹的破甲威力将因其高速旋转而下降。为了解决这一问题,人们在药型罩上采取了各种措施,这里介绍的就是其中的实例。

1. 美国 152mm 多用途破甲弹

美国 152mm XM409E5 式多用途破甲弹是美国 20 世纪 60 年代末期的产品,配用于 152mm 坦克炮上。所谓多用途破甲弹是指该弹以破甲为主,兼具榴弹的杀爆作用。该弹的结构如图 4.21 所示,其主要诸元见表 4.9。

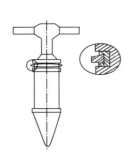

图 4.20　滑动弹带结构

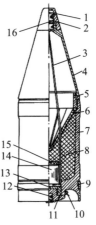

1—压电引信头螺;2—引信帽;3—导线;4—头螺;
5—连接螺圈;6—错位药型罩;7—弹体;8—炸药;
9—陶铁弹带;10—药筒压紧螺;11—底螺;12—曳光管;
13—压紧螺;14—压电引信底部;15—毡垫;16—垫片。

图 4.21　美国 152mm 多用途破甲弹

表 4.9　美国 152mm 多用途破甲弹主要诸元

弹丸质量/kg	19.37	最大射程/m	8830
炸药类型	B 炸药	直射距离/m	800
炸药质量/kg	2.88	最大膛压/MPa	287
弹丸长/mm	488.6	最大转速/(r/min)	6800
初速/(m/s)	687	0°着靶威力/mm	500

该弹采用旋转稳定式结构,其弹带采用陶铁材料。为了克服弹丸旋转对破甲性能带来的影响,该弹采用了错位抗旋药型罩。这种错位抗旋药型罩是采用先冲压后挤压的方法制成的,其材料为紫铜(含铜量在 99.9% 以上)。该弹药型罩由 16 个圆锥扇形组成,每块对应圆心角 φ 为 21°16′。这种药型罩之所以能够抗旋,是因为当炸药爆炸时,每一扇形块由于错位原因,使压垮速度的方向不再朝向弹丸轴线,而是偏离轴线并与半径为 r 的圆弧相切,如图 4.22 所示。这样形成的射流将是旋转的,如使其旋转方向与弹丸的旋转方向相反,即可抵消或减弱弹丸旋转运动对破甲性能的影响。此外,该弹在弹丸底部采用了短底凹结构,有利于改善其射击精度。

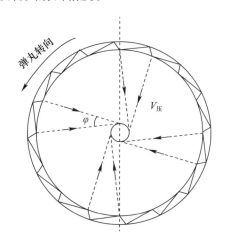

图 4.22　抗旋转原理示意图

2. 法国 105mm 破甲弹

该弹配用于法国 AMX-30 主战坦克的 105mm 坦克炮上,其结构如图 4.23 所示,该弹的主要诸元见表 4.10。

表 4.10　法国 105mm 破甲弹主要诸元

诸元	参数值	诸元	参数值
弹丸质量/kg	10.95	初速/(m/s)	1000
炸药类型	钝化黑索今	0°着靶威力/mm	400
炸药质量/kg	0.78		

为了解决弹丸的高速旋转对破甲性能的不利影响,该弹把聚能装药与弹体分开,并在两端设置滚珠轴承。发射时,虽然弹体做高速旋转运动,但装药部分却因惯性作用而不旋转或低速旋转,从而达到抗旋的目的。平时,在弹体与装药之间用脆弱元件锁住,防止它们之间的相对转动,该弹在弹丸底部还设有通气孔,其目的是减小轴承在发射时的

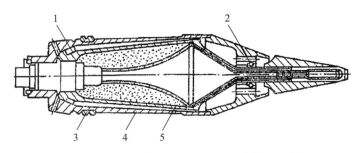

1—后轴承；2—前轴承；3—弹带；4—外壳；5—内壳。

图 4.23 法国 105mm 破甲弹

受力。该弹采用旋转稳定,故其射击精度较高,采用压电引信,由弹丸壳体的内、外表面构成起爆回路,弹尾装有曳光管,药型罩为喇叭罩。

4.4.4 火箭增程破甲弹

火箭增程破甲弹是为增加直射距离而加装了火箭发动机。这里将要介绍的是我国供步兵使用的轻型反坦克武器——69 年式 40mm 火箭增程破甲弹。1969 年式 40mm 火箭增程破甲弹一般称为 69 式 40mm 火箭弹,简称 J-203 或新 40 弹,其结构如图 4.24 所示。该弹是一种性能较好的近程反坦克武器,适合于步兵作战使用,能在较大距离(直射距离 300m)上迅速准确消灭敌人的活动目标,且威力也较大,配用的压电引信能在大着角的情况下可靠作用。其主要诸元见表 4.11。

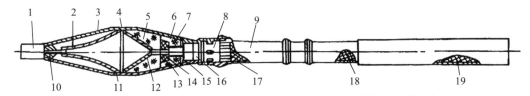

1—引信头部；2—内锥罩；3—风帽；4—绝缘环；5—主装药；6—辅助药；
7—弹体；8—喷管；9—燃烧室管；10—绝缘套；11—压紧环；12—药型罩；
13—导电杆；14—隔板；15—衬套；16—引信底部；17—火箭装药；18—点火药；19—发射药。

图 4.24 40mm 火箭增程破甲弹示意图

表 4.11 169 式 40mm 火箭增程破甲弹主要诸元

诸元	参数值	诸元	参数值
口径/mm	40	战斗部最大直径/mm	85
全弹质量/kg	2.25	主动段终点速度/(m/s)	294.6
炸药类型及质量/kg	8321 0.4	火箭装药(双石-2)/kg	0.22
飞行弹丸质量/kg	1.83	初速(距炮口6m处)/(m/s)	120
最大膛压/MPa	<90.0	直射距离(目标高2m)/m	>300
0°着靶威力/mm	100/65	精度(在300m处)/m	0.45×0.45

该弹的主要结构及其特点如下。

1. 弹体

新 40 弹除火箭发动机为钢制外,弹体、风帽、尾杆、尾翼、涡轮均为铝合金材料制造,以减轻弹重、提高初速。为减少空气阻力及保证最佳炸高,在头部设有风帽。

2. 炸药装药

为了提高威力,该弹聚能装药部分(战斗部)直径($\phi 85mm$)大于火炮口径($\phi 40mm$),一般称为超口径弹或大头弹。该弹聚能炸药原采用 8321 炸药,威力较大。但该炸药在长期储存中对药型罩有腐蚀,并出现点火具延期药瞎火现象。因而,后改用 8701 或钝化黑索今炸药。

3. 药型罩

药型罩为锥形,采用紫铜板(T2M)旋压而成。为了提高破甲威力采用了变壁厚结构,顶部壁厚为 1.2mm,口部壁厚为 1.8mm。为了提高破甲的稳定性,锥角比较大,外锥角为 61°38′,内锥角为 60°,新 40 弹也采用了隔板结构,隔板是用 FS – 501 塑料压制而成。

4. 引信

新 40 火箭增程破甲弹配用电 – 2 式压电引信,可保证在 70°大着角情况下可靠发火。它由头部机构与底部机构组成。头部有压电晶体,尾部有电雷管和保险装置。压电晶体受压(或受到冲压)后,产生电荷,使电雷管引爆。

5. 稳定装置

为了保证弹丸的飞行稳定性,该弹采用了后张式尾翼结构,其 4 个翼片用销轴装在尾杆上,平时呈合拢状态;出炮口后在离心力作用下(距炮口 3~4m 处)张开,与弹轴呈 90°,翼展为 282mm。该弹的翼片有 10°40′的斜面,以使弹丸旋转,这样可减小火箭推力偏心对密集度带来的不利影响,提高射击精度。

6. 火箭增程发动机

由于火炮的口径小、膛压低,故采用火箭发动机增程。增程发动机采用前喷管,其喷孔(共 6 个)中心线与弹轴倾角为 18°,其目的是防止喷出的火药气体喷在尾翼上。为了减小弹丸的旋转速度,各喷孔沿切线方向向右倾斜 3°,用来抵消尾翼的一部分右旋作用。火箭发动机采用延期点火的方式,其延期时间为 0.08~0.11s,相当于弹丸在出炮口后 12~14m 的距离上点火。

该弹的优点是火炮质量轻、机动性好、弹丸的直射距离较长和威力较大。其缺点是炮口速度小,受横风的影响较大;零件数量多;生产工艺较为复杂。

4.5 爆炸成型弹丸战斗部

一般的聚能装药破甲弹在炸药爆炸后,将形成高速射流和杵体。由于射流速度梯度很大,当射流运动到较远距离时会被拉长甚至断裂。因此,破甲弹存在有利炸高的问题,炸高的大小直接影响了射流的侵彻性能。如果药型罩的锥角增大,形成射流的质量会显著减少,射流和杵体之间的速度差也会随之相应减小。

德国 Manfred Held 发现,随着锥角的变化,药型罩形成的聚能侵彻体会有较大的差异,当半锥角接近 75°时,射流和杵体的速度趋于相同。图 4.25 所示为不同锥角的药型罩形成的聚能侵彻体。试验表明,锥角在120°~160°范围内的大锥角金属罩、球缺罩及双曲线形罩等聚能装药结构,在爆轰波作用下金属罩没有被压垮,而是翻转或闭合形成一个具有较高速度(1500~3000m/s)和一定形状的弹丸,无射流和杵体的区别,这种形式形成的高速体称为爆炸成型弹丸,即EFP(explosively formed penetrator)。EFP也称为自锻破片(self-forging fragment,SFF)、P装药(projectile-charge)、米斯内-沙汀战斗部(Misznay-Schardin warhead)、弹道盘(ballistic disk)装药或质量聚焦装置等。

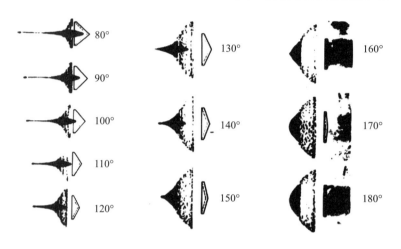

图4.25 聚能侵彻体随罩锥角的变化

4.5.1 EFP的成型模式

普通聚能装药破甲弹的药型罩在爆炸载荷作用下,一方面形成高速运动的、不断延伸的金属流;另一方面还将形成低速运动的杵体。而爆炸成型弹丸装药的药型罩则是在爆炸载荷作用下,形成单一的高速侵彻体,即EFP。

不同结构的药型罩和装药结构会产生不同成型模式的EFP。根据爆炸成型弹丸形成过程的不同,EFP成型模式可分为3种类型,即向后翻转型(backward folding)、向前压拢型(forward folding)和介于这两者之间的压垮型(radial collapse)。EFP最终以何种模式成型,主要取决于药型罩微元与爆轰产物相互作用过程中获得的速度及其沿药型罩的分布。

1. 向后翻转型

当药型罩同爆轰产物的有效相互作用结束时,如果药型罩顶部微元的轴向速度明显大于底部微元的轴向速度,将出现向后翻转的成型模式。此时,罩体中部超前,边部速度迟后并向对称轴收拢,成为射弹的尾部,最终形成带尾裙或带尾翼的弹丸。这种弹丸前部光滑,气动性能好,可以远距离攻击目标,如图4.26所示。

2. 向前压拢型

当药型罩同爆轰产物的有效相互作用结束时,如果药型罩顶部微元的轴向速度明显小于底部微元的轴向速度,将出现向前压拢的成型模式。此时,罩体中部滞后,边部速度较高并向对称轴收拢,成为射弹的头部,最终形成球形或杆形弹丸。这种弹丸比较密实但飞行稳定性差,如图4.27所示。

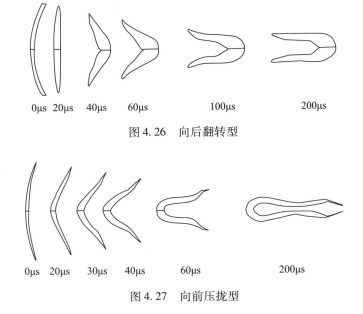

图 4.26　向后翻转型

图 4.27　向前压拢型

3. 压垮型

当药型罩同爆轰产物的有效相互作用结束时,如果药型罩微元的轴向速度相差不大,这时药型罩在成型过程中的主要运动形式不是拉伸而是压垮,即微元向对称轴的径向运动,如图 4.28 所示。

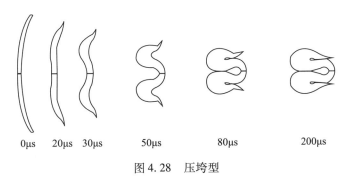

图 4.28　压垮型

4.5.2　EFP 的主要特点

与传统聚能射流相比,爆炸成型弹丸具有以下特点。

1. 对炸高不敏感

传统聚能射流对炸高敏感,在 2~5 倍装药直径炸高时侵彻性能较好,在大炸高(10 倍装药直径以上)条件下,由于射流拉长断裂,使侵彻性能明显降低。而 EFP 在飞行过程中形状稳定,不像射流被拉长断裂,可以在 800~1000 倍装药直径的炸高范围内有效作用。EFP 的侵彻性能受飞行稳定性和初速影响很大,其最大侵彻深度可达 1.2 倍装药直径,为远距离攻击装甲车辆的顶装甲提供了技术途径。

2. 对反应装甲的抗干扰能力强

反应装甲对传统射流有致命威胁,反应装甲爆炸后能切割掉大部分射流或使射流变向,从而使侵彻性能大大降低。而 EFP 外形短粗,长径比一般在 3~5 范围内,因此反应装甲对其干扰小。由于 EFP 的外形特点,它撞击反应装甲时反应盒可能不被引爆,即便被引爆,因为 EFP 弹丸长度小,穿过反应装甲的时间较短,弹起的反应盒后板撞到 EFP 概率小,因而对其侵彻效果干扰较小。

3. 侵彻后效大

破甲射流在穿透装甲后,产生的侵彻孔径很小,只有少量金属射流进入装甲目标内部,因而毁伤后效作用有限。而 EFP 侵彻装甲时,不仅大部分进入装甲目标内部,而且在侵彻的同时还会引起装甲背面崩落,产生大量具有杀伤破坏作用的二次破片,使后效增大。

4. 受弹体的转速影响小

旋转飞行的弹体会使聚能射流产生径向发散从而影响其侵彻能力,而 EFP 是近似于有较高强度的高速动能弹丸,其质量很大,约占药型罩质量的 90%,旋转运动会在一定程度上影响 EFP 成型,但会使其飞行更稳定,对其侵彻能力影响较小。

4.5.3 EFP 成型特性的主要影响因素

1. 药型罩形状

药型罩形状对所形成的 EFP 的类型和速度有着直接影响。图 4.29 所示为采用不同药型罩结构形成的不同类型的 EFP。

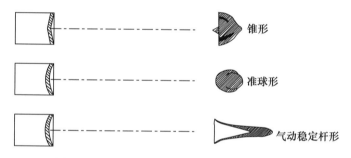

图 4.29 不同药型罩结构形成的不同类型 EFP

通常,球缺形药型罩在爆炸载荷作用下形成翻转式 EFP,此时球缺形药型罩的曲率半径和壁厚是影响其成型性能的重要因素。对于锥形药型罩来说,其形成 EFP 的类型随着锥角的变化而有所不同。试验表明,锥角为 150°的变壁厚双曲线形紫铜药型罩在爆轰压力作用下形成杵体式 EFP,而当锥角达到 160°时可以形成翻转式 EFP。

2. 药型罩厚度

对一定形状的药型罩,壁厚对 EFP 的形状和速度分布具有决定性的影响。可以通过改变药型罩的厚度来改变翻转弹的外形。药型罩各处的厚度将影响 EFP 的外形、尺寸和速度。当药型罩外边的厚度比中间厚度大时,药型罩将向后翻转,形成翻转型 EFP;当药型罩外边的厚度比中间厚度小时,药型罩将向前压合形成压拢型 EFP。

3. 药型罩材料

EFP 的成型发生在高温、高压、高应变率的环境条件下,因此对药型罩材料的动态特性有较高的要求。理想的药型罩材料应具有较高的熔化温度、密度、延展性以及动态强度特性。其性能的好坏直接影响着 EFP 成型、飞行稳定性和侵彻威力。常用于制造 EFP

战斗部药型罩的材料有工业纯铁、紫铜、钽、银等单一金属材料和合金材料。表4.12列出了工业纯铁、紫铜、银、钽4种材料的主要性能参数和形成的EFP性能参数。

表4.12 药型罩材料性能参数和形成的EFP性能参数

材料	密度/(g/cm³)	屈服强度/MPa	延伸率/%	形成的EFP长度（装药直径的倍数）	EFP速度/(m/s)
紫铜	8.96	152	30	0.9~1.3	2600
铁	7.89	227.5	25	0.70~1.61	2400
银	10.9	82.76	65	0.72~1.68	2300
钽	16.65	137.8	45	1.5	1900

对于采用相同药型罩结构、不同药型罩材质的爆炸成型弹丸装药,形成的钽EFP最长,铁EFP最短,铜EFP居中。这与3种材料的延展性相对应,延展性越好,越有利于EFP的拉伸,从而形成大长径比的EFP,可以获得更高的穿甲威力。钽由于密度高、延展性好,是比较理想的药型罩材料。但是钽材料价格昂贵,目前主要用在末敏弹和导弹战斗部等高价值弹药上。铜的延展性比铁好,对于要求形成大炸高、大长径比的EFP战斗部,铜是最合适的经济型药型罩材料。铁和钢主要用在大型反舰战斗部上,或用于集束式EFP战斗部上,以增加杀伤威力。

对于合金材料药型罩,钽合金具有良好的延性、高密度和高声速。用钽合金制作的药型罩可使破甲深度有较大幅度提高。日本研制了Ta-Cu或Re-Cu合金药型罩,其破甲深度比常用的纯钢提高36%~54%。近几年,国外对Ta-W合金罩材也做了部分研究工作,主要集中于钨含量对Ta-W合金力学性能、晶粒结构、织构及射流性能的影响等方面。

4. 装药长径比

装药长径比对形成的EFP速度有较大的影响。计算和试验研究表明,装药长径比增大时,装药长度增加,装药量增大,炸药的总能量变大,从而使EFP的速度相应提高;同时,EFP拉伸的时间也增长,拉伸的程度增大,可以形成较大长径比的EFP。但是,当装药长径比超过1.5以后,若再增加装药长度,则对EFP速度的提高和长度的增加意义不大。因此,在满足弹药总体对于尺寸和质量的要求下,为了保证EFP的性能,尽可能选择获得较大的装药长径比。

5. 起爆方式

影响EFP成型性能的诸多因素中,起爆方式是其中一个重要因素。在不同起爆方式下,装药的爆轰及药型罩压垮变形机理是不同的,而EFP是由药型罩在爆轰载荷作用下压垮变形形成的,所以起爆方式对EFP的成型性能具有质的影响。即便在相同装药及药型罩结构下,不同起爆方式所得到的EFP也完全不同。

对于EFP战斗部,通过不同的起爆方式可以获得相应的起爆波形,与一定的药型罩结构相匹配,便能形成带有尾裙或尾翼的EFP,使EFP飞行更稳定。目前,可选择的起爆方式主要有单点中心起爆、多点起爆、环形起爆、面起爆等方式,通过精密起爆耦合器、爆炸逻辑网络以及多个微秒级的飞片雷管等技术实现。图4.30所示为单点中心起爆与环形起爆结构。

采用单点中心起爆方式可以获得具有一定尾裙结构的EFP,它具有足够的飞行稳定性,可实现EFP大炸距下的毁伤作用。随着研究的深入和对穿甲威力要求的提高,研究发现,采用面起爆和环形起爆比单点起爆更有利于激发炸药的潜能,有利于获得速度更

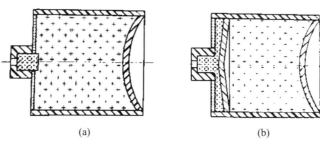

图 4.30　不同起爆方式
(a)单点中心起爆；(b)环形起爆。

高、长径比更大的 EFP。图 4.31 所示为采用单点中心起爆与环形起爆方式所形成的不同 EFP 形态的对比情况。

图 4.31　不同起爆方式下 EFP 成型形态的对比
(a)单点中心起爆；(b)环形起爆。

试验研究表明,端面均布多点同时起爆可改善爆轰波结构及其载荷分布,有效提高装药爆轰潜能,对改善药型罩压垮变形机制和 EFP 成型结构有一定的积极作用。图 4.32 所示为分别采用 3 点、4 点、6 点起爆方式所形成的具有 3 个、4 个、6 个尾翼的 EFP。

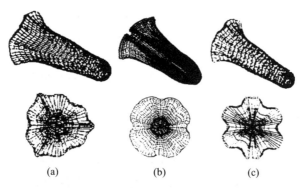

图 4.32　多点起爆数值模拟形成的 EFP 及其后视图
(a)3 点起爆；(b)4 点起爆；(c)6 点起爆。

EFP 的尾翼结构对称时,会大大改善 EFP 的气动力特性,但多点起爆若不同步则会导致尾翼的不对称。当尾翼的不对称达到一定程度时,就会影响 EFP 的飞行稳定性,导致攻角增大或飞行方向偏斜,严重的还会发生翻转,影响 EFP 的威力和命中精度。因此,采用多点起爆方式时,要求必须具有很高的起爆同步性,以确保作用于药型罩微元上的爆轰冲量的对称,形成尾翼对称的 EFP。另外,起爆偏心造成的不对称波形和药型罩同轴度差,会使形成的 EFP 也存在不对称性。

4.5.4 多爆炸成型弹丸战斗部

为了解决单个 EFP 对分布密度较大、防护相对较弱的集群装甲运兵车、侦察车、卡车、发射架、雷达站、武装直升机、导弹阵地、地面装备器材以及人员等目标的毁伤效率不高的问题,自 20 世纪 80 年代以来,美国等西方发达国家投入大量人力、物力开始了对多爆炸成型弹丸(multiple explosively formed penetrator, MEFP)战斗部技术的研究。

与传统 EFP 战斗部形成单个爆炸成型弹丸相比,MEFP 战斗部可以在保证一定侵彻威力的前提下,形成多个爆炸成型弹丸,而且按一定的飞散方向分布在一定空间内,对地面集群装甲目标、空中装甲目标和技术兵器进行大密度攻击,造成大面积毁伤,有效地提高了弹丸命中率和毁伤装甲目标的概率。

在 MEFP 战斗部的技术设计中,可以根据所攻击目标对战斗部形成的弹丸大小、形状以及多弹丸分布模式的需求,将战斗部或药型罩设计成能够形成多个 EFP 弹丸的结构,或设计成单罩和分割器组合的结构,以达到增加命中数量和提高命中概率的目的。

另外,MEFP 战斗部的药型罩一般选用大锥角罩、弧锥结合罩、球缺罩及多层罩等,由金属钽、紫铜、低碳钢、铁等材料加工而成。目前,国内外研究、设计和应用的 MEFP 战斗部的结构多种多样,主要有轴向组合式、轴向变形罩式、周向组合式、网栅切割式、多用途组合式、多层串联式、刻槽半预制式、周向线型式等结构。

1. 轴向组合式 MEFP

轴向组合式 MEFP 战斗部类似于子母型战斗部装药结构,在战斗部中有多个相互分离的单一 EFP 装药,其个数可以根据实际需求设计,子 EFP 装药之间填充有惰性介质,以保证它们之间不发生殉爆。惰性介质一般选用隔爆性能好、组织均匀、各向同性好的材料,并要求具有适当的强度,受冲击时不脆裂,如硬质聚氨酯泡沫塑料、聚苯乙烯、玻璃纤维聚碳酸酯、酚醛层压塑料、石蜡等。每个子 EFP 装药爆炸后,形成单一的 EFP。轴向组合式 MEFP 战斗部设计的难点在于如何通过隔爆设计等措施减小由于中心区多个爆轰波的汇聚干扰而引起单个 EFP 内外受力不对称影响 EFP 成型且存在发散角的问题。图 4.33 所示为典型轴向组合式 MEFP 战斗部结构示意图。

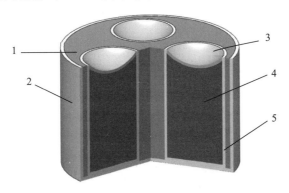

1—隔爆材料;2—壳体;3—药型罩;4—子EFP装药;5—子EFP壳体。

图 4.33 典型轴向组合式 MEFP 战斗部结构示意图

2. 轴向整体装药式 MEFP 战斗部

轴向整体装药式 MEFP 战斗部采用整体式装药,端面上一般均匀排布多个小药型罩。主要由药型罩、引信、装药和壳体等组成。药型罩可由整块板材冲压而成,也可以由独立加工的药型罩组合排布,EFP 药型罩的个数设计依据战术技术要求而定。单点中心起爆时,由于爆轰波作用的距离不同和侧向稀疏波的作用,会导致作用在外圈药型罩内外边上的载荷不同,因此造成子 EFP 弹丸成型的不对称,且必将存在一定的发散角。采用多点同步起爆或平面起爆会明显改善子 EFP 成型的不对称并可有效减小发散角。图 4.34 所示为由 7 个大锥角药型罩组合而成的轴向整体装药式 MEFP 战斗部结构示意图。

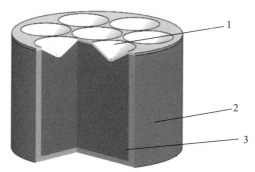

1—药型罩;2—壳体;3—炸药。

图 4.34 轴向整体装药式 MEFP 战斗部结构示意图

3. 周向组合式 MEFP 战斗部

周向组合式 MEFP 战斗部,是在战斗部外壳表面沿圆周方向均匀布置 EFP 药型罩。在爆炸载荷作用下药型罩翻转形成多束 EFP,对周围空间目标进行毁伤,增大战斗部的有效杀伤半径,从而提高战斗部的毁伤效能。它主要由壳体、起爆装置、主装药和 EFP 药型罩组成。战斗部外壳表面 EFP 药型罩层数和每层 EFP 药型罩个数的设计,可依据所要求的空间杀伤带分布而定。这种战斗部用来对付舰船和空中目标等轻型装甲非常有效。图 4.35 所示为典型周向组合式 MEFP 战斗部结构示意图。

1—壳体;2—药型罩。

图 4.35 典型周向组合式 MEFP 战斗部结构示意图

4. 网栅切割式 MEFP 战斗部

网栅切割式 MEFP 战斗部,也称为可选择式 EFP 战斗部。它采用与单 EFP 装药相同的单一药型罩结构,只是在药型罩前端加装一个可抛掷的切割网栅或多孔蜂巢结构,用于切割处于变形过程中的药型罩,使其形成多个破裂的小弹丸攻击目标。当要求 EFP 战斗部正常作用形成单一弹丸时,切割网栅或蜂巢结构在战斗部作用前被抛开。这种机械选择装置具有简单、方便的优点。使用适当的切割网栅或多孔蜂巢结构,能生成各种所要求的破片图案,而且破片速度基本上与单一 EFP 弹丸相同。

网栅切割式 MEFP 战斗部,主要由壳体、起爆装置、主装药、药型罩和切割网栅组成。切割网栅由起固定作用的金属架和起切割作用的金属丝构成。图 4.36 所示为典型网栅切割式 MEFP 战斗部结构示意图。

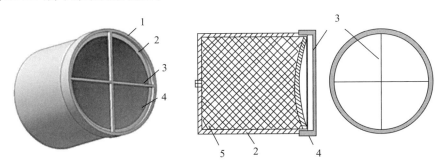

1—连接装置;2—壳体;3—网栅;4—药型罩;5—炸药。

图 4.36　典型网栅切割式 MEFP 战斗部结构示意图

切割网栅的结构和外形可以根据实际需求而设计,可以是十字形、井形等形状,如图 4.37 所示。切割金属丝的横截面可以是圆形、矩形、三角形、多边形等形状,可根据现有工艺水平加工所需截面形状的切割金属丝。切割金属丝的材料一般选用铅锑合金、铝合金、铜、钢、钨等。

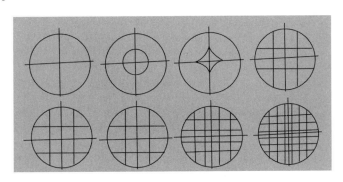

图 4.37　切割网栅的结构和形状

5. 多用途组合式 MEFP 战斗部

多用途是指战斗部攻击目标时具有多种能力,常用于攻击不同类型目标,内涵较广。多用途组合式 MEFP 弹药是在保留单个 EFP 威力的同时,提高了附加毁伤效果。典型多用途组合式 MEFP 战斗部结构如图 4.38 所示。药型罩分为中心主药型罩和边缘辅药型罩,主药型罩形成的主 EFP 可以对较厚装甲进行侵彻,而边缘辅药型罩用来形成环形破片束,即多个辅 EFP,可以对轻型装甲进行打击,可配备在自主式/智能型子弹药、末敏弹等系统中。

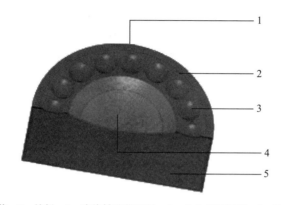

1—壳体;2—挡板;3—边缘辅助药型罩;4—中心主药型罩;5—炸药。

图 4.38　典型多用途组合式 MEFP 战斗部结构示意图

6. 多层串联式 MEFP 战斗部

多层串联式 MEFP 战斗部可在同一轴线上连续射出多个串联 EFP,用来对付新型装甲目标,是目前 EFP 战斗部的一个重要发展方向。与单药型罩相比,采用多层串联式 MEFP 技术,一方面使得多层药型罩的能量转换与吸收机制更合理,化学能的利用更充分,形成了类似于尾翼稳定脱壳穿甲弹的大质量、大长径比射弹,明显提高了弹丸的侵彻能力和飞行稳定性;另一方面可以解决爆炸反应装甲问题,结构简单,容易实施,有着很高的研究价值。

多层串联式 MEFP 战斗部结构是在一个主装药基础上,共轴放置多个药型罩。多个药型罩之间既可以紧密贴合在一起,也可以有间隙,还可以放置其他材料隔开;多个药型罩既可以是相同材料,也可以是不同材料,但两层药型罩之间有自由表面,允许两罩发生相对滑移和碰撞。其目的是,一方面通过增大 EFP 的长径比达到增强侵彻目标深度的效果;另一方面通过获得前后分离的串联 EFP 形成接力穿孔的侵彻效果。

图 4.39 所示为一种双层串联式 MEFP 战斗部典型结构,包括壳体、第一层药型罩、第二层药型罩和炸药。

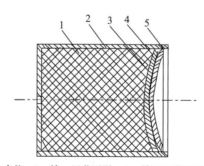

1—炸药;2—壳体;3—第一层药型罩;4—第二层药型罩;5—压环。

图 4.39　双层串联式 MEFP 战斗部典型结构

图 4.40 所示为双层串联式 MEFP 战斗部成型过程的数值模拟结果。数值仿真结果

表明,两层药型罩形成前后分离的串联 EFP,可以对目标进行接力穿孔,达到最大穿深的侵彻效果。

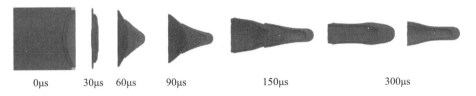

图 4.40　双层串联式 MEFP 战斗部成型过程的数值模拟结果

7. 刻槽半预制式 MEFP 战斗部

刻槽半预制式 MEFP 战斗部,指通过使用机加工的方法在药型罩内表面、外表面或内外表面布下刻槽列阵(图 4.41),利用沟槽顶端部位的应力集中使得战斗部按照预定的方式断裂形成多个破片,对轻型装甲目标进行大面积毁伤。相对于没有刻槽的药型罩而言,这种刻槽的药型罩在爆轰压力作用下不形成射流或爆炸成型弹丸,而是形成沿药型罩锥角方向飞行且具有一定质量和速度的破片群。其刻槽个数依据具体设计要求而定,但刻槽尺寸和深度要相匹配。

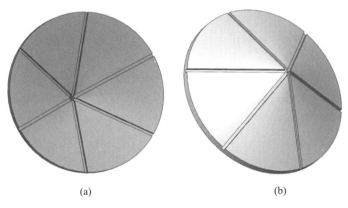

图 4.41　刻槽药型罩
(a)内表面刻槽;(b)外表面刻槽。

4.6　破甲弹的发展趋势

破甲弹是在与坦克防护装甲的矛盾斗争中互相促进和发展的。20 世纪 70 年代以前,坦克防护主要采用均质装甲,用增加装甲厚度的方法提高防护能力。当时,破甲弹的发展方向主要是提高破甲深度,追求穿透坦克的装甲且具有一定的后效。70 年代以后,出现了复合装甲,与均质装甲等重的复合装甲厚度较大,而且非金属材料对射流干扰很大。对破甲弹不仅要求破甲深度大,而且要求大炸高性能好。随着装甲和工事防护技术的发展,破甲弹药技术的应用范围日益广泛,使用聚能装药技术的武器除了破甲弹丸和反坦克导弹外,逐渐扩展到反舰导弹、鱼雷、串联攻坚弹药、末敏弹药、多功能弹药等,除了要进一步提高破甲威力与大炸高性能外,还要根据目标类型具体特性进行调整。为了满足日益提高的应用需求,相关技术发展趋势主要体现在以下几个方面。

1. 采用新型高能炸药

提高炸药能量是提高聚能装药战斗部威力直接而有效的途径之一。以 CL-20 为代表的新一代高能炸药具有密度高、爆速高、爆压高等优点,其爆炸能量比黑索今、奥克托今等炸药高出 10% 左右。应用新型高能炸药的聚能装药在有效炸高范围内,射流的断裂时间和侵彻能力等均优于黑索今基、奥克托今基炸药的聚能射流,新一代炸药使聚能射流威力比奥克托今基炸药提高 10% 左右。另外,采用精密装药技术提高装药的对称性、一致性和均匀性等性能,进而提高破甲弹毁伤性能。此外,通过采用高能不敏感炸药等技术,提高战斗部对主动防护系统的对抗能力和弹药安全性。

2. 采用新型药型罩材料及新结构、新工艺等

在药型罩材料方面,一方面应用新型高密度、高延展性药型罩材料,如钽、钼等;另一方面,开展新型金属合金、多组元合金、含能罩材的研究与应用,如钨铜合金、钽钨合金、高熵合金、活性材料等。此外,通过采用新结构、改善制造方法和工艺,发展精密药型罩技术等提高破甲威力。

3. 多用途、多功能化

为了对付多样化的战场目标,聚能破甲弹向着多用途、多功能化方向发展。除能穿透装甲目标、混凝土目标、钢筋混凝土目标等硬目标外,还应兼有杀伤、爆破、燃烧等功能,以便能兼顾对付直升机、轻型技术兵器和有生力量,如破甲/杀伤战斗部、破/杀/燃多功能战斗部等。

4. 智能化和灵巧化

为了实现弹药的自主攻击性能,提高首发命中概率和效费比,智能化和灵巧化是破甲弹药发展的一个重要方向。伴随着灵巧弹药目标探测性能的日益提高,许多传感器引爆系统不仅能提供目标的位置信息,以准确打击目标,而且能分辨目标的类型,甚至可对目标的要害部位进行识别,分辨出是重型装甲目标还是轻型装甲目标。当分辨目标类型后,武器系统将选择最佳的战斗模式摧毁分辨的目标。

第 5 章 迫击炮弹

5.1 概述

迫击炮发射的炮弹称为迫击炮弹。"迫击"两字是由炮弹以一定的速度撞击炮膛底部的击针,迫使底火发火而来的。迫击炮是伴随步兵的火炮,用来完成消灭敌方有生力量和摧毁敌方工事的任务。

与线膛火炮相比,迫击炮具有以下特点。

(1) 结构简单、质量轻、使用灵活,易于操作和转移阵地,特别适于前沿阵地使用。迫击炮与榴弹炮等其他火炮最主要的区别在于它没有一套复杂的反后坐装置,而是通过座钣直接利用土壤来吸收后坐能量的。由于采用了座钣结构,使得整个迫击炮质量轻、结构简单、易拆卸,可以人背马驮,凡是人员能够到达的地方,迫击炮都能伴随而上。例如,82mm 迫击炮,总重 35kg,可拆成 3 件,每件不足 13kg。

(2) 弹道弯曲、落角大,可对遮蔽物后面或反斜面上的目标实施打击,死角与死界小,并且容易选择射击阵地。

(3) 发射速度高,一次装填,省去了退壳、关闩和击发动作。

(4) 炮弹经济性好,弹体材料及装药价格较低廉。

迫击炮的这些优点,给了它存在和发展的生命力。过去是这样,在未来的战争中,它仍然是一种重要的、必需的武器装备。但是迫击炮弹药也有其明显的缺点:初速度低、射程近、散布大、难以平射,因而也限制着迫击炮弹的使用和发展。

迫击炮弹大多是尾翼稳定的,也有旋转稳定的(如美国 106.7mm 化学迫击炮弹)。除某些大口径迫击炮弹是由后膛装填外,多数迫击炮弹是从炮口装填的。迫击炮弹可分为内装炸药的迫击炮杀爆弹和内装非炸药的迫击炮特种弹。通常将迫击炮杀爆弹称为迫击炮弹。

5.2 迫击炮弹的构造

迫击炮弹通常由引信、弹体、稳定装置(尾翼)、装填物(炸药或其他物质)和发射装药(基本药管、附加药包)5 部分组成,如图 5.1 所示。

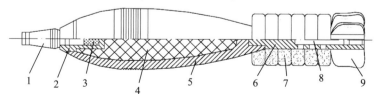

1—引信;2—头螺;3—传爆药;4—炸药;5—弹体;6—尾管;7—附加药包;8—基本药管;9—尾翼。

图 5.1　迫击炮弹基本结构

5.2.1 弹体

弹体是构成迫击炮弹的主体零件,上接头螺或引信,下接稳定装置,内装炸药或其他装填物,其结构直接影响迫击炮弹的使用性能。

1. 弹体结构

迫击炮的弹体可分为整体式和非整体式两种,如图5.2所示。整体式只有一个零件,它无论在发射时还是碰击目标时都具有良好的强度。此外,在弹体上不存在螺纹接合部,故密封性好,而且弹体质量分布的不对称性较小。因此,在可能条件下,迫击炮弹的弹体应尽可能制成整体式。非整体式弹体是由两个或两个以上的零件组成的,这是根据生产工艺性、炸药装填和迫击炮弹的特殊要求而采用的。通常非整体式弹体多采用传爆管结构,是将传爆管螺接在弹体上,而引信拧在传爆管上。采用传爆管的目的是保证炸药起爆的完全性。对大口径铸造弹体,因弹体口部直径与弹径相差较大,容易出现铸造疵病,故使用传爆管结构。

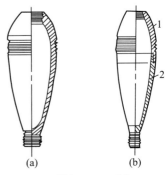

1—上弹体;2—下弹体。

图 5.2 迫击炮弹弹体结构
(a)整体式;(b)非整体式。

采用传爆管结构,必然使弹体的结构复杂化,且质量偏心增加。除120mm以上的大口径迫击炮弹外,一般应避免使用传爆管结构。

2. 弹体形状

不同类型的迫击炮弹,其弹体的内外形状是根据引信式样、装药、飞行速度和稳定方式而设计的。由于迫击炮弹常在亚声速条件下飞行,其阻力主要由摩擦阻力和涡流阻力构成,因此常采用流线型。小口径迫击炮弹则类似水滴,即头部短而圆钝,圆柱部也较短,弹尾较长且逐渐缩小。这种流线型不仅有利于减小空气阻力,而且因质心靠前而对飞行稳定性有利。有时为了增大弹丸威力或者增加弹腔容积(照明弹、宣传弹),迫击炮弹的外形不做成流线型,而是采用长圆柱形,此时弹形差、射程较近,因而在中、小口径的迫击炮弹上很少采用大容积圆柱形弹体。

3. 弹头部

弹头部通常是较为圆钝的圆弧形旋成体,其母线的圆弧半径一般比较小。

1)弹头部的长度

弹丸的射程、飞行稳定性以及侵彻目标的深度均与弹头部的长度有关。不同的飞行速度,对应着一个最有利的头部长度。增长弹头部使弹形尖锐,有利于减小空气阻力。但由于迫击炮弹在飞行中的摆动,又使空气阻力随弹头部的增长而增加。在一般情况下,初速低,弹头部宜短;初速高,弹头部宜长。

从改善飞行稳定性的角度出发,弹头部应短些,因为弹头部长度增加时,空气阻力中心前移比迫击炮弹质心的前移要快得多。这样,空气阻力中心和迫击炮弹质心间的距离将减小,使迫击炮弹的飞行稳定性变坏。就对目标的毁伤而言,杀伤迫击炮弹应选取短的弹头部,以减少打入土壤中的弹头部产生的破片,提高有效杀伤破片利用率。

2)弹顶的形状

迫击炮弹飞行时,飞行摆动可能使空气的边界层同弹的尖头弹顶分离,因此产生涡流,增大空气阻力。空气边界层被分离的可能性将随着迫击炮弹弹头部长度的增加而增加。为了防止空气边界层与弹顶分离,应将迫击炮弹的弹顶钝化。弹顶钝化决定于引信头部的钝化直径(10~15mm)。

4. 弹体圆柱部

弹体圆柱部,也称为定心部。圆柱部的长度会影响威力和空气阻力,圆柱部增加可增大威力,但是过大会降低稳定性和增加阻力。由于典型迫击炮弹是由圆柱部与尾翼突起来实施膛内导引,故圆柱部一般较短($(0.3~0.4)d$)。对于大容积迫击炮弹,常从威力和弹丸质量两个方面来确定其长度,为了增加有效装填量,采用较长的圆柱部,如图5.3所示的81mm发烟弹。

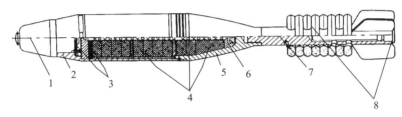

1—引信;2—上弹体;3—抛射系统;4—发烟体;5—下弹体;6—反抛系统;7—弹尾;8—发射装药。

图5.3　81mm迫击炮发烟弹

弹体圆柱部直径比炮膛直径稍小,以便形成必要的间隙。间隙的大小影响迫击炮弹的发火性、下滑时间和火药气体的外泄程度。由于小口径迫击炮的炮身短、质量小、下滑动能小,因而为保证可靠发火需选取较大的间隙。例如,60mm迫击炮弹,其间隙为0.65~0.85mm,比大口径迫击炮弹要大。

为了减少火药气体的泄出,在定心部上常设置闭气环或加工数个环形沟槽。沟槽形状多为三角形,也有矩形、半圆形和梯形,如图5.4所示。发射时,高压火药气体流经沟槽,多次膨胀并产生涡流,减慢流速,使火药气体的泄出量减小,如图5.5所示。即使这样,通常仍有10%~15%的火药气体从间隙处泄漏。如果在迫击炮弹弹体上存在两个定心部,则应在下定心部上制出环形闭气沟槽,在上定心部上制出纵向排气槽,以减小火药气体对圆柱部的压力。

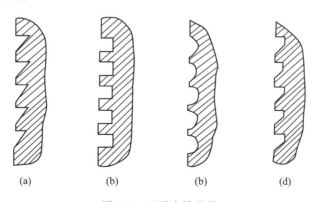

图5.4　环形沟槽形状

(a)三角形;(b)矩形;(c)半圆形;(d)梯形。

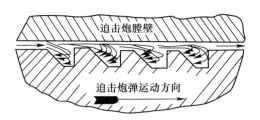

图 5.5　沟槽的闭气作用

5. 弹尾部

和火炮弹丸不同,迫击炮弹尾部形状对空气阻力的影响比火炮弹丸大得多。迫击炮弹的空气阻力主要是摩擦阻力和涡流阻力。弹尾部的形状应尽量减小涡流阻力。迫击炮弹弹尾部外形通常是以圆弧为母线的旋成体,一般比火炮弹丸的弹尾部长得多,这是由于迫击炮弹有一尾管,气体从断面直径较大的圆柱部流至断面直径较小的尾管时,为了使气流不过早与弹尾表面分离而产生低压涡流区,断面直径应缓慢变化,因此迫击炮弹的弹尾部必须加长。速度越高,气流越易从弹尾表面分离,因此弹尾更应加长。目前迫击炮弹弹尾部的长度范围是:初速较低的小口径迫击炮弹为 1.2~2.0 倍口径;初速居中的中口径迫击炮弹为 1.7~2.3 倍口径;初速较高的大口径迫击炮弹为 1.7~2.7 倍口径。大容积迫击炮弹,主要侧重于增加内腔容积而对射程要求不高,可增大圆柱部减少弹尾部,弹尾长一般为 1.4~2.0 倍口径。

6. 弹体药室形状与壁厚

弹体的内腔母线是由直线和弧线组成的,其形状与外部形状相对应,因而药室的尺寸取决于弹体的壁厚。壁厚的大小与材料、威力和工艺性等因素有关。为满足碰击强度和改善飞行稳定性,弹体头部壁厚一般都比圆柱部和尾部厚。而圆柱部和尾部的壁厚,则取决于弹丸的用途。对于爆破弹,为了装填更多炸药,应在满足强度的条件下选取最小壁厚值;对于杀伤弹,则应从获得最大有效杀伤破片数出发,使壁厚与炸药性能和弹体材料的力学性能相匹配。

7. 弹体材料

由于迫击炮弹在战争中使用量较大,因而选择经济性较好的材料。传统迫击炮弹使用铸造弹体,只需要对口螺、定心部和尾螺等处进行机械加工,因而成本较低,适合大量生产。早期迫击炮弹的弹体材料大多采用钢性铸铁。由于钢性铸铁(即在优质原生铁中加入大量废钢而得到的低碳、低硅优质灰口铸铁)力学性能差、强度低,破片往往过碎,有效破片少。我国稀土资源丰富,对稀土球墨铸铁研究与使用具有优势,稀土球墨铸铁强度及破碎性比钢略差,较钢性铸铁好,因而钢性铸铁逐渐被稀土球墨铸铁代替。目前,有些弹体材料选用高破片率钢,从而提高了迫击炮弹的杀伤威力。

5.2.2　炸药

迫击炮弹可装填多种炸药,但是传统迫击炮弹的弹体材料多为铸铁类材料,其力学性能较差,因而不宜采用高能炸药,以免弹体在爆炸过程中被炸得过碎,影响杀伤威力,同时也兼顾经济性。传统迫击炮弹装填的炸药主要有梯萘炸药(梯恩梯和二硝基萘混合而成,其优点是不吸湿、不与金属作用、容易起爆)、梯铵炸药和热塑黑-17 炸药等,战时也可用硝铵炸药。

目前,随着对迫击炮弹毁伤性能要求的提高和弹体材料的改进,现代迫击炮弹广泛采用梯恩梯、钝化黑索今、8701、A-Ⅸ-Ⅱ、B 炸药、二硝基萘和硝基胍组成的炸药等。根据弹体结构可采用压装法或热塑态装药。应用热塑态装药装填前,先配好各成分,然后放入蒸气熔药锅内混合并熔化成塑态,用挤压法装入弹体,在室温下冷却、固结。这种装药方法的主要特点是工艺操作简单,生产效率高,装药致密、均匀、密度大,并便于实现自动化;缺点是不便于进行装药质量的检查。

5.2.3 稳定装置

大多数迫击炮弹是尾翼稳定的,稳定装置的作用是保证飞行稳定、放置基本药管和固定发射装药,由尾管和翼片(或称尾翅)组成。翼片下缘的突起称为定心突起部,与弹体的定心部共同构成导引部。图 5.6 所示为飞行中迫击炮弹的受力情况。

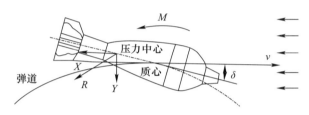

图 5.6 飞行中的迫击炮弹

尾管是稳定装置的主体,其长度与稳定性有关,一般为 $(1\sim2)d$,材料采用硬铝或钢。尾管内膛用以放置基本药管,尾管上钻有传火孔,一般为 12～24 个,孔径为 4～11mm。传火孔应与辅助装药对正,一般分成几排且轴向对称分布。尾管与弹体的连接方式与弹体材料有关。对钢质弹体,弹体底部加工成阳螺纹,尾管为阴螺纹;对铸铁类弹体,弹体底部加工成阴螺纹,尾管为阳螺纹。这样做的目的是为了保证强度。

翼片常用 1.0～2.5mm 厚的低碳钢板冲制而成,其数目一般为 8～12 片,每两片成一体焊接于尾管上,并呈辐射状沿尾管圆周对称分布。翼片高度和数量影响其承受空气动力作用的面积。面积大,稳定力矩就大,但当弹丸在飞行中摆动时,面积大,迎风阻力也大。因此,一般情况下,翼片高度不大于 $1.2d$。

为便于迫击炮弹装填和保证底火与击针对正,起定心作用的翼片突起部直径应略小于弹体定心部直径。翼片突起的定心处应有较低的粗糙度,以便减小对炮膛的磨损。为使迫击炮弹具有良好的射击精度,要求弹尾的结构具有充分的对称性,并使弹尾与弹体尽可能同心。

5.2.4 引信

大多数迫击炮弹由于在膛内不旋转,并且膛压较低,因此需使用专门的迫击炮弹引信。通常迫击炮弹引信为着发引信,特种弹或子母弹上使用时间引信。杀伤弹主要为发挥杀伤作用,配用瞬发引信;杀伤爆破弹和爆破弹为了提高爆破威力,配用瞬发和延期两种引信。

5.2.5 发射装药

迫击炮弹的发射装药量少、药室容积大、装填密度低、发射时火药气体外泄等因素,会导致内弹道性能不太稳定。为解决这个问题，迫击炮弹发射装药分为两部分，即基本装药和辅助装药（也称附加药包）。基本装药装填在基本药管里，图 5.7 所示为迫击炮弹发射装药的结构，图 5.8 所示为它的基本药管。

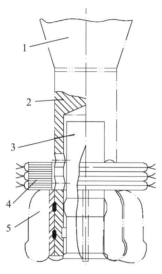 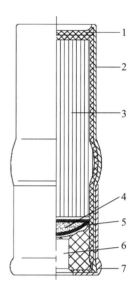

1—弹体；2—尾管；3—基本药管；
4—附加药包；5—尾翼。

图 5.7　迫击炮弹发射装药结构

1—封口垫；2—纸壳；3—发射药；
4—点火药；5—隔片；6—底火；7—铜壳。

图 5.8　迫击炮弹的基本药管

1. 基本装药

基本装药由基本发射药、底火、点火药、火药隔片、封口垫和管壳等零部件组成。一般采用整体结构，称为基本药管。为防潮和便于识别，在基本药管的口部装有标签并涂有酪素胶，在所有纸制部分以及底火与铜座结合处均涂以防潮漆。各种口径迫击炮弹的基本药管在结构形式上基本相同，只是点火药的装填方式有些差别。图 5.9 所示为迫击炮弹典型基本装药的安装使用。

图 5.9　81mm 杀爆弹基本药管及其在弹上的安装

基本药管的作用过程：当击针与底火相撞后底火发火，点燃点火药，产生的火焰沿基本发射药表面传播并将其引燃。基本装药的燃烧是在密闭容器中定容进行的，并且由于填装密度大（达到 $0.65\sim0.80\text{g/cm}^3$），药肉厚较薄，故燃烧进行迅速，管内压力上升很快，当达到足够压力时，火药气体即冲破纸管而点燃附加发射药。故基本药管的打开压力可以通过改变纸管厚薄、强度、传火孔大小和位置来加以调整。

1) 基本发射药

迫击炮的膛压低、热量散失大、身管短,基本发射药通常采用燃速大、能量高的双基药,其肉厚较薄,形状多为简单的片状、带状和环状,目前正在研究使用球形药或新型粒状药。基本发射药大多数采用带状药以改善火焰的传播,减少管内压力的跳动。而附加发射药的品种、肉厚、形状可以与基本发射药不同或相同,可根据对弹道性能的要求来确定。为了保证基本发射药能充分点燃附加发射药,其质量应在发射药总质量中占足够的比例,但也不能太大;否则不能满足最小射程的要求。

2) 管壳

管壳由纸管、铜座、塞垫 3 部分组成,纸管与铜座均是双层,如图 5.10 所示。纸管为纸质,便于在基本药管达到一定压力时打开传火,纸管有一胀包,其直径较尾管内径稍大,以确保基本药管插入尾管后在发射前不致松动脱落。为了避免基本药管在火药气体压力下从尾部喷出、留膛而影响下一发的发射,在尾管孔内壁开有一环形驻退槽,发射时,铜座壁在高压气体作用下压入驻退槽,保证基本药管发射时不会脱落留膛,这就是基本药管壳下端选用铜质的理由。塞垫的作用是连接纸管、铜座和装入底火。

3) 底火

目前我国各种口径的迫击炮弹一般均采用底-6 式底火(图 5.11)。底-6 式底火的冲击感度较大,点燃能力较强。

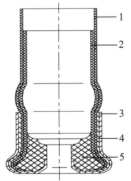

1—外纸壳;2—内纸壳;3—外铜座;4—内铜座;5—塞垫。

图 5.10 基本药管管壳

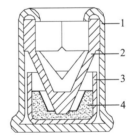

1—底火体;2—发火砧;3—火帽壳;4—击发剂。

图 5.11 底-6 式底火

4) 点火药

常用的底-6 式底火虽然点火能力强,但仍感不足,故在底火与基本发射药之间装有点火药(2 号或 3 号黑药),以加强底火的点火作用。不同口径的迫击炮弹所需点火药量不同,口径越大,基本发射药量越多,则需点的点火药量越多。

点火药的装填有散装、盒装和圆饼状绸布袋装 3 种方式。散装时,其上下用火药隔片与底火和发射药隔开,如 60mm 和 82mm 迫击炮弹基本药管的点火药就是这种装填方式。盒装时,先将点火药装入硝化棉软片盒内,密封后再装入管内,如 56 式 120mm 迫击炮弹基本药管的点火药就是这种装填方式。圆饼状绸布袋装式是把黑火药装入袋内缝合后再装入管内,82mm 长弹专用点火药即采用这种形式。

基本装药是迫击炮弹发射装药的基本组成部分,没有辅助装药时,它可以单独发挥作用(即为零号装药)。基本装药性能的好坏直接影响整个发射装药的性能,因此合理设计与使用基本装药是十分重要的。

2. 辅助装药

辅助装药是由双基片状或单基粒状无烟药和药包袋组成的。一般都是分装成若干药包套装在尾管周围,充分对正传火孔,使其在从传火孔中冲出的火药气体的直接作用下点燃,这样做基本发射药气体的热量与压力损失小,便于迅速而又均匀一致地点火。

药包袋采用易燃、灰分(残渣)少的丝绸或棉织品制成,也曾采用硝化棉药盒。根据附加发射药的形状,药包的结构形式主要有图 5.12 所示的几种。

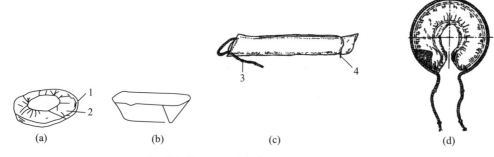

1—药包袋;2—环形药片;3—绳环;4—绳结。

图 5.12 不同形式的辅助装药
(a)环形药包;(b)船形药包;(c)条袋形药包;(d)环袋形药包。

1) 环形药包

当发射药采用双基无烟环形片状药时,即采用此种药包,如图 5.12(a)所示,其形状为一圆环,一端开口,以便套在尾管上。其优点是射击时调整药包比较方便,因此射速要求高的中、小口径迫击炮弹均采用此种药包。缺点是环形药片叠在一起,高温时有粘连现象;另外药包在尾管上位置难固定,可能上移,不能对正传火孔,从而影响弹道性能。

2) 船形药包

药包为硝化棉制成的船形胶质盒,药包夹在尾翼之间,如图 5.12(b)所示。缺点是尾翼片受火药气体压力不均匀时易发生变形,点火一致性也不好,现在已不采用。

3) 条袋形药包

当采用单基粒状无烟药作为发射药时,即采用条袋形药包,如图 5.12(c)所示。这种药包的长度恰等于紧绕尾管一周的长度,使用时用绳子扣起来固定在尾管上并形成环形,图 5.13 所示的俄罗斯 120mm 系列迫击炮弹用的即为条袋形药包。由于此环形药包紧固,且能对正传火孔,故不易发生药包窜动,并能确实引燃。其缺点是射击前调整药包不便,故不宜用于要求射速较高的迫击炮弹上。

4) 环袋形药包

环袋形药包是把小片状或颗粒状火药装在绸质或布质的环形药袋内,并经口部缝合

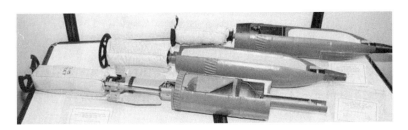

图 5.13 使用条袋形药包的俄罗斯 120mm 系列迫击炮弹

制成,如图 5.12(d)所示。显然,这种药包介于环形药包和条袋形药包之间,它也是用绳子扣起来固定在尾管上。

辅助装药大都采用同一规格的火药制成等量药包,也有采用两种规格的火药制成两种不同等量药包。为了使用上的方便,通常采用等量药包,在使用中,等量药包的数量和装药号相对应,基本装药本身构成了零号装药,每加一辅助药包,装药号加 1,最大号装药即为全装药。

5) C 形药包

将附加装药设计为刚性结构,整体压制成 C 形,型制统一,品种多样,结构性能非常先进。图 5.14 所示的美国 120mm 系列迫击炮弹的附加药包即 C 形药包,由 WC 系列球形发射药制成。该发射药具有低炮口焰和洁净燃烧的特点,几乎不产生残渣、火焰和爆炸超压。

图 5.14 美国 120mm 迫击炮弹及其 C 形药包

一般情况下,迫击炮弹的发射装药都是药包装药,但也有药筒装药,如 160mm 迫击炮弹,质量 40kg 左右,炮管又长,炮口填装不便,因而采用后膛填。后装就存在发射时的闭气问题,老式 160mm 迫击炮采用短药筒闭气,药筒很短,还没有尾翼片高,此时药筒仅起闭气作用而不起装药容器的作用。新 160mm 迫击炮采用橡皮垫闭气,此时迫击炮弹就没有短药筒了。

5.3 典型的迫击炮弹

1. M374 式 81mm 迫击炮弹

美国 M374 式 81mm 迫击炮弹是 20 世纪 70 年代装备的产品,是一种典型的现代迫击炮弹。其结构如图 5.15 所示。

该迫击炮弹主要由引信、弹体、闭气环、尾管、底火、基本装药和附加装药组成。弹丸质量 4.2kg,初速 64~264m/s,最大射程约 4500m,装填 B 炸药 0.95kg,膛压 ≤63MPa。其主要结构特点如下。

1）流线型的外形

具有比老式迫击炮弹更佳的流线型,特别是弹体与引信、弹体与尾管的光滑过渡。弹体与尾管外形的光滑流线型能够大大减少阻力,因此尾管做成倒锥形,但这种结构的缺点是增加了消极质量。由于流线型外形、断面比重增加以及初速提高,故它比老式 81mm 弹射程提高不少。

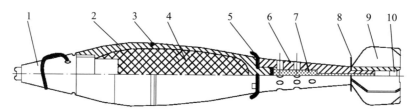

1—引信；2—弹体；3—闭气环；4—炸药；5—药包挂钩；6—尾管；
7—基本装药；8—药包挂钩；9—尾翼；10—底火。

图 5.15 美国 M374 式 81mm 迫击炮弹

2）采用塑料闭气环闭气

在弹体定心部下方有一环形凹槽,内放一塑料环。发射时,在火药气体作用下塑料环向外膨胀而贴紧炮膛壁,这样就减少了火药气体的外泄,提高初速,减少初速散布。闭气环开有缺口,出炮口后即被火药气体吹脱。由于有了闭气环就不再需要有闭气槽。

3）低速旋转

尾翼片下缘的一角向左扭转 5°倾角。出炮口后,在空气动力作用下使弹丸低速旋转,最大转速可达 3600r/min,有利于消除质量偏心和外形不对称造成的不利影响,提高精度。

4）基本药管与底火分开

底火放在尾管下部内膛,基本药管放在内膛中,其火焰经传火通道点燃基本装药,再点燃附加装药。

5）铝合金弹尾

尾管与尾翼装置均用铝合金制成,尾翼装置为一整体。铝合金弹尾轻,有助于质心前移,增大稳定性。

6）装填量增大

弹体薄、炸药装填量增多。

2. 81mm 迫击炮杀伤榴弹

81mm 迫击炮杀伤榴弹是典型前装、滑膛式迫击炮杀伤榴弹,可应用于国产 81mm 迫击炮,也可应用于奥地利 SM I 式、芬兰 M71 式、南非 M3 式、美国 M252 式等同口径迫击炮。该弹采用分装式全备弹密封包装,携带方便,密封性好,适于平原、山区及丛林地带作战,用于打击敌有生力量和轻型工事等目标。

该弹结构如图 5.16 所示,主要由引信、弹体、炸药装药、闭气环、弹尾、发射装药(基本药管和药盒)组成。该弹采用整体式弹体,弹体材料为稀土铸铁,装填 0.65kg 梯恩梯炸药。发射时,迫击炮击针撞击底火,引燃发射装药,产生高压气体将弹丸发射出炮膛,弹丸飞行至目标后,引信作用,起爆弹内的炸药,产生破片杀伤敌有生力量,摧毁敌轻型工事。

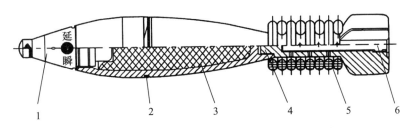

1—引信；2—闭气环；3—装药；4—弹尾；5—药盒；6—药管。

图 5.16 81mm 迫击炮杀伤榴弹

81mm 迫击炮杀伤榴弹主要诸元和性能参数见表 5.1。

表 5.1 81mm 迫击炮杀伤榴弹主要性能参数

弹丸直径/mm	81	全装药平均膛压/MPa	≤66.6
弹丸长度/mm	480	全装药初速/(m/s)	312
弹丸质量/kg	4.2	最大射程/m	≥5600
装药种类及质量/kg	TNT(0.626)	最小射程/m	≤120
弹体材料	稀土铸铁	杀伤半径/m	≥20
引信	MP-8	地面密集度	1/140,1/300

3. 120mm 迫击炮火箭增程杀伤爆破弹

120mm 迫击炮火箭增程杀伤爆破弹为前装、滑膛式迫击炮弹,用于国产 120mm 迫击炮,也可应用于俄罗斯 M38 式、M43 式、2B11 式、2C12 式等同口径迫击炮,具有射程远、精度高、威力大、安全可靠和使用方便等点,主要用于远距离打击敌有生力量和工事。

120mm 迫击炮火箭增程杀伤爆破弹结构如图 5.17 所示,主要由引信、战斗部、火箭发动机、稳定装置、发射装药(基本药管和药盒)组成。战斗部壳体应用稀土镁铸铁、装填 1.96kg 含铝混合炸药。发射时,迫击炮击针撞击底火,引燃发射装药,产生高压气体将弹丸发射出炮膛,在炮口前方 80~150m 处尾管脱落。弹丸飞行一段时间后,火箭发动机开始工作,产生推力,实现增程,最大射程可达 13km。弹丸飞行至目标后,引信作用,起爆弹内的炸药,弹丸爆炸产生冲击波,弹体破碎形成大量破片,利用破片杀伤和爆破作用,杀伤敌有生力量,摧毁敌方工事。

120mm 迫击炮火箭增程杀伤爆破弹主要性能参数见表 5.2。

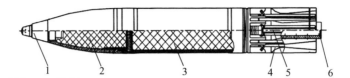

1—引信；2—战斗部；3—火箭发动机；4—稳定装置；5—药盒；6—基本药管。

图 5.17　120mm 迫击炮火箭增程杀伤爆破弹

表 5.2　120mm 迫击炮火箭增程杀伤爆破弹主要性能参数

弹丸直径/mm	120	全装药平均膛压/MPa	≤102
弹丸长度/mm	900	全装药初速/(m/s)	268
弹丸质量/kg	20.3	最大射程/m	≥13000
装药种类及质量/kg	RDX-TNT-AL(1.96)	发射装药	5 号或 6 号
弹体材料	稀土镁铸铁	杀伤半径/m	≥28
引信	MP-11M	地面密集度	1/100,1/200

4. 120mm 迫榴炮预制破片弹

120mm 迫榴炮预制破片弹用于国产 120mm 迫击炮，也可应用于俄罗斯 2C9 式、2C23 式、2C31 式、2B16 式等同口径迫击炮。主要用于对付敌轻型装甲车辆、有生力量和野战工事等。

120mm 迫击炮预制破片弹结构如图 5.18 所示，主要有由引信、战斗部、弹尾、尾翼、发射装药(基本药管和药盒)等组成。战斗部壳体材料为高性能合金钢、装填高密度预制破片，应用 3.2kg A-Ⅸ-Ⅱ炸药。发射时，迫击炮击针撞击底火，引燃发射装药，产生高压气体将弹丸发射出炮膛，最大射程可到 8.5km。弹丸飞行至目标后，引信作用，起爆弹内的炸药，弹丸爆炸产生冲击波和大量破片(自然破片和预制破片)，毁伤轻型装甲车辆、有生力量、建筑工事等目标，是一种多功能、高毁伤效应的迫击炮弹。

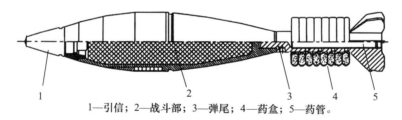

1—引信；2—战斗部；3—弹尾；4—药盒；5—药管。

图 5.18　120mm 迫击炮预制破片弹

120mm 迫榴炮预制破片弹主要性能参数见表 5.3。

表 5.3　120mm 迫击炮预制破片弹主要性能参数

弹丸直径/mm	120	全装药平均膛压/MPa	≤112
弹丸长度/mm	720	全装药初速/(m/s)	426
弹丸质量/kg	13.9	最大射程/m	≥8500
装药种类及质量/kg	A-Ⅸ-Ⅱ(3.2)	最小射程/m	≤550
弹体材料	40Cr	威力	8m,12mm 装甲靶板
引信	MP-11M	地面密集度	1/200,1/250

5.4 迫击炮弹的发展趋势

在现代战争中，地面火炮担负着压制敌方火力、摧毁敌方设施和杀伤敌方人员的责任，为进攻或防御开路和予以火力支援，阻拦敌方后备队，破坏敌方通信阵地和攻击其他目标。迫击炮，尤其是中、小口径迫击炮，因为具有弹道弯曲、死区小、威力大、射速快、质量轻、结构简单和造价低等特点，所以即使在现代战争中也不可能被其他火炮武器所代替。

针对迫击炮弹的射程近、隐蔽性差、精度差等缺点，迫击炮弹的改进措施和发展趋势主要表现为以下几个方面。

1. 增大射程、扩大火力控制范围

增大射程能够使迫击炮适应更大纵深的攻击要求，使迫击炮具有更大的火力控制范围。传统迫击炮弹多使用铸铁材料，所能承受的膛压较低，加上火药气体泄漏，导致初速较低，射程较近。提高初速是实现增程的有效技术途径之一，通常采用增大膛压、加长炮管、减少火药气体泄漏、应用新型发射药改善膛压曲线等方法实现。同时需要通过提高弹体铸造质量或使用高性能钢质弹体，以使弹体能承受更大的膛压。此外，通过改变迫击炮弹的传统外形，增大长径比，减小弹丸的飞行阻力，增大断面比重，以及采用火箭发动机增程也是提高射程的有效技术途径。例如，北欧先进的迫击炮系统（AMOS）采用高能发射药，其射程可达10km，我国研制的120mm迫击炮火箭增程杀伤爆破弹射程可达13km。

2. 提高威力、增强反装甲能力

通常迫击炮弹比同口径的火炮弹丸威力要小，一方面是迫击炮弹尾管基本没有杀伤作用，另一方面是因为传统迫击炮弹弹体材料力学性能差，装填的炸药能量低，与炸药的匹配性不好，爆炸后破片过碎，有效破片较少。新型迫击炮弹需要采用高性能弹体材料，装填与弹体材料匹配的新型高能炸药。例如，俄罗斯的爆破增强型120mm迫击炮弹采用3VOF119炸药，其威力是现有迫击炮弹的2倍。我国的120mm迫击炮预制破片弹采用高密度预制破片，能有效打击轻型装甲车辆、野战工事和有生力量等多种目标。对稳定装置，则采用高强度轻金属材料，以便减轻非毁伤元质量，使弹丸质心前移，同时能提高射击精度。

3. 发展制导迫击炮弹、提高打击精度

迫击炮弹由于成本低、加工精度差、火药气体泄漏、附加药包位置窜动等原因带来各发弹的一致性差、密集度差、精度较低。随着电子技术的发展，器件小型化和抗过载能力不断提高，发展带制导功能的迫击炮弹成为提高精度和作战效能的根本途径。例如，XM395制导迫击炮弹以德国120mm Buzzard迫击炮弹为基础，头部加装了半主动激光导引头，弹体侧面装有火箭推进器，中、后部各有4片折叠翼和控制翼，全弹重17.2kg，最大射程15km，能够在弹道末段进行制导控制，制导精度可达1~2m。以色列研制的120mm激光制导迫击炮弹（LGMB）可配合牵引或自行120mm迫击炮以及各种激光指示器使用，是同时为传统战场和城市作战设计的，射程10.5km，圆概率误差为1~2m，精度高，附带毁伤小。

4. 采用近炸或多用途引信

为了充分发挥迫击炮弹落角大、破片飞散面积大的有利特点,采用无线电近炸引信或多用途引信,大幅度提高弹丸的杀伤效果。

5. 改进结构、发展多弹种

利用迫击炮弹加速度小、无旋转、弹体内腔尺寸大等特点,改进弹丸结构,发展各种特种弹,如照明弹、烟幕弹、燃烧弹、宣传弹、目标指示弹等。我国迫击炮目前配备的就有杀伤榴弹、远程杀伤榴弹、杀伤爆破弹、钢珠杀伤弹、预制破片弹、子母弹、燃烧弹、照明弹和烟幕弹。

第6章 特 种 弹

6.1 概 述

现代战争的复杂性带来了装备需求的多样性,为了完成现代战场条件下的作战任务,除了需要直接杀伤和摧毁目标的主用弹药外,还需要依靠自身性能产生特殊效应的特殊类型弹药,称为特种弹。特种弹是与以毁伤为目的的弹药相区别的另一种弹药,它是指不依赖于炸药爆炸或动能直接毁伤目标,而是以其产生的特殊效应来完成某些特殊作战任务的弹药,如烟幕弹、燃烧弹、照明弹、宣传弹、目标指示弹、战场侦察弹等。

随着高新技术在战争中的广泛应用,光电对抗的作用越来越重要。干扰和对抗敌方雷达及精确制导弹药的红外、激光、毫米波导引头、观瞄器材、侦察器材等设备的无源干扰弹已得到广泛的应用和发展,如热烟雾、冷烟雾、箔条、气溶胶构成的红外、激光、毫米波干扰弹和诱饵弹等。人们习惯上也把它们称为特种弹,实际上这是特种弹药传统概念的延续使用。由于此类特种弹不仅具有传统特种弹药的功能(迷盲、遮蔽、伪装、欺骗、照明、威慑等),而且还能成为与现代光电器材和制导武器相对抗的有效手段,因此称为新型特种弹。新型特种弹可使敌方的武器装备的效能降低或失效,与非致命弹药一致,故这类弹药应属于非致命弹药或软杀伤弹药,将在第12章介绍。

把本身不能直接或间接地毁伤目标,不能使目标效能降低乃至失效的特种弹药,称为战场支援弹药。除了传统的照明弹、信号弹、燃烧弹、烟幕弹等外,新发展的电视战场侦察弹、目标辨认和战场毁伤效果评估(TV/BDA)弹、传感器战场侦察弹,都属于战场支援弹药。本章讨论的特种弹即为此类战场支援弹药。

与主用弹药相比,特种弹药在结构、性能、配备等方面具有以下特点。

(1) 配备量较小。特种弹的作战使命是在特定条件下完成特殊任务,特种弹特殊效应的发挥,主要靠装填元素的性质和数量。由于小口径弹的装填量少,因而产生效应的能力也低,所以特种弹只能配于中口径以上的火炮、迫击炮及火箭炮上。即使在中口径以上各种武器的弹药装备基数内,特种弹的配用数量也比较少。

(2) 结构复杂,制造工艺特殊,成本高。除烟幕弹外,其他传统的特种弹都采用抛射药和推板等结构,以便将弹丸内的药剂或宣传品推出。为了便于推出时不致损坏,一般采用底螺和瓦形板等。这会使弹丸结构复杂,装填物制备工艺繁琐,要求严格,成本高。

(3) 受外界条件的影响大。特种弹在完成战斗任务时,其性能往往会受气象、地形等环境条件的影响。例如,当风很大时,烟幕弹和目标指示弹的烟云会很快消失,照明弹吊伞照明炬系统会飘离目标区;复杂电磁环境会影响侦察弹信息的可靠传输等,从而影响特种弹的有效使用。

(4) 密封、防潮要求严格。由于特种弹的装填物包括纸制品、织物、毡,还有烟火药、黑火药等,这类材料易吸湿、受潮变质,因此,必须有严格的密封措施。

特种弹与主用弹相比,功能差别较大,但是弹的外形基本相同,为了在勤务和使用时便于区别特种弹,在特种弹的弹头部有一条识别带,用不同识别带的颜色对应一个弹种,包括白色(照明弹)、红色(燃烧弹)、黑色(烟幕弹)、黄色(宣传弹)。

6.2 烟幕弹

6.2.1 烟幕弹概述

烟幕弹,也称发烟弹,是特种弹中应用较多的一种,广泛配用于中口径以上的火炮、迫击炮和火箭炮上,其主要用途是施放烟幕,用以迷盲敌人观测所、指挥所和火力点,掩蔽我方阵地和军事设施等。同时,也可用作试射、指示目标、发信号和确定目标区的风速、风向等用途。施放烟幕是战争中一种重要的战术手段,它可以有效地限制敌方的火力运用和部队机动,为夺取战场的局部优势创造必要的条件。

烟幕弹是靠装填发烟剂来完成任务的。烟幕弹炸开后,将产生大量的烟雾(烟和雾幕),使周围空气的透明度大大下降,从而起到遮蔽作用。这里所说的烟雾,就是散布和悬浮于空气中的固体和液体微粒,由于这些微粒的存在,从目标反射回来的光线将被这些微粒吸收或漫射,强度大大减弱,使目标景象变得模糊不清甚至难以分辨。

自从烟雾技术在第二次世界大战中被广泛应用以来,烟幕弹就一直在战中扮演着不可替代的角色,目前世界上各国普遍装备的烟幕弹一般为红、蓝、黄、白、黑5种。

从战术技术要求出发,烟幕弹应当满足下列要求。

(1) 射程和精度应与同口径主用弹相近,为了在整个战术纵深范围内与主用弹配合使用,要求烟幕弹有足够的射程,弹形也应是远射程型的。弹道与主用弹基本一致,特别是用于指示目标的烟幕弹与主用弹的弹道一致才能为主用弹射击提供正确射击参数,为了用最少的弹药形成有效烟幕遮蔽或者准确指示目标,要求烟幕弹的射击精度高,烟幕弹的散布不能太大。

(2) 发烟能力强,遮蔽效果好。发烟剂的装填系数应尽可能大,利用率要高,作用后形成烟幕速度快、浓度高,烟幕面积大,持续时间长。

(3) 发烟剂具有好的安定性,作用可靠而不失效。

(4) 密封可靠,储存和勤务处理安全。

6.2.2 烟幕弹的作用方式

烟幕弹装填的发烟剂常用的有黄磷、HC 发烟剂(燃烧型金属氧化物)、彩色发烟剂、抗红外发烟剂等。根据发烟剂的装填和作用方式不同,烟幕弹常分为着发式烟幕弹和空爆抛射式烟幕弹两种。

1. 着发式烟幕弹

着发式烟幕弹结构如图 6.1 所示,弹丸外形与主用弹一致,通常采用弹头着发引信,在弹丸碰击目标后,引信启动引爆炸药将弹体炸开,发烟剂飞溅出来,迅速形成烟幕,如图 6.2 所示。

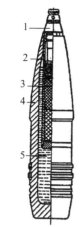

1—引信；2—传爆管；3—炸药；
4—弹体；5—发烟剂(黄磷)。

图 6.1 着发式烟幕弹

图 6.2 着发式烟幕弹的作用情况

这种作用方式的烟幕弹,优点是射击精度较高,形成烟幕也较快;缺点是爆炸时生成热量大,烟云上升快,稳定性不好,由于引信有一定作用时间,因而弹丸会侵彻一定深度,而使一部分发烟剂留在弹坑内,扩散不出来,造成损失,尤其在软质土壤和水网地带应用时更加严重。

2. 空爆抛射式烟幕弹

空爆抛射式烟幕弹结构如图 6.3 所示,通常采用时间引信,发烟剂装在发烟罐内,发烟罐结构如图 6.4 所示。在预定的弹道点上,引信起作用,点燃抛射药和发烟剂,抛出发烟罐;发烟罐落到地面后,继续燃烧而发烟,形成烟幕。

这种方式的烟幕弹,优点是发烟时间较长(可达几分钟);缺点是成烟速度慢,烟幕浓度低,易受气象条件影响,加之受引信作用时间的散布影响,因而精度较差。发烟罐如落在水网和泥塘地带,还有可能中途熄灭。由于上述缺点,这种结构的烟幕弹采用得很少。

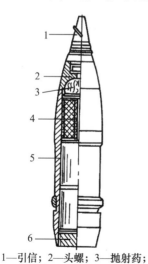

1—引信；2—头螺；3—抛射药；
4—发烟罐；5—弹体；6—底螺。

图 6.3 空爆抛射式烟幕弹

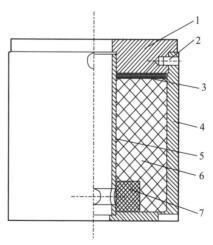

1—罐盖；2—圆柱销；3—调整垫；4—罐体；
5—中心管；6—发烟剂；7—引燃环。

图 6.4 发烟罐

6.2.3 典型烟幕弹的结构特点

1. 加农炮用烟幕弹

我国目前各种口径后膛炮所配用的烟幕弹,其结构基本一致。均由弹体、发烟剂、扩爆管、炸药柱和引信等组成。

60 式 122mm 加农炮用烟幕弹主要由弹体、扩爆管、发烟剂(黄磷)和引信组成,其结构如图 6.5 所示。弹体的各个部分基本上与主用弹相仿。

扩爆管的外露部分与弹体截去部分外形相同,与弹体装配时,需加密封圈拧紧,其作用为盛装炸药柱、连接引信和密封发烟剂。我国各种口径后膛炮发射的烟幕弹大都采用烟-1 式引信,因此,扩爆管内径均为 24mm。扩爆管的长度主要取决于炸药量和弹体炸开程度的要求,一般取药室长度的 1/3～1/2,最长以不超过弹带位置为限。

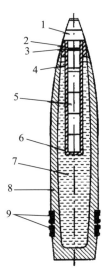

1—引信;2—扩爆管壳;3—垫圈;4—包装纸;5—扩爆药;6—垫片;7—发烟剂;8—弹体;9—弹带。

图 6.5 60 式 122mm 加农炮用烟幕弹

该弹的发烟剂采用黄磷(也称白磷),黄磷烟幕弹可以用于施放遮蔽烟幕、指示目标,也可以利用黄磷自燃特性实现纵火功能。黄磷是一种蜡状固体,密度为 1.73g/cm^3,熔点为 44℃,沸点为 280℃,常温下能与空气中的氧反应而自燃。因此,当炸药爆炸后,黄磷破碎成许多细小微粒,分散在空气中。这些微粒很快在空气中发生自燃,生成磷酸酐 P_2O_5,其中一部分磷酸酐在空气中迅速聚成白色的烟雾,另一部分则与空气中的水分反应生成偏磷酸 HPO_3、焦磷酸 $H_4P_2O_7$ 或正磷酸 H_3PO_4,它们同样也迅速形成白色烟云。发烟剂采用黄磷的优点是成烟快,烟云浓度高,遮蔽力强,同时对人的皮肤具有强烈的烧伤作用,伤口经久难愈;其缺点是有毒、易燃,不易储存(平时在水中保存),并且爆炸后的烟云迅速上升,利用率低。

发烟剂(黄磷)是用注装法装填的,因为黄磷熔点低,密度大于水而不溶于水,装填时先将磷块置于热水槽溶为液体,再打开水槽下的阀门,通过定量均匀注入弹体。为防止装填时自燃,弹腔内可先充少量的二氧化碳。注磷后立即旋上压好铅圈的传爆管进行密封。目前工厂均采用装磷机生产,是完全密封装填,因而操作条件好、安全可靠。为避免旋紧传爆管时胀裂弹体,并考虑到高温时磷的体积膨胀,故需留出必要的空间。一般情况下,应留出 3%~5% 的弹体容积。

2. 迫击炮用烟幕弹

55 式 120mm 迫击炮用烟幕弹是前装式烟幕弹,结构如图 6.6 所示,主要由弹体、传爆管、发烟剂、尾管和引信等组成。其主要诸元见表 6.1。

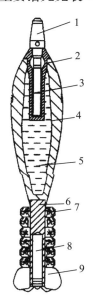

1—引信;2—炸药管;3—炸药柱;4—弹体;5—发烟剂;6—尾管;7—附加药包;8—基本药管;9—尾翼。

图 6.6　55 式 120mm 迫击炮用烟幕弹示意图

表 6.1　55 式 120mm 迫击炮用烟幕弹主要诸元

弹重/kg	16.9	初速/(m/s)	265.3
发烟剂重/kg	1.55	最大射程/m	5800
烟幕尺寸/m	宽(25~30) 高(23~28)	烟幕保持时间/s	35~40

该弹发烟剂采用黄磷,弹体与迫击炮弹弹体通用,仅在口部端有一凹槽,以便装铅垫圈。弹体多用铸铁或钢性铸铁制造,不宜采用稀土铸铁,因为强度高的材料将影响发烟效果。由于迫击炮用烟幕弹的弹口螺纹直径较大,故采用细牙螺纹。此外,由于弹丸头部内腔直径也比较大,对装磷容积的控制比后膛弹困难,因而规定较宽,一般定为 90%~98%。迫击炮用烟幕弹所配用的引信往往与主用弹(榴弹)相同,只是不准使用延期装定。这种弹在到达预定目标上空时,时间引信作用,点燃抛射药抛撒发烟剂,发烟剂燃烧发烟形成烟幕。

新的弹种通常采用赤磷作发烟剂,图 6.7 所示的德国 RWM 81mm 迫击炮用烟幕弹采用的是一种无毒配方赤磷,其优势在于除了遮蔽可见光外,还可以遮蔽红外信号,便于红外目标隐蔽。

图 6.7 德国 RWM 81mm 迫击炮用烟幕弹

6.2.4 烟幕弹作用效果的影响因素

烟幕弹主要是靠弹丸爆炸时生成的烟幕来迷盲敌人,掩蔽自己。由于烟幕弹有遮蔽、干扰、信号和指示等不同用途,衡量其作用效果的特征量也有差别。用于遮蔽可见光的烟幕弹,其作用效果的好坏,主要根据烟幕正面宽度、烟幕高度和烟幕迷盲时间这 3 个特征数来衡量。烟幕正面宽度是指弹丸爆炸后所形成的烟幕能遮蔽住背后的目标时的宽度,即有效的烟幕宽度。烟幕在其形成至消散过程中,宽度是不断变化的,所以其正面宽度应取过程中的平均值。烟幕高度是指在烟幕扩散过程中,能起到有效遮蔽作用的烟幕高度的平均值。迷盲时间指的是从烟幕遮住背景到烟幕中出现背景的时间间隔。烟幕弹施放烟幕的高度并不需要很高,过高不仅对遮蔽地面目标毫无意义,而且还降低了烟雾的浓度。由于情况多变,测定这 3 个特征数,应在标准条件下取多发射击的平均值。我国各种火炮用烟幕弹的性能见表 6.2。

表 6.2 我国烟幕弹性能

烟幕弹名称	装填系数 $(\alpha = \omega/m)$/%	炸药与磷量比 (ω'/ω)/%	烟幕性能		
			正面宽度/m	高度/m	持续时间/s
82mm 迫击炮烟幕弹	11	8	14~18	15~20	23
120mm 迫击炮烟幕弹	9	8.5	25~30	23~28	35~40
85mm 加农炮烟幕弹	5.6	19	12~15	18~22	20~25
122mm 榴弹炮烟幕弹	15.4	4.4	25~30	37~42	40~50
152mm 加榴炮烟幕弹			30~45	40~50	50~60

烟幕弹作用效果的主要影响因素有以下几个。

1. 发烟剂的种类及成分

发烟剂的作用效果与其种类密切相关。例如,HC 发烟剂的烟幕持续时间长,对可见光的遮蔽效果好;黄磷发烟剂成烟速度快,对可见光的遮蔽效果好,但烟幕持续时间相对较短;抗红外发烟剂生成的烟幕对红外波段工作的光电器材具有较好的干扰作用。

常用发烟剂有升华、蒸发发烟剂和燃烧发烟剂。升华、蒸发发烟剂中的发烟物质可借燃烧放出的热升华或蒸发产生大量固体或液体微粒而形成烟雾。可燃物一般为 $KClO$、KNO、木炭或其他有机物;发烟物质有 $SnCl$、$SiCl$、$TiCl$ 等或 SO 及氯磺酸等,这种发烟剂对金属有腐蚀作用,而且烟雾呈酸性,对自己的人员、装备有损害,应用较少。黄磷燃烧会产生热量,使烟幕迅速上升,影响遮蔽作用,为了克服其缺点,在黄磷微粒中加入适量的天然橡胶或合成橡胶制成胶状物,制成以黄磷为主的塑性黄磷。此外,在空爆抛射式烟幕弹中还采用有机氯化物、金属粉和少量氧化剂组成的混合物作为发烟剂,其配方是六氯乙烷 55%、锌粉 43.5%、硝酸钡 1.5%。这种发烟剂燃烧时间较长,但成烟速度慢、烟雾浓度低。

2. 弹丸结构和材料的影响

空抛作用方式,发烟剂散布面积较大,容易形成较大面积的烟幕;着发作用方式,发烟剂比较集中,利于指示目标,便于观察。对着发式烟幕弹来说,弹药材料和炸药量的选择应适当。弹体材料强度不宜过高,炸药量应以炸开弹体为限,应避免炸药爆炸时产生过高的热量,因为过高的热量将使烟雾呈蘑菇状烟柱,起不到遮蔽作用。但对于加农炮用烟幕弹,由于其着速大,炸药量应适当增加;否则较多的发烟剂将被留在弹坑内起不到发烟作用。

对空爆抛射式烟幕弹来说,发烟罐的落地速度不应很高,需要避免发烟罐落地时,碰到硬质表面被摔碎,碰到软质表面而陷入,影响发烟效果。为此,国外有些烟幕弹采用了加装降落伞的结构形式,降落伞可以加在发烟罐上,也可以加在弹丸上。

3. 气象条件的影响

气象条件对烟幕效能影响很大,有利的气象条件能增强烟幕遮蔽效果,不利的气象条件会增加发烟器材消耗量,恶劣气象条件下不宜施放烟幕。风向能决定烟幕的移动方向,风速影响烟幕的移动速度、散布速度和扩散纵深。当风速大于 10m/s 时,烟雾会很快消失,不能形成烟幕;风向与阵地正面垂直时,烟雾就不能充分拉开,不能有效地遮蔽目标;气温较高时,由于气流上升,所以烟雾也迅速上升,不能有效地遮蔽目标;雨天,雨滴会加大烟雾的凝聚作用,也会使烟云迅速消失等。但是,有些气象条件却对施放烟幕有利,如风向和阵地正面平行时有助于烟雾展开;气压低、湿度大,对烟幕形成有利;清晨和傍晚气流流动较弱,烟雾会弥漫地面,保持较长的时间等。对于这些有利条件,射击时应加以利用。

4. 目标区地形地物的影响

地形和地物影响气流的方向和性质,会影响到烟幕的运动。不平坦的地区会产生局部风,使空气扰流增强,加速烟幕消散。当目标区的土质较软或为沼泽地、稻田时,发烟剂留在弹坑内的较多,甚至会落入水中而失效,因而很少对这种地区使用着发式烟幕弹;目标区的地形平坦,土质较硬,对形成烟幕有利。

5. 射击条件的影响

烟幕与目标的相对位置影响烟幕对目标的遮蔽、干扰效果,弹丸的射击参数决定着烟幕的位置,空抛烟幕弹的空抛高度影响发烟剂的散布范围。对着发式烟幕弹来说,落速小比落速大好,落角大比落角小好,这是因为落速小可以使弹丸钻入地面的深度浅,落角大可以使弹丸爆炸后,发烟剂向四周飞散。

6.3 燃 烧 弹

6.3.1 燃烧弹概述

燃烧弹也称为纵火弹,是利用燃烧剂的高热效应,对目标进行燃烧或对可燃目标实施纵火的一种特种弹。燃烧弹的用途是对敌可燃性目标实施纵火,主要包括木质结构的建筑、油库、易燃易爆的弹药库、堆垛(木箱、塑料箱)、储存的燃油、运输设施、粮仓、被服、野营装备等可燃军用物资,有时也用来烧毁敌军的技术兵器、通信器材和阵地上的隐蔽物。

由于单纯的燃烧弹有时还不能满足作战需求,近代还出现了一些复合作用的燃烧弹,如与穿甲作用相结合的曳光穿甲燃烧弹、与爆破作用相结合的爆破燃烧弹等。

燃烧弹的燃烧作用是靠从体内抛出已被点燃的火种——燃烧炬(内装燃烧剂),在目标区域抛散火种目标。燃烧炬应具有一定的强度,在发射或碰击目标时,不会破碎;否则目标不能被点燃。即使目标被点燃,由于燃烧炬的破裂也会很快熄灭。

燃烧剂的性能是影响燃烧弹威力的主要因素,从实战出发,对燃烧剂有以下要求。

(1) 具有较高的燃烧温度、长的火焰和适量的灼热熔渣。

燃烧温度、长的火焰和灼热熔渣量是决定燃烧能力的主要因素。实践证明,点燃易引燃的物质,燃烧温度不应低于 800~1000℃;若点燃较难引燃的物质,燃烧温度应高于 2000℃;在纵火烧毁面积较大的易燃目标(如森林)时,为扩大燃烧剂的作用范围,造成更多的火源,燃烧剂必须具有产生长火焰的性质;对在烧毁难引燃的金属目标(如器材、汽车、火炮等)时,要求燃烧剂在燃烧时产生大量有一定黏附力和流动性的灼热熔渣,以便附着在目标上进行较长时间的燃烧。

(2) 容易点燃,不易熄灭。

点燃燃烧剂的难易程度,以及点燃后是否容易熄灭,决定了燃烧弹作用的可靠性。

(3) 要有较长的燃烧时间。

为了确实引燃某些目标,需要燃烧剂具有一定的燃烧时间,如引燃城市建筑需要 10~20s 的燃烧时间。为了保证一定的燃烧时间,常要求燃烧剂的燃烧速度不能过大。

(4) 具有足够的化学安定性。

长期储存中确保燃烧剂不变质、不失效。

目前,燃烧弹所用燃烧剂基本有以下 4 种。

(1) 金属燃烧剂。这类燃烧剂是在外界激发能(爆炸或燃烧)的作用下被激活而自燃的可燃金属,具有燃烧稳定、热量大、纵火效果好等特点。能作燃烧剂的有镁、锆、铀和稀土金属、镁基合金、锆基合金等易燃金属和合金。金属燃烧剂多用于贯穿装甲后,在其内部起纵火作用。例如,镁基合金能借助空气中的氧燃烧,燃烧温度可达 2000℃ 以上。

(2) 石油基燃烧剂。典型的有凝固汽油(napalm),是一种黏性液体,其主要成分是汽油、苯和聚苯乙烯。此类燃烧剂燃烧温度较低,一般为 800℃ 左右。但它易于点燃,火焰大(长 1m 以上),燃烧时间长,因此纵火效果好。

(3) 烟火燃烧剂。由金属粉和能与金属粉反应的金属氧化物混制而成的高热燃烧剂,这种燃烧剂燃烧时能够产生 2000~3000℃ 的高温,能形成熔融的可流动灼热熔渣,燃烧时间长,但火焰区小(不足 0.3m),而且点燃这种燃烧剂一般需要 1300~1500℃,需要采用专门的点火药。典型烟火燃烧剂是铝热剂。

(4) 自燃燃烧剂。可用作自燃燃烧剂的材料有黄磷、金属钠三乙基铝等。

6.3.2 燃烧弹的结构特点

炮射燃烧弹的结构主要有空抛式、着发式纵火和半穿甲爆破式 3 种形式。

1. 空抛式燃烧弹

图 6.8 所示的 60 式 122mm 加农炮用燃烧弹是典型的空抛式燃烧弹,该弹主要由引信、弹体、弹底、燃烧炬、中心管和抛射系统组成。其主要诸元见表 6.3。

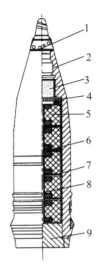

1—引信;2—弹体;3—抛射药;4—推板;5—燃烧炬;6—点火药饼;7—压板;8—中心管;9—弹底。
图 6.8　60 式 122mm 加农炮用燃烧弹

表 6.3　60 式 122mm 加农炮用燃烧弹参数

诸元	参数值	诸元	参数值
弹重/kg	25.7	燃烧剂重/kg	2.36
初速/(m/s)	896	燃烧温度不低于/℃	800
静止燃烧时间少于/s	75	单炬燃烧时间不少于/s	70

1) 引信

该弹配用时-1式钟表时间引信。

2) 弹体

弹体用 60 号优质钢制成。弹头部比较尖锐,具有远射程形状特点,其最大射程 22000m 左右。具有两条弹带,为了提高装填容积,以及便于使燃烧炬从底部抛出,弹体内腔呈圆柱形。由于 122mm 加农炮膛压高,弹体壁相应厚些。弹带尽量靠近弹底,以增加弹带部位弹体的强度。

3) 弹底

弹底材料为 60 号优质钢。为了保证弹带部位的弹体强度,弹底较厚。弹底与弹体之间靠螺纹连接,为剪断螺纹将燃烧炬抛出,该弹只采用了 2~3 扣的螺纹。为防止火药气体从弹底连接处窜入弹体引起燃烧剂的早燃,在弹体与弹底的连接处有 0.4mm 厚的铝质密封垫圈。

4) 燃烧炬

该弹共有 5 个燃烧炬,燃烧炬的结构如图 6.9 所示。在炬壳内压装有燃烧剂,为了点燃它们,在上、下两端各压有点燃药饼。燃烧剂的成分为硝酸钡 32%、镁铝合金粉 19%、四氧化三铁 22%、草酸钠 3%、天然橡胶 24%。其制作方法是,除天然橡胶外,其余成分按配比混合均匀后,在加热的碾药机中与橡胶混合碾成橡胶药片,再将药片放置在壳中加热压制成形。这种燃烧剂的燃烧温度达 800℃以上,燃烧时间也比较长。

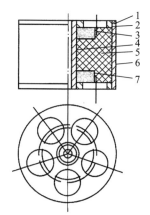

1—压板;2—药饼挡板;3—毡垫;4—中心管;5—燃烧剂;6—炬壳;7—点燃药饼。

图 6.9 燃烧炬

点燃药饼分为引燃药和基本药两部分。靠近中心管小孔的为引燃药,其成分及配比为硝酸钾 75%、镁粉 10%、酚醛树脂 15%、精馏酒精(外加)5%~8%。引燃药外部为基本药,其成分配比为硝酸钡 66%、镁粉 10%、铝粉 20%、天然干性油 4%。

每个燃烧炬中装有燃烧剂 0.4kg,点燃药饼为 36g,整个弹体内燃烧炬(5 个)和点燃药饼(10 个)的总质量为 2.36kg。每个燃烧炬上、下两端均有一块压板,其作用是固定点燃药饼和燃烧剂。在压板平面上有 5 个直径为 25mm 的孔,以便喷吐火焰起到纵火作用。所以,这种燃烧炬落在目标上后,两面都喷火焰,可提高其纵火能力。

5)中心管

为了保证在燃烧炬抛出前均被点燃,在燃烧炬中心有一钢质中心管,5 个中心管对准后,形成一条直径为 5.5mm 的传火管。中心管两端用螺纹与上下压板连接,以免燃烧炬碰击目标时被摔出。在中心管两端侧面上,紧靠点燃药饼处各有 3 个均匀分布的小孔(直径为 3mm),保证药饼的可靠点燃。

6)抛射系统

该弹的抛射系统由高压聚乙烯药盒(内装 80g2 号黑药的抛射药包)和推板组成。当时间引信作用时,抛射药被点燃,一方面抛射药产生的火焰将通过推板中间的小孔和中心管内孔,把每个燃烧炬的点燃药饼点燃;另一方面抛射药燃烧所产生的压力,将通过推板和 5 个燃烧炬壳体,将弹底螺纹切断,从而将已点燃的燃烧炬抛出弹体,落于目标区域,起到纵火作用。

由于加农炮初速大,相应落速也大,燃烧炬的壳体又是钢质,所以它具有一定的贯穿能力。射击试验表明,122mm 加农炮燃烧弹的燃烧炬能贯穿 4~6 层炮弹箱的木板和一般结构仓库的屋顶,或两个汽油桶(4 层铁皮),从而可以提高其纵火能力。

2. 着发式纵火燃烧弹

图 6.10 所示为 53 式 82mm 迫击炮用着发式纵火燃烧弹,该弹在结构上是内装燃烧体的黄磷弹。燃烧体由金属壳体和燃烧剂组成,其中的燃烧剂由镁粉、铝粉、四氧化三

铁、硝酸钡和虫胶漆组成。弹体装药时,先放入一定数量的燃烧体,再注入黄磷,旋紧扩爆管壳,然后加以密封。

该弹作用时,引信引爆烟火强化剂并炸开弹体,使燃烧体和黄磷散开,燃烧体内的燃烧剂依靠黄磷燃烧而被点燃。燃烧体燃烧时,其温度可达 2000℃,火焰长 200mm,持续时间约 7s。但由于燃烧体质量小,燃烧时间短,贯穿能力差,除对油类、干燥柴草等纵火效果比较好外,对其他物质纵火效能较低。

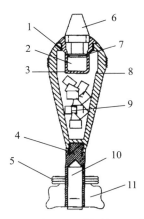

1—垫圈;2—烟火强化剂;3—扩爆管;4—尾管;5—附加药包;
6—引信;7—炸药;8—弹体;9—燃烧体;10—基本药管;11—尾翼。

图 6.10　82mm 迫击炮用燃烧弹

图 6.11 所示的 82mm 迫击炮用燃烧球式燃烧弹是上述燃烧弹的改进型,是将原来的燃烧体改成了燃烧球。燃烧球是用棉纱头和塑料燃烧剂构成的。燃烧剂的成分与配比为四氧化三铁 22%、硝酸钡 32%、铝镁合金粉 19%、草酸钠 3%、天然橡胶溶液 24%。

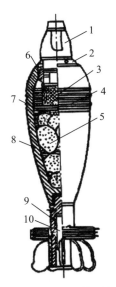

1—引信;2—扩爆管;3—TNT 和烟火增强剂;4—黄磷;5—燃烧球;
6—密封圈;7—圆纸片;8—弹体;9—尾管;10—基本药管。

图 6.11　82mm 迫击炮用燃烧球式燃烧弹

燃烧球的制作法：将棉纱头经硝酸钾处理并烘干后，剪成 30～40mm 长。将质量约 1g 的棉纱头，掺入 24～29g 塑料药饼并团成球状（每个燃烧球质量 25～30g）。装填时，先装入一定数量的燃烧球，再在上面放一圆纸垫，然后注入黄磷并密封。放入圆纸垫的目的是防止装黄磷时燃烧球燃烧。这种燃烧球结构的优点是具有黏附力，对易燃物有一定的纵火效果；缺点是当弹被炸开时，部分药球会被炸碎而不起作用。此外，药球燃烧不够连续，在橡胶溶液燃烧一段时间后，其余成分才能燃烧，故纵火速度不如燃烧体快。

3. 半穿甲爆破式燃烧弹

半穿甲爆破燃烧弹针对的目标具有一定的装甲防护，如轻型装甲车辆、舰船等。这种燃烧弹在舰炮和岸舰炮上配备较多。燃烧弹主要由风帽、弹体、中性药柱、烟火药柱、炸药柱、海绵锆环、支撑筒、引信和弹底组成。弹丸碰击目标后，在穿透的同时弹底引信将弹丸引爆，对目标产生爆破和纵火作用。海绵锆的炽热颗粒能可靠点燃易燃物品。

6.3.3 燃烧弹的使用要求

燃烧弹的纵火作用是利用其燃烧的火种分散在被燃目标上，将目标引燃并通过燃烧的扩展和蔓延来实现最终烧毁整个目标。因此，不但要求燃烧弹射程远、精度高，而且要求弹丸落在目标的有利点燃位置上，才能有效地将目标点燃。如果落在不利位置（如下风地带），即使相距较近也难点燃。

燃烧作用由燃烧剂的性能和被燃目标的性质状态这两方面来决定。被燃目标的性质、状态包括目标的可燃性（油料的种类、草木的温湿度等）、几何形状（结构、堆放等情况）和目标数量。燃烧过程一般分为点燃、传火、燃烧和大火蔓延 4 个阶段。点燃过程以常见木材目标来看，也要经过烘干、变黄、挥发成分分解、碳化（230～300℃）并最终开始燃烧（大于 300℃）。由此可见，燃烧除了需要有一定的温度外，还需要有一定的加热过程。而火势的传播与蔓延就要求已点燃的部分在存在一定热散失的条件下仍能继续对其周围的未燃目标完成上述点燃过程。由于燃烧弹中所装火种有限，要利用它来达到纵火的目的，在使用中就必须注意以下几点。

（1）合理选择纵火目标。一般应选择在一定范围内集中堆放的油类、干柴草、帐篷、军需、粮食、弹药箱及车辆等易燃目标。对于轻型土木工事、土木结构建筑物、仓库、营房以及停放的飞机等，一般应利用前面各种易燃目标的大火将其烧毁。

（2）燃烧弹使用要相对集中，以保证在一定范围内有足够的火种密度，这样可以减少热散失，有利于形成大火。

（3）应考虑与温度、湿度等有关的地区、季节、风速以及风向等气候条件。

燃烧弹在炮兵小口径对付薄装甲的弹药中应用较多，而且往往都是一些穿甲燃烧弹、燃烧榴弹等联合作用形式的弹药，对于大口径弹药，一般仅配用于 122～152mm 大口径火炮上。

目前炮用燃烧弹存在的问题是纵火能力差，并且在碰击目标时，燃烧炬常发生碎裂现象，实际效果不理想。关键还是燃烧剂不易同时做到燃烧温度高、火焰大和燃烧时间长；同时，弹腔容积小，只能装数量有限的燃烧炬，这样就限制了炮用燃烧弹的广泛使用。因此，炮用燃烧弹主要用于对付某些特殊目标，或者在空军不能使用那些战术的情况下使用。对于较近的目标，常常用燃烧手榴弹或火焰喷射器来实施纵火。

6.4 照 明 弹

6.4.1 照明弹概述

照明弹(也称照明器材)是利用照明剂在空中燃烧,发出强光,从而在夜间照亮一定区域的弹种,主要用于夜间作战时照明敌方区域或交战区域,借以观察敌情和射击效果。

照明弹作为战场上的一种照明手段,对于夜间各种进攻和防御战术的实施起着重要的作用。当前虽然出现了各种红外、微光等夜视器材,但由于它们在战场上的使用还受技术、成本等的限制,而不能完全取代照明弹。相反,目前国内外的各种照明弹仍在不断地改进并装备部队。

为了满足作战使用,对照明弹主要战术技术要求有以下几个。

1) 发光强度要大,有合理的光谱范围

为使被照区域的目标清晰可辨,照明炬发出的光应具有足够的光强。具有较大的发光强度(简称光强度),才能在更大的范围内识别各种目标。目前国外照明弹的光强度范围一般为 $1.8 \times 10^5 \sim 2 \times 10^6 \text{cd}$。对于人眼观察来说,不仅要求必要的照度,而且还要有合适的光谱。一般来说白光要好些,但由于黄光的透射率高,因此,在同样的光度下,使用黄光照明弹,地面上的照度明显高于白光照明弹。再加上目前的黄光药剂在等重的条件下要比白光药剂的光强度大,燃烧时间长,所以目前国外已普遍选用黄光。

2) 有效照明时间长

为使观察者有足够的时间发现、辨别和确定目标位置,照明弹的有效时间一般不得小于 20~25s。

3) 作用可靠

照明弹空炸后,弹体内的装填物应可靠抛出,照明炬可靠燃烧,吊伞应及时张开,且稳定缓缓下落。

4) 下降速度要小

吊伞、照明炬系统在空中的下降速度,不但直接影响照明时间,而且还影响对地面目标照明效果的稳定性,下降速度越小,照明效果越好。一般为 3~5m/s。

5) 射程与射击精度

照明弹的射程越远,纵深照明能力越强。一般情况下,照明弹的作用距离和射程范围应与同火炮的主用弹使用条件相适应,以利于战斗中配合。照明弹的爆点散布,直接影响开伞点的方位和高度,影响照明效果。在排除时间引信影响的条件下,照明弹的爆点散布可以通过地面散布精度反映出来。地面散布精度越集中,爆点散布越集中;地面纵向散布距离越小,空爆开伞高度波动越小。照明弹内部装填零件较多,质量偏心较大,故一般来说地面散布精度比相同口径制式榴弹稍差。

6) 长期储存安全性

在有效储存期限,照明弹的内部装填物相容性良好,使用时开伞照明效果正常。一般在弹体内腔保持密封的条件下,要求照明弹长期储存15年不变质、不失效。

6.4.2 典型照明弹的结构

1. 有伞式照明弹

有伞式是指照明弹在空中爆炸后,照明炬由吊伞悬挂,缓慢下落并照亮目标区。有伞式照明弹的结构形式也很多,如尾抛式一次开伞照明弹、二次开伞照明弹、二次抛射照明弹等。这种类型的照明弹,照明时间较长,发光强度稳定,作用也比较可靠,但其结构复杂、成本高。

1) 54 式 122mm 榴弹炮照明弹

54 式 122mm 榴弹炮照明弹结构如图 6.12 所示。它主要由引信、弹体、底螺、照明炬、吊伞系统和抛射系统等组成。

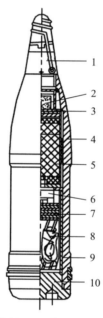

1—引信;2—抛射药;3—推板;4—弹体;5—照明炬;6—轴承合件;
7—钢丝绳;8—吊伞;9—支承瓦;10—底螺。

图 6.12 54 式 122mm 榴弹炮照明弹

(1) 时 –1 式引信。

时 –1 式引信为钟表时间点火引信,最长作用时间为 80s。

(2) 弹体。

弹体的外形基本上与 122mm 榴弹相似,但药室差别很大。首先是增大了内腔体积,以利于多装照明剂。其次为了便于照明炬系统从膛内推出,内腔做成圆柱形。内腔前面有一小圆锥部作为抛射药室,内腔底部开口,并制有数扣左旋细牙螺纹,与底螺相连接。螺纹扣数的多少,对抛射压力有很大影响。扣数多时,抛射压力过高,会影响推板、照明炬、支承瓦的抛射强度;扣数太少,则无法保证结合强度和密封性。螺纹扣数根据抛射药的成分、质量等通过试验决定,一般为 3~4 扣。弹体材料选用 D60 钢。因弹体壁比较薄,为了保证弹带部分的发射强度,弹带尽量靠近弹底,这样弹底可起一定的支撑作用,从而改善弹体的强度。

(3)底螺。

由 D60 钢制成,用螺纹与弹体连接。在其底部的一侧钻有两个偏心盲孔,使弹底具有质量偏心。空抛时,很快偏离弹道,不致干扰吊伞的作用。

(4)照明炬。

由照明炬壳、照明药剂、护药板等组成,如图 6.13 所示。照明炬壳用 20 号钢冷压而成,底部厚度较大,侧面壁厚较薄,底部中央有一螺孔,用螺栓与吊伞系统连接。照明炬在装配时,外面缠上纸条,以防在弹膛中松动。照明炬装填引燃药、过渡药、基本药和中性药 4 种药剂。基本药即为照明剂。照明剂因不易被抛射药气体直接点燃,所以在照明剂上还压有少量的引燃药和过渡药,引燃药(或称点火药)为 82% 硝酸钾、镁粉 3% 和酚醛树脂

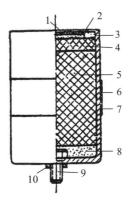

1—护药板;2—封口垫;3—引燃药;4—过渡药;5—基本药;
6—缠纸;7—壳体;8—中性药;9—螺栓;10—螺帽。

图 6.13 照明炬结构

15% 的混合物。过渡药为引燃药和基本药按 1∶1 混合而成。为了压药和发射时起缓冲作用以及照明炬在燃烧时起隔热作用,在照明剂底部还压有中性药,中性药是石棉、松子、锭子油等的机械混合物,不起燃烧作用。为了避免药剂在点燃压力作用下破裂,在引燃药的表面,有的还压有铝制护药板。

照明剂由金属可燃物、氧化剂和黏合剂组成。金属可燃物一般都采用镁粉,因为镁粉燃烧时的发光强度大。氧化剂主要供给燃烧时所需要的氧,同时控制光谱特性,常用硝酸钡(白光)和硝酸钠(黄光)两种。黏合剂一方面使药剂容易混合均匀并保证药剂的强度;另一方面起缓燃作用,保证照明炬的燃烧时间。常用黏合剂有天然干性油、松香、虫胶、酚醛树脂等。黏合剂会影响发光强度,所以黏合剂一般少于 5%。

为了改善照明剂性能,需要在照明剂中加入少量的附加物。在常用的附加物中有能够改善火焰光谱能量分布的氟硅酸钠、氟铝酸钠;有增加气相产物并由此增大火焰面积的六次甲基四胺;还有增长燃烧时间的氯化聚醚等。

(5)吊伞系统。

为了降低照明炬抛出后的下降速度,以保证一定的照明时间,采用吊伞系统,使照明炬缓慢下降。吊伞系统由伞衣、伞绳、钢丝绳和轴承合件等组成,如图 6.14 所示。伞衣由丝织品或尼龙织品制成,在上面缝有布条或尼龙带作为加强带。伞衣的张开形状呈中心角为 20° 的等边形,空中张开时近似为半球形。伞衣中央有一小圆孔,孔径为吊伞张开直径的 1%~2%,其作用是减小开伞时的空气动力载荷,提高下降的稳定性。

开伞动载有 1000~2000N,所以,伞绳用高强度钢丝绳或尼龙绳制作,一端与伞衣上的加强带相缝合,另一端通过衬环与钢丝绳相连。钢丝绳和伞绳的长度和数量对吊伞的使用性能影响较大,长度过小,伞衣张开不充分,下落速度快,同时伞衣距照明炬近,受照明炬火焰熏烤严重。实践证明,钢丝绳同伞绳从转子盘到伞衣边的总长,一般取伞衣张

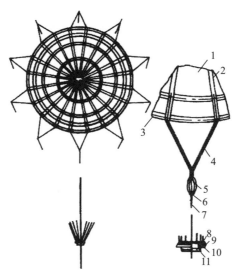

1—伞衣；2—辐射加强带；3—周边加强带；4—伞绳；5—伞绳衬环；6—铆接钢管；
7—钢丝绳；8—开口弹簧胀圈；9—毡垫；10—药盘；11—转子盘。

图 6.14 吊伞系统

开直径的 0.8~1 倍较为合适。钢丝绳数量过少时，吊伞强度降低，伞衣张开不圆，下降速度不稳定；过多时则使吊伞系统质量和体积增加，折叠和装填都有困难，一般取 10 根或 12 根，伞衣边数和伞绳数量应当与钢丝绳的根数相匹配。

由于照明弹在空中抛出时仍在高速旋转（1000r/min 以上），所以抛出的照明炬也是高速旋转的。为了防止由于高速旋转使钢丝绳和伞衣互相缠绕，在照明炬和钢丝绳的连接处有一轴承合件，保证它们之间可以相对转动。轴承合件由止推轴承、螺套、弹簧和螺栓等组成，其结构形式如图 6.15 所示。

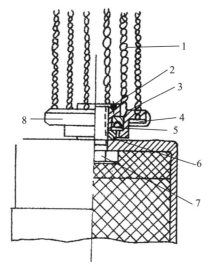

1—钢绳；2—螺套；3—开口胀圈；4—毡圈；5—止推轴承；6—螺帽；7—螺栓；8—转子盘。

图 6.15 轴承合件

(6) 抛射系统。

弹体内膛中除吊伞、照明炬系统外,其余均为抛射系统,包括抛射药、推板、支承瓦等。其作用是将吊伞、照明炬系统可靠地抛出,不被损坏,并且把照明炬点燃。抛射药为 2 号黑药,推板和支承瓦均用优质钢制成。发射时,照明炬的惯性力作用在支承瓦上,保护吊伞系统发射时不损坏;空抛时,抛射药的压力也作用于支承瓦上,保护吊伞系统不致破坏。推板上钻有 3~4 个直径约 1mm 的小孔,作为传火孔,以便使黑火药火焰通过小孔点燃照明炬。但孔径不宜过大;否则对药面的冲击过大,会引起药剂的崩裂。推板直径一般要比弹体内膛直径小 0.1~0.3mm,以保证推板能顺利抛出。推板下面要粘上垫圈和纸圈,以免火药气体窜入吊伞处将伞烧坏,并且使整个装填物压紧不松动。

照明弹的空爆开伞过程,一般可分为图 6.16 所示的抛射、伞套(伞袋)脱开、开伞、照明炬缓慢下降 4 个阶段。

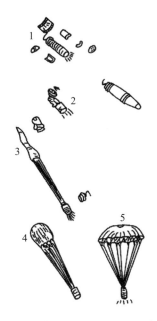

1—抛射;2—弹底飞离;3—伞套脱开;4—充气;5—开伞。

图 6.16 后膛炮照明弹开伞过程

① 抛射。弹丸飞行到预定目标区域上空时,引信作用点燃抛射黑药,其火药气体通过推板上的传火孔点燃照明炬,同时火药气体压力推动推板、照明炬、支承瓦,将弹底螺纹剪断,装填物连同弹体一起抛出。

② 伞套(伞袋)脱开。抛出后,由于弹底较重,其阻力加速度小,而伞包较轻,其阻力加速度大,加之弹底的偏心作用,因而弹底很快偏离伞包,从吊伞照明炬旁侧前飞行。之后,伞包上的开缝式伞套在空气阻力作用下被吹走,吊伞即按全长拉直,开始充气。

③ 开伞。由于从伞口的进气量大于从伞顶孔和伞衣本身的出气量,因而伞顶逐渐鼓起,并很快张开。

④ 照明炬缓慢下降。吊伞全部张开后,吊伞照明炬系统在空气阻力的作用下迅速减

速,直到所受阻力与其重力平衡时,开始稳定缓慢下降,并呈垂直状态。由于照明炬的燃烧,使其质量不断减轻,因而下降速度也是逐渐减小的。

2) 120mm 迫击炮照明弹

迫击炮照明弹外形和主用迫击炮弹相似,内部装填物则与线膛火炮照明弹相似。如图 6.17 所示,该弹主要由引信、弹体、稳定装置、照明炬、吊伞系统和抛射系统等组成。弹体由上弹体和下弹体构成,均以螺纹连接,外形为圆柱形,目的是增大装填系数。

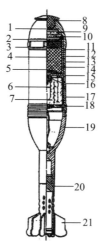

1—纸垫;2—引燃药;3—过渡药;4—基本药;5—中性药;6—包绳纸;7—吊伞;8—防潮螺盖;9—抛射药包;10—推板;11—上弹体;12—照明炬壳;13—缠纸;14—半圆环;15—连接螺;16—半圆瓦;17—包伞纸;18—挡板;19—下弹体;20—尾管;21—尾翅;22—照明剂;23—封口纸圈

图 6.17　120mm 迫击炮用照明弹

120mm 迫击炮照明弹的主要特点如下。

(1) 迫击炮照明弹通常采用药盘式时间点火引信:时 -3 式引信。

(2) 迫击炮照明弹的吊伞系统仅用一根钢丝绳,故体积比较小,易于填装。其吊伞折叠后,先装入一个筒状伞袋内,再装入弹体。伞袋底部有一连接绳与下弹体内的驻螺相连。抛射时,下弹体和吊伞、照明炬一同抛出,但由于吊伞的阻力加速度大,故下弹体越过伞包向前飞行,直到将吊伞绳拉直,把伞袋拉脱,使吊伞充气张开。

迫击炮照明弹不旋转,抛出后各零件的分离是靠各零件的质量、形状不同,以及空气阻力不同和空气动力偏心等而完成的。

迫击炮用照明弹的开伞过程如图 6.18 所示。

2. 无伞式照明弹

不配备吊伞的照明弹,称为无伞式照明弹。这种照明弹结构简单、容易生产,但照明效果不好。如图 6.19 所示,无伞式照明弹又可分为曳光照明弹和星体照明弹两种。

(1) 曳光照明弹如图 6.19(a) 所示,由弹体、照明剂、过渡药、引燃剂和延期药组成。这种照明弹不配备引信,靠发射膛内火药气体点燃延期药,经过一段短延期后,点燃照明剂(避免出炮口即曳光,暴露炮位阵地),而在弹丸飞行过程中起曳光照明作用。曳光照明仅适于配备在小口径火炮上,对搜索近海海面目标具有较好效果。

(2) 星体照明弹如图 6.19(b) 所示,多采用前抛式结构,弹体上装有头螺,弹体内装填若干照明星体。弹丸飞抵目标上空时,引信作用并点燃传火药,火药气体进入弹膛中

1—抛射；2—下弹体飞离；3—伞袋脱开；4—充气；5—张开。

图 6.18 迫击炮用照明弹开伞过程

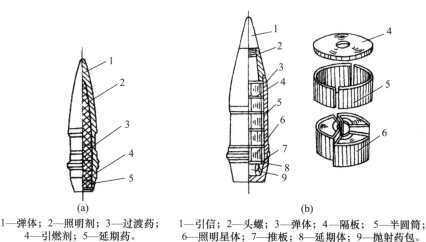

1—弹体；2—照明剂；3—过渡药；　　1—引信；2—头螺；3—弹体；4—隔板；5—半圆筒；
4—引燃剂；5—延期药。　　　　　　6—照明星体；7—推板；8—延期体；9—抛射药包。

图 6.19 无伞式照明弹

(a)曳光照明弹；(b)星体照明弹。

心引燃照明体及位于推板上的延期体，延期体的作用在于保证照明星体在弹体内有充分的点火时间。待延期体燃完后，点燃抛射药包，而火药气体推动推板，并通过各层隔板、半圆筒和头螺，剪断结合螺纹，将燃烧着的星体推出弹膛。照明星体在滑落过程中对目标起照明作用。这类照明弹照明时间短且不均匀，故效果不好。

6.4.3 照明弹的使用要求

在使用照明弹时，应当注意下列问题。

（1）使用照明弹时，应当用该射程的最小号装药，也就是尽量使初速小，以便减小炸点存速。另外，对于一定弹丸有一定最小炸距的限制，即不得在这个射程以内使用，这也是为了使炸点存速不致过大。因为当炸点处弹丸存速太大时,开伞的动载荷也大,易使吊伞系统不能很好张开,或者影响吊伞系统的强度,或者使弹底的零件有被打散的危险。一般应使炸点的存速不大于230m/s。

（2）适当控制照明弹的炸点高度。炸点过高,照明炬起不到应有的照明作用;炸点过低,则照明炬来不及燃烧完毕就已经着地,减少照明时间,有的甚至吊伞未张开就已落地。所以对每一种照明弹都有一最有利的炸高,此时照明效果最好。炸高受射弹的散布与引信作用时间散布的影响。当射程远时,这些散布都将增大而使炸高无法控制,所以一般照明弹也不应在远射程应用。

（3）照明弹作用的好坏,是以照明区域的视距(能分清目标的最大距离)、照明地区大小和照明时间来衡量的,而视距往往和气象条件、目标性质、观察方法有关,如晴朗的气候、平坦的地形就有利于提高视距,活动目标又比固定目标好认。一般在下雨或大雾天气不宜应用照明弹。风速太大,会使吊伞很快飞离目标区,起不到应有的照明效果,所以,当风速大于10m/s时,也不宜应用照明弹。

6.5 宣 传 弹

6.5.1 宣传弹概述

宣传弹是用来向敌目标区域投放宣传品(传单、有声装置、光盘等)的一种特种弹药,其用途是利用宣传品载有的文字、图画、声音和视频等内容,向敌方传递有关信息,影响敌人心理和精神,以达到涣散军心、瓦解敌军意志的目的。为可靠投放,除了特种弹的一般要求外,对宣传弹还有以下专门要求。

（1）宣传品散布范围合理,散布均匀。在保证合理散布密度的前提下,宣传品的散布范围应尽可能大,宣传品散布均匀,避免堆积、重叠。

（2）保证宣传品完整性。避免投放过程中造成宣传品破损、断裂、失效以及造成所携带的信息丢失或不完整。例如,纸质宣传品既要有良好的印刷性能,又要有较高的机械强度,以免在抛散时破碎。

（3）弹丸结构简单,便于战地装配。宣传弹的使用有其特殊性,宣传弹经常在使用前根据作战需要装填宣传品,这就要求宣传弹装配简单、方便,适合在战地或有限条件下装配和使用。

6.5.2 宣传弹的结构特点

图6.20所示为54式122mm榴弹炮用宣传弹,其结构和照明弹基本相同,也是采用空抛式作用方式,在目标区将宣传品从弹底抛出。其主要诸元见表6.4。

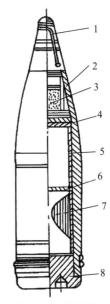

1—引信；2—弹体；3—抛射药；4—推板；
5—支承瓦；6—隔板；7—宣传纸；8—底螺。

图6.20　54式122mm榴弹炮宣传弹

表 6.4　54 式 122mm 榴弹炮用宣传弹

诸元	参数值	诸元	参数值
弹丸质量/kg	20.8	破碎率不大于/%	15
宣传纸质量/kg	1.1	重叠率不大于/%	10
初速/(m/s)	511		

宣传弹的作用过程和照明弹相同,以抛撒纸质宣传单为例,弹丸飞到目标区,时间引信开始作用,点燃抛射药(黑药),抛射药气体通过推板、支承瓦、隔板等传给弹底,从而剪断弹底螺纹,将弹体零件和宣传品抛出,由于空气阻力作用不一致,以及离心惯性力的影响,内部零件迅速飞离弹道,宣传纸在空气流的作用下散开。宣传弹的炸点不宜过高与过低,过高则宣传品不容易散发在目标区;过低则来不及散开,增加了重叠率。其有利抛射高度为 200~400m,传单的散发距离为 300~600m,宽度为 15~20m。后膛炮弹在飞行中是向右旋转的,因此宣传纸被抛出后还会向右旋转运动。为了使宣传纸在旋转情况下可靠地散开,宣传纸装配时要按右旋方向缠卷,这样在弹道风的影响下更容易散开。

6.6　侦　察　弹

　　侦察弹是一种通过摄像机、传感器等电子设备,对目标进行侦察、探测的信息化弹药,主要包括电视侦察弹、视频成像侦察弹、窃听侦察弹和评估弹。侦察弹一般都装有侦察器件、无线电发射机、天线和电源等部件。侦察器件可以是数码相机、摄像机、图像传感器一类的成像器材,也可以是声、磁、振动传感器。无线电发射机和天线负责将侦察器件采集到的信息传回后方。电源为侦察器件和无线电发射机提供电力。

　　国外早在 20 世纪 70 年代就开始研究侦察弹,如美国曾先后提出"炮射侦察系统""炮射电视目标定位系统"等。随着光电成像、数字信号处理等技术的发展,各国都在积极研制新型侦察弹。侦察弹采用普通炮弹的弹体,其工作过程分发射、弹射、拖曳和下落 4 个阶段,其中前 3 个阶段均处于上升弹道阶段。在弹射阶段,时间引信将按预定时间启动,启动抛射装置打开弹尾。之后小型阻力伞弹出,并依次将相互连在一起的翼伞和负载舱拽出弹体。负载舱还通过一根细长的拖线和弹体相连,因此在拖曳阶段负载舱和翼伞不会自由滑翔,而会在弹体的牵引下继续升高。当负载舱和翼伞达到最高点时处于目标区上空,此时启动侦察器件摄像机开始成像,对下方区域实施侦察,并通过无线电发射机将图像传回地面站。

　　侦察弹可以在战场上承担各种战术侦察任务。它的优势主要体现在以下几个方面: ① 可以避免人员伤亡,符合无人化侦察技术发展的需求;② 便于携带和操作;③ 能迅速提供侦察结果,能实时传回信息。因此,侦察弹在现代战场有着广泛的用途。目前,侦察弹在技术上正日趋成熟,其性能、可靠性等方面都达到了很高水平。

1. 视频成像侦察弹

视频成像侦察弹是一种能够对其飞临过的地形扫描并通过发射机把信号传送到地面接收系统的新型弹药,其工作原理如图 6.21 所示。视频侦察弹由弹体、机械部件、光学部件、电子部件等构成。弹丸飞行过程中,弹头在旋转向前运动中通过安装于弹体侧面窗口的光学系统拍摄地面的图像,再通过无线电频率链将图像信息发送至地面接收站。扫描区域轨迹是弹丸高度、角度、速度和敏感能力的函数。安装 GPS 脉冲收发装置的引信从 3 颗或 4 颗卫星上接收信号,以确定飞行中弹头的位置,并发送到地面接收站,提供了一个弹头飞行的精确轨迹,并在屏幕上显示。地面接收站将弹头发来的模拟信号数字化,提取原始的图像数据,消除所有面向空中的画面,校正由于弹头转动引起的周期性畸变,通过先进野战火炮战术数据系统和全部信号源分析系统对数据进行处理,最后将结果进行存储和显示。

图 6.21 视频成像侦察弹工作原理示意图

2. 伞降型电视侦察弹

这种弹药是将电视摄像机、发射机、降落伞等安装在榴弹弹体内。当需要了解敌方阵地情况时,就将它发射到敌方阵地上空。母弹爆炸后,降落伞迅速张开,飘浮在空中。电视摄像机挂在降落伞下,对地面进行侦察录像,同时把拍摄到的电视图像不间断地传输到地面接收站的荧光屏上。指挥员可根据直播的电视图像捕捉目标,也可对录像加以剪辑,进行情报分析。其工作示意图如图 6.22 所示。采用伞降型电视侦察弹进行侦察具有安全、可靠、图像清晰等特点,尤其适于在空中侦察条件受限时使用。

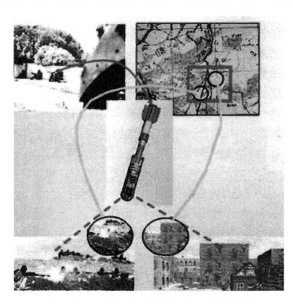

图 6.22 伞降型电视侦察弹工作示意图

3. 窃听侦察弹

窃听侦察弹主要利用传感器窃听战场目标信息。它不仅可以探测人员的运动和数量情况,还可通过人员的说话声判断其国籍,如目标是车辆,则可判断车辆的种类。

以声响传感器为例,弹体发射至目标区域后,能自动探测不同类型的声响,并能自动将目标的声音转换成电信号发送给控制中心,再还原成声音信号。这种弹对目标的分辨能力很强,具有对目标及时、隐蔽和不间断的侦探和监控功能,从而扩大了战场信息探测的时空范围。它对人的正常说话声的探测距离可达40m,对运动车辆的探测距离为数百米。美国研制成功一种微型传感侦察弹,其直径约为10mm,里面装有超高频发射器和微电子仪器,用特制的枪具进行发射,且不发出响声。它可以窃听方圆数十米内的谈话,觉察各种动静,并将获得的情报迅速发出。

4. 评估弹

评估弹是一种评估目标毁伤情况的信息化弹药。这种弹的结构和作用原理与电视侦察弹基本相同。弹体内部装有微型电视摄像机,当它被发射至目标区域上空时,指挥员在电视屏幕上可将目标被毁伤情况尽收眼底,从而一改传统,使对目标盲射变为可视目标打击。

美国于20世纪80年代后期研制成功了155mm目标辨认和战场毁伤效果评估(TV/BDA)弹。该弹装有无线电控制的降落伞、视频摄像机、视频信号发送器、弹上电源和控制系统。为了精确确定目标位置坐标,需要一个GPS收发装置。

当弹丸飞行到需要侦察的战场上空时,飘浮的摄像机开始搜索目标区域,并将彩色视频图像发送到地面接收站。降落伞可以按预先计划的路径飞行或由地面站进行遥控。摄像机装有变焦距镜头,操作人员可以从高空辨认目标,并确定目标位置,根据这一信息火炮可以继续射击,还可以得到弹丸飞抵目标和攻击目标的实时频率图像。

TV/BDA系统能够在空中飘浮5s,当飘浮到低空时可对目标的毁伤情况进行评估。视频信号可传输60km,TV/BDA系统不仅可将视频信号传给火炮的火控系统,也可传给司令部的战术分析中心。

目标辨认/战场毁伤效果评估系统作战示意图如图6.23所示。

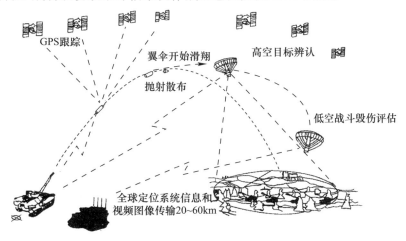

图6.23 目标辨认和战场毁伤效果评估系统作战示意图

TV/BDA 的主要用途如下。
(1) 可以侦察战场上的局部情况,实时确定目标位置,进行下一次射击。
(2) 对作战效果进行评估。
(3) 可以改进火炮射击的精度和有效性,减少用弹量。
(4) 提高目标位置的测量精度。
(5) 不需要前沿侦察部队和设备,就可以得到目标的准确信息。

第7章 火 箭 弹

7.1 概 述

火箭弹通常是指靠火箭发动机所产生的推力为动力,以完成一定作战任务的一种无控或简易制导弹药,主要用于杀伤、压制敌方有生力量,破坏工事及武器装备。

与火炮弹丸不同,火箭弹是通过发射装置发射后,借助火箭发动机产生的反作用力而运动,火箭发射装置只赋予火箭弹一定的射角、射向和提供点火机构,并创造火箭发动机开始工作的条件,但不给火箭弹提供任何飞行动力。

火箭弹的外弹道可分为主动段和被动段两个部分:主动段是指火箭发动机工作段,被动段则指火箭发动机工作结束直到火箭弹到达目标为止的阶段。火箭弹在弹道主动段终点达到最大速度。但需指出,火箭弹在滑轨上的运动,由于有推力存在,应当属于主动段弹道,但对外弹道来说,常常以射出点作为弹道的起点,不考虑火箭弹在滑轨上的运动。

火箭弹与发射装置、发射指挥系统和运弹车等构成一个完整的火箭武器系统。发射装置由定向系统、瞄准系统、发火系统和运动系统四大部分组成,有时也把定向系统、瞄准系统和发火系统组成的发射系统称为发射架。由于定向系统中定向器有管式、轨式及笼式等结构,所以又有与之对应的所谓管式发射架、轨式发射架及笼式发射架之分。发火系统是指在发射装置上的专用电气控制系统,该系统通过控制台接到火箭弹的接触装置(点火器)上。

7.1.1 火箭弹的性能特点和分类

1. 火箭弹的性能特点

1) 优点

火箭弹是整个火箭武器系统的核心,火箭武器同身管武器(如火炮)相比,具有以下优点。

(1) 较高的飞行速度。现在中、大口径火炮弹药的炮口速度为 800~1000m/s,小口径炮弹速度为 1100~1450m/s。用火药发射的炮弹初速的提高受到发射方式、火炮使用寿命、火炮质量等因素的限制。按照经验推断,若初速提高1倍,将使火炮寿命降至原来的 1/128。另外,初速提高会使火炮质量增加,也会引发一系列问题。火箭是利用喷射推进原理获得飞行速度的。飞行速度的大小主要取决于推进剂的比冲量和质量比。而质量比并没有受到很大限制,可以按需要的速度确定,于是火箭弹的飞行速度可以达到每秒几千米。火箭弹由于可以得到较大的飞行速度,因而也就具有更好的远射性。

（2）发射时无后坐力。身管火炮发射弹丸时，气体压力推动弹丸向前运动的同时也推动身管向后运动，导致作用在炮架上的后坐力很大，不但使火炮身管壁厚大，而且炮架的结构也很笨重、质量很大，机动性也较差。火箭靠喷气推进原理获得飞行速度，因此，发射时不会产生后坐力。这就有可能制成轻便、简单、尺寸紧凑和多管的发射装置。火箭发射装置可以安装在拖车、汽车、履带车、飞机、直升机和舰艇上，也适合于步兵携带。由于没有后坐力，还可以制成多管火箭炮，这是火箭武器的突出特点。例如，122mm 火箭炮管数多达 40 管；美国 MLRS 为 12 管，其火箭弹的弹径为 227mm。防空火炮虽然也有四联炮，但其弹丸直径仅 37mm 或更小。多管火箭武器能够在很短时间内，如在几秒钟内或 1min 内，发射大量的大威力火箭炮弹。一门火箭炮发射的弹药数量相当于 1~2 个炮兵营在相同时间内发射的弹丸数。因此，火箭炮是对面目标极为有效的压制兵器。

（3）发射时过载系数小。火箭弹发射时的过载与飞行加速度有关。和炮弹相比，火箭弹起飞时的加速度相差两个数量级，160mm 迫击炮的最大加速度为 12750m/s²，152mm 榴弹为 25500m/s²，76mm 加农炮弹为 158500m/s²。而火箭弹的加速度通常为 200~500m/s²，特殊情况下加速度可能大些，但仍比弹丸加速度小得多。由于发射时过载系数小，有利于减小结构尺寸和质量，还有利于安装制导元件及装填特种战剂，如发烟剂、燃料空气炸药、电子干扰物等。

（4）火力密集，完成作战任务的时间较短。中、大口径野战火炮在作战中一次只能在膛内装填一发炮弹，而且装填炮弹的时间较长，完成一次作战任务需要的时间较长。对火箭武器来说，由于没有后坐力，可以制成多管发射装置。除单兵反坦克火箭外，其他火箭武器系统的发射装置都有多根发射管。在作战时，发射前在每个发射管中都已装填好火箭弹，发射时可以用很短的时间间隔顺序发射火箭弹。因此，在作战中使用多管火箭武器系统，不但火力非常密集，而且在较短的时间内可以完成作战任务，从而有效地提高生存能力。

2）缺点

由于火箭弹自身带有推进动力装置，且大多数火箭弹在出炮口后的一段外弹道上其火箭发动机仍在工作。这些因素也使火箭弹存在一些缺点。

（1）密集度较差。火炮弹药不但炮口速度高，而且在外弹道上除重力和空气动力外，没有其他力的作用，因而落点散布较小。火箭弹由于发射管或导轨较短，离开发射装置时速度较低，而且在外弹道上的加速过程中受到较大的推力作用，这些扰动因素将会使弹轴偏离速度矢量方向，产生较大落点散布。因此，无控火箭弹的密集度比身管火炮弹药的密集度差，特别是方向密集度更差。发射时密集度差意味着射弹散布大、精度差。炮兵野战火箭弹的密集度一般为 $B_x/X = 1/100 \sim 1/250$，$B_z/X = 1/88 \sim 1/150$。反坦克火箭弹的 $B_z/X = B_y/X = 1/400 \sim 1/500$。因此，野战火箭武器不宜用于对点目标射击。无控火箭弹密集度较差，限制了它的应用与发展。因此，寻找提高密集度的简易有效途径，在研制火箭武器中需要重点考虑。

（2）发射阵地易暴露。发射火箭弹时，火箭发动机向后喷射大量高温高速气流，伴随声、光、火焰、红外信号以及扬起尘土，使火箭发射阵地（即位置）易暴露在敌方的雷达等技术侦察视野内。

（3）成本比相同威力的炮弹高。火炮弹药的加速过程是在火炮膛内完成的，发射一发炮弹消耗一只药筒和一定数量的发射药。火箭弹是依靠自身携带的火箭发动机推进加速的，发射 1 发战斗部要消耗 1 发火箭发动机（壳体和一定数量的固体推进剂等）。在使相同有效载荷战斗部达到相同最大速度的情况下，不但火箭发动机壳体的生产成本高于药筒的成本，而且由于火箭发动机的能量利用率低于火炮发射药的能量利用率，其固体推进剂的用量及生产成本都高于火炮发射药。例如，122mm 榴弹杀爆弹与 122mm 火箭弹杀爆弹的威力相当，但是后者的生产成本高出 10 倍以上。

2. 火箭弹的分类

目前，世界各国研制和装备的火箭弹种类很多，为了研究、设计、生产、储存和使用方便，火箭弹通常按照用途、稳定方式、有无控制等分类，火箭弹常用分类如图 7.1 所示。

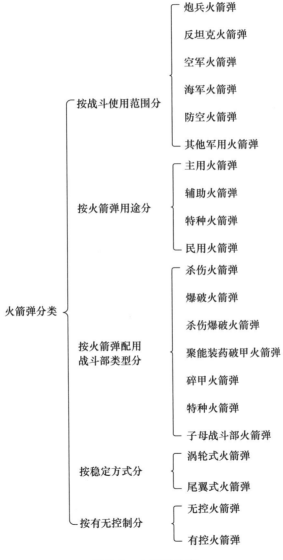

图 7.1　火箭弹分类

7.1.2 火箭弹的结构组成

火箭弹种类繁多,然而不论什么种类的火箭弹,它的组成部分及各组成部分的作用大致相同。一般来说,火箭弹是由战斗部、火箭发动机和稳定装置等主要部分组成,如图7.2和图7.3所示。

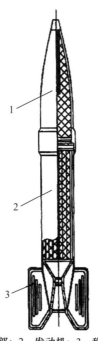

1—战斗部;2—发动机;3—稳定装置。

图7.2　130mm 尾翼式火箭弹结构

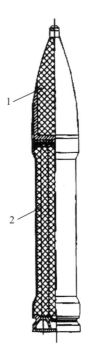

1—战斗部;2—发动机。

图7.3　130mm 涡轮式火箭弹结构

1. 战斗部

战斗部是完成战术任务的装置,对于不同目标需采用不同类型的战斗部。在大多数火箭弹上,它被装在头部,因此又称弹头。战斗部通常由壳体、装填物、引信和传爆系列组成。壳体主要起容器与基体的作用;装填物则是装填在壳体内用于毁伤目标的能源和工质;引信是用来适时起爆战斗部的引爆装置;传爆系列则是一种能量放大器,由引信产生的微量爆炸波或火焰,再经传爆系列将能量逐级放大,从而引爆战斗部装药。

现在常用的有杀伤爆破战斗部、爆破战斗部、聚能装药破甲战斗部、子母战斗部、侵彻战斗部和特种战斗部等。

2. 火箭发动机

火箭发动机是使火箭弹飞行的推进动力装置,通常用推力、总冲量、比冲和理想飞行速度等参数来衡量发动机工作性能。一般来说,有固体燃料火箭发动机和液体燃料火箭发动机两种。常用的火箭弹,目前均采用固体燃料火箭发动机。

固体燃料发动机,主要由燃烧室、挡药板、喷管、推进剂(或火药装药)和点火装置等组成。其中燃烧室是发动机的主体,用来盛装火箭装药,并在装药燃烧过程中提供化学反应与能量交换的场所。挡药板是一多孔的板或构件,挡药板配置在装药和喷管之间,用以固定装药,避免装药在勤务处理中发生移动,同时也防止未燃尽的药粒喷出或堵塞喷管孔。为保证发动机可靠工作,挡药板必须有足够强度和通气面积。

喷管是发动机的重要部件,一般应用图7.4所示的具有收敛－扩张段的拉瓦尔喷管,其作用:一是通过喷管截面几何形状的改变,加速燃气流速度,使燃气流的热能尽可能地转变成动能;二是以喷管喉部面积的大小来控制发动机的压力,使火药能够正常燃烧。喷管数目的多少,根据火箭弹弹种和结构而定。尾翼式火箭弹可以采用单喷管,也可以采用多喷管,大多数尾翼式火箭弹使用单喷管,涡轮式火箭弹则一定采用多喷管,以便于提供旋转力矩,使火箭弹高速旋转实现飞行稳定。

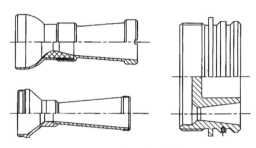

图7.4　拉瓦尔喷管

推进剂是发动机产生推力的能源,常用双基推进剂、改性双基推进剂或复合推进剂,一般根据发动机正常工作条件加工成单孔管状或内孔呈星形等各类形状的药柱。药柱的几何形状和尺寸直接影响发动机的推力、压力随时间的变化,所以药柱的设计在很大程度上决定了发动机的内弹道性能和质量指标的优劣。药柱设计的主要参数有装药类型、药柱直径、药柱长度、药柱根数、肉厚系数、装填系数、面喉比、装填方式等。按药柱燃面变化规律不同可分为恒面型、增面型、减面型;按燃烧面位置不同可分为端燃型、内侧燃型、内外侧燃型;按空间直角坐标系燃烧方式不同可分为一维、二维、三维药柱;按药柱燃面结构特点不同可分为开槽管型、分段管型、外齿轮管型、锥柱型、翼柱型、球型等。最常用的有管型、内孔星型及端燃型药柱。药柱的装填方式依推进剂种类不同及成型工艺不同可分为自由装填式和贴壁浇注式。图7.5所示为几种典型药柱截面形状。

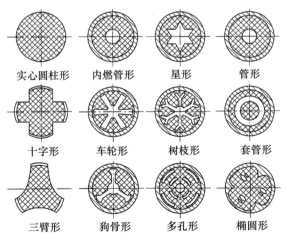

图7.5　几种典型药柱截面形状

点火装置由点火线路、点火药、药盒、发火管等组成,其作用是提供适当的点火能量和建立一定的点火压力,使推进剂全面迅速地点燃,从而保证发动机很快进入稳定工作状态。

3. 稳定装置

稳定装置用来保证火箭弹稳定飞行,不但有利于提高射程,而且还能保证射击精度。其稳定方式有尾翼式(尾翼稳定)和涡轮式(旋转稳定)两种。

7.1.3 火箭弹的工作原理

火箭弹是靠火箭发动机产生的反推力而运动的。当火箭发动机工作时,发射药燃烧后生成大量燃气,从而使燃烧室内的压力迅速增加,燃气以一定的速度从喷管喷出,由于燃气流的喷出,火箭发动机的质量不断减小,因此,火箭的运动属于变质量物体的运动。如图 7.6 所示的火箭系统,设在某时刻 t,火箭系统质量为 m,速度为 v,此时火箭动量为 mv,经过 Δt 时间后,在 $t + \Delta t$ 时刻,火箭质量变为 $m - \Delta m$,速度变为 $v + \Delta v$,此时火箭系统(包括壳体和燃气)的动量为

$$(m - \Delta m)(v + \Delta v) + (-\Delta m \cdot \omega) = (m - \Delta m)(v + \Delta v) - \Delta m [v_e - (v + \Delta v)] \quad (7.1)$$

式中:ω 为燃气排出的绝对速度;v_e 为燃气质点相对于火箭的速度。

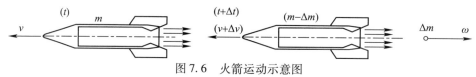

图 7.6 火箭运动示意图

在 Δt 时间内,略去二次微量,火箭动量的变化为

$$\{(m - \Delta m)(v + \Delta v) - \Delta m[v_e - (v + \Delta v)]\} - mv = m\Delta v - \Delta m v_e \quad (7.2)$$

由动量定理可得

$$m\Delta v - \Delta m v_e = \Delta t \sum p_i \quad (7.3)$$

等式两边同除以 Δt,并取极限,整理得

$$m \frac{dv}{dt} = v_e \frac{dm}{dt} + \sum p_i \quad (7.4)$$

式中:$v_e \dfrac{dm}{dt}$ 为单位时间内由于质量变化而产生的动量变化,称为反作用力,这个反作用力是在火箭发动机工作时产生的,是推动火箭运动的主要动力;$\sum p_i$ 为作用在火箭纵轴方向上的空气阻力、重力、大气压力以及作用在喷管排气面上的燃气压力之和。式(7.4)是变质量运动微分方程,也称为梅歇尔斯基公式,是由苏联学者梅歇尔斯基 1987 年推出并发表的。

当大量的气体高速从喷管喷出时,火箭弹在火箭发动机的推力作用下高速向前运动。火箭弹与炮弹的加速运动机制不同,与目前使用的火箭增程弹也不同。火箭增程弹是采用火箭发动机增程的炮弹。即火箭增程弹首先由火炮提供一定的初始速度将其发射出去,出炮口一定距离后,火箭发动机开始工作,弹丸在推力作用下继续加速,使射程增加。在火箭发动机工作以前的运动与普通炮弹一样;在火箭发动机开始工作以后,则和普通火箭弹相同;而当火箭发动机工作结束后,又和普通炮弹的运动规律一致。

7.2 涡轮式火箭弹

涡轮式火箭弹是指靠自身的高速旋转而产生的陀螺效应保持稳定飞行的火箭弹,又称旋转稳定火箭弹。其稳定装置是一圈离弹轴一定距离的倾斜小喷管组成的力偶装置,这种力偶装置能给火箭弹提供一个很大的旋转力矩,使火箭弹绕自身纵轴高速旋转,以使运动中的火箭弹在受到外界干扰力矩作用时,能够产生一个陀螺力矩来抗衡外界扰动力矩的作用(但此时火箭弹要做转动很慢的进动),使火箭在飞行中保持稳定。根据稳定力偶的要求,喷管倾斜角度一般在 12°~25°范围内,弹体转速在 10000~25000r/min 范围内。涡轮式火箭弹是野战火箭序列中的一种类型,射程较近的火箭弹一般采用涡轮式。它具有以下优点。

(1) 弹体外轮廓尺寸比较小,弹长一般不超过弹径的 7~8 倍,在勤务处理与射击操作方面较为方便。

(2) 涡轮式火箭弹所用的定向器都较短,可以使发射装置设计得轻便、灵活。

(3) 涡轮式火箭弹的高速旋转能减小推力偏心和气动偏心的不良影响,密集度可以保持较高的水平,一般情况下,均高于尾翼式火箭弹。

(4) 涡轮式火箭弹可以进行简易射击。

涡轮式火箭弹的主要缺点是最大射程难以提得很高。

在涡轮式火箭弹的总体布局上,最常见的是将战斗部设置在发动机之前,如我国的 107mm 杀伤爆破火箭弹(图 7.7)。但也有的是将战斗部设置在发动机之后,如德国的 158.5mm 火箭弹(图 7.8)。

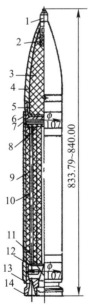

1—引信;2—传爆药;3—炸药;4—战斗部壳体;
5—连接螺;6—垫片;7—隔热板;8—传火具;
9—燃烧室;10—发射药;11—点火器;12—挡药板;
13—喷管;14—导电盖。

图 7.7 107mm 涡轮式杀伤爆破火箭弹

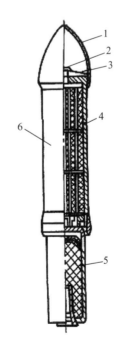

1—风帽;2—螺栓;3—钩环;
4—燃烧室;5—战斗部;6—发动机。

图 7.8 德国 158.5mm 涡轮式杀伤火箭弹

下面将以国内的 107mm 和 130mm（图 7.9）涡轮式杀伤爆破火箭弹为例，简要说明涡轮式火箭弹的结构特点及作用。

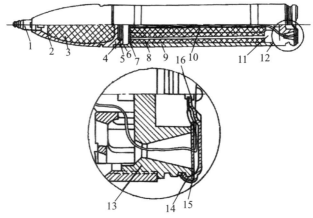

1—引信；2—战斗部壳体；3—炸药装药；4—驻螺钉；5—石棉垫；6—盖片；7—点火药盒；8—火药装药；9—燃烧室；10—导线；11—挡药板；12—铆钉；13—喷管；14—橡皮碗；15—导电盖；16—铝铆钉。

图 7.9　130mm 涡轮式杀伤爆破火箭弹

在结构上，这两种弹是相似的，前者由 107mm 火箭炮（12 管筒式定向器）发射，后者由 130mm 火箭炮（19 管）发射。它们的战斗部都配用箭-1 式引信，该引信具有瞬发、短延期和延期 3 种装定。

从战斗部看，107mm 火箭弹战斗部是由壳体和连接底组成，这种非整体式结构，便于内腔加工，且质量偏心较小，有利于提高射击精度，也有利于炸药的铸装。而 130mm 火箭弹的战斗部采用了整体式结构，从而减少了零件，也减少了螺纹加工，使战斗部轴线与弹轴的不一致性减小。130mm 火箭弹用螺旋装药法装入梯恩梯炸药，其感度比注装为好。为使 107mm 火箭弹战斗部的爆炸完全，在引信下面设有 65g 特屈儿药柱。

从发动机部分看，这两种火箭弹均采用了牌号为双石-2 的 7 根单孔管状发射药，130mm 火箭弹药柱尺寸为 40/6.3 - 512 ×7。燃烧室均用无缝钢管制成。在燃烧室两端均有长度为 30～50mm 的定心部，用来与定向器配合。喷管除控制和调整燃烧室压力外，还将提供旋转力矩，以保证火箭弹的飞行稳定性。图 7.10 所示为 107mm 火箭弹的喷管结构示意图，通过喷管轴线的切向倾角产生一旋转力矩，使火箭弹在弹道主动段终点达到 21400r/min 的转速。130mm 火箭弹的喷管体上有 8 个切向倾角为 17°的喷孔，可使弹体的最大转速达到 19200r/min，结构如图 7.11 所示。

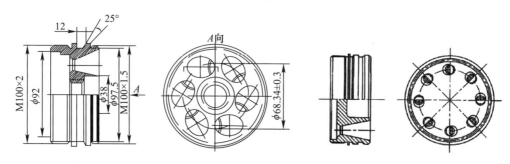

图 7.10　107mm 火箭弹喷管结构　　　　图 7.11　130mm 火箭弹喷管结构

挡药板的作用与尾翼式火箭弹的情况一样，但是涡轮式火箭弹的挡药板还要承受离心惯性力的作用，其结构设计要与其受力状态相适应，在这一点上与尾翼式火箭弹的挡药板有所差异。这两种火箭弹的挡药板结构如图7.12和图7.13所示。

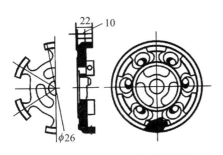 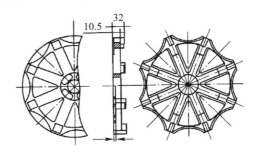

图 7.12　107mm 火箭弹挡药板　　　　　图 7.13　130mm 火箭弹挡药板

7.3　尾翼式火箭弹

尾翼式火箭弹是指利用尾翼稳定装置产生的空气动力保持稳定飞行的火箭弹，它主要由战斗部、火箭发动机和尾翼稳定装置组成。射程远的野战火箭弹、初速高的反坦克火箭弹和航空火箭弹均采用尾翼稳定装置。

由于尾翼式火箭弹的飞行是靠尾翼稳定的，其长度不受稳定性的限制，飞行速度的大小主要取决于推进剂的比冲量和质量比，而质量比可以按照需要速度确定。因此，尾翼式火箭弹的弹径、弹长和全弹质量受限制小，在对全弹进行优化设计的情况下，可以使尾翼式火箭弹达到较高的速度和较远的射程。尾翼式火箭弹可以做得细长些。尾翼式野战火箭弹和航空火箭弹的弹身一般达15倍弹径，甚至20倍弹径以上，这样便可加长发动机，增加推进剂质量，提高弹速以增加射程，同时也提高抗干扰能力、增强稳定性。稳定装置位于火箭弹尾部，沿其圆周均布多个翼片，最常见的是在弹体尾部沿圆周均匀布置4片实心尾翼，也有的采用6片或8片尾翼。尾翼的固定方法可以采用焊接、铆接、螺栓连接、轴与轴孔连接或黏结等。多数情况下，要求尾翼相对弹体中心轴有一很小的安装角，以使火箭弹在飞行过程中产生微旋运动。实际应用中，尾翼种类很多，如刚性尾翼、弹性尾翼、同口径尾翼、超口径尾翼、固定式尾翼、张开式尾翼等。

尾翼式火箭弹的结构形式是多种多样的。图7.14是单室两端喷气的尾翼式火箭弹。图7.15所示为双室尾翼式火箭弹。

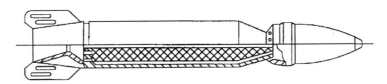

图 7.14　单室两端喷气的尾翼式火箭弹

对于远程火箭弹来说，发动机也可以采用多级结构。图7.16所示为二级防空火箭弹，其特点在于燃烧室内的装药依次燃烧，第一级发动机装药燃烧完毕后脱落，第二级发动机再开始工作。这种多级结构可以提高火箭弹的飞行速度，增加射程（或射高）。

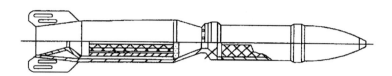

图 7.15　双室尾翼式火箭弹

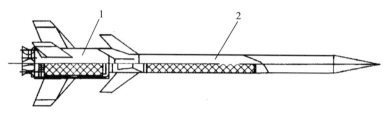

1—第一级发动机；2—第二级发动机。

图 7.16　二级防空火箭弹

7.3.1　尾翼式火箭弹的结构组成

虽然不同型号的尾翼式火箭弹各有特点，但是基本结构特征大致相同，图 7.17 所示的 180mm 火箭弹主要由战斗部、发动机和尾翼装置三大部分组成。

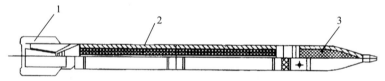

1—尾翼装置；2—发动机；3—战斗部。

图 7.17　180mm 火箭弹

1. 战斗部

战斗部包括引信、辅助传爆药、炸药、战斗部壳体、连接底（也称中间底）和隔热垫等。该战斗部配用箭 -3 引信，具有瞬发和短延期两种作用模式。战斗部内装梯黑炸药(50/50)，为使炸药爆炸完全，采用了 3 节辅助传爆药，靠近引信的一节为压装特屈儿药柱(77g)，后面两节为钝化黑索今药柱(各为 80g)。隔热垫是为保证安全而设置的。试验表明，在发动机工作 12～15s 后，连接底靠炸药端的温度可达 215℃（梯恩梯炸药的熔点为 80.5℃），加隔热垫后温度将大大下降，发动机工作 90s 后，上述部位的温度只有 60～65℃。

2. 发动机

发动机包括前燃烧室、后燃烧室、前喷管、后喷管、装药、挡药板和点火装置等。该弹的发动机采用了两节燃烧室、两套火药装药和两端喷气的结构，其目的是在允许的条件下增加火药装药，从而提高射程。装药的牌号为双铅 -2，两套装药均为 7 根管状药，每根药柱的名义尺寸为：外径 $D = 56.8$ mm，内径 $d = 9$ mm，长度 $L = 720$ mm。其表示方法为：$D/d - L \times n = 56.8/9 - 720 \times 7$，最后的"7"表示火药装药的根数。点火药盒设置在两套装药之间，并由中间支架固定。在点火药盒内装有电发火管，一根引导线连在药包支架上，另一根引导线穿过药柱铆接在导电盖上,而导电盖与喷管之间有起绝缘作用的橡皮碗。为了挡药和固定药柱,180mm 火箭弹采用了前、中和后 3 个挡药板。由于该弹的转速低,挡药板主要承受直线惯性力作用,所以挡药板的筋和轮缘尺寸都比较小,而通气面积较大,如图 7.18 所示。

由于前、后喷管的喷喉面积是相等的,因而可近似视为前燃烧室的燃气从前喷管喷出,后燃烧室的燃气从后喷管喷出。为安装尾翼方便,后喷管采用图 7.19 所示的直置单喷孔形式。前喷管采用具有 18 个斜置喷孔的形式,其中每个喷孔都可以看成一个小喷管,小喷管的轴线与弹轴的轴向倾角为 24°、切向倾角为 8°,前喷管结构如图 7.20 所示。

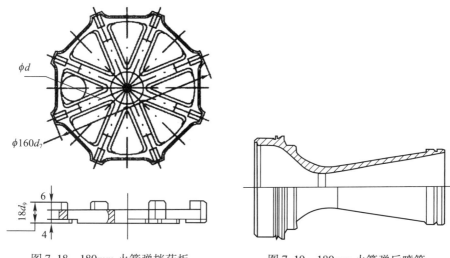

图 7.18 180mm 火箭弹挡药板　　图 7.19 180mm 火箭弹后喷管

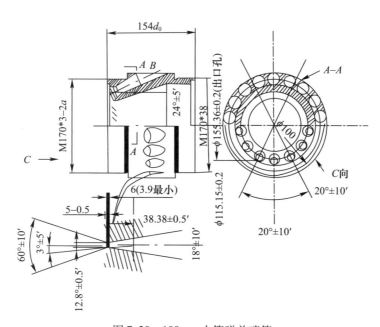

图 7.20 180mm 火箭弹前喷管

切向倾角的作用是为产生推力的切向分量,使火箭弹绕弹轴低速旋转,用来抵消推力偏心所造成的散布。该角大,弹的转速也大,这虽然对消除推力偏心的影响有利,但却增加了炮口扰动、马格努斯效应、尾翼颤振和推力损失等,从而造成散布的增大。

由于前喷管使弹体右旋,因而为了保证各部件之间连接可靠,前喷管与战斗部的连接采用了右旋螺纹;前喷管与前燃烧室以及后面的螺纹连接都采用了左旋螺纹。此外,在螺纹连接处,一般还采用螺钉固定。

3. 尾翼

尾翼是火箭弹稳定飞行的保证。180mm 火箭弹的稳定装置采用了滚珠直尾翼结构,由尾翼片、整流罩、前后轴承和螺圈组成。用 20 号钢板制成的尾翼片呈"十"字形对称焊接在整流罩上。整流罩除起安置尾翼片的作用外,还将使尾部呈船尾形,以减小空气阻力。

在整流罩与后喷管之间设置了滚珠轴承,其目的是减小尾翼装置的旋转速度。此外,采用这种结构也是发射时的需要。该弹是在笼式定向器上发射的,发射时火箭弹将沿 4 根导杆运动,边前进边旋转,如果弹体和尾翼之间不能相对转动,势必造成翼片与导杆的碰撞,从而影响火箭弹的正常飞行。

180mm 火箭弹是在 10 管笼式定向器的火箭炮上发射的。当闭合点火电路时,发火管发火并点燃点火药,点火药燃烧产生 2×10^6 Pa 左右的点火气体,使 14 根双铅-2 火药柱瞬时点燃,并产生大量燃气,其压力达 10^7 Pa 以上。高温、高压的燃气通过前、后喷管以超声速向外喷出,形成推力和旋转力矩,使火箭弹沿定向器赋予的方向做边前进边旋转的运动(但尾翼不旋转)。当后定心部脱离定向器时,其飞行速度约为 52m/s。在火箭弹飞离定向器 300m 左右时,发动机工作结束。这时,火箭弹达到最大飞行速度(610.5m/s)和最大转速(5183r/min)。此后,同普通弹丸一样,火箭弹将做惯性飞行,其最大射程为 19.6km。

7.3.2 尾翼装置的结构形式

尾翼装置是保证尾翼式火箭弹飞行稳定不可缺少的部件。一般来说,除满足飞行稳定性外,还要求尾翼片具有足够的强度和刚度,以及空气动力对称和阻力较小。在飞行中,只允许翼片有微小变形的尾翼称为刚性尾翼,允许发生较大弹性变形的尾翼称为弹性尾翼。尾翼结构形式要根据总体与发射装置要求选定,一般有两大类,即固定式尾翼与折叠式尾翼。固定式尾翼是指翼片和弹体固连的尾翼,又分直尾翼、斜置尾翼与环形尾翼;折叠式尾翼主要有沿轴向折叠的刀形尾翼、沿圆周方向折叠的弧形尾翼和沿切向折叠的片状尾翼,发射前翼片处于收缩状态,便于装入发射筒中,发射后翼片快速张开并锁定,使翼片张开的动力主要有膛口燃气流、空气动力、弹簧力和气缸活塞推力等。除 180mm 火箭弹可旋直尾翼外,下面介绍几种尾翼装置的基本结构形式。

1. 固定式直尾翼

固定式直尾翼结构不仅简单,而且应用较广。这种类型是在中、大口径火箭上使用较多的一种,其结构一般由平板形翼和整流罩组成。整流罩安装在喷管外围,起固定翼片作用,同时通过弹体外表面的光滑过渡,起到减小尾部阻力的作用。尾翼片由薄钢板冲压而成,为了提高刚度,通常沿轴向在翼平面上压有几条棱。整流罩和翼片通常采用低碳钢材料。固定式直尾翼为超口径(大于弹径)尾翼,且不可折叠,发射架只能采用笼式定向器或滑轨式定向器。这两种定向器结构都不允许尾翼在定向器上旋转。因此,对于不旋转尾翼弹,整流罩可固定安装在喷管上,如图 7.21 所示。图 7.22 所示为 180mm 火箭弹的整流罩可旋转式尾翼。

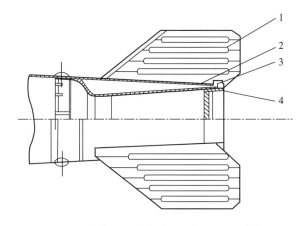

1—翼片;2—整流罩;3—螺圈;4—喷管。

图 7.21　C-21 空空火箭弹的固定式直尾翼

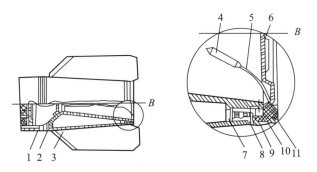

1—喷管;2—整流罩;3—翼片;4—导线接头;5—导线;6—防尘盖;
7—衬圈;8—钢珠轴承;9—固定环;10—导电环;11—绝缘体。

图 7.22　180mm 火箭弹整流罩可旋转的固定式直尾翼

2. 张开式弧形尾翼

苏联 M-21 122mm 火箭弹的尾翼装置就采用了这种结构,如图 7.23 所示。该弹是在管式发射器中发射的。尾翼片是用铝板冲压成弧形,在其根部有卷压而成的轴孔,通过轴与整流罩相连,翼片可以绕轴旋转,平时 4 片尾翼均覆盖在整流罩上。在轴上套有压缩弹簧,其作用有二:既可使翼片得以向外张开,又使翼片在张开过程中得以沿弹轴方向移动,从而使翼片卡在整流罩的缺口内而到位固定。

为使 4 片尾翼同时张开,在整流罩中间套有同步环,同步环通过螺钉轴与翼片根部相连。当任一翼片向外张开时,都可带动同步环而使其他翼片也张开。

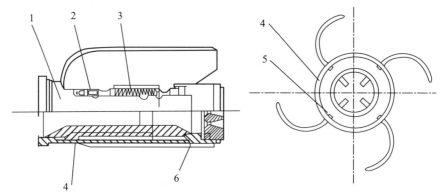

1—整流罩；2—轴；3—压缩弹簧；4—同步环；5—螺钉轴；6—喷管座。

图 7.23　张开式弧形尾翼结构

3. 簧片式可卷片状尾翼

簧片式可卷片状尾翼是一种用弹簧钢片制成，并可卷折起来的结构形式，典型结构如图 7.24 所示。这种翼片的厚度较薄，一般为 0.3～0.5mm，因而只适于小口径火箭弹。我国的 40mm 反坦克火箭弹就采用了这种尾翼结构，其翼片数为 6 片。

4. 刀形张开式尾翼

从筒式定向器发射的反坦克火箭弹、空空火箭弹以及使用火炮发射的尾翼式火箭弹，大都采用张开式尾翼。刀形张开式尾翼主要由尾翼座、刀形翼片、翼片转轴等组成，有的还有扭簧。尾翼座大多安装在喷管外侧，每片尾翼通过方向垂直于弹轴的转轴装配在尾翼座上，可绕销轴转动。火箭弹在储存和位于定向器内时，翼片呈收拢状态，且最大外廓尺寸不大于火箭弹定心部尺寸。当火箭弹飞离定向器后，在力的作用下，翼片绕翼轴旋转而张开。按照气动特性及总体结构设计的要求，尾翼可设计成后张式（向后旋转张开）和前张式（向前旋转张开）两种。这种折叠式尾翼的片数，将根据飞行稳定性要求而定，常见的是 4 片和 6 片。图 7.25 至图 7.27 所示为 3 种型号的刀形张开式尾翼。

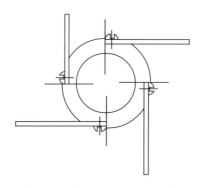

图 7.24　簧片式可卷片状尾翼

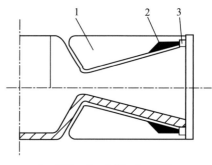

1—翼片；2—弹簧；3—销轴。

图 7.25　折叠式刀形张开式尾翼

以上所介绍的只是常见的几种尾翼结构，其实在翼片形状及其安置方法上可以根据总体结构和功能需求设计成其他结构形式。但是，不论采用什么形式，都应切实满足战术技术上的要求。在满足性能和功能要求的条件下，翼片材料常采用强度足够的轻金属、塑料和玻璃钢等，以减轻翼片的质量。

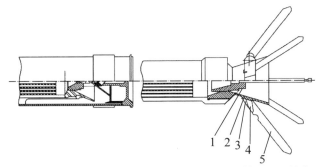

1—喷管；2—尾翼座；3—翼片转轴；4—扭簧；5—翼片。

图 7.26　M72A 反坦克火箭弹的后张式尾翼

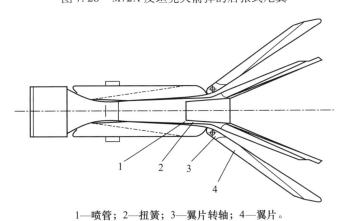

1—喷管；2—扭簧；3—翼片转轴；4—翼片。

图 7.27　C-5 空空火箭弹的后张式尾翼

7.4　简易制导火箭弹

　　火箭弹的密集度较差影响了其作战效能,精确制导的高成本又是野战压制兵器难以接受的。为此,人们为了减小火箭弹散布做了大量研究工作,提出了很多技术方法,如采用同时离轨技术、尾翼延时张开技术、微推力偏心喷管技术、简易制导技术等。相比较而言,应用简易制导技术可以使火箭弹的密集度达到更高的水平,于是衍生出简易制导火箭弹。简易制导火箭弹技术性能介于无控火箭和导弹之间,又能充分发挥火箭弹的优点。

　　简易制导火箭弹是指在原无控火箭弹上应用某些简易控制技术,以提高射击精度的火箭弹。简易制导火箭弹实质上是一种弹道修正弹药,它只能在一定范围内对弹道的某些参数进行控制或修正,能够以较高的命中率和较低成本显著提高现有武器系统的作战效能。根据弹道修正原理的不同,可分为一维简易制导和二维简易制导。一维简易制导弹药仅对弹道射程方向进行修正,二维简易制导弹药能够对弹药的射程和方位都进行修正。

　　美、俄、法、中等国各自开展了低成本制导火箭弹技术研究,虽然研究方法不尽相同,但出发点基本一致。俄罗斯的简易制导火箭弹发展较早,研制了多种口径的火箭弹武器系统。其中,俄罗斯 300mm 多管火箭炮系统是一种 12 管的大口径远射程多管火箭系统。

300mm 火箭弹是第一个在弹上装备控制系统,在主动段按距离和方位进行弹道修正的火箭弹。它采用主动段弹道修正的技术手段后,与无控火箭弹相比,可使弹着点密集度提高 1 倍,射击精度提高 2 倍。此外,该火箭弹只修正主动段速度矢量,而不进行其他控制。

300mm 简易制导火箭弹主要由简易制导装置、战斗部、固体火箭发动机和稳定装置等组成,其结构如图 7.28 所示。

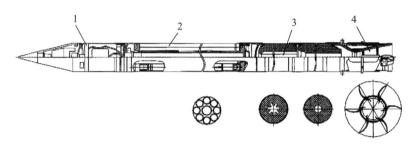

1—简易制导装置;2—战斗部;3—固体火箭发动机;4—稳定装置。

图 7.28 300mm 火箭弹总体图

1. 战斗部

火箭弹可配装多种类型的战斗部用以对付各种不同的目标,为充分发挥武器平台的作用,适应不同作战需求,俄罗斯 300mm 简易制导火箭弹配备了 14 个战斗部型号,包括 1 种整体式预制破片战斗部,1 种增强型爆破战斗部,1 种混凝土侵彻战斗部和 11 种子母战斗部。图 7.29 所示为其中的 6 种型号的战斗部:9N150 型战斗部为降落伞稳定的预制破片杀爆战斗部,装填 92.5kg 高爆炸药和 1100 枚 50g 的预制破片;9N139 型战斗部为杀伤型子母弹,战斗部装有 72 枚具有自毁功能的 9N235 型破片式杀伤子弹,每枚 9N235 子弹的装药量为 0.32kg;9N152 型战斗部为末敏子母战斗部,战斗部装有 5 枚 Motiv-3M 传感器引爆弹药(末敏弹),单枚 Motiv-3M 末敏弹质量为 15kg,装药量为 4.5kg;9N539 型战斗部为装填地雷的子母式战斗部,每枚战斗部携带 25 枚 PTM-3 AT 地雷,单枚地雷的装药量为 1.8kg;9N176 型战斗部为携带 646 枚双用途子弹的子母式战斗部,单枚子弹的装药量为 35g,子弹自毁时间为 110s;9N174 型战斗部为增强爆破型温压战斗部,装药量为 100kg,战斗部自毁时间为 110~160s。现以杀伤子母型战斗部为例进行简要介绍。

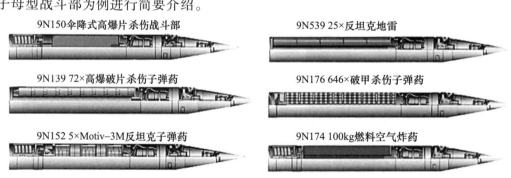

图 7.29 300mm 龙卷风火箭弹配用的 6 种战斗部

1) 子母战斗部的结构

子母战斗部结构如图 7.30 所示。子母战斗部由外壳、固定架、带有子弹的弹筒、保险 – 执行机构以及装药系列等组成,其中装药系列包含 6 个点火药盒(其中两个装在保险 – 执行机构的旁边,其余的装在固定架内)、4 个传火药盒、母弹开舱药盒和 8 个子弹抛射药盒。外壳为薄壁筒,将战斗部的各部件容纳在其中。固定架同外壳的连接是通过 4 个剪切螺栓实现的。子弹筒设计成薄壁管形式。在子弹筒内设有子弹分离装置、子弹抛射药和子弹。

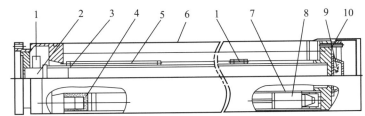

1—点火药;2—保险执行机构;3—固定架;4—子弹抛射药;5—传火药;6—外壳;7—弹筒;
8—子弹;9—母弹开舱药;10—剪切螺栓。

图 7.30 子母战斗部

子弹主要由带预制破片的壳体、炸药、尾翼和引信组成,其结构如图 7.31 所示。引信带有远程解除保险机构和自毁机构,其用途是当遇到障碍物时或自毁时间结束时产生起爆脉冲。引信结构如图 7.32 所示。

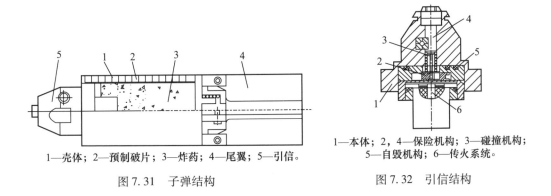

1—壳体;2—预制破片;3—炸药;4—尾翼;5—引信。

图 7.31 子弹结构

1—本体;2,4—保险机构;3—碰撞机构;
5—自毁机构;6—传火系统。

图 7.32 引信结构

子弹筒分离装置主要由启动装置、火药延时装置、药包及本体等组成,如图 7.33 所示。在火箭弹飞行到战斗部开舱药包引燃时刻之前,子弹筒分离装置的全部零件和机构都处于起始状态。当开舱药包引燃时,产生的高温高压燃气生成物使启动装置工作,火药延时装置点燃,当它烧尽之后药包点燃。

保险 – 执行机构用于在电子时间装置传出电指令信号之后产生起爆冲量,使战斗部的装药系列开始起作用,其结构如图 7.34 所示。

2) 战斗部工作原理

在给定的弹道点上,按照火箭弹电子时间装置的指令,保险 – 执行机构开始动作并输出点火冲量给两个点火药盒,它们的燃烧生成物又使 4 个传火药盒和另外 4 个点火药盒引燃。在装药燃烧生成物作用下,子弹的引信解除远程保险,子弹筒的分离装置和开舱

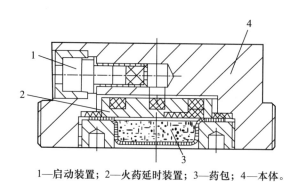

1—启动装置；2—火药延时装置；3—药包；4—本体。

图 7.33　子弹筒分离装置

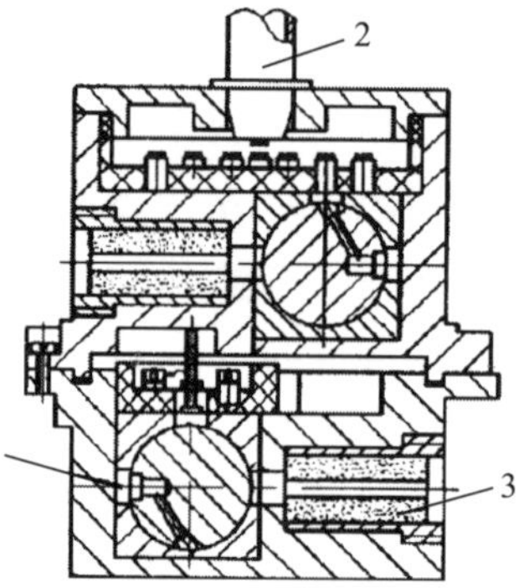

1—保险-点火装置；2—插头；3—点火系统。

图 7.34　保险-执行机构

药包开始作用。当开舱药包点燃后将剪切螺栓拉断，固定架同子弹筒一起从子母战斗部的外壳中推出。在火箭弹旋转离心力和迎面气流的作用下，子弹筒抛撒出来。当火药延时装置的燃烧时间结束时，子弹筒分离装置内的抛射药包点燃，在抛射药的作用下将子弹从弹筒中抛出。子弹从弹筒中抛出时，其气动力稳定尾翼张开。当子弹与障碍物相遇时引信便起作用，子弹的炸药爆炸。

2. 控制系统

实践证明，火箭弹散布主要是在主动段形成的，如果能很好地控制火箭弹主动段终点速度矢量的一致性，就能大幅度减小火箭弹的散布，提高火箭弹的落点密集度和射击精度。俄罗斯 300mm 简易制导火箭弹根据此特点在弹上安装了一套在飞行时不需要接收外界信息的自主式控制系统，用于提高 300mm 多管火箭系统火箭弹的密集度。该系统由角度稳定系统和距离修正系统两部分组成。

角度稳定系统中有两个最主要的部件：一个是测角陀螺；另一个是燃气射流执行机构。测角陀螺在发射前被地面仪器赋予基准射向，在发射后，则感知弹轴的实际方向对理想方向的偏差，并将之输入变换-放大器，形成控制信号。执行机构则按照来自变换-放大器的控制信号，在两个相互垂直的通道内，通过排出燃气射流，产生横向推力形式的方向修正力。

由于在弹道主动段的初始阶段，火箭弹无论对于控制作用还是对于干扰作用都是最敏感的，因此在此阶段进行弹道修正效果最佳，执行机构消耗功率最小；而且在该阶段火箭弹速度不高，用空气舵控制效果不好。因此，该火箭弹采用的这个方案对减小弹道方向偏差是非常合理的。事实证明，该火箭弹只在主动段开始阶段控制了 2.5s，就取得了很好的效果。

距离修正是靠弹道参数测试装置和子母弹战斗部开舱时间控制装置联合完成的。用来进行弹道参数测量的主要是加速度计和计算装置，加速度计将测得的加速度值输入计算装置，经积分即得到速度值，再积分即可得到火箭弹的弹道坐标。电子时间装置控制飞行时间。两者联合，就可以确定子母弹最适合的开舱时间。

1）控制系统的结构和工作原理

控制系统仪器从结构上分作两个弹上组件，即控制系统组件和电子时间装置。

（1）控制系统组件的用途是：接收来自准备和发射地面仪器的飞行任务数据，协同准备和发射地面仪器一道监督飞行任务数据装入的正确性；在飞行过程中产生火箭弹角度稳定所需的控制力；此外，还形成对子母战斗部开舱时间的时间修正量并将它输给电子时间装置。

（2）电子时间装置的用途是：接收来自准备和发射地面仪器的子母战斗部计算开舱时间，同准备和发射地面仪器一道检查数据装入的正确性，从控制系统组件接收时间修正量，最后在到达经修正的时间值时发出子母战斗部开舱指令。

在起飞之前控制系统仪器要同准备和发射地面仪器相互作用。准备和发射地面仪器除了执行火箭弹的起飞前的准备和发射功能外，还充当控制系统仪器的地面电源、要启动控制系统组件的电源和电子时间装置的电源，装入飞行任务参数并协同控制系统仪器监督参数装入的正确性。控制系统仪器同准备和发射地面的仪器相互关系如图 7.35 所示。

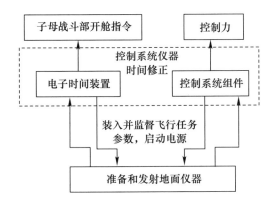

图 7.35　控制系统仪器及准备和发射地面仪器联系框图

2）控制系统的组件

控制系统组件构成如图 7.36 所示，包括下列主要部件。

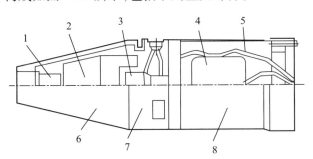

1—电源；2—电子仪器和测量仪器部件；3—角位移陀螺测量仪；
4—校正发动机；5—导线束；6—整流罩；7—基座；8—外壳。

图 7.36　控制系统组件结构组成

（1）角位移陀螺测量仪。用于在弹舱内获得有关火箭弹纵轴与在飞行前准备阶段火箭炮定向管指定射向的角度偏差信息。

（2）校正发动机。用于按照来自变换－放大器的控制信号在两个相互垂直的角稳定通道内产生控制力。

（3）电源。利用一个热电池作为火箭弹飞行时控制系统组件的电源。

（4）电子仪器和测量仪器部件。它包括：校正发动机火药燃气发生器的启动装置，在火箭弹开始运动之后，启动装置中的惯性闭合器合上时，发出校正发动机火药燃气发生器启动信号；变换－放大器，用于将来自陀螺的信号变换成控制信号并传输给校正发动机的电磁铁；二次电源，用于当由热电池或准备和发射地面仪器的一次电源供电时保证控制系统组件获得要求的供电参数。距离修正仪器。其组成部分为加速度计，用于测量沿火箭弹纵轴作用的加速度。计算装置。用于按给定算法算出时间修正量。

7.5 火箭深水炸弹

7.5.1 火箭深水炸弹概述

深水炸弹在入水下潜到一定深度时爆炸、主要用于攻击潜艇的水中兵器，也可用于攻击其他水下航行体、蛙人及水面目标，它是最早用于反潜的水中兵器。深水炸弹作为一种反潜武器，其主要特点是抗干扰能力强、使用水深基本不受限制、结构简单、成本较低。因此，普遍装备在反潜舰艇、反潜飞机（直升机）上，大多数情况下以多发齐射（投）的方式进行作战。早期的深水炸弹主要采用人力或简单器械投放，随着深水炸弹质量的增加和攻潜战术的需要，又为这种深水炸弹制造了专门的投放架，后来又为吨位较大的舰艇制造了多管式发射装置。

潜艇作战能力和水下机动性能的提高，对水面舰船构成了巨大的威胁。此外，舰用声纳性能的提高，可以探测数千米以外的水下目标。这样就对深水炸弹提出了新的要求，要求深水炸弹具有更远的射程、更大的威力和更高的命中率。由于投放式深水炸弹难以实现远射程，而且命中率偏低；多管式深水炸弹虽然有较好的弹道性能，但是发射时的后坐力很大，如果增大射程、提高威力，就必须增大发射药药量，这样势必导致产生更大的后坐力，以致舰艇难以承受。因而上述两种深水炸弹都无法满足大幅度提高射程和威力的要求。

为了增大射程、增大威力，提高命中概率，而又降低后坐力，首先是把火箭技术移植到深水炸弹上来，把固体火箭发动机与多管式深水炸弹的战斗部有机地结合起来，以固体火箭发动机取代尾管，再对战斗部外形及稳定装置等做适当改进和调整，使之既能大幅度增加射程、威力，又能大大降低后坐力；既具有良好的空中弹道，又具有良好的水中弹道，成为一种以火箭原理发射的新型深水炸弹，这样就出现了今天火箭深水炸弹的原型，如图 7.37 所示。

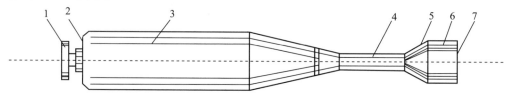

1—叶轮保险器；2—引信头部；3—战斗部；4—固体火箭发动机；5—尾翼；6—护圈；7—导电环。

图 7.37　火箭深水炸弹原型

各国装备的现有火箭深水炸弹大多数弹径为 200～375mm(375mm 为标准轻型鱼雷口径,达到或超过此口径的反潜火箭将列入火箭助飞鱼雷序列),弹长 1.5～2.0m,弹质量为 70～120kg,个别高达 200kg,射程 0.266～6.0km,有的高达 12km。多联装的火箭深水炸弹发射器通常安装在舰艇两侧,也有的安装在舰艏或舰艉。它们作为舰艇的辅助作战武器不可能在军舰的主甲板上占太多的面积。

火箭深水炸弹有普通式和增程式两种。前者称为火箭深水炸弹,后者称为火箭增程深水炸弹。

1. 火箭深水炸弹

火箭深水炸弹按发动机工作形式和弹体结构可分为尾翼式火箭深水炸弹、涡轮式火箭深水炸弹和涡轮尾翼式火箭深水炸弹。现在绝大多数国家都采用最后一种涡轮尾翼联合稳定原理的深水炸弹,并统称这种深水炸弹为火箭式深水炸弹。图 7.38 和图 7.39 是两种外形不同的火箭深水炸弹,前者为法国海军使用,后者为俄罗斯海军使用,有关性能参数见表 7.1。

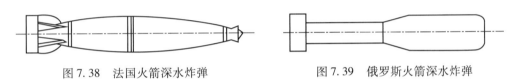

图 7.38　法国火箭深水炸弹　　　　　图 7.39　俄罗斯火箭深水炸弹

表 7.1　火箭式深水炸弹有关性能参数

类型	法国火箭深水炸弹	俄罗斯火箭深水炸弹
弹径/mm	375	204
弹长/mm	2000	1452
战斗部/kg	80～107	69.7
引信	定时、触发联合引信和非触发引信	

2. 火箭增程深水炸弹

火箭增程深水炸弹是先用火炮原理将深水炸弹发射出去,使深水炸弹飞行一段距离后,深水炸弹的火箭发动机再点火工作,以获得最大射程的一种炸弹。例如,美国"鲁鲁"型深水炸弹是一种最典型的火箭增程深水炸弹。在美军的一些战列舰上,是将 127mm 舰炮改装成深水炸弹发射装置,以便于按一定的时间间隔连续发射"鲁鲁"型深水炸弹。这种深水炸弹射程较远,炸药装药量也较大,但远距离对潜艇命中率一般,然而驱潜效果较好。

7.5.2　火箭深水炸弹外弹道特点

火箭深水炸弹外弹道有空中弹道和水中弹道两个部分。它的水面溅落和水下弹道有其特殊规律,和普通外弹道问题有明显差异。

1. 空中弹道

火箭深水炸弹的空中弹道与普通火箭弹的外弹道没有原则性的差别,也是主要由主动段和被动段组成。主动段是指深水炸弹飞离炮口到火箭发动机的装药燃烧结束这一段的弹道。现有的火箭深水炸弹由于全射程不是很大,主动段水平距离只有几十米。虽然主动段不长,但对火箭深水炸弹的散布影响很大,散布主要在主动段开始一段不长的弹道上形成。形成散布的原因主要有两个:一个是在出炮口瞬间,由于各种偶然因素(如起始摇动、推力偏心等)的干扰,导致推力方向、弹轴与速度矢量不重合,这就是火箭武器比炮弹散布大的主要原因之一;另一个是因为火箭深水炸弹的炮口速度小,炮口动量小,易于受到干扰而使运动方向改变。为了减小散布,往往使火箭弹低速旋转,由此降低由于推力偏心引起的散布误差。被动段是指火箭发动机停止工作到深弹入水这一段的弹道,这一段与普通炮弹类似。

2. 水中弹道

水中弹道是指深水炸弹从入水开始的运动轨迹。水中弹道是空中弹道的延续,海面是两弹道的分界面。深水炸弹从空中进入水中,由于介质改变,火箭弹在水中的运动具有许多不同于空气中的特点。首先,由于海水是不可压缩流体,当深水炸弹以较大速度入水时,对水产生一个十分复杂的冲击现象,到目前为止还没有一套完整的理论来解释这个问题。深水炸弹入水冲击过程与力学上两个刚体相撞是完全不同的,因为水不是刚体,对水撞击时,深水炸弹不是静止不动而是穿过水面进入水中,在极短时间内不仅改变深水炸弹的速度和姿态,而且使海水喷溅,极短时间内的深度速度骤变,会产生很大的过载(可达几百甚至上千个 g)。其次,对水撞击之后,深弹进入水中并在尾部形成一个空穴,由于空穴与在水面处与大气相通而弹体又不断向水下运动,空穴将逐渐加长。空穴在不同阶段具有不同特性,称为空泡,空泡中会包含气体和水蒸气,不同阶段,空穴的大小与弹的形状、速度、大气密度、大气压力、海水密度、海水温度等因素有关。空泡的出现破坏了流体的连续性。

由于击水、过载、空泡等现象的发生,会在较短时间和较短距离(一般 50m 左右)使深弹的速度降低比较快,从某一点开始,深弹以等速直线运动下潜,这一速度称为极限下潜速度。极限下潜速度对于攻击和命中目标有较大影响,极限下潜速度越大,目标的运动范围缩小,深弹可以越快接近和击中目标,从而提高对目标的命中率。

7.5.3 典型火箭深水炸弹

我国从 20 世纪 70 年代起先后装备了引进的 1979 年式 204mm 和 1981 年式 252mm 火箭深水炸弹。图 7.40 所示为 1979 年式 204mm 火箭深水炸弹结构示意图。其主要战术技术性能见表 7.2。主要结构特点如下。

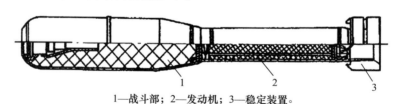

1—战斗部;2—发动机;3—稳定装置。

图 7.40　1979 年式 204mm 火箭深水炸弹

表 7.2　204mm 火箭深水炸弹主要战术技术指标

弹径/mm	204	最大速度/(m/s)	167
弹长/mm	1453.5	战斗部长/mm	725
射程/mm	2500	发动机外径/mm	127
初速/(m/s)	30		

1. 战斗部

战斗部由壳体、炸药装药、引信室、引信、压盖等零部件组成。战斗部壳体主要用来容纳炸药和引信,是一个薄壁的钢质冲压件。其首、尾两端呈球面过渡,中间为圆柱形。首、尾两端较厚,首部是为了适应击水时的冲击,尾端是为了防止发动机的热影响。为了定心,圆柱形中部制有一略微凸起的定心部。其首端开有螺口孔,以便装入引信和拧上压盖;其尾端开有螺口孔,用以注入炸药和与火箭发动机连接。壳体内前部焊有引信室。炸药装药一般为塑胶状梯恩梯炸药。炸药装入战斗部壳体内时,需在一定的温度和压力条件下,使梯恩梯炸药在蒸汽锅内熔化,然后按一定的工艺程序注入战斗部壳体空腔内。浇注后,还应按技术要求对装药外表面和内部做质量检查,以保证其爆炸效果。引信室是一个很薄的钢质冲压件,焊在战斗部壳体前螺口孔中央,用来容纳引信和使引信与炸药隔开,以保证浇注炸药时留下放置引信的空间。压盖用来压紧引信并密封口部,防止水渗入引信室。压盖为钢制圆环零件,可拧入战斗部壳体首端螺口。

2. 发动机

火箭发动机由中间底、燃烧室、火药装药、电点火器、点火药盒、支撑器、挡药板、喷管座等零部件和火工品元件组成。火箭发动机前端是中间底,用螺纹与燃烧室和战斗部连接。燃烧室内装火药装药,药柱前端为支撑器,后端为挡药板。燃烧室尾部与喷管座相连,喷管座中间装有点火器,燃烧室前端支撑器内装有点火药盒。发动机燃烧室的外径为127mm,小于战斗部壳体的外径,这由火箭深水炸弹的战斗用途和它的弹道特性所决定。火箭深水炸弹战斗部的类型是爆破弹,这就决定了火箭深水炸弹的战斗部为大头弹;为了保持火箭深水炸弹在空中弹道和水中弹道中的运动稳定,火箭深水炸弹须采用尾翼稳定,从而决定了燃烧室外径必须设计成次口径。该深水炸弹火箭发动机中的中间底、燃烧室、火药装药、支撑器、挡药板的结构与炮兵火箭弹发动机的结构类似。该深水炸弹的电点火器和喷管座有一定特点。图7.41所示为电点火器,图7.42所示为喷管座。

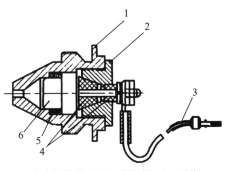

1—点火器外壳;2—压紧螺钉;3—导线;
4—接线柱;5—弹簧;6—电发火管。

图7.41 电点火器

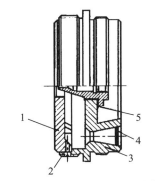

1—挡药板;2—紧固螺钉;3—本体;
4—密封塞;5—铝垫。

图7.42 喷管座

电点火器位于喷管座的中间部位,内装有电发火管。电点火器采用电点火,将电发火管点燃,然后将点火药盒点燃。电点火器的前端有喷火孔,后端有接线柱,用导线接通接线柱和导电环。电发火管自身是一个火工品元件。点火药盒为一火工品组件,其内装黑药。点火药盒固定在喷火孔射向前方的支撑器内,其作用是扩大点火能量,使火药装药全面瞬时燃烧。喷管座为一高强度、耐高温的钢制件,其上开有一组倾斜小喷管,各个喷管围绕发动机轴线均匀、对称分布,各倾斜喷管轴线与发动机轴线形成一定的倾角。在火箭发动机工作时,除产生轴向推力外还产生旋转力矩。喷管座上的小喷管端面有封口胶垫,平时密封,发射时被气流自动吹去,喷管座通过前螺纹与燃烧室连接,通过后螺纹与稳定装置相连接。

3. 稳定装置

稳定装置如图 7.43 所示,它是由内圈、尾翼、护圈、导电环、绝缘垫、导线等零件组成的环形尾翼。其内圈的端部用螺纹和发动机连接。尾翼片均匀对称地焊在内圈外表面上,尾翼片的外缘与护圈的内表面焊在一起。导电环固定在护圈的外表面上,它与护圈外表面之间用绝缘垫隔开。导线则使点火器与导电环连通。内圈是筒形钢制件,其前端形如喇叭形,后端为圆筒形。前端做成喇叭形是连接强度和整流的需要,后端做成圆筒形是为导流的需要,使发动机喷出的燃气流经内圈整流后喷出,以免燃气流散射影响尾部的空气动力特性,同时,也利于舰艇对燃气流的防护。尾翼为薄钢板冲制件,它的形状和大小是按照空气动力特性专门设计的,用来产生稳定力矩。护圈为钢板卷焊件,其作用是保护尾翼和起定心作用,使火箭深水炸弹发射时保持弹轴与发射管轴线平行。导电环是铜质带刷制件,它用来与发射筒上的点火触头接触,以形成发射时的电流回路。

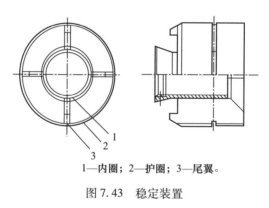

1—内圈;2—护圈;3—尾翼。

图 7.43 稳定装置

7.6 其他类型火箭弹

1. 反坦克火箭弹

轻型反坦克火箭弹是一种单兵便携式肩射反坦克武器,采用反坦克火箭筒和轻型无后座力炮发射。它们所配用的弹药大多是火箭破甲弹,主要用于攻击近距离的坦克、装甲车辆,摧毁工事和杀伤人员等。为实现良好作战效果,反坦克火箭弹要求具有良好的精度和一定射程。由于其结构简单轻便,适于步兵单人或双人操作使用,受到各国重视,而广泛装备部队。

按使用方式来分,可以分为单兵使用、双兵使用、一次使用和多次使用等。若按发射推进原理不同来分,可以分为纯火箭筒式、无坐力炮发射火箭增程式以及配重体平衡式等。纯火箭筒式的特点:由于火箭发射筒内的压力很低,因此武器系统质量轻,但火箭弹在离开发射筒前,发动机工作必须结束,即火药装药必须燃烧完毕,因而要求火箭火药燃速高。当前大多数轻型反坦克火箭弹都属于纯火箭筒式,它们所配用的主要是火箭破甲弹。

第二次世界大战后坦克及装甲技术的发展促进了破甲技术、穿甲技术及其反坦克武器的发展,从而促使各国研制了许多反坦克火箭武器,如美国 M72 反坦克火箭弹(图7.44)、中国 89 式 80mm 反坦克火箭弹、法国"阿皮拉"反坦克火箭弹等。这些反坦克火箭弹都属于纯火箭筒式,它们的共同特点是精度高、射程远、质量轻、威力大。

图 7.44　美国 M72 反坦克火箭弹及发射筒

反坦克火箭弹的设计原理基本与野战火箭弹相似,但由于它所对付的目标和使用要求的不同,因而形成了自身总体结构的设计特点。反坦克火箭弹一般都是战斗部在前,发动机在后。这种布局结构简单紧凑,并能获得较好的破甲效果。反坦克火箭弹一般都是采用尾翼稳定的方式,主要有同口径尾翼和超口径折叠尾翼两种结构形式。反坦克火箭弹一般采用薄肉厚的装药,这是为了适应缩短主动段长度、提高密集度的需要。反坦克火箭弹只能采用筒式定向器发射,并尽量使发动机在定向器内工作完毕,这不仅可以达到较高的密集度,而且可以保证射手的安全。如果由于直射距离的要求不能使发动机在定向器内工作完毕,就必须采取一定的防护措施。

2. 航空火箭弹

航空火箭弹是从航空武器上发射的以火箭发动机为动力的火箭弹,它由引信、战斗部、火箭发动机和稳定装置等组成。航空火箭弹的射程一般为 7～10km,最大速度 2～3Ma,按用途可分为空空火箭弹、空地火箭弹和空空/空地两用火箭弹。空空火箭弹的弹径一般为 50～70mm,用于攻击速度低于 750km/h、相距 1000m 左右的空中目标;空地火箭弹的弹径为 70～300mm,多用于攻击地面固定目标以及装甲车辆等。空空/空地两用火箭弹的弹径为 70～127mm。大口径的航空火箭弹目前已被机载导弹所取代。航空火箭弹同航空机关炮相比,射程远、威力大,但命中率低。它装在飞机挂载的发射器中,一架飞机一般挂 2～4 个发射器,每个发射器装 7～32 枚火箭弹。航空火箭弹与瞄准设备、发射装置配套使用,可单发或连发发射。航空火箭弹已有多种型号,除配用杀伤、爆破、破甲、多用途子母弹、"箭霰"战斗部外,还配用烟幕、照明、无源干扰等特殊用途的弹头。空空火箭弹由于命中率低,在空战中使用得越来越少,但空地火箭弹已成为飞机,特别是武装直升机对地攻击的重要武器。

为使航空火箭弹具有较大的射程和良好的密集度,除要求发动机具有足够的推力冲量和较小的推力偏心以外,还需要为总体提供合适的弹道参数。由于航空火箭弹是从飞机上发射,这种活动发射平台与地面野战火箭炮差异很大,发射条件对火箭发动机的要求更为严格。

7.7 火箭弹的发展趋势

火箭弹具有无后座、射程覆盖范围大、使用方便等优点,第二次世界大战以来备受许多军事强国的重视。特别是近十几年来中远程火箭弹在局部战争中更是发挥了重要作用。随着一些高新技术、新材料、新原理、新工艺在火箭弹武器系统研制中的应用,火箭弹在射程、威力、密集度等综合性能指标方面有了较大幅度的提高,呈现出射程远程化、打击精确化、大威力及多用途化、动力推进装置多样化的发展趋势。

1. 射程远程化

推进剂的比冲大小和装载质量的多少是决定火箭弹射程远近的重要参数。近年来高能材料在固体推进剂制造中的应用,使得推进剂能量有了大幅度提高。目前改性双基推进剂添加黑索今、铝粉以后,其比冲已达到 240s 以上,而复合推进剂的比冲达到了 250s 以上。

近年来高强度合金钢、轻质复合材料等高强度材料用作火箭壳体材料,同时采用强力旋压、精密制造等制造工艺技术,不仅减轻了壳体质量、提高了材料利用率、降低了生产成本,而且火箭弹的消极质量大幅度下降,同时推进剂的有效装载质量提高;在总体及结构设计方面,采用现代优化设计技术、新型装药结构、特型喷管等,有效地提高了推进剂装填密度和发动机比冲。这些新材料、新技术、新工艺的应用使得火箭弹的射程不断提高。

目前,火箭弹在射程方面的发展主要有两个方面。

1)改造现有火箭弹提高其射程

如目前大多数国家已装备的 122mm 火箭弹,经过改造以后,其射程已达到 30～40km。

2)研制大口径远程火箭弹

目前已装备或正在研制的远程火箭弹有埃及 310mm 口径 80km 火箭弹、意大利 315mm 口径 75km 火箭弹、俄罗斯 300mm 口径 70km 火箭弹、美国 227mm 口径 45km 火箭弹、巴西 300mm 口径 60km 火箭弹、印度 214mm 口径 45km 火箭弹等。目前,新型火箭弹的射程已达到 150km 以上。

2. 打击精确化

落点散布较大是早期的火箭弹最大的弱点之一。随着射程的不断提高,在相对密集度指标不变的情况下,其散布的绝对值越来越大,这将会大大影响火箭弹的作战效能。

近几十年来,为了提高火箭弹的射击密集度已开展了大量的研究工作。在常规技术方面进行了高低压发射、同时离轨、尾翼延张、被动控制、减小动静不平衡度以及微推偏喷管设计等技术的研究。有些研究成果应用在型号研制或装备产品改造中已取得了明显的效果。如微推偏喷管设计技术在 122mm 口径 20km 火箭弹改造中应用之后,其纵向密集度已从 1/100 提高到 1/200 以上；在非常规技术方面进行了简易修正、简易制导等先进技术的研究。俄罗斯的 300mm 口径 70km 火箭弹采用简易修正技术，对飞行姿态和开舱时间进行修正以后，使得其密集度指标达到 1/310。美国和德国在 MLRS 多管火箭上采用惯性制导加 GPS 技术，研制出了制导火箭弹。我国也研制了制导火箭弹，制导火箭弹的精度可达到米级，因此具备了反固定硬目标的能力。

未来的火箭弹将会采用多模弹道修正、简易制导、灵巧智能子弹药等先进技术，实现对大纵深范围内多类目标的打击精确化。

3. 大威力及多用途化

早期的野战火箭弹主要用于对付大面积集群目标，所配备的战斗部仅有杀爆、燃烧、照明、烟幕、宣传等作战用途，单兵使用的反坦克火箭弹也只有破甲和碎甲的作战用途。

现代野战火箭弹在兼顾对付大面积集群目标作战任务的同时，已开始具备高效毁伤点目标的能力，并且战斗部的作战功能多样化。目前为了消灭敌方有生力量及装甲车辆等目标，大多数火箭弹都配有杀伤/破甲两用子弹；为了能快速布设防御雷场，已研制了布雷火箭弹；为了提高对装甲车辆的毁伤概率，许多国家在中、大口径火箭弹上配备了末敏子弹；为了高效毁伤坦克目标，除研究新型破甲战斗部、提高破甲深度外，也开展了多级串联、多用途以及高速动能穿甲等火箭弹战斗部的研制；制导火箭的出现，使其精度大幅提升，出现了反固定硬目标的深侵彻制导火箭弹；为了使火箭弹在战场上发挥更大的作用，许多国家正在研制侦察、诱饵、新型干扰等高技术火箭弹，如澳大利亚和美国正在研制一种空中悬浮的火箭诱饵弹，主要用于对抗舰上导弹系统。

随着现代战争战场纵深的加大、所需对付目标类型的增多以及目标综合防护性能的提高，要求火箭弹的设计与研制不仅要大幅度提高战斗部的威力，而且要进一步拓宽其作战用途。

4. 动力推进装置多样化

固体火箭发动机结构简单、工作可靠、使用方便等特点，使其成为目前大多数自带动力武器的动力装置。但由于固体火箭发动机同时具有工作时间短、比冲小、推力不易调节等缺点，从而限制了该种动力推进装置的应用范围。

目前许多国家已开始应用或研究多种新型动力推进装置，主要有以下几类。

1）固体或液体冲压发动机

固体或液体冲压发动机充分利用大气中的氧气，采用贫氧推进剂，其比冲可达 600s 以上。由于冲压发动机在一定飞行速度下才能启动，因此它一般作为增程增速发动机使用。

2）凝胶推进剂发动机

凝胶推进剂发动机所采用的推进剂是一种凝胶状物质，根据不同推力大小的需要，通过控制装置可以往燃烧室输入不同质量的推进剂，一般作为可变推力发动机使用。

3）脉冲爆轰发动机

目前美国、俄罗斯、法国、英国等正在研制脉冲爆轰发动机。这种发动机类似于冲压发动机，以空气中的氧气作为氧化剂，燃料采用汽油、丙烷气或氢气，具备能量利用率高、结构简单、使用方便等特点，并能在静止或不同飞行速度下启动。但就目前的研究状况看，脉冲爆轰发动机所产生的推力较小，还只能作为续航发动机使用。

第8章 导弹战斗部

8.1 概述

导弹是一种载有战斗部,依靠自身动力装置推进,由制导系统导引、控制其飞行轨迹并导向目标的飞行器,具有命中精度高、可实施远程精确打击、杀伤威力大和作战性能高等特点。导弹问世于20世纪40年代中期,第二次世界大战后,随着科学技术和工业水平的发展以及战争的需要,作为战略威慑和战术应用的主要武器,导弹成为发展最快的现代武器。尽管各类导弹的发展规模和更新换代的时间有所不同,但从导弹对科学技术和工业水平的依存关系、战争需求对导弹武器发展的促进作用来看,各类导弹的发展大致都经历了战后早期发展、大规模发展、改进性能和提高质量、全面更新4个时期。

1945—1953年为导弹的战后早期发展时期,这期间导弹还是一种神秘的武器,只有美国、苏联、瑞典、英国和法国进行了研制。主要是对导弹的基础理论和关键技术开展全面研究,利用德国和本国研制导弹的成果进行新型导弹的研制和试验工作,积累导弹设计和生产经验,为以后的导弹发展储备了力量,奠定了基础。

1954—1961年为导弹的大规模发展时期,各类导弹几乎都已问世,最复杂的反弹道导弹也已开始研究。这期间,科学技术比较先进的12个国家(美国、苏联、瑞典、英国、法国、瑞士、联邦德国、意大利、日本、澳大利亚、加拿大、挪威)都研制了自己的导弹,各类导弹型号总数已达180多种。战略导弹的有无问题已经解决,各种战术导弹均已开始装备部队。虽然导弹是尖端武器,但是由于受当时科学技术水平的限制,普遍存在着精度较低、结构笨重、体积较大、可靠性差和造价昂贵等缺点。20世纪50年代末,我国也进入了导弹研制国的行列,并引进了多种类型导弹。1959年,中国把地空导弹首次用于实战,一举击落国民党军队的美制高空侦察机。

20世纪60年代为导弹的改进性能和提高质量时期。在这个时期,洲际弹道式导弹已经实用化;战术导弹已普及,开始变为常规装备。洲际导弹实用化促进了反弹道导弹系统在美国、苏联的出现,但是难以满足作战需要。

20世纪70年代以来,导弹进入了全面更新时期。飞航导弹与具有更高命中精度和生存能力的新一代洲际导弹,成为发展的重点。战术导弹这时已成为常规武器,并出现了更大范围的更新换代的新局面。其中反舰导弹、反坦克导弹、防空导弹和空空导弹发展尤为迅速,约占70年代以来新装备和研制的战术导弹的80%。新型导弹都努力提高在复杂的光电对抗和火力对抗条件下的综合性能,提高导弹的机动性、突防能力、生存能力和杀伤能力等。

第二次世界大战以后,从20世纪60年代的中东战争到世纪之交的伊拉克战争中都大量使用了导弹。在现代战争中,导弹武器主要发挥战略威慑作用、战役突击作用和战场支援作用。战略威慑作用可以在某种程度上遏制或限制现代局部战争的发生及其升级。导弹武器的大量使用,推动了战争形态的改变,而战争形态的改变又反过来对导弹武器提出新的要求,在这种螺旋式前进的轨道上,人们总是把最新的科技成果首先运用于导弹武器。在信息技术的推动下,导弹综合了当代最新技术精华,成了精确、灵巧、杀伤力强大的高技术武器,是各军兵种的主战武器,也是国防现代化的重要标志。

8.1.1 导弹的分类

目前,世界各国发展的导弹型号数以千计,为了便于研究、设计、生产和使用,人们按照导弹的不同特征,将它们进行分类。导弹分类的方法虽然很多,但每一种分类方法都应概括地反映出它们的主要特征。通常,导弹可按其作战使命、攻击目标、发射点和目标位置、射程、飞行方式、战斗部类型、弹道形式、外形特征及制导方式等进行分类。由于技术体系和地域习惯的差异,各国对导弹武器系统分类方法和标准不尽相同,但总的规律和原则相近。常用的分类如图 8.1 所示。

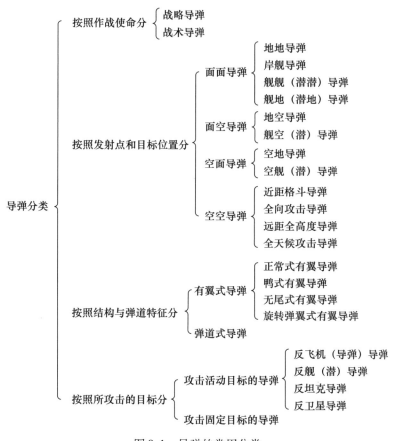

图 8.1 导弹的常用分类

此外,导弹仍处于不断发展中,新的型号不断出现,因而目前的分类还将会有所变化和发展。

1. 地对地导弹

地对地导弹是由地面发射攻击地面目标的导弹。这里的"地面"是指陆地表面、水面及地下、水下某一深度。根据这类导弹的任务及其结构上的特点,它们又可分为弹道式导弹、飞航式导弹(巡航导弹)及反坦克导弹。

(1) 弹道式导弹。导弹除开始的小部分弹道是用火箭发动机推进外,其余弹道都是按照自由抛物体的规律几乎完全靠惯性飞行。其飞行弹道如图8.2所示,一般分为主动段和被动段,主动段(又称动力飞行段或助推段)是导弹在火箭发动机推力和制导系统作用下,从发射点起飞到火箭发动机关机时的飞行路径;被动段包括自由飞行段和再入段,是导弹按照在主动段终点获得的给定速度和弹道倾角作惯性飞行,到弹头起爆的路径。弹道式导弹一般只对主动段进行制导。根据射程的不同,弹道式导弹可分为近程(射程为100~1000km)、中程(射程为1000~4000km)、远程(射程为4000~8000km)和洲际(射程为8000~10000km)弹道式导弹。

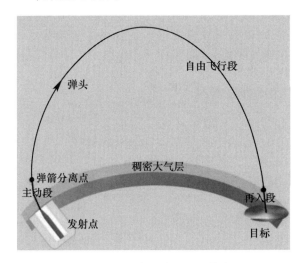

图8.2 弹道导弹的飞行弹道

(2) 飞航式导弹。如图8.3(a)所示,它是有翼导弹,其外形跟飞机差不多。它的飞行航迹大部分为水平飞行,并且在大气层内飞行。飞航式导弹多采用空气喷气发动机。所以,为了从发射装置上发射,需要采用固体火箭发动机作助推器。

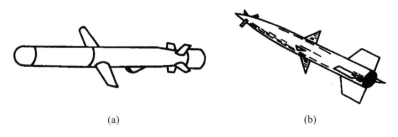

(a)　　　　　　　　　　(b)

图8.3 飞航导弹与地对空导弹
(a)飞航式导弹;(b)地对空导弹。

(3) 反坦克导弹。它也是有翼导弹。这种导弹用于摧毁坦克、装甲车辆和加固的掩体。它可以从地面、自动运输车或直升机上发射。

2. 地对空导弹

地对空导弹也称防空导弹,它也是有翼导弹,如图8.3(b)所示。地对空导弹是从地面或海面(舰上)发射攻击空中目标的导弹,以保卫工业城市、政治中心、军事基础、海港及大型舰艇等。

地对空导弹根据所攻击目标的类型又可分为两类:一类是攻击在大气层中飞行的各种类型的飞机和飞航式导弹,称为反飞机导弹;另一类是打击速度很高、在大气层之外飞行的弹道式导弹,称为反弹道式导弹。

在反飞机导弹中,按其攻击目标的高度不同,可分为中高空(射高为10~30km)、低空(射高3~10km)和超低空(射高在3km以下)地对空导弹。

3. 空对地导弹

空对地导弹是从飞机或直升飞机上发射,用于对付地面或海上目标。根据导弹的任务和设备的特点又可分成机载反坦克导弹、机载飞航式导弹、空中发射的弹道式导弹等。

机载反坦克导弹是有翼导弹。它与地面发射的反坦克导弹类似,所不同的只是它从直升飞机上发射。

机载飞航式导弹与地面发射的飞航式导弹类似,所不同的是它是从固定翼飞机或直升机上发射,如图8.4所示。

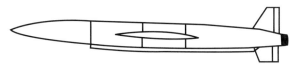

图8.4 空对地导弹

空中发射的弹道式导弹是从飞机上发射的一种弹道式导弹。这种导弹在重入大气层的弹道末段如要进行制导,导弹上应安装翼面。

4. 空对空导弹

空对空导弹是从飞机上发射攻击空中目标的有翼导弹,也称为航空反飞机导弹或航空导弹,如图8.5所示。

图8.5 空对空导弹

空对空导弹根据其攻击能力的不同,又可分为尾追攻击和全向攻击两类。尾追攻击是指导弹只能从目标后方的一定区域内对目标进行攻击。全向攻击是指导弹既可以从目标后方攻击,又可以从前方或侧面攻击。空对空导弹还可以按攻击目标的距离远近,分为近距格斗空空导弹和远程攻击空空导弹。

以上分类中所用的"地"是指地球表面,包括陆地表面和海面。也有用"地"只表示陆地表面的,以便和海区别开来,这样就有海对地、海对海、空对海、海对空等各类导弹的名称。另外,也有将"海"用"舰"(水面)和"潜"(水下)来代替的,这里"舰"是指军舰,"潜"是指潜艇,因而就有了舰对舰、舰对地、岸对舰、舰对潜、潜对地、空对潜等导弹名称。

8.1.2 导弹的主要组成

导弹武器系统是由导弹以及与其直接配套的技术装备和设施组成的能独立执行作战任务的系统。导弹是导弹武器系统核心组成部分,主要由5个分系统组成,即推进系统(动力装置)、制导系统、引信战斗部系统、弹体结构和电气系统。

1. 推进系统

推进系统也称为动力装置,为导弹起飞和飞行提供动力的装置,是导弹运动的动力源。它保证导弹获得需要的射程和速度。

导弹上的动力装置种类很多,都是直接产生推力的喷气推进动力装置,常用的有火箭发动机(固体和液体火箭发动机)、空气喷气发动机(涡轮喷气、涡扇喷气和冲压喷气发动机)以及组合型发动机(固-液组合和火箭-冲压组合发动机)。

有的导弹如地(舰)对空导弹和反坦克导弹用两台或单台双推力发动机。一台作起飞时助推用的发动机,用来使导弹从发射装置上迅速起飞和加速;另一台作为主发动机,用来使导弹维持一定的速度飞行以便能追击飞机或坦克,又称为续航发动机。远程导弹、洲际导弹的飞行速度要求在火箭发动机熄火时达到数千米每秒,因而要用多级火箭发动机。

2. 制导系统

制导系统是导引和控制导弹飞向目标的仪器、装置和设备的总称。为了能够将导弹导向目标并保证较高的命中精度,一方面需要不断地测量导弹和目标的实际参数(如导弹运动方位、导弹和目标的相对距离、目标运动参数等),以便向导弹发出修正偏差或跟踪目标的控制指令信息;另一方面还需要保证导弹稳定地飞行,并操纵导弹改变飞行姿态,控制导弹按所要求的方向和轨迹飞行而命中目标。前一任务由导引系统完成,后一任务由控制系统完成。两个系统合在一起构成制导系统。制导系统的组成和类型很多,它们的工作原理也多种多样。制导系统可以全部安装在导弹上,也可以只将控制系统安装在导弹上,而将导引系统设在地面、舰艇或飞机的"弹外制导站"上。

3. 引信战斗部系统

引信战斗部系统简称引战系统,由引信和战斗部组成。战斗部是导弹上直接用于摧毁目标、完成战斗任务的有效载荷,它也是导弹和其他飞行器主要区别之一。对于弹道导弹,由于战斗部一般放置在导弹的头部,所以通常称为弹头。由于导弹所攻击的目标性质和种类不同,相应的有各种毁伤作用和不同结构类型的战斗部,如爆破战斗部、杀伤战斗部、聚能破甲战斗部、子母战斗部、化学战斗部以及核战斗部等。

4. 弹体结构

弹体结构是导弹各个受力和支撑部件构成的总体,它把导弹上的战斗部、动力装置和制导系统等连成一个整体,并使导弹形成良好的气动外形,同时承受地面操作、运输和飞行中的各种外载荷,保护弹体内的各种仪器设备,一般包括弹身、弹翼、尾翼和舵面等。弹身为弹上各种仪器设备提供装载条件,为各种空气动力面和动力装置等提供连接和固定条件。弹翼利用空气动力产生导弹飞行时所需的升力或横向控制力。舵面用于产生相对于导弹质心的控制力矩,改变或维持导弹的飞行姿态。弹体结构必须具有足够的强度和刚度、良好的气动外形。

5. 电气系统

电气系统是供给弹上各分系统工作用电的电能装置,由电源(电池组)、配电和变电装置、接触器、继电器、开关、传送电路等组成。电气系统将弹上各用电设备连成一个整体,保证在地面测试和导弹飞行中适时、可靠地向各设备供电,此外还把弹上各设备与地面检查、发射设备联系起来,实现弹上设备的检查和导弹发射。

8.1.3 导弹战斗部的作用及其分类

导弹属于精确制导武器,具有较高的命中精度。在导弹飞向目标的过程中,会受到各种因素的干扰而使制导系统不可避免地存在误差,特别是在对付速度高、机动性好、距离远的现代空中目标时,导弹直接命中的可能性较小。即使直接命中目标,如果不带战斗部,其对目标所造成的破坏能力仅限于导弹的动能,破坏范围一般约等于导弹直径(超高速碰撞除外),难以达到对目标的预期作战效果。携带战斗部的导弹在与目标遭遇的适当时刻起爆,并迅速释放其内部能量,依靠众多的高速杀伤元素杀伤目标,其杀伤距离和范围将远远超过导弹的弹体半径,对位于战斗部有效杀伤距离之内的目标,具有很高的摧毁概率。因此,为了保证在未直接命中的情况下也能破坏目标,导弹必须带有适当的战斗部。

战斗部是导弹的有效载荷,是直接完成预定战斗任务的分系统。根据被攻击目标的特性,导弹武器系统将战斗部和引信运送到预定的适当位置(指目标附近、目标表面或目标内部);引信探测或觉察目标,适时可靠地提供信号,起爆传爆序列,使战斗部主装药爆轰释放出能量,与战斗部其他构件一起形成各种毁伤元素(破片、连续杆、自锻破片、金属射流、爆炸冲击波等),对目标产生预期的破坏效果。导弹武器系统设计师和导弹武器使用者总是期望所设计导弹的毁伤威力尽可能大。这样,借助战斗部的威力,在一定范围内可以弥补导弹制导系统存在的不可避免的制导误差。

导弹战斗部是导弹上用以破坏目标的部件,也是导弹之所以成为武器的基本条件。由于导弹所要对付的目标多种多样,不同的作战使命对战斗部的需求也不同。针对不同的作战目标,导弹上配用不同类型的战斗部,战斗部的类型一般根据它对目标的作用原理或者内部装填物来确定,分为核战斗部和非核战斗部(常规战斗部),常见的战斗部类型如图 8.6 所示。

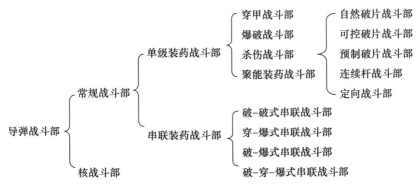

图 8.6 导弹战斗部分类

除了上述战斗部种类外,还有特种战斗部和新型战斗部,本章在重点介绍各种常用导弹战斗部的结构、作用原理和作用特点的基础上,对近几年发展的新型战斗部也做了介绍。

8.2 杀伤战斗部

8.2.1 破片杀伤战斗部

破片杀伤战斗部是战斗部的主要类型之一,战斗部装填的高能炸药爆炸作用后使金属外壳形成大量高速破片,利用破片对目标的高速碰击(贯穿)、引燃和引爆作用毁伤目标。实践证明,这类战斗部对空中、地面的多种目标具有良好的杀伤效果,可用于毁伤有生力量(人、畜)、无装甲或轻型装甲车辆、飞机、雷达及导弹等。在现有引战配合系统下,破片战斗部对多种目标的作战应用都具有较强的适应能力,可用于拦截弹道式导弹,攻击地面防空导弹发射系统、雷达天线等,针对不同的目标,破坏机制有所不同。

破片战斗部的作用原理是爆炸驱动众多破片使其达到高速,并要求这些高速破片具有足够的能量穿透目标并损伤目标部件。因此,对于破片战斗部,威力参数包含破片性能参数、飞散特性和杀伤性能参数。主要包括破片质量、数量、破片初速、速度衰减系数和速度分布、破片飞散角、破片对特定靶板的穿透能力以及爆炸冲击波参数等。通常采用战斗部静爆试验来测定其主要威力参数。

根据破片的生成途径,破片杀伤战斗部可分为自然、半预制(又称"预控")和预制破片战斗部3种类型。各种战斗部的结构形式及其破片形成机制也有很大的差别。图8.7所示为3种破片战斗部结构示意图。

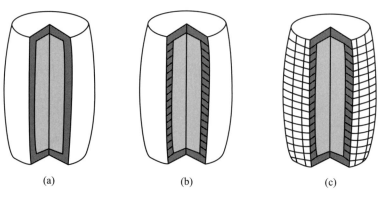

图 8.7 3 种类型破片杀伤战斗部
(a)自然破片型;(b)半预制破片型;(c)预制破片型。

1. 自然破片战斗部

自然破片战斗部的破片是在爆轰产物作用下,壳体膨胀、断裂破碎而形成的。壳体在爆轰产物作用下首先环向膨胀,当膨胀变形超过材料的强度极限时,壳体开始裂开,接着壳体外表面的裂口开始向内表面发展成为裂缝,爆炸气体产物从裂缝中流出,随后爆炸气体冲出并伴随着壳体破碎而形成破片飞出。该类战斗部的壳体既充当容器又形成杀伤元素,战斗部壳体通常是等壁厚的圆柱形钢壳,在环向和轴向都没有预设的薄弱环节,材料的利用率较高,壳体较厚,爆轰产物泄漏之前,驱动加速时间长,形成的破片初速高。

自然破片战斗部是靠爆炸能量使外壳破裂形成大量破片,破片数量及质量与装药性能、起爆方式、装药质量与壳体质量比、壳体材料性能及热处理工艺、壳体厚度等因素相关。与预制破片战斗部相比,自然破片战斗部的破片数量不够稳定,质量散布较大,破片质量过小往往不能对目标造成有效杀伤效应,而质量过大又意味着破片总数的减少或破片密度的降低。特别是破片形状很不规则,飞行速度衰减快,战斗部的破片能量散布很大。

自然破片战斗部的优点是结构简单,但总地来讲,这种战斗部的破片特性不够理想。因此,在不能直接命中目标的防空导弹不宜采用自然破片式战斗部。但是,在某些能直接命中目标的便携式防空导弹上,却不乏使用此类战斗部的例子,如美国的"毒刺"(Stinger)(图8.8)、苏联的"萨姆"-7(图8.9)等。这是因为在直接命中的情况下,自然破片式战斗部的主要缺点,如破片速度衰减快等特点,已不成其缺点,或者可以忽略,而这种战斗部加工工艺简单、成本较低的优点就突显出来。这正好满足了便携式防空导弹生产批量较大的客观需要。例如,"萨姆"-7战斗部的直径为70mm,长度为104mm,质量为1.15kg,而装药量只有0.37kg。战斗部前端有球缺形结构,当装药爆炸后,此球缺结构能形成速度较高的破片流,它在破坏位于战斗部前方的导引头等弹上设备后,对目标的破坏作用已经大为减弱。此战斗部的装药质量只占其总质量的32%,从战斗部设计的一般原则看,它主要被设计成破片杀伤式,但由于是直接命中目标,其爆炸冲击波和爆炸产物也能对目标造成相当大的破坏,复合作用提高了对目标的毁伤效能。

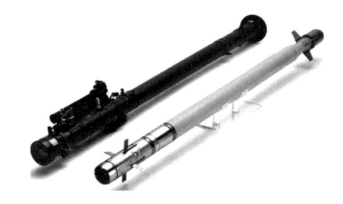

图8.8 毒刺(Stinger)便携式防空导弹

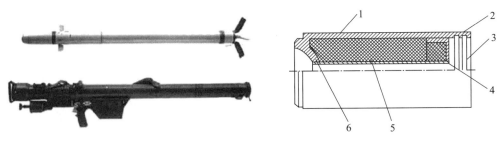

1—壳体;2—扩爆药;3—触发引信;4—电缆管;5—主装药;6—球缺结构。

图8.9 萨姆-7防空导弹及其战斗部结构

提高自然破片战斗部威力性能的主要途径是选择优良的壳体材料,并与适当的装药性能相匹配,以提高速度和质量都符合要求的破片比例。

2. 半预制破片战斗部

半预制破片战斗部通过特殊的技术措施控制或引导壳体的破碎,从而控制所形成的破片的大小和形状,避免产生过大和过小的破片,减少了壳体质量的损失,显著改善了战斗部的杀伤性能。常用的预控技术有壳体刻槽、装药表面刻槽、壳体区域脆化、圆环叠加点焊等。采取控制破片的方式不同,其结构形式也有所区别。

1) 壳体刻槽式杀伤战斗部

壳体刻槽式杀伤战斗部是在战斗部壳体内壁或外壁上刻有交错的沟槽,沟槽之间形成菱形、正方形、矩形或平行四边形的区块,如图 8.10 所示。当炸药爆炸时,由于刻槽处的应力集中,因而沿刻槽处破裂,形成较为规则的破片,破片的大小、形状和数量由沟槽的多少和位置来控制。

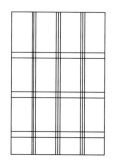

图 8.10　刻槽网格形状

刻槽的形式有多种:一是内表面刻槽;二是外表面刻槽;三是内外表面刻尺寸和深度匹配的槽且内外一一相对;四是内外表面都刻槽,但分别控制壳体的轴向和径向破裂。图 8.11 是典型内壁刻槽战斗部结构。刻槽方法可以采用在一定厚度的钢板上刻制。然后将刻好槽的钢板卷焊成圆柱形或截锥形,即形成刻槽式破片战斗部壳体;也可以在钢板轧制时直接成型,以提高战斗部生产效率并降低成本。焊接壳体的缺点是,焊缝区域对破片的形成性能有一定影响,使该区域的破片密度降低,破片尺寸不一致,容易形成连片或产生小片。这种影响的程度取决于焊缝的宽度、强度(最好使焊缝和基本金属成等强度)和焊接后的回火工艺质量。为了克服焊缝带来的影响,可以采用整体刻槽方式。

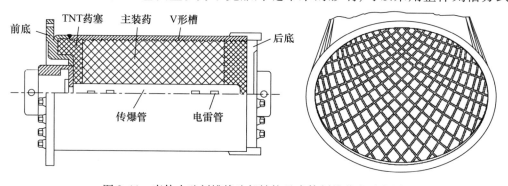

图 8.11　壳体内壁刻槽战斗部结构及壳体刻槽分布示意图

这种壳体是直接在适当厚度的无缝钢管上刻槽而成。由于加工工艺与钢板刨制不同,因此形成的刻槽也不同,但两者的破片性能没有大的区别。如果用钢管制造成鼓形或截锥形的壳体,则战斗部的单枚破片质量是不相等的,而其差别取决于壳体直径之差。根据破片数量的需要,刻槽式战斗部的壳体既可以是单层,也可以是双层。如果是双层,那么外层既可以采用与内层一样的结构,也可以在内层壳体上缠以刻槽的钢带。实践证明,在其他条件相同的情况下,内表面刻槽的破片成型性能优于外刻槽,后者容易形成连片。沟槽的方向、形状、刻槽的深度、角度和壳体材料对破片的形成、性能和质量均有重大影响。

选择刻槽方向时,应根据壳体形状和变形特点而定,以圆柱形结构为例,圆柱形战斗部壳体在膨胀过程中,最大应变产生在环向,轴向应变很小。因此,刻槽方向的设计应充分利用环向应变,设计菱形破片时,最合理的形式是菱形的长对角线位于壳体轴向,短对角线位于环向,如图8.12(a)所示。实践证明,菱形的锐角以60°为宜。如果沿战斗部母线或垂直于母线刻槽,则壳体环向膨胀形成的破片在轴线呈条状分布,在环向形成空当,不利于控制破片,因而应避免这种方向的刻槽方式。

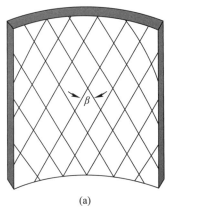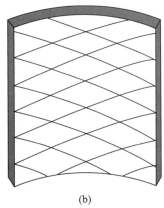

图 8.12 不同刻槽方向
(a)合理利用环向应变;(b)不合理利用环向应变。

常用沟槽的形状有V形、方形和锯齿形,沟槽的形状不同,壳体破裂时断裂迹线的走向不同。实践和理论证明,菱形槽的效果优于方格槽。刻槽底部的形状有平底、圆弧形和锐角形,其中锐角形效果最好,常用的刻槽底部锐角为45°和60°。比较适宜的刻槽深度为壳体壁厚的30%~40%。沟槽相互交错构成网格,网格有矩形网格和菱形网格。就深度而言,刻槽过浅,破片容易形成连片,使破片总数减少;刻槽过深,壳体不能充分膨胀,爆炸产物对壳体的作用时间变短,影响破片速度的提高。

刻槽式战斗部应选用韧性钢材而不宜用脆性钢材做壳体,后者不利于破片的正常剪切成型,而容易形成较多的碎片。

苏联的"萨姆"2防空导弹采用了壳体内刻槽式结构,战斗部总质量为190kg,破片数量为3600块,破片质量为11.6g,破片初速为2900~3200m/s,破片飞散角为10°~12°。而K-5防空导弹采用了壳体内、外表面刻槽式结构,战斗部总质量为13kg,破片数量为620~640块,破片质量小于3g,破片飞散角为15°。

图 8.13 所示为某型号导弹的战斗部,战斗部壳体采用厚 7mm 的 10 号普通碳钢板,其内壁刻槽,槽深为 3mm,V 形槽角度为 168°,为加强应力集中,槽底部较尖,为 45°,爆炸后形成的单枚菱形破片重 12g。选用较重破片的原因在于提高对飞机的毁伤力。在圆筒壳体两端焊有 10 号钢的圆环,与前、后底盖之间各用 16 个螺栓连接,前、后底盖用铝合金制成。

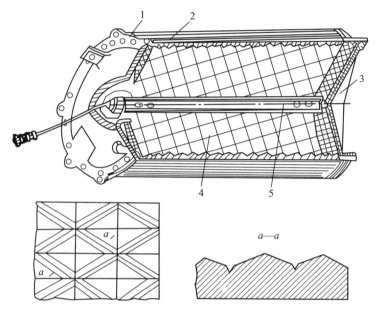

1—前底;2—壳体;3—后底;4—炸药;5—传爆药管。

图 8.13 壳体内表面有刻槽的杀伤战斗部

战斗部壳体内铸装梯恩梯、黑索今混合炸药,其成分为梯恩梯 40% 和黑索今 60%。在壳体两端均铸有封口层,这样做除考虑工艺性较好外,还可增加装药的密封防潮性能。

战斗部传爆系列是在装药中心设置传爆管(图 8.14),用 4 个并联的微秒级电雷管成对安装于前、后两端,提高起爆的瞬时性。在传爆管内还装有 17 节钝化黑索今药柱(共 570g),以起爆主装药。传爆管外壳由铝合金制成,引出导线用酚醛塑料封口。

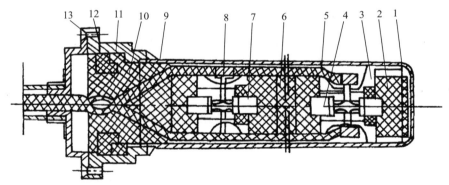

1—垫片;2,6—传爆药柱;3-滑线座;4,7—雷管;5-导线;8—线轴;9—塞盖;10—地蜡;
11-衬筒;12-压紧套筒;13-螺钉孔。

图 8.14 传爆管结构

2) 装药表面刻槽式杀伤战斗部

装药表面刻槽式杀伤战斗部又称聚能衬套式杀伤战斗部,它是在炸药装药的表面上预先制成沟槽,爆炸时,在凹槽处形成聚能作用,将壳体切割成形状规则的破片。采用这种结构可以很好地控制破片的形状及尺寸。战斗部的外壳是无缝钢管,药柱上的槽由特制的带聚能槽的衬套形成,而不是真正在药柱上刻槽,衬套由塑料或硅橡胶制成,其上带有特定尺寸的楔形槽。衬套与外壳的内壁紧密相贴,用铸装法装药后,装药表面就形成楔形槽。装药爆炸时,楔形槽产生聚能效应,将壳体切割成所设计的破片,战斗部结构如图8.15所示。

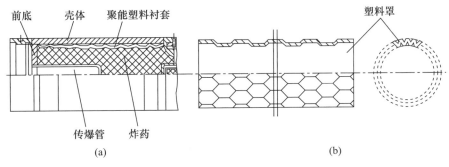

图 8.15 装药表面刻槽式杀伤战斗部结构
(a)战斗部结构;(b)聚能衬套结构。

工程上通常采用的塑料衬套是厚度为 0.24~0.35mm 的中性醋酸纤维薄板模压而成,它可以保证在铸药过程中受热后不变形。楔形槽的尺寸由战斗部外壳的厚度和破片的理论质量来确定。

聚能衬套式破片战斗部的优点是:生产工艺简单,成本低廉,对大批量生产非常有利。这种结构的缺点是:衬套和楔形槽占去了部分容积,使装药量减少;同时,聚能效应的切割作用使壳体基本未经膨胀就形成破片,所以与尺寸相同而无聚能衬套的战斗部相比,破片速度较低。而且,由破片形成特性所决定,这种结构的破片飞散角较小,对圆柱体结构而言,不大于15°。由于结构的限制使其较宜用于小型战斗部,大型战斗部还是以刻槽式为好。

美国的响尾蛇 AIM-9B 空空导弹的战斗部就采用聚能衬套式结构,如图8.16所示。

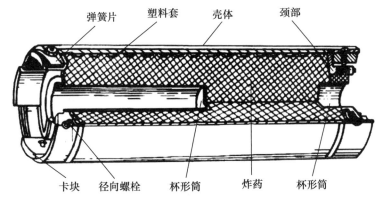

图 8.16 响尾蛇导弹(AIM-9B)的杀伤战斗部结构

战斗部为圆柱形,是由壳体、前底、后底、聚能塑料衬套、炸药装药和传爆药柱等组成。壳体为整体式圆筒（导弹壳体的一段），爆炸时形成杀伤破片，其材料为 10 号普通碳钢。战斗部总质量为 11.5kg，直径为 127mm，长度为 340mm，装药量为 5.3kg，炸药采用混合炸药，其成分为：梯恩梯、黑索今、铝粉和卤蜡 2%（外加）。该炸药适于铸装，加铝粉后，爆速降低（只有 7140m/s），但爆热增加，还可提高破片温度，在击中飞机时可增大引燃作用。传爆药柱用特屈儿压制而成，其直径为 53mm，高 54mm，质量为 40g，并装在 10 号钢制成的传爆管内。壳体壁厚为 5mm，90% 破片飞散角为 13°，破片初速为 1800～2200m/s，破片总数约为 1200 枚，单枚破片质量为 3g。另外，我国的霹雳 2、苏联的 K-13 导弹战斗部也采用了聚能衬套式结构。

3）壳体区域脆化式杀伤战斗部

壳体区域脆化是一种对壳体材料局部进行改性的加工方法。它是通过高能束将弹壳表面待预制的网格区域迅速加热到熔化状态，被加热壳体表层材料发生相变，而壳体深层材料不发生变化且温度较低，深层低温材料将表层熔化的材料冷却，在弹壳表面网格区域生成脆性组织，网格区域材料与基体材料产生性能差异，在爆炸驱动作用下，弹壳会在网格处优先断裂，进而达到可控破坏的目的。

战斗部爆炸后壳体形成破片的大小、形状可以通过加工脆性网格的尺寸、疏密来控制。这是一种无需通过机械加工削除壳体材料的新型破片成型控制技术，具有提高战斗部破片杀伤威力和兼顾保证结构强度的优点，应用范围更广，能够适应高膛压制导炮弹战斗部对结构强度的要求。

壳体区域脆化通常利用具有高能量密度的束流（即高能束）作为热源，工业实际中应用的高能束主要有激光束、等离子束和电子束。这些高能束热源具有共同的特点：一是加工时的功率密度可以达到 $10^3 W/cm^2$ 以上，而且加工面积大、加工速度快、加工效率高、可控性好；二是在加工时无论哪种形式的能量都在材料表面转变成热能，加工后自冷淬火，加工方式环保；三是经高能束在材料表面热处理后，能够得到比较理想的组织结构，从而获得较好的材料性能控制。

壳体区域脆化加工质量与高能束的功率和加工工艺密切相关。用等离子束加工时，形成的脆性带的宽度取决于喷嘴的直径以及弧柱的高度，而采用激光束加工时，脆性带的宽度由光斑的尺寸以及离焦量等因素决定，加工深度取决于输入能量，但是能量选取过大会造成表面严重烧损，不仅降低表面平整度，硬度也会降低，所以加工时参数的选取至关重要。例如，不同功率密度的激光束作用于弹体表面，材料将出现固态加热、表面重熔、小孔效应和等离子体屏蔽等物理变化，如图 8.17 所示。

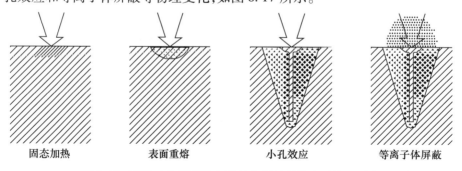

图 8.17　不同功率密度激光照射金属材料的主要物理过程

4）圆环叠加点焊式杀伤战斗部

圆环叠加点焊式杀伤战斗部壳体由钢圆环叠加而成，圆环之间用点焊连接。通常在圆周上均布 3 个焊点，整个壳体的焊点形成 3 条等间隔的螺旋线。装药爆炸后，钢环沿环向膨胀，膨胀到极限后断裂成条状破片（长度不太一致），对目标造成切割式破坏。

如果外壳是非圆柱体，则径向形成的破片长度是不等的。如果需要控制破片的大小一致性，可在钢环内壁刻槽或放置一个径向有均匀间隔的聚能衬套，则钢环可按设计的要求断裂。根据所需的破片数而定，钢环可以是单层或双层。钢环的截面形式和尺寸根据毁伤目标所需的破片形状和质量而定。控制钢环的高度和径向厚度可改变破片两个方向的尺寸，改变钢环内壁的刻槽间距或聚能衬套的有关尺寸可控制破片另一个方向的尺寸。通过优化设计，可以获得大小和形状都比较理想的破片分布。

这种结构的最大优点是可以根据破片飞散特性的需要，使用不同直径的圆环组合成不同曲率的鼓形或凹形结构。因此，可以设计成大飞散角，也能设计成小飞散角，以获得满足技术战术需求的破片飞散特性。其缺点是由于钢环之间有缝隙，装药爆炸后，在环的膨胀过程中，稀疏波的影响较大，使爆炸能量的利用率下降。因此，叠环式结构与质量相当的刻槽式结构相比，其破片速度稍低。

法国的马特拉 R530 空空导弹战斗部（图 8.18）就采用了此类结构，战斗部质量为 30kg，装药量为 11.17kg。战斗部的外形为腰鼓形，是由 52 个圆环重叠两层组成。圆环之间用点焊连接，焊点 3 个，形成 120°均匀分布；各圆环的焊点彼此错开，并在整个壳体上呈螺旋线。这样做的目的是使爆炸后的破片在圆周方向上均匀飞散。破片是在爆炸载荷作用下，钢制圆环径向膨胀并断裂形成的。由于各个圆环的宽度及厚度相同，因而可拉断成大小比较一致的破片，每个破片重约 6g，破片初速为 1700m/s，破片总数为 2600 枚，战斗部采用腰鼓形的原因是为了增大破片的飞散角度，以获得较大的杀伤区域（静态飞散角为 50°），其有效杀伤半径为 25～30m，可击穿 4mm 厚的钢板。

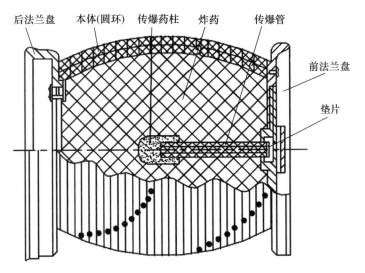

图 8.18　圆环叠加点焊式杀伤战斗部

3. 预制破片战斗部

战斗部破片的形状、大小和数量需要根据技术要求进行设计和选定。预制破片战斗部是将破片按需要的形状和尺寸,用规定的材料预先制造好,再安装在战斗部里面,由于预制破片为离散且数量较多的小结构件,需要专门的加工及装配工艺,工程上通常使用黏结剂黏结在装药外的内衬上。内衬可以是薄铝筒、薄钢筒或玻璃钢,破片层外面有一外套。球形破片则可直接装入外套和内衬之间,其间隙以环氧树脂或其他适当材料填满,如图 8.19 所示。装药爆炸后,由于爆炸产物较早逸出,在各种破片战斗部中,质量比相同的情况下,预制式的破片速度是最低的,与刻槽式相比要低 10%~15%。

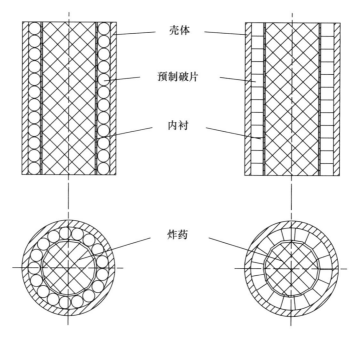

图 8.19 预制破片战斗部结构示意图

一般来说,预制破片的形状可以是立方体、长方体、圆柱体、球形,工程上用得比较多的为立方体和球形,它们的速度衰减性能较好。立方体在排列时比球形或圆柱形破片更紧密,能较好地利用战斗部的结构空间。由于战斗部大多数为回转体结构,如将破片制成适当的扇形体,则排列最紧密、黏结剂用量最少。预制破片在装药爆炸后的质量损失较小,经过调质的钢质球形破片几乎没有什么质量损失,这很大程度上弥补了预制式结构附加质量(如内衬、外套和黏结剂等)较大的固有缺陷。

由于形状及材料选用的灵活性,预制式结构具有其独特的优点。

(1) 破片的速度衰减特性比其他破片战斗部好,在保持相同杀伤能量的情况下,预制式结构所需的破片速度或质量可以减小。

(2) 在性能上有较为广泛的调整余地,可以根据需要调整和设计破片的大小、形状和材料等参数,如通过调整破片层数,可以满足破片数量大的要求,也容易实现大小破片的搭配以满足特殊的设计需要。

(3) 在战斗部结构外形上具有灵活的成型特性,可以把壳体加工成需要的形状,以满足各种飞散特性的要求。

图 8.20 所示是百舌鸟(AGM-45)空对地导弹的预制破片杀伤战斗部结构,其攻击目标主要是地对空导弹雷达阵地、高射炮瞄准雷达和雷达站。该战斗部前端设置了一个聚能药型罩,用来销毁位于战斗部舱前面的制导舱。该战斗部的破片尺寸和质量小,而数量多,战斗部外壳的圆柱形内装有一万多个预制的小钢块,破片尺寸为 4.8mm×4.8mm×4.8mm 的正方体,每块质量为 0.85g,这些预制破片预先用有机胶黏结成块。为了使爆炸后破片形成合理的杀伤区域,在预制破片的排列上进行了精心设计,后部为一层或两层破片,头部为 4 层破片。战斗部装药采用高能的奥克托金塑料黏结炸药,其目的是得到较高的破片速度,以提高杀伤力。战斗部有效杀伤半径为 50~60m。

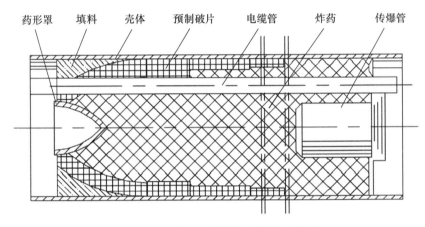

图 8.20 百舌鸟导弹战斗部结构示意图

自然、半预制和预制破片战斗部均属于传统破片战斗部,其性能各有特点。从高效毁伤应用的角度,破片战斗部的结构设计主要从装药和壳体两方面考虑。装药方面,装填高密度的高性能炸药,可以在满足破片初始速度要求的前提下减小装药体积。壳体材料方面,半预制破片结构一般都要利用壳体的充分膨胀来获得较大的破片初速和适当大小的飞散角,并使破片质量损失尽可能小,一般选用优质低碳钢作为壳体材料,常用的有 10 号钢、15 号钢、20 号钢。预制结构的破片通常用 35 号钢、45 号钢、合金钢或用钨合金和贫铀等高密度合金制造破片,以提高破片的穿透能力。破片层与装药之间,通常有一层薄铝板或玻璃钢制造的内衬,一般破片层外面则通常有一层玻璃钢,这些措施都是为了提高战斗部的结构强度和降低破片损失。壳体外形方面,战斗部的外形主要取决于对飞散角和方向角的要求。对大飞散角战斗部,壳体可设计成圆柱形或鼓形;对小飞散角战斗部,壳体可设计成反鼓形,也可设计成圆柱形。无论哪种结构形式,都要采取适当的起爆方式。

8.2.2 杆条杀伤战斗部

上述各种破片式杀伤战斗部的破片大小可以进行控制,但在对付飞机等空中目标时其杀伤力不够理想,进而发展了以杆条形破片作为杀伤元素的杆条杀伤战斗部,它也属于预制破片类型,但是有其自身的特殊性。典型的杆条杀伤战斗部有连续杆式战斗部和离散杆式战斗部两种类型。

1. 连续杆式战斗部

连续杆式战斗部又称链条式战斗部,是因其外壳由相邻钢条端部交错焊接而成,战斗部爆炸后形成一个不断扩张的链条状金属环而得名。连续杆环以一定的速度与飞机等目标碰撞时,可以切割机翼或机身,对飞机造成严重的结构损伤,对目标的破坏属于线切割型杀伤作用。连续杆式战斗部由破片式战斗部发展而来,是破片式战斗部的一种变异。连续杆式战斗部是空对空、地对空、舰对空导弹上常用战斗部类型之一。

1) 连续杆式战斗部结构

连续杆式战斗部结构形式如图 8.21 所示,由预制金属杆、铝合金波形控制器(简称透镜)、切断环、套筒、炸药和传爆管等主要零件组成。在战斗部壳体两端有内、外螺纹,用于连接前、后舱段。为了确保舱段之间可靠连接,有一端采用了加固螺钉。在战斗部的外表面覆盖蒙皮,其作用是为了与其他舱段外形协调一致,保证全弹的良好气动外形。其毁伤元是由许多金属杆在其端部交错焊接并经整形而成的,金属杆可以是单层或双层。单层时,每根杆条的两端分别与相邻两根杆条的一端焊接;双层时,每层的一根杆条的两端分别与另一层相邻的两根杆条的一端焊接。这样就构成图 8.22 所示的安装在炸药装药周围的筒形结构,其实质是一个压缩和折叠了的链环,即连续杆环。杆的断面形状可以是圆形、方形或三角形等。切断环(也称释放环)是铜质空心环形圆管,直径约为 10mm,将其安装在壳体两端的内侧。波形控制器与壳体的内侧紧密配合,且其靠近装药一侧通常为一曲面。

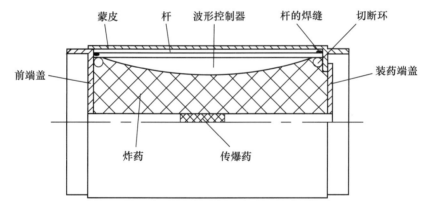

图 8.21 连续杆战斗部结构

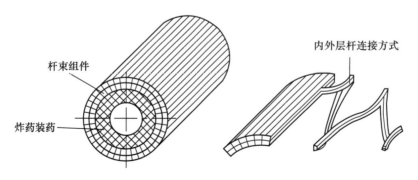

图 8.22 炸药和杆束结合示意图

2）连续杆式战斗部作用原理

连续杆式战斗部采用中心引爆的方式,当战斗部装药由中心管内的传爆药柱和扩爆药引爆后,由于切断环的聚能切割作用而把杆束从两端的连接件上释放出来,在战斗部中心处产生球面爆轰波并向四周传播,在波形控制器作用下使球面波转化为柱面波,使爆炸作用力的作用线发生偏转,得到一个力的作用线互相平行并垂直于杆条束内壁的作用用场。在爆炸载荷作用下,杆束逐渐膨胀、拉开间距并向外向外抛射,靠近杆端部的焊缝处发生弯曲,杆束逐渐展开成为一个扩张的锯齿形圆环。此环周长达到一定临界值以前不会被拉断。试验表明,这个环周长在达到理论最大圆周长度的 80% 以前不会被拉断。圆环半径继续增大,最后在焊接处附近发生断裂,圆环被分裂成若干短杆,杆环的形成及展开过程如图 8.23 所示。

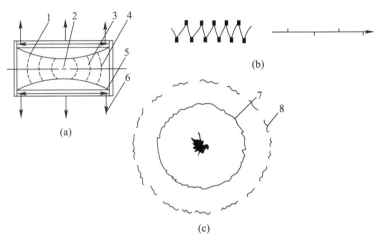

1—波形控制器;2—起爆点;3—炸药;4—球面波;5—杆束组件;6—力作用线;
7—完全扩张的杆环;8—环断裂后的扩张。

图 8.23 连续杆式战斗部杆条张开过程
(a)杆束组件展开原理;(b)杆束开始张开和完全张开;(c)扩张的杆环。

连续杆环的初始扩张速度可达 1200~1600m/s,与目标遭遇时,就像一把轮形的切刀将目标结构切断,使目标的主要组件遭到毁伤。其毁伤程度不仅与杆环速度有关,而且与目标的航速、导弹的速度和制导精度等有关。战斗部对飞机的作用原理如图 8.24 所示。

由于空气阻力的作用,连续杆的速度衰减和飞行距离成正比关系,随着杆环直径的扩大,其速度也不断降低,杆环速度的下降主要由空气阻力引起,而杆束扩张、焊缝弯曲剪切所吸收的能量对其影响较小。杆环断裂后,杆条将发生向不同方向的转动和翻滚,连续杆的效应就转变成破片效应。因连续杆断裂生成的离散短杆破片数量较少、破片密度较低,所以其毁伤威力大幅下降。由此作用特点可知,连续杆式战斗部在杆环断裂以前遭遇目标,才能发挥最佳切割毁伤效果,这就要求导弹有较高制导精度。

3）连续杆式战斗部性能特点

对飞机等空中目标来说,连续杆的切割效应比破片的击穿作用要大得多,因为杀伤破片只有击中飞机的要害部位才能使其摧毁,而连续杆可以切断机翼、油箱、电缆和其他

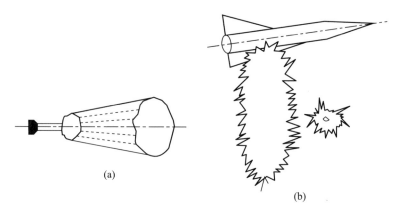

图 8.24 连续杆式战斗部对飞机的作用原理
(a)杆束扩张过程;(b)杀伤效果。

不太强的结构,从而使飞机失去气体动力平衡或者被切成几段而毁坏。装备连续杆式战斗部的导弹型号有美国的波马克、黄铜骑士、小猎犬和麻雀Ⅲ等导弹。其中麻雀Ⅲ战斗部总质量为30kg,装药量为6.58kg,破片飞散角为50°,连续杆扩展速度为1500~1600m/s,杀伤环连续性为85%,有效作用半径为12~15m。

由于其独特的结构形式,与其他应用离散破片的战斗部相比,连续杆式战斗部有下列重要特点。

(1)使飞机的某些防御措施失效。例如,自封式油箱对于破片穿孔而引起的漏油、燃烧有一定的防御效果,但对连续杆式战斗部造成的连续切割式破坏则基本无效。

(2)切割毁伤模式"扩大"了目标的要害尺寸。由于连续杆环的切割效果,一般认为的非要害部位被"成块"移除或成片切割可能导致目标失稳或被摧毁,这是破片式战斗部难以做到的。

(3)连续杆环在超过最大扩张半径后,杆环的切割效应变为离散破片杀伤效应。由于杆的数量少,命中目标的概率很低,因而它的杀伤效率一般忽略不计。这与破片式战斗部杀伤概率随距离的增加而逐渐下降的情况有所不同。

(4)连续杆环的飞散初速较低,静态杀伤区只是垂直弹轴的一个"平面",因此对引战配合精确性要求很高,这种战斗部主要适于脱靶量较小、目标尺寸较大的情况。如果采用多环结构,即战斗部产生几个飞行方向不同的连续杆环,则可形成一个定宽度的飞散区,可在一定程度上弥补上述缺陷。

(5)对于飞机的某些强结构,连续杆环难以切割,除非加大杆的截面,但这将改变战斗部的质量,进而影响导弹总体设计。

2. 离散杆式战斗部

离散杆杀伤战斗部也是在预制破片式战斗部的基础上发展起来的,其杀伤元素是许多金属杆条,它们按照一定次序和层次紧密地排列在炸药装药的周围,当战斗部装药爆炸后,驱动金属杆条运动,杆条按预控姿态向外飞行,在飞行过程中杆条的长轴始终垂直于飞行方向,同时杆条绕长轴中心低速旋转,在某一半径处,杆条顺次首尾相连构成一个杆条环,可对命中的目标造成切割作用,从而实现对目标的高效毁伤。此类战斗部常用来对付空中的飞机类目标。

离散杆结构及杆条作用形成过程如图 8.25 所示。战斗部由壳体、内衬、炸药、杆条、起爆装置和端环等部件组成。壳体为圆筒形,为战斗部提供所需的强度和气动外形;内衬的作用是均化杆条的受力,避免杆条断裂;炸药是抛射杆条的能源;起爆装置的作用是适时引爆炸药装药,放置于战斗部的一端;杆条是战斗部的杀伤元素,排列在炸药装药的周围,端部通过点焊和端环连接,端环的主要作用就是固定杆条,有的离散杆式战斗部没有此部件(如聚焦式离散杆战斗部),可以用胶将杆条固定在壳体或内衬上。

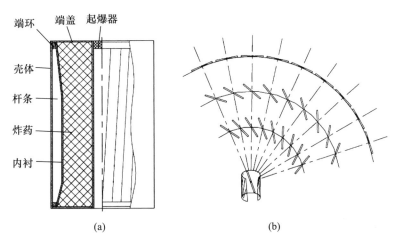

图 8.25 离散杆式战斗部结构及杆条展开示意图
(a)离散杆战斗部结构示意图;(b)离散杆飞散示意图。

离散杆式战斗部的关键技术是控制杆条飞行初始状态,使其按预定的姿态和轨迹飞行,可采用的技术措施:一是使整个杆条在长度方向上获得相同的抛射初速,即使杆条获得速度的驱动力在长度方向处处相同,以保证飞行过程中杆轴线垂直于飞行轨迹;二是放置杆条时,使每根杆的轴线都和战斗部的轴线保持一个相同的倾角,这个倾角可以使杆以相同的规律低速旋转,通过预置倾角可以控制杆条的旋转速度,从而实现在某飞行半径处首尾相连。

离散杆式战斗部对飞机等空中目标的作用效果较好,美国、俄罗斯等多个型号导弹都采用了这种战斗部。例如,俄罗斯 P-737 导弹应用了离散杆式战斗部,战斗部的直径为 170mm,战斗部长度为 243mm,战斗部质量为 7.4kg,内装炸药 2.45kg,共有 164 根杆式破片,而每根金属杆的质量为 16.5g。据称爆炸后金属杆的速度为 1200~1300m/s,对飞机的有效威力半径为 7m。

8.2.3 定向杀伤战斗部

定向杀伤战斗部是在原有战斗部技术基础上发展起来的一类高杀伤能力的新型战斗部。传统的破片杀伤战斗部的杀伤元素的分布沿周向基本是均匀的,各方向上的杀伤元速度也相同,通常称为"周向均强性战斗部"。也就是说,毁伤能量均匀分布,这对于杀伤均匀分布的地面目标是合适的,但对于空中来袭的飞机或导弹目标,这种均匀分布实际上是很不合理的。因为当导弹与目标遭遇时,不管目标位于导弹的哪一个方位,在战斗部爆炸瞬间,目标方位只占战斗部杀伤区域很小一部分,如图 8.26 所示,战斗部杀伤元素的大部分并未得到利用。因此,发展了战斗部爆炸后把杀伤元素(或能量)在目标方向相对集中的定向战斗部。定向战斗部的应用将大大提高对目标的杀伤能力,或者在保持一定杀伤能力的条件下,减少战斗部的质量。在使用定向战斗部时,导弹应通过引信或弹上其他设备提供目标脱靶方位的信息并选择最佳起爆位置。为实现杀伤元素的定向集中,可以采用偏心起爆、结构变形和随动定向等多种技术途径。

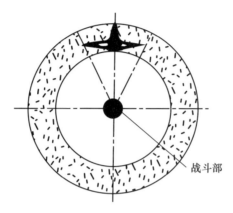

图 8.26　环向均匀战斗部对空中目标作用示意图

1. 偏心起爆式定向战斗部

这一类结构的壳体与周向均强性战斗部没有大的区别,但其内部结构不同。战斗部结构的横截面示意图见图 8.27(a),主装药由互相隔开的四部分(位于Ⅰ、Ⅱ、Ⅲ、Ⅳ 4 个象限)组成,4 个起爆装置(1、2、3、4)偏置于相邻两装药之间靠近弹壁的地方,并相应有安全执行机构。

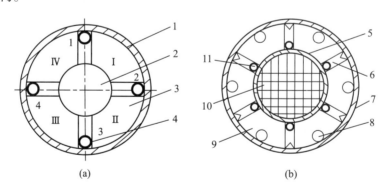

1—破片层;2—安全执行机构;3,9—主装药;4—起爆装置;5—薄内壳;6—隔离炸药片;
7—薄外壳;8—主装药起爆系统;10—预制破片芯;11—隔离炸药片起爆系统。

图 8.27　偏心起爆式定向战斗部结构示意图
(a)4 象限定向战斗部结构示意图;(b)6 象限定向战斗部结构示意图。

当导弹与目标遭遇时,弹上的目标方位探测设备测知目标位于导弹周向的某一象限内,于是通过引信同时起爆与之相邻的那个象限两侧的起爆装置,如果目标位于两个象限之间,则起爆与之相对的那个起爆装置,此时,起爆点不在战斗部轴线上而有径向偏置,称为偏心起爆或不对称起爆。由于偏心起爆的作用,改变了战斗部杀伤能量在周向均匀分布的局面,而使能量向目标方向相对集中,起爆装置的偏置程度对周向能量的分布有很大影响,越靠近弹壁,目标方向的能量增量越大。图8.27(b)也可以将主装药划分成更多部分(设置多个象限),设置更多个起爆点,对破片飞散方向进行更为细化的控制。

2. 破片芯式定向战斗部

破片芯式定向战斗部的杀伤元素放置于战斗部中心,结构与径向均强性战斗部有很大区别,在主装药推动破片飞向目标之前,首先通过辅助装药将正对目标的那部分战斗部壳体炸开,使之向外翻转,形成一个正对目标的"通道"。

战斗部典型结构如图8.28(a)所示,战斗部外层有6个扇形部分,各扇形装药之间以隔离炸药片隔开,炸药片与战斗部等长,其端部有聚能槽,用以切开装药外面的薄金属壳体(此壳体仅作为装药的容器,而不是为了产生破片),战斗部的中心部位为预制破片芯。具体作用过程如图8.28(a)~(d)所示,当目标方位确定后,导弹给定的信号使离目标最近的隔离炸药片起爆系统引爆隔离炸药片,在战斗部全长度上切开外壳,使之向两侧翻卷,并使该部分的扇形主装药被抛撒开而爆炸,为破片飞向目标方向让开道路。随后,与目标方位相对的主装药起爆系统起爆,使其余的扇形体主装药爆炸,推动破片芯中的破片无阻碍地飞向目标。

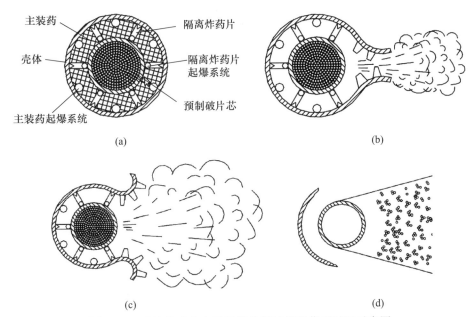

图8.28 破片芯式定向杀伤战斗部结构及作用过程示意图

3. 机械展开式定向战斗部

圆柱形战斗部分成4个互相连接的扇形体,预制破片排列在各扇形体的圆弧面上,各扇形体之间用隔离层分隔,隔离层中紧靠两个铰链处各有一个小型聚能装药,靠中心有与战斗部等长的片状装药。两个铰链之间有一压电晶体,扇形体两个平面部分的中心各有一个起爆该扇形体主装药的传爆管,其结构如图8.29所示。当确知目标方位后,远离目标一侧的小聚能装药起爆,切开相应的两个铰链,与此同时,此处的片状装药起爆(由于隔离层的保护,小聚能装药和片状装药的起爆都不会引起主装药的爆炸),使4个扇形体以剩下的3对铰链为轴展开,破片即全部朝向目标,在扇形体展开过程中,压电晶体受压产生大电流、高电压脉冲输送给传爆管,传爆管引爆主装药,全部破片飞向目标。

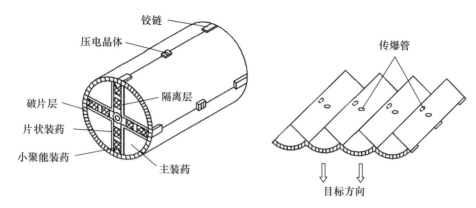

图 8.29 展开式定向战斗部

4. 爆炸变形式定向战斗部

爆炸变形式定向战斗部也叫可变形定向战斗部,主要由主装药、辅助装药、壳体、预制破片和起爆控制系统等组成。其作用原理是:当导弹与目标遭遇时,导弹上的目标方位探测设备和引信测知目标的相对方位,在起爆主装药前,通过起爆控制系统首先选择引爆目标方向的一条或几条相邻的辅助装药,其他装药在隔爆设计下不被引爆,从而快速改变战斗部的几何形状,在目标方向上形成一个变形面,经过短暂延时后在变形面的对侧起爆主装药,使战斗部的破片尽可能多地对准目标,达到破片在目标方向上的高密度,从而实现定向杀伤。与偏心起爆式战斗部相比,这种战斗部破片密度增益明显。

战斗部的变形形式可根据对破片飞散范围和散布密度要求等技战术指标进行设计和控制。图 8.30(a)所示是一种可变形战斗部结构,这种战斗部的结构主要由外层圆柱筒、内层圆柱筒、炸药、多个块状辅助装药和起爆管组成。外层的圆柱筒上加工预制槽来获得破片。主装炸药装填于内、外层圆柱筒之间,炸药是经过改制的低密度塑性炸药;块状辅助装药是一种低爆速推进剂,均匀放置于外层圆筒外面。如果需要可以直接用战斗部壳体和块炸药取代导弹外壳。用于起爆主装药的起爆管放置在战斗部内部主装药中,如果需要可以采用两个起爆管同时起爆,它们位于战斗部的相反两端。用于选择块状辅助装药起爆所需的起爆器,与用于适时起爆战斗部主装药的起爆选择器是匹配相连的。

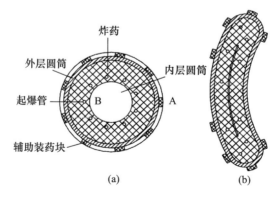

图 8.30 一种爆炸变形定向战斗部
(a)变形前;(b)变形后。

作用时,如选择 A 处的块状辅助装药起爆,具有炸药特性的块状辅助装药迅速燃烧而爆炸,使战斗部破片筒变形为凹向目标的弧形,如图 8.30(b)所示,但又不使其破裂,然后通过位于与块状辅助装药径向反向的 B 处起爆装置起爆,从而使朝向目标方向的破片汇聚,并飞向目标,由此实现定向杀伤。图 8.31 所示是另一种可变形战斗部,战斗部在辅助装药爆炸加载作用下形成类似 D 形的结构,从背向目标一侧起爆主装药控制破片飞散方向,实现定向杀伤。

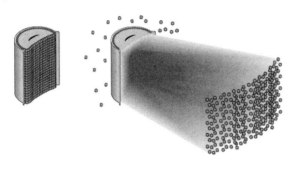

图 8.31　D 形可变形定向战斗部作用原理

5. 可瞄准式定向战斗部

该种战斗部主要由伺服机构和战斗部组成,按照定向方向又可分为周向随动式和轴向随动式(前向)。其作用原理是破片体呈轴向或径向预置,而战斗部在导弹内可由伺服机构控制其做轴向或周向转动。导弹在交会前一段时间给出脱靶方位,伺服机构动作,将战斗部装填的破片体对准与目标交会方位,实现对目标的高效拦截。随动系统的动力来源可用电机、微型火箭发动机或火工品驱动等技术。随动式定向战斗部的关键技术涉及复杂力学环境下伺服机构对战斗部的方向控制技术、引信技术及引战配合技术和战斗部技术。

1)周向可瞄准式定向战斗部

图 8.32 是一种周向可瞄准式定向战斗部结构示意图,战斗部的顶部装配有旋转驱动装置,杀伤元素集中安装在战斗部的一侧。旋转驱动装置有两种:一种由电池提供动力的电机控制战斗部旋转,以实现破片侧对目标的瞄准;另一种由动力型火工品控制战斗部的旋转和破片对目标的瞄准。

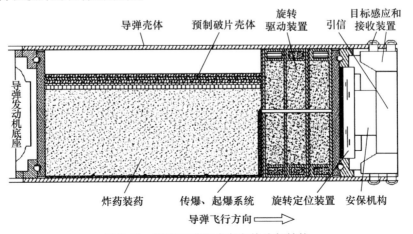

图 8.32　周向可瞄准式定向战斗部结构

当利用火工品燃烧驱动时,能在极短时间内产生很大的驱动力,旋转战斗部使破片瞄准目标。据称美国在 AIM-120 导弹中使用了周向可瞄准式定向战斗部,其伺服系统采用动力型火工品随动控制系统,应用多喷管同步驱动战斗部旋转,可以在 30ms 内将战斗部旋转到位。

2) 前向可瞄准式定向战斗部

要满足现代战争的应用需求,需要在导弹探测系统的配合下实现对任意方向的目标探测和瞄准,精确控制战斗部爆炸后的破片飞散方向,实现对目标的高效毁伤。由此提出了一种前向可瞄准式定向战斗部技术,具有侧向攻击低速目标和前向拦截高速目标的能力,作战原理如图 8.33 所示。在导弹探测系统的配合下,当遭遇低速目标时,前向战斗部在可瞄准系统的控制下,使破片飞散方向对准目标脱靶方位,战斗部爆炸之后,破片在目标脱靶位置与目标遭遇,实现侧向攻击的能力;当拦截高速目标时,前向战斗部在可瞄准系统的控制下,使破片飞散方向与弹目相对速度方向平行,破片前向飞散形成拦截面,拦截面内的大密度破片与高速来袭目标碰撞,实现对目标的高效杀伤。

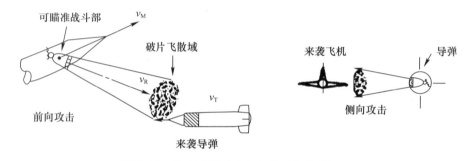

图 8.33 前向可瞄准式定向战斗部作战原理

图 8.34 是一种前向可瞄准式定向战斗部系统结构,包含前向战斗部和可瞄准系统。前向战斗部包含圆柱形壳体、装药、预制破片等,破片为前向战斗部的杀伤元素,装配在前向战斗部的端部,从而使破片集中、定向飞散成为可能;可瞄准系统包含转盘、固定盘、支架、俯仰转轴和周向转轴等。前向战斗部通过支架安装在转盘上,转盘又通过周向转轴与固定盘连到一起;可瞄准系统通过固定盘固定在导弹内。

前向可瞄准定向战斗部中的可瞄准系统包含两个转动自由度,一个为前向战斗部与支架之间通过俯仰转轴形成转动自由度,转动方向以逆时针为正,顺时针为负,图中以 $\pm\omega_1$ 表示;另一个为转盘与固定盘之间通过周向转轴形成的转动自由度,转动方向以逆时针为正,顺时针为负,图中以 $\pm\omega_2$ 表示。

除以上介绍的几种定向战斗部结构类型外,还有其他各种类似的结构。实际上,不论具体结构如何,最终都是达到一个目的,即增加目标方向的杀伤元素密度或速度增益,甚至把杀伤元素全部集中到目标方向去。

从前面介绍的几种典型结构可以看出,定向战斗部结构比制式的周向均强性战斗部要复杂得多,技术问题也较多,涉及战斗部结构设计、起爆系统的设计、装药设计、破片飞散状态的控制等。

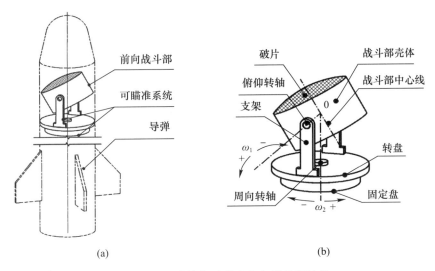

图 8.34　一种前向可瞄准定向战斗部结构

(a)战斗部在弹体上的安装；(b)可瞄准定向战斗部原理结构。

8.2.4　聚焦杀伤战斗部

通过偏心起爆或爆炸可变形等方式,可使破片在周向方向汇聚并指向目标,但是这些方式不能改变破片在战斗部轴向方向的分布状况。而破片沿轴向的分布状况与毁伤能力也密切相关,破片沿战斗部轴向的散布范围与战斗部的结构形式相关,不同结构形式的战斗部破片飞散情况如图 8.35 所示。为了改善破片沿轴向的分布,发展了聚焦杀伤战斗部,即一种使能量在轴向方向汇聚的战斗部。

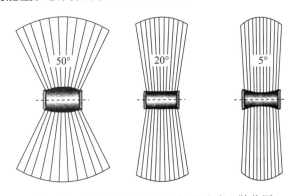

图 8.35　不同结构形式战斗部的破片飞散范围

聚焦杀伤战斗部的组成与预制破片杀伤战斗部基本相同,其主要特点是壳体母线采用了向内凹的结构,通过控制战斗部爆炸后破片所受的驱动力方向,从而控制轴向上不同位置处的破片向某处汇聚,形成破片聚焦带。聚焦带内的破片密度大幅度增加,若聚焦带能命中目标,将大大提高对目标的毁伤能力。聚焦带的宽度、方向以及破片密度与弹体母线的曲率、炸药的起爆方式、起爆位置等因素相关,可根据战斗部的设计要求来确定。聚焦带可以设计为一个或多个,图 8.36 中的战斗部结构有两个弧段,因此可形成两个聚焦带。对于聚焦型战斗部虽然聚焦带处破片密度增加了,但破片带的宽度减小了,对目标的命中概率会降低,所以该型战斗部适用于制导精度较高的导弹,并且通过引战配合的最佳设计使聚焦带命中目标的关键舱段。

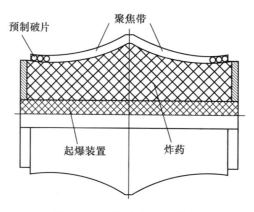

图 8.36　双聚焦战斗部结构

破片的飞散方向除了与战斗部结构密切相关外,还和起爆方式有关,通过起爆点的位置变化,可控制破片的飞散方向。起爆方式可分为中心起爆、偏心起爆、单点起爆、多点起爆及线性起爆等。

各种结构形式的破片是杀伤战斗部的主要毁伤元,传统的破片通常使用铁、钢等金属材料,为提高破片贯穿能力,可采用密度较高的钨合金、贫铀合金等材料。传统的金属破片主要依靠动能侵彻毁伤目标,通过侵彻削弱目标强度、切断线路或管道等方式毁伤目标,穿透目标后的后效毁伤能力较低。近年来,发展了一类新型多功能结构材料,通常称为活性材料(reactive material,RM)。活性材料是一种常温常压下处于亚稳定状态,在高速冲击条件下会发生剧烈化学反应,释放大量能量的材料。由活性材料制成的破片不仅能够像传统破片一样利用动能贯穿目标,而且在强冲击载荷作用下,活性材料发生剧烈反应释放大量热能或放出气体,形成燃烧、爆燃或爆炸效应,增强了对目标的后效毁伤能力,大幅提高弹药与武器装备的作战效能。常用的材料类型有活性金属(镁、铝、钛、锆等)、金属间化合物、金属或亚稳态金属化合物与金属氧化物、金属与卤族聚合物等的混合物,这些金属或混合物在外界条件激励下发生金属氧化反应、铝热反应和金属合金化反应等,生成新的产物并伴随能量释放。利用这些材料可以制成预制破片,也可以加工成弹药壳体结构。通过材料配方、加工工艺和应用条件的合理设计,可实现高毁伤效能、低附带损伤、按需求条件增强效应毁伤等作用方式,提升弹药的毁伤效能和适用条件。

8.3　聚能装药战斗部

聚能装药战斗部利用炸药爆炸时的聚能效应压垮药型罩,生成高速射流或密实的成型弹丸等不同毁伤元,利用聚能毁伤元的高效侵彻能力毁伤目标。根据毁伤元的特性,聚能装药战斗部的发展大致经历了聚能射流时代、爆炸成型时代和串联战斗部发展及应用时代。使用不同的药型罩及战斗部结构可形成聚能射流、爆炸成型弹丸、多聚能射流、多爆炸成型弹丸等多种形式的聚能毁伤元。因此,聚能装药战斗部可广泛应用于反坦克导弹、反舰导弹和防空导弹等弹种,用以打击各种装甲和非装甲目标。

8.3.1 单聚能装药战斗部

单聚能装药是应用较多的聚能战斗部类型,战斗部只有一个药型罩和对应的装药结构,战斗部只产生单一聚能毁伤元,沿着战斗部轴向攻击目标,由于聚能毁伤元的高速侵彻能力,这类战斗部在反坦克、反舰艇等方面大有作为。目前,世界各国仍以聚能破甲弹作为主要反坦克弹种,用于正面攻击坦克前装甲。用于反坦克的聚能破甲战斗部,必须与目标直接碰撞,由触发引信引爆。炸高不大,仅为装药直径或药型罩底直径的几倍,作战时由战斗部的风帽高度来保证所需的炸高。它主要靠聚能射流的作用来摧毁目标,射流方向与导弹纵轴重合。

1. 霍特反坦克导弹战斗部

霍特反坦克导弹战斗部是射流式聚能装药战斗部,爆炸后形成高速射流毁伤坦克目标。战斗部结构如图 8.37 所示,战斗部主要由风帽(壳体的前半部)、战斗部壳体、药型罩、爆炸装药、传爆药柱、引信和底盖等组成。

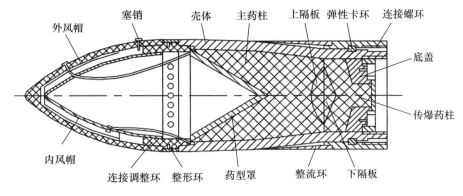

图 8.37 霍特导弹战斗部结构示意图

头部风帽分为外风帽和内风帽两层,内、外风帽用连接调整环固定并与壳体连接。装配后与壳体外表面形成的间隙用整形环填充。外风帽的内层与内风帽是两个电极,构成电引信的碰撞开关。当导弹命中目标时,头部风帽变形,内、外风帽接触,从而接通引信的点火电路,使雷管起爆,并引爆空心装药。

外风帽是蛋形壳体,外层由塑料热压成型,内层附有一层用黄铜(含铜58%)板冲成的铜壳,且内表面镀银(银层厚 $5\sim9\mu m$)。内风帽同样是蛋形壳体,是用黄铜板冲成的,其外表面均镀银(银层厚 $5\sim9\mu m$)。

战斗部用螺栓和弹性卡环与弹体连接。战斗部壳体为铝合金铸件,经机械加工成型,内装空心装药。该战斗部质量5kg,直径136mm,炸药质量3kg。装药的主装药采用梯黑混合炸药,其成分为梯恩梯(25%)、黑索今(75%),装药密度为 $1.73g/cm^3$。隔板后面的辅助装药的成分为梯恩梯(15%)、黑索今(85%),装药密度为 $1.76g/cm^3$。隔板分前、后两块叠在一起,均用硅橡胶制成。传爆药柱装于战斗部底部。药型罩是用紫铜板经旋压而成的圆锥形罩,罩直径为132mm,罩高度为118mm,其锥角为60°,壁厚3mm。

2. 赛格反坦克导弹战斗部

赛格反坦克导弹是苏联20世纪60年代开始研制的产品,其战斗部位于头部,发动机和制导线管位于中部,仪表舱位于尾部。战斗部结构如图 8.38 所示。

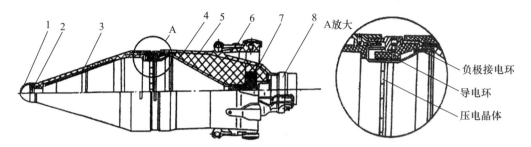

1—保护帽;2—防滑帽;3—风帽;4—药型罩;5—弹壳;6—连接件;7—隔板;8—引信。

图 8.38　赛格导弹战斗部

战斗部全重约 2.5kg,其中装填密度为 1.63g/cm³ 的 A - IX - I 炸药 1.19kg,引信重 0.145kg,药型罩材料是紫铜,锥角为 60°,重量为 0.342kg(包括导电杆和弹簧),隔板(泡沫塑料)重 0.077kg。

与同类型的导弹或火箭弹战斗部相比,这种战斗部具有以下突出的优点。

(1) 风帽和外壳都用塑料压制,这样使结构重量大大减轻。

(2) 外壳内表面采用喷涂金属工艺,这样可使导电构件大大简化,而且导电可靠,屏蔽安全性也好。

(3) 16 片压电晶体沿风帽大端圆柱部位径向分布,并嵌入风帽大端面的沟槽内。同时采用防滑帽,这样的结构能确保引信在大着角条件下可靠发火,也能保证导弹在失控时自炸。

3. 冥河反舰导弹战斗部

冥河反舰导弹战斗部是苏联为反舰应用而研制的,战斗部结构如图 8.39 所示,战斗部重 500kg,战斗部装药是梯恩梯、黑索今和铝粉的混合炸药,装药量为 180kg。药型罩为半球形,其直径为 500mm,壁厚为 15mm,材料为低碳钢。药型罩直接焊接在战斗部壳体上。采用这种药型罩的原因是使形成的射流短而粗,以便在舰体上形成较大的穿孔(孔径可达药型罩直径的 0.7 倍,穿深为直径的 2 倍)。这样,海水即可迅速流入舱内。此外,射流也能破坏舰内的武器装备,杀伤人员。第三次中东战争中,埃及用冥河反舰导弹多次击沉以色列军舰,1971 年的印巴战争中,冥河取得了 13 发 12 中的战绩。

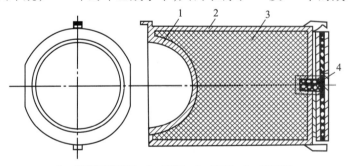

1—半球形药型罩;2—壳体;3—炸药;4—起爆药。

图 8.39　冥河导弹战斗部结构

8.3.2 多聚能装药战斗部

多聚能装药战斗部是在圆柱形装药侧表面或端面配置若干个聚能装药结构,爆炸后形成射流或射弹向目标飞散以破坏目标。20 世纪 80 年代以来,为了提高弹丸的命中和毁伤装甲目标的概率,人们在战斗部技术方面进行了广泛的分析和研究,提出了多爆炸成型弹丸战斗部(multiple explosively formed penetrator,MEFP),即形成爆炸成型弹丸的多聚能装药战斗部,同时也发展了运用射流的多聚能装药战斗部。

聚能装药战斗部可广泛用于对付地面和空中的各种目标,对付空中目标的聚能装药战斗部,在基本原理上与对付坦克的破甲战斗部一致,但在其结构及作战特点等方面则有较大的区别。由于空中目标的速度大、距离远,制导系统的误差使导弹难以直接命中目标,故只能由近炸引信引爆(便携式防空导弹除外)。因此,其炸距一般较大,最大可达几十米。聚能射流到达目标时已断裂为高速射流颗粒,主要就是以高速射流颗粒或爆炸成型弹丸摧毁目标。此外,由于聚能毁伤的定向性,难以保证单一的轴向射流能正好命中目标。要解决这一问题,可采用的技术途径之一是使射流在空间形成必要的分布,即一个战斗部在不同方向产生多个聚能射流。因此,防空导弹的聚能装药战斗部,通常采用多聚能装药战斗部。

导弹上应用的多聚能装药战斗部基本上有两种结构类型:一种是组合式多聚能装药战斗部,它以与破甲战斗部相类似的小聚能装药构成的"聚能元件"作为基本构件;另一种是整体式多聚能装药战斗部,其结构形式是在整体的战斗部外壳上,镶嵌有若干个交错排列的聚能穴。由于体积的限制,实际的多聚能装药战斗部特别是小型战斗部,一般采用半球形药型罩。

组合式多聚能装药战斗部的结构如图 8.40 所示,聚能元件固定在支撑体上,其下端与扩爆药环相邻。聚能元件沿战斗部径向和轴向对称分布,其对称轴与战斗部纵轴间成适当的夹角,使聚能射流或高速破片流在空间均匀分布。夹角的大小取决于对战斗部杀伤区域的要求。聚能元件间的排列应保证各束破片流之间互不干扰。根据聚能元件的长度和支承体的直径,可估算出战斗部的直径;同样,根据聚能元件的大端直径、合理间隙和两端连接框架的尺寸,可确定出战斗部的长度。

整体式多聚能装药战斗部可以形成多聚能射流、多爆炸成型弹丸、多个片状"射流"等多种形式的聚能毁伤元。以爆炸成型弹丸为例,多爆炸成型弹丸(MEFP)战斗部与传统 EFP 战斗部形成单个 EFP 相比,MEFP 战斗部可以在保证一定侵彻威力的前提下,形成多个爆炸成型弹丸,而且按一定的飞散方向分布在一定空间内,对地面集群装甲目标、技术兵器阵地和空中目标等进行大密度攻击,造成大面积毁伤,有效地提高了弹丸命中和毁伤目标的概率。通过大量的试验结果表明,MEFP 战斗部产生的弹丸外形主要有细长体、球状体、椭球体和长杆体 4 种,质量为几克到几十克不等,速度为 $500 \sim 2500 \mathrm{m/s}$,可在 $0.25 \sim 100 \mathrm{m}$ 距离内有效攻击轻型装甲目标。

根据应用需求和战斗部结构,可以利用不同技术途径产生多爆炸成型弹丸。可以根据攻击需求对战斗部形成的弹丸大小、形状以及多弹丸分布模式的需求,将战斗部设计成能够形成多个 EFP 弹丸的结构,或设计成单罩和分割器组合的结构,以达到增加命中数量和提高命中概率的目的。MEFP 战斗部的药型罩一般选用大锥角罩、弧锥

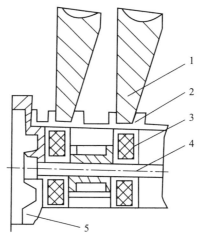

1—聚能元件；2—支撑体；3—扩爆药；4—传爆管；5—连接框架。

图 8.40　组合式多聚能装药战斗部示意图

结合罩、球缺罩及多层罩等，由金属钽、紫铜、低碳钢、铁等材料加工而成。但由于钽材料价格高昂，现今主要用在末敏弹和导弹战斗部等高价值弹药上。目前，国内外研究、设计和应用的 MEFP 战斗部结构多种多样，主要有轴向变形罩式、轴向组合式、周向组合式、网栅切割式、刻槽半预制式、多层串联式、多用途组合式、周向线性式等结构。

应用多聚能装药战斗部的典型型号是法德联合研制的"罗兰特"低空近程防空导弹，"罗兰特"先后研制了 3 种型号，其中 Ⅱ、Ⅲ 型可全天候使用。两伊战争中伊拉克主要用"罗兰特" Ⅱ 型对付伊朗飞机。"罗兰特" Ⅲ 型导弹长 2.4m，弹径为 0.163m，弹重 71kg，战斗部重 6.5kg，最大飞行速度 1.7Ma，射程为 0.5~6.3km，作战高度为 0.15~4.5km，单发杀伤概率为 50%~80%，主要用以对付低空和超低空飞机。"罗兰特"导弹战斗部结构如图 8.41 所示，在战斗部的圆柱形壳体表面上设置有 5 排，每排 12 个（共 60 个）直径为 40mm 的半球形药型罩，并呈交错对称分布。炸药爆炸后，每个药型罩将形成 50~60 个破片，其飞散速度在 3000m/s 以上，飞散方向比较集中，整个战斗部的杀伤作用场呈辐射状分布。

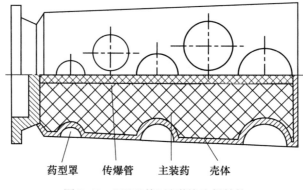

图 8.41　"罗兰特"导弹战斗部结构

除了药型罩以外,战斗部壳体也将形成一定的破片,其质量虽然大于射流粒子,但速度较低,破坏能力相对于高速射流而言较低。对付小脱靶量的空中目标,这种战斗部比破片式战斗部的毁伤效果要好些,在杀伤半径相同时,这种战斗部质量也可以小些。"罗兰特"导弹战斗部及其作用效果如图8.42所示。

图8.42 "罗兰特"导弹战斗部及其爆炸效果

对于反舰导弹,采用具备半穿甲能力的多聚能装药战斗部,战斗部进入船舱内作用可以使多个舱段同时受到重创。"鸬鹚"空对舰导弹就应用了这种战斗部,战斗部结构如图8.43所示,"鸬鹚"战斗部质量为160kg,头部形状为厚壁蛋形,配用延期引信。这是一种形成杵体弹(自锻破片)的战斗部,主要用于对付舰艇。在战斗部壳体内沿圆周分两层设置了16个大锥角药型罩,装药爆炸后可形成速度为2000m/s的自锻破片。导弹击中军舰后,依靠其动能可击穿120mm的钢板,然后侵入舰舱内3~4m深处爆炸,破坏舰艇的多舱结构。试验表明,该战斗部爆炸后可以摧毁约25个舱体,战斗部对舰艇具有较好的毁伤效果。

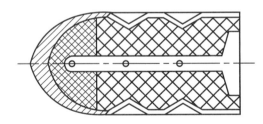 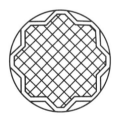

图8.43 "鸬鹚"战斗部结构示意图

通过改变药型罩及其装药结构的设计,药型罩在爆轰产物作用下形成刀刃形的射流,依靠高速刀形射流切割效应,可在较大范围内形成高效毁伤。某空对地导弹战斗部就采用了此类结构,战斗部结构如图8.44所示,战斗部为圆柱形,战斗部直径为382mm,空心装药长1.8m,炸药质量200kg(B炸药)。在装药的圆周上有8个同样尺寸的V形槽,其上装有低碳钢制成的V形药型罩(锥角120°,壁厚6.5mm),药型罩焊接在壳体上。壳体是0.85mm厚的薄钢板焊接成型,构成弹身的蒙皮,以保证导弹具有良好的气动外形。

战斗部爆炸后,每个V形药型罩形成一股片状金属射流(图8.45),每股射流的切割长度为1.7m,可实现对目标的切割毁伤。另外,在适当的距离范围内还可以利用战斗部

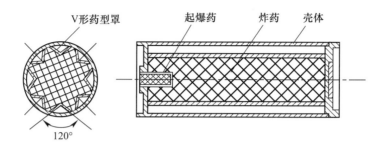

图 8.44　V 形聚能装药战斗部

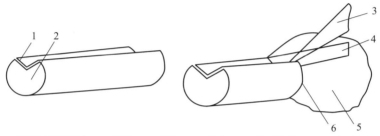

1—V 形金属药型罩；2—装药；3—射流；4—杵体；5—爆轰产物；6—爆轰波阵面。

图 8.45　V 形聚能装药爆炸作用原理

的爆破威力,两种毁伤效应复合作用,可用来攻击海上舰艇、地面桥梁,也可用于对付坦克和装甲车辆。

8.4　半穿甲战斗部

半穿甲战斗部是基于穿甲弹和爆破弹发展而来的,同时兼具侵彻和爆破功能。最初此类战斗部主要用来对付坦克、水面舰艇等带有装甲防护的目标,因此也称为半穿甲弹。随着技术发展及作战需求的变化,此类战斗部在反机场跑道、机库、混凝土工事、深层地下目标等方面得到了广泛的应用。半穿甲战斗部的基本作用原理是首先通过动能侵彻作用穿透几十毫米厚的装甲或几米深的混凝土防护,进入舰体或地下目标内爆炸,犹如在密闭的容器中爆炸,爆炸能量的利用率很高,冲击波超压在刚性结构上的反射增压,将使冲击波超压提高 2~5 倍,最大可达 8 倍,进一步增强了破坏效果,获得比外爆式爆破战斗部更大的破坏效果。

半穿甲战斗部实质上是内爆式爆破战斗部,其结构和组成与爆破战斗部基本相同,由壳体、装药和引信组成,但半穿甲战斗部首先必须经历动能侵彻才能实现对目标的高效毁伤,因此半穿甲战斗部具有不同于爆破战斗部的典型特点:①半穿甲战斗部壳体较厚,需采用高强度、高韧性的材料,以保证战斗部具有更高的结构强度;②爆破战斗部大多采用触发引信或近炸引信,半穿甲战斗部普遍采用延迟时间引信或通用可编程硬目标引信,可以根据作战需求设定引信作用模式,以发挥战斗部的最佳毁伤效能;③半穿甲战斗部对炸药装药的抗过载性能有较高要求,为了防止炸药在侵彻过程中早炸,通常在战斗部主装药前装有惰性装填物或采用高能不敏感炸药。

8.4.1 反舰船目标半穿甲战斗部

反舰导弹是现代海战中的主要武器,战斗部既是它的唯一有效载荷,又是直接执行战斗任务的部件。在一定条件下,反舰导弹战斗部的威力和对舰船的毁伤效果与其结构、类型关系很大。现代大型水面舰船大都具有舷侧复合多层防护结构,可有效消化吸收外部反舰导弹爆炸形成的冲击波和高速破片群的攻击,但难以抵御半穿甲爆破战斗部的穿甲内爆作用模式的攻击。20世纪70年代,针对现代舰船的目标特性和毁伤需求,发展了用于反舰导弹的半穿甲战斗部。法国的"飞鱼"、意大利的"奥托马特"、美国的"捕鲸叉"、俄罗斯的"白蛉"、挪威的"企鹅"等著名的反舰导弹均采用了半穿甲战斗部。

半穿甲战斗部是对付水面舰船目标较为理想的战斗部类型,针对舰艇目标的多舱室结构,半穿甲战斗部采用先穿透舰船装甲,进入舰体后根据引信的设定延迟时间爆炸的内爆作用方式。战斗部在舱室内爆炸,释放的能量几乎能够全部作用于目标,毁伤元素包含爆轰产物、冲击波、冲击波在舱室内多次反射形成的持续时间很长的准静态压力等,冲击波在舰体内壁多次反射,使冲击波压力增强。由于大、中型军舰均设有隔舱,这些隔舱使冲击波破坏效果减弱;因此,在反舰半穿甲爆破型战斗部设计时,考通常虑如何应用壳体制成多个预制破片(或形成自锻破片)与自然破片的作用,这些毁伤元在舱体内穿透多层隔舱,使爆轰产物及空气冲击波、辅助战剂载入其他舱内,同样也起到较好的破坏效果。

半穿甲战斗部在爆炸之前必须可靠穿过军舰的侧舷钢板和纵隔墙,战斗部在穿过这些障碍物时,必须保持主要部件的功能不受影响,主要是战斗部壳体不能破裂,装药不能早炸。壳体大都采用较厚的高强高韧合金钢,为了提高穿甲后的爆炸威力,用在反舰武器上的半穿甲战斗部一般都采用较大的装药量。目前反舰导弹普遍采用的是中型半穿甲爆破型战斗部,其质量为150~300kg,装填系数在20%~40%,适宜打击大、中型驱逐舰。为了提高装填系数,俄罗斯等国的半穿甲战斗部壳体改用高强度、高韧性、密度相对较低的钛合金材料,装填系数可提高到50%,战斗部的毁伤威力显著提高。

影响半穿甲爆破型战斗部对舰船毁伤效果的主要因素有战斗部质量、战斗部装药、穿进舰船的深度、战斗部结构类型等。常用的反舰半穿甲战斗部的结构有两种,即尖卵形头部结构和平顶形头部结构的战斗部。

1. 尖卵形头部结构

"飞鱼"导弹战斗部、"鸬鹚"导弹战斗部均采用了尖卵形的半穿甲战斗部。尖卵形头部结构的特点是:战斗部在穿甲过程中受力状态较好,穿透钢板的厚度大,装填系数较小,有效摧毁目标的范围小,开始产生跳弹的着角较小,斜撞击时容易跳弹,侵彻稳定性差,因此,头部必须采取防跳弹措施(防滑环或防跳弹爪)。图8.46所示的"飞鱼"导弹战斗部设置有专门的防跳弹爪。

2. 平顶形头部结构

平顶形头部的战斗部结构如图8.47所示,这类战斗部的优点是:装填系数大,可达45%左右,有效摧毁目标的范围大;战斗部与目标撞击时稳定性好,具有良好的防跳弹性能,弹着角达80°才开始产生跳弹。缺点是战斗部在穿甲过程中受力状态较差,穿透钢板的厚度小。因此,通常在战斗部头部壳体和炸药之间设有惰性材料

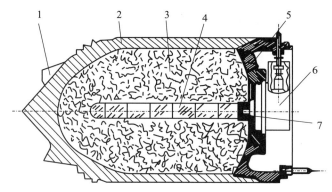

1—防跳弹爪；2—壳体；3—炸药；4—传爆药；5—底部；6—引信；7—起爆药。

图 8.46 "飞鱼"系列导弹战斗部

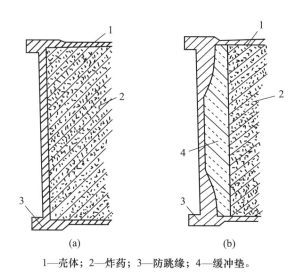

1—壳体；2—炸药；3—防跳缘；4—缓冲垫。

图 8.47 平顶形头部结构的战斗部
(a)原型；(b)改进型。

缓冲垫,缓冲垫的材料成分为与干固水泥相类似的石膏混合物 65%、蓖麻腊 35%,外加树脂 3%。

在相同质量条件下,如果最大直径相同,平顶形头部的战斗部的长度最小,因而它在弹体内所占的空间也最小;装填系数大,在相同质量条件下所装的炸药多,从而可起更大的破坏作用;不产生跳弹的弹着角范围大,使有效摧毁目标的概率增大。"捕鲸叉""迦伯列"等反舰导弹采用了平顶圆柱形半穿甲战斗部。图 8.48 所示为应用平顶形头部结构战斗部的"捕鲸叉"反舰导弹。

8.4.2 反深层目标半穿甲战斗部

随着现代化武器的发展,特别是空天超视距打击目标的能力越来越强,大批具有重要战略价值的目标转入地下,地下防御结构也越来越坚固。这类目标统称为地下深层硬目标,包括地下指挥控制中心、防空掩体设施、武器和各类物资存储设施等具有战略意

1—导引头；2—控制舱；3—战斗部；4—发动机。

图 8.48　使用平顶形头部结构战斗部的"捕鲸叉"导弹

的重要军事和政治目标。地下工事大多数都具有多层、深埋、遮弹、偏航等防护性能。为有效打击这类目标，发展了反深层目标的半穿甲战斗部（侵彻战斗部）。携带这类战斗部的弹药通常称为钻地弹。

反深层目标的半穿甲战斗部最初用于攻击飞行跑道，随着打击对象变化逐渐向指挥中心、地下工事等硬目标扩展，对战斗部的侵彻能力提出了更高的要求。海湾战争中，美军研制的 GBU-28 "掩体破坏者"钻地弹取得了良好的战果，这种钻地弹重约 2100kg，长约 5.84m，直径约 370mm，侵彻深度可达 6.7m 厚钢筋混凝土层或 30m 厚黏土层，其威力引起了各国对钻地武器的关注和跟进研制。

1. 反深层目标半穿甲战斗部的结构

反深层目标弹药（钻地弹）主要由载体（携载工具）和半穿甲战斗部组成。载体用于运载半穿甲战斗部，并使其在末段达到足够的侵彻速度，主要载体有各种导弹（包括空射、舰射、潜射和陆射）、航空炸弹和炮弹等。钻地弹按载体的不同可分为导弹型钻地弹、航空炸弹型钻地弹（如 GBU-28 激光制导钻地弹）等。按照功能的不同可分为反跑道、反地面掩体和反地下坚固设施 3 种类型。根据侵彻战斗部（弹头）的不同，又可分为整体动能侵彻战斗部和复合侵彻战斗部。这里主要对整体动能侵彻战斗部进行介绍。

反深层目标半穿甲战斗部典型结构如图 8.49 所示，由壳体、高爆炸药和引信组成。战斗部壳体材料一般为高强度特种钢或重金属合金，头部采用强化处理，多采用杀伤爆破式战斗部装药，使用延时引信或智能引信（如计层引信和可编程引信）。为了增加侵彻深度，战斗部的长径比较大，弹体呈细长状，其长径比通常可达 8~12，装药量要比爆破弹少得多。其质量越大、速度越高，侵彻能力越强。但对着角（弹轴与靶板法线夹角）和攻角（弹轴与弹的速度矢量夹角）反应极敏感，特别是着角太大时容易产生弹道偏转或跳弹。战斗部在结构设计上一般有专门的防跳弹措施。但由于载体的携带能力有限，战斗部的直径一般不超过 500mm。为了实施精确打击，弹上还可以安装控制和制导机构。

1—隔爆体；2—壳体；3—主装药；4—传爆管；5—引信；6—弹底。

图 8.49　反深层目标半穿甲战斗部结构

反深层目标半穿甲战斗部钻入地下爆炸的威力是通过爆炸时向地下介质耦合能量而实现的,其破坏效能比同当量炸药地面爆炸要大10~30倍。即使钻入地下不深,其爆炸威力也会远大于普通常规弹药的地面爆炸威力,因此其作战效果十分显著,具有附带毁伤小、精度高和载体种类多的优点。

反深层目标半穿甲战斗部利用高速着靶时的动能,撞击、钻入掩体内部,然后引爆战斗部内的高爆炸药,毁伤目标。图8.50所示的BLU-109/B就是此类战斗部典型代表,其弹体结构细长(长约2.5m,直径约368mm),壳体采用优质炮管钢(4340合金钢)一次锻造而成,壳体壁厚约为26mm,装填242.9kg Tritonal或PBXN-109炸药,在外形和尺寸上类似于MK84炸弹,但是壳体材料强度高于MK84,侵彻威力为1.8~2.4m厚混凝土或12.2~30m厚泥土。BLU-109/B没有弹头引信,通常采用安装在弹尾部的FMU-143A机电引信,该引信解除保险的时间为5.5~12s,引信雷管延期时间为60s。此外,BLU-109/B还可采用英国多用途炸弹引信,法国FEU80引信、美国FMU-152/B联合可编程引信和FMU-157/B硬目标灵巧引信,当战斗部侵入目标时,引信可判断其侵入的不同介质,在最佳时机起爆战斗部装药。BLU-109/B通常与激光制导组件、GPS/INS制导组件匹配称为制导炸弹,或采用其他制导方式构造导弹。

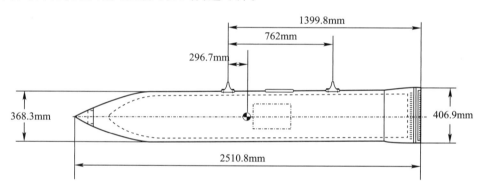

图8.50 BLU-109/B战斗部

由于载体携带能力有限,弹头的体积和重量受到限制,可能会造成这种侵彻战斗部攻击目标时动能不足,影响侵彻深度。目前,提高侵彻战斗部侵彻深度的主要途径有两条:一是选取适当的战斗部长径比,提高对目标单位面积上的压力;二是提高弹头末速度,增大攻击目标时的动能。为了增加末速度,目前已出现了带火箭发动机或其他动力装置的助推型侵彻战斗部,末速度可达1200m/s。

2. 反深层目标半穿甲战斗部的关键技术

与普通弹药相比,反深层目标半穿甲战斗部之所以具有钻地的特殊功能,是因为它们有着许多技术上的独特之处。

(1)弹体设计高强度。钻地弹的作用环境恶劣,要求弹体材料和结构必须具有高强度和高韧性,以保证持续的侵彻能力,以及弹头内电子器件、高能炸药等部件能够在高速侵彻过程中形成的高温、高压等极端环境下仍能正常工作。

(2)攻击速度恰到好处。如果撞击速度太低,会使侵彻深度过小,甚至无法侵彻到达目标;但撞击速度过高,又可能出现弹头大变形,出现蘑菇弹头效应甚至破裂而使侵彻深度降低,所以撞击速度必须恰到好处。当然,新材料的应用,如自锐性材料的应用,可在一定程度上改善弹头变形问题,也有利于提高攻击速度,达到更大的侵彻深度。新材料仍是一个不断探索的领域,而更高速度侵彻和毁伤的机制也有待深入研究。

(3) 智能化硬目标侵彻引信。深侵彻弹的引信通常采用延时引信或智能引信。延时引信可保证弹头侵彻到目标内部后按预定延时引爆炸药。智能引信,如多级引信,可以实现炸弹触地钻入地下一定深度后,第一级引信引爆炸开一个洞,炸弹循洞继续钻入一定深度,第二级引信引爆再炸开一个洞,以此类推,直至炸弹进入更深的地下找到所要攻击的目标后再引爆主战斗部。

引信技术是硬目标侵彻技术中的研究热点之一,其发展方向是自适应智能引信。现阶段的总体设计目标是通用的、多功能、精确的、具有复杂传感和逻辑功能的引信系统。以多事件硬目标引信(multi-events hard target fuse, MEHTF)为例,它可以对侵彻过程中获得的冲击信号进行分析,判断是否达到了引信起爆要求。这种引信能精确地感知侵彻介质的层次,最高可达16层,计算总侵彻行程达78m。该类引信的核心是微型固态加速度计,3个轴均可感知 $5000 \sim 100000g$ 的加速度。例如,FMU-152/B联合可编程引信和FMU-157/B硬目标灵巧引信是两种典型的可用于打击硬目标的引信。FMU-152/B联合可编程引信是一种可通用于爆破战斗部和侵彻战斗部的先进引信系统。FMU-152/B具有飞行中驾驶员可选择、多功能和多延期解除保险及起爆功能,提供了多种对付硬目标的能力。该引信系统可在炸弹投放前、解除保险前和解除保险后3个任务阶段中工作,飞行员可以在飞行中或投弹之后,通过飞机上的数据链系统将作用时间、深度等指令输入到炸弹上。FMU-157/B硬目标灵巧引信是一种以微控制器为基础的机械电子引信,配用于反深层目标侵彻战斗部,可以控制战斗部在所要攻击的目标内部起爆,或是在硬目标下的一定深度起爆。该引信采用3种预先可编程模式:按照贯穿目标的间隙或层面数计算模式,预先装定所要攻击的目标的层数或间隙数,采用空间判断技术,计算所通过的层面或间隙,到达指定层面或间隙时起爆;按侵入深度计算模式,将所要攻击的目标深度预先装定,当战斗部进入到目标内部指定深度时起爆;按时间延期模式,即装定延期时间,延期起爆。

(4) 高能低感炸药。高能低感炸药技术是硬目标侵彻战斗部的核心技术,除了炸药本身的研制以外,炸药安全性研究也是一个关键环节。钻地弹在侵彻硬目标过程中将受到超过 $10^5 g$ 的强冲击过载作用,对装药的抗大过载安全性能提出了更严格的要求。炸药的低感度、高能量是保证钻地弹使用安全和毁伤高效的前提。炸药的响应首先表现为材料的力学响应,即产生变形、破坏等现象,炸药内部出现损伤,而损伤区域一般是热点的诱发区域。出现损伤后的非均质含能材料的起爆感度将提高。如果力学响应造成了炸药分子结构的变化,还会影响炸药的爆轰性能。因此,炸药的安全(定)性是合理设计战斗部结构、充分利用炸药能量的基础。也正因如此,低易损性、不敏感炸药成为钻地弹装药的首选,也是目前含能材料研究的前沿之一。

8.5 爆破战斗部

爆破战斗部是最常用的常规战斗部类型之一,战斗部中炸药爆炸时产生高温、高压和高密度的爆轰产物,常用高能炸药的爆轰产物压力可达 $20 \sim 40$ GPa,温升可达 $3000 \sim$

5000℃,密度可达 2.11~2.37g/cm³。爆破战斗部爆炸时,与其相接触的周围介质(如空气、水、土壤、岩石和金属等)将受到爆轰产物的强烈冲击,在介质内形成冲击波的传播,可使介质产生大变形、破碎等破坏效应。由于爆破战斗部具有作战使用灵活,对付目标广泛的特点,因此,在各种导弹型号上广泛应用,用于破坏地面、水面、地下或水下各种目标。在海湾战争初期,美军曾发射了上百枚战斧巡航导弹,多数配置爆破战斗部,摧毁了伊拉克严密设防的指挥中心、防空导弹阵地等战略目标,为多国部队的大规模进攻扫清了障碍。

受到介质特性及其冲击波传播特性等因素影响,爆破战斗部在不同介质中的爆炸现象、能量传播和对目标的毁伤规律有所不同。在空气中爆炸时,有 60%~70% 的炸药能量将传递到空气中,形成空气冲击波,冲击作用于目标时给目标施加巨大压力,对目标的破坏作用是通过冲击波阵面的超压和比冲量来实现的;但由于这种爆炸的力和冲量的作用效果随高度的增加而急速下降,因而爆破式战斗部不适于在高空使用。一般来说,在 7000m 高度以下使用比较适宜。在水中爆炸时,以水中冲击波传播和气泡脉动为主要特征,主要靠水中冲击波和气泡脉动对水下目标实施破坏作用。由于水比空气密度大、可压缩性差,因此水中爆炸产生的冲击波压力比空气中要高,压力衰减慢,传播距离远。爆破战斗部在土中爆炸时,产生局部破坏作用和震动作用。炸药爆炸后,在高温高压爆轰产物作用下,邻近装药的介质受到强烈压缩,被挤压而发生径向运动,行程形成一个空腔,空腔区域周围介质结构被破坏和压碎,形成压缩(碎)区,同时形成以超声速传播的冲击波,冲击波的传播引起土介质或相邻介质或结构的破坏。

按照对目标作用状态的不同,爆破战斗部可分成内爆式和外爆式两种。

1. 内爆式爆破战斗部

内爆式爆破战斗部是指进入目标内部后再爆炸的爆破战斗部,打击建筑物的侵彻爆破弹、打击舰船目标的半穿甲弹、破坏地下深层目标的钻地弹等都属于内爆式爆破战斗部。装备内爆式战斗部的导弹必须直接命中目标,对制导精度要求较高。战斗部侵入目标内部爆炸,对目标产生的破坏是由内向外的,可能同时涉及多种介质的爆炸毁伤效应。根据导弹结构不同,内爆式战斗部可以装在导弹头部,也可以安置于导弹中部。

战斗部装在导弹的头部时,战斗部必须具有较厚的外壳(特别是头部),以保证在进入目标内部的过程中结构不致损坏;战斗部应有较好的气动外形,以降低导弹飞行和穿入目标时的阻力;这种战斗部常采用触发延时引信,以保证战斗部进入目标一定深度后再爆炸,从而提高对目标的破坏力。这种战斗部的典型结构如图 8.51 和图 8.52 所示。战斗部装在导弹的中段时可将战斗部设计成圆柱形,以充分利用导弹的空间,其直径应比舱体内径略小(允许电缆等通过)。战斗部的强度设计不仅应满足导弹发射和飞行时的受载条件,而且应能承受导弹命中目标时的冲击载荷。这种布置必须采用触发延时引信,而若采用瞬发性触发引信,则因战斗部与导弹前端有一段距离,会使其爆破作用大大降低。

内爆式战斗部由于是进入目标内部爆炸,因而炸药能量的利用比较充分,不仅依靠冲击波而且还依靠迅速膨胀的爆炸气体产物来破坏目标。由于壳体较厚,它实际上还具有一定的破片杀伤作用,内爆式战斗部壳体质量为总质量的 25%~30%,比外爆式战斗部装药比例小,但总体效果仍远优于外爆式。为了提高内爆炸型战斗部对目标的破坏作用,应尽量使战斗部的位置靠前。起爆点一般设置在战斗部的后部,这样,可以利用爆破作用的方向性,增强战斗部前端方向(即指向目标内部)的爆破作用。

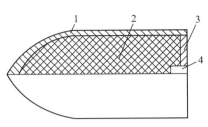
1—外壳；2—装药；3—后端板；
4—触发延时引信。

图 8.51　安装在导弹头部的内爆式
爆破战斗部结构

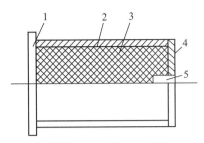
1—前连接；2—外壳；3—装药；
4—后连接件；5—触发延时引信。

图 8.52　安装在导弹中部的内爆式
爆破战斗部结构

2. 外爆式爆破战斗部

外爆式战斗部是指在目标附近爆炸的爆破式战斗部，它对目标产生由外向内的挤压式破坏。外爆式战斗部的外形和结构与内爆式战斗部相似，差别主要有：战斗部的强度仅需满足导弹飞行过程的受载条件，壳体主要功能是作为装药的容器，因而可以设计得较薄，以便于提高装药量；采用非触发引信（如近炸引信）。

与内爆式战斗部相比，它对导弹的制导精度要求可以降低。但是，其脱靶距离应不大于战斗部冲击波的破坏半径。当脱靶距离超过约 10 倍装药半径时，爆轰产物已不起作用，仅靠冲击波破坏目标。而且由于目标位于爆炸点的某一侧（指单个目标），呈球形传播的冲击波作用场只有部分能量能对目标起破坏作用，因而炸药能量的利用率较低，在其他条件相同的前提下，对目标造成相同程度的破坏，外爆式战斗部装药量是内爆式装药量的 3～4 倍。薄外壳虽然也能形成若干破片，但由于爆点离目标有一定距离，这些破片的杀伤作用相对冲击波毁伤作用来说居于次要地位，一般不予考虑。与内爆式结构相比，外爆式壳体质量小，因而可以增加装药量。一般地，外爆式的壳体质量为战斗部总质量的 15%～20%。

导弹战斗部大多是在运动过程中爆炸的，试验结果表明，与静态装药爆炸相比，运动装药的破坏能力在装药的运动方向上呈现增强，在相反方向则降低。对内爆式战斗部而言，当目标内部体积小时，运动方向上的这种增益尤其明显。

为了提高爆破战斗部的毁伤能力，可以采用的主要途径有采用新型高能炸药、改善战斗部的装药性能、改进起爆方式、采用精确制导技术和发展巨型炸弹等。

8.6　串联战斗部

串联战斗部是把两种以上的单一功能战斗部串联起来组成的复合战斗部系统。20 世纪 80 年代出现了反应装甲，反应装甲"披挂"在坦克主装甲外面，当破甲弹的射流击中反应装甲后，反应装甲中的炸药起爆，反应装甲的飞板快速、连续地堵截造成射流消耗，同时反应装甲爆炸后生成的碎片和爆轰波在射流通道上会严重干扰、破坏射流对靶板的正常侵彻，反应装甲可使普通破甲弹的破甲深度下降 50%～70%，甚至完全失效，使其不能穿透主装甲。为了对付爆炸反应装甲，继续保持破甲弹的生命力，发展了串联战斗部。

目前大多数对付反应装甲的串联战斗部为两级串联战斗部,采用两级战斗部装药和两级引信,两级装药结构沿战斗部轴向前后布置,前面的称为第一级战斗部(或称一级战斗部、前置装药),战斗部口径通常较小,常用的战斗部口径一般为 20～50mm,其主要功能是引爆或击穿反应装甲,以消除其对主装药射流的干扰。第二级装药(或称二级战斗部)为主装药,形成高速射流以侵彻主装甲。根据串联战斗部对反应装甲的作用原理,大致可分为破－破式串联战斗部和穿－破式串联战斗部。

串联战斗部最初主要应用于对付反应装甲,随着目标类型的发展,逐渐扩展到应用于打击各种硬目标,在反机场跑道、地下工事、深层建筑等硬目标的战斗部中都广泛应用了串联战斗部结构。目前应用的串联战斗部主要有破－破式串联战斗部、穿－破式串联战斗部、破－爆式串联战斗部,此外还有多任务、多效应串联战斗部及多级串联战斗部等。

8.6.1 破－破式串联战斗部

破－破式串联战斗部由前、后两级聚能装药构成,通常用于打击带有反应装甲防护的目标,基本结构形式是在主破甲战斗部前面再设置一个直径较小的聚能战斗部。前级小破甲战斗部作用后先引爆反应装甲,为主破甲战斗部的破甲射流扫清障碍。对于低速破甲弹和各种反坦克导弹,采用破－破式串联战斗部,是打击带有反应装甲防护的坦克等目标的最有效方法之一。红箭 9 反坦克导弹就采用了破－破式串联战斗部,如图 8.53 所示。

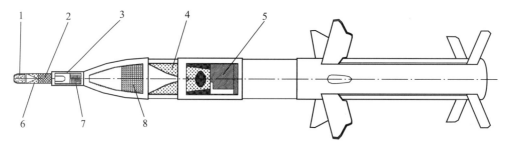

1—撞击开关;2—压电引信;3—伸缩杆;4—主装药;5—引信;6—前级装药;7—压缩弹簧;8—隔爆体。

图 8.53　红箭 9 反坦克导弹战斗部结构示意图

当战斗部命中目标时,第一级聚能装药起爆形成聚能射流用于侵彻爆炸反应装甲,引爆其炸药,炸药爆轰使爆炸反应装甲金属板沿其法线方向向外运动和破碎,经过一定延迟时间,待反应装甲飞板及破片飞离弹轴线、爆轰波作用消失后,第二级装药作用形成的主射流在没有干扰的情况下,顺利侵彻主装甲,其典型作用过程如图 8.54 所示。破－破式串联战斗部的作用过程决定了其二级战斗部一般是在较大炸高下完成破甲功能。

破－破式串联战斗部是在动态运动过程中完成引爆反应装甲和侵彻靶板,它实质上是一个复杂的弹药系统,两级战斗部既要各自完成对应功能,又要相互密切配合且互不干扰,涉及的关键技术主要有两个方面。

1. 两级装药之间的隔爆技术

若隔爆结构不当,前置装药爆炸后,对二级战斗部会产生破坏作用或者引起殉爆。为了使后级主装药不受前级装药及反应装甲爆炸的影响,通常采用一定的隔爆措施防止

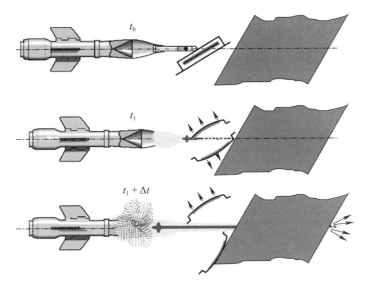

图 8.54 串联战斗部对付反应装甲的作用过程

主装药殉爆。可以采用在两级战斗部之间设置隔爆体的方式实施隔爆,但是对于大炸高下破甲余量不足的战斗部,隔爆体会"吃掉"一部分射流,影响其破甲威力。为了解决上述问题,很多串联战斗部采用了在两级战斗部之间加一个长杆式结构的方案,如图 8.55 所示,长杆式结构可以起到隔爆、炸高控制和结构连接的作用。这种结构能够有效对付一代、二代爆炸反应装甲而备受欢迎。法、德联合研制的 MILAN2、MILAN2T 和 MILAN3 反坦克导弹,我国红箭 8E 和红箭 9 反坦克导弹、美国的陶 2 和陶 2A 反坦克导弹都采用了这种结构。但是这种长杆式串联战斗部头部结构较长,抗过载能力较弱,一般适用于战斗部结构长度不受限制,速度较低的发射平台上。

1—触发机构;2——级战斗部;3—炸高控制及连接结构;4—二级战斗部。

图 8.55 MILAN K115T 反坦克导弹的串联战斗部

2. 主装药的延时起爆控制技术

具体指主装药延时起爆时间及前后级装药间隔距离的精确确定。目的是使前置装药引爆反应装甲后,反应装甲的飞板、破片和冲击波不影响主装药对靶板的侵彻,二级战斗部必须在反应装甲的内层和外层飞板飞离射流通道后引爆,并处于在离主装甲的最佳炸高位置。这主要取决于战斗部的运动速度、姿态和反应装甲爆炸场对弹的干扰时间之间的匹配。若延时时间过短,反应装甲的作用对主射流有干扰,导致破甲威力降低,延时时间过长,弹的姿态变化较大,最佳炸高也不容易保证,同样不利于破甲。

此外,破 - 破式串联战斗部对装药结构、药型罩材料、加工制造等方面也都有较高的要求。

破-破式串联战斗部的后级战斗装药延时起爆的目的,就是避免反应装甲爆炸过程对主射流的干扰。例如,通过延时药或电信号等方式对主装药的延迟时间进行控制,并需在考虑动态运动的条件下对前、后级的装药间隔距离进行精确确定。图 8.56 所示的固定式串联战斗部对动态变化的弹目交会条件适应性较差,为了适应不同发射平台和实战中多样化应用需求,实现隔爆和两级战斗部的起爆最佳匹配控制,有效对付各种反应装甲,解决固定式串联战斗部对动态变化的弹目交会条件适应性较差的问题,发展了多种结构形式串联战斗部。主要有带距离探测功能、前级伸出式和前级弹出式 3 种结构的破-破式串联战斗部。

图 8.56　固定长度的破-破式串联战斗部　　图 8.57　带距离探测功能的破-破式串联战斗部

带距离探测功能的破-破式串联战斗部是一种比较理想的对付反应装甲的结构。当战斗部飞抵距目标一定距离时,距离探测装置(传感器)对弹目距离进行探测,根据探测结果在适当距离起爆前级战斗部,前级战斗部形成的射流引爆反应装甲。同时探测装置为二级战斗部引信提供精确延时时间,使二级战斗部在适当炸高条件下起爆并毁伤目标。解决弹目距离精确探测是实现上述过程的根本,目前用于精确定距离探测的技术有无线电探测技术、电容式探测定距技术和激光定距技术。图 8.57 所示为带距离探测功能的破-破式串联战斗部结构示意图。

在战斗部长度受限的条件下,可以采用可伸缩技术,可将串联战斗部设计成伸出杆式结构,利用伸出杆来增加战斗部长度,在前置装药引爆反应装甲时,使主装药射流避开爆炸反应装甲的干扰,图 8.58 所示为伸出杆式串联战斗部结构示意图,该结构比较复杂,对结构强度要求较高,在高过载条件下实现起来难度较大。

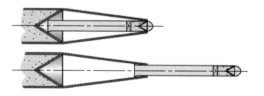 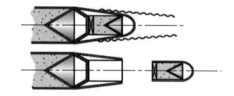

图 8.58　伸出杆式串联战斗部结构示意图　　图 8.59　弹出式串联战斗部结构示意图

为了能同时满足战斗部结构长度和适应各种作用条件的要求,发展了弹出式串联战斗部,这是目前最为先进的反爆炸反应装甲的串联战斗部,战斗部结构如图 8.59 所示。其作用原理是,当战斗部飞抵距目标一定距离时,战斗部上的探测装置对弹目距离进行精确探测,并在适当距离处将一级战斗部发射出去,一级战斗部作用引爆反应装甲。同时为二级战斗部引信设置延时时间,使其在理想炸高距离处起爆二级战斗部,对目标进行高效毁伤,其作用过程如图 8.60 所示。这种串联战斗部的特点是两级装药各自完成功能,两级战斗部相互干扰小,二级战斗部不仅能有效避开反应装甲作用场的干扰,也能在最佳炸高下毁伤目标。该结构能够用于各种反爆炸反应装甲的串联战斗部,适应范围大。HOT 3 反坦克导弹战斗部就采用了这种结构。

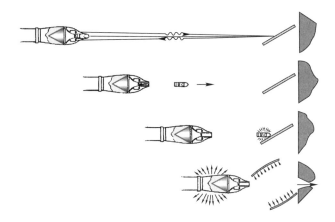

图 8.60　弹出式串联战斗部作用过程示意图

8.6.2　穿 - 破式串联战斗部

穿 - 破式串联战斗部使反应装甲只穿不爆,由此省去了等待反应装甲飞板、破片和冲击波作用的时间,缩短了延时时间和炸高,使串联战斗部结构简化、成本降低。穿 - 破式串联战斗部的作用原理是利用反应装甲中炸药的低敏感性实现的。通常采用两种方法来避开反应装甲的影响。一种是聚能战斗部的主装药前没有前置装药,安装有专门设计的强化风帽,利用高强度风帽的穿刺作用,当战斗部以一定速度撞击反应装甲时,经过加强设计的战斗部风帽贯穿反应装甲而不使其爆炸,在碰击到主装甲时,引爆战斗部主装药形成射流,射流穿过风帽撞击形成的孔道对主装甲进行侵彻,反应装甲失去干扰射流的作用,无前置装药的穿 - 破式聚能战斗部结构如图 8.61(a)所示;另一种是在主装药战斗部前面设置一个 EFP 战斗部装药,如图 8.61(b)所示,当战斗部撞击目标时,EFP 战斗部起爆,形成 EFP 击穿、但不引爆反应装甲,一定延时后,二级战斗部(主装药)起爆,形成高速射流经过 EFP 击穿的孔洞对反应装甲后面的主装甲进行侵彻。

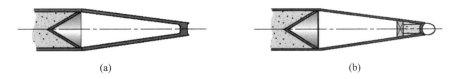

图 8.61　穿 - 破式战斗部结构示意图
(a)无前置装药的穿 - 破式聚能战斗部;(b)带前置装药的穿 - 破式串联战斗部。

8.6.3　破 - 爆式串联战斗部

使用不同毁伤效应的战斗部进行串联组合可以产生两种或两种以上的毁伤效应,其应用范围并不局限于对付反应装甲。对于地下工事、碉堡、机场跑道、机库等硬目标,当弹药着靶速度较低时,采用动能侵爆战斗部,其侵彻毁伤能力受到制约。20 世纪 80 年代,美国劳伦斯 - 利弗莫尔国家实验室发展了破 - 爆式串联战斗部。破 - 爆式串联战斗部由前级聚能装药、后级随进战斗部、前级引信（或称一级引信）、后级引信（或称二级引信）、壳体、隔爆装置、触发装置等组成。当破－爆式串联战斗部到达目标位置时，前级引信在最佳炸高处起爆前级聚能装药，利用聚能装药形成的高速射流侵彻目标（混凝土、岩石、土壤）并在目标上预先形成一个直径较大孔洞，后级随进战斗部依靠自身动能沿着前级所开的孔道进入目标内部，经过一定延时后，后级引信引爆随进战斗部，在目标内爆炸对目标产生高效毁伤。图8.62所示为一种典型的破－爆型反硬目标串联战斗部，其作用过程如图8.63所示。

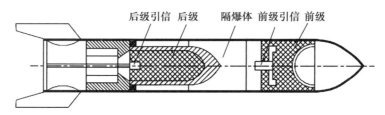

图8.62　破－爆型串联战斗部

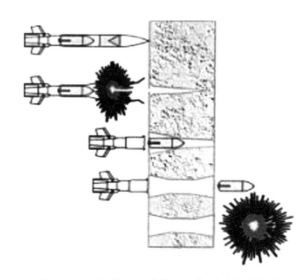

图8.63　破－爆型串联战斗部作用过程示意图

破－爆式串联战斗部可用于毁伤机场跑道、混凝土工事及掩体、砖石建筑物、地下指挥中心等硬目标，该类战斗部对前级战斗部侵彻深度和穿孔直径都有较高的要求。要求前级战斗部必须在达到一定深度的前提下，对目标的破孔孔径尽可能大，后级随进战斗部直径一般略小于前级战斗部，以顺利进入目标内部爆炸实现高效毁伤。破－爆式串联战斗部和动能侵彻型战斗部都可以用于打击机场跑道和混凝土工事等硬目标，与动能侵彻战斗部相比，破－爆式串联战斗部弹道适应较好，对着靶速度要求低，对弹着角的要求不高，综合毁伤效能较高。

由于串联战斗部巧妙地利用了不同类型战斗部的作用特点，通过合理的设计实现对目标的最佳破坏效果。因此，与单一战斗部相比，在达到相同毁伤效果时，往往战斗部重量可大大减轻。特别是对地下深埋目标、机场跑道、机库等硬目标，串联战斗部更具有独特的优势，因而近几年来受到各国普遍重视。

1. BROACH 串联战斗部

英国航空航天公司皇家军械部、汤姆森-索恩导弹电子设备公司和防御评估及研究局于20年代90年代联合研制了BROACH串联战斗部,BROACH前级战斗部为聚能装药结构,装填55kg PBXN-110炸药,随进战斗部为侵彻杀伤弹,战斗部装药质量为91kg,两级战斗部中间用隔板隔开,防止聚能装药爆炸时危及其后的战斗部。隔板可将聚能装药爆炸能量反射给前部,有助于增强前级战斗部的侵彻能力。在攻击土层/混凝土下的目标时,首先,触发传感器探测目标,当探测到目标后,前级聚能装药战斗部起爆,其产生的金属射流作用于目标,清除目标上方土层并在混凝土中形成穿孔,为随进战斗部开辟通道。与此同时,随进战斗部沿射流侵彻形成的穿孔侵入目标,并在目标内爆炸。BROACH战斗部可侵彻3~6m厚的混凝土或6~9m厚的土层,BROACH战斗部的侵彻能力可用于对付战术碉堡、加固的飞机掩体/弹药库、桥梁和机场跑道等目标,其杀伤爆破能力可用于对付地空导弹基地、港口等区域停放的飞机/车辆等。BROACH串联战斗部可应用于巡航导弹、制导炸弹等各种空地打击武器平台,美国防区外联合AGM-154C应用了BROACH串联战斗部,如图8.64所示。其主要技术参数见表8.1。

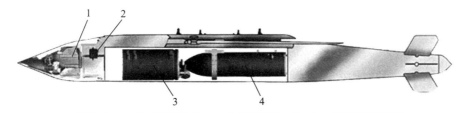

1—导引头;2—电子器件单元;3—前级聚能战斗部;4—后级随进战斗部。

图8.64 AGM-154C配用用BROACH战斗部

表8.1 BROACH战斗部主要技术参数

总体质量/kg	450	配用引信	多用途引信
直径/mm	450	引信过载性能	—
装药质量/类型	前级战斗部55kg(PBXN-110);随进战斗部91kg	侵彻威力	3.4~6.1m混凝土;6.1~9.1m土层(仅前级)

通常用于空地打击的动能侵彻弹需要从一定高度投放或加装专门的增速系统,使战斗部达到穿透目标所必需的速度,而BROACH战斗部不完全依赖动能侵彻目标,受碰撞角和撞击速度的影响较小,载机可以在距离目标较远的地方,从地空将其发射出去攻击目标。例如,与同等毁伤威力的动能侵彻弹(454kg的MK20或优化的动能侵彻弹)相比,在对付1m厚、强度为41.4MPa的混凝土目标时,BROACH战斗部有非常明显的优势,其防跳弹角度达到70°,而MK20炸弹仅为10°,优化的动能侵彻弹为40°,BROACH战斗部在着靶速度为0.3~1.0Ma、着角0°~70°范围内,均能有效侵彻目标,而优化的动能侵彻弹速度必须大于0.6~1.0Ma(随着着角增大,速度必须增大),MK20的速度必须大于0.6Ma才能有效侵彻。

2. MEPHISTO 串联战斗部

德国于20世纪90年代研制了MEPHISTO串联战斗部,主要用于对付地下目标和地面加固目标。MEPHISTO 战斗部总体结构如图 8.65 所示。MEPHISTO 前级战斗部为聚能装药结构,该聚能战斗部具有破片杀伤效应,聚能后级随进战斗部为具有侵彻功能的杀爆战斗部,两级战斗部均采用不敏感炸药,MEPHISTO 战斗部前端装有光电近炸引信,当引信探测到目标且处于前级战斗部的适宜炸高范围时,前级聚能战斗部起爆形成射流,侵彻目标开出预置孔道,为后级随进战斗部进入目标内部开辟通路,后级随进战斗部装有可编程多功能智能引信(硬目标灵巧引信),可以设定 3 种不同作用模式,即空中起爆、触发起爆和触发延时起爆,以使其根据打击目标的不同选择不同作用模式,发挥战斗部的最佳作战效能,用于打击具有混凝土防护的地下目标时,引信设置为触发延时起爆,战斗部在贯穿沙石、混凝土等多层结构后,在掩体内部敏感到空穴时起爆战斗部。

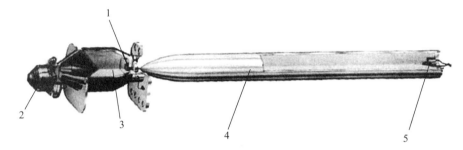

1—安全与解除保险装置;2—光电炸高传感器;3—聚能战斗部;4—后级随进战斗部;5—灵巧引信。

图 8.65　MEPHISTO 串联战斗部结构布局

MEPHISTO 战斗部主要技术参数见表 8.2,配用于德国研制的防区外攻击巡航导弹 KEPD350,如图 8.66 所示。KEPD350 巡航导弹长 5.1m,宽 630mm,高 320mm,翼展 1.0m,发射质量为 1400kg;导弹动力装置采用涡喷发动机,巡航飞行速度 $0.8Ma$,射程 350km;导弹中段采用 GPS/INS 复合制导,并利用雷达高度计进行地形跟踪,末段采用红外成像导引头,雷达高度计确保导弹能够在距离地面 30m 的高度上巡航飞行,保证导弹从敌方防区外远程投放,对各种目标实施精确打击。

图 8.66　KEPD350 导弹及其 MEPHISTO 串联战斗部

表 8.2　MEPHISTO 串联战斗部主要技术参数

总体质量/kg	500	配用引信	硬目标灵巧引信 PIMPF
随进战斗部/mm	$\phi 240 \times 2300$	引信过载性能	轴向　10.0g/10ms 横向　8.0g/5ms
装药质量/类型	前级战斗部 56kg KS33(RDX/AL/PB,67/18/15); 随进战斗部 45kg KS22a(HMX/PB,90/10)	侵彻威力	3.4～6.1m 混凝土; 6.1～9.1m 土层(仅前级); 着速 250m/s 时可适应 70°着角

8.6.4　多级串联战斗部

随着高新技术的发展及其在坦克装甲防护领域的应用,坦克装甲的防护能力大大提高。尤其是间隙装甲、复合装甲和爆炸式反应装甲的发展及应用,极大地削弱了聚能装药战斗部的侵彻能力。目前,披挂爆炸反应装甲的复合装甲的防射流侵彻能力能够达到 1300～1400mm 均质装甲的水平,使得普通聚能装药战斗部难以达到对目标的有效毁伤。因此,开展多级串联聚能装药战斗部是提高侵彻能力是有效途径之一。

多级串联聚能装药战斗部就是在战斗部轴线方向上依次设置两个以上的聚能装药,形成串联连续射流来提高侵彻深度。俄罗斯研制了一种三级串联聚能装药结构,不仅能有效对付反应装甲,而且采用的同口径串联主装药也具有十分优异的破甲性能。该战斗部结构如图 8.67 所示,战斗部由前置聚能装药、两级串联主装药、弹体和引信等组成。引信包括前级引信和后级引信,后级引信装在底部,当战斗部碰击目标时,前级引信开关闭合,其前置聚能装药形成高速射流引爆披挂在主装甲外面的反应装甲,后级引信延时一段时间后作用,起爆战斗部尾部的三级聚能装药,形成的射流穿过第二级装药的中心后侵彻主装甲。二级聚能装药在三级装药爆轰作用下延迟一定时间后起爆,形成射流与第三级装药形成的射流接力侵彻主装甲,两级同口径主装药实质上形成一个长度较长的射流,提高了侵彻能力。这种逆序起爆串联装药的结构可以在战斗部口径和质量变化不大的情况下,大幅增加有效射流长度,但是采用逆序起爆的串联装药装配时必须保证具有很高的同轴度,使两个作用到靶板上的射流的轴向偏差尽可能小。一般要求在 2m 的炸高内轴向偏差不超过 20mm,这个精度是不容易达到的,因此,对多级串联装药结构的加工及装配要求都十分严格。

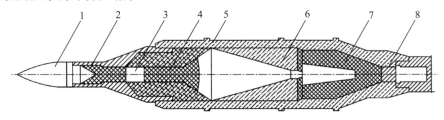

1—头部引信开关；2—前置聚能装药；3—前级引信；4—隔爆体；5—弹体；
6—二级聚能装药；7—三级聚能装药；8—后级引信。

图 8.67　多级串联战斗部结构示意图

8.7 燃料空气弹药/战斗部

燃料空气弹药(fuel air explosive,FAE)是 20 世纪 60 年代美国首先发展起来的一种新概念武器,它改变了常规武器爆破弹药的理念,是常规武器发展的一场革命。

这类弹药装填的不是炸药,而是不含氧或含少量氧的燃料。当战斗部到达目标处后,首先依靠云雾形成控制结构,在爆炸等动载荷作用下将战斗部装填的燃料向空气中分散形成满足爆轰条件的燃料空气云雾(也叫燃料空气炸药),通过适当方法控制时间、位置和能量等条件使燃料空气云雾达到理想爆轰状态,起爆燃料空气云雾并实现大范围爆轰(也叫体积爆轰),利用大范围爆轰产物的直接作用和由其产生的冲击波作用毁伤目标。上述不同于常规炸药的大范围爆轰过程称为云雾爆轰。

燃料空气弹药独特的杀伤、爆破效能使它适用于多种作战行动,可高效毁伤复杂环境和隐蔽条件下的目标、暴露的面(软)目标和易燃易爆目标等;用于打击战壕、工事、掩体等隐蔽设施的人员和装备;杀伤隐蔽在山洞、山区、丛林中的人员和装备;破坏机场、码头、车站、油库、弹药库等大型目标;攻击舰艇、雷达站、导弹发射系统;在爆炸性障碍物中开辟通路(如排雷)等。燃料空气弹药既可用歼击机、直升机、火箭炮、大口径身管火炮和近程导弹等投射,打击战役战术目标,又可以用中远程弹道导弹、巡航导弹和远程作战飞机投射,打击战略目标。

燃料空气弹药的应用范围较宽、作战效果显著,是一种低成本、高效能的武器,因此备受重视。

8.7.1 燃料空气弹药特点

与装填常规炸药的爆破弹药相比,燃料空气弹药具有以下显著特点。

1. 装填效率高

由于初始装填的燃料自身不具备爆轰条件,其发生爆轰反应的氧化剂绝大部分源自当地空气中的氧气,因此云雾爆轰反应产生的能量可达数倍 TNT 当量。

2. 爆轰体积大

云雾爆轰是通过炸药爆炸载荷等作用使燃料在空气中分散,形成燃料空气炸药云雾,其爆轰体积达到燃料装填体积的 10^4 倍。而高能炸药爆轰发生在装药内部,爆轰体积与装药体积相当。

3. 压力衰减缓慢且冲量大

云雾爆轰过程中,爆轰区内部产生爆轰波,爆轰区外部产生冲击波,它们共同构成云雾爆轰压力作用区。云雾爆轰产生的峰值超压随距离衰减缓慢,且云雾爆轰在每一点产生的超压随时间衰减缓慢,具有较大的冲量。无论是峰值超压随距离衰减,还是空间点超压随时间衰减,云雾爆轰与高能炸药爆轰具有明显的不同之处(图 8.68)。云雾爆轰条件下毁伤效果具有明显特点和独特优势,任何其他常规武器无法替代。

4. 毁伤效应多

云雾爆轰除产生超压毁伤效应外,还会产生热辐射、缺氧、地震波等多种毁伤效应。在云雾爆轰产生大体积爆轰区的同时还会产生大体积高温火球,高温火球的温度高达

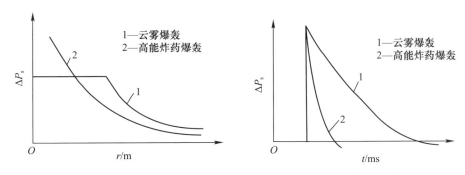

图 8.68　云雾爆轰与高能炸药爆轰的超压衰减曲线比较示意图

10^3 ℃ 量级,持续时间为 10^2 ms 量级。由于云雾爆轰反应会消耗空气中的氧气,在云雾爆轰区内会产生缺氧,缺氧时间取决于周围空气的扩散过程。云雾爆轰为大体积爆轰过程,在地面上作用时会产生地震波效应,地震波沿地表和地下向外传播。

燃料空气弹药根据装填物类型,可分为云爆弹和温压弹两类。

8.7.2　云爆弹

云爆弹是一种以气化燃料在空气中爆炸产生的冲击波超压获得大面积杀伤和破坏效果的弹药。由于这种弹药投放目标区后会先形成云雾,然后再次起爆,形成巨大气浪,爆炸过程中又会消耗大量氧气并造成局部空间缺氧而使人窒息,故又称为"气浪弹"和"窒息弹"。

通过冲击波和超压的作用,云爆弹既能大面积杀伤有生力量,又能摧毁无防护或只有软防护的武器和电子设备,其威力相当于等量 TNT 爆炸威力的 5~10 倍。在杀伤有生力量时,云爆弹主要通过爆轰、燃烧和窒息效应毁伤目标,通过高压对人体肺部及软组织造成重大损伤来杀伤人员,头盔和保护服对这类毁伤几乎没有防护作用。

云爆弹战斗部由装填可燃物质的容器和定时起爆装置构成。根据云雾爆轰控制方式的不同,云爆弹分为两次引爆型和一次引爆型,其装填燃料和云雾爆轰控制结构也有相应的区别。

1. 两次引爆型云爆弹

1) 作用原理及结构

云爆弹大多为两次引爆型,其作用过程如图 8.69 所示。一次引信作用引爆燃料分散装药;燃料分散装药爆轰产生的压力载荷打开战斗部壳体,并将燃料抛向空气中;通过与空气作用,燃料发生破碎、剥离、雾化等物理过程,与空气混合形成具有爆轰性能的燃料空气云雾;战斗部壳体形状与强度能够控制燃料空气云雾的形状及浓度分布;在燃料空气云雾达到理想形状和浓度时,二次引信引爆燃料空气云雾,实现云雾爆轰。在云雾区内产生爆轰波,在云雾区外产生冲击波,同时产生热辐射、缺氧、地面震动等效应,实现对目标的有效毁伤。

云爆战斗部由装填可燃物质的容器和定时起爆装置构成。最初为了回避高强度和不对称性弹体条件下云爆弹燃料分散的难题,所设计的云爆弹为子母弹形式。两次引爆型云爆战斗部结构大体组成如图 8.70 所示,由燃料、分散装药、一次引信、二次引信、壳

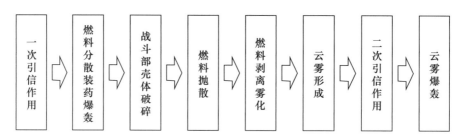

图 8.69　两次引爆型云爆弹终点作用过程

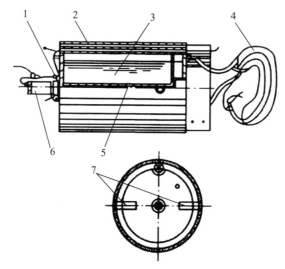

1—自毁装置；2—战斗部壳体；3—燃料；4—减速伞；5—分散装药；6——次引信；7—二次引信。

图 8.70　两次引爆型云爆战斗部结构组成

体等组成。具体结构还可以分为两种，一种是二次引信靠分散装药抛掷的云爆战斗部，另一种是二次引信抛掷轨迹受控的云爆战斗部，如图 8.71 所示。

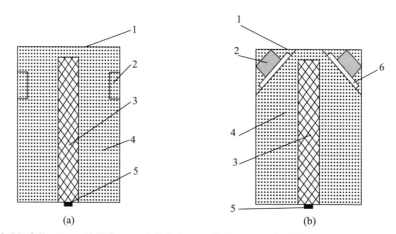

1—战斗部壳体；2—二次引信；3—分散装药；4—燃料；5——次引信；6—抛射装置。

图 8.71　两次引爆型云爆战斗部具体结构

(a) 二次引信靠分散装药抛掷的云爆战斗部结构；(b) 二次引信抛掷轨迹受控的云爆战斗部结构。

二次引信靠分散装药抛掷的云爆战斗部结构如图8.71(a)所示,其装填燃料为环氧乙烷液体燃料;一次引信为触杆定炸高引信,炸高控制在1m左右;二次引信为爆炸抛掷触发引信,焊接在战斗部壳体上,依靠燃料分散装药爆轰载荷抛掷到云雾中;战斗部壳体材料为均匀薄铝合金材料,为了易于燃料分散且不损失弹体轴向强度,在壳体上刻有纵向槽。子弹从母弹抛出后开始下落,在此过程中一次引信解除保险处于待发状态,引信触杆触地引爆燃料分散装药,炸药爆轰载荷作用打开战斗部壳体,随后将燃料抛入空气中,同时将焊接在壳体上的二次引信抛出并启动延迟装置,当燃料与空气混合达到爆轰浓度时,二次引信起爆燃料空气炸药云雾产生爆轰,云雾爆轰产生的爆轰波和向外传播的冲击波等对目标产生毁伤。

这种云爆战斗部结构能够实现二次引爆的云雾爆轰控制技术,但是在型号应用中暴露出终点爆轰效率较低的问题。原因是二次引信焊接在壳体上,爆炸抛掷二次引信导致其飞行轨迹不确定,这就使得二次引信在燃料空气云雾中二次引爆的位置具有随机性,如果二次引信在云雾中起爆就能实现爆轰,如果在云雾外或边界起爆,就会产生不爆或燃烧等现象。为了解决这一问题,国内外学者开展了控制二次引信运动轨迹的研究工作,典型云爆战斗部结构如图8.71(b)所示,将二次引信放置在战斗部顶端,依靠位于弹体上的抛射装置将二次引信按一定角度抛出,使引信飞行角度和飞行速度实现可控,抛射火药的点火由一次引信完成,并保证引信脱离轨道后引爆燃料分散装药。该结构有效地解决了终点爆轰率低的问题,使战斗部系统具有更好的终点毁伤效果。

苏联是最早开展整体式两次引爆型云雾爆轰控制技术的国家,为了克服壳体强度和不对称对燃料分散的影响,采用在壳体内部对称布置用于开壳的炸药药柱的方法,如图8.72所示,在中心燃料分散装药起爆前先起爆壳体内部开壳炸药,在壳体打开后再分散燃料,使燃料分散不受壳体强度和结构的影响。

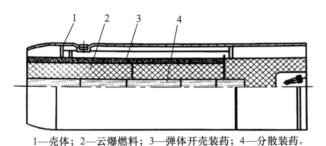

1—壳体;2—云爆燃料;3—弹体开壳装药;4—分散装药。

图8.72 预先开壳整体式两次引爆型云爆战斗部结构

2) 云爆燃料

云爆燃料是云爆弹的重要组成部分。云爆燃料本身具有的威力性能(如装填密度、云雾爆轰参数等)和燃料空气炸药云雾的形成性能(如安全性、长储性及原材料来源等)是云爆燃料应用最关键的问题。气体燃料由于装填密度低等特点难以在武器装备上应用,通常二次云爆弹装填的可燃物质为环氧乙烷、甲基乙炔、丙二烯或其混合物、甲烷、丁烷、乙烯和乙炔、过氧化乙酰、二硼烷、硝基甲烷和硝酸丙酯等。在抛撒过程中,这些燃料迅速弥散成雾状小液滴并与周围空气充分混合,形成由挥发性气体、液体或悬浮固体颗粒物组成的气溶胶状云团。

美国发展了以环氧乙烷和环氧丙烷为代表的环氧烃类燃料。美国使用环氧乙烷液体燃料研制了世界第一个云爆弹产品(CBU-55B 航空云爆弹)并应用于越南战争,产生了特殊的目标毁伤效果,同时对常规武器装备的发展产生了重大影响。随着对云爆弹毁伤性能和长储性需求的增长,对云爆弹装填燃料提出了更高要求,美国也基于环氧丙烷液体燃料发展了一批云爆弹武器型号,并在 1991 年海湾战争中大量投入使用,取得了很好的战术和战略效果。目前环氧丙烷液体燃料仍是美国云爆弹装填的主体燃料。

苏联结合自己的国情选择液体碳氢化合物作为云爆燃料,主要是石化产品或石化副产品,如戊二烯(C_5H_8)等,其理化性能与美国的环氧丙烷相当,但是来源广泛,价格低廉,研制的弹药在苏联阿富汗战争和俄罗斯车臣战争中都投入了使用,取得了预期的效果。

随着云爆弹在战争中作用的突出表现,世界军事大国更加重视云爆弹装备的发展,给云爆燃料研究提出了更高要求。美国、俄罗斯、中国等国家先后开展了含高热值金属粉的云爆燃料的研究工作,这方面研究工作主要有两条技术路线:一是在原有的液体燃料中添加金属粉,形成液-固混合燃料,以达到提高云爆燃料能量的目的;二是开展全固型云爆燃料的研究工作,开发一种全新的云爆燃料,目的是大幅度提高云爆弹装填燃料能量。

2. 一次引爆型云爆弹

为了拓展云爆弹的应用范围,提高毁伤威力,从 20 世纪 70 年代起,美国、加拿大和俄罗斯等国开始研制新型一次引爆型云爆弹,一次引爆型云爆弹将原来两次引爆过程变为一次引爆过程,即将燃料分散和爆轰过程一次完成。

一次引爆型云爆弹的研究工作主要集中在起爆方法上。目前,一次引爆的实现方式有两种:一是将燃料分散后实现自起爆,二是控制燃料边分散边起爆。

美国、加拿大等国在第一种方式上开展了大量研究工作,研究了化学催化起爆、光化学起爆、燃烧转爆轰起爆等方法。化学催化起爆法即将氟化物等强氧化剂随燃料一起分散,由氟化物与燃料空气混合物反应实现起爆,通过氟化物与燃料空气混合物发生化学反应的诱导时间控制起爆延时时间。光化学法设想通过有足够能量的光照射到燃料空气混合物产生自由基等实现对燃料空气炸药云雾起爆。燃烧转爆轰法是通过燃料分散产生燃烧源(分散装药爆轰产物等)点燃燃料空气炸药云雾,在云雾形成的同时实现从燃烧到爆轰的转变。

苏联在燃烧弹基础上开展了一次引爆型云雾爆轰控制技术研究,保留燃烧弹中抛撒燃烧剂的中心装药,将原来装填的燃烧剂改为一次引爆型云爆燃料,并进一步确定中心装药与云爆燃料间的比例关系,即通过中心装药作用实现云爆燃料的边分散边爆轰的一次引爆过程。该项云雾爆轰控制技术相对简单,较容易实现武器化。图 8.73 所示为苏联一次引爆型云爆战斗部系统,该战斗部系统对匹配关系要求严格,中心分散起爆炸药是实现边分散边爆轰的关键部件,炸药种类和炸药/燃料的质量比是中心分散起爆炸药设计的关键参数。苏联基于上述一次引爆型云雾爆轰控制技术研究成果,完成了多种武器型号的研制并装备部队。

在一次引爆型燃料空气弹药发展的同时,一次引爆型云爆燃料也相应地得到了发展。一次引爆型云爆燃料与两次引爆型云爆燃料具有相同之处,也具有明显的不同之处。相同之处在于,两种云爆燃料均需具有高威力性能,同时必须具有较好的分散性能,

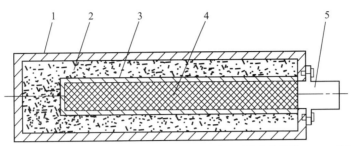

1—壳体；2——次引爆型云爆燃料；3—中心管；4—中心分散高能装药；5——次引信。

图 8.73　苏联一次引爆型云爆战斗部系统组成

空气必须参与爆轰反应；不同之处在于，由于在燃料分散的初始阶段空气进入很少，一次引爆型燃料自身要带有一定量的氧化剂，以满足初期云雾爆轰使用。因此，一次引爆型云爆燃料要具有实现边分散边爆轰的感度梯度、氧含量梯度等性能。

8.7.3　温压弹

顾名思义，温压弹（战斗部）就是利用高温和高压造成杀伤效果的弹药，也称为"热压"武器。它是在云爆弹的基础上发展起来的，因此温压弹与云爆弹具有一些相同点，也有不同之处。相同之处是，温压弹与云爆弹采用同样的燃料空气爆炸原理，都是通过药剂和空气混合生成能够爆炸的云雾。不同之处是，云爆弹多为二次起爆，而温压弹一般采用一次起爆，实现了燃料抛撒、点燃、云雾爆轰一次完成，结构简单，起爆可靠；另一个不同之处在于云爆弹多采用液体或液固云爆燃料，而温压弹现多采用固体炸药，而且爆炸物中含有氧化剂（俄罗斯采用液-固混合燃料），当固体药剂呈颗粒状在空气中散开后，微小炸药颗粒的爆炸力极强。

温压弹主要利用温度和压力效应产生杀伤效果，引爆后会发生剧烈燃烧，大量向四周辐射热量，同时产生冲击波。温压弹产生的高热和冲击波无孔不入，这种独特的杀伤效应是传统弹药（以破片或金属射流作为主要杀伤手段）难以比拟的，它特别适合于杀伤洞穴、地下工事、建筑物等封闭空间内的有生力量。其对洞穴目标的毁伤原理如图 8.74 所示。

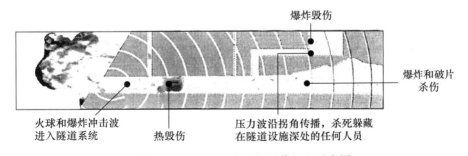

图 8.74　温压弹对洞穴目标毁伤机理示意图

温压弹有温压炸弹、单兵温压弹、温压火箭弹、温压导弹等多种类型。此外，由于温压弹独特的优越性，还有温压型硬目标侵彻弹，用于对深层坚固目标侵彻后毁伤内部空间中的目标。温压弹主要由弹体、装药、引信、稳定装置等组成，具体结构随其种类不同而有所差异。通常,温压弹的投放和爆炸方式有以下4种。

① 垂直投放,在洞穴或地下工事的入口处爆炸。

② 采用短延时引信(一次或两次触发)的跳弹爆炸,将其投放在目标附近,然后跳向目标爆炸。

③ 采用长延时引信的跳弹爆炸,将其投放在目标附近,然后穿透防护工事门,在洞深处爆炸。

④ 垂直投放,穿透防护工事表层,在洞穴内爆炸。

温压炸药是温压弹有效毁伤目标的重要组成部分,其药剂的配方尤为重要,需要模拟与试验最终确定。目前,温压药剂及其弹药技术已经发展了3代,典型配方有俄罗斯的液-固相体系和美国的全固相体系两大类。液-固相配方一般采用高能液体燃料与可燃金属粉末混合,其优点是毁伤能量大,配制工艺简单,输出能量易于调整。缺点是装填密度低,环境适应性和抗过载安定性差,弹药寿命也不宜过长等。例如,俄罗斯什米尔温压药剂配方主成分是硝酸异丙酯/铝粉/镁粉/敏化剂,其炸药爆炸的化学能约是1.6倍TNT当量,装药毁伤能量约是3.5倍TNT当量。全固相配方一般采用高含铝的PBX炸药技术,其优点是毁伤能量大,装填密度高,抗过载及环境适应性好,弹药寿命长达20年以上,具有低易损特性等。

8.7.4 典型的燃料空气弹药

美国和俄罗斯多种型号的战术导弹都应用了云爆战斗部,如美国AGM-114N地狱火导弹、俄罗斯的KBP 9M131FM(图8.75)和9M114F导弹等。此外,由于航空炸弹具有经济实用等诸多优点,美国和俄罗斯等还发展了多种应用云爆战斗部的航空炸弹。

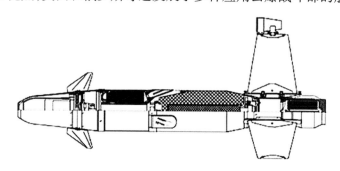

图8.75 使用云爆战斗部的KBP 9M131FM导弹

1. 美国BLU-73/B云爆弹

图8.76所示为美国于20世纪60年代末开始试用的BLU-73/B云爆弹结构示意图。BLU-73/B全弹质量为59kg,弹体直径为350mm,内装液体环氧乙烷33kg。该弹爆炸时燃料与空气混合形成直径为15m、高度为2.4m的云雾,云雾引爆后可形成20MPa的压力。

BLU-73/B于1971年正式装备部队,该弹(共3颗)装入SUU-49/B战术子母弹箱构成CBU-55/B云爆弹。CBU-55/B云爆弹是供直升机投弹使用的。投弹后,母弹在空中由引信炸开底盖,子弹脱离母弹下落,并借助阻力伞减速,至接近目标时触发爆炸,使液体燃料扩散在空气中形成气化云雾。云雾借助子弹上的云爆管起爆,从而对地面形

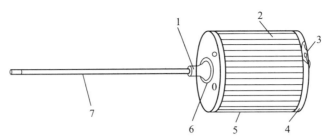

1—FMU-74/B引信；2—云爆管；3—减速伞；4—伞箱；5—弹体；6—自炸装置；7—延伸控杆。

图 8.76　美国 BLU-73/B 云爆弹

成超压，杀伤人员、清除雷区和破坏工事等。此外，这种炸弹具有快速耗氧的特点，能够使人因缺氧而窒息。

2. 苏 ОДАБ-500П 云爆弹

苏联从 20 世纪 70 年代开始两次引爆型云爆弹产品的研制工作，并很快装备了部队，其典型代表是 ОДАБ-500П 航空云爆弹。进入 21 世纪，俄罗斯研制了巨型两次引爆型云爆弹，命名为"炸弹之父"。据报道，俄罗斯"炸弹之父"为整体式结构，利用图-160 战略轰炸机投放，燃料装填质量为 7800kg，云雾爆轰等效 TNT 当量 44000kg，目标毁伤半径达 300m。基于一次引爆型云爆燃料和云爆控制技术的研究成果，俄罗斯后续又发展了新型云爆弹药，其中什米尔-2 单兵云爆火箭弹是典型代表，它弥补了两次引爆型云爆弹无法装备小口径、高落速武器的不足。

苏 ОДАБ-500П 云爆弹为整体型航空燃料空气炸弹，如图 8.77 和图 8.78 所示，主要由战斗部、带有减速伞系统的伞舱、解脱机构和引信装置等部分组成。战斗部主要由弹体、液体燃料、收集器、6 个周边装药、中心装药和次级装药等组成。

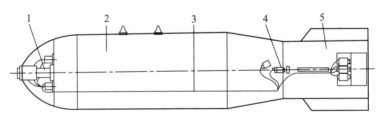

1—引信装置；2—战斗部；3—电缆；4—解脱机构；5—伞舱。

图 8.77　苏 ОДАБ-500П 云爆弹结构简图

当提前器中抛出的先导体或炸弹遇到目标时，先导体或一级引信的惯性闭合器闭合，使一级引信起爆线路工作，其起爆脉冲经过导爆索和传爆药，起爆周边装药和中心装药。周边装药和中心装药的爆炸破坏战斗部壳体和抛撒液体燃料，形成由蒸气、细散的燃料质点与空气混合在一起的气溶胶云状雾团。经过 130~200ms 的延时时间，二级引信作用，引爆次级装药。次级装药位于减速伞伞衣的顶部，此时减速伞已落入气溶胶雾团中，次级装药引爆气溶胶雾团，形成强冲击波摧毁目标。

3. 美国 BLU-82/B 温压弹

BLU-82/B 是美国 BLU-82 云爆弹的改进型，该弹外形短粗，弹体像大铁桶，其结构与云爆弹 BLU-82 类似，由弹体、引信、稳定伞、含氧化剂的爆炸装药等部分组成，如

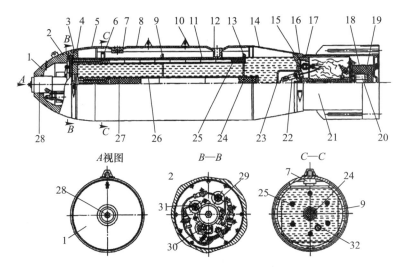

1—头部弹体；2—收集器；3—开口杯；4—前端圆盘；5—拱形体；6—内置圆环；7—衬套；8—圆柱体；9—隔板；10—弹耳；11—周边圆管；12—衬套；13—内置圆环；14—锥体；15—弹底；16—开口环；17—伞舱圆环；18—二级装药壳体；19—次级装药；20—二级引信；21—伞舱；22—传感器；23—杯形体；24—中心装药；25—周边装药；26—中心圆管；27—燃料；28—提前器；29—电源组件；30—转换机构；31—引信；32—电缆管。

图 8.78 苏 ОДАБ-500П 云爆弹的结构

图 8.79 所示。其主要战术技术性能见表 8.3。

图 8.79 美国 BLU-82/B 云爆弹

表 8.3 美国 BLU-82/B 云爆弹主要战术技术性能

诸元	参数值	诸元	参数值
质量/kg	6750	装填系数	0.846
长度	5.37m，探杆长 1.24m	飞行时间/s	27
直径/m	1.56	撞地速度/(m/s)	103.6
装药类型及质量	硝酸铵、铝粉和聚苯乙烯的稠状混合物(GSX)/5715kg	配用引信	M904 头部引信 M905 尾部引信

由于该弹质量太大,没有任何轰炸机的挂弹架能够承受这样大的质量,因此,必须由空军特种作战部队的 C-130 运输机(该机主要执行空投、空降等任务)实施投放。该弹既可用地面雷达制导,也可用飞行瞄准设备制导。投掷前地面雷达控制员和空中领航员为最后的投掷引导目标。由于炸弹效果巨大,飞机必须在 1800m 高度以上投弹。在领航员作出弹道计算和风力修正结果后,C-130 打开舱门,炸弹依靠重力滑下,在飞行过程中靠稳定伞调整飞行姿态并起减速作用。具体作战使用过程如图 8.80 所示。

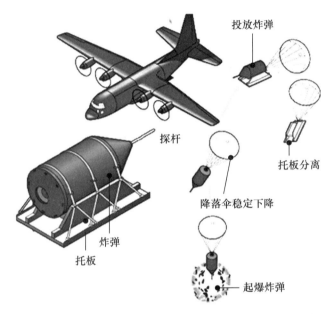

图 8.80　美国 BLU-82/B 云爆弹作战使用过程示意图

4. 美国 GBU-43/B 温压弹

GBU-43/B 是美国空军 20 世纪 90 年度启动研制的一种新型高威力空中引爆炸弹,被赋予"炸弹之母"的称号。GBU-43/B 研制过程中采用了部分现有的零部件,组合应用了 BLU-120/B 战斗部 KMU-593/B 制导组件,其主要战术技术性能见表 8.4。

表 8.4　美国 MOAB 炸弹主要战术技术参数

诸元	参数值	诸元	参数值
质量/kg	9842.9	炸高/m	1.8
长度/mm	9140	射程/km	69
直径/mm	1038.7	制导方式	GPS/INS 复合制导
战斗部质量/kg	8482.5	CEP/m	≤13
炸药类型/质量	碳氢化合物液体燃料/816kg	单价/$	170000

GBU-43/B 的弹体为长圆柱形,弹体前端是一段长的流线型结构,弹体中部有小展弦比滑翔弹翼,尾部安装有 4 片大型栅格尾翼,每片格栅尾翼分别由 10 片长短不一的金属薄片相互交叉连接成一个整体,然后安装在一个短形金属柜架内。采用的气动布局和

桨叶状栅格尾翼增强了炸弹的滑翔能力,同时使炸弹在飞行过程中的可操作性(精确校正航向)得到加强。GBU-43/B的战斗部装填8165kg碳氢化合物液体燃料,可以应用M904触发引信、DSU-33或FMU-139近炸引信。其爆炸威力半径达137m,可有效毁伤人员、无防护简易工事和指挥控制中心等目标。

GBU-43/B采用GPS/INS制导技术,可全天候投放使用,圆概率误差小于13m。该炸弹可由B-2隐身轰炸机或C-130运输机投放,载机投放后,它可以在制导系统引导下,通过操纵舵面来改变下落方向,自主地飞向预定的攻击目标。这样就可以在地面防空系统难以攻击的高度投放炸弹,从而避免载机被击中,确保人员和飞机的安全。

5. 美国BLU-118/B温压弹

BLU-118/B是美军于2001年末研制的一种专门用于打击恐怖分子藏身洞穴和地道的侵彻型温压弹(图8.81),该弹与BLU-109/B侵彻弹相似,只是其中的装填物不同,作战时既可由F-15E战斗机单独投放,也可作为GBU-15、GBU-24、GBU-27、GBU-28、AGM-130、AGM-154C的战斗部使用;既可以投放到洞穴和地道的入口处而后引爆,也可以垂直贯穿防护层在洞穴和地道内部爆炸。这种威力巨大的新型单一侵彻炸弹安装有激光制导系统,在有限空间中爆炸时的杀伤威力比开阔区域中要高出50%~100%。

图8.81 美国BLU-118/B温压弹

BLU-118/B温压弹填充的炸药可以选用美国海军研制的一种新型钝感聚合黏结炸药PBXIH-135、HAS-13或BLU-109炸弹使用的SFAE(固体燃料空气炸药)。PBXIH-135温压炸药由奥克托今、聚氨酯橡胶和一定比例的铝粉组成,与标准高能炸药相比,该钝感炸药可在较长时间内释放能量。BLU-118/B温压弹爆炸后会产生较高的持续爆炸压力,用于杀伤有限空间(如山洞)中的敌人,引爆后洞内氧气被迅速耗尽,爆炸带来的高压冲击波席卷洞穴,彻底杀死洞内人员,同时却不毁坏洞穴和地道。其主要战术技术性能见表8.5。

表 8.5 BLU-118/B 温压弹主要战术技术性能

诸元	参数值	诸元	参数值
质量/kg	902(814)	装填系数	0.25(或 0.31)
长度/m	2.5	侵彻威力/m	3.4(混凝土层厚)
直径/mm	370	配用引信	FMU-143J/B
壳体厚度/mm	26.97	引信延时时间/ms	120
炸药类型/质量	PBXIH-135 混合炸药/227kg(或 254kg)		

8.8 新型战斗部

8.8.1 活性毁伤元弹药/战斗部

近年来,随着目标的多样化及防护能力的日益提高,进一步提升传统战斗部的毁伤威力成为各类武器系统的共性需求。新型活性毁伤元战斗部技术是近 20 年来发展起来的一项毁伤新技术,通过毁伤元材料与武器化应用技术创新,可实现弹药战斗部毁伤威力的大幅提升。

现役弹药战斗部主要基于钨、铜、钢等惰性金属材料毁伤元(破片、射流、杆条、弹丸等),通过动能侵彻及机械贯穿毁伤破坏目标,而用活性材料制成的活性毁伤元既有类似惰性金属材料的力学强度,又有类似炸药、火药等传统含能材料的爆炸能量。当其应用于战斗部时,不仅能产生类似惰性金属毁伤元的动能侵彻贯穿毁伤作用,还可在剧烈冲击下自行激活引发类爆炸反应,进而显著增强对目标的结构爆裂、引燃和引爆等毁伤能力,大幅提升弹药战斗部的威力。目前新型活性毁伤元战斗部技术已成为当前高效毁伤领域的前沿热点研究方向,受到世界各国武器弹药研究机构的高度关注。

1. 活性破片杀伤战斗部

美国学者在 20 世纪末开始尝试应用新型活性破片作为战斗部毁伤元,进而发展了活性破片(reactive material fragments)战斗部技术。活性破片战斗部中采用活性破片毁伤元,战斗部爆炸后驱动活性破片向四周飞散,当活性破片与目标高速碰撞时,首先像传统金属破片一样高速碰撞和侵彻目标,同时活性破片因受冲击作用破碎,发生化学反应迅速释放大量能量并可能引起爆炸、燃烧等附加二次效应,在目标内部可产生很高的超压以及热效应,使电子元器件碳化而失效,作用到关键部件上使部件性能降低,还能引起目标油箱/战斗部装药发生燃烧或爆炸。因此,活性破片战斗部不是依靠单一的破片"动能侵彻"机理仅对目标进行"机械贯穿"毁伤,而是通过"动能侵彻"与"化学能释放内爆"等毁伤机理的联合作用,实现对目标的高效"结构毁伤",其终点毁伤机理和模式如图 8.82 所示。

活性破片作用于航空燃油、航空器以及来袭导弹的电子制导设备时具有极佳的毁伤效果,因此这种活性破片战斗部较多应用于防空反导领域,如图 8.83 所示。此外,将此类战斗部应用于地面武器系统,同样可增强对轻型装甲车辆、雷达及电子设备的毁伤能力。

图 8.84 所示为典型活性破片战斗部结构,破片以离散形式放置在战斗部的内壳体

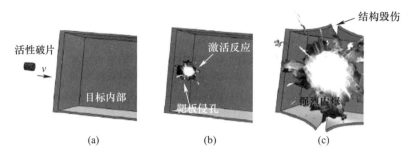

图 8.82　活性破片终点毁伤机理和模式
(a)碰撞目标；(b)穿靶后破碎和起爆；(c)内爆结构毁伤。

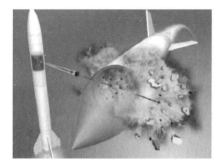 

图 8.83　活性破片战斗部对战斗机侵彻 – 内爆联合毁伤效应

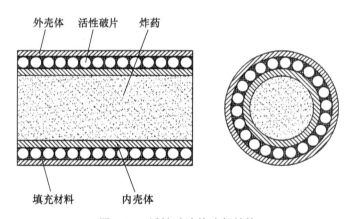

图 8.84　活性破片战斗部结构

与外壳体之间，破片之间使用环氧树脂塑料等材料进行填充。活性破片战斗部中，一般在活性破片与炸药中间需设置内壳体（缓冲层），内壳体的存在能够有效均化、减弱直接加载到活性破片上的冲击压力，防止活性破片提前破碎以及提前反应。

国内外学者也对将活性材料直接应用于战斗部壳体进行了一些研究。活性材料作为壳体主要以两种形式参与毁伤：一种是装药爆轰后壳体形成活性破片，撞击靶标后发生化学反应，释放能量毁伤目标；另一种是在炸药爆炸作用下壳体碎裂成细小颗粒，颗粒参与爆炸过程中的化学反应释放能量，提高冲击波超压、冲量等。图 8.85 所示为采用活性材料制成的预控破片战斗部，活性壳体上的刻槽可控制壳体材料的破碎，已形成期望大小和形状的活性破片。

图 8.85 高密度活性预控破片战斗部壳体

国外已研发了 Al/Mg 基金属活性壳体,爆炸后可形成活性破片。国内学者也在尝试将 Al/Mg 纤维复合活性材料应用于战斗部壳体和将 Al/Ni 材料应用于高速动能弹发动机壳体,如能将惰性壳体材料换成活性材料,在保证强度的情况下,使活性壳体材料参与爆炸反应,可大幅提高武器弹药的爆炸威力。

2. 活性破片

目前可应用于战斗部的典型活性破片主要有以下几类。

1) 金属聚合物类活性破片

金属聚合物类活性材料常以氟聚物为基体,金属或金属氧化物等为活性填料,其中氟聚物既是氧化剂,又是黏结剂,活性填料充当"燃料"。此类活性材料与传统含能材料(包括高能炸药、推进剂、火药等)相比,表现为强度更高、密度更大、更钝感,以至难以通过传统起爆方式(如火焰、雷管、冲击波等)实现活性材料在爆炸过程中发生反应并自持稳定传播。

可使用的氟聚物有氟橡胶、热塑性氟聚物和硫化氟聚物、共聚物和一些三元共聚物,如聚四氟乙烯(PTFE)、聚偏氟乙烯(PVDF),以及由四氟乙烯(TFE)、六氟丙烯(HFP)和偏氟乙烯(VDF)组成的三元共聚物(THV)。所使用的氟聚物必须具有高氟含量以保证其氧化性,还要有较低熔点和较高的力学性能。活性填料可选用一种或多种金属,常用的有铝(Al)、镁(Mg)、钛(Ti)和锆(Zr)等;可以是金属与金属氧化物,如 Fe_2O_3/Al、Fe_2O_3/Zr、Fe_2O_3/Ti 和 CuO/Al 等;也可以是金属与金属混合物,如 Al/B、Ni/Al、Zr/Ni、Ti/Al 等。同时,在选择活性金属时也要考虑氟聚物与活性金属填料的兼容性。金属聚合物类活性材料中最典型的为 PTFE/Al 体系活性材料。

金属聚合物类活性材料的配方直接影响着材料的力学与反应性能,因此可根据实际应用需求对材料配方进行设计。以 PTFE/Al 体系活性材料为例,完全反应比例的 PTFE/Al 体系活性材料的 PTFE 含量在 70% 以上,而 PTFE 密度仅为 $2.1 \sim 2.2 \text{g/cm}^3$,因此完全反应比例的 PTFE/Al 活性材料密度低、强度低,撞击目标时的动能较低,侵彻效果不够理想。向完全反应比例的 PTFE/Al 活性材料中添加高密度金属钨(密度为 19.35g/cm^3)可有效提高活性材料的整体密度与强度,大幅提高其侵彻能力,但由于钨金属基本不参与反应,其整体释能将有一定程度下降。当打击不同的目标时,可根据实际应用条件来调节高密度金属钨的含量,从而获得既满足侵彻需求,又可最大化释能的活性破片。

这种活性材料一般由金属粉体和氟聚合物粉体经混合、模压成型和烧结硬化制备而成,其工艺参数也对材料的力学与反应性能有一定的影响,主要因素包括预成型压力、烧结温度、降温时间等。当这种金属聚合物类的材料制备成破片毁伤元高速碰撞目标时，受到强冲击载荷的作用，产生高应变率塑性变形、剪切和碎裂，致使氟聚物发生分解，释放出具有强氧化能力的氟，进而激活金属粉体快速与之反应并引发爆炸/爆燃，生成大量气体产物并释放出大量的化学能，产生显著的热效应和爆炸超压效应。图 8.86 所示为采用惰性/活性破片对航空发动机（装航空煤油）与航空电子设备打击效果对比。

图 8.86　惰性/活性破片对航空发动机（装航空煤油）（上）与航空电子设备（下）打击效果对比
（左为惰性破片毁伤效果，右为活性破片毁伤效果）

由于这类材料密度与强度相对较低，难以承受爆炸驱动过程中的超高压力，活性破片易发生破碎影响其毁伤效能。作为破片使用时，常需要在活性破片外面包覆一层或多层壳体，以减缓活性破片直接承受的冲击力，保证活性破片在发射过程中结构的完整性。图 8.87 所示为几种典型包覆式活性破片的示意图，这种活性破片外壳为高强度惰性金属壳体，内部装填活性物质。其优点为壳体强度高，整体密度提高，且加工制备工艺简单，工程应用易实现；缺点为单位体积所含化学能相对整体式低，活性材料装填有限。

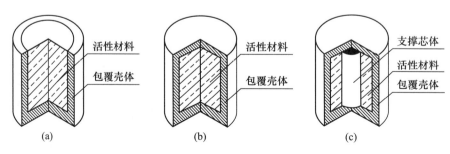

图 8.87　包覆式活性破片示意图
(a) 开口式包覆结构；(b) 全包覆式结构；(c) 含中心加强芯全包覆结构。

2）钨锆合金类活性破片

钨锆合金是由钨粉末、还原剂锆以及少量黏结剂组成,通过压制、烧结或化合,可将钨和锆合成具有适当冲击反应阈值的高密度材料。活性锆金属的熔点和沸点都比较高,密度为 $6.49g/cm^3$,在受到爆炸冲击后与空气的剧烈摩擦而自燃,锆与氧气发生氧化时的反应热高达 $12.1kJ/g$,燃烧温度可达 3000℃,对易燃目标有极大的纵火能力,高密度金属钨在爆炸加载下也参与氧化释能。因此,可以用高密度钨粉作基体,添加一定比例的高体积热值锆粉,实现合金材料的高密度、高强度和高活性,同时,加入少量更易反应的金属元素,确保材料反应对撞击过程具有敏感性,降低合金材料的冲击反应阈值,提高合金材料的撞击反应可靠性,增加合金材料的反应时间和放热量。此外,为了提高合金的强度和韧性,添加微量铁、镍黏结剂及石蜡粉增塑剂,通过烧结的方式实现粉末间的冶金结合,使材料具有力学强度和物理性能,并在合金成形过程中通过对粉末颗粒粒径和烧结温度的控制,实现材料内微观组织结构和宏观力学特性的调节。这样,可制备得到高密度、高强度、高活性、稳定性好的钨锆合金活性材料。图 8.88 所示为一种钨骨架/锆基非晶合金复合材料预制破片。

图 8.88　钨骨架/锆基非晶合金复合材料预制破片

钨锆合金破片在室温条件下相当稳定,且具有较高的强度;而撞靶后在破片内部拉应力作用下,破片破碎飞散,破片中的活性金属成分发生化学反应,释放出大量的热量。钨锆合金活性材料的破碎过程对发生爆燃有决定性作用。当活性材料破碎形成满足一定条件的碎片云后,产生的热点及反应释放的热量就可以使碎片云发生爆燃反应,如图 8.89 所示。如钨锆合金破片穿透靶板后,破片破碎飞散,在靶板后形成一个逐渐成长的椭球状火光区,如图 8.90 所示。

目前,具备优良穿燃能力的钨锆合金破片主要特征为:密度和抗压强度高,抗拉强度低,活性适当,放热性高,放热反应持续性好。钨锆合金类破片克服了现有金属聚合物型活性破片低强度、中等密度等缺点,通过调节钨锆合金配方和工艺可获得大密度、高强度的活性破片,既可利用其高强度来侵彻贯穿目标,又可利用其释能特性对目标产生附加的毁伤,最终显著提高破片对目标的毁伤效果。但钨锆合金材料较脆,塑性较差,对材料

图 8.89　穿靶后钨锆合金较惰性破片形成明显的燃烧云团
(a)惰性破片；(b)钨锆合金活性破片。

图 8.90　单个钨锆铪活性破片穿 6mm Q235 钢靶后响应过程

的应用有一定的影响。

3）高熵合金类活性破片

高熵合金的出现打破了传统合金以混合熵为主的单主元成分设计理念，为破解金属材料强度和塑性这一天然的倒置关系提供了一条全新的途径。多主元高熵合金具有高熵值、剧烈晶格畸变以及迟滞扩散等特点，能促进简单固溶体的形成，从而获得具有出色性能的简单固溶体相（BCC、FCC 和 HCP）或多相结构，具有包括高强度、高硬度、良好塑性、耐磨损和耐腐蚀性等优异的综合性能。

高熵合金的研究在早期阶段主要集中在合金成分设计上，多组元的设计理念决定了高熵合金的种类繁多，常见高熵合金的组元在 5 个以上，不同的组元元素种类和含量都会对合金的微观结构和性能产生一定的影响，研究者们通过对元素种类和含量的控制，改善合金的组织，致力于将合金的性能达到最优化。部分高熵合金中包含 Hf、Ta、Zr 等活性金属组元时，高熵合金在材料受到冲击加载破碎后，内部活性金属暴露在空气中，将发生剧烈的氧化反应释放出能量。

高熵合金应用于破片材料有着较为明显的优势，在高速冲击状态下，高熵合金的温度效应更为明显，破片与靶板间的反应随着撞击速度的提升而加剧；高熵合金破片在穿靶过程中消耗的能量较常规钨合金小；侵彻过程中破片前端的材料产生软化与重熔，合金较强的局部绝热变形能力与剪切敏感性使其具有更强的穿透能力。

通过改变元素类型、成分比例、加工与热处理等工艺制备不同强度和塑性的高熵合金，以获得满足不同场景需求的活性破片，因此高熵合金在预制破片上有巨大的应用潜力。目前研究结果表明，HfZrTiTa 体系的高熵合金具有高强度、良好塑性、高理论燃烧热值、低绝热剪切敏感性等综合性能，在发射、飞行、穿甲和毁伤过程中，结构稳定性好，既具有良好的存速、侵彻穿透性能，又具备一定的化学能释放效应；钨基高熵合金破片不仅具有较高的密度，也具有较强的局部绝热变形能力,在侵彻薄钢靶时表现出较高的剪切敏感性。

4) 金属间化合物类活性破片

这种活性材料常由金属与金属或金属与类金属制备而成,利用金属在冲击作用下形成新的化合物,释放出大量能量来增强毁伤效应。现在多以累积叠轧法和粉末模压烧结法进行制备,制备工艺简单,成本较低。

金属间化合物类活性材料最典型的配方为 Al/Ni。制备得到的 Al/Ni 类活性材料中 Al 与 Ni 保持各自组元特性,不提前反应生成化学物,同时材料又具有一定的强塑性。铝和镍在撞击目标时的高温高压环境下形成多种 NiAl 化合物,如 Ni_3Al、Ni_5Al、$NiAl$、Ni_2Al_3 和 $NiAl_2$ 等,在这个过程中释放出大量热量,几乎等同于 TNT 释放的能量。因此,Al/Ni 体系活性材料具有不错的反应热,但活性金属铝、镍和钛等密度较低,制备得到的活性材料整体密度较低。因此,国内外学者也对加入高密度金属的配方进行了一些研究,如 Al/Ni/W 等高密度配方,Al/Ni/W 等体系密度较高,但惰性高密度金属钨的加入降低了反应热。

金属间化合物类活性破片材料均质,具备一定的二次扩孔等增强毁伤效应。此类活性材料塑性较好,但密度相对较低,与其他类活性材料相比能量密度较低,能量输出以热能为主。图 8.91 所示为金属间化合物类活性材料制成的破片和壳体。

图 8.91 金属间化合物类活性材料制成的破片和壳体

表 8.6 给出了典型的几类活性破片材料的各项性能参数。

表 8.6 典型配方活性材料的性能参数

种类	典型代表	密度	强度	主要特点	目标
金属聚合物类	PTFE/Al	低	低	密度低,强度低,发生金属聚合物反应,反应剧烈,释能多,生成大量气体产物	飞机蒙皮、航空燃油、导弹战斗部、来袭导弹电子制导设备、雷达天线等
钨锆合金类	W/Zr、W/Zr/Hf	高	高	密度高,强度高,发生金属氧化反应,纵火能力强	战场上屏蔽燃油和带壳装药等易燃物
高熵合金类	$HfZrTiTa_{0.53}$	高	高	具有自锐效应,侵彻能力强,发生金属氧化反应,释能相对少	轻型装甲车辆等具有一定防护能力的武器装备
金属间化合物类	Ni/Al	低	中	材料强度高、塑性好,不易破碎,发生金属合金化反应放热	能量密度相对较低,强度较低

3. 活性药型罩聚能战斗部

活性药型罩聚能战斗部爆炸后形成的活性聚能射流,在对目标形成侵彻毁伤的同时在目标内部产生内爆毁伤,可对机场跑道、混凝土工事等产生典型的扩孔增强 – 内爆联合毁伤效应。

目前针对活性药型罩的研究大多集中在金属聚合物类活性材料药型罩上,针对金属/金属类活性材料药型罩也有一些研究。活性药型罩的制备工艺、力学性能、材料配方、反应释能机理、弹靶耦合等问题仍是活性药型罩聚能战斗部技术发展的关键,也是目前国内外学者研究的热点。

1) 金属聚合物类活性药型罩

金属聚合物类活性药型罩典型代表是将 PTFE/Al 基活性材料应用于药型罩。由于 PTFE/Al 材料在爆炸加载下的反应具有一定的延迟性,因此在爆炸载荷驱动下,PTFE/Al 活性材料能形成活性聚能侵彻体,且在活性侵彻体成型过程中至侵彻目标之前,发生化学反应量较少。其次,PTFE/Al 基活性材料具有一定的密度且配方可调,可根据实际应用需求调整相应的配方。需要大侵深时,可选用高密度配方;需要大开孔时,可选用低密度配方;需要内部破坏时,可选完全反应的高能量配方。

金属聚合物类药型罩可由冷压烧结成型法制备而成,制备工艺简单,药型罩含能高,质量轻,安全性好。图 8.92 所示为 PTFE/Al 活性药型罩实物。

图 8.92 PTFE/Al 活性药型罩

此类金属聚合物活性药型罩作为毁伤元主要有两种形式:一种是射流;另一种是爆炸成型弹丸(EFP)。相对应的,活性药型罩也具有不同的结构,典型结构为单层结构活性药型罩、双层结构活性药型罩和多层结构活性药型罩,如图 8.93 所示。药型罩形状可选单锥形罩、双锥形罩、球缺罩和喇叭罩等,也可使用异形组合药型罩。

单层结构金属聚合物类活性药型罩是目前最典型、研究最多的药型罩结构,如图 8.93(a)所示。在炸药加载下活性药型罩被压垮形成活性射流,活性射流直接作用靶板产生较大的毁伤面积。同时,国内外学者也在发展多种复合活性药型罩结构,旨在联合发挥活性罩与传统金属罩的优势,既实现大侵深,又能提高毁伤效应,复合药型罩结构如图 8.93(b)~(d)所示。采用复合结构药型罩,可降低活性材料在受炸药爆炸加载时和侵彻体成型过程中的破碎和反应造成的质量或能量损失,借助高密度金属提高活性射流的侵深,弥补金属聚合物类活性材料密度低、声速低和侵彻体易发散的不足,提高活性射流的侵彻性能和毁伤后效。还有学者在尝试将药型罩分成惰性和活性两部分的分体式活性材料药型罩。

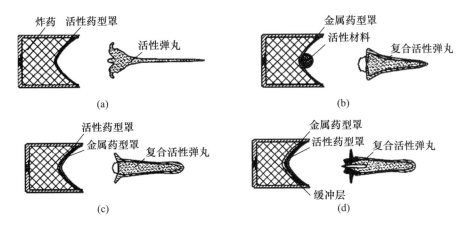

图 8.93　不同结构的活性聚能战斗部
(a)单层结构活性聚能战斗部；(b)复合结构活性聚能战斗部；
(c)复合结构活性聚能战斗部；(d)3层材料结构活性聚能战斗部。

活性药型罩毁伤机场跑道原理如图 8.94 所示。首先，活性药型罩在爆炸作用下形成活性聚能侵彻体，在这一过程中，活性材料仅被激活，少量材料发生反应；随后活性聚能侵彻体利用头部的速度和动能，开始侵彻机场跑道。活性材料受到侵靶过程中的高温高压作用被二次激活，随后聚能侵彻体在跑道内部发生剧烈反应，释放大量能量并迅速产生大量气体产物，对跑道进行爆裂式毁伤。

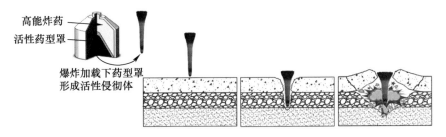

图 8.94　活性药型罩聚能战斗部对机场跑道目标毁伤原理

美国研究人员通过试验研究了金属聚合物类活性药型罩聚能装药对钢箍混凝土墩靶、机场跑道和钢筋混凝土的毁伤效应，结果表明，活性药型罩聚能战斗部最佳炸高相比传统金属药型罩小了很多，可有效减少战斗部尺寸，在 1 倍装药口径炸高条件下，装药直径为 216mm 的含能战斗部对飞机模拟跑道可形成直径 1.5m 的炸坑，其毁伤后效提升十分显著，如图 8.95 所示。此类活性材料药型罩聚能装药因具有独特的侵-爆联合毁伤作用，是反混凝土/钢筋混凝土等硬目标非常有效的战斗部类型，具有非常大的军事应用潜力。

2）金属/金属类活性药型罩

金属/金属类活性药型罩材料主要为铜基混合金属粉末，此外还有含钽、钼、镍和钨等的单质金属粉末药型罩，以及钨-铜、钽-铜、钽-钨等的合金粉末罩。这种活性药型罩穿透能力较强，药型罩中的活性金属在冲击波等外界作用下可发生反应并能释放出大量能量，增强射流的后效作用，一定程度上可增大孔径，如图 8.96 所示。

图 8.95 活性聚能战斗部对模拟跑道毁伤试验

图 8.96 Ni-Al 活性药型罩

美国陆军研究实验室武器和材料研究中心开展了 $Zr_{57}Cu_{15.4}Ni_{12.6}Al_{10}Nb_5$ 非晶合金药型罩的成型和侵彻试验,这种药型罩形成的射流有很多空隙,呈现出逐渐飞散的状态,在小炸高时对装甲钢的侵彻能力较好。国内学者也对锆基非晶合金药型罩进行了一些研究,证实锆基非晶合金药型罩形成的射流在侵彻过程中释放了能量,内爆释能可造成钢靶爆裂毁伤。此类活性药型罩可应用于反轻型装甲弹药、单兵攻坚弹药等。

8.8.2 威力可调战斗部

随着战场形势的变化,武器弹药向着精确化和智能化方向发展。精确化包括精确制导和精确毁伤,现有的常规战斗部作用于目标时都是毁伤效能最大化,即将炸药的能量以爆轰的方式完全释放出来,以实现毁伤效能的最大化。但是战场的情况复杂,最大毁伤威力并不一定得到预期的毁伤效果。由此,"毁伤威力可调弹药"这一新概念弹药应运而生。

毁伤威力可调弹药可针对不同的目标和作战环境,选择合适的能量释放方式,并调控输出所需的毁伤能量,实现了同一战斗部在不同的目标与作战环境下获得不同的毁伤效果。如图 8.97 所示,在城区与反作战中,可选择低威力挡来降低附带毁伤,而对于空旷区域的面目标,可选择高威力挡对其进行大面积有效毁伤。这种威力可调战斗部不仅用途广、环境适应能力强,还可以大大提高弹药使用的灵活性与高效性。

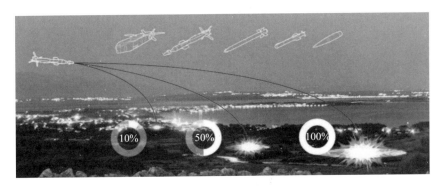

图 8.97 毁伤威力可调弹药针对不同区域目标作用示意图

1. 实现威力可调的技术途径

毁伤威力可调战斗部主要是通过改变炸药的能量输出特性或者改变分配到对应壳体上的装药释能的比例来实现同一战斗部在不同的目标与作战环境下获得不同的毁伤效果。

目前,战斗部威力可调实现途径主要有三大类:第一类是分层装药、隔爆层与起爆方式耦合作用,通过同时起爆内、外两层装药实现高威力挡,通过只起爆内层或外层装药实现低威力挡,结构示意如图 8.98 所示;第二类是利用炸药燃烧转爆轰特性,通过不同的能量激发使主装药发生不同等级的反应,进而释放出不同的能量,如通过不同的点火强度激发主装药,可使主装药实现完全爆轰、部分爆轰、爆燃等模式,从而实现毁伤威力可调,结构示意如图 8.99 所示;第三类是基于内、外两层装药结构设计,通过内、外层装药全爆轰实现高威力挡,在需要时利用驱动装置将内层装药推离战斗部后起爆外层环形装药实现低威力挡,结构示意如图 8.100 所示。

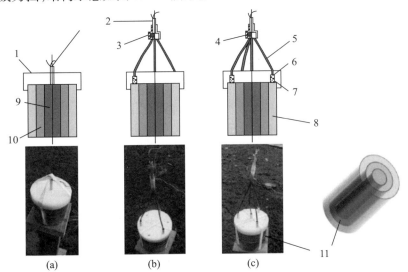

1—引爆传输板;2—雷管;3—连接器;4—传爆药;5—导爆索;6—一级传爆药;
7—二级传爆药;8—含铝炸药;9—中心炸药;10—隔爆材料;11—复合装药。

图 8.98 通过复合装药结构与起爆方式耦合实现毁伤威力可调
(a)单点起爆;(b)外部三点起爆;(c)同步起爆。

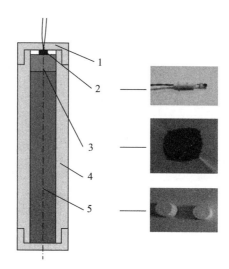

1—端盖；2—雷管；3—黑火药；4—圆柱壳体；5—主装药。

图 8.99　通过不同点火强度激发主装药实现毁伤威力可调

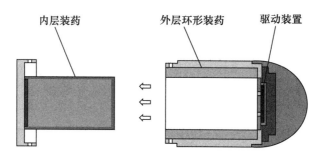

图 8.100　分离装药式威力可调战斗部原理示意图

2. 威力可调战斗部研究进展

美国阿连特技术系统公司的相关试验表明，通过精确控制起爆时间，研究人员可以控制战斗部内发生爆轰的炸药装药量，进而使炸弹输出与目标相匹配的毁伤威力。

2009 年 3 月，阿连特技术系统公司进行威力可调战斗部试验，试验选用的战斗部质量为 22.72kg，直径为 153mm，长 330mm。在距离战斗部 6m 的地方放置了一个 2.4m×1.2m 的靶板，以验证不同量炸药起爆后所产生的破片数量。试验共进行了 3 次：第一次试验为炸药全部起爆，第二次试验为炸药部分爆燃、部分爆炸，第三次试验为炸药全部爆燃、战斗部自毁。与第一次试验相比，第二次试验中破片的有效杀伤面积缩小超过 40%，第三次试验中破片竟然没有击碎 5ft(约 1.5m)外的摄像机反射镜。试验结果统计见表 8.7。

表 8.7　试验结果统计情况

工况	相对破片速度	靶板破片穿孔数量
第一次试验	100%	30
第二次试验	68%	20
第三次试验	9%	0

8.8.3 低附带毁伤战斗部

现代及未来战争中,武器弹药采用精确打击破坏目标时,需要考虑将附带毁伤控制在一定范围内,以减少对目标附近无辜人员的伤害及设施的毁坏,这已经成为国际社会关注的人权及技术问题。由此,基于爆炸冲击波和高速破片杀伤效能的传统常规性武器已经很难满足作战使用要求。国内外相关研究机构对此提出了解决方案:设计新型低附带毁伤(low collateral damage,LCD)弹药,这种弹药既能实现对目标毁伤,同时又能降低对非毁伤目标的附带毁伤。

1. 作用原理

传统杀爆弹药爆炸之后所形成的冲击波会急速衰减,而低附带毁伤弹药的杀伤半径非常小,而且能够有效降低附带毁伤,也称为高密度惰性金属弹药。其主体结构为碳纤维复合材料壳体,壳体内部装填炸药,其中炸药是由单质炸药和高密度金属粉末组成。弹药爆炸之后,壳体在爆炸作用下破裂燃烧殆尽,大量重金属粉末颗粒被抛撒出去,并被迅速引燃,形成的高速金属云瞬间释放出强烈的高温,在近场区域内能够保持较长时间的高压,对近距离处目标形成强力杀伤破坏效果;高速运动颗粒在近场区域具有很大的动能,之后在空气阻力作用下迅速衰减,对区域外无关物体的伤害减小到最低,有效降低了附带毁伤。LCD 弹药与常规弹药的不同距离处比冲量对比如图 8.101 所示,I 为比冲量,R 为距爆心的距离。

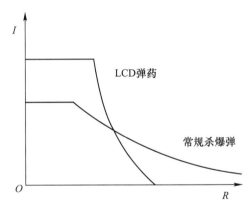

图 8.101 LCD 弹药与常规弹药对比

2. 典型结构

典型低附带毁伤弹药结构如图 8.102 所示,根据颗粒与炸药之间的耦合装药方式不同,可分为两种:一种是炸药与重金属粉末相混合形成一种新的非均质炸药,称为混装方式,它以抛撒分散颗粒为目的,需研究其非均相爆轰性能;另一种是炸药在中心,重金属粉末包裹在炸药外围的方式,主要通过抛撒使颗粒获得一定速度,起到毁伤作用。

主体炸药是指低附带毁伤弹药之中猛炸药的组分。它的功能主要是:①弹药的主爆炸组分,提供主要的能量来源;②为氧化可燃剂供给氧和含氧的化合物;③可以赋予低附带毁伤弹药良好的装药工艺性、耐热性。因此,在选择主体炸药时,要优先考虑最能充分发挥这些作用的炸药。对于低附带毁伤弹药,主体炸药一般采用的是梯恩梯、黑索今及梯恩梯与黑索今、梯恩梯与特屈儿的混合物。通常以梯恩梯或者黑索今作为固相含量的

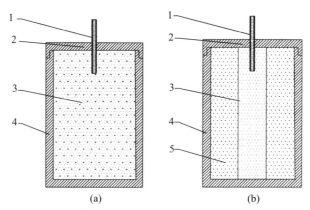

1—导爆管；2—端盖；3—主体装药；4—复合材料壳体；5—金属颗粒。

图 8.102　LCD 弹药典型结构示意图
(a)混装方式；(b)分装方式。

载体，以便于弹体装药。

惰性金属粉末常选用高密度金属颗粒，包括钨、钴和镍等合金，它们在爆炸过程不参与爆轰过程中的化学反应，而是在爆炸驱动下高速运动，同时由于其自身较大的密度，生成具有较高动能的杀伤单元杀伤目标。这种新型弹药选择的金属颗粒的粒度都很细小，它们在空气飞行过程中速度会迅速衰减，因此，通过改变装药和选择不同粒度颗粒，可非常有效地控制颗粒抛撒半径和杀伤范围。

3. 研究进展

目前，美国在低附带毁伤弹药方面的研究处于前列。在 M1 式榴弹基础上，美国的航空喷气公司开发了一种改进型低附带毁伤弹药，这种新型弹药可以用于 AC - 130 飞机的机载火炮或 M119 式榴弹炮，当恐怖组织藏在居民密集的民用建筑物内时，使用这种新型弹药可以有效摧毁目标，还能避免造成目标附近的无辜人员和设施的附带毁伤。该新型弹药的壳体没有使用常用的钢材料，而是用纤维增强复合材料代替，并且用尼龙弹带代替了常用的铜。为了保证与传统 M1 弹丸的质量相匹配，研发人员在高能炸药与弹药壳体之间填加了低强度高密度的材料衬层(纤维增强复合材料的密度要比钢低 4～5 倍)。由于弹体使用了纤维增强复合材料，爆炸产生的绝大部分能量会直接作用于既定目标，而炸药爆炸所产生的能量中很少的部分会消耗在弹体和材料衬层的破碎上，所以这种新型弹药只在特定的范围内有较好的杀伤效应，能够有效降低弹药爆炸产生的附带毁伤。此外，美军已经用低附带毁伤装药代替传统高能炸药，在榴弹炮上进行了实弹试射，结果表明纤维增强复合材料壳体能够承受发射状态下的高旋转力和高加速度，而且这种新型弹药能够显著降低目标附近的附带毁伤。

2006 年 3 月，美国空军空战武器中心公布 SDB Ⅰ 型低附带杀伤炸弹(focused - lethality munition，FLM)的研发计划，主要目的是为现已装备美军的 SDB Ⅰ 炸弹开发新型低附带毁伤的战斗部。该中心紧接着就进行了先期的技术验证，并且于 2007 年 7 月在美国的白沙靶场第一次进行这种改进型炸弹的飞行试验。这种炸弹是由美国的波音公司牵头研发，它的目标是将这种低附带杀伤弹药战斗部直接装入 113kg 级炸弹，通过装配升级为 SDB Ⅰ 型低附带杀伤炸弹。这种新型弹药的壳体材料为纤维增强复合材料，同时采用多级爆破炸药,使得炸药爆炸之后不会产生高速运动的破片,最大程度地降低目标附近的附带毁伤。SDB I 型炸弹直径为 190mm,长 1.8m,在主防区外的投放距离达到 100km,制导部分采用的是 GPS/INS 复合型制导方式,能够侵彻大约 1m 厚的钢筋混凝土层。这种改进型炸弹的研发目的是在摧毁处在易造成无辜人员伤亡地区内的十几种典型的硬、软目标,其中包括通信控制中心、指挥控制室、火炮、导弹阵地、加油站、机场目标附近的防空阵地以及基础设施目标等。

第 9 章 子 母 弹

9.1 概述

子母弹是以母弹作为载体,母弹内装有一定数量的子弹,发射后母弹在目标区域上空抛撒子弹,利用合理散布的子弹完成毁伤目标或其他特殊战斗任务的弹药。子母弹是由母弹和子弹组成一体的弹药,母弹可以应用炮弹、火箭弹、航空炸弹、导弹等不同弹种,子弹则可以是具有各种毁伤功能或特种作战功能的弹药。根据母弹和子弹的类型、结构、功能及毁伤性能的不同,一枚母弹中装填子弹数量少则几枚,多则数百枚。

子母弹作用后可将数量众多的子弹散布在目标区域内,对目标的覆盖和毁伤范围大于整体式弹药,比普通弹药具有更强的面毁伤和面覆盖能力,具有很强的面杀伤性,适合同时打击大面积范围的多个目标,且毁伤效率高。因此,子母弹药作用后能对敌方有生力量、步兵战车、装甲集群、技术兵器阵地、机场跑道、指挥引导和后勤保障系统等目标进行有效的打击。子母弹的使用增大了战斗部的毁伤面积,提高了战斗部的毁伤效能,各种炮弹、火箭弹、航空炸弹和导弹配用子母弹后,能够形成更有利的大面积火力压制和大纵深火力突击的效果,子母弹已经成为纵深压制兵器的主要弹种,由于其毁伤威力和作战效能的优势,子母弹技术及其发展备受世界各国的重视。

9.2 子母弹开舱与抛射

典型子母弹通常由母弹弹体、引信、开舱及抛射机构、分离机构和子弹等部分组成。子母弹靠母弹携带的子弹来实施对目标的毁伤、破坏等功能,子母弹在子弹实施最终毁伤作用前必须先进行母弹的开舱和对子弹的抛撒,子母弹的大致作用过程如图9.1所示。一枚母弹携带有几枚到数百枚不等的子弹,为了使数量众多的子弹发挥最佳毁伤效能,不但要求数量众多的子弹能覆盖一定范围的面积,而且要求子弹具有合理的分布密度,同时尽可能增大子弹发火率,这就需要解决好子母弹的母弹开舱与子弹抛撒技术问题。由于不同的子母战斗部的结构、性能和作用特点各异,其开舱和抛射的方式也各不相同。

9.2.1 母弹的开舱

即使是同一弹种的子母弹,对于不同的子弹药及其作用要求,开舱的部位和子弹抛出的方式也是有差别的。具体要根据母弹的结构特点、飞行弹道、子弹数量、子弹结构特点、子弹散布要求、子弹抛撒方式、抛撒高度等具体技术及战术要求进行设计。具体的开舱方案设计必须根据母弹的飞行速度和抛撒高度等条件,在进行流场分析的基础上,进行抛壳方法设计,控制壳片在流场中的运动特性,以实现壳片不与母弹载体相撞、保证载

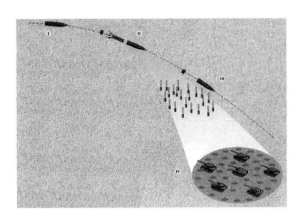

图 9.1　子母弹对集群目标打击过程示意

体姿态稳定等。就技术原理而言,目前采用的主要开舱方式有以下几种。

(1) 剪切螺纹或连接销开舱。基于火炮弹丸的弹径大小及其结构特点,这种开舱方式在火炮弹丸上应用较多。由时间引信在预定时刻启动点火,将抛射药点燃,利用火药气体的压力推动推板使子弹沿母弹轴向运动,将头螺或底螺的螺纹剪断,使弹体头部或底部打开,顺势将子弹抛出。

(2) 雷管起爆,壳体穿晶断裂开舱。这是一种用于一些火箭子母弹的开舱方式,通常是径向放置多个雷管,通过时间引信引爆雷管,在雷管爆炸冲击波的作用下,脆性金属材料制成的头螺壳体产生穿晶断裂,使战斗部头弧部裂开。

(3) 爆炸螺栓开舱。这是一种以装有火工品的爆炸螺栓作为连接件的开舱方式,利用螺栓中装药的火药力作为释放力切断连接结构,依靠弹体不同部分的空气动力或减速机构产生的空气动力差作为分离力实现开舱。它可以用于航空炸弹舱段间的分离,也已成功用于大型导弹战斗部的开舱和火箭弹战斗部的开舱。

(4) 组合切割索开舱。这种方法广泛应用在火箭弹、航空子母弹及导弹上。根据母弹壳体或蒙皮开裂需求,将应用聚能效应的切割索固定在战斗部壳体内壁上,切割索作用后,按照切割索的布置位置切开战斗部壳体。为保护战斗部内的其他结构或零部件,可根据需要在切割索的周围安装隔爆衬板。

(5) 径向应力波开舱。这种方式是在战斗部中心设置一装填低爆速炸药的中心药管,中心药管起爆后冲击波向外传播,冲击波将子弹向四周推开的同时,使战斗部壳体在径向应力波的作用下裂开而实现开舱。为了开舱可靠和开舱部位规则,一般在战斗部壳体上加工若干个纵向的断裂槽。

实际应用中,无论何种开舱方式,均需要满足以下基本要求。

(1) 保证开舱的高可靠性。子母弹结构复杂、携带子弹药数量多、成本较高,因此,不允许由于开舱故障而导致战斗部功能失效,为此要尽量选用技术成熟、性能稳定、通过长期实践检验的方案,配用作用可靠度高的引信,保证传火序列及开舱机构性能稳定、作用可靠。

(2) 开舱和抛射动作协调。开舱动作不能影响抛射机构的功能和性能,开舱与子弹抛射要时序匹配、动作协调、相辅相成,保证子弹药的正常抛射。

(3) 不影响子弹的正常使用。开舱过程中保证子弹的结构完整、飞行稳定,子弹引信能可靠解脱保险和保持正常的发火率,不能影响子弹的正常使用。

（4）具有良好的高、低温性能和长期储存性能。每种子母弹都要根据具体的母弹和子弹特点设计开舱机构。例如，结构较大的导弹母弹舱段蒙皮可以采用不同的方法打开，如切割索法、柔爆索法、爆炸螺栓法等。切割索法利用了线性聚能装药结构，如图9.2所示，它是把炸药装在聚乙烯塑料或其他材料制成的管状结构内，利用V形或半圆形聚能槽的聚能效应实现对导弹蒙皮的切割。既可周向地切割蒙皮，又可纵向切割。线性聚能装药方法虽然是较好的障碍物排除装置，但它在爆炸时存在反向作用和侧向飞溅，可能会使子弹等部件受到损伤，需要采用特殊的防护技术措施，如在切割索的外面包覆泡沫塑料、泡沫橡胶或实心橡胶等。另外，还要考虑母弹高速飞行时蒙皮受到气动加热对切割索炸药的影响，有时甚至可能提前引爆装药，因此必要时需采取隔热措施。

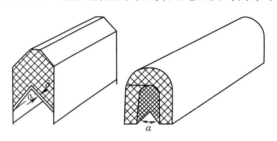

图9.2 线性聚能装药（切割索）

线性聚能装药的方法可以和不同的子弹抛射方式组合应用。图9.3给出了一种子母弹舱段蒙皮被切开，使子弹抛射出去的过程示意图。当战斗部接近目标时，通过引信使安装在支撑梁与蒙皮之间的切割索装药作用，依靠聚能效应将母弹蒙皮切割成大小相等的4块，并在爆炸力的作用下抛离母体，完成障碍物的排除。同时，抛撒机构燃气发生器中的装药被点燃，燃气从排气孔逸出，使套在整个中心管上的橡皮管膨胀，从而给子弹一个径向作用力，使之沿径向抛射出去，形成一个较大的散布场。

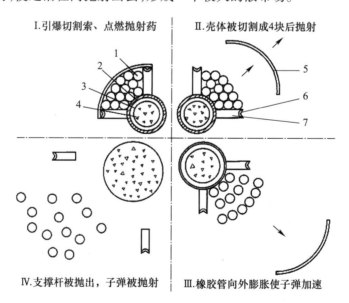

1—子弹；2—橡胶管；3—燃气发生器；4—抛射药；5—蒙皮；6—切割装药；7—支撑架。

图9.3 母弹舱段蒙皮被切开抛射子弹过程示意图

9.2.2 子弹药的抛射

子弹药抛射是利用火药能、炸药能或其他能量,使子弹获得必要的速度从母弹抛出,进而按照子弹弹道飞行。在这过程中,必须保证子弹及其引信的结构完整和功能完好,由此抛射速度将会受到一定的限制。子弹抛射系统的类型有很多种。根据开舱部位及子弹从母弹弹体中抛出的方向,可分为轴向(前抛或后抛)抛射和侧向抛射。对于炮用弹药这种较小的母弹平台,常采用沿母弹轴向抛射子弹的方式;对于航空炸弹、大型导弹和布撒器等较大的平台,则采用多种方式抛射子弹药;对于母弹平台较大、携带子弹数量较多时,为了子弹散布均匀或者符合特定落点散布要求,必要时还可采用二次抛射的方式。根据抛撒动力和子弹抛出方式的不同,目前常用的抛射方式主要有以下几种。

(1) 母弹高速旋转下的离心抛射。对于具有较高转速的母弹,由于母弹转速高达每秒钟数千转乃至上万转,子弹在离心力作用下可实现可靠分离和散开。对于某些本身不具有旋转特性的母弹,也可以采用设置专门动力系统的方式实现离心抛射,如美国的 BLU-108 的二次抛撒就是利用自带的侧喷火箭发动机产生旋转动力而抛射 SKEET 末敏子弹的。

(2) 机械式分离抛射。这种抛射方式是在抛撒子弹的过程中,根据子弹本身自有重量,通过导向杆或拨簧等机构的作用,赋予子弹和母弹分离的动力。导向杆机构已经成功地使用在 122mm 火箭子母弹上,试验结果表明,5 串子弹越过导向杆后,呈花瓣状分开,可很好地实现子弹的抛撒。

(3) 燃气侧向活塞抛射。燃气活塞式抛撒系统是利用火药燃气推动活塞来抛撒子弹药。这种抛撒方式主要用于抛撒直径较大的子弹,用活塞推动子弹运动,方向性较好,容易实现对子弹飞行方向的控制,可提供一个可控的、均匀的落点分布,抛撒机构的结构简单,系统成本较低,性能可靠。

(4) 燃气囊抛射。这种抛射结构的子弹药外缘用钢带束住,子弹药内侧配有气囊。当燃气囊充气时,子弹顶紧钢带使其承受拉力、从薄弱点断裂,解除约束。在燃气囊弹力的作用下,子弹药从不同方向以不同的名义速度抛出,以保证子弹按照预定方向运动和散布。英国的 BL755 航空子母炸弹和美国 CBU-105 航空子母弹是采用这种抛射方式的典型产品。

(5) 子弹气动力抛射。通过改变子弹气动力参数,使子弹之间空气阻力有差异,以达到使子弹飞散的目的。这种方式已经在国内外的一些产品中使用。例如,在某些炮射子母弹上,有意地装入配用两种不同长度飘带的子弹;在航空杀伤子母弹中,采用铝瓦稳定的改制手榴弹制作的小杀伤弹,抛射后靠铝瓦稳定方位的随机性,从而使子弹达到均匀散开的目的。

(6) 中心药管式抛射。战斗部中心部位装有抛射药管,当时间引信作用,中心装药启动,冲击波既使得母弹壳体沿长度方向裂开,又将子弹向四周抛出。装填 M77 子弹的美国 MLRS 火箭子母弹战斗部是使用这种抛射方式的典型代表,每发火箭携带子弹 644 枚。一般子弹排列不多于两圈,圆柱部外圈排 14 枚,内圈排 7 枚。子弹串之间用聚碳酸酯塑料固定并隔离。

根据各种抛射方式和战斗部结构,发展了多种抛射系统(抛撒机构),以下是几种典型的抛射系统。

1. 整体式中心装药子弹抛射系统

在此抛射系统中,抛射装药装在位于纵轴的铝管内,球形子弹沿着纵轴逐圈交错排列。装药与子弹间有一定厚度的空气间隙,若间隙小,子弹的速度就大,但子弹较易受到损坏;反之,若间隙大,子弹的速度就小,但子弹不易受损。战斗部结构如图9.4所示。

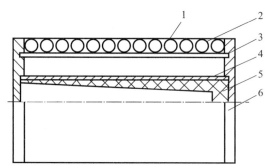

1—蒙皮;2—子弹;3—内衬;4—中心管;5—装药;6—连接件。

图9.4 整体式中心装药子弹抛射系统示意图

装药可采用图9.5所示的不同结构形式,一是沿轴向均匀地装药,子弹获得的速度大致相等;二是沿轴向阶梯形装药,子弹的速度按装药的阶梯数分成几组;三是装药量沿轴向连续变化,子弹的速度沿轴向连续分布。装药可以用火药或低速炸药。采用火药驱动,子弹的速度低,但受到的冲击小;采用炸药驱动,子弹的速度高,但需要合理控制炸药能量及装药结构,避免子弹受到破坏。这种抛射下子弹的加速行程小,因此为了达到足够的抛射速度,需要有很大的加速度。

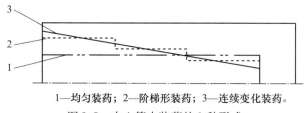

1—均匀装药;2—阶梯形装药;3—连续变化装药。

图9.5 中心管中装药的3种形式

2. 枪管式抛射系统

一种枪管式抛射系统如图9.6所示,它是通过引燃装填在每个子弹枪膛内的火药来实现对子弹的抛射。钢制的枪管是子弹结构的组成部分,位于子弹的中心,与子弹严密配合,抛射火药装于支撑管内。火药点燃后,高压燃气作用于枪管并把子弹推出,径向抛射速度取决于发射药产生的压力、抛射管内腔截面积、子弹的质量及行程长度。由于枪管的长度都较短,必须使火药快速燃烧以提高压力,子弹在最大膛压建立之前被锁定,便于利用抛射管的行程全长,充分发挥其优点。

另一种枪管式抛射系统结构如图9.7所示,整个战斗部只有一个共用的火药燃烧室,燃烧室壁装有若干枪管,每个枪管上安装一个子弹,燃气压力通过各个枪管传送给子弹,把子弹抛射出去。这种结构,子弹获得的速度基本一致。要使子弹具有不同的速度,可使枪管具有不同的口径,同时,子弹与枪管相配的零件也要有不同的尺寸,这将增加结构和工艺复杂性。

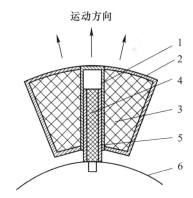
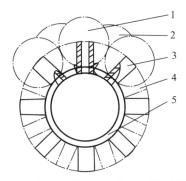

1—枪管；2—子弹；3—子弹装药；4—燃烧室；
5—子弹支撑管；6—导弹舱内支架。

图9.6 单独装药的枪管式抛射系统

1—第一圈子弹；2—第二圈子弹；3—第一圈枪管；
4—第二圈枪管；5—战斗部中心管。

图9.7 共用装药的枪管式抛射系统

3. 膨胀式抛射系统

膨胀式抛射系统是通过抛射药产生的高温高压气体使可膨胀衬套快速膨胀，使其周围的子弹获得一定的抛射速度。膨胀式抛射装置的具体结构模式较多，下面以星形框式和橡胶管式为例进行介绍。

1）星形框式抛射装置

如图9.8所示，星形框式的可膨胀衬套是星形，它把弹舱和子弹在径向分成若干个间隔（图中为7个），衬套中间为柱形燃烧室，燃烧室壁上有与间隔数相应的排气孔。当母弹到达目标上空预定位置时，由开舱火工品将战斗部舱外壳分离为若干块并抛出，同时燃气发生器中火药燃烧产生燃气，燃气经排气孔向密闭的衬套内腔充气，衬套膨胀并最终把子弹抛射出去。由于衬套膨胀和子弹抛射的过程很快，为了充分利用火药能量，要求从火药的性能和药型上保证火药的快速且完全燃烧，以及在火药气体达到峰值压力前对子弹进行约束。此结构的优点是：①各框囊独立，可调节各框的抛撒时差，从而实现带状分布；②各框中子战斗部抛撒速度不同，子战斗部在散布范围内分布比较均匀；③系统重量小，战斗部填装系数大。

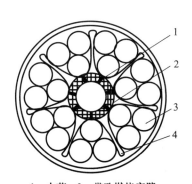
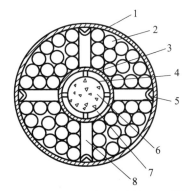

1—火药；2—带孔燃烧室壁；
3—子弹；4—可膨胀衬套。

图9.8 星形框式抛射装置

1—蒙皮；2—子弹；3—橡胶膨胀管；4—燃烧室；
5—切割装药；6—抛射药；7—支撑架；8—中心支撑管。

图9.9 橡胶管式抛射装置

2）橡胶管式抛射装置

该抛射装置利用橡胶管作为膨胀衬套,如图 9.9 所示,主要由抛射药、燃烧室、橡胶管、支撑梁等组成。燃烧室产生的燃气经小孔排出,使橡胶管逐渐膨胀,最后把子弹和支撑梁推出。

图 9.10 所示的结构是使子弹获得不同速度的一种方案,可作为参考。子弹用隔板分成 3 段,火药点燃后,燃气通过膜片和各段的轴向充气孔向中心管充气,并通过各段的径向充气孔向各橡胶膨胀管充气,把子弹抛射出去。各段的轴向充气孔孔径不同,因而各段的燃气压力不同,子弹的抛射速度也就不同。

橡胶管式抛射装置较星形框式抛射装置简单,工艺性好,但在膨胀过程中很快就破裂,燃气从中泄漏,能量利用率低,子弹抛掷初速较低。一般适用于母弹装填量大,对方向性要求不高的杀伤子弹。在高空中抛射时,形成一个较

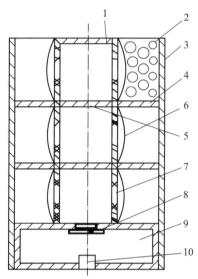

1—中心管；2—子弹；3—蒙皮；4—隔板；5—轴向充气孔；
6—膨胀管；7—径向充气孔；8—膜片；9—火药；10—点火药盒。

图 9.10 膨胀式抛射系统

大的散布场,有较好的杀伤效果。此外,用折叠的不锈钢膨胀管代替橡胶膨胀管也是可行的。

无论采用何种抛射方式或者抛射系统,均需满足以下基本要求。

（1）满足合理的散布范围。根据毁伤目标的要求、战斗部携带子弹的总数量、开舱条件、子弹稳定方式和气象条件等因素,从战术使用上提出合理的子弹散布范围,保证子弹抛出后能覆盖一定大小的面积。

（2）达到合理的散布密度。在子弹散布范围内,根据子弹作用方式和威力半径等,子弹应尽可能均匀分布或者按照一定分布规律散布,至少不出现明显的子弹积堆或超出子弹威力半径的大间隙。合理的散布规律和密度有利于提高对集群目标的命中概率。

（3）子弹相互间易于分离。在抛射过程中,要求子弹间能相互顺利分开,不允许出现重叠现象。如果子弹分离不及时会影响子弹飞行过程,不利于子弹引信解脱保险,将导致子弹失效。

（4）子弹作用性能不受影响。抛射过程中应避免子弹间的相互碰撞,子弹零部件不得有明显变形、结构损坏,不能出现殉爆现象。此外,还要求子弹引信解脱保险可靠,发火率正常,子弹起爆完全性好。

（5）抛射系统重量轻,结构简单,战斗部填装系数高。

9.3 炮射子母弹

炮射子母弹是利用火炮发射的弹丸为母弹,壳体中装填有若干枚子弹的弹药。按其内部装填的子弹药类型,可分为杀伤子母弹、反坦克布雷弹、反装甲杀伤子母弹、杀伤布雷弹以及智能子母弹等。例如,美军为 105mm、155mm 等不同口径的火炮装备了多种型号的子母弹,我国也为 122mm 火炮、130mm 火炮、155mm 火炮和 120mm 迫击炮等系列火炮平台研制并装备了不同型号的子母弹。

9.3.1 炮射子母弹结构与作用

典型炮射子母弹结构如图 9.11 所示,主要是由弹体、引信、抛射药管、推力板、支筒、子弹药和弹底等部分组成。子弹药装填后再装上弹底塞,抛射药装在母弹头部,并由推力板与子弹隔开,靠近母弹底部的金属弹带在储存和运输时常用护圈加以保护。弹体是用于装填子弹的容器,通常称为母弹。

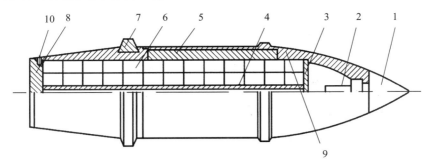

1—引信;2—抛射药管;3—推力板;4—支筒;5—衬筒;6—M43式子弹(13层,每层8个);
7—弹带;8—弹底塞;9—弹体;10—剪断销(共3个)。

图 9.11 美国 M404 型 203mm 杀伤子母弹

1. 母弹

为了节省研制费用和通用射表,同一平台或系列的子母弹与整体式炮弹常设计为具有相同或相近的质量、质心和转动惯量等特征参数。母弹的外形与普通榴弹基本相同或者接近。为了减小空气阻力,提高射程,母弹的头部常采用尖锐的弧形,弧形结构的头部内腔部分不便于装填子弹,一般用于安装抛射药或保持空置不用。子母弹的这种结构布局会使全弹的质心后移,从而影响弹丸的飞行稳定性。在这种情况下,子母弹可以采取减小全弹长度的方式,以保证子母弹的飞行稳定性,获得良好的射击精度。

为了装填子弹,母弹的内腔与普通榴弹有所不同:①为了尽量多装子弹,一般采取减小弹体壁厚、增大内腔容积的方式;②弹体内腔必须制成圆柱形,以便于将子弹从内腔中推出;③整体式弹体采用底部开口结构,便于子弹从底部推出。采用上述的弹体结构通常会造成弹带部分的强度不足。为了保证发射时的强度要求,在制造过程中,对压制弹带的弹体部位要进行局部热处理,以提高弹体材料的强度。

母弹的弹底材料通常与弹体相同,均用炮弹钢制造,可以用螺纹、螺钉和销钉等方式与弹体连接。采用螺纹连接时,对于右旋膛线的火炮,应采用左旋螺纹,以免发射时引起松动或旋下。螺纹圈数的多少,取决于连接强度和抛射压力的要求。该连接强度对抛射压力有着很大的影响,螺纹圈数过多,相应的抛射压力也高,在这种情况下子弹将要承受很高的抛射压力,这可能引起子弹变形,从而影响子弹在抛出后的正常作用。如果圈数过少,则难以保证必要的连接强度。一般情况下常采用细牙螺纹,总圈数不超过4圈。采用销钉连接时,其抛射压力较小,虽然可以避免子弹的受压变形,但其连接强度也低。

母弹的引信通常应用机械时间引信,其工作时间与全弹道的飞行时间相当。抛射药一般装于塑料筒内,放置在引信下部。当子母弹飞行到目标上空时,引信按装定的时间启动,点燃抛射药。抛射药点燃后,依靠火药气体的压力推动推力板,破坏弹底的连接,打开弹底,并将子弹推出母弹弹体。为了减小子弹所受的抛射压力,通常在推力板与弹底之间设有支杆(或承力瓦),支杆由无缝钢管制成,作用时将推力板的压力直接传递到弹底。如果弹底与弹体之间采用销钉连接,则因其强度较低,可以不用支杆。子弹从母弹底部抛出,由于离心力的作用使其离开母弹飞行路线而径向飞散。

2. 子弹

子母弹的子弹是用于直接毁伤目标的独立有效载荷和战斗单元,结合炮弹弹体的结构,子弹必须以尽可能密实的方式装入母弹的弹体内。典型子弹药在母弹内的纵向排布如图9.12所示,子弹在母弹内的径向排列如图9.13所示。

图 9.12　装有 18 枚 M35 子弹的 M413 子母弹

图 9.13　M373 子母弹的子弹布置

根据作用需求的不同,炮弹子母弹装填的子弹类型多种多样,根据用途不同可分为杀伤子弹、反装甲杀伤子弹、反坦克雷、智能子弹等。

杀伤子弹主要用于杀伤有生力量,根据子弹结构特点形成适当的破片毁伤元,子弹从母弹抛出后,通过稳定飘带、尾翼等技术控制子弹稳定、减速和减旋,根据需求应用触发引信或子弹跳空炸等技术控制破片散布,增强杀伤效应。

反装甲杀伤子弹综合利用聚能毁伤元和破片毁伤元毁伤不同目标,利用聚能装药形成金属射流,从顶部打击坦克或各种装甲车辆。同时,利用刻槽壳体形成高速破片杀伤周向的有生力量。子弹采用小炸高、敞开结构的形式,通过子弹的总体结构设计尽量缩短子弹摞装装配长度,以提高子弹装填数量。

由于子弹药类型及结构差异,各炮弹子母弹的结构及子弹数量有所不同,几种典型大口径炮弹子母弹参数见表9.1。

表9.1 几种典型大口径炮弹子母弹参数

型号	Israeli M373	US M483A1	US M825A1
母弹口径/mm	203	155	155
子弹类型及数量	M85(120枚)	M42(64枚)/M46(24枚)	楔形白磷弹(116枚)
母弹长度/mm	1115	899(不含引信)	899(含引信)
质量/kg	94.3	46.5	46.7

9.3.2 杀伤子母弹

M449型杀伤子母弹是第一代改进的常规炮弹,它是配用于M109系列155mm榴弹炮的药包分装式、携带多枚子弹的炮射子母弹,主要用于对敌有生力量的远距离大面积杀伤。其主要诸元见表9.2。

表9.2 M449型155mm杀伤子母弹主要诸元

弹丸质量/kg	43.091	子弹型号	M43A1
弹长/mm	699	子弹数/枚	60
抛射药质量/g	30	炸药类型	A5复合炸药
引信型号	M565或M548、M57	装药质量/g	21.25
最大射程/m	18100(M198炮) 14600(M114炮)	母弹初速/(m/s)	563(M114火炮)

M449型杀伤子母弹主要由弹体、子弹、引信、抛射药管、推力板、O形密封圈、弹底和弹带等组成,其结构如图9.14所示,母弹内装有60枚M43A1型杀伤子弹,这些子弹共分10层(每层6枚)装填。母弹的外形与普通榴弹相同,但采用底部开口结构。在装配时,子弹从底部装入,然后装上弹底,该弹弹底用3个剪切销与弹体连接,弹体和弹底之间采用密封圈密封。在母弹头部装有机械时间引信,子弹和引信之间装有抛射药。

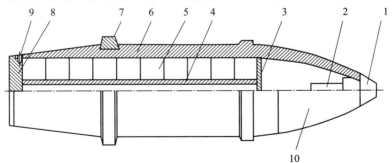

1—引信;2—抛射药管;3—推力板;4—支筒;5—子弹;
6—弹体;7—弹带;8—弹底;9—销钉(共3个);10—头螺。

图9.14 美国M449型155mm杀伤子母弹

翼片展开状态的 M43 式子弹如图 9.15 所示,它是一种落地反抛空炸式杀伤子弹,该子弹主要由壳体、稳定翼、球形杀伤弹丸和弹丸抛射装置等组成。子弹壳体的外形为 60°角的尖劈形,6 个子弹刚好构成一个圆饼,排满母弹内腔的一层,这种外形有利于实现子弹的密实装填。每个子弹带有两片稳定翼,折叠状态时包裹于子弹壳体外侧。稳定翼上装有弹簧,子弹抛出后即可展开。钢制球形杀伤弹丸内装填 A5 复合炸药。A5 炸药主要成分是钝化黑索今,另外加入适量石蜡,其爆速可达 8100m/s。在炸药装药中心装有延时起爆雷管。在球形弹丸的下部装有抛射药和抛射点火装置。

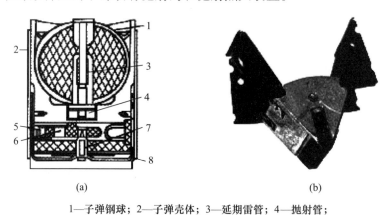

1—子弹钢球;2—子弹壳体;3—延期雷管;4—抛射管;
5—滑块;6—火帽;7—击杆;8—支座。

图 9.15 M43A1 式子弹
(a)子弹剖面图;(b)子弹外形。

当母弹飞到目标上空时,时间引信按预定时间作用,点燃抛射药,火药燃烧产生的气体压力推动推力板剪断弹底的连接销,打开弹底,从而将子弹从弹底抛出。子弹依靠离心力作用偏离母弹弹道而径向飞散。当子弹从母体内抛出后,在翼片弹簧的作用下尾翼片张开,翼片靠弹簧和空气动力的作用使其张开并保持在最大张开位置,使子弹在飞行中保持稳定。同时,子弹反跳抛射装置动作,解除保险,处于待发状态。当子弹着地后,抛射装置中的击针击发火帽,点燃抛射药及延期雷管,将子弹中的球形弹丸向上抛起,随后延期雷管引爆球形弹丸中的 A5 炸药,在距地面 1.2~1.8m 的高度爆炸,球形弹丸壳体在爆炸作用下产生杀伤破片,从而杀伤敌方有生力量。

9.3.3 反坦克布雷弹

布雷子母弹是用来向坦克群行进或即将行进的地区布撒反坦克地雷,以阻止、延缓坦克部队行进的一种炮弹。155mm M718 是美国 20 世纪 70 年代末装备的一种远程快速布设反坦克雷的子母弹,母弹弹体中装有多枚反坦克地雷,发射后可以实施远距离的快速机动布雷。图 9.16(b)所示为美 M718 型 155mm 反坦克布雷弹的结构示意图。该弹由弹体、机械时间引信、抛射药、推力板、地雷、弹底等组成。在该布雷弹的母弹内,装有 9 枚 M73 反坦克地雷。

当布雷弹飞达预定的布雷区上空时,时间引信作用,点燃抛射药将地雷抛出。此时,每个地雷上的降落伞打开,使地雷减速并缓慢下落、着地。当敌方坦克和装甲车辆经过时,磁引信作用,反坦克地雷爆炸,从而破坏装甲目标底部装甲或行动部分。一般来说,

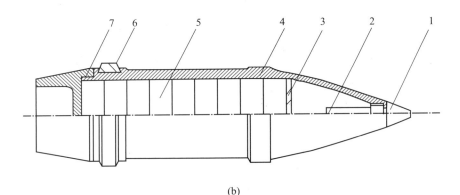

1—引信；2—抛射药管；3—推力板；4—弹体；5—地雷；6—弹带；7—弹底。

图 9.16　美国 M718 型 155mm 反坦克布雷弹

(a)子母弹产品；(b)M718 型 155mm 子母弹结构组成。

反坦克地雷都有自毁机构，M73 型反坦克地雷的自毁时间为 24h。M718 布雷弹的主要参数见表 9.3。

表 9.3　M718 布雷子母弹主要参数

弹丸质量/kg	46.7	地雷型号（空心装药、磁引信）	M73
弹丸长度/mm	781	地雷质量/kg	2.2
引信型号	M577	地雷数量/个	9
最大射程/m	17000		
雷场面积	6 门 155mm 榴弹炮（一个炮兵连）两次齐射，可布设宽 300m、纵深 250m 的雷场		

9.3.4　反装甲杀伤子母弹

1. M483A1 型反装甲杀伤子母弹

M483A1 是由美国密西西比陆军弹药厂于 20 世纪 60 年代末研制、70 年代末装备的一种反装甲杀伤子母弹，用于 M109 系列 155mm 自行榴弹炮和牵引榴弹炮，能携带多枚 M42 型和 M46 型反装甲杀伤子弹，是远距离大面积打击装甲集群目标并杀伤有生力量的双用途子母弹，它是新一代子母弹的基础，其结构如图 9.17 所示。该弹由弹体、M577 式机械时间引信、M10 式抛射药、推力板、子弹（M42 和 M46 式）和弹底组成，其主要参数如表 9.4 所列。

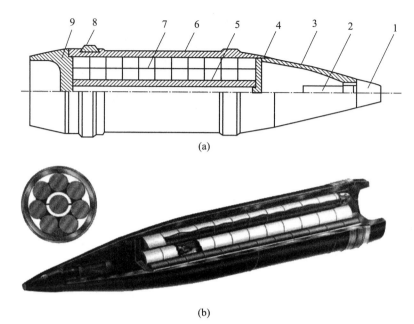

1—引信；2—抛射药管；3—头螺；4—推力板；5—支筒；6—弹体；7—子弹(11层，每层8个)；8—弹带；9—弹底(左旋螺纹连接)。

图 9.17　美国 M483A1 型 155 子母弹

(a) M483A1 总体结构组成；(b) 子弹在母弹中的装填状态。

表 9.4　M483A1 型反装甲杀伤子母弹主要参数

弹丸质量/kg	46.5	抛射药质量/g	51
弹长(带引信)/mm	890	子弹数量/个	88
弹长(不带引信)/mm	789	子弹装药量(A5)/g	30.5
引信型号	M577	最大射程/m	14856
初速/(m/s)	560		

　　M483A1 型子母弹与普通榴弹具有相同外形，采用钢制弹体，为调整弹体质量并提高弹体强度，使用高强度玻璃纤维缠绕弹体圆柱部并用树脂黏结，弹带采用的是堆焊弹带，弹底用左旋螺纹与弹体连接，弹头部装有机械时间引信，弹体头弧部装有抛射药。弹体内装有 11 层子弹，每层 8 枚，总共 88 枚子弹。其中前部 8 层为 64 枚 M42 型子弹，后部 3 层为 24 枚 M46 型子弹。另外，为防止发射时子弹与弹体产生相对转动，母弹弹体内壁刻有弧形沟槽。

　　当子母弹飞临目标上空 457m 高时，M577 型时间引信按预定时间作用，点燃 51g M10 抛射药，产生的火药气体压力推动推力板、子弹剪切弹底连接螺纹，同时将子弹从母弹弹体后部抛出。在离心力和空气阻力作用下，各枚子弹散开。同时，子弹引信解除保险，子弹引信解除保险前后的状态如图 9.18 所示。子弹的尼龙稳定飘带展开，依靠尼龙稳定飘带的作用使子弹保持垂直姿态下落，当子弹命中目标后，子弹上的 M233 惯性触发引信作用，空心装药起爆后压垮药型罩形成射流可侵彻 70mm 左右的均质装甲，同时子弹壳体破裂成大量破片可杀伤人员。

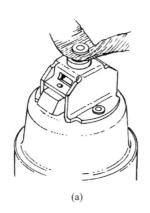 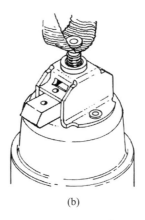

(a)　　　　　　　　　(b)

图 9.18　M42/M46 子弹引信解除保险前后的状态

(a)解保前；(b)解保后。

母弹内装填的 M42 型和 M46 型子弹具有破甲和杀伤两种毁伤作用。M42 型和 M46 型两种子弹的区别在于 M46 型的子弹壳体比 M42 型厚些，以便位于底层的 M46 型可以承受较大的抛撒载荷。M46 型弹壁上没有刻槽，在 M42 型子弹的内壁上有预制破片刻槽。两种子弹长度均为 82.55mm，M42 质量为 208g，M46 质量为 213g。由于携带多枚子弹药，M483A1 型多用途子母弹的杀伤效能大大提高，155mm M483A1 型子母弹的杀伤效率是 155mm M107 型杀爆弹的 6.54 倍。

M42 型子弹由子弹弹体、药型罩、成型装药、引信和稳定带等组成，如图 9.19 所示。子弹弹体的前部为一段圆筒，其作用是保持成型装药 19mm 的有利炸高。药型罩连接于弹体上，以保证炸药密封。子弹引信采用 M223 型或 M337A1 型惯性式机械着发引信。稳定飘带由尼龙制成，在子弹飞散后展开，用来调整子弹飞行速度和姿态，保证子弹飞行稳定。M42 型子弹的主要参数见表 9.5。

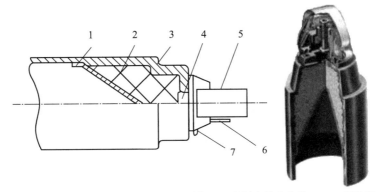

1—药型罩；2—炸药；3—弹体；4—引信；5—折叠起的稳定带；6,7—保险销。

图 9.19　美国 M42 型子弹结构组成

表 9.5　M42 型子弹主要参数

弹径/mm	38.9	药型罩材料	铜
高度/mm	62.5	药型罩锥角/(°)	60

续表

弹径/mm	38.9	药型罩材料	铜
弹丸质量/g	182	药型罩壁厚/mm	1.27
固定炸高/mm	19	破甲深度/mm	63.5~76.2
杀伤面积/m²	1.4		

2. 法国 G1 式 155mm 反装甲杀伤子母弹

G1 式 155mm 反装甲杀伤子母弹是法国地面武器工业集团为 155mm 火炮设计的一种双用途子母弹,配用于 155 F3AM 式、155 GCT 式和 155 TR 式 155mm 榴弹炮,它是一种能携带多枚反装甲杀伤子弹的炮弹,该弹起到既能反装甲又能杀伤人员的双重作用,总体结构如图 9.20 所示。

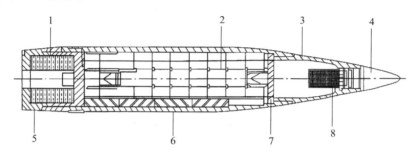

1—气体发生器；2—子弹；3—弧形部；4—引信；5—底排装置；6—弹体；7—推板；8—抛射装药。

图 9.20 法国 G1 式 155mm 反装甲兼杀伤双用途子母弹

该弹母弹由钢弹体、电子时间引信、抛射药、轻合金弹头部、钢弹底和底排装置组成。弹体内装 63 枚子弹,子弹直径为 40mm。子弹靠母弹引信作用点燃抛射药并经推板从母弹底部抛出。每枚子弹的空心装药爆炸时形成的射流可击穿坦克顶部装甲,产生的破片能有效杀伤人员。单枚子弹的杀伤面积为 100m²,63 枚子弹的覆盖面积达到 15000m²,杀伤威力是普通榴弹的 5 倍,其主要参数见表 9.6。

表 9.6 法国 G1 式 155mm 反装甲杀伤子母弹的主要参数

弹径/mm	155	弹体材料	钢
全弹长/mm	900	全弹重/kg	46
膛压/MPa	294	装填物	63 枚反装甲兼杀伤子母弹
最大射程/km	28 (155TR 式 155mm 榴弹炮)	初速/(m/s)	808 (155 TR 式 155mm 榴弹炮,8 号装药)
使用温度范围/℃	-31~+51	威力	子弹可穿透 100mm 厚的装甲

9.4 航空子母炸弹

航空子母炸弹是由早期的航空集束炸弹发展而来的,早期的集束炸弹是把多枚小炸弹按一定排列形式捆在一起,或将多枚小炸弹通过集束机构连接为一体,挂在机翼或机身下,投弹后多枚小炸弹分散下落。随着技术进步,发展了弹箱式的子母炸弹,即把许多小炸弹装在一个弹箱内。弹箱又分两种:一种是一次使用的弹箱从飞机上投放后,降至一定高度,在空爆装药作用下解体,抛撒出子炸弹;另一种是多次使用的弹箱不投放,子炸弹从弹箱抛出,飞机返航后,可重新装弹。现代航空子母炸弹是指将相同或不同类型的小炸弹(或地雷)集装在一个母弹体内的航空炸弹,母弹挂在载机挂弹架上,载机投放后,由时间引信或其他延时机构控制母弹箱在距离目标相应高度时开箱,子炸弹自由散落或靠动力弹射出去分散下落,散布在预设覆盖范围内毁伤目标。航空子母炸弹的优点是破坏(或作用)面积大,可对付分散目标,而且效费比较高。自20世纪60年代以来,航空子母炸弹得到迅速发展,美、英、法、俄、德等许多国家的航空部队都装备了航空子母炸弹。

美国研制了一系列战术投弹箱(tactical munitions dispensers,TMD)用作航空子母炸弹的子弹药载体。根据需要可以装填不同类型、不同数量的小炸弹(如2000枚小型杀伤炸弹,或200枚反坦克地雷,或200枚反步兵地雷)。弹箱为圆筒形壳体,长2000mm左右(不同型号有所差异),直径为300~500mm。弹箱在目标上空投放后,引爆安装在末端的3个加长装药和2个环形装药打开弹壳把小型弹药布撒出来。弹箱的总重量根据装填的小型弹药不同可为几十到几百千克。战术投弹箱可单独使用或供多种型号的航空弹药的战斗部使用,据不完全统计,美国仅CBU系列的航空子母弹就有50多种(其中包括杀伤炸弹、反装甲炸弹、撒布式地雷、燃烧弹和毒气弹等)。图9.21和图9.22分别为CBU – 89/B和CBU – 87/B航空子母炸弹。几种典型航空子母弹参数见表9.7。

图9.21　CBU – 89/B航空子母炸弹

图9.22　CBU – 87/B航空子母炸弹

表9.7　典型航空子母弹的总体参数

母弹型号	HADES	RBK – 250	CBU – 87
直径/mm	420	325	396
长度/mm	2450	2120	2330
质量/kg	277	275	430
子弹药	147枚BL755	AO – 1SCh(150枚)或42枚PTAB – 2.5M	202枚BLU – 97综合效应子弹
国别	英国	苏联/俄罗斯	美国

1. 英国哈德斯航空子母炸弹

图 9.23 所示为英国哈德斯(hunting area denial system,HADES)航空子母炸弹示意图,该弹是为攻击机大面积、高速低空轰炸研制的一种航空子母炸弹,主要用于攻击及封锁高价值固定目标和战略要地,如机场、道路、铁路枢纽、弹药库和首脑机关区域等。哈德斯子母炸弹集合了 BL755 和 JP233 两型子母炸弹的弹药技术,由 BL755 子母弹的母弹箱和 HB876 区域封锁雷组成。全弹质量为 259kg,长 2.45m,直径为 419mm,折叠时翼展 570mm,展开时翼展 720mm,母弹内装填 49 枚 HB876 区域封锁雷。

HB876 区域封锁雷外形呈圆柱形,长 150mm,直径为 100mm,质量为 2.4kg,装药 590g。HB876 子雷由 3 个模块组成,上方模块包括多功能战斗部,中间模块包括电池、安全解除保险机构和电子器件包,下方模块包括减速伞系统和确保子雷落地后头部朝上的自动扶正弹簧圈。当子雷从母弹中投放后,由两级减速装置减速,首先漏斗形减速伞先打开,稳定并修正 HB876 的飞行姿态,然后主减速伞打开,保证其垂直落地,并利用分布在 HB876 外表面的弹性爪在其着地后向四周展开,自动扶正定位,保证 HB876 战斗部朝上并始终处于与地面垂直状态,用于对付坦克底部装甲和人员等目标。HB876 可利用传感器感知接近的人员和车辆并起爆,可预先设定自毁时间(从几分钟至 24h)。子雷战斗部由聚能装药和预制破片组成,起爆后具有双重毁伤效果:在雷体顶部装有半球形药形罩聚能装药结构,可产生高速金属流,击穿坦克底装甲;钢预制破片壳体产生的高速破片向四周飞散,靠破片动能毁伤不同目标,可击穿 20m 处装甲钢板和 50m 处的铝合金板,可用于杀伤有生力量、车辆和飞机等目标。该弹采用固定式投弹箱,并要求飞至目标上空投弹,为提高执行任务的成功率和载机的生存能力,因而要求载机有良好的低空、高速、全天候突防攻击能力,并使用电子战设备。经试验验证后,1989 年美国空军将其选为区域压制武器,正式纳入空军的"直接攻击机场综合效应弹药"计划。

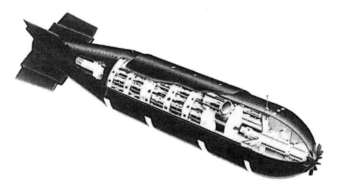

图 9.23 哈德斯航空子母炸弹

2. BL755 式反装甲杀伤子母炸弹

英国 BL755 式反装甲杀伤母弹是专门为攻击机低空、高速、大面积轰炸而研制的一种子母炸弹,主要用于攻击坦克、装甲车辆、停放飞机和有生力量等目标。BL755 子母炸弹全弹重 277kg,图 9.24(a)所示母弹体分为头、身、尾 3 个部分。头部外装引信空解旋翼,内装保险功能装置和带有燃爆药筒的燃烧通道装置,用以开箱并使小炸弹抛出。该子母弹箱空重 127kg,由轻合金制成,包含图 9.24(b)所示的 7 个舱段,每个舱内装有 7 组小炸弹,每组 3 枚,用钢带固定,全弹箱共装填 147 颗小炸弹。小炸弹装在各舱室内时,舱壁的限制作用使小炸弹的头部和尾部弹簧被压在弹体上,此时小炸弹的长度为 150mm。第 1、2 舱逆时针方向错开 17.5°,第 3、4、5 舱在中间位置,第 6、7 舱顺时针方向错开 17.5°,以保证弹射出的小炸弹有良好的方向散布。每个舱室的底部都带有燃气袋,燃气袋与中心燃气通道相接,抛射药柱燃烧产生的气体传到燃气袋后抛出子弹。每个弹舱各个燃气接口的内径不等,这样燃气袋的充气速度不同,小炸弹所受的弹射力也就不同,保证弹射的小炸弹有适当的散布距离。该弹箱上有 3 个弹耳,便于飞机外挂或内挂投放,尾部装有机械式减速尾翼。

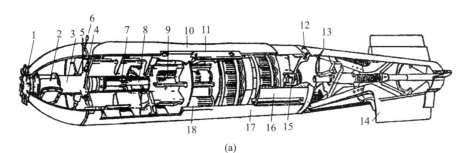

1—引信空解旋翼;2—爆炸功能装置;3—烟道与反回烟装置;4—排泄作用筒;5—顶壳作用筒;6—电接头;7—计量孔;8—燃气分配管;9—燃气袋;10—加强板;11—悬挂架;12—保险解脱拉索;13—尾翼机械拉索;14—扩张尾翼;15—弹簧电机;16—上半弹箱体;17—下半弹箱体;18—子炸弹。

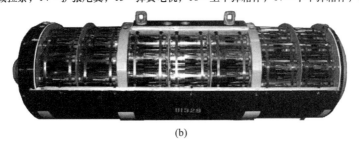

图 9.24　英国 BL755 子母炸弹
(a)整体结构;(b)母弹的弹舱布局。

BL755 子弹结构如图 9.25 所示,采用聚能装药战斗部,弹体由钢丝绕制而成,子弹前部是带压电传感器的炸高控制装置,子弹不是采用降落伞减速和控制飞行姿态,而是采用尾部不锈钢叉弹出后形成的王冠状的稳定尾翼。子弹直径为 68mm,弹长 150mm(在母弹装填时)/356mm(展开时),弹重 1.13kg,装药 228g。子弹的 3 个部分在母弹内是套在一起的,而在离开母弹下落时展开。子弹与目标接触后空心装药起爆,可穿透 250mm 装甲,同时,使战斗部壳体爆炸产生 2000 多个破片,有效杀伤半径约为 6m。

3. BLG66 式多功能子母炸弹

"贝卢加"BLG66 式子母炸弹是法国用于低空条件下大面积轰炸而研制的一种子母炸弹,如图 9.26 所示,弹箱为流线型,外形类似传统的低阻航空炸弹。母弹尺寸为 $\phi 360\text{mm} \times 3300\text{mm}$,质量为 305kg。每枚母弹体内装有 151 枚子弹(子弹尺寸为 $\phi 66\text{mm} \times 153\text{mm}$,质量 1.3kg)。弹箱头部安装有桨叶驱动的发电机、抛撒子弹的时间顺序程序控制机构、气体分配器和火药装置。圆柱形弹体内有一根中央支管,沿中央支管轴向布置

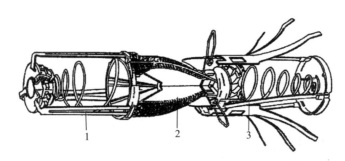

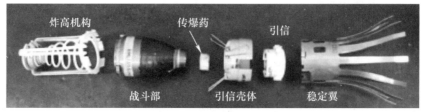

1—炸高探头；2—空心装药战斗部；3—稳定翼。

图 9.25　BL755 子炸弹结构

有 19 组小炸弹发射腔，沿中央支管径向每排配置有 8 个小炸弹发射腔，母弹共计装填 152 枚小炸弹，各自有独立的发射腔。发射腔与弹箱纵轴向尾部成 45°夹角。弹箱尾部有 4 片稳定翼片，尾部整流罩内装有降落伞制动系统。母弹和子弹都采用降落伞制动，母弹从载机上投放后，制动降落伞被拉出，使得母弹制动减速并稳定成水平飞行。然后按规定的顺序推出子弹，每个子弹由同样的伞制动，保证子弹近似于垂直下降。BLG 航空弹箱作战使用条件为：投放高度为 60～120m，载机飞行速度为 630～1000km/h，过载为 8.5g，使用温度范围为 -30～+70℃。在上述条件下，一个弹箱抛撒子弹的散布面积为 120m×40m 或 240m×40m。

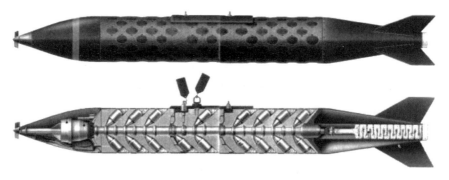

图 9.26　法国 BLG66 子母炸弹结构

"贝卢加"母弹配用图 9.27 所示 3 个型号的子弹，图中从左到右依次为：杀伤爆破小炸弹、反装甲小炸弹和封锁小炸弹，三型子弹可采用相同尺寸及质量，或根据需要进行改进设计。杀伤爆破小炸弹配瞬触发引信，爆炸后产生大量高速破片可击穿 10m 处 4mm 厚钢板，用于打击各种轻型装甲、车辆、停放的飞机、油罐、人员等目标；反装甲小炸弹在降落伞的作用下垂直下降，从顶部攻击坦克或其他装甲车辆，可穿透 250mm 的均质装甲；

封锁用小炸弹配有延时引信,延期时间可在几小时范围内调节,其杀伤爆破作用与杀伤爆破小炸弹相同,它专门用于阻滞敌方的作战行动,用于封锁机场、港口、交通枢纽和发射阵地等目标。

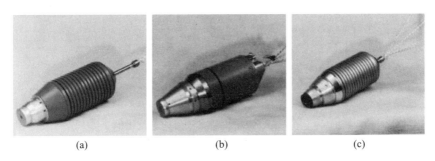

图9.27 法国"贝卢加"航空子母炸弹配用的三型子弹药
(a) 杀伤爆破小炸弹;(b) 反装甲小炸弹;(c) 封锁小炸弹。

4. 俄罗斯 RBK 系列子母炸弹

RBK 原意为"俄罗斯集束弹箱",是为攻击机研制的一种具有区域杀伤效应的航空弹药。俄罗斯发展了 250kg 级和 500kg 级两个系列,形成了 RBK 系列子母炸弹。母弹通常具有相似的外形,该子母炸弹的母弹弹壁较薄,采用低碳钢制造,弹舱部分为圆柱形,通常在中部有两个弹耳。与老式子母弹相比,这种子母弹外形细长、气动阻力小。另外,弹体头部加装有整流罩,去掉了用于跨声速段飞行的弹道环,适于对地高速攻击机外挂投放。弹尾部通常采用锥形或截锥形,采用环形尾翼,并带有降落伞。弹箱头部安装引信,引信后部为药室或抛射管以装填抛射药,采用可装定引信。引信在空中弹道上按装定的时间启动,引燃抛射药,在火药燃气的压力作用下把携带的小型炸弹推出弹箱。RBK 系列子母弹箱可以用来装填小型杀伤、反坦克、燃烧炸弹,或防步兵和反坦克地雷,从而形成不同的具体型号。图 9.28 所示为装填 AO-2.5RTM 小炸弹的 RBK-500 子母炸弹。弹箱可根据需要装填图 9.29 所示的 AO-2.5PTM 反人员反器材小炸弹、БЕТАБ-M 反跑道子弹药和 ПТАБ-1M 反坦克小炸弹等不同类型的子弹药。

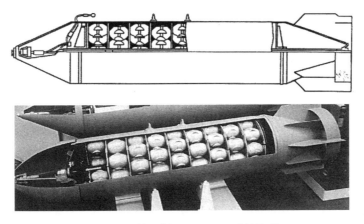

图9.28 俄罗斯 RBK-500 子母炸弹

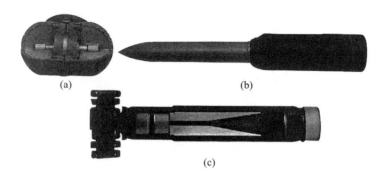

图 9.29 俄罗斯 РБК-500 式子母炸弹配用的子弹
(a) АО-2.5 РТМ 反人员反器材小炸弹；(b) БЕТАБ-М 反跑道子弹药；(c) ПТАБ-1М 反坦克小炸弹。

9.5 机载布撒器

机载布撒器是一种专门设计并研制的子弹药布撒武器，是在航空子母炸弹基础上逐步发展起来的。现代机载布撒器是一种由作战飞机挂载、远距离投放、可携带多种子弹药或有效载荷、具有自主飞行控制和精确制导能力、高精度、模块化的多用途空对地攻击武器。新一代机载布撒器普遍具有防区外发射的远程打击能力，由载机投放后，利用自动控制系统进行制导飞行，将子弹药准确运送至目标区域上空，在目标区域上空按照预定散布要求抛撒各种子弹药，对敌方的各种目标进行高效打击。可用于高效打击或封锁机场跑道、机库、导弹发射阵地（井）、雷达站、指挥中心、港口、装甲编队以及其他严密防护的高价值目标。

9.5.1 机载布撒器的分类

按照结构和使用方法，机载布撒器分为非投放型和投放型。

1. 非投放型机载布撒器

非投放型机载布撒器也称掠飞式或系留式布撒器，是机载布撒武器的早期形式。使用时，装有子弹药的布撒器挂载于载机上，不投放出去，载机必须飞临目标上空来完成子弹药的布撒过程。英国的 JP233 机载布撒器和德国的 MW-1 机载布撒器是非投放型机载布撒器的典型代表。

JP233 是英国杭廷工程公司于 20 世纪 70 年代中期为英国空军研制的高速、低空投放子弹药的系留式机载布撒器，主要用于打击和封锁机场跑道，于 20 世纪 80 年代中期装备于英国空军的旋风、F-111、F-16 等飞机上，如图 9.30 所示。JP233 子母弹箱采用模块化结构，有两种弹箱模块，一种可装载 30 枚 SG357 反跑道子弹药，另一种可装载 215 枚 HB876 区域封锁雷，两种弹箱可根据需要串联组合使用。

德国的 MW-1 是 20 世纪 80 年代中期完成研制并装备的系留式、多用途、模块化机载布撒器。装备于旋风、F-4 飞机上，如图 9.31 所示。MW-1 是一种综合性能较为先进的多功能子弹药布撒器。它整体上呈箱式结构，可以根据作战需求组合挂载的箱体模块数量，可配装多种类型的子弹药。可以根据作战任务和载机条件组合弹箱数量和子弹

图 9.30 挂载于英国"狂风"战斗机的 JP233 机载布撒器

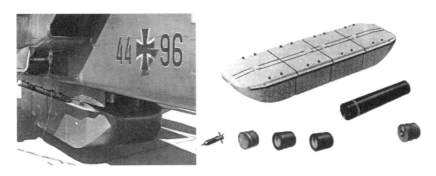

图 9.31 德国 MW-1 布撒器及其携带的子弹药

药的类型及数量,最多可以包含 4 组基本重量为 300kg 的弹箱,空载重量为 1200kg,每个弹箱有 56 根直径为 132mm 横向开口的子弹药发射管,满载全重可达 4700kg,子弹药最大散布区域可达 2500m×500m。

非投放型机载布撒器投放子弹药时,载机必须飞临目标上空,使其暴露在敌防空体系面前,易遭到防空火力的攻击,降低了载机的生存能力。在海湾战争中,英国的 JP233 机载布撒器取得很好的攻击效果,但在 60m 高度,飞行速度为 927km/h 时,载机受地面防空火力的威胁相当严重,据报道,英国损失了 13% 部署在海湾地区的"旋风"战斗机。MW-1 的载机在攻击目标时也必须在低空经过目标上空投弹,MW-1 的体积和质量较大,挂载 MW-1 后载机载荷和阻力增加明显,因此影响载机型号选择和飞行性能。

2. 可投放型机载布撒器

临空投放的布撒器使载机直接暴露在敌方防空体系面前,生存能力受到极大威胁。为了减小载机损失,提高其生存能力,发展了可投放型机载布撒器。可投放型机载布撒器在距离目标数千米以至数百千米处由载机投放,布撒器靠滑翔或动力驱动飞临目标区域。由于在防区外发射,载机不必飞临目标上空,从而能大幅度提高飞机和机组人员的生存能力。

对于可投放型机载布撒器,按照是否具有动力可以划分为非动力型和动力型,而非动力型又分为高空投放的重力型和具有大弦展翼的滑翔型两种。

1)非动力型机载布撒器

重力型机载布撒器从高空投放,依靠自身重力下落到一定高度时由抛撒系统撒布子弹药。滑翔型机载布撒器是一个带有大展弦比弹翼和简易控制及伺服系统的滑翔体。载机在距目标一定距离外投放布撒器,其滑翔距离随投放高度的增加而增加,布撒器靠弹翼滑翔飞临目标上空,然后撒布各种功能的子弹药,实施对机场、导弹阵地等目标的毁伤与封锁。

滑翔型机载布撒器的一个典型代表为德国 DWS24,如图 9.32(a)所示。DWS24 是由 MW－1 发展而来的,改变了弹箱截面尺寸和弹箱模块数量,采用与 MW－1 相同的抛撒系统。DWS24 总长度为 3.5m,截面宽 630mm,高 320mm,可装填德国 MW－1 所使用的各型号的子弹药,从载机投放后最远可滑翔 10km,该布撒器也装备于瑞典空军的"鹰狮"战斗机,相应型号命名为 DWS39,如图 9.32(b)所示。

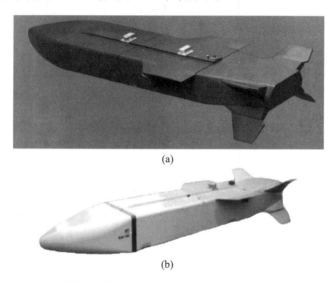

图 9.32　DWS24/39 滑翔型机载布撒器
(a)DWS24;(b)DWS39。

联合防区外武器 JSOW 是美国于 20 世纪 80 年代末期研制的一种采用模块化设计的非动力型布撒器,代号为 AGM－154,能够满足空军与海军联合作战的需求。其由战斗部载荷舱、GPS/INS 组合制导舱和动力舱等模块组成,另外,头部还可加装末端导引头。JSOW 最初的型号没有发动机,其利用光滑的弹体和大展弦比弹翼提供的升力以增加系统滑翔飞行的距离。JSOW 的低空投放距离为 24km,高空为 60km,其采用了 GPS/INS 制导系统,可以利用预设的信息攻击目标,也可通过其他探测系统接收目标的最新坐标。如图 9.33 所示,JSOW 基本型 AGM－154A 装填 145 颗 BLU－97A/B 综合效应子弹,JSOW 改进型 AGM－154B 内装 6 枚 BLU－108/B 传感器引爆子弹药。

图 9.33　JSOW 布撒器
(a)AGM－154A 型;(b)AGM－154B 型。

"天雷"是我国自主研发的500kg级机载布撒武器,如图9.34所示。该布撒器由头舱、战斗部舱、制导控制系统、弹翼组件、电气系统及开舱引信等组成,布撒器设计综合考虑了空气动力特性、制导系统工作特性、模块化结构等各种因素,其头部设计成母线为圆弧的尖拱形,尾部采用截锥形,以减小尾部阻力。在收缩尾部上还安装"×"型尾翼操纵舵面。在气动布局上设置一对可折叠的滑翔翼置于弹体上方。"天雷"航空布撒武器能够携带反跑道子弹药、云爆子弹药、区域封锁子弹药、近炸杀伤子弹药、智能子弹药等多种子弹药以用于打击封锁机场跑道、高速公路、导弹阵地、装甲集群、指挥中心等各种目标,性能可媲美国际上主流的航空布撒器。

图9.34 "天雷"500kg航空布撒武器

可投放非动力型机载布撒器,与非投放型机载布撒器相比,载机不必直接飞临机场目标上空,可以避开机场防空火力的攻击,提高了载机生存能力。但是,由于其为无动力飞行,其射程和机动性受到限制,其气动特性也相对要求高些。

2)动力型机载布撒器

动力型布撒器采用火箭发动机或涡喷发动机作为飞行动力,通过模块化的结构设计可以在同种规格外形的弹体和控制系统基础上,装配不同的发动机,组成不同速度、不同射程的武器系统。动力型机载布撒器可在远程防区外投放布撒器,免受地面防空火力的威胁,大大提高了载机生存能力。目前,动力型机载布撒器的典型代表是法国研制的APACHE、德国的"金牛座"和美国的联合防区外武器动力型JSOW – ER。

APACHE机载布撒器是一种模块化全自主防区外发射武器,可由F – 16、"旋风"及"幻影"2000等飞机投放。如图9.35所示,APACHE由梯形截面弹身和安装在两侧的弹翼组成。弹翼可向后折叠,发射脱离载机后自动张开。APACHE弹体由制导舱、弹药舱和动力舱组成。其头部为制导舱,在弹道中段采用惯性导航加雷达和高度计修正,后期采用GPS修正。中制导主要靠惯性导航系统,它定时地对雷达高度和雷达图像作相关修正,末制导用普罗米修斯雷达,命中精度为10m。制导舱后面是弹药舱,用于反机场时的战斗载荷为10枚动能侵彻型KRISS反跑道子弹药。发动机舱和燃料舱放在后部,外面是控制尾翼的安定面。为APACHE AP提供动力的是一台涡喷发动机,可使其射程达140km。1999年北约空袭南联盟的军事行动中,法国的APACHE布撒器大显身手,被行家评价在"战斧"巡航导弹之上。

海湾战争结束后,西方各国尤其是美、英、法、德、意、瑞等国根据实战教训以及未来战争的需求,不遗余力地大力发展反跑道、反深层硬目标、反装甲、反器材、反人员的布撒器,多种型号的布撒器已经研制或装备,很多型号依然在不断发展更新中。布撒器已经形成多种系列,可以根据作战需求配置,可选用不同的子弹药,以达到高效毁伤效果。

图 9.35　法国 APACHE 机载布撒器

世界各国主要机载布撒器及相关参数可见表 9.8。

表 9.8　国外主要布撒器参数列表

国家/型号		动力装置	射程/km	中制导	末制导	目标
法国 APACHE		涡喷	50~150	惯导+GPS+高度相关	毫米波雷达	机场跑道等地面高价值目标
美国 JSOW	JSOW-A	无	116	GPS/INS		地面高价值目标或海上移动目标
	JSOW-B			GPS/INS		
	JSOW-C			GPS/INS+Link16 数据链	红外成像	
	JSOW-ER	涡喷	463	GPS/INS		
美国 JASSM		涡喷	320	惯性/GPS 一体化导航	红外成像寻的器和景象匹配	地面加固高价值目标
俄罗斯 AS-18		涡喷	120	惯导+电视制导		坚固点或集群目标
英国 CASOM		涡喷	400	INS/GPS+高度相关+地形匹配	红外成像电视数据	高价值目标
德国、瑞典 DWS24/39		无动力	10	惯性导航+GPS		装甲、跑道等目标
以色列 MSOV		无动力	100	GPS 导航程序化飞行轨迹		点目标
南非 MUPSOW		涡喷	120	捷联惯导+GNSS	TV 寻的+人在回路	跑道等地面目标
意大利 SkyShark		无动力涡喷	25~30 250~300	惯导+GPS+地形匹配	毫米波雷达或红外	跑道固定目标、装甲等

9.5.2　机载布撒器的结构与系统组成

1. 机载布撒器的外形结构

目前各国研制的亚声速防区外布撒器的外形特点为：弹体大多采用非圆截面弹体设计，头部由圆头卵形向尖头棱锥形发展，尾翼采用 V 形尾翼，使用大后掠、大展弦比折叠弹翼设计。典型布撒器外形如图 9.36 所示。

这样设计具有较多优点。

（1）非圆形弹体能够产生较大的升力，配合大展弦比的弹翼设计，可以提供更大的升阻比，机动能力和巡航能力更好，有利于提高投放距离。

（2）采用倾斜转弯时，有利于简化控制系统。

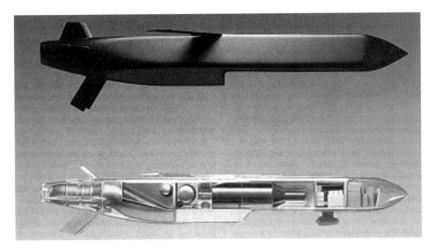

图 9.36　典型布撒器弹体外形

（3）非圆形弹体在大部分姿态角范围内电磁波的反射能力很弱,可降低系统的雷达散射面积,提高隐身能力。

（4）非圆截面弹身有利于提高弹舱空间利用率,便于弹舱布局、不同子弹药的装填和子弹药撒布方向控制。

典型弹舱布局形式如图 9.37 所示。

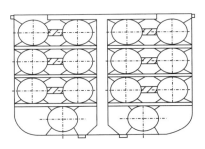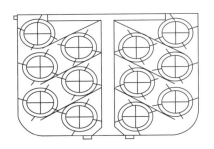

图 9.37　子弹药在非圆截面弹舱的不同布局

弹翼的选择与升力特性密切相关,主要取决于飞行速度、航程、许用过载和战术使用要求等。弹翼的主要几何参数有展弦比、根梢比、后掠角、翼剖面形状、相对厚度、相对弯度等。常见布撒器较多使用可折叠大展弦比上弹翼布局设计,这种布局的优点非常多:上弹翼阻力很小,上表面和机身上表面基本平齐,机头上的低压区没有相互干扰,不易出现分离,容易形成高升阻比的构型;系统重心悬吊于机翼下,重心和升力中心的垂线距离最远,可以达到最大的自然滚转稳定性,具有较强的自动恢复的飞行姿态稳定性,有利于提高系统的命中精度。

尾翼/舵面的主要作用是产生稳定力矩和控制力矩,以保证飞行器的稳定和控制。尾翼/舵面的布置形式有"×"形和"＋"形。为提高纵向稳定性可在"×"形基础上再增加两片水平尾翼,成为图 9.38 所示的"＊"形的 6 片尾翼形式。为了提高航向和滚转控制能力,"＋"形尾翼可采用双上、双下立尾,成为"＋＋"形的 6 片尾翼形式。

采用非圆截面弹体大展弦比上弹翼之后,机载布撒器的有效载荷装填比可以达到全弹质量的 50%～70%,比一般空射巡航导弹的有效载荷大得多,且易于实现模块化装填,

图 9.38　布撒器"*"形尾翼

组合化换装,可根据打击任务的不同,选择不同类型的子弹药组合使用,可同时对不同目标进行高效打击,实现最佳毁伤效能;同时布撒器升阻比可以超过10,这样在1万米高空投放的时候,其滑翔距离可以超过100km,这个数字已经超过三代防空导弹的拦截距离,如果配备一个发动机,增加系统的功能,还可进一步提高系统的攻击距离,配备这样的系统之后,载机不用再冒险突破对方的防空火力,在其火力范围外释放布撒器就可以返航,极大地提高了飞机战场生存能力。

2. 机载布撒器系统组成

机载布撒器兼有集束炸弹(或子母炸弹)和巡航导弹的特征,其基本组成包括制导与控制系统、动力系统及弹翼组件、开舱与抛撒系统、战斗部系统、电气系统等。下面分别介绍制导与控制系统、动力系统和开舱与抛撒系统。有效载荷为多种机载布撒器子弹药,典型结构布局如图9.39所示。

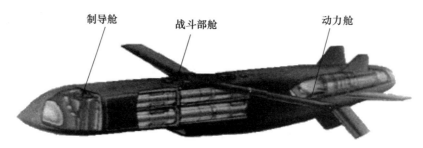

图 9.39　系统组成

1) 制导与控制系统

制导与控制系统的主要功能是测量布撒器相对目标的位置和速度,按预定规律加以计算处理,形成制导指令,通过布撒器飞行控制系统控制布撒器的飞行,使它沿着适当的弹道飞行,直至命中目标。制导与控制系统主要由组合导航系统和飞行控制系统等组成,如图9.40所示。

组合导航系统一般采用GPS加惯性导航,有的也会组合使用末制导,随着对提高打击效能需求的增加,也开始探索末端修正和末制导子弹药在机载布撒器上的应用。捷联惯导+GPS的复合制导体制是布撒器采用的典型制导模式。组合导航系统是主要测量装置,能够提供弹体飞行的姿态运动信息和质心运动信息。姿态运动信息包括俯仰、偏

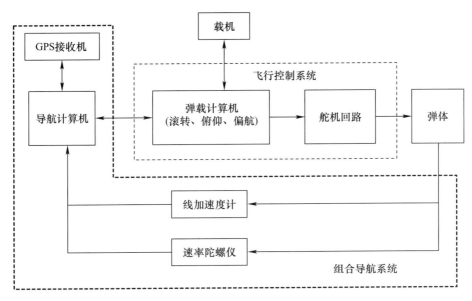

图 9.40 制导与控制系统组成

航、滚转 3 个方向的姿态角位置和姿态角速度;质心运动信息包括弹体坐标系 3 个方向的线加速度、地面坐标系 3 个方向的质心位置和质心速度。捷联惯性导航系统是将惯性器件(陀螺)直接安装在被测载体上,利用惯性元件加速度计测量载体的运动加速度,经过积分运算,求出载体运动参数以确定载体的位置,从而完成制导和导航任务的系统。捷联惯性导航系统不需要接收外部信息,也不向外界发射能量,因此具有隐蔽性好、抗干扰能力强等优点。但是由于陀螺仪与加速度计存在漂移误差,使得捷联惯性导航系统在开始工作时或工作较短的时间内能够保持较高的精度,而随着时间的延长,其精度就开始逐渐下降。GPS 系统可以在全球范围内,全天候地为海上、陆地和空中的用户连续地提供高精度的位置、速度和时间信息,并且具有良好的抗干扰能力和保密性能。但是 GPS 系统存在遮蔽问题,动态环境中尤其是高速机动飞行时,多颗卫星可能同时失锁,并且其所能提供的信息量有限。GPS 系统和捷联惯导系统各有所长,具有较强的互补性。机载布撒器采用捷联惯导 + GPS 的复合制导体制,可充分发挥两者的优势。

飞行控制系统主要由舵机系统和弹载计算机系统组成。舵机系统是飞行控制系统的执行装置,安装在弹体的尾部,飞行控制系统使用电机驱动舵片偏转,通过空气动力产生所需要的控制力矩,改变弹体的飞行姿态,从而操纵布撒器弹体按预定的弹道飞行。飞行控制系统的核心是弹载计算机,主要完成以下任务:根据组合导航系统提供的信息,按照设定的控制与制导规律,生成舵控指令,驱动舵机工作,操纵布撒器弹体稳定飞行,控制布撒器按照设计的弹道方案飞抵目标区域。控制器设计时不仅需要考虑简化模型的时域及稳定性要求,还必须具有足够的鲁棒性,以抵抗飞行过程中各种不确定性因素的影响。具体需要考虑飞行距离、避开敌防空区、飞行时间短、有利于避开敌方拦击等因素,结合布撒器的气动特性,运用最优控制理论设计出满足作战需求的布撒器飞行弹道。

2) 动力系统

远程机载布撒器的动力系统一般采用无动力滑翔、火箭发动机助推 – 滑翔、空气喷气发动机等。根据机载布撒器防区外发射(射程一般大于50km)和低空巡航(在雷达盲区内飞行以提高武器的突防概率)的要求,依靠火箭发动机作为动力装置是不经济的,必须在布撒器飞航段引入推进效率更高的吸气式喷气发动机。由于常见投放型机载布撒器巡航速度为亚声速,小型化的燃气涡轮发动机,尤其是涡轮风扇发动机,以其独特的性能品质进而成为这类武器系统的动力装置理想入选者。

涡轮风扇发动机典型结构如图9.41所示,是一种由喷管喷射出的燃气与风扇排出的空气共同产生反作用推力的燃气涡轮发动机。涡轮风扇发动机的推力大,推进效率高,噪声低,燃油消耗率低,飞机航程远。但其风扇直径大,迎风面积大,因而阻力大,发动机结构复杂,设计难度大。

图9.41 涡轮风扇发动机典型结构

3) 开舱与抛撒装置

机载布撒器通常携带数量较多的子弹药,布撒器对目标的毁伤效能的高低取决于对子弹药落点分布的控制和子弹药的毁伤威力,是一个涉及武器系统整个工作过程的复杂问题。落点分布与布撒器进入目标区域的条件、开舱与抛撒方式、子弹药落点散布、封锁带形状等密切相关,子弹药毁伤威力通过总体设计、战斗部设计与引战配合等实现。其中,母弹开舱及子弹药抛撒系统是影响武器系统性能的关键技术,多年来武器设计者们研制了多种布撒器开舱与子弹药抛撒方式。机载布撒器的开舱方式应根据相应的布撒器的战技要求、弹舱的结构特点、作用需求及相应的技术条件进行设计。目前工程实践中应用的布撒器开舱方式主要有惯性开舱技术、剪切螺纹或连接销开舱、雷管起爆壳体断裂开舱、爆炸螺栓开舱、组合切割索式开舱和径向应力波开舱。根据抛撒能源的不同,子弹药的抛撒方式有机械抛撒、化学抛撒和力学抛撒等形式。

布撒器携带的弹载计算机在弹道末段实时计算开舱点,通过定序弹射机构及定时抛撒控制组件,控制子弹药按预定初速和方向抛出,使布撒器内的数十枚乃至数百枚子弹顺序抛出并在大面积范围内按预先确定的时间间隔起爆,实现"可控有序布撒",达到合理的抛撒密度和落点形状分布。实际应用中应根据被攻击目标的特点、布撒器结构和子弹药的特点选用适宜的子弹药布撒方式,以达到最佳的攻击效果和效费比。

图9.42所示为法国的APACHE AP型机载布撒器抛撒子弹药在机场跑道上形成的典型落点分布示意图,通过子弹药在机场跑道的等距间隔线性分布实现对机场的线形切

割,在多个机载布撒器的作用下即可实现对整个机场的毁伤与封锁。

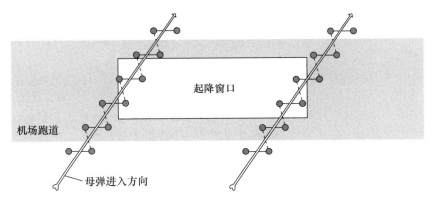

图 9.42　子弹药落点呈线形切割机场跑道模式

9.5.3　机载布撒器典型作用过程

机载布撒器的典型作战使用流程由投放前准备、投放控制、稳定下滑及子弹药抛撒攻击等阶段构成。

载机携带布撒器飞抵作战区域边缘(一般在地面中近程防空火力圈外),进入平飞阶段,飞行员启动信息传递对准程序,飞机向布撒器发送组合导航系统传递对准所需信息,组合导航系统完成传递对准。然后载机火控系统对发射条件进行数据解算,如果满足发射条件,载机下传"准备发射"指令;制导控制系统启动供电系统,并将准备状态信号反馈给载机。载机收到发射反馈信号后完成投放并脱离发射区。

布撒器与载机分离后,制导控制系统接通控制通道,对布撒器初始状态进行控制以消除初始扰动。组合导航系统为弹载计算机提供制导控制解算所需的弹体位置、速度、姿态、加速度、角速率等信息。

弹载计算机则根据组合导航系统提供的信息和制导规律解算飞行弹道,实现制导控制的综合解算处理,输出控制信号并驱动舵机工作,控制布撒器的飞行姿态,使布撒器按设定的弹道飞向目标区域,并在飞行的不同阶段,弹载计算机适时给出翼张、开舱和抛撒等一系列动作指令。

对于无动力滑翔的布撒器来说,布撒器与载机分离后,在预定时刻,主弹翼张开,实现布撒器稳定滑翔有控飞行。弹载计算机根据布撒器距离目标的相对位置和方向,综合判断后,首先使布撒器转入抛撒弹道,进行实时弹道解算,为子弹药装定所需数据,然后按一定时序开舱、抛撒子弹药。

布撒器作为一种新型空地制导武器,其各项战术技术指标需要满足各种严格的作战环境要求,能够在高对抗环境、全天候气象环境、复杂地面环境条件下使用。

9.5.4　机载布撒器战斗部系统(子弹药)

针对不同的目标,机载布撒武器可以携带不同的子弹药,如反跑道、云爆、反坦克、综合效应、区域封锁、碳纤维、近炸杀伤等各种类型的子弹药,用于高效打击或封锁机场、跑道、机库、导弹发射阵地(井)、雷达站、指挥中心、港口、装甲编队以及其他严密防护的高价值目标。

1. 反跑道子弹药

反跑道子弹药是机载布撒武器携带的最主要弹种,根据作用原理不同可分为串联型反跑道子弹药和动能侵彻型反跑道子弹药。

1)串联型反跑道子弹药

布撒器携带的反跑道子弹药较为常见的为串联式战斗部。图 9.43 所示为德国 MW-1 携带的 STABO 反跑道子弹药。子弹药主要由炸高传感器、一级前置聚能装药、二级随进爆破弹、一级引信、二级引信、减速伞、外壳等组成。由于串联式反跑道子弹药侵彻跑道时无需弹药整体的高着速,因此对武器平台的依赖性小。

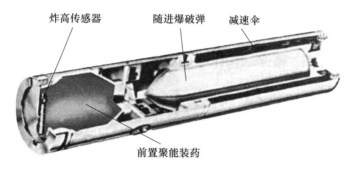

图 9.43 德国 MW-1 携带的 STABO 反跑道子弹药

串联反跑道子弹药攻击机场跑道的作用过程如图 9.44 所示,布撒器飞临目标上空,将子弹药按时序抛出,子弹药减速伞张开,子弹药经减速调姿后以一定落角和落速碰击跑道,引信在最佳炸高上起爆前级战斗部,在跑道上开出孔道,同时减速伞分离,后级随进爆破弹沿着前级战斗部开出的孔道随进跑道内部预定深度,经一定延时后引爆装药,使跑道产生大面积毁伤。

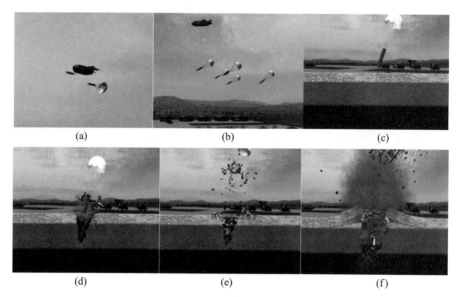

图 9.44 串联反跑道子弹药攻击机场跑道作用过程示意图
(a)子弹抛出,伞张开;(b)子弹药减速调姿;(c)子弹药碰击跑道;(d)一级开孔;
(e)减速伞分离、二级弹随进;(f)二级弹爆炸破坏跑道。

图 9.45 所示为英国 JP233 布撒器携带的 SG-357 反跑道子弹药。该子弹药也采用两级串联战斗部及减速伞稳定机构,反跑道子弹药被抛出后,尾部稳定翼先稳定子弹的姿态,然后降落伞打开,进一步稳定子弹的下降运动,并为第一级引信的起爆提供最佳条件。第一级战斗部起爆后先在跑道上穿孔,第二级战斗部随进后起爆。

图 9.45　英国 JP233 布撒器携带的 SG-357 反跑道子弹药

2) 动能侵彻型反跑道子弹药

图 9.46 所示为法国 APACHE 布撒器携带的动能侵彻型反跑道子弹药 KRISS,其前部为半穿甲战斗部和装药,后部带有一个火箭发动机及减速稳定伞,在子弹药被抛撒之后,减速伞打开,首先对子弹药进行减速调姿,使子弹药与地面形成一定落角,发动机启动,将子弹药加速到约 400m/s,子弹药依靠动能侵入机场跑道内部经适当延时起爆战斗部装药,毁伤机场跑道。

图 9.46　KRISS 反跑道子弹药

2. 综合效应子弹药

综合效应子弹药是一种多用途子弹,具有穿甲、破片杀伤和燃烧综合效应。图 9.47 所示为美国 JSOW 布撒武器携带的 BLU-97/B 综合效应子弹药。当飞机将布撒器投放后,布撒器可自主有控飞行 24~64km,在目标上空一定高度上母弹开舱将 BLU-97 子弹药抛撒出去。在子弹药下落过程中,BLU-97 子弹药先打开尾部的囊式降落伞减速。当离开母弹 0.45~0.8s 之后,BLU-97 子弹药系统解除保险,尾部的充气式降落伞打开并减缓子弹药下降速度,同时调整子弹药姿态确保子弹药以最佳角度打击目标,提供最佳毁伤效应。

BLU-97/B 综合效应子弹药的结构如图 9.48 所示,BLU-97/B 综合效应子弹药外形为圆柱形,使用钢制壳体,装药使用聚能装药结构,内装 28g 奥克托尔炸药;BLU-97/B 综合效应子弹药使用的是触发引信,在头部有一个外伸式导管,可以感知聚能装药的最佳炸高,在最佳炸高时起爆聚能装药。该子弹药的聚能装药结构可形成聚能射流,可穿透 100mm 的装甲;钢制壳体可破裂成大量破片,对人员、轻型车辆、飞机等均有良好的毁

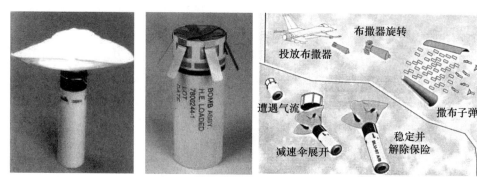

图 9.47 美国 BLU-97/B 区域封锁子弹药

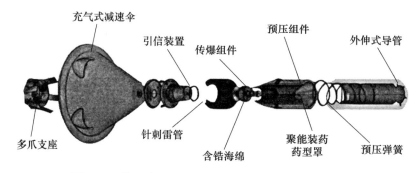

图 9.48 美国 BLU-97/B 区域封锁子弹药结构示意图

伤作用;锆环破裂成众多高温火种,有效引燃目标区域内的汽油、柴油等易燃及可燃物,在目标区域中纵火,从而达到燃烧、穿甲和破片杀伤综合效应。

3. 区域封锁子弹药

区域封锁子弹药常用于封锁机场跑道、技术兵器阵地等。对机场跑道实行封锁,并按预定功能打击进入封锁区域的敌方飞机、装甲车等装备和有生力量,能达到延误敌方的战机,减缓其兵力集结和部署,使其丧失参战能力,从而为己方赢得时间,掌握战时主动的目的。

图 9.49 所示为英国 JP233 布撒器攻击机场时携带的 HB876 区域封锁子地雷。HB876 区域封锁子地雷从布撒器侧向弹射,该雷有二级减速装置,可垂直落地并自动扶正;该雷的引信具有防排和随机自炸功能,自炸时间可预先装定;当用机械或其他方式回收或移动该雷时,立即爆炸;在正常情况下它起定时炸弹作用,每隔一段时间起爆一枚,

图 9.49 英国 JP233 布撒器携带的 HB876 区域封锁子地雷

使维修人员无法接近跑道。HB876采用自锻破片和预制破片复合战斗部,兼有破坏作业机械和杀伤人员的双重作用。

图9.50所示为德国MW-1布撒器携带的MUSPA子地雷和MIFF反坦克雷。MUSPA杀伤雷采用降落伞减速着地,其引信具有对起降滑跑的飞机和工程维修机械工作敏感的被动式声传感器和随机起爆系统,用所含的大量小钢珠杀伤目标,杀伤距离大于100m,用于阻止飞机起降和地面车辆的开动;MUSA杀伤雷配用瞬发引信,其余结构同MUSPA雷,该雷带伞着地后,一旦定位,立即起爆,其作用过程如图9.51所示。当有车辆从MIFF反坦克雷上经过或被移动时起爆,用于毁伤坦克和装甲车辆。这两种弹药的混合使用使得跑道的清理和修复作业变得非常困难。

图9.50　MUSA杀伤子地雷(左)与MIFF反坦克雷(右)

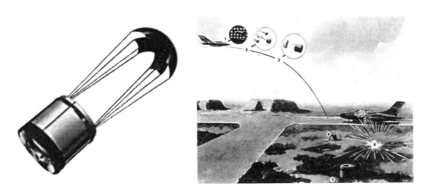

图9.51　德国MW-1布撒器携带的MUSPA子地雷作用过程

4. 反装甲子弹药

图9.52是装备于美国JSOW布撒武器的BLU-108型智能反装甲子弹药。

BLU-108工作过程如图9.53所示,母弹在预定空域(时刻)开舱,通过一次抛撒抛出所装填的BLU-108,在适当时刻打开减速调姿伞,在伞阻力作用下实现BLU-108速度和姿态调整,在目标区域上空达到垂直姿态。BLU-108抛掉舱盖,子弹控释机构带动装填的4枚SKEET子弹由折叠状态转换为展开状态,随后旋转火箭发动机启动,在火箭发动机驱动下BLU-108加速旋转,达到最大转速时,切断控释机构与SKEET子弹的连接,SKEET子弹在离心力的作用下被抛出,实现BLU-108对子弹的径向二次抛撒。每枚SKEET子弹沿径向飞出同时自转,子弹上的探测器不断对地面扫描以探测目标,如图9.54所示,它的扫描面积可达2700m^2。识别目标后引爆战斗部形成爆炸成型弹丸(EFP)击毁目标。

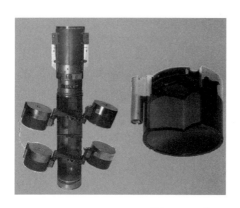 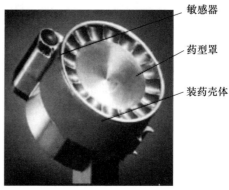

图 9.52　美国 BLU-108 型子弹药

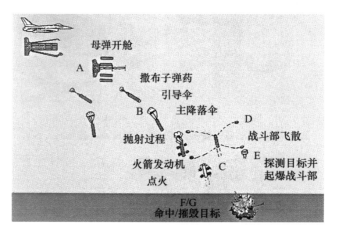

图 9.53　美国 BLU-108 子弹药作战模式示意图

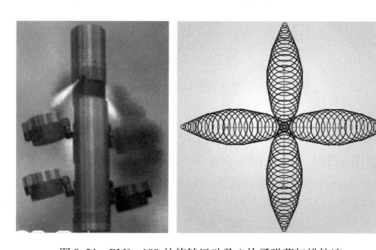

图 9.54　BLU-108 的旋转运动及 4 枚子弹药扫描轨迹

图 9.55 所示的 MK118 型反坦克子弹药重约 600g,战斗部采用聚能装药结构,装药为 0.18kg 的 B 炸药,药型罩为紫铜,在击中坦克或者装甲车辆的顶部时,可以产生金属射流来攻击坦克的顶甲,其破甲威力为 190mm 均质钢装甲、700~800mm 厚的坚硬土壤

或 100～150mm 厚的花岗岩。可有效地对付硬目标和软目标,如坦克、装甲车辆、油库、弹药库、物资仓库、掩盖工事和火炮阵地等目标。

图 9.55　美国 MK118 型反坦克子弹药

9.5.5　机载布撒器的发展趋势

机载布撒器由于其优良的性能和较高的效费比而成为一种先进的空地打击武器系统。它能够携带各种不同类型子弹药,有效地摧毁集群坦克、通信系统、防空阵地、指挥掩体、飞机库和飞机跑道、桥梁、公路、集结人员及各种军事器材、防御工事等。特别在当今海陆空立体作战格局下,它的作用日益突出。由于布撒器具有防区外发射以保证载机的安全、采用隐身技术以提高突防能力、采用精确制导以提高命中精度、子弹药类型及布撒方式多样化、采用模块化设计实现武器的标准化、通用化和系列化设计以及使用维护方便等特点,已成为赢得未来高技术条件下的局部战争胜利的重要手段,世界军事强国高度重视布撒器的研发和装备。布撒器正向多用途、防区外发射、强突防、高精度、模块化及其零部件标准化/通用化/系列化并具有携带多种弹头高效打击多种类目标的方向发展。

1. 提高射程,实现远程防区外发射

随着高新技术不断应用于地面防空系统,防空火力日益加强,防区日益扩大,为保证载机安全,须能在防区外投放布撒器,因此布撒器射程发展经历了从最初的临空投放型到近程投放的无动力滑翔型,再发展到中程投放的火箭发动机助推 - 滑翔型,直至发展到目前的可以远程投放的喷气发动机推进型。对于无动力布撒器,要求具有好的滑翔能力,在 10km 高度高亚声速投放时,射程可达 50km 以上;对于火箭发动机增程的布撒器,也要求其具有好的滑翔能力,经一体化设计,其射程应在 100km 以上;对于喷气发动机推进的布撒器,要求其具有好的亚声速巡航能力,其射程可达 300km 以上。

2. 采用精确制导提高精度

布撒器从最初的无制导型,发展到采用惯性导航系统(INS),再发展到惯性导航系统 + 全球定位系统(INS + GPS),直至发展到目前的 INS + GPS + 地形匹配的中制导与主动或被动的末制导的组合,使其精度(CEP)从最初的 40～50m 提高到 3m 左右,即从最初的只能攻击地面上较大的面目标到目前已经可以攻击地面上固定的点目标。

3. 采用隐身技术以提高突防能力

布撒器是机动性较差的亚声速无人驾驶飞行器,很容易被敌方的探测系统发现并击毁。为了使其能安全抵达目标上空完成开舱抛撒子弹药,要求布撒器具有很好的突防能力。对于带动力装置的,尤其是涡喷发动机推进型布撒器,一方面要求其具有很好的低空、超低空巡航特性,另一方面要求布撒器具有很好的隐身特性。

4. 模块化

各国在发展布撒器时都贯穿了模块化结构设计思想。通常采用 3 个模块化舱段组成一个整体布撒器。这 3 个模块通常是前部的制导仪器舱、中部的子弹药舱、尾部的动力装置和执行机构舱。可根据不同的射程、目标特性及战斗要求采用不同的模块组合成一个性能不同的完整布撒器,以适应不同的挂载及作战需求,取得最好的作战效果和最佳的效费比。

5. 系列化

机载布撒器发展尤其重视系列化,包括射程系列化、制导系统系列化、动力系统系列化和战斗部系列化。在系列化设计思想下,在基型基础上发展出近程的滑翔型、中程的火箭发动机增程型、远程的涡喷发动机推进型等不同的动力方案,形成几十千米到几百千米不同的型号。制导方面有惯导、惯导加外部修正、末制导等不同的制导方式。毁伤方面,除单一性能的战斗部外,还有不同重量和毁伤作用的子弹药。

6. 发展新型子弹药,进一步提高布撒武器毁伤效能

大力发展新一代智能子弹药、末制导子弹药、巡飞子弹药等,与机载布撒武器结合,进一步提升布撒武器系统防区外对多种类目标的精确打击及毁伤能力。

第10章 航 空 炸 弹

10.1 概　述

航空炸弹是由固定翼飞机、直升机或者其他航空器装挂和投放,用来破坏和摧毁敌方各类目标、杀伤敌有生力量的一类弹药。它在航空弹药的消耗量中占比最大,是飞机的一种重要武器装备。由于飞机的速度快、航程远,航空兵可以广泛机动地挂载各种航空炸弹,摧毁敌人前沿、战役纵深和战略后方的各种地面、海上、海下目标。各国现役和库存的航空炸弹型号有数百种。各种新型制导技术和战斗部技术的发展,使得航空炸弹不仅可精确地命中和摧毁中远距离的点目标,而且可有效地摧毁各类面目标。特别是精确制导炸弹技术的发展,使其获得了新的应用。信息化、智能化的制导炸弹是现代战争中获得战场主动权,夺取军事胜利的重要常规武器之一。

10.2 航空炸弹的分类

航空炸弹发展至今,从圆径、结构到种类都有了很大的变化,构成了一个庞大的航空炸弹家族,家族发展大致可分为3个阶段:第一阶段,传统的航空炸弹;第二阶段,航空制导炸弹;第三阶段,智能化精确制导炸弹。这里所说的普通航空炸弹即传统的航空炸弹,主要是为了区别制导炸弹而言。

航空炸弹品种繁多,世界各国的分类方法虽然有所不同,但大致可分为下述几种。

(1) 按用途分:按用途不同,可以分为三大类,即主用炸弹、辅助炸弹和特种用途炸弹。主用炸弹是用来直接摧毁、破坏、杀伤目标的弹药;辅助炸弹是用来帮助进行瞄准轰炸等任务的弹药;特种用途炸弹是用来完成某些特殊任务的弹药。

(2) 按圆径(质量)分:与使用具体数值表示的炮弹口径不同,航空炸弹用圆径表示其"名义质量",圆径大小表征其质量级别和威力的差异,同时圆径也表示炸弹的外形大小。而炸弹实际质量可能大于或者小于名义质量,按照公制单位,我国的航空炸弹的圆径主要有 0.5kg、1kg、2.5kg、5kg、10kg、15kg、25kg、50kg、100kg、250kg、500kg、1000kg、1500kg、3000kg、5000kg、9000kg 等几种;我国和苏联通常以千克(kg)为单位,美国和英国通常以磅(lb)为单位。在我国的装备体系中,质量小于100kg的称为小圆径炸弹,质量在250~500kg的称为中圆径炸弹,质量大于1000kg的称为大圆径炸弹。

(3) 按空气阻力高低分,有高阻炸弹、中阻炸弹、低阻炸弹。

(4) 按使用高度限制分,有中、高空炸弹,低空炸弹。

(5) 按弹道是否可控分,有非制导炸弹、制导炸弹。非制导炸弹是指从载机投放的靠惯性自由下落或依靠火箭增程投放的炸弹。其弹道是无法变更的,是由投弹一瞬间的飞机速度、高度等因素所决定的,命中概率较低。制导炸弹是指由载机投放后,利用制导装置能自动导向目标的炸弹。它大大提高了投弹机动性和命中目标精度,增大了对目标的毁伤效率,如激光制导炸弹、电视制导炸弹、红外制导炸弹等。

(6) 按结构分,有整体炸弹、集束炸弹、子母炸弹。整体炸弹是指整个炸弹的各种零部件连接成一个整体,挂弹使用时可将炸弹整体悬挂在载机挂弹架上,投弹后在命中目标之前炸弹始终保持一个整体。集束炸弹是指将多颗相同炸弹通过集束机构将其连接为一体,投弹后,在空中一定高度上集束机构打开,多颗小炸弹分散下落。子母炸弹是将多枚小炸弹装填在一个母弹箱内,由载机携带母弹箱到预定区域投弹,母弹箱离开载机一定时间后,母弹按照预设方式开舱,子炸弹自由散落或靠动力弹射出去分散下落。

(7) 按战斗部装填物分,有普通炸弹、燃料空气炸弹、核炸弹。

以上分类可总结为图 10.1。

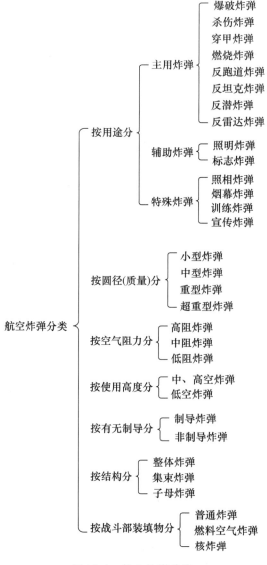

图 10.1　航空炸弹分类

10.3 航空炸弹基本构造与弹道性能

10.3.1 航空炸弹基本构造与作用

航空炸弹是由飞机、直升机或其他航空器装挂和投放的空地打击武器,利用爆炸产生的冲击波、破片和燃烧的高温摧毁各种目标、杀伤有生力量,或依靠其他特别的效能完成特定的任务。一般来说,航空炸弹由弹体、引信、炸药装药、传爆管、安定器和弹耳(或弹箍)等组成,典型结构如图 10.2 所示。实际应用中,航空炸弹的具体类型不同,其构造和作用也有所不同。航空炸弹应满足弹药的装药安定性、长储性、构造简单、成本低廉、能大量生产等基本要求,其主要战术技术要求有:① 爆炸威力,航空炸弹爆炸时对目标毁伤的能力;② 安全分离距离,载机投掷后,航空炸弹爆炸时不危害飞机的炸点与飞机间的最小距离;③ 安全性,航空炸弹在轰炸目标或预定时间之外不发生意外作用(或爆炸)的性能;④ 稳定性,航空炸弹在飞行过程中抵御外界干扰、恢复平衡的能力。

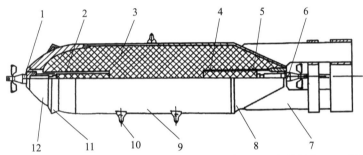

1—引信;2—头部传爆管;3—炸药;4—传爆药柱;5—尾部传爆管;6—引信;
7—安定器;8—尾锥体;9—弹身;10—弹耳;11—弹道环;12—弹头。

图 10.2 航空炸弹的结构

1. 弹体

弹体是炸弹的外壳,包括弹头、弹身和弹尾,有的炸弹还装有弹道环等,主要用于装填炸药或其他药剂、固定其他部件以及产生杀伤破片。

(1) 弹头。通常呈卵形,也有截头圆锥形、抛物线形和指数曲线等形状。一般情况下,弹头部分的母线半径为 $0.75d$(d 为弹径),长度为 $(1\sim2)d$。

现代航空炸弹必须适于飞机外挂,所以要求弹头部必须有良好的气动外形以减少阻力。对于不同类型的炸弹,弹头部要求也不同,弹头的形状与强度决定于炸弹的运动速度、目标性质和炸弹的使用功能。例如,航空半穿甲弹,要求弹头壁厚大、强度高,弹头稍长些,保证炸弹具有较强的侵彻能力。

(2) 弹身。弹身为圆柱形或稍带一点锥度的截头圆锥形,有锥度的弹身不仅可以减小空气阻力,还可以使炸弹的质心前移,从而提高炸弹在弹道上的飞行稳定性。主要用于装填炸药或其他装填物,一般弹身长度为 $(2\sim5)d$。对于各种炸弹来说,由于战术技术要求不同,其弹身构造也不一样。例如,航空爆破弹,在满足强度要求的条件下,要尽可能增加装药量以增强其爆破作用,所以它的弹身常用强度大的钢板卷制而成。对于杀伤弹,主要要求弹身产生大量破片,所以常用具有一定脆性的材料制成,且弹壁较厚。

(3) 弹尾。一般为圆锥形,其长度为 $(0.5 \sim 2)d$。

(4) 弹道环。焊接(或安装)在弹头上的环形箍,其作用是当炸弹的运动速度接近声速时,提高炸弹的稳定性,改善炸弹的弹道性能。弹道环不是在所有情况下都能起积极作用,在不同的速度范围内影响不同,因此有的炸弹其弹道环做成可拆卸式的,以便根据不同的条件选用。

2. 装药

装药是使炸弹产生各种作用(爆破、杀伤、燃烧、照明、发烟等)的主要能源。不同用途的炸弹,弹体内的装药不同,可以是普通炸药、热核装药、燃烧剂、特种药剂、化学战剂、生物战剂或其他装填物。装药的多少通常用装填系数来表示,它是指装药质量占炸弹总质量的百分比,即

$$\eta = \frac{\omega}{G} \times 100\% \tag{10.1}$$

式中:η 为装填系数;ω 为装药质量;G 为炸弹质量。

炸弹对目标的作用,主要是爆破作用、杀伤作用、侵彻作用和燃烧作用等。对于每一种炸弹,通常以一种破坏作用为主,兼顾其他破坏作用。

3. 稳定装置

用以保证炸弹飞行稳定的装置统称为稳定装置,其作用是产生稳定力矩迫使炸弹在弹道起始段产生的摆动衰减,以保证炸弹不翻滚。常用的主要有安定器、可控舵面、陀螺舵以及增程滑翔弹翼等。此外,各类改善弹道性能的弹道环、附加翼面、尾阻盘等也属于稳定装置。

安定器是固定在炸弹尾部的稳定装置,用来保证炸弹在空中沿一定的弹道稳定下落。安定器的形状有箭羽式、圆筒式、方框式、方框圆筒式、双圆筒式和尾阻盘式(图10.3)。安定器一般由薄钢板制造,与弹体固定连接,为了保证安定器的强度和提高炸弹下落时的稳定性,在各安定片之间有撑杆或撑板,或者在安定片周围加一圆环。也有的炸弹不用安定器,而用稳定伞来保证炸弹在弹道上稳定下落。

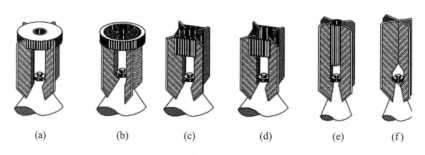

图 10.3　常用安定器的形状

(a)尾阻盘式;(b)双圆筒式;(c)方框圆筒式;(d)方框式;(e)圆筒式;(f)箭羽式。

4. 传爆管

传爆管焊接(或螺纹连接)在弹头部,有的在尾锥体内也设置一传爆管,它们的作用

是将引信起爆后的能量进一步加强,并传递给装药,使炸弹可靠地爆炸。

5. 弹耳(或弹箍)

弹耳是直接焊接在弹身上或用螺纹连接在弹身上的。弹箍是带有弹耳的箍圈,炸弹就是通过它们悬挂在飞机的挂弹架上。弹体较厚的炸弹,弹耳通常直接焊接或螺接在弹身上;弹体较薄的炸弹,通常将弹耳焊在弹身的加强衬板上或者使用弹箍。

弹耳在炸弹上的安装情况随炸弹圆径不同而异,一般来讲,圆径在10kg以下的炸弹一般不装弹耳,它们常被装载在母弹箱或固定式弹箱内投放使用;圆径在50~100kg的炸弹,只装有一个弹耳(或弹箍),位于炸弹重心处;250kg以上的炸弹使用两个或两个以上的弹耳。

6. 减速装置

低空和超低空投放的减速航空炸弹常常使用减速装置增大飞行阻力以保证炸弹稳定飞行。常用的有伞式减速装置、火箭制动减速装置和阻力板式减速装置等。

10.3.2 航空炸弹的弹道性能

航空炸弹下落过程中遭受的空气阻力与其形状、直径和质量密切相关,即使在同样投弹条件下,形状、直径和质量不同会造成炸弹受空气阻力影响的程度不一样。炸弹从空中落下时,空气阻力影响炸弹运动的性能叫做弹道性能。常用弹道性能的好坏来评价炸弹降落时受到空气阻力影响的大小。弹道性能越好,受空气阻力影响越小;反之,受空气阻力影响越大。弹道系数、炸弹标准下落时间和极限速度是用来表示航空炸弹的弹道性能的参数。

1. 弹道系数

弹道系数是反映炸弹空气阻力加速度大小的数值。炸弹在空气中运动时,由于受空气阻力的作用而产生加速度,其表达式为

$$a = \frac{R}{m} = \frac{id^2}{m} \times 10^3 \times \frac{\pi}{8000} \rho C_{\text{xon}}(Ma) v^2 \qquad (10.2)$$

式中:R 为空气阻力;m 为炸弹质量;i 为弹形系数;d 为炸弹直径;ρ 为空气密度;$C_{\text{xon}}(Ma)$ 为标准阻力系数;v 为炸弹速度。

令 $c = \frac{id^2}{m} \times 10^3$,它反映炸弹本身条件与空气阻力加速度的关系,称为弹道系数。弹道系数的大小反映炸弹受空气阻力的影响程度。弹道系数的大小与炸弹的外形、直径和质量有关,炸弹外形流线型好、断面比例大,其弹道系数就小。弹道系数越小,受空气阻力影响越小,弹道性能就越好;反之,受空气阻力影响越大,弹道性能就越差。

2. 炸弹标准下落时间

标准下落时间是用得最多的一个参数。所谓炸弹的标准下落时间,是指在标准气象条件下(地面气压为750mm水银柱高;地面气温为+15℃;地面大气密度为1.206g/cm³;气温递减率为0.0065℃/m),从海拔2000m高度以40m/s的速度水平投弹至炸弹落到地面(海平面)所需要的时间,常用符号 Θ 表示。这个时间越短,说明炸弹受空气阻力的影响越小,弹道性能越好。在真空中,所有炸弹从2000m高度落下的时间等于20.197s,因此,标准下落时间越接近这个数值,弹道性能就越好。航空炸弹的标准下落时间一般都在20.25~22.00s。炸弹标准下落时间与弹道系数的关系可用下面经验

公式表示，即

$$\Theta = 20.197 + bc \tag{10.3}$$

式中：b 为根据预先求出的炸弹标准下落时间和弹道系数推算出来的系数。计算表明，当确定炸弹标准下落时间和弹道系数所采用的阻力定律不同时，b 的大小不同。目前，我国使用 1970 年制定颁发航空炸弹阻力定律，高阻弹阻力定律选用 250 - 2 航爆弹作为标准炸弹；低阻弹阻力定律则选用 250 - 3 航爆弹作为标准炸弹。在炸弹标准下落时间不大于 25 s 的情况下，b 为 1.87，即

$$\Theta = 20.197 + 1.87c \tag{10.4}$$

由式（10.4）可以看出，炸弹标准下落时间是弹道系数的单值函数。根据弹道系数的概念，弹形较好的炸弹（头部尖锐，尾部锥角小，表面粗糙度小），其迎风阻力系数小，弹道系数小，则标准下落时间短。

3. 极限速度

炸弹在下落过程中，在重力作用下弹速不断增大，同时受到的空气阻力也不断增加，当炸弹所受空气阻力增大到等于它的重力时，炸弹的下落速度就保持不变，此时炸弹的速度称为极限速度，也即空气阻力等于炸弹重量（空气阻力加速度等于重力加速度）时的炸弹速度。

弹道系数、炸弹标准下落时间和极限速度是从不同的角度反映空气阻力对炸弹的影响程度。弹道系数反映炸弹本身条件与空气阻力的关系；炸弹标准下落时间反映炸弹在标准条件下的落下时间与空气阻力的关系；而极限速度则反映炸弹在下落过程中速度变化快慢情况与空气阻力的关系。它们三者是同一事物的 3 种表现形式，三者之间有密切联系，可以相互转换。航空炸弹极限速度的大小是炸弹弹道性能好坏的标志之一。常用航空炸弹的弹道系数、炸弹标准下落时间和极限速度的数值情况如表 10.1 所列。

表 10.1 常用航空炸弹的弹道性能参数

弹道系数	标准下落时间/s	极限速度/(m/s)
0.071	20.25	644
0.379	20.50	330
0.684	20.75	296
0.998	21.00	271
1.300	21.25	244
1.601	21.50	222

10.4 普通航空炸弹

10.4.1 航空爆破炸弹

航空爆破炸弹是主要利用弹体内装填的炸药爆炸后产生的冲击波来摧毁或破坏目标的炸弹，同时也有一定的侵彻作用、燃烧作用和杀伤作用，既可用于机身内舱挂载，也可外挂。炸弹壳体一般用普通钢材制造，装药通常为梯恩梯炸药，现也广泛使用 B 炸药、

H6 炸药和其他混合炸药。

由于炸弹是挂在飞机上,可不受发射管和发射筒的限制,特别是外挂炸弹,不受弹舱容积的限制,可以做得较大,因此对目标的破坏能力比一般的爆破榴弹大得多。航空爆破炸弹在结构上具有以下两个特点:一是质量大,这是其他类型炸弹所无法比拟的,一般在 100kg 以上,最大可达 20000kg,其中以 250～500kg 最为广泛;二是弹壁薄,装药量大,弹体壁厚和半径之比小于 0.1,装填系数在 0.4 以上,最大可达 0.8 左右(第二次世界大战时约为 0.5)。

航空爆破炸弹的作用能力常用爆坑容积、冲击波比冲量、炸弹作用半径等参量表征。其用途最广,战时消耗量最大,是战备生产的主要品种,可用来毁伤各种工业基地、动力设施、防御工事、军事建筑、交通枢纽、铁路、桥梁、舰船、港口、机场、仓库和技术兵器等军事目标;对付地面目标时常配装瞬发引信;对付需要从内部炸毁或位于土层深处的目标配用延时引信;还可配装时间引信作定时炸弹。

航空爆破炸弹根据使用高度不同以及挂载方式不同,要求炸弹的空气阻力特性不同,因而其结构外形也就不同。按其外形及其阻力特性可分为高阻爆破炸弹、低阻爆破炸弹和低阻低空爆破炸弹。它们除了外形结构区别外,内部结构基本相同。

1. 高阻爆破炸弹

高阻爆破炸弹主要是供飞机在弹舱内悬挂使用的。由于飞机弹舱内部空间有限,为了在有限的空间内能悬挂尽可能多的炸弹,必须尽量合理地设计炸弹的尺寸,尤其是炸弹的长度,所以航空高阻爆破炸弹呈现出自己的结构特点:外形短粗,长细比小,头部短而厚,流线型差,阻力系数大。这类炸弹大多数有弹道环,用以在炸弹接近声速飞行时形成局部激波,改善炸弹的弹道性能。虽然高阻爆破炸弹阻力系数大,但投弹之前的航行过程中,炸弹不直接受空气阻力作用,不影响飞机航速。

1) 500-1 型航空高阻爆破炸弹

500-1 型航空高阻爆破炸弹长细比较小、阻力系数较大,其结构如图 10.4 所示,其弹头由铸钢制成,外形呈卵圆形,弹壁较厚。弹头弧形面上焊有弹道环,由钢板压制的弹道环外径与弹身外径相同。弹身是由钢板制成的圆筒,其上焊有弹耳,前、后两端分别与弹头和尾锥体焊接为一个整体。弹尾安定器为双圆通式,由钢板制成并焊接在尾锥体上。为保证可靠起爆装药和发挥爆破性能,该弹有两个传爆管,分别安装在头部和尾部。500-1 型航空高阻爆破炸弹的主要战术技术性能见表 10.2。

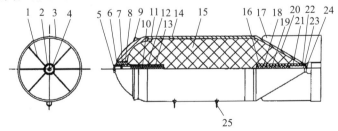

1—支板;2—内圈;3—外圈;4—制旋螺钉;5,24—防潮塞;6,23—连接螺套;
7,22—螺套;8,21—纸衬筒;9—弹道环;10,19—传爆药柱;11—弹头;12,18—布袋;
13,16—传爆管壳;14—弹身;15—炸药;17—翼片;20—尾锥体;25—弹耳。

图 10.4　500-1 型航空高阻爆破炸弹

表 10.2　500-1 型航空高阻爆破炸弹主要参数

炸弹质量(不含引信)/kg	425	弹长/mm	≈1560
炸药质量/kg	203	弹径/mm	450
装填系数	0.477	长细比	≈3.5
安定器翼展/mm	450	地面静爆冲击波(离爆心 35m 处)/Pa	2.65×10^4
弹坑容积/m³	145.4(投弹时航速 194.4m/s,高度 8000m,对中等土质目标轰炸)		

2) 3000-1 型高阻爆破炸弹

3000-1 型高阻爆破炸弹(简称 3000-1 航爆弹)由弹体、安定器、传爆管、弹耳、装药和引信等组成,其结构如图 10.5 所示。弹体包括弹头、圆柱部、尾锥体和弹道环,弹头由铸钢制成,外形呈卵形,前端中央留有直径 85mm 的传爆管安装孔,外面焊有弹道环,弹道环外径与圆柱部外径相同。圆柱部用厚度为 20mm 的钢板制成,外径 820mm,前后端分别与弹头和尾锥体焊成整体;尾锥体由厚度为 10mm 钢板制成,锥度 26°。弹头部做得比较厚重,这样可以增大炸弹的赤道转动惯量,并使炸弹质心前移,提高飞行稳定性。其主要战术技术参数见表 10.3。

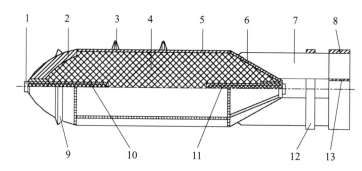

1—防潮塞；2—弹头；3—弹耳；4—炸药；5—圆柱部；6—尾锥体；7—安定器；
8—外圈；9—弹道环；10—头部传爆管；11—尾部传爆管；12—加强圈；13—内圈。

图 10.5　3000-1 型航空高阻爆破炸弹

表 10.3　3000-1 型航空高阻爆破炸弹主要诸元

炸弹质量/kg(不含引信)	2982	炸弹全长/mm(未装引信)	3220~3333
装填系数	0.47	弹体直径/mm	820
标准下落时间/s(7000m 以下)	20.56	质心距弹头端面距离/mm	1235
配用引信	通常配用两枚航引-1 引信,头、尾各一枚	爆炸威力	轰炸高度为 6000~8000m,飞行速度为 167~195m/s,对普通土壤的侵彻深度为 8.7m,弹坑容积为 1060m³

弹道环主要用于在炸弹跨声速飞行时改善弹道性能。炸弹下落时通常以正迎角飞行,在没有弹道环的情况下,炸弹速度接近声速时,由于炸弹上表面气流速度比下表面气流速度快,在炸弹表面上产生的局部激波相对弹轴不对称,由此产生的作用于弹体表面的附加压力大部分作用于弹体上部,且主要作用于质心后面,因而产生一个使炸弹轴线偏离弹道切线方向的附加力矩,该力矩使炸弹迎角变大,降低炸弹的飞行稳定性。头部

装有弹道环的炸弹飞行速度接近声速时,流过弹道环的气流方向改变,形成的局部激波面关于炸弹弹轴对称,产生的附加压力关于弹轴也是对称的,就不会产生降低炸弹稳定性的附加力矩,从而改善炸弹的弹道性能。弹道环不是在所有情况下都起到积极作用,只有在跨声速情况下才能改善弹道性能。所以,有的炸弹的弹道环做成可拆卸的,可以根据不同的投弹条件选择使用。

2. 低阻爆破炸弹

现代高速强击机、歼击机、歼击轰炸机为了增大航程,在机身内加大油箱,需要采用炸弹外挂形式,即将炸弹挂在机身外部或机翼下方。采取外挂形式的炸弹在投弹前的飞行过程中直接遭受空气阻力作用,如果炸弹外形不加改变,仍继续应用高阻炸弹,由于喷气式飞机速度越来越大,阻力明显增加,飞机的机动性及作战半径就会受到显著影响。根据试验,载机在1224km/h条件下外挂250-3型低阻炸弹的阻力值为840N;挂250-2型高阻炸弹的阻力值为5180N。载机采用低阻炸弹比采用高阻炸弹可增大航程30km左右。

为了减小外挂炸弹的阻力对高速飞机的影响,航空炸弹须采用低阻气动外形,在保证弹道性能的前提下提高长细比是有效手段之一,高性能航空低阻爆破炸弹长细比在5.0以上。由于外形呈流线型,阻力系数小,故将此类炸弹称为航空低阻爆破炸弹。然而航空低阻爆破炸弹由于外形细长、装药量减少、威力降低,因此在满足载机航程的基础上,尽量增大装填系数,以提高爆破威力。

图10.6所示是500-3低阻爆破炸弹,该弹由弹体、弹尾部、弹耳、引信和爆控拉杆组成。弹头由伞形头螺和传爆管组成,焊接于弹身头部收口处,伞形头螺为钢铸件,底部点铆有头部传爆管,内装钝化泰安传爆药柱3节,传爆管的口螺与航引-13引信连接,平时旋有防潮塞。弹身由35号无缝钢管制成,壁厚12mm,弹身部焊有2个吊耳座,每个座上有两个吊耳孔。弹身底部与体接套相连。体接套既是装药弹体的底部,又是与弹尾部的连接件,体接套由铸钢制成焊于弹体底部,其上有两个孔,前者为装药孔,装药后旋有螺盖;后者为底部传爆管螺孔,上旋有尾螺盖。体接套上有定位销,用于安装弹尾部时起定位作用,尾螺和尾盖均由圆钢制成,尾螺上焊有尾部传爆管,内装3节钝化泰安传爆药柱,平时旋有尾螺盖起防潮作用。弹体内装梯恩梯炸药218.7kg,炸弹前端装有石蜡和地蜡的混合剂并加有毡垫,可减少炸弹碰击目标时炸药内部应力,保证装药安定性,防止炸弹早炸。500-3型低阻爆破炸弹主要战术技术参数见表10.4。

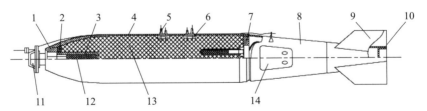

1—头螺;2—石地蜡;3—传爆管;4—弹体;5—弹耳;6—弹耳座;7—体接套;
8—尾锥;9—尾翼;10—尾锥盖;11—头部引信;12—传爆药柱;13—炸药;14—盖板。

图10.6 500-3型航空低阻爆破炸弹

表 10.4　500-3 型航空低阻爆破炸弹主要战术技术参数

诸元	参数值	诸元	参数值
炸弹质量(未装引信)/kg	469	全弹长度/mm	2865
装药质量/kg	218.7	弹体直径/mm	377
装填系数/%	46.7	质心距弹头端面距离/mm	1021
配用引信	航引-13(头部引信);航引-17(尾部引信)		

该弹在头部和尾部各有一个引信,配用了两根一次性抽脱式爆控拉杆,长的一根与头部的航引-13 配用,短的一根与尾部航引-17 配用,抽脱式爆控拉杆在弹上的安装如图 10.7 所示。

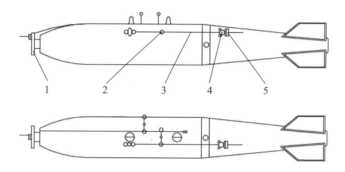

1—螺钉；2—A 型挂机索；3—保险钢条；4—垫圈；5—螺钉。
图 10.7　抽脱式爆控拉杆安装示意图

抽脱式爆控拉杆由 A 型挂机索、安全夹、保险钢条、垫圈和螺钉等组成,如图 10.8 所示。挂弹时,挂机索挂入挂弹架上的爆控挂钩内,并将保险钢条穿入引信顶部固定器的孔内锁定旋翼,实现挂弹前的保险。投弹时,炸弹依靠本身重力或被弹射离开飞机,挂机索拉动保险钢条,当拉力超过卡在保险钢条前端的安全夹的抽脱力时,将保险钢条从安全夹内抽出,解除引信的保险。

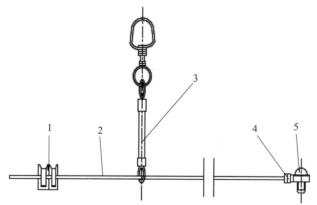

1—安全夹；2—保险钢条；3—A 型挂机索；4—垫圈；5—安全夹。
图 10.8　抽脱式爆控拉杆

3. 低阻低空爆破炸弹

随着现代防空技术的发展,地面对空防御体系日益严密。但是,雷达对目标的探测难易程度与目标所在高度密切相关,地面雷达对高度100m以下,沿起伏地形飞行的飞机,发现距离为10000~12000m,这对敌防空兵器实施有效的射击(发射导弹)是很难的,而且雷达对不同高度上目标的发现概率大不相同,高度100m为0.3,高度200m为0.5,高度500m为0.9,高度1000m以上趋于1,可见低空和超低空飞行是反雷达探测的有效措施。警戒雷达能够早期发现和预先警报中高空突防的空中目标,地面高射炮、地空导弹密集配置,火力很强。如果作战飞机从中、高空突防会较长时间暴露在敌人的有效探测和攻击范围之内,这样突防飞机被击毁的概率很高。而采用超低空、高速度突防,尽量使飞机的战斗活动高度保持在敌人雷达视界以下,并在目标上空快速通过,这样既可以使敌人的雷达难以发现,也使敌人的高射炮、地空导弹来不及瞄准射击,从而大大提高了突防飞机的生存率(表10.5)。此外,由于超低空投弹射击距离目标很近,命中率也大为提高。

表10.5 苏-76飞机突防被击毁概率

飞行高度/m	300	500	1000	2000	4000
击毁概率/%	5.5	10	25	16	8.5
突防条件 $v=350$m/s,突破美40mm、75mm高射炮防区					

低空投弹便于突防,为了保证载机的安全,必须注意以下两个问题。

(1) 作战飞机在超低空水平投弹时,如果是使用一般的低阻炸弹,容易产生跳弹,可能损伤载机,因而载机的投弹高度必须大于跳弹高度,并且有一个安全距离。发生跳弹的弹着角及相应的投弹高度和速度见表10.6。

表10.6 发生跳弹的弹着角及相应的投弹高度和速度

介 质	弹着角/(°)	高度/m	速度/(m/s)
水	0~6	15	139
土 壤	0~15	40	139
混凝土	0~45	750	139
钢 板	0~50	1200	139

(2) 如图10.9所示,如果使用不减速的爆破炸弹进行超低空水平投弹,在炸弹爆炸时载机来不及脱离危险区,爆炸冲击波和破片有可能损伤投弹飞机。

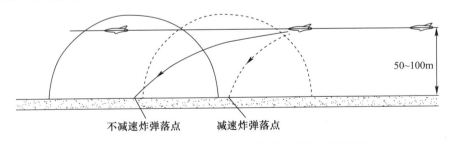

图10.9 低空投弹时载机和炸弹毁伤区域关系示意图

通常为了使炸弹爆炸冲击波和破片不致损伤载机,必须保证爆炸点与载机之间的最低安全距离。最低安全距离的大小与载机的投弹高度、速度和炸弹的圆径等有关。

为了保证超低空投弹飞机的安全,通常采用降低炸弹落速以增大落角和安全距离的措施。因此,有些国家把这种低空投放的炸弹又称为"减速炸弹"。为了节省军费,使炸弹弹体通用,既适用于中、高空,也能用于低空。各国普遍采用在普通爆破弹弹体上添加减速装置的方法,使之适用于低空航空炸弹。

目前,航空炸弹减速装置采用的形式主要有机械减速尾翼、板伞复合式减速尾翼、伞式柔性减速装置和火箭减速装置等。

1) 伞式减速装置

图 10.10 所示为 250-4 型航空低阻低空爆破炸弹,其主要战术技术性能见表 10.7。

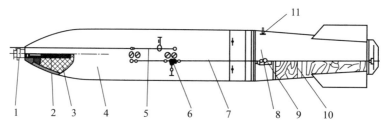

1—引信;2—传爆药柱;3—炸药;4—战斗部;5—抽脱式爆控拉杆;6—弹耳;
7—剪断式爆控拉杆;8—减速尾部;9—伞弹连接器;10—减速伞;11—保险针。

图 10.10 250-4 型航空低阻低空爆破炸弹

表 10.7 250-4 型航空低阻低空爆破炸弹主要战术技术性能

诸元	参数值	诸元	参数值
炸弹质量(未装引信)/kg	240	弹径/mm	299
炸药质量/kg	90	质心距弹头端面距离/mm	820
装填系数/%	37.5	投弹高度/m	50~200
全弹长度(未装引信)/mm	2135	配用引信(两枚)	航引-14

250-4 型低阻低空爆破炸弹尾部装有减速伞,通过伞弹连接器连接减速伞装置和弹体。伞弹连接器的作用,一是载机挂弹飞行时防止减速伞意外张开,影响飞机操纵造成飞行事故;二是载机正常投弹时,使伞和弹体可靠连接,确保炸弹减速下落,伞弹连接器结构如图 10.11 所示。

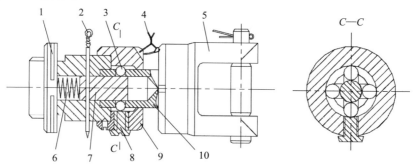

1—紧固螺母;2—保险针;3—钢珠;4—牵连钢丝;5—连伞转座;
6—弹簧;7—滑柱;8—螺堵;9—连接座;10—连接套筒。

图 10.11 伞弹连接器

平时,被保险针限制的滑柱位于连接套筒内腔挡住钢珠(4个),弹簧受压缩。当炸弹挂机飞行时,伞弹之间主要通过限力牵连钢丝连接,而牵连钢丝仅能承受25kg拉力。万一在载机挂弹飞行中减速伞意外开伞,减速伞受到空气阻力作用拉断牵连钢丝,连接套筒带动钢珠向后运动,此时保险针仍在原处限制滑柱,使其不能阻挡钢珠。在连接座内斜面作用下,钢珠掉入连接套筒的空腔内不再限制连接套筒向后运动,伞可以立即被气流吹掉,不至于危及载机安全。

正常投弹时,保险针被拔出,滑柱在弹簧推力作用下进入连接套筒的空腔内。减速伞开伞后,连接钢丝被拉断,连接套筒带动钢珠和滑柱一起向后运动,当钢珠与连接座内斜面接触时,滑柱仍然挡住钢珠,使之不能进入连接套筒空腔内,于是连接套筒通过钢珠与连接座内斜面卡住,使弹体与减速伞紧固相连不能分离,炸弹得以减速下落。

柔性减速伞由主伞和引导伞组成,典型减速伞结构如图10.12所示。主伞用棉丝绸或聚乙烯等制成,呈"十"字形,伞顶连接装有塔形弹簧的引导伞,装配时为压缩状态。当开伞释放时,塔形弹簧伸张,迅速将引导伞弹出,在气流作用下,引导伞拉直并将主伞拉出。

当主伞装入伞室后,靠引导伞盖住伞室的后端,并用穿在引导伞内的环形固定索将

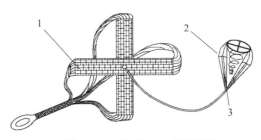

1—减速伞;2—引导伞;3—塔形弹簧。

图10.12 减速伞和引导伞

引导伞的外缘箍紧在尾锥体后端锁定圈的沟槽内。同时,爆控拉杆穿过尾锥体后端的固定销孔将环形固定索锁住,爆控拉杆端部有安全夹,可防止爆控拉杆自然抽脱。

250-4型航爆弹配用一根一次性使用的抽脱式爆控拉杆和一根一次性使用剪断式爆控拉杆。前者用以解脱航引-14的旋翼保险,后者用来解除伞弹连接器的安全保险并释放引导伞。抽脱式爆控拉杆的原理同500-3型航空低阻爆破炸弹。剪断式爆控拉杆由B型挂机索、辅助钢条、保险钢条、连接索以及螺钉、垫圈、连接体和安全夹等组成,如图10.13所示。

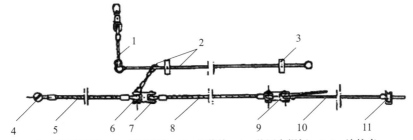

1—B型挂机索;2—辅助钢条;3—限位块;4—垫圈和螺钉;5,8—连接索;
6—开口销;7—连接体;9—伞弹连接器的保险针;10—保险钢条;11—安全夹。

图10.13 剪断式爆控拉杆

减速伞有多种结构形式,有一种用高强度绵丝绸缝制成"十"字形的减速伞,装在尾锥部;炸弹投下时,拉出十字伞。在迎面气流作用下开伞充气,使炸弹减速下落。优点是阻力大,弹道稳定,结构简单,造价低。其缺点是伞带长,伞衣大,充气时间长,必须有连投间隔,齐投有可能互相缠绕。法国250kg、500kg"马特拉"减速炸弹,西班牙BRP-

250kg、BRP-500kg 减速炸弹和瑞典 120kg"威尔哥"减速炸弹的减速尾翼都采用这种形式,美国空军军械发展试验中心研制的一种尼龙织物制成的气球降落伞组合式充气减速尾部也属于这一类型。

2)十字板式机械减速尾翼

美国"蛇眼"减速炸弹是采用这种形式减速装置的典型代表。如图 10.14 所示,减速尾翼由 4 个既可以闭合又可以张开的减速尾翼片、支撑杆、连杆和套筒等组成。飞机挂弹飞行时,减速翼片处于闭合状态,炸弹投下时,4 片减速翼片张开,在迎面气流阻力作用下起减速作用。

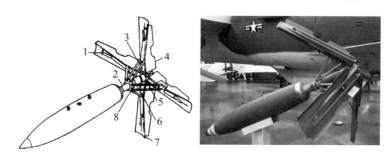

1—弹簧;2—支撑杆;3—连杆;4—翼片;5—套筒;6—插塞;7—减速尾翼;8—轴环。

图 10.14　应用机械减速尾翼的"蛇眼"炸弹

"蛇眼"减速炸弹是为适应现代战术攻击机实施高速、低空突防轰炸,尤其是超低空水平轰炸而发展的一类新型航空炸弹,是航空炸弹发展中的又一个飞跃,极大地提高了航空炸弹在现代常规战争中实施战略、战术空地攻击的效能,在历次战争中均获得大规模的应用,并受到各国军方的广泛重视,竞相研制或引进,以装备部队使用。

"蛇眼"减速炸弹是在 MK81/82Mod1 低阻爆破炸弹的弹体上,分别加装 MK14/15Mod1 型机械减速尾翼装置构成。该系列炸弹的特点是:减速装置结构简单,改装使用方便;减速尾翼仅在投放时展开,适于高速飞机外挂;根据战术使用要求,可采用减速投放即减速尾翼展开,也可采用非减速自由投放,即减速尾翼不展开。十字板式机械减速尾翼的缺点是:阻力小、减速效能低,因而安全斜距小;刚性尾翼易受空气动力干扰,使炸弹弹道不稳定,投弹高度和连投间隔均受一定的限制,命中精度低。

3)板伞复合式减速尾翼

板伞复合式减速尾翼就是在十字板式机械减速尾翼的结构上,加装柔性环缝减速伞。飞机挂弹飞行时,减速翼板和减速伞处于闭合状态;炸弹投下时减速翼板和减速伞张开,在迎面气流作用下,使炸弹减速下落,其工作过程如图 10.15 所示。其优点是开伞

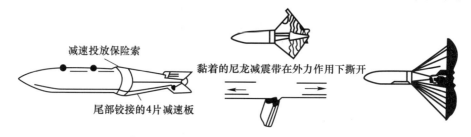

图 10.15　板式复合式减速尾翼工作过程

充气快,阻力较十字板机械尾翼大,弹道稳定,连投间隔短;缺点是结构复杂,质量大,造价高。英国454kg 的 MK1 型炸弹配用 M–117 型板伞复合减速尾翼。

4) 火箭减速装置

图 10.16 所示是质量 400kg 的法国火箭减速炸弹,1967 年的第三次中东战争中以色列曾用它来攻击埃及的机场跑道。它是在法国 STA200 型爆破炸弹尾部装上火箭减速装置而成。其特点是:位于炸弹尾部 4 个稳定翼片之间有 4 个逆推力火箭发动机,在投放后点火工作,以抵消水平速度;在尾部减速伞的作用下使炸弹迅速由水平状态转入垂直降落状态,接着位于炸弹尾部的正推力火箭发动机在炸弹转入垂直下落时点火工作,并烧掉减速伞,以增大落速(最大为 160m/s)提高侵彻能力。这种减速装置对付坚固目标比较有效,但结构复杂、成本高,大规模使用受到限制。

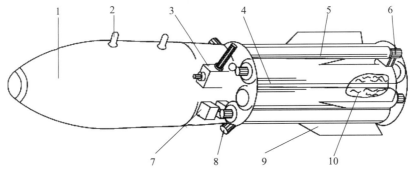

1—弹体;2—吊耳;3—程序控制机构;4—逆推力火箭发动机;
5—正推力火箭发动机;7—点火电池组;6,8—喷管;9—安定器;10—减速伞。

图 10.16 法国火箭减速炸弹

火箭减速炸弹的投放过程(图 10.17)如下。

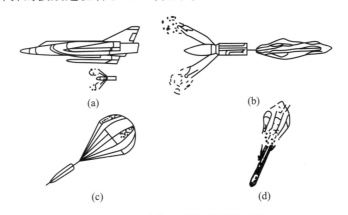

图 10.17 火箭减速炸弹投放过程

(a)逆推力火箭发动机点火;(b)减速伞展开;(c)炸弹转向;(d)正推力火箭发动机点火。

① 飞机在 100m 高度投弹,经 0.3s 之后,4 个逆推力火箭发动机点火工作。
② 经 0.9s 之后,减速伞开始展开。
③ 在减速伞作用下,炸弹以大约 0.35r/s 的旋转速度向下转,以增大落角。
④ 经 4.7s 之后,4 个正推力火箭发动机点火工作,并烧掉减速伞,以增大落速,提高

侵彻能力。

美国从 20 世纪 50 年代开始研制了 MK80 系列低阻通用航空炸弹，MK80 系列炸弹的设计兼顾爆破、破片杀伤和侵彻性能，系列炸弹包括 MK81（113kg/250lb）、MK82（227kg/500lb）、MK83（454kg/1000lb）和 MK84（908kg/2000lb）4 个型号，它们的质量、大小和威力不同，但是具有图 10.18 所示的相似结构和外形，流线型细长弹体由高强度钢锻造而成，早期产品主要装填 TNT 或 H6 炸药，随着应用需求的变化，后期型号分别装填含铝炸药、PBX 炸药等不同装药。MK80 系列炸弹采用模块化设计，可以根据不同的毁伤方式、投放方式等作战需求配用功能各异的系列引信和尾翼装置。MK80 系列炸弹也可作为诸如制导炸弹、空投鱼雷、防区外联合攻击武器等许多其他空投武器的基础。各种版本 MK80 系列炸弹都适用于标准的 NATO 356 或 762mm 间距的吊耳。能适用于美国各型战斗机及轰炸机，美国在第二次世界大战以后的历次战争中都大量使用了 MK80 系列炸弹及其改进型号。MK80 系列炸弹已被许多国家用作航空炸弹研制的制式模型。

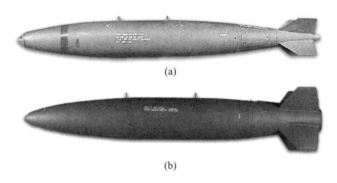

图 10.18　两型 MK 80 系列航空炸弹
(a) MK 82 通用航空炸弹；(b) MK 84 通用航空炸弹。

10.4.2　航空杀伤及杀伤爆破炸弹

航空杀伤炸弹是利用爆炸产生的大量破片来杀伤敌方有生力量，破坏车辆、火炮、飞机、技术兵器阵地以及轻型装甲等目标。炸弹主要有弹体、炸药装药、引信、扩爆传爆系统和稳定装置等组成。弹体内通常装填 TNT、B 炸药和阿马托等炸药，弹药装填系数一般不超过 20%，航空杀伤弹的质量一般较轻，早期的炸弹圆径一般在 0.5～100kg 级，后来也发展了圆径较大的炸弹。

为了杀伤战场上开阔地、战壕、无顶盖掩体内的敌方有生力量，需要大量的杀伤炸弹。航空杀伤炸弹的弹壁较厚，且多采用脆性材料，可以产生较多破片。有的采用刻槽破片控制技术或预制破片技术等，增加有效杀伤破片数，采用高能炸药提高弹片的飞散速度和杀伤动能，增大杀伤面积。随着子母弹箱集装和撒布技术的发展，使航空杀伤炸弹的威力大大提高。下面介绍航空杀伤炸弹和杀伤爆破弹的性能及构造。

1. 100 - 1 型航空杀伤炸弹

100 - 1 型航空杀伤炸弹主要由弹体、稳定器、弹箍、装药和引信组成，如图 10.19 所示。表 10.8 列出了其主要战术技术性能参数。

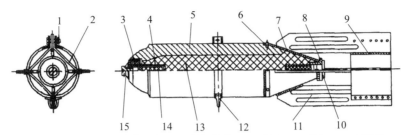

1—螺栓；2—支板；3—连接螺套；4—传爆管壳；5—弹身；6—销钉；7—尾锥体；
8—螺套；9—内圈；10—防潮塞；11—翼片；12—弹耳；13—装药；14—传爆药柱；15—防潮塞。

图 10.19　100-1 型航空杀伤炸弹

表 10.8　100-1 型航空杀伤炸弹主要战术技术性能

诸元	参数值	诸元	参数值
全弹质量(无引信)/kg	99.16	安定器翼展/mm	280
装药质量/kg	10.86	弹头端面至质心距离/mm	344
装填系数/%	11	破片密集杀伤半径/m	59.52
弹长(无引信)/mm	1047～1063	3g 以上破片数/枚	4729
弹体直径/mm	203	标准下落时间/s	20.93

(1) 弹体。100-1 型航空杀伤炸弹的弹体包括弹头、弹身、尾锥体和传爆管。弹头呈卵圆形，前端有一直径为 85mm 的螺孔，弹身和弹头用钢性铸铁铸成一体，弹身前端有一圈凸起部，起弹道环作用。弹身和弹头部位壳体比较厚，最厚处达 40mm。尾锥体用厚度为 3mm 的钢板制成，由于弹身为钢性铸铁，可焊性较差，因此，尾锥体用 8 个销钉固定。头尾各有一个传爆管，头部传爆管由螺套、传爆管壳、连接螺套和传爆药柱组成，螺套和传爆管焊在一起，旋在弹头端面螺孔内。螺孔内径为 36mm，其上旋有连接螺套，连接螺套内径为 26mm，平时旋有防潮塞。尾部传爆管由螺套和传爆管壳组成，焊接在尾锥体后端，螺套内径为 36mm，平时旋有防潮塞。

(2) 稳定器。稳定器为方框圆筒式，采用焊接方式与尾锥体连接，它由翼片、支板和内圈焊接在一起，每个翼片上有 2 个纵向加强槽，4 个翼片相互对称且呈"十"字形分布。

(3) 弹箍。弹箍由弹耳、箍圈和螺栓组成。弹耳焊接在箍圈上，箍圈用螺栓固定在炸弹质心位置上，弹耳中心线与稳定器的一个翼片对正。

(4) 装药。装药为梯萘 70/30 混合炸药。

(5) 引信。100-1 型航空杀伤炸弹配用航引-1 和航引-3 引信，头尾各一枚；或者头部配用航引-3，尾部配用航引-1，或者头、尾均配用航引-1。配航引-1 时，只许装定成瞬发状态。

以头部配用航引-3、尾部配用航引-1 为例介绍其工作原理。当炸弹投下后，经 4～6s，航引-3 的旋翼失去控制，在气流作用下迅速旋掉，点火机构处于待发状态。经 6.5～7.8s，航引-1 的旋翼解除控制，在气流作用下迅速旋出，航引-1 处于待发状态。当炸弹碰击目标时，在目标的反作用力和引信惯性力作用下，头尾引信点火起爆，头部引信首先引爆传爆药柱，进而引爆炸弹装药。与此同时，尾部引信直接引爆炸弹装药，使整个航空杀伤炸弹爆炸，产生破片，杀伤敌人的有生力量和破坏武器装备。

2. 航空杀伤爆破弹

航空杀伤爆破弹主要利用爆炸后产生的破片来毁伤目标,同时可以利用爆炸冲击波毁伤目标,具有杀伤和爆破综合作用,用以杀伤和摧毁敌方阵地上/行军中和集结地域的有生力量、炮兵阵地、导弹发射场、汽车、装甲运输车和轻/中型掩蔽所内的兵器。这些目标使用小口径杀伤炸弹威力不足,使用大口径爆破炸弹杀伤破片少,杀伤效果差。采用预控破片技术,可以有效控制破片的大小和数量,提高杀伤能力。图 10.20 所示的 100-2 型航空杀伤炸弹采用壳体内刻槽方式,炸弹由带有刻槽的弹体、装药、弹耳、安定器和引信等组成,其主要战术技术性能参数见表 10.9。

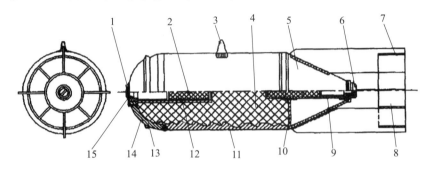

1,6—防潮塞;2—传爆药柱;3—弹耳;4—炸药;5—尾锥体;7—外圈;8—内圈;9—尾部传爆管;10—隔板;11—圆柱体;12—头部传爆管;13—弹道环;14—弹头;15—连接螺套。

图 10.20 100-2 型航空杀伤爆破炸弹

(1)弹体。弹头呈半球形,由厚度为 22mm 的钢板制成,前端有螺孔,弧面上焊有弹道环,弹道环外径与弹体直径相等。弹身由铸钢制成,内壁铸有 10 条环形锯齿形沟槽;最大壁厚 28mm,最小壁厚 18mm,槽距 40mm;其前、后端分别与弹头和尾锥体隔板焊成整体。尾锥体由厚 2.5mm 钢板制成,锥度 26°,前端与尾锥体隔板焊接,尾端与尾部螺套焊接。头尾各有一个传爆管,头部螺套和传爆管壳体焊成一体。头部传爆管内装 2 节特屈儿药柱,每节为 0.168kg,药柱装在布袋里,塞入传爆管内,并被衬纸筒压紧。尾部传爆管焊在尾锥体后端,由尾部螺套、传爆管壳和传爆药柱组成。

(2)装药。装梯恩梯炸药,尾锥体内不装药,使质心前移,有利于弹道稳定。

(3)弹耳。有一个弹耳,由 30 号钢模锻制成,焊接在炸弹质心处。

(4)安定器。形状为双圆筒式,由厚 2.5mm 钢板制成,焊在尾锥体上,它包括 4 个翼片、4 个支板、1 个内圈和 1 个外圈。

(5)引信。可配用航引-1、航引-2、航引-7、航引-8 引信。通常头部配用航引-8,尾部不装引信;或头尾均为航引-1 或航引-7,并且使用状态相同。

表 10.9 100-2 型航空杀伤炸弹主要战术技术参数

诸元	参数值	诸元	参数值
全弹质量(未装引信)/kg	140	破片密集杀伤半径/m	46.7
装药质量/kg	39.8	破片有效杀伤半径/m	53.9
装填系数	0.284	破片飞散平均初速/(m·s^{-1})	1168
弹长(未装引信)/mm	1055~1080	4g 以上破片数	2867

续表

诸元	参数值	诸元	参数值
弹体直径/mm	280	距爆心10m处冲击波超压/Pa	59290
安定器翼展/mm	307~311	距爆心20m处冲击波超压/Pa	18228
弹头端面至质心距离/mm	365	标准下落时间/s	22.29

以头部配用航引 – 8、尾部不配引信为例介绍其工作原理。当炸弹投下后，经13～17s（引信延时器延时时间和旋翼控制器延时时间之和），旋翼失去控制，在气流作用下迅速旋掉。此时，引信的无线电装置开始工作。当炸弹落到距目标较近时，利用多普勒效应，使引信点火起爆，进而使炸弹在距目标较近的上方爆炸，产生杀伤破片和冲击波，以此来杀伤敌方有生力量和破坏武器装备。

航空杀伤爆破炸弹爆炸时，炸药沿圆柱部表面炸碎弹体，有65%～90%的破片在与弹轴成50°夹角范围内向四面飞散。因此，炸弹的落角和入土深度对能否充分发挥航空杀伤爆破炸弹的效能有重要的影响。

为了使更多的弹片作用于地面目标。各国在杀伤炸弹上增加了减速伞，以增大落角，使弹轴能接近垂直地面，降低落速，使炸弹不致侵入土壤。苏军在OΦAB – 100 – 123Y杀伤爆破炸弹上加装了伸缩杆式起爆机构。炸弹投下10s±1s以后，从头部伸出约1.5m的长杆。炸弹命中目标时，探杆头部接电片接通引信而起爆，使炸弹在离地面1.5m处爆炸。新型航空杀伤弹则在弹头上配用无线电近炸引信、激光近炸引信。无线电近炸引信利用无线电本身发出的无线电波，并接受从目标反射的回波，当炸弹距离目标越来越近，回波越来越强，以致接近目标（如地面兵器、水面舰艇）到一定距离（5～10m）时，信号达到临界强度时，引信电雷管起爆，引爆炸弹，使炸弹在距离地面0.5m到数米的高度上爆炸，从而增大了杀伤效果。为了进一步提高杀伤威力，有些型号采用了预制破片技术。

10.4.3 航空反跑道炸弹

二战后，反航空兵作战成为现代战争的重要需求之一，对航空兵进行打击、压制敌方空军活动成为争夺制空权的重要手段。打击和摧毁敌方机场跑道，进而攻击停放在地面的飞机，阻滞敌方飞机升空作战，对于取得空中优势、夺取制空权至关重要，是反航空兵作战中最有效的战术之一。例如，1967年中东战争中，以色列利用"混凝土破坏者"反跑道炸弹攻击埃及的机场，造成几个小时内埃及空军瘫痪，成为经典战例。此后，反跑道炸弹引起各国的重视，发展成为一个专门的航空炸弹类型。

1. 反跑道炸弹结构及特点

对于机场跑道、坚固的混凝土工事等目标，利用爆破弹在目标外爆炸产生的毁伤效果较差或者毁伤效率较低，炸弹侵入到目标内适当深度爆炸才能产生合理的破坏深度及破坏范围，获得最佳毁伤效果。要实现这个目标，主要依靠投弹后炸弹在弹道上的加速度来获得足够的动能，高度越高，炸弹在落下过程中受重力加速时间越长，获得的末速度越大，侵彻能力也就越大；反之侵彻能力越小。由于机场跑道宽度一般只有50～90m，为了提高命中精度，航空反跑道炸弹要求低空投放、高速度和大着角着靶，但这三者是相互矛盾的，解决这一矛盾的常用措施是：飞机在低空投弹，炸弹投下以后，在飞行弹道上先减速而后增速,减速的目的是使低空投弹的飞机飞离炸弹爆炸点时有足够的安全距离,同时也使炸弹增大落角,以利于侵彻目标,避免跳弹;后增速,可以使炸弹在有限的高度内获得足够贯穿能力侵入跑道一定深度处爆炸,形成爆坑,使道面松裂、隆起,使跑道失去使用功能且不易修复。其减速装置有降落伞式和制动火箭式两类,采样制动火箭减速系统复杂、成本较高,后来发展的反跑道炸弹多采用降落伞减速和调整姿态。

航空反跑道炸弹结构与一般炸弹有所不同,除了战斗部、引信装置、安定器等普通航空炸弹的结构组成外,航空反跑道炸弹通常有火箭发动机和带减速伞的伞舱等结构。BetAB-500ShP航空反跑道炸弹总体构成及战斗部结构如图10.21所示,根据反跑道的作用需求,战斗部头部设计为截头弧形结构,壳体材料为高强度钢,壳体靠近头部的部分弹壁较厚,向后逐渐变薄,内装107kg高能炸药。壳体上焊有两个间距250mm的弹耳,用于飞机挂载。弹体的底部有3个杯状筒和衬筒。电源组件、转换机构和引信分别安装在3个杯状筒里。炸弹的炸药通过衬筒装填到炸弹壳体内,装药后用垫圈和盖板密封,当炸弹在飞行过程中遭受气动加热时,炸药膨胀的溢流可以流到衬筒内。火箭发动机通过由上、下两个半环构成的固定环与战斗部底部连接。发动机的作用是在减速伞系统脱离后使炸弹加速运动,以获得侵彻跑道等目标所需要的速度。伞舱是由铝合金焊接而成的壳体结构,伞舱尾部外圆面上焊有4个相互垂直的稳定翼片。炸弹尾部的伞舱用于安装减速伞系统、十字接头、传感器和解脱机构。减速伞系统由减速伞、连接环和解脱环组成,十字接头的主要作用是固定解脱机构,解脱机构的主要作用是实施锁定和释放减速伞系统。传感器的作用是当减速伞完全张开时,拔出保险销,接通引信装置的总电路,解除二级保险。

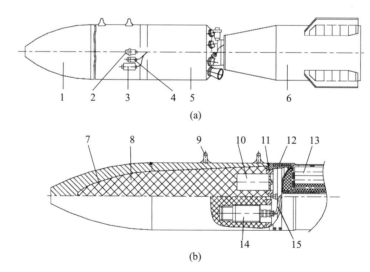

1—战斗部;2—转换机构;3—引信;4—电源组件;5—发动机;6—伞舱;7—壳体;8—炸药装药;9—弹耳;10—衬筒;11—弹底;12—固定环;13—发动机;14—引信;15—电缆。

图10.21 BetAB-500ShP航空反跑道炸弹
(a)反跑道炸弹总体构成简图;(b)反跑道炸弹战斗部结构示意图。

BetAB-500ShP航空反跑道炸弹采用了触发式保险型引信装置,具有两级保险和独立电源。其主要作用是给炸弹起爆和执行机构发送电脉冲指令,使炸弹按照作用过程实施开伞、抛伞、发动机点火,当炸弹碰击目标后发出起爆脉冲,使炸弹经过一定延期时间后爆炸。引信装置主要由引信、电源组件、转换机构、电启动装置、传感器和电缆等组成。

航空反跑道炸弹结构与一般炸弹不同。虽然它的基本结构也是由弹体、尾锥部、稳定尾翼、弹耳、传爆管、装药和引信等组成,但具有以下结构特点:

(1)炸弹的弹体壁较厚,弹体一般采用高强度的合金钢材料制造。
(2)弹头形状采用流线型,可以减小空气阻力,提高落速和侵彻能力。
(3)弹头不装引信,只有弹尾部安装引信,以保证弹体强度。
(4)由于弹壁较厚,所以装药量少、装填系数较小。

2. 典型反跑道炸弹

航空反跑道炸弹除攻击机场跑道外,还可攻击机库、港口、铁路及其他有混凝土保护的目标。这类炸弹的圆径常为几十至数百千克,典型的反跑道航空炸弹有法国的"混凝土破坏者"、迪朗达尔(Durandal)、BAP100,俄罗斯的BetAB-250、BetAB-500和BetAB-500ShP等。其中,迪朗达尔和BAP100是装备数量和国家最多的。

1) 迪朗达尔反跑道炸弹

迪朗达尔反跑道炸弹是法国在20世纪70年代中期为满足空军对反机场跑道武器的需求而研制的,1968年由德国公司完成了概念论证,1971开始由法国玛特拉(Matra)公司开始研制,1977年开始投产,从最初方案设计时就要求适用于所有北约的能实现低空对地攻击的固定翼飞机挂载,适应投放高度范围为61~10000m,装备于"幻影"Ⅲ、"幻影"Ⅴ和F-111、F-4、F-16等飞机。1986年发展了可编程引信型(可延时数小时),2005年开始,玛特拉公司可以在基型基础上根据客户需求定制。截至2001年,全世界19个国家共购买了15000发,其中美国订购8000发。

迪朗达尔反跑道炸弹结构如图10.22所示,该弹由圆弧形头部、圆柱形弹体、十字形尾翼、双降落伞减速调姿系统、火箭助推发动机、延期火药式程序控制器、战斗部和引信,以及标准间距为356mm的双弹耳组成。其主要战术技术指标见表10.10。

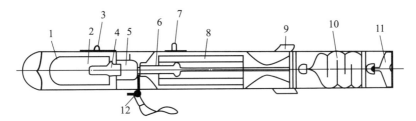

1—战斗部;2—炸药装药;3,7—挂弹籀耳;4—引信;5—烟火程序器;6—点火器;
8—火箭助推发动机;9—尾翼;10—主伞;11—导引伞;12—点火器安全装置。

图10.22 法国迪朗达尔反跑道炸弹

表10.10 迪朗达尔反跑道炸弹主要战术技术性能

弹径/mm	223	翼展/mm	430
弹长/mm	2490	配用引信	触发延期引信(1s至数小时)
质量/kg	200	减速装置	降落伞
战斗部质量/kg	100	助推装置	火箭发动机
炸药(TNT)/kg	15	撞击目标速度/Ma	0.79

续表

装填系数	0.08	侵彻爆破威力/m	炸坑深度 2~3 炸坑直径约 5 侵彻混凝土层厚度 0.4
尾翼装置	"十"字形	破坏面积/m²	150~200

迪朗达尔反跑道炸弹战斗部质量100kg,弹体由高强度锻钢材料制成,内装15kg梯恩梯,炸弹命中目标时的质量为150kg,由延期引信经1s至数小时延时引爆。固体火箭助推发动机装药有两种型号,即原型和改进型。原型为3根表面钝化径向燃烧双基火药,每根药柱直径为203mm、长732mm,装药质量为21kg。改进型为6根表面钝化径向燃烧火药,每根药柱直径为63mm、长757mm,装药质量为19.5kg。火箭助推发动机推力为9180N,工作时间为0.45s,能将炸弹加速到260m/s的最大速度。程序控制器为延期火药机构,其作用是对炸弹的减速下落和加速侵彻过程进行控制,既使炸弹对目标有最大破坏效果,又能保证载机不受炸弹爆炸的影响。

迪朗达尔反跑道炸弹的投放过程如图10.23所示,炸弹从载机投放后,炸弹的后舱盖在迎面气流作用下飞离并拉出引导伞,并使程序控制器工作,程序控制器延时器燃烧终止时,所生成的燃气推开伞箱,致使伞箱和引导伞被抛开,同时拉出主减速伞。主减速伞打开后,调整炸弹的速度和落角,炸弹以20m/s的速度下降,炸弹的落角调整到30°~40°,保证炸弹的落角远大于其跳弹角。

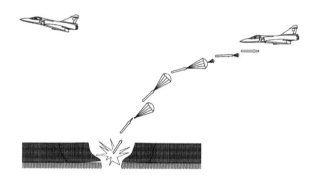

图 10.23 迪朗达尔反跑道炸弹的投放过程示意图

当延时器燃烧终止时,烟火程序控制器使火箭发动机点火装置解除保险,同时引信也解除保险。在载机远离炸弹达到安全距离时,程序控制器使助推火箭发动机点火工作,并抛掉主减速伞。此时炸弹以火箭提供的速度加炸弹原有的速度运动,保证炸弹以30°~40°的落角、200~260m/s的落速侵彻混凝土跑道。炸弹侵彻跑道延时1s后起爆(此时已侵彻混凝土厚400mm),能造成深2m、直径5m的弹坑,形成150~200m²的道面隆起和裂缝破坏区域。如果使用2~3架幻影飞机,每架带6~8枚炸弹,对飞机跑道破坏后,可以使一条飞机跑道在一定时间内不能使用。

2) BAP100反跑道炸弹

BAP100反跑道炸弹是法国20世纪70年代中期为战术攻击飞机执行反航空兵作战、攻击空军基地而研制的一种轻型反跑道炸弹,与口径较大的迪朗达尔配合使用,以满足纵深打击需求,装备于"幻影""美洲虎"等飞机上。如图10.24(a)所示,炸弹主要有战斗部、引信、悬挂联锁装置、助推固体火箭发动机、尾翼组件、降落伞、过程控制器、加速度计等组成。弹体细长,外形类似于一根加长的炮管。相比迪朗达尔,BAP100 的对机载火控系统的要求较低,尺寸和重量都比较小,其使用方式更加灵活,不仅可以单独使用,也可将多枚炸弹组合采用复合挂架集束挂载,以充分利用载机的挂弹能力,满足反跑道攻击所需的投弹量。其主要战术技术性能见表 10.11。

表 10.11　BAP100 反跑道炸弹主要战术技术性能

诸元	参数值	诸元	参数值
弹径/mm	100	翼展/mm	110
弹质量/kg	32.5	尾翼装置	"十"字形
弹长/mm	1780	减速装置	降落伞
装药(TNT)/kg	3.5	引信装置	触发延期引信(0.5s 至 6h)
装填系数	0.108	侵彻爆破威力	侵彻 300mm 厚混凝土层,破坏面积为 $40m^2$

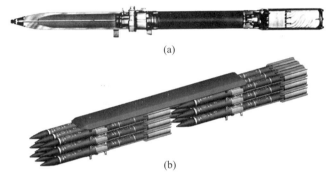

图 10.24　BAP100 反跑道炸弹
(a)BAP100;(b)多枚 BAP100 联装。

BAP100 反跑道炸弹打击机场跑道的过程如下:飞机起飞前,战斗人员装定程序控制器,投弹后 0.5s,即炸弹在载机下方大约 3m 处,程序控制器使尾部降落伞舱盖打开,曳出降落伞,调整炸弹的空中飞行姿态,加速度计对炸弹的负加速度进行检测;投弹后 0.75s,程序控制器使引信解除保险;投弹后 2.25s,程序控制器使助推火箭发动机进入点火程序;投弹后 4.25s,发动机点燃,开始工作,同时抛掉降落伞,炸弹以大约 65°落角加速下降,速度由 25m/s 增至 230m/s,使得炸弹以较高的动能侵入目标内部,经预定延时后爆炸毁伤目标,作用可靠度可达 95%。

10.4.4　航空燃烧炸弹

航空燃烧炸弹是指具有纵火和燃烧效应的航空炸弹。燃烧作用是利用弹体内的燃烧剂所产生的高温火焰引燃或烧毁目标。燃烧作用的大小取决于燃烧温度、燃烧时间、火焰大小、燃烧剂的散布面积以及目标的易燃程度等。燃烧温度是指燃烧剂燃烧时所能达到的最高温度。燃烧剂散布面积是指航空燃烧炸弹爆炸后产生的有效火种在地面上散布的面积。燃烧剂散布半径是指航空燃烧炸弹有效火种散布的平均半径。燃烧时间是指有效火种从点燃到熄灭的时间。

航空燃烧炸弹常用的燃烧剂主要有铝热燃烧剂、镁燃烧剂、凝固汽油燃料、黏性钡镁铝合金燃烧剂、聚丁二烯燃烧剂等。

航空燃烧炸弹有集中型和分散型两类。集中型燃烧炸弹圆径较小,一般在5kg级以下,碰击目标后产生一个集中火种。分散型燃烧炸弹圆径较大,一般为100～500kg级,每颗炸弹爆炸后,分散成多个火种,在较大面积上引燃或烧毁目标。

10.5 制导航空炸弹

10.5.1 制导航空炸弹分类与组成

制导航空炸弹是指带制导控制系统的航空炸弹,在飞行中利用控制机构产生气动控制力改变炸弹的速度方向和大小,使其按预定的弹道或导引规律飞向目标。制导航空炸弹是重要的制导兵器之一,可用于精确打击机场、铁路、公路、大型设施、通信指挥中心、坦克集群、桥梁、工事、车辆、集结部队等目标。

二战期间,德国研制了能根据无线电波束校正轨迹提高命中精度的制导炸弹。为了克服无线电制导易受电子干扰的缺点,美、俄等国于20世纪60年代开始研制采用激光、图像等制导技术的制导航空炸弹,在越南战争期间开始大量使用,越南战争之后,制导炸弹得到了很大发展,成为航空炸弹发展的主力。从国外制导航空炸弹的发展历程来看,一部分是利用普通航空炸弹战斗部和相对成熟、成本较低的制导控制技术改制而成;一部分是通过新研制,根据需要研制高性能、低成本、抗干扰的制导炸弹。

制导航空炸弹具有命中精度高、威力大、成本低、效费比高、使用方便、适于大量装备等优点,其应用推动了航空炸弹从数量优势向质量优势转化,也为有效利用大量库存常规弹药开辟了新途径。纵观近几十年的历次局部战争,制导炸弹等空地制导武器使用量呈现明显上升趋势,以美军为例,1991年海湾战争中制导炸弹使用比例为8%,2003年伊拉克战争中制导炸弹的使用比例则达到了70%。制导炸弹在未来战场上的使用比例将会越来越高,发挥不可替代的作用。

1. 制导航空炸弹的分类

根据不同的分类原则,制导航空炸弹可以有很多种分类方法,根据制导系统进行分类是常用的分类方法之一。

根据制导系统的工作是否与外界发生联系,制导航空炸弹可分为自寻的制导航空炸弹、自主制导航空炸弹和复合制导航空炸弹3种,具体分类详见图10.25。

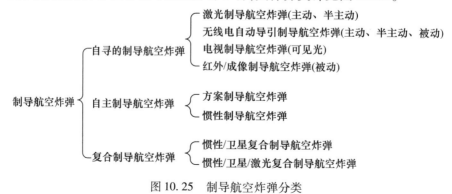

图 10.25 制导航空炸弹分类

目前最常见的制导航空炸弹是采用自动导引系统的自寻的制导航空炸弹,其次是自主制导航空炸弹和复合制导航空炸弹。

2. 制导航空炸弹的组成及功能

制导航空炸弹一般由导引头、控制系统、引信、战斗部系统、气动控制面以及机弹间机械接口和电气接口等组件等组成。

制导控制系统根据末制导的需求配装导引头,它由制导系统和控制装置构成。制导系统用来探测或测定制导炸弹相对目标或发射点的位置,按照要求的弹道形成制导指令,并将指令发给控制系统。控制装置按照制导指令操纵炸弹按要求的弹道飞向目标,同时控制并稳定炸弹弹体姿态。

引信用于控制战斗部在相对于目标最有利的位置或时机起爆,以充分发挥其威力。制导炸弹常用的引信主要有触发引信、近炸引信、周炸引信、时间引信和指令引信等。当炸弹直接撞击目标作用时,触发引信引爆战斗部毁伤目标。当制导炸弹需要飞行至目标附近作用时,近炸引信探测目标,并按照预定要求引爆战斗部毁伤目标。侵彻爆破弹的引信还具有延时可控的计时间、计层数、计行程和可编程等功能。安全和解除保险机构用于炸弹在地面勤务操作中、挂飞状态下及炸弹发射后飞离载机一定的安全距离内,确保炸弹战斗部不会被引爆,而当炸弹飞离载机一定的时间和距离后,确保炸弹能够可靠地解除保险,根据引信的启动信号引爆战斗部。

战斗部是制导航空炸弹的有效载荷,炸弹对于目标的毁伤是由战斗部来完成的,其威力大小直接决定了对目标的毁伤效果。从结构上分有整体式和子母式两大类型;从功能上分有杀伤、爆破、侵彻爆破、聚能爆破、云爆和软杀伤等类型。特种战斗部还可装有电磁、遮断、干扰、照明或指示目标的物质。

气动控制面组件由翼面组件及舵面组件构成,用于产生飞行所需的气动力。

现代战争中需空军实施攻击的地(海)面目标种类繁多,其运动特性、易损特性、尺寸形状等差别很大。制导炸弹通常只能对地(海)固定目标或低速运动($\leqslant 40 km/h$)目标实施攻击。通常通过炸弹的命中精度、载机适应性、投弹条件、投弹方式、可靠性、环境适应性等技术指标评价炸弹的性能。

3. 制导航空炸弹的特点

制导航空炸弹是介于普通航空炸弹与战术空地导弹之间的弹种,适合多种飞机挂装和投放,具有不同于普通航空炸弹的独特之处。

(1) 精度高。普通航空炸弹采用直接瞄准、定点投放,命中精度受到投弹高度、速度影响较大,CEP 在几十至几百米;制导炸弹可在一个空域投放,命中精度基本不受投弹高度和速度影响,CEP 可达 10m 以内,新型制导炸弹的 CEP 可精确到 1m 左右。

(2) 威力大。与空地导弹相比,制导炸弹战斗部重量占全弹总重的 80%,明显高于空地导弹(30%~40%),在总重量相同的情况下,制导航空炸弹的装药量大,毁伤威力也要大得多。

(3) 可实现防区外发射。普通航空炸弹命中精度受到投弹高度和速度等诸多因素影响,为了实现预期的命中精度,要求载机低空近距离投掷,载机安全受到严重威胁。制导炸弹能够控制和修正弹道误差,提高命中精度,可在较远距离投掷,增程型制导炸弹采用在敌防御火力圈之外发射,实现远距离攻击,提高了载机的生存能力。

（4）效费比高。制导航空炸弹的价格虽然比普通航空炸弹高得多，但是由于命中精度提高，所以作战的效费比高。一枚制导航空炸弹可以实现几十至上百枚普通航空炸弹的作战效能，可大幅降低飞机的出动架次，使昂贵的载机损失风险急剧降低。

（5）与空地导弹相比，结构简单、成本低廉，便于改进和改型，使用与保障勤务较之于空地导弹要简单得多，使用方便，适于大量装备使用。

由于制导航空炸弹独特的优点，得到了世界各国的高度重视，美国、英国、法国、俄罗斯、以色列、中国和南非等国家相继发展了多种型号，广泛应用于现代战争，成为世界上装备规模最大、使用数量最多的精确制导武器。不过，与空地导弹相比，制导航空炸弹飞行速度较低，容易被防空火炮拦截。制导航空炸弹飞行速度通常由发射时的飞机速度决定，一般为 $0.8Ma$，空地导弹的速度则可以达到 $3Ma$。

目前，世界各国研制装备的制导航空炸弹主要有激光制导炸弹、图像制导炸弹、卫星制导炸弹等。

10.5.2 激光制导航空炸弹

20 世纪 60 年代，为了克服无线电制导易受电子干扰的缺点，适应现代战术攻击飞机实施精确空地打击，美国空军把激光制导技术用于普通炸弹，在普通航空炸弹上加装激光导引头和气动力组件，改进发展成为激光制导炸弹，这在航空炸弹发展中是一个新飞跃，极大地提高了普通航空炸弹在现代常规战争中实施战术空地攻击的效能。激光制导炸弹的结构基本相同，由激光导引头、制导控制装置、战斗部（爆破或侵彻弹等）和飞行稳定装置等组成。典型激光制导航空炸弹结构如图 10.26 所示。

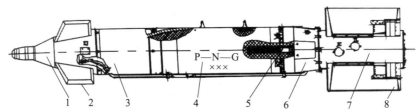

1—激光导引头；2—控制翼；3—前过渡舱；4—战斗部舱；5—引信；6—尾部过渡舱；
7—尾部仪器舱；8—安定器。

图 10.26 典型激光制导航空炸弹

激光制导炸弹一般使用半主动寻的制导方式，利用载机或者其他平台上的激光照射器，先向目标照射激光束，炸弹投放后，炸弹上的激光导引头接收目标反射的激光束，经光电变换形成电信号，输入到控制系统，计算出制导炸弹在飞行中与目标的方向偏差，控制系统控制舵机做出相应调整，引导炸弹准确飞向目标。

激光制导航空炸弹抗干扰能力强，使用简便，命中精确度高，圆概率误差可控制在 $1 \sim 4m$ 范围，而普通航空炸弹则为 200m 左右，因此，激光制导炸弹可充分发挥战斗部毁伤威力，使其成为有生命力的武器；模块化制导组件可装在多种标准的航空炸弹上，规模化使用成本低，效费比高。目前，激光制导存在的主要问题是易受气象条件影响，激光容易被云、雾、烟、雨、雪等吸收，导致激光制导航空炸弹不能在复杂气象环境下使用；采用半主动式制导，在炸弹命中目标之前，激光束必须一直照射目标，激光器的载体平台易被敌方发现和遭受反击危险。

在激光制导炸弹的研制发展中,美国、俄罗斯(苏联)、法国等较早发展和装备了自己的系列产品。随着光电子、计算机及控制技术的发展,激光制导炸弹发展已经历三代。尤其以美国"宝石路"系列的发展最具有代表性,基本上反映了激光制导炸弹的发展历程。为了满足越南战场的实战需要,1965年美国空军开始评估激光半主动制导的概念,1968年研制出工程样弹,在越南战场秘密进行投弹鉴定,取得满意的结果,随后开始投入生产,这就是最初的"宝石路"Ⅰ型激光制导炸弹,即第一代激光制导炸弹。它采用风标式激光导引头、继电式控制和固定尾翼,圆概率误差≤10m,"宝石路"Ⅰ型是世界上使用最早和装备数量最多的激光制导炸弹,主要用于中、高空近距离水平或俯冲投放,要求投弹高度大于1500m,现已淘汰。

20世纪70年代研制的"宝石路"Ⅱ型(GBU-10、GBU-12、GBU-16、GBU-58),基本克服了要求投弹高度大于1500m的缺点。采用折叠翼,提高了武器的稳定性与机动能力,增加了载机的武器装载密度,从而便于飞机携带和提高升力,适用于中、低空较远距离投放,可攻击更远距离的目标,改善了机动性和灵活性,扩大了投放包络线。仍采用激光风标式导引头,但是采用了比较先进的激光接收机和微处理器,在位标器中对接收到的激光信号进行编码,增强了抗干扰性,提高了对目标的识别能力,命中精度提高到6m以内,目前仍在大量装备和使用。其缺点是在能见度较低时不能可靠命中目标。

第三代激光制导炸弹是美国20世纪80年代初开始研制的"宝石路"Ⅲ型(GBU-22、GBU-24、GBU-27)激光制导炸弹,如图10.27所示,它加装了翼面增大的弹翼,增加了尾翼面积,滑翔距离比较远,拓宽了投放包络,提高了载机生存能力。不同炸弹的投放包络对比如图10.28所示。配有陀螺仪和处理控制指令的微处理机,使用了比例导引规律制导,从根本上改进了速度追踪导引规律所带来的原理性制导误差,提高了一次命中目标的概率,CEP可达3m左右。20世纪90年代以来发展了增强型"宝石路"Ⅲ型,即在GBU-27的基础上加装捷联惯性/卫星(INS/GPS)复合制导装置,成为具有全天候、多目标攻击能力和很高命中精度的制导航空炸弹。其制导体制为全程双模制导,兼具有INS/

图10.27 "宝石路"Ⅲ型激光制导炸弹

GPS 和半主动激光制导的优点,并相互补充,克服各自的缺点,提高了攻击能力。可应用爆破、侵彻等多种战斗部,采用先进的制导技术和战斗部技术,使得激光制导炸弹的作战使用范围和对硬目标的打击能力都比普通炸弹有大幅度提高。例如,GBU-28 激光制导炸弹,采用 BLU 系列侵彻爆破战斗部,提高了毁伤硬目标的能力。它的引信是一种可辨识炸弹侵彻过程的智能引信,该引信可将炸弹侵彻硬目标过程中的相关数据与内装程序数据进行比较,以确定钻地深度。当炸弹钻到地下掩体时,会自动记录穿过的掩体层数,到达指定掩体层后爆炸,它能钻入地下 6m 深的加固混凝土目标或侵彻约 30m 深的土层。图 10.29 所示为 GBU-28 制导炸弹与普通炸弹对硬目标侵彻能力对比及其打击硬目标的作用过程。

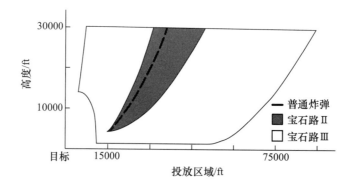

图 10.28　不同炸弹投放包络对比(1ft≈0.3m)

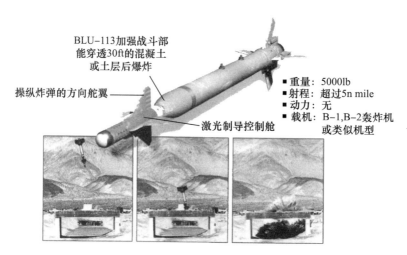

图 10.29　GBU-28 激光制导炸弹侵彻能力及作用过程

美国 20 世纪 90 年代又开发了发射后不用管的"宝石路"Ⅳ型制导炸弹,采用红外图像/毫米波雷达制导,命中精度达到 1m。具有自动搜索、捕获、识别目标和寻的能力,实现了"发射后不管"的全天候工作。

我国从 1977 年开始研制第一代激光制导炸弹,并被命名为 7712 激光制导炸弹。雷霆 2(LT-2)型激光制导炸弹是我国研制的第二代激光制导炸弹,它由激光导引头舱、战斗部、尾部控制舱及过渡连接舱等部分组成,采用风标式导引头,制导方式是激光半主动寻的末制导,导引规律采用速度追踪。随着技术发展,我国发展了第三代激光制导炸弹。它们均采用激光半主动末端寻的制导体制,需要激光照射器配合使用,基本型激光制导炸弹命中精度为5m,改进型激光制导炸弹命中精度可达3m。

10.5.3 电视制导航空炸弹

电视制导是制导炸弹上的电视导引头利用目标反射的可见光信息实现对目标的捕获跟踪、导引制导炸弹命中目标的被动寻的(不易被敌方发现)制导技术。电视导引头是制导系统的核心部分,主要由电视摄像机、转换电路和陀螺稳定跟踪平台组成。由于利用可见光,目标与环境的反差越大就越容易识别目标,所以系统的角分辨力高、精度高、抗电子干扰能力强,但是只能在白天或能见度较好的条件下使用,不能取得距离信息,无全天候使用能力。电视制导主要有电视寻的制导和捕控指令电视制导两种方式。具体采用哪一种制导方式与弹的射程有关,电视摄像机能清晰摄取目标的距离一般在20km以内。对于攻击近距离目标的武器,可以采用电视寻的制导,对于电视导引头不能在发射前截获目标的情况,采用捕控指令电视制导。

电视制导武器已在战争中多次使用。20世纪60年代,美国首先研制并使用了电视制导炸弹,典型产品是"白星眼"系列电视制导炸弹。AGM-62A"白星眼"于1967年装备美国海军,并在越南战争应用,采用了发射前锁定,"打了不管"的制导方案,使用它在作用距离上受到限制,而且采用的MK58战斗部威力有限。为解决此问题,研制了"白星眼"Ⅱ及增程"白星眼"Ⅱ,"白星眼"Ⅱ采用威力较大的MK87战斗部,增加了双路数据传输、指令制导和发射后锁定的功能,增大了弹翼,减小了导引头。实现了远距离投放、中程方案制导或指令制导、末段人工锁定、自动或被动制导直至命中目标。"白星眼"系列制导炸弹的圆概率误差为3~4.5m,增程"白星眼"Ⅱ的射程可达56km,有效拓展了应用范围。以色列拉法尔公司在引进美国电视制导炸弹的基础上研制了"金字塔"电视制导炸弹,其制导精度达到1m,于1989年开始进入以色列空军服役。

俄罗斯在电视制导炸弹方面发展较为活跃,在20世纪80年代发展了КАБ-500Кr和КАБ-1500Кr两种电视制导炸弹。采用陀螺稳定的电视图像导引头实现比例制导,使用时通过机上观瞄设备搜索捕获目标,并交联到导引头,投弹后导引头自动识别和跟踪目标并导引炸弹击毁目标,实现了"发射后不管"。炸弹主要由三轴陀螺稳定电视图像导引头、闭环线性控制燃气舵机、自动驾驶仪、定时逻辑控制单元、涡轮能源组件、战斗部及引信、过渡结构及翼组件构成。КАБ-500Кr采用固定弹翼,射程较近,命中精度为4~7m,КАБ-1500Кr采用КАБ-500L激光制导炸弹的可折叠弹翼,射程较远。

10.5.4 红外制导航空炸弹

物体的温度高于绝对零度时会辐射红外线,红外线的波长为0.76~1000μm,在整个电磁波谱中位于可见光与无线电波之间。红外线和可见光一样都是沿直线传播的,红外线波长比可见光长,在大气中传播时衰减比可见光小,因此红外线的传播距离比较远,而且它可穿透浓雾和烟雾,在目视能见度2km的情况下,用红外线可看到40km外的较大目标,而且昼夜效果一样。红外制导炸弹是利用红外跟踪和测量方法导引和控制炸弹飞向被攻击目标的,制导炸弹上的红外导引头接收来自目标辐射的红外信号,经过光学调制和信息处理后,得出目标的位置参数,用于跟踪目标和控制炸弹飞向目标。根据探测和处理信息的方式不同,红外制导分为红外点源式自寻的制导和红外成像式自寻的制导。点源式的探测系统只响应目标对系统的总辐射功率,或者说响应其平均照度,它不能显示目标的形状,只能把目标作为一个点辐射源来响应,由于采用以调制盘调制为基础的信息处理,无法排除张角很小的点源红外干扰或复杂的背景干扰,也没有区分多目标的能力。红外成像也称热成像,是利用目标的热图像,由高速微处理机对景物图像作实时处理,模拟人对物体的识别,在复杂的自然背景和人为干扰条件下,识别目标及其要害部位。红外成像探测的是目标和背景间微小的温差或者自辐射率差引起的热辐射分布图像,目标形状的大小、灰度分布和运动状况等物理特征是它识别的理论基础,成像的实质在于成像器件取得目标各部分的辐射功率分布图。红外成像能够使炸弹直接命中目标或命中目标要害部位,是一种高效费比的导引技术,是红外制导的主要发展方向。

红外成像就是将物体的自然红外辐射变成可见光进行显示或摄像,获得物体的图像。红外成像制导方式与电视制导一样,也可以采用图像对比制导,其差别是红外探测器采用敏感红外辐射信号而不是可见光,红外成像制导昼夜都可工作,但是,红外荧光屏清晰度低,所以图像不如电视荧光屏清晰。若采用红外电视双重制导系统,两者可以互补,这种双重制导方式借助目标的红外自然辐射可从屏幕上看到那些伪装和隐蔽的目标,可辨别套上伪装网的坦克、装甲车、飞机等。

美国空军为了提高在攻击严密设防的目标时的突防能力和生存能力,于 20 世纪 70 年代开始研制可实施防区外精确打击的武器系统。1975 年,由美国波音公司研制的 GBU-15 模块化制导滑翔航空炸弹应运而生,它采用模块化结构设计,包括制导模块、控制模块和战斗部模块,制导模块可以采用 WGU-10/B 红外成像寻的器或 DSU-27A/B 电视寻的器,GBU-15 模块化结构如图 10.30 所示。它以不同的模块组合来满足不同的攻击战术要求,应用于不同的攻击目标和气象条件,使用 DSU-27A/B 电视寻的器可用于日间攻击,WGU-10/B 红外成像寻的器可适于不良气候条件下或夜间攻击。

图 10.30　GBU-15 模块化结构配置

GBU-15 制导航空炸弹的战斗部模块可配用两种战斗部:一种是 MK84 型通用炸

弹,战斗部装药为429kg含铝炸药,配用FMU-124A/B引信,用于攻击指挥中心、桥梁、机场、港口、高炮阵地、导弹发射场、铁路、桥梁等目标;另一种是BLU-109硬目标侵彻爆破战斗部,该战斗部装填243kg含铝炸药,配用FMU-143/B或FMU-143(D2)/B引信,或升级为FMU-152引信,弹体由高强度钢制成,具有极大的侵彻硬目标能力,专门用于攻击各种加固的掩体目标。控制模块集中在弹体的后端,负责高度、俯仰和偏航动作的飞行控制。另外,GBU-15还有自动导航装置以及气压式翼面制动,在控制模块后面还有数据传输系统,它是控制GBU-15制导航空炸弹的重要接口。

GBU-15主要装备在F-15E和F-111F飞机上,配用MK-84战斗部时,弹长3.96m,弹径为0.46m,配用BLU-109/B时弹长4.03m,弹径为0.37m,翼展为1.5m,发射质量为1154kg,最大投放高度为9091m,根据配用战斗部和作战需求不同,可以采用电视制导、红外成像制导、电视制导加INS/GPS、红外成像制导加INS/GPS等多种制导方式。

GBU-15制导航空炸弹对目标的攻击方式有直接攻击和间接攻击两种。在间接攻击方式中,当该弹由载机发射后便按照程序进行中途爬升和滑翔两个阶段飞向目标区域。当目标进入寻的器的视野之内时,飞行员可选择锁定目标进行自动终段导引,或选择手动方式将瞄准点对准目标特定的部位,直至炸弹命中目标为止。直接攻击方式用于仅配备光电设备而没有数据链舱的飞机,射手只要锁定目标后再发射,GBU-15便自动飞向目标,并对准炸弹寻的器所认定的瞄准点,直至击中目标。直接攻击方式还包含发射后锁定功能,即在双机攻击中,由一架配有数据链舱的飞机控制飞行中但未锁定目标的GBU-15炸弹,并将其导向目标。

10.5.5 联合直接攻击弹药(JDAM)

美国海军/空军于20世纪80年代末实施了一项旨在探索一条低成本、高精度投放的"先进炸弹"计划。该计划发展成为后来的联合直接攻击弹药(joint direct attack munition,JDAM)项目。1991年海湾战争之后,针对第三代激光制导炸弹在战争中暴露出来的各种缺点,美军开始实施"各种天气用精确制导弹药"计划,其目的是发展具有昼/夜、全天候、防区外、投射后不管、多目标攻击能力的第四代制导炸弹,JDAM即是计划项目之一。

JDAM是在现役航空炸弹(MK80系列等型号)上加装不同类型的制导和控制组件,组成多种型号的近距无动力滑翔式防区外攻击制导炸弹,典型JDAM的结构如图10.31所示,其主要特点是取下现役航空炸弹原有的尾翼装置,装上由惯性制导系统(INS)、全球定位系统(GPS)制导接收机和外部控制舵面组成的制导控制部件,形成JDAM内部结构的关键部件——GPS/INS制导控制尾部装置,并在弹身加装稳定弹翼。

1. 制导控制尾部装置

GPS/INS制导控制尾部装置在外形和尺寸上,与所取代的航空炸弹的稳定装置类似,使得JDAM制导炸弹可以适用于原来携带该航空炸弹的作战飞机。GPS/INS制导控制尾部装置由制导控制部件(GCU)、炸弹尾锥体整流罩、尾部舵机、尾部控制舵面等部件构成。制导控制部件是JDAM的核心,包括GPS接收机、惯性测量部件(IMU)和任务计算机三部分。为防止电磁干扰,各集成电路装在圆锥体内,外部装上锥形保护罩,从而起到保护作用。

(1) GPS接收机。两个天线分别装在炸弹尾锥体整流罩前端上部(侧向接收)和尾翼装置后部(后向接收),以便在炸弹离机后的水平飞行段和下落飞行段,能及时接收并

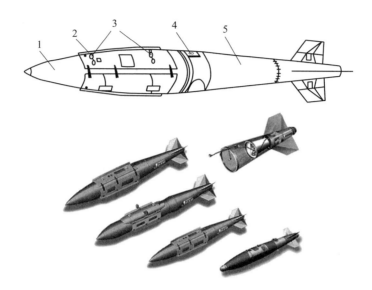

1—MK83战斗部；2—弹体稳定边条翼片；3—弹耳；4—1760电气接口；5—GPS/INS制导控制部件。

图 10.31　典型 JDAM 的结构组成示意图

处理来自卫星及载机的 GPS 信号,将它传输给弹载任务计算机,以便进行制导控制解算。

(2) 惯性测量部件。由 2 个速度计和 3 个加速度计以及相应电子线路构成,用于测量制导炸弹的飞行信息,并将其输给任务计算机,供后者解算。同时,在弹载 GPS 接收机出现故障或被干扰、遮挡而无法跟踪卫星时,可使炸弹在其单独制导下攻击预定目标。

(3) 任务计算机。根据 GPS 接收机和惯性测量部件提供的炸弹位置、姿态和速度信息,完成全部制导和控制数据的解算,并输出相应信息控制舵面偏转,引导炸弹飞向预定攻击目标。

2. 稳定弹翼

JDAM 弹体中部上加装了稳定边条翼片,以增加弹体结构强度、改善炸弹飞行时的气动性能,满足炸弹多目标攻击时的较大过载和立体弹道的要求。对各型 JDAM 制导炸弹来说,稳定边条翼片的结构形式相同,但具体结构和尺寸随弹体直径和长度而有所变化。JDAM 制导炸弹的改进型采用专门设计的稳定弹翼,以增大高空投放时的射程。

各种型号的 JDAM 能在北约不同的战斗机、轰炸机上挂载使用。JDAM 制导炸弹由于采用自主式的 GPS/INS 组合制导,因而具有了昼夜、全天候、防区外、投射后不管、多目标攻击的能力。GPS 技术利用一组地球同步轨道卫星确定地球上任一地点方位,具有较高的精度。INS 是一种自主式导航系统,它利用惯性仪表(陀螺仪和加速度计)测量运动载体在惯性空间中的角运动和线运动,根据载体运动微分方程组实时、精确地解算运动载体的位置、速度和姿态角,具有较好的抗干扰能力,两者互补,实现炸弹的精确制导。

JDAM 可配用 MK-83、MK-84、BLU-117、BLU-109 和 BLU-119 等多型战斗部,配用 FMU-139A/B、FMU-143A/B 和 FMU-152/B 等多型引信,从而形成 GBU-31、GBU-32 和 GBU-38 等 JDAM 系列制导炸弹型号。

JDAM 研制共分为以下二个阶段。

第一阶段是在现役的 MK 系列炸弹和 BLU-109 侵彻炸弹基础上,取下原有尾翼装置,换上图 10.32 所示的 GPS + INS 制导组件和自动驾驶仪及常用惯性测量组件组成的制导控制系统,安装在炸弹尾部,实现全程自主式制导;采用触发或延时引信,在 3000 ~ 13000m 高度范围内全天候投放,射程为 8 ~ 24km,命中精度达 CEP≤13m(纯惯导状态时 CEP≤30m)。

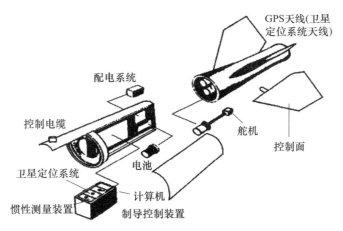

图 10.32　联合直接攻击弹药(JDAM)尾舱组件

第二阶段是在第一阶段的基础上,采用可编程引信,提高投放安全性和引战配合效率,采用新型主装药以增大威力。

第三阶段是在第一、第二阶段的基础上增加末制导导引头,可供选择的导引头包括红外成像导引头、毫米波导引头和合成孔径雷达导引头等,命中精度为 CEP≤3m。目前研究的低成本合成孔径雷达导引头,利用机载合成孔径雷达获取目标雷达图像,装定给导引头,可实现自动目标识别和跟踪。

随着作战需求的发展,美国不断对 JDAM 进行改进和提高,除了毁伤威力和打击目标范围的提升,还对 JDAM 的射程进行了提升,发展了增程 JDAM 型,即 JDAM - ER,如图 10.33 所示。JDAM - ER 是在 JDAM 基础上安装"钻石背"大升阻比弹翼组件,其滑翔距离可达普通 JDAM 的 3 倍,可达 72km,增加了射程,提高载机的生存能力,并增加攻击的突然性。

图 10.33　增程 JDAM 型 - JDAM - ER

10.5.6 小直径炸弹

面对作战环境、作战对象、作战需求的巨大变化,空军积极发展新型空地精确制导武器,以满足空地精确打击作战的需求。一方面,主力战斗机在高技术现代作战环境中必须用一种更加先进的全天候精确制导武器,以缩短交战循环(搜索、跟踪、识别、目标分配、交战、评估与再打击),不仅能有效摧毁预定范围内的目标,达到致命的攻击效果,且对周围环境产生的附带损伤减小到最低;另一方面,提高采用内埋式弹舱的隐身飞机等新一代空中平台的挂载能力,能在减少出动次数的前提下,提高摧毁地面目标的数目,使空中平台具备革命性的空中攻击能力,加快空战速度,降低摧毁目标成本。因此,小直径炸弹(small diameter bomb,SDB)成为重点发展的空地精确制导武器之一,以用于高效打击指挥控制掩体、防空设施、飞机跑道、导弹阵地、火炮阵地等多种目标。

1. 典型小直径炸弹

随着小型化雷达导引头、小型弹翼(可以延长炸弹飞行时间增加防区外发射距离)、小型惯性制导/全球定位系统组件以及高效能、低成本小型战斗部技术的发展,小直径炸弹研制的基础日益成熟。按照小尺寸、大威力、多挂载的技术路线,经过了多年的开发研制,美军研制并装备的典型产品有 GBU-39/B 和 GBU-53/B。

GBU-39/B 长 1.8m,直径为 190mm,重 113kg,战斗部采用多用途侵彻和高爆/破片战斗部,装填 22.7kg 不敏感高能炸药,战斗部配用通用可编程硬目标引信 FMU-152/B 或 FMU-155/B,可以在投弹前(而不是必须在装机前)选择引信的工作方式,根据目标类型可设定为延期、触发和空炸作用模式。这样,只需用一种引信就能够执行多种任务。该弹采用高强度和高韧性钢质壳体,以保证弹头内电子器件等装置能够在高速侵彻时形成的高温、高压等极端环境下正常工作,与 460kg 的 GBU-32 侵彻航弹相比,长度相同、直径小得多,但侵彻能力却相当,对钢筋混凝土的侵彻深度为 1.83m。GBU-39/B 采用特殊弹翼和先进舵面(尾翼)设计,即通过菱形背弹翼(也称为钻石背)和格栅舵面配合实现滑翔增程以及精确飞行控制,采用先进的抗干扰全球定位系统辅助惯性制导(AJGPS/INS),圆概率误差为 3m,最大滑翔距离可达 111km。菱形背弹翼和格栅翼在小直径炸弹上的安装如图 10.34 所示。

1—格栅翼;2—战斗部;3—菱形背弹翼(展开状态)。

图 10.34 采用菱形背弹翼和格栅翼的小直径炸弹

GBU-53/B型SDB长1.76m,翼展为1.68m,弹径为180mm,重93kg,最大射程为100km,尺寸与GBU-39/B型SDB接近,但重量更轻。GBU-53/B的气动外形与GBU-39/B不同,GBU-53/B采用了结构简单的两片可折叠的大展弦比平直弹翼,而不是GBU-39的钻石背。GBU-53/B的总体结构如图10.35所示。GBU-53/B在GBU-39/B的基础上加装了数据链和导引头,GBU-53/B的结构分为导引头、全球卫星定位系统辅助的惯性导航系统(GPS/INS)、电子设备舱、聚能-爆破多效应战斗部、热电池、数据链舱、尾翼/伺服舱、弹翼等部分,尾部有针形和刀形天线,分别用于接收GPS和数据链的信号。GBU-53在弹头部安装的导引头具备被动式红外、半主动激光以及毫米波雷达3种制导模式,载机通过数据链可迅速更新炸弹攻击目标位置,可引导炸弹在浓雾、沙尘、暗夜、恶劣天候等可见度为零的情况下,攻击机动目标地面和水面上的机动目标。GBU-53/B还安装了弹出式空气涡轮发电机,可以在飞行中驱动微型发电机为导引头供电,降低了对热电池供电要求。和GBU-39/B一样,GBU-53/B的主弹翼和尾弹翼在挂载状态都是折叠的,抛投后弹体翻转,弹翼展开。

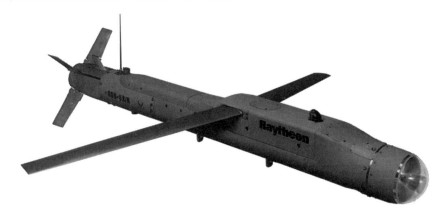

图10.35　GBU-53/B小直径炸弹

2. 小直径炸弹的主要技术特征

与传统的精确制导炸弹相比,小直径炸弹具备不同于传统制导炸弹的技术特征。SDB具有体积小、质量轻、射程远、精度高、威力大、附带损伤小等突出优点。随着不断发展,新发展的型号具备了网络化作战能力、巡航能力等新技术特征。

1) 体积、质量大幅减小

小型化是SDB最重要的特点之一。美军装备的113kg级的GBU-39/B和GBU-53/B弹长不大于1.8m,弹径不大于190mm,整体尺寸只有美国空军现役最小炸弹的一半。利用BRU-61/A弹架,SDB几乎能够适用于美国空军所有的飞机平台,包括战斗机、轰炸机和联合无人作战飞机系统等。SDB的小型化特征大幅提高了作战飞机的载弹能力,特别是有效解决了隐身飞机内埋武器舱对飞机挂载能力的严重限制。SDB交付使用之后,F-15E的最大外挂能力达到20枚,而F-22和F-35内埋弹舱的挂载能力从两枚JDAM大幅提升到8枚SDB。

2) 威力大、附带损伤小

体积和质量上的大幅减小并没有使SDB的威力随之缩减。GBU-39/B通过采用侵彻和高爆破片战斗部、高强韧性钢制壳体、通用可编程硬目标引信、可调节的攻击姿态和攻击速度等一系列措施来确保炸弹威力。在攻击地面目标时，113kg 级 GBU-39/B 的侵彻能力达到了 908kg 级 BLU-109 的水平，爆炸时通过向地下耦合能量，破坏效果达到了相同当量地面爆炸的 10~30 倍。GBU-53/B 则进一步优化了战斗部设计，采用聚能效应、杀伤效应和爆破效应复合的多功能战斗部，具有对重型装甲车辆、各种武器装备和人员等多种目标的高效毁伤能力。与此同时，通过应用新型复合材料壳体，GBU-53/B 在爆炸时将产生纤维碎片而不是金属碎片，从而有效减小附带损伤。

3）射程大幅提高

通过高效的气动外形设计，SDB 具备了优异的滑翔能力，最大射程大幅提高。GBU-39/B 在气动外形上采用了独特的折叠式菱形背弹翼和格栅翼设计。其中，菱形背弹翼平时折叠在炸弹腹下，炸弹投放后则按照指令展开形成菱形滑翔翼，可使弹翼的压力中心位于炸弹重心处，并在高速状态下提供扰动阻力。这种弹翼具有较大的升阻比，提高了炸弹的防区外射程和横向机动能力，飞行过程中可以更精确地校正飞行路线。格栅翼由一系列薄薄的、相互连接的金属翼面构成，装在一个坚固的矩形框架结构中。格栅翼安装在弹体尾部，平时沿弹体向前折叠，并在炸弹投下之后利用气流作用使弹翼迅速展开，摒弃了复杂而笨重的弹翼展开机构。与普通翼相比，格栅翼下侧的阻力稍大，但升力较大且便于操纵。SDB 利用了菱形背弹翼和格栅翼技术的相互配合，实现了滑翔增程，滑翔飞行距离可达 100km 以上。GBU-53/B 则将 GBU-39/B 的菱形背弹翼升级为气动性能更好的刀形翼，炸弹的最大射程进一步提升。

4）制导体制日益完善

从第一代到第二、第三代产品，SDB 综合运用了 GPS/INS 制导、红外制导、毫米波雷达制导和半主动激光制导等先进技术，制导体制日益完善。GBU-39/B 的制导系统采用了 GPS/INS 体制，并通过应用 GPS 差分技术和抗干扰技术提高系统的制导精度和抗干扰能力。通过先进的 GPS/INS 制导体制，GBU-39/B 能够全天候攻击地面固定目标，有效对抗多种干扰和欺骗，命中精度达到 3m。GBU-53/B 在保留 GPS/INS 制导的基础上进一步增加了红外、毫米波雷达和半主动激光三模导引头，构成了先进的复合制导体制。通过多种制导方式的相互配合，GBU-53/B 在战场环境适应能力、抗干扰能力、命中精度、可靠性等方面得到了有效提高，并进一步具备了精确打击地面机动目标的能力。

5）网络化作战能力逐渐凸显

网络化作战是精确制导弹药的发展方向之一。随着双频双路数据链传输系统在 GBU-53/B 上的应用，SDB 的网络化作战能力逐渐凸显。利用双频双路数据链传输系统，GBU-53/B 能够使用 UHF 通信和 Link-16 数据链两种方式连接美军武器数据链网络。在网络的支持下，GBU-53/B 具备了强大的信息交互能力，不仅能够在飞行过程中进行目标数据更新和重新瞄准，在命中目标的瞬间回传毁伤评估信息，也能够在特殊情况下接收终止指令以停止攻击任务。

3. 小直径炸弹的作战运用

SDB 鲜明的技术特点带来了作战运用的持续革新。与传统的精确制导炸弹相比，SDB 在攻击模式、作战样式等方面日益呈现出不同的特点。

SDB 可适用于空军多种飞机平台，主要的投弹方式包括水平投弹、俯冲投弹、俯冲甩投、上仰投弹等。作为一种无动力滑翔炸弹,SDB 的实际射程在很大程度上依赖于投放的高度和速度。为了获得更大的射程以避免载机遭到敌方防空系统的打击,高空、超声速和防区外投放可能成为 SDB 攻击的重要特点。典型的弹道如图 10.36 所示,SDB 在投放后,整个攻击过程可以分为初始段(AB)、制导滑翔段(BC)和俯冲攻击段(CD)3 个阶段。

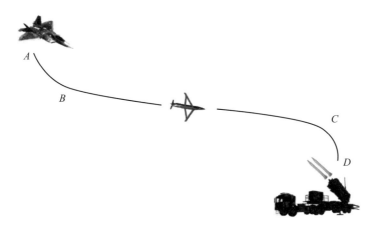

图 10.36　小直径炸弹的典型弹道

SDB 目前具备的主要作战样式可以归纳为 3 种,即标准攻击、即时攻击和协同攻击。在未来,随着 SDB 的不断发展,将会形成更加丰富多样的作战样式,其作战灵活性将显著提高。

1) 标准攻击

标准攻击是一种典型的发射后不管模式,主要用于攻击预先计划的地面固定目标和机动目标;根据不同的任务需求,标准攻击样式具有相当大的灵活性。载机既可以为携带的 SDB 分别加载不同的目标数据以攻击多个地面目标,也能为不同的 SDB 装定相同的目标数据以实现多个炸弹连续打击同一目标。此外,由于采用了发射后不管的控制模式,载机在炸弹投放后能够迅速撤离,从而有效提高了生存能力。

2) 即时攻击

即时攻击一般用于打击近距离和临时出现的地面目标,主要由 GBU – 53/B 采用。即时攻击的发起通常需要由载机首先发现目标,然后再投放炸弹。炸弹投放后,一般不采用 GPS/INS 系统进行制导,而是直接使用红外导引头和毫米波雷达导引头进行目标跟踪,或者通过半主动激光导引头接收目标的激光反射进行制导。

3) 协同攻击

协同攻击是 GBU – 53/B 在网络化作战条件下的典型作战样式,其核心是通过数据链传输系统把飞行中的炸弹与指挥控制网络进行链接,以形成"人在回路"的闭环作战样式。在协同攻击中,GBU – 53/B 一方面可以通过数据链传输系统获得其他平台提供的目标信息和控制指令,从而实现飞行状态、飞行线路、弹着点等方面的实时精确控制;另一方面则可以在命中瞬间回传毁伤评估信息为后续攻击提供参考。利用协同攻击模式,GBU – 53/B 能够由一架空中平台投放,再由空中的其他平台或者地面指挥控制节点进行控制,即在多个平台或节点的协同下完成攻击。

在协同攻击中,GBU-53/B 不仅仅是一枚精确制导炸弹,而将成为作战网络中具有强大信息交互能力和互操作能力的节点。依托于庞大的作战网络,GBU-53/B 能够在短时间内高效完成搜索、跟踪、识别、目标分配、交战、评估与再打击等一系列动作,大大提高了攻击地面机动目标和时间敏感目标的能力。

10.6 航空炸弹的发展趋势

航空炸弹尤其是制导航空炸弹在几次局部战争中的出色表现,使得各个国家都非常重视航空炸弹的发展。但是,无论哪种制导方式的制导炸弹都存在着某些固有的弱点。例如,电视制导炸弹只限于白昼使用,其能见度不能小于一定距离,投弹时飞机的俯冲角度和速度也有一定限制;红外制导炸弹易受气候环境及烟雾的影响,其导引头结构较复杂,红外敏感元件需要制冷才能工作;激光制导炸弹除易受气候和烟雾影响而降低性能外,在炸弹命中目标前的全过程始终需要用激光照射目标,无论是投弹的载机还是异机的激光照射器,飞行员都不能作机动飞行,很容易暴露自己而遭受防空火力的攻击,因此,都不具备真正的全天候以及恶劣环境下的攻击能力。海湾战争中多国部队的攻击飞机曾多次因巴格达上空的云层很低和烟雾沙尘的阻碍,无法投放制导炸弹,只好满载弹药返航。

二战之后,航空兵已成为对战争发展有重大影响的战略性力量,空地打击的作战模式对战争的进程和结局具有重要影响。为适应不断发展的应用需求,原有炸弹的功能也不断完善,新原理、新技术的炸弹不断出现。

1. 增大攻击距离,实现防区外投放

由于地面防区不断扩大以及实现对纵深目标有效打击需求增加,对远射程航空炸弹的需求越来越迫切。在现有制导炸弹上采取有效扩大投放包络线,增大攻击距离和防区外投放是重要发展方向,如美国"宝石路"Ⅲ系列炸弹采用高升力折叠尾翼、可使炸弹具有低空远距离投放能力。发展滑翔翼组件,在弹身中部增加折叠翼,可有效提升不同炸弹的射程,是一种成本较低的增程技术。例如,波音公司研制的可折叠式菱形背弹翼,可安装在炸弹弹体上,通过滑翔飞行可使炸弹最大射程增加到 90~110km,同时这种组件可以应用于空投鱼雷等多种武器装备。此外,通过加装火箭发动机或涡轮发动机等动力装置可使航弹的射程大幅度提高。例如,增程型 AGM-130 型制导航弹,采用了一台 PB300 涡轮风扇发动机,在 610m 高度投放时射程最远达 230km。

2. 提高制导精度及适应性,实现全天候高精度打击

尽管激光制导炸弹在海湾战争等现代战争中显示出卓越的功能,但这种制导方式易受气候和战场环境条件影响,不能全天候作战。根据作战环境和全天候精确打击需求,不断开发新的制导技术,使远程航弹具有精确打击、抗干扰和全天候作战能力已成为航弹发展的重要特点。例如,美国的 JDAM 和 JSOW 等航弹就是通过采用惯性导航技术和全球定位系统,提高远距离的命中精度,使其命中精度达 13m 以内。通过引入毫米波或红外等末制导技术后可将命中精度提高到 3m。目前,国外重点研制的末制导技术有红外成像焦平面阵列导引头、合成孔径雷达、激光雷达和毫米波雷达等,如美国海军正在研制一种经济上可承受的非冷却红外成像焦平面阵列导引头。

采用红外成像制导、INS/GPS复合制导等制导体制,克服激光制导、电视制导易受天气条件影响的缺陷,使制导炸弹能在夜间及不良气象条件下攻击目标。此外,还要提高对GPS信息的利用率,为此,美国空军和工业部门实施了多种抗干扰方法,美国制造的新型制导控制组件都增装了一部12信道的接收机,并研制了相应的软件,进行了反干扰GPS制导技术飞行试验计划,其制导组件内装有反干扰电子设备模块、采用紧耦合的GPS/INS和新的天线,用于改进的JDAM。

3. 发展灵巧子弹药,加强对集群装甲目标的精确打击能力

制导炸弹在打击雷达站、指挥中心、桥梁等高价值目标过程中具有独特优势,但是在反坦克和集群装甲等目标方面暴露出缺陷。为充分发挥航空炸弹有效载荷装填量大、快速机动、大范围打击等优势,发展灵巧子弹药,加强从空中高效打击集群装甲目标、炮兵阵地等目标的能力,是航空弹药发展的另一个重要特点。美国研制并装备的BAT智能反装甲子弹药、传感器引爆弹药等大大提高了对集群目标的大范围、精确摧毁能力。

4. 大力发展反硬目标炸弹

为了有效对抗空中打击,现代指挥中心、机库等军事重要目标和设施的防护能力不断加强,一些重要的目标不仅处于地下,而且增加了很厚的钢筋混凝土结构保护层,一般的炸弹无法将其摧毁,因此发展对硬目标具有强侵彻能力的炸弹是制导航空弹药的一个重要发展方向。其技术措施主要有:使用新材料、新结构提高动能侵彻类弹体强度;利用串联战斗部技术提高侵彻能力;利用火箭助推提高侵彻速度、深度;研发抗高过载的智能引信,适应多种打击模式;应用适宜的制导技术,实现较高命中精度和良好的着靶姿态。

美国研制了系列化的反硬目标炸弹,如BLU-109/B硬目标侵彻战斗部、BLU-111/B侵彻战斗部、BLU-113/B侵彻战斗部和BLU-116/B先进单一侵彻战斗部等。此外,配用的FMU-159/B硬目标灵巧引信具有空间感知、层数计算和侵彻距离计算功能,进一步提高了战斗部对付地下目标的作战效能。

5. 最大程度发挥有效载荷的毁伤作用

由于制导炸弹采用先进的制导技术,命中精度较非制导弹药大幅度提高,为有效杀伤目标提供了有利条件。实现攻击目标与命中精度、战斗部威力三者的相互协调,提高弹药系统的作战效能,同时降低附带损伤,战斗部小型化成为制导炸弹发展的一个重要特点。集合使用高新技术研制的小直径炸弹,体积小、重量轻、飞机的载弹数增加等优势提高了载机的作战效能。目前,小直径炸弹已经发展了多种型号。例如,SDB I型(GBU-39/B)和SDB II型(GBU-53/B),只有113kg、93kg,均可挂载多种飞机使用,可满足各种作战任务需求,实现对目标的精确高效打击。

第 11 章　灵 巧 弹 药

传统弹药以制造简单、使用方便、价格低廉、火力迅猛、密集压制等特点在战争中发挥了巨大作用,但其缺点是使用者在发射或投射弹药后无法干预和矫正弹药的行为和状态,弹药自身也没有修正和驾驭自己行为和状态的能力。因此,在诸多因素影响下,传统弹药的散布较大、精度较差、效能较低。为了在复杂多变的战场环境下提高对各种目标的命中率,特别是在远程投放的条件下,使普通火炮、火箭、航空炸弹在保持对目标的压制打击能力的条件下,提高打击的"准确度",实现远程、高精度的有效毁伤,发展了灵巧弹药这一新的弹药类型。

灵巧弹药(smart munition)是指在适宜阶段具有修正或控制自身位置或姿态的能力,或者对目标具有搜索、探测、识别、定向或定位能力的弹药。按照该定义,弹道修正弹、制导炸弹、自寻的末制导弹药、末敏弹、广域值守弹药、巡飞弹、仿生弹药等均可归类于灵巧弹药范畴。灵巧弹药是由普通弹药发展起来,该类弹药集传统弹药技术、计算机技术、目标探测识别技术、通信组网技术、弹道气动力技术、新型战斗部技术、小型化与抗高过载技术等于一体。由于其优良的性能及较高的效费比,近年来得到了迅速发展,已形成一个新的技术及装备领域,与传统弹药、导弹形成鼎立之势。以俄罗斯和美国为代表的军事强国大力发展灵巧弹药,从 20 世纪 70 年代开始研制末敏弹、激光半主动末制导炮弹,至今已在加榴炮、迫击炮、火箭炮、机载武器等多种平台上发展了数十种灵巧弹药,形成了一个全新的装备和技术领域。

11.1　弹道修正弹药

随着微电子技术、抗高过载的小型化器件技术的发展,炮兵对高新技术的应用也逐渐增加,由此发展出了多种低成本、高精度的炮用常规弹药,弹道修正弹就是其中一种。

弹道修正弹是通过对目标的期望弹道与飞行中的攻击弹道进行比较后,给出有限次不连续的修正量来修正攻击弹道,以减小弹着点误差,达到提高弹丸命中精度的一种低成本弹药。它从遥控指令修正弹药开始,向着自指挥、自定位功能弹药方向发展。

弹道修正弹药的弹道可控性介于普通炮弹与导弹之间。普通炮弹一旦发射后,其弹道由发射诸元决定,弹道不能再改变,这段时间内如果目标移动轨迹发生变化,就很难命中目标。导弹在发射后可通过对弹道的连续修正进行控制,命中精度很高。但是,导弹结构复杂,价格昂贵。弹道修正弹没有复杂的制导系统,在发射以后,仅对弹药飞行轨迹进行有限次不连续调整,来修正弹丸飞行误差和因目标机动带来的弹目交会点偏差从而提高命中率或密集度。弹药结构相对简单,也不需对火炮和供弹系统进行改造,因此,弹道修正弹的成本远低于导弹。

11.1.1 弹道修正弹的组成及作用原理

弹道修正弹大都在常规弹丸的基础上改造而成,它通常由实际弹道测量系统、弹道信息处理系统、修正执行机构以及原制式弹药部分组成。原制式弹药部分包括发射装药系统、引信、战斗部和稳定部等。弹道探测系统、弹道信息处理系统、修正执行机构共同构成弹道修正系统。实际上,弹道修正弹的修正系统包括弹上装置和弹下设备两大部分。弹上装置由弹上信号接收和执行部分组成,而弹下设备包括地面或舰上的跟踪检测分系统、弹道解算及发送装置等。弹上信号接收和执行部分由指令接收机、译码器、控制电子线路(或单板机)、修正指令控制器、修正执行机构、电源等组成,用来接收和执行从地面传送来的指令。装在有限空间内的弹上装置要满足简单高效、抗高过载和高动态响应的品质要求。

弹道修正弹通常是应用现代化的设计技术对常规弹丸进行升级改造,以较低廉的成本实现从"笨"弹转化为"灵巧"弹药的产物。其最初概念是将现有榴弹、迫击炮弹或火箭弹的引信位置换装成携带弹道修正模块的引信,通过 GPS 或地面雷达等弹道测量系统探测飞行中弹丸的坐标、速度、俯仰角等实时位置与状态信息,获得弹丸的实际飞行弹道。利用弹道信息处理系统将实际飞行弹道与预装的理想弹道进行比对,求得两者的偏差,再根据偏差值计算出修正弹道所需的控制量。通过控制模块与执行机构一次或多次修正弹丸的飞行轨迹,从而减小弹道误差,使其接近理想弹道,从而实现对目标的精确打击,这便是弹道修正弹的基本工作原理。

1. 弹道测量系统

弹道测量系统的作用是采用不同的测量技术,测量弹丸实际飞行过程中的位置、姿态等信息,为实际弹道或弹着点的解算提供数据。弹丸实际弹道测量通常采用的方式有 3 种:

(1) 采用地面火控系统(fire control system,FCS)雷达测出弹丸的位置和速度。

(2) 利用全球定位系统(global positioning system,GPS)定位信号进行弹道测量,利用弹上 GPS 接收机和天线从卫星上获取三维坐标数据。

(3) 利用惯性导航系统(inertial navigation system,INS),如加速度计和陀螺仪进行弹丸姿态、速度及位置信息测量。

根据探测方式的不同,实际弹道探测技术可分为半主动探测和全主动探测两类。其中,半主动探测使用弹外系统(如火控雷达)作为探测装备,而全主动探测使用的是弹载 GPS 或 INS。在半主动探测模式下,弹丸靠外部系统获得实际弹道,根据获得的实际弹道与已知目标位置,火控系统计算修正量,由火控系统与弹丸之间的数据链传送给飞行中的弹丸,使其在特定的时间点进行弹道修正。在这种模式下需要的探测设备有:确定目标信息和弹丸实际弹道的火控雷达,确定弹丸滚动角速度、滚动角和俯仰角的陀螺仪以及炮口速度探测器,火控计算机,用于传送指令的数据链和修正执行机构。火控系统接收更新的目标信息有多种途径,如前方侦察哨、侦察飞机、侦察卫星和战地指挥控制中心等。半主动探测模式存在的问题主要包括:所需雷达造价昂贵,不利于大量装备;需要雷达跟踪,造成雷达机动性差;同时跟踪多个目标实施难度大,且精度较低。

在全主动探测模式下,弹丸在发射前,需预先装定标准弹道,发射后利用弹载系统确定实际弹道。弹载计算机直接解算出弹道偏差与修正量,使其在特定的时间和角度进行弹道修正。这种探测模式需要具备测速雷达、弹载 GPS 接收机或 INS、弹载修正微处理器以及修正执行机构。这种弹道探测模式可以实现"发射后不管"功能。其中使用弹载 GPS 接收机的优点是长航时定位精度高,缺点是易受电子干扰、动态跟踪稳定性差且体积和重量较大;使用 INS 的优点是短时间定位精度高、体积小、抗电子干扰能力强,缺点是定位误差随时间延长而累加且初始校准时间较长。

2. 弹道解算系统

弹道解算是根据弹道测量系统探测到的弹丸实际飞行弹道和期望弹道进行比较,解算出弹丸弹道相对于期望弹道的偏差量,结合修正执行机构的特性计算出修正参数。弹道信息处理系统工作过程如图 11.1 所示。弹道解算系统实际上就是一套专用的计算系统,由专用计算设备和软件组成。不同技术方案的弹道解算系统放置位置不同,有的放置在发射平台上,有的放置在弹体内。对半主动弹道修正弹而言,该解算过程由地面火控计算机完成,所以在解算时间和精度上较容易满足要求。而在主动弹道修正弹中,该解算过程由弹载计算机来完成。用于弹道修正弹系统的弹载计算机实际上是一种以实时解算为主的装置,是用来对弹道修正弹或飞行目标进行自动跟踪、测试和修正的专用计算机,为了要实时处理,就需要计算机对输入的信息能以足够快的速度进行处理,并在所要求的时间内做出反应。此外,由于炮弹空间小,弹载计算机需要微型化和具有抗高过载的能力,这也正是主动弹道修正弹的设计难点之一。具体而言,弹载计算机必须满足以下技术要求:

(1)能对由雷达跟踪测量装置送来的坐标数据进行处理,滤去混杂在数据里的噪声,预测目标和修正弹未来的位置,控制雷达跟踪。

(2)在控制修正过程中,如果雷达因丢失目标而不能继续跟踪时,可以利用计算机内的预测值进行存储跟踪。

(3)根据目标或修正弹自身的运动参数计算修正弹理想攻击弹道,作为控制修正弹的飞行依据。

(4)计算指令数据,并进行编码加密。

(5)为显示设备提供数字显示数据,如目标和修正弹的坐标和误差等。

(6)能对全弹道修正系统进行自动检测,并具有发现故障和排除故障的能力,并能存储修正过程中的有关数据,供战后分析使用。

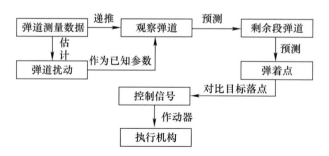

图 11.1 弹道信息处理系统工作过程示意图

3. 弹道修正执行机构

弹道修正动作是依靠弹上的修正执行机构来实现的,修正执行机构的作用是在弹道上为弹丸施加力或力矩,改变弹丸的飞行速度和姿态,从而改变弹丸的运动方向实现弹道修正。目前,弹道修正执行机构主要有两类:一类是气动修正执行机构;另一类是脉冲矢量修正执行机构。

1) 气动修正执行机构

气动修正执行机构是以气动力修正技术为基础的一套修正机构,是传统飞行器广泛采用的控制手段之一。它通过改变气流方向,从而改变作用在弹上的力和力矩来实施修正弹道。其优点是可持续提供控制力;缺点是工作效率受飞行速度和高度影响,当飞行速度过高或过低时,工作效率都会下降;机械机构存在滞后阻尼,响应时间长。由于修正弹大多由火炮发射,安装在弹上的修正执行机构必须满足以下要求:

① 所有部件和设备都必须要承受发射时的高过载。为此,电子器件要采用灌封处理,易损部件要采取加固、缓冲、减震等措施。

② 由于修正弹受到原制式火炮体积和尺寸限制,因此弹上的修正设备要尽可能小型化。

③ 因修正弹采用的是不连续的有限次瞬时固化修正力系原理,所以它的修正执行机构必须能快速启动,要具有良好的动态响应特性。

除常规气动舵面外,弹道修正弹还采用径向活动翼面、阻力环(板)、扰流片、活动围裙和风帽等气动力手段实现对弹道的修正。目前,弹道修正弹采用的气动修正执行机构主要有阻力器、鸭舵和复合修正执行机构3种。

阻力器的工作原理是在弹道上要求的时刻展开阻力板,使弹丸前锥部的径向面积增大,从而增加弹丸飞行时的空气阻力,对射程进行修正,提高射击精度。阻力器作为修正执行机构的优点是机构设计相对简单,易于实现,易于加工,修正效率高(能使弹丸的阻力系数增大到5~8倍);缺点是它只能进行一维修正,只能在射程内向下修正,修正能力有限,修正精度较低。阻力器主要结构形式有环型阻力器、桨型阻力器、花瓣式阻力器、柔性面料伞型阻力器等,典型阻力器结构形式如图11.2所示。

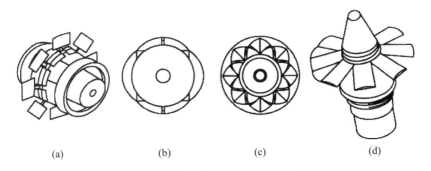

图11.2 典型阻力器结构形式
(a)桨型;(b)环型;(c)花瓣式;(d)柔性面料伞型。

环型阻力器是弹道修正弹最早采用的修正执行机构,主要应用在旋转稳定的弹丸上。其工作原理是靠弹丸旋转产生的离心力,在要求时刻使阻力环展开到位,这样弹丸前锥部的径向面积增大,从而增加弹丸的空气阻力,来达到对射程进行修正,提高射击精度的目的。环型阻力器的结构形式主要采用 D 型环阻力器和虹膜型阻力器两种。桨型阻力器主要应用在尾翼稳定的非旋转或微旋转弹丸上,靠扭力簧和空气阻力的合力矩使阻力片绕销轴向外展开,并运动到位,增大弹丸前部的阻力面积。花瓣式阻力器由法国研制,它和引信集成在一起,当机构收到张开指令后,阻尼片解锁,弹丸旋转产生的离心力使阻尼片绕销轴转动到位展开。法国研制了图 11.3 所示的 SPACIDO 弹道修正引信(图中展示了 3 片阻尼片),该引信安装在 155mm 和 105mm 榴弹上,射击精度可比常规榴弹提高几十倍。

图 11.3　花瓣式阻力器及其应用

图 11.4 所示为一种伞状的、由柔性材料桥接的阻力器。柔性面料伞型阻力器安装于弹丸引信中,引信与弹身通过螺纹连接,8 片阻尼片安装在引信外表面,在阻尼片未张开之前,套筒将其包裹起来,以保持弹头气动外形。套筒以某种环锁的形式将阻尼片套牢。在离心力作用下,阻尼片各自单独逆着空气来流方向向外张开。阻尼片张开后,各阻尼片之间不可避免会形成空隙,降低了弹丸的弹道修正能力。为了填补这些间隙,各阻尼片之间增加柔性纺织布料,阻尼片未张开之前柔性纺织布料卷在套筒内,阻尼片张开后将其拉开,共同构成伞型阻力器。

图 11.4　柔性面料伞型阻力器

鸭舵修正的主要原理是通过舵面改变弹丸的气动力,从而起到改变弹丸姿态的作用。即通过弹体姿态控制指令使舵机带动舵面偏转,从而改变弹体的飞行姿态,利用弹丸的稳定性改变弹丸的飞行速度,以此来达到修正弹道的目的。鸭舵修正机构主要由舵翼和舵机组成,舵翼的偏转是通过舵机的转动带动传动部件的移动实现的。鸭舵修正方式的优点是修正过程较平稳,修正能力持续时间长,系统安全系数高,修正精度高,控制部件置于弹体前段利于结构设计。缺点是机构复杂,成本高,存在机械滞后阻尼,响应时间较长。鸭舵的安装位置有两种基本形式:一种是将鸭舵的伺服机构(即舵机)置于引信内,弹丸发射前舵翼不需要缩进弹体内,发射后,舵翼根据指令进行偏转,依靠空气动力的作用修正弹丸弹道。这种鸭舵安装方式只需要更换原有普通炮弹的引信,利于改造库存非控弹药。但微型化问题技术难度很大,由于空间的限制,舵翼必须做得很小,舵机所提供的驱动力矩小,舵翼的偏转角度也比较小,因而这种形式的鸭舵修正效率比较低,弹丸的机动性能较差。另一种是"剪刀式"鸭舵结构,将舵机置于弹体前端,弹丸发射前舵翼缩进弹体内,发射后舵翼自动弹出,根据指令进行偏转,修正弹道。这种鸭舵安装方式需要对弹体结构进行适当修改,可以将弹体加长一段,或者减掉一部分战斗部,为舵机腾出安装空间。这种舵机的舵翼面积较大,提供的驱动力矩比较大,能够获得较大的偏转角度,弹丸的机动性能较好。

2) 脉冲矢量修正执行机构

脉冲矢量修正是在修正弹质心处或质心附近布置若干个小型脉冲发动机(简称脉冲),它利用由起爆装置、药柱或燃气发生器生成的能源,经电磁阀等的控制,通过弹体侧壁开口的喷嘴喷射所产生的脉冲式推力来修正弹丸的横向运动,达到修正弹丸弹道方向的目的。按脉冲在弹体上布置位置的不同,可分为力操纵方式和力矩操纵方式。力操纵方式常将脉冲布置在质心处,力矩操纵方式则将脉冲布置在质心前后的一段距离处,在控制力作用的同时产生控制力矩。以脉冲发动机为修正执行机构的弹道修正弹可在距离和方位两个维度上对弹道进行修正,主要是靠改变弹丸的飞行速度、弹道倾角和偏角来实现。脉冲发动机作为执行机构的优点是结构较简单,由于它在很短时间内改变弹丸运动状态,而且脉冲发动机的大小、个数、布置位置、转速及脉冲工作时间等对其修正能力都有影响,因此要求精度较高,在高速旋转弹丸上则难以实现,主要应用于尾翼稳定或旋转速度较低的末端修正弹。

3) 复合修正执行机构

为了组合利用不同修正机构的优点,发展了复合修正机构,即同时利用两种或多种修正执行机构,如BAE 公司研制的 CCF 修正机构就采用阻尼环和同向舵复合修正的方式。其结构如图 11.5 所示。CCF 上装有微调减速板、主减速板和旋转减速板等 3 种减速板。在弹道的初始阶段打开微调减速板,对弹道进行初步修正。由于旋转弹丸在有攻角的情况下,会存在马格努斯力和力矩(又称马氏力和马氏力矩)。对于右旋弹丸,在马氏力的影响下其弹道轨迹会向右弯曲。而马氏力的大小与弹丸的转速和攻角有关,弹丸的转速越低,受到的马氏力越小,落点在原弹道基础

图 11.5　CCF 二维弹道修正引信

上越靠左。BAE 公司的 CCF 修正机构就是利用这一原理,在弹道中段适时展开旋转减速板,使其沿与弹丸旋转相反的方向旋转,减小弹丸转速,当转速到达理想转速后制动并确定方向,完成横向修正。在弹道后段的适当时刻打开主减速板(阻力片),对修正弹射程(前、后)进行修正,使弹丸命中目标。

11.1.2　弹道修正弹的分类

根据弹道测量系统的不同,弹道修正弹可被分为自主式和指令式两种。自主式弹道修正弹将理想弹道获取系统、实际弹道测量系统以及弹道解算系统都装在弹丸内,弹丸发射后不需要和发射平台进行信息传输和交换,可真正实现"打了不管"。指令式弹道修正弹发射后,为了获得理想弹道信息、实际弹道信息、解算后的弹道修正指令信息中的一

种或多种,仍然需要和发射平台或其他辅助平台进行信息传输和交换。

根据修正方位的不同,弹道修正弹又可分为一维弹道修正弹和二维弹道修正弹。一维弹道修正又称为纵向距离修正或者射程修正,利用非直瞄弹丸的纵向散布远大于横向散布的特点,在对飞行弹丸进行纵向距离修正的同时,修正了由于各种原因而造成的飞行弹道的射程误差,使弹丸的纵向密集度得到较大的提高。一维弹道修正采用增阻原理,即采用"打远修近"的修正模式,其修正原理是:对目标进行射击时,射击点远于目标点,发射后通过弹载 GPS 或者雷达等探测手段获取弹丸飞行速度及位置信息,再利用弹载处理器或者地面火控系统获取真实弹道,并根据真实弹道与理想弹道之间的差值解算得到阻尼器张开的时间,然后在恰当时刻展开阻力片增大阻力,使弹丸纵向飞行距离减少来修正射程。一维弹道修正主要采用增阻型的阻尼机构,采用的主要结构形式有桨型阻力器、D 型环阻力器、花瓣式阻力器和柔性面料伞型阻力器等。

二维弹道修正是对纵向和横向两个方向均进行修正,以修正横向为主,通过改变俯仰力矩和偏航力矩来控制弹丸飞向目标。为了提高控制准确度和降低控制复杂度,需要对旋转弹丸进行减旋。二维弹道修正弹的修正原理是:当弹丸发射后,由弹载 GPS 或者雷达等探测手段获取弹丸飞行姿态、速度及位置信息,将此信息传送给弹载处理器或者地面火控系统解算真实弹道,并与事先装定的理想弹道进行比较,再根据两者弹道偏差解算出修正量,控制系统再控制弹上修正机构根据修正量的大小和方向进行有限次的、不连续的动作,从而实现对弹丸在纵向和横向上的修正,使弹丸的密集度得到较大的提高。二维弹道修正主要采用脉冲发动机和鸭舵等执行机构。

二维弹道修正比一维弹道修正最明显的提高在于对横向进行修正,一维弹道修正只提高纵向密集度,而二维弹道修正可提高纵向和横向两个方向的密集度。两种修正方式的效果如图 11.6 所示,纵向大椭圆区是普通榴弹弹着区,横向大椭圆区是经过一维弹道修正即距离修正的弹着区,最里面的椭圆区是经过二维弹道修正即距离和方位修正的弹着区。

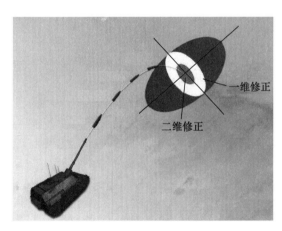

图 11.6　二维弹道修正示意图

11.1.3　典型弹道修正弹药

美国、英国、法国、瑞典等国都先后开展了弹道修正弹的研制工作,并研发了相应的弹药。

图11.7所示为瑞典"崔尼提"40mm弹道修正弹。该弹全称为喷气控制弹道修正近炸引信预制破片弹。弹的头部是近炸引信,前部装有钨球预制破片,底部采用折叠式尾翼降低弹丸的转速并使弹丸稳定飞行。该弹的修正执行机构是气体射流脉冲发动机,在弹丸的中部设有数个用于弹道修正的小喷孔,气源由小型燃气发生器产生,经过射流分配器切换后由喷孔喷射产生推力冲量。弹道测量系统和弹道信息处理系统都在发射平台上,将处理后的修正参数信息通过无线电传输给弹丸,弹底部装有指令信号接收机。火控计算机根据上述参数的变化,计算出弹丸新的轨迹,并向弹丸发出相应的指令,弹上的信号接收装置收到指令信号后,喷气系统工作,对原弹道进行修正,从而使弹丸命中率提高。其工作原理如图11.8所示。

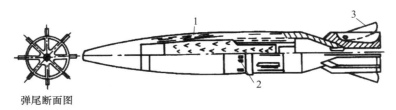

1—钨质金属球;2—弹道修正气体喷孔;3—折叠式尾翼。

图11.7 瑞典"崔尼提"40mm弹道修正弹

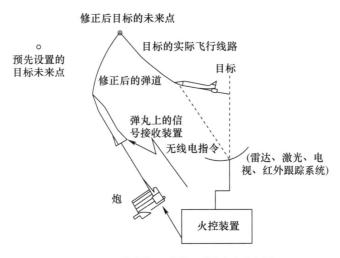

图11.8 弹道修正弹的工作原理示意图

意大利研制的76mm高炮弹道修正弹药也属于这种类型,该弹弹尾部装有天线和数据接收机,弹带前面围绕弹体装有10个小型火箭发动机。数据接收机接收来自火控系统和弹道计算机提供的弹道修正数据。当弹偏离目标弹道时,修正信号控制点燃若干个小型发动机,喷出火药气体,靠发动机推力修正弹丸的飞行方向,以进行弹道修正,提高目标命中率。

美国Alliant Techsystems(ATK)公司开发了一种二维弹道修正模块PGK(precision guidance kit),其结构如图11.9所示。PGK模块安装在引信头部,有两对舵片,分成纵、横两组,纵向的一组舵片有像风车一样的偏角,可以产生绕弹轴的旋转力矩,称为旋转舵片;横向一组舵片有着传统鸭舵的固定倾角,可以产生升力,称为操纵舵片。对于高速旋转的弹丸,如果操纵舵片也做高速旋转,就不能产生持续的、能够改变弹道的升力,所以该技术的关键在于产生与弹丸旋转方向相反、转速相同的转动,使舵片相对于地面坐标转角不变。实现这一旋转采用的策略是舵片壳体与弹体由轴承连接,壳体内装有环状永磁铁,弹体内有转子线圈。当舵片与弹体有相对转动时永磁铁与转子会像发电机一样产生电流。转速与电流大小呈正相关关系。产生的电流与一个负载系统相连,负载系统根据电流大小调节头部的转动阻力。当头部相对转速大于弹丸转速时,阻力矩增加;当小于弹丸转速时,阻力矩减小。这样就可以调整舵片转速使姿态相对静止,产生持续升力,调整弹道轨迹。整个系统的动力由旋转舵片产生的相反力矩提供,不需要电机。舵片要改变姿态时,只需要控制负载电路的转动阻力,就可以把舵片调整到任意角度,产生任意方向的升力,以任意方向修正弹道。这种机构设计巧妙,充分利用了空气动力完成机构动作,并产生修正力。

图 11.9 美国 ATK 公司 PGK 引信

使用普通引信的 155mm 榴弹在 15km、25km 和 30km 射程上对应的误差分别是 95m、140m 和 275m,而使用 PGK 引信的 155mm 榴弹在 27km 射程的误差为 27m,射击精度远高于使用普通引信的同款榴弹。由于其结构简单、技术性能优良,美国已经将其陆续应用于 M107、M795 和 M549A1 这 3 种型号的 155mm 榴弹,并已经出口到北约其他国家。

11.2 末敏弹药

现代战争中,坦克等装甲车辆数量的增加和性能的提高推动了反坦克武器技术的发展,500~5000m 射程范围内各种直瞄式反坦克炮、单兵反坦克火箭筒、反坦克导弹等可有效打击各种装甲目标。5000m 射程以外,传统间瞄武器的精度较差、命中概率低。为了使间瞄武器能远距离攻击敌方静止或行进中的装甲目标,人们提出了许多技术方案,使常规武器系统向灵巧化、智能化方向发展,末敏弹就是其中一种。

末敏弹是末端敏感弹药的简称,"末端"指弹道的末端,而"敏感"是指弹药携带的传感器可以探测到目标的存在,进而起爆弹药并向目标发射爆炸成型弹丸。末敏弹是美国于 20 世纪 70 年代发展起来的一种用于对付坦克、自行火炮和步兵战车等目标的传感器引爆弹药,是把先进的敏感器技术和爆炸成型弹丸技术应用到子母弹领域中的一种新型灵巧弹药。

末敏弹大多采用子母弹结构。母弹内装多个末敏子弹,母弹是子弹的载体,只有末敏子弹才具有末端敏感的功能。母弹可以是炮弹、火箭弹、航空炸弹、导弹、布撒器等。一次发射(或投射)可攻击多个不同的目标。如图 11.10 所示,末敏弹专门用于攻击集群坦克、装甲车辆等的顶部装甲或从顶部打击其他目标,是一种以多对多的反集群装甲目标、技术兵器阵地等目标的有效武器。

图 11.10　末敏弹探测攻击目标过程示意图

炮射末敏弹与末制导炮弹相比,相同点是都用火炮发射,都可以远距离对付装甲目标,不同点是末敏弹本身不制导、不跟踪,没有复杂的制导系统,比末制导炮弹结构简单,其技术难度比末制导炮弹小,因此其成本只相当于末制导炮弹的 1/5～1/4,效费比高。它综合运用爆炸成型弹丸技术、目标探测及信息微处理技术,把子母弹的面杀伤发展到兼具攻击点目标,以多制多,特别适于对付集群目标,打击装甲目标的效率比普通子母弹提高 20 倍。

11.2.1　末敏弹的结构组成与作用原理

1. 末敏弹结构组成

末敏弹多为子母式结构,即一枚母弹装载若干枚末敏子弹,以炮射末敏弹为例,全备炮射末敏弹弹丸如图 11.11 所示,由时间引信、抛射装置、薄壁弹体、弹底、弹带、两枚基本相同的末敏子弹、分离装置组成,发射装药与普通炮弹相同。航弹或者布撒器作为母弹的末敏弹系统则有对应的专用抛撒机构。炮射末敏弹母弹的薄壁弹体结构是它的主要特点之一,采用薄壁弹体的目的在于获得尽可能大的母弹内膛直径,从而尽可能地增大末敏子弹的直径。这样做的好处是:一方面可以减小末敏子弹部/组件小型化的难度;另一方面可以提高战斗部的威力。由于炮射末敏弹发射时的过载和转速高达 15000g 和 20000r/min,因此必须高度重视薄壁弹体的强度问题,设计和制造上应采取相应的技术措施。例如,弹体和弹底材料选取强度较高、韧性较好的合金钢。弹带的加工工艺由传统的刻槽压接环带改为无槽电子束焊接弹带,且一部分在弹体上,一部分在弹底上;末敏子弹在弹体内的固定不再采用内壁刻槽加键的方法,而是用拱形推板和弹底对末敏子弹的压力及弹体内壁和末敏子弹间的摩擦力固定。为此,在母弹弹体内壁和末敏子弹外壁的相关部分有碳化钨涂层,确保了发射和飞行过程中母弹弹体和子弹间无相对转动。

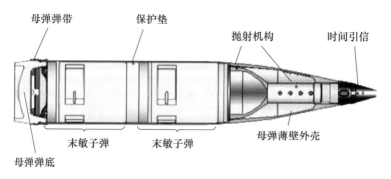

图 11.11　炮射末敏弹剖面结构

典型炮射末敏弹的子弹如图 11.12 所示。末敏子弹主要由 EFP 战斗部、复合敏感器(探测装置)、减速减旋与稳态扫描系统、中央控制器、电源和子弹弹体等组成。EFP 战斗部由高能炸药、药型罩、起爆装置、保险机构、自毁机构等组成。中央控制器由火力决策处理器、驱动舱、控制舱等组成。中央控制器的主要功能是在末敏子弹的弹道飞行过程中,完成时序控制、电源管理、驱动控制、数据采集、信号处理、火力决策以及发出战斗部起爆或自毁指令。由于受体积限制,在中央控制器电路设计中,必须采用可靠度高、集成度高、体积小的元器件。对于复合敏感器、减速减旋与稳态扫描系统,各国研制的末敏弹采用的方案不完全相同。美国"萨达姆"末敏子弹的复合敏感器系统由毫米波雷达、毫米波辐射计、红外成像敏感器和磁力计组成,减速减旋与稳态扫描系统由充压式减速气球、减旋翼和旋转降落伞组成。德国"斯马特"末敏弹的复合敏感器系统由毫米波雷达、毫米波辐射计和双色红外探测器组成,减速减旋与稳态扫描系统由阻力伞、3 个减旋翼和旋叶式旋转降落伞组成。法国和瑞典联合研制的"博纳斯"末敏弹的复合敏感器系统由红外/毫米波双模探测器,减速减旋与稳态扫描系统包括 6 片减旋翼和 2 片非对称斜置双翼稳态扫描装置组成。

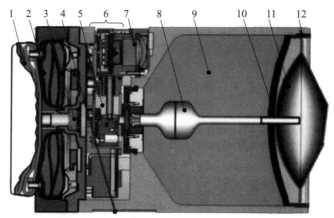

1—减速伞；2—旋转伞；3—分离机构；4—减旋翼；5—安全起爆装置；6—电子模块；
7—红外传感器；8—毫米波组件；9—炸药；10—药型罩；11—毫米波天线；12—定位环。

图 11.12　末敏子弹剖面

末敏子弹从母弹抛出后,具有较高的速度和转速,且受到较大的扰动,减速减旋与稳态扫描系统的作用主要是为末敏子弹提供稳态扫描环境,即末敏子弹弹体以近似匀速铅锤状态下落,弹轴绕铅垂线成定角匀速旋转的运动状态。减速减旋装置的作用之一是保持末敏子弹出舱后的姿态稳定,另一个作用是减速和减旋,减小子弹药的速度、转速和过载,使之达到适合扫描装置展开的范围。减速减旋需要在适当的时间(高度)范围内完成。大多数末敏弹采用制动伞(减速伞)、减速翼片机构实现减速,采用减旋翼降低由母弹旋转引起的子弹自转转速。稳态扫描装置的主要任务是使子弹以稳定的落速、扫描转速和扫描角下落,即保证子弹纵轴与铅垂方向形成一定的角度匀速旋转,给末敏子弹提供一个稳定的工作平台,保证不漏扫目标。末敏子弹敏感器对目标的扫描探测和战斗部发射爆炸成型弹丸均以它为基础。使子弹形成稳态扫描运动主要有两种技术方式:一是采用降落伞,包括减速减旋降落伞和涡旋降落伞,称为有伞扫描;二是采用气动力机构,如采用非对称双翼、单翼等结构形成所需的扫描运动,称为无伞扫描。

复合敏感器系统的功能是在敌我光电对抗条件下和强烈的地物杂波干扰环境中能探测和识别目标。为了提高末敏弹对目标的探测性能,克服单一体制敏感器的局限性,通常将两种或两种以上的敏感体制复合在一起使用。由于末敏弹自身的特点,在末敏弹中使用的敏感器必须满足体积小、质量轻和抗高过载等要求。目前,大多数国家研制的末敏弹采用 3 种敏感器组合,常用的有毫米波雷达、毫米波辐射计、双色红外探测器等。探测到目标后,中央控制器则对接收的信息进行处理并识别目标,确定子弹对目标的瞄准点和起爆时间,发出起爆信号起爆 EFP 战斗部。EFP 战斗部的作用是起爆后使药型罩形成高速飞行的弹丸(速度在 2000m/s 以上)从顶部攻击并击毁目标,典型战斗部结构如图 11.13 所示。

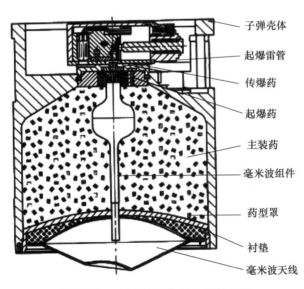

图 11.13　末敏弹 EFP 战斗部剖视图

实际上,末敏弹的具体构造随着发射平台、载体及作战用途的不同而有所差异。用于炮弹、火箭弹、航空炸弹、航空布撒器的末敏弹不仅母弹载体、抛撒机构、装载数量有较大差异,而且末敏子弹的构造也各不相同,如末敏子弹的外形、减速减旋装置、稳态扫描机构、敏感器等均展现出各自的特色。

2. 末敏弹的作用过程

以 155mm 炮射末敏弹为例,末敏弹的整个作用过程经过母弹开舱抛射、末敏子弹分离、旋转伞张开、稳态扫描与目标探测、战斗部起爆攻击等几个阶段,作用过程如图 11.14 所示。

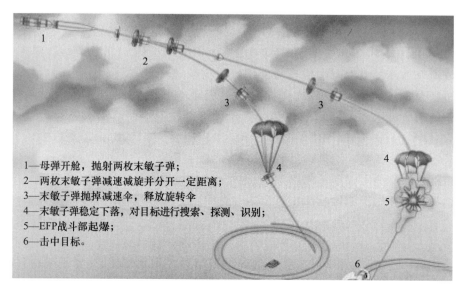

1—母弹开舱,抛射两枚末敏子弹;
2—两枚末敏子弹减速减旋并分开一定距离;
3—末敏子弹抛掉减速伞,释放旋转伞;
4—末敏子弹稳定下落,对目标进行搜索、探测、识别;
5—EFP 战斗部起爆;
6—击中目标。

图 11.14 末敏弹的作用过程

1) 母弹开舱抛射

根据作战任务、气象、目标位置等参数计算并装定射击诸元(如射角、射向、母弹开舱时间等),发射末敏弹母弹。发射过程中电子时间引信激活,开始计时,末敏子弹安全起爆装置的第一道惯性保险在轴向和离心惯性力作用下解除。母弹飞行至目标区上空达到所设定的开舱时间时,时间引信作用启动抛射装置,点燃母弹头腔内的抛射装药。火药气体压力升至一定值时,弹底螺纹被剪断,弹底、后子弹、前子弹、拱形推板等从母弹中抛出。此时子弹折叠式减旋翼张开,子弹减旋。与此同时,热电池延时激活装置的延时药被点燃。

2) 末敏子弹分离

弹底、子弹串、拱形推板从母弹中抛出后,高速旋转产生的离心力使弹底上的柔性减速装置张开,弹体快速减速并与子弹串分离,同时拉紧后子弹减速伞的开伞绳。当分离距离等于给定值时(如 700mm),开伞绳的拉力拉开伞的锁紧装置,弹底在自由状态下远离后子弹,后子弹减速伞张开充气,开始快速减速并与前子弹分离,与此同时拉紧前子弹的开伞绳。当后子弹与前子弹的分离距离达到给定值时(如 700mm),开伞绳拉开前子弹伞的锁紧装置,减速伞张开充气,前子弹开始快速减速,两子弹继续分离。减速伞起到减速、减旋、定向和稳定作用。

子弹抛出时热电池激活装置的延期装药点燃,经约 1s 的时间热电池激活,此时子弹转速约为 6000r/min。热电池激活后,对电子系统(微处理器、多模传感器、中央控制器等)充电,计时电路开始计时。毫米波雷达开始测量子弹到地面的距离。为使前、后子弹分开达到要求的距离,前后子弹减速伞要在不同的时刻抛掉。对于前子弹,当计时达到 5s 时,计算机输出指令点燃爆炸螺栓,减速伞分离并拉出旋转伞的开伞绳;而对于后子弹,则计时达到 6s 时,计算机发出指令点燃爆炸螺栓,减速伞分离并拉出旋转伞的开伞绳。

3) 旋转伞张开

当前、后末敏子弹的减速伞连同伞舱一起与子弹分离后,红外敏感器弹出到位并锁定,安全起爆装置的第二道保险解除。随着伞舱与子弹分离距离的增加,旋转伞的伞袋被拉开,旋转伞张开。旋转伞张开时的惯性力使子弹前端的毫米波天线保护帽脱落,同时作为伞弹连接装置的摩擦盘解锁。

4) 稳态扫描与目标探测

旋转伞张开后,子弹垂直下落。子弹呈倾斜状悬挂于伞的下方,子弹轴与铅垂方向成 30°角。通过摩擦盘的导旋作用,旋转伞带动子弹同步旋转,子弹的敏感器视场在地面以螺旋线形式由外向内对目标进行搜索。在中央控制器的控制下,毫米波雷达进行第二次测距。中央控制器中火力决策处理器启动"前期措施",完成目标探测、数据采集准备工作。当子弹距地面的高度达到一定范围(如 100~150m)时,传感器在火力决策处理器的统一指令下进行扫描工作,开始对目标进行探测和识别。目标的探测,采用相邻两次扫描后判定的方式,即第一次扫过目标后,向火力决策处理器报告目标信息;第二次扫过目标时把目标敏感数据与处理器为特定目标设置的特征值进行比较,再作最终判定。第二次扫描后,如确定是目标,同时判定目标已进入子弹威力窗口内时,由火力决策处理器下达指令起爆战斗部。若第二次扫描结果判定为非目标时,则继续扫描,探测其他潜在的目标。

5) 战斗部起爆攻击

末敏子弹识别目标后,根据其距地面的高度、转速、识别算法及其他因素,计算最佳瞄准点,并依此选择起爆时机起爆战斗部。战斗部起爆后形成约 2000m/s 的高速稳定飞行的弹丸,从顶部攻击装甲目标。如果未识别目标,子弹便在距地面一定高度处自毁,或者落地后当电池电压降至给定值时自毁。

如果末敏子弹使用火箭弹、航空炸弹或航空布撒器等不同平台投放,其抛撒、子弹分离、散布方式及过程参数会有所不同,但是作用原理基本相同。

11.2.2 典型末敏弹

美国是最早研究末敏弹的国家,20 世纪 70 年代末完成了概念研究和样机研制,90 年代末定型装备了 M898 式 155mm "萨达姆"(SADARM)炮射末敏弹。此外,美国还研制了应用于机载武器的传感器引爆弹药 BLU-108(携带 4 枚 SKEET 末敏弹)。20 世纪 80 年代末,世界各国广泛开展了末敏弹的研制工作,除美国外,德国、法国、瑞典、俄罗斯等都发展了自己的型号装备,在末敏弹的技术领域处于领先地位。德国研制了"斯马特"(SMART)155mm 加榴炮末敏弹,法国和瑞典联合研制了"博纳斯"(BONUS)末敏弹,俄罗斯研制了 SPBE 等多种型号的末敏弹,各国研制的末敏弹主要性能见表 11.1。

表 11.1　国外主要末敏弹性能参数

型号	SADARM	SMART	BONUS	SPBE-D	BLU-108
国别	美国	德国	法国/瑞典	俄罗斯	美国
母弹	155mm 榴弹	155mm 榴弹	155mm 榴弹	航空炸弹	航空炸弹
子弹数	2	2	2	15	10(40SKEET)
子弹尺寸/mm	$\phi147 \times 204$	$\phi138 \times 200$	$\phi138 \times 82$	$\phi186 \times 280$	$\phi133 \times 790$
质量/kg	11.77	6.5	6.5	14.9	29(SKEET:3.4)
子弹落速 扫描速度			45m/s 15r/min	15~17m/s 6~9r/min	
敏感体制	主被动毫米波/红外	主被动毫米波/红外	红外	红外	激光/双模红外 ($3\sim5\mu m$ 和 $8\sim14\mu m$)
威力	152m 处引爆	120m 处引爆	150m 处引爆,可穿透100mm装甲	165m 处引爆,可穿透70mm/30°装甲	
药型罩材料	钽	钽	钽	紫铜	铜

1. 德国 SMART 155 末敏弹

德国 SMART 155 末敏弹由德国智能弹药系统公司(GIWS)于 20 世纪 80 年代末开始研制,1994 年 5 月成功完成性能演示试验,1999 年底投入小批量生产,第一批订货 9000 发(18000 枚子弹),主要用于德国 PZH2000 155mm 自行火炮。2001 年 GIWS 授权美国 ATK 公司为美军生产 SMART。2015 年开始,GIWS 开始提供供火炮使用和供火箭弹使用的两种 SMART 末敏弹。以后还将开发用于空射武器平台的新型号 SMART-D。

SMART 155 末敏弹应用于 155mm 的 DM 702 榴弹,DM 702 内装 2 枚子弹药,其外形及外弹道特性与 DM 642 式子母弹相同,全弹长(含引信)898mm,重 47.3kg,与 DM 642 不同的是 DM 702 的弹带较宽,且弹底有弹底塞,如图 11.15 所示。DM 702 可以使用北约各国多种型号的 155mm 火炮发射,最大射程为 28km。DM 702 末敏弹由时间引信、抛射药管、拱形推板、薄壁弹体、弹底、弹带以及两枚基本相同的末敏子弹组成。DM 702 在弹体结构设计上有其独到之处,其弹体在满足发射强度的前提下采用薄壁结构,弹体壁厚仅为普通炮弹的 1/4~1/3,使得弹体内腔空间最大化,EFP 战斗部的装药直径和药型罩直径都得到相应增加。同时,药型罩材料使用高密度钽,从而使战斗部的侵彻能力大幅提高(比铜质药型罩提高 35%)。DM 702 末敏弹可配用 DM 52AI 式电子时间引信,可通过编程设定其在目标上空的作用时间,电子时间引信作用后引燃装在弹头尖顶部中的抛射装药,在抛射装药产生的气体压力作用下,推动子弹将弹底塞弹出,随后将子弹药抛射出母弹。

SMART 155 末敏弹结构如图 11.16 所示,主要由定向稳定装置、传感器引爆系统和战斗部组成。定向稳定装置包含一个阻力伞、3 个向外张开的减旋翼和旋转降落伞。子弹的气动特性由阻力伞和减旋翼控制,子弹的旋转运动由旋转降落伞控制。当子弹从母弹抛出后,首先靠阻力降落伞和减旋翼片减速减旋控制其降落速度和转速,当子弹药达到稳定飞行状态时,抛掉阻力降落伞,展开自动旋转降落伞使其达到稳态扫描状态,形成在目标上空的扫描运动。传感器引爆系统采用适于火炮发射环境的加固处

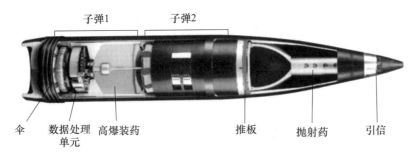

图 11.15 SMART 155 的母弹及末敏子弹

理电子组件,由双通道红外/毫米波雷达(工作频率为 94GHz)、被动毫米波辐射计(工作频率为 94GHz)传感器系统、数字信号处理器和电源组件组成。传感器系统共有 3 个不同的信号通道,从而提高了抗干扰能力,能够可靠接收目标、背景辐射或反射的信号。即使由于环境条件(如大气条件)使敏感器某个通道不能正常工作,它也可以根据其他两通道的信号探测并识别目标。信号处理系统采用一种能保证在恶劣环境或复杂背景条件下可靠探测到装甲目标的算法,且具有较高的假目标识别水平。系统电源仅在子弹转速及下降速度降低到某一临界值以下时才启动,保证处理信号时的供电要求。SMART 末敏弹的结构设计比较巧妙,毫米波雷达和毫米波辐射计共用一个天线,而且天线与 EFP 战斗部的药型罩融为一体。这种结构不仅为天线提供了一个合适的孔径,提高了探测能力,还不需要添加机械旋转装置,较好地利用了空间。SMART 的战斗部用高密度钽作为药型罩的材料,使用了波形控制器。这样,在有限装药口径的条件下,尽可能地提高了 EFP 战斗部的穿透能力,使其在 120m 处具备较高的装甲侵彻能力。与使用铜质药型罩时相比,侵彻体的穿透力提高了 35%。SMART 的这种技术系统,能适应复杂战场环境。

为了在更远的距离上精确打击轻、重型装甲目标,德国 Diehl BGT 防御公司利用 227mm 制导多管火箭弹系统(guided multiple launch rocket system)开发了火箭末敏弹系统,如图 11.17 所示。其使用的 SMART 末敏弹与 155mm 火炮发射的 DM 702 使用的基本相同,每枚火箭装填 4 枚 SMART 末敏弹。多管火箭由美国洛克希德·马丁(Lockheed Martin)公司提供,其火控系统通过与政府合作,授权 Diehl BGT 公司修改设计。

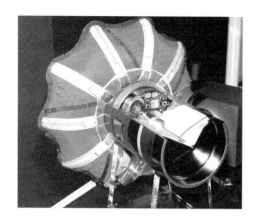
图 11.16 SMART 155 末敏弹结构

图 11.17 装填 SMART 的 227mm 火箭弹

2. 法国/瑞典 BONUS 末敏弹

BONUS 是瑞典博福斯公司和法国地面武器集团联合研制的 155mm 炮射末敏弹,1994 年底完成研制,1999 年末开始批量生产。结构组成如图 11.18 所示,母弹为 155mm 底排弹,每枚 155mm 底排弹(母弹)内装两枚末敏子弹,母弹全弹长 898mm(不含引信),质量为 44.6kg(不含引信),使用 52 倍身管火炮发射时最大射程 35km,使用 39 倍身管火炮发射时最大射程 27km,是目前射程最远的 155mm 炮射末敏弹。

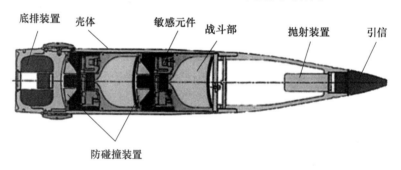
图 11.18 BONUS 155mm 末敏弹总体

与其他末敏弹类似,BONUS 的子弹由稳定装置、红外敏感器、信号处理器和战斗部等组成。它的独特之处是其稳定装置不采用阻力伞,而是采用了两片张开式旋弧翼片,在母弹开舱抛射前翼片折叠并贴附在战斗部壳体上,抛射后依靠弹簧自动展开并锁定,在其中一片翼面上又翘起一片更小的弧形阻力片,如图 11.19 所示。翼面展开后,表面流动的气流是非对称的,更小的弧形阻力片进一步加剧了这种不对称性,从而带动子弹旋转,使子弹在下降过程中达到相对稳定的状态,实现稳态扫描。采用翼结构代替伞可以降低对风的敏感性和使扫描更流畅。由于没有采用稳定伞,子弹的转速和落速较快,减少了被敌方干扰和风力的影响,而且目标特征较低,不易被敌方发现。BONUS 只采用了多波段红外探测器一种敏感手段,通过小型激光测距仪来完成测距。

BONUS 能像普通炮弹一样在炮位操作,母弹旋转稳定并配有底排装置,母弹射击前,启动第 1 次分离装药的装定时间引信。在目标区上空 800~2000m 高度处,在预置的时间后,引信启动抛射分离装药,抛出两枚子弹,当它们下降时通过旋转制动装置减速减旋

图 11.19　BONUS 末敏弹

(图 11.20)。然后两个翼和敏感器打开,稳定飞行阶段开始。两个翼翅在下降期间稳定子弹,敏感器和战斗部相对下降垂线有一个固定角度,这可使每个子弹以螺线形扫描目标区。这两个子弹都覆盖一个大的搜索区。搜索方式通过高度计启动,当弹载激光高度计探测到的高度达到作战高度后,红外传感器才开始工作。大约在距离地面 175m 的高度上,红外传感器开始工作,搜索扫描阶段开始,扫描角为 30°,扫描区域直径约为 200m,扫描区域面积约为 $32000m^2$,子弹药以螺旋方式搜索目标。一旦光电组件锁定目标,战斗部起爆形成高速 EFP(2000m/s),攻击相对较易损的顶部装甲。它可穿透 100~140mm 厚的装甲,对装甲后器材和人员进行毁伤。

图 11.20　子弹抛射作用过程
(a)圆柱体抛出和撒开;(b)子弹被推出,弹翼打开。

与 SMART 相比,BONUS 的敏感装置比较简单。它只采用了一个多波段的被动式红外探测器,容易受到装甲车辆的各种红外屏蔽手段的干扰,目标识别率相对较低。因此,2001 年开始了新一代产品研制,命名为 BONUS MkⅡ,在保留红外传感器的同时增加了激光传感器(laser detection and ranging),能够描绘目标的轮廓形状,这使得子弹药能探测红外特征较低的目标。

BONUS 末敏子弹因为省去了旋转降落伞机构,子弹变得更加紧凑,长度只有 82mm,直径为 138mm,质量仅为 6.5kg。由于长度较短,BONUS 母弹(弹丸)最早计划携带 3 枚末敏子弹,后来为了减少母弹抛撒时子弹过多造成相互干扰,子弹还是选择了 2 枚,剩下的空间用于安装底排发动机等增程装置,也因此使它成为目前射程最远的炮射末敏弹。

11.3　末制导弹药

末制导弹药是利用传统武器平台发射,在弹药接近目标的弹道段上进行搜索,根据导引信号由弹上控制系统将弹药导向目标,使其能够精确命中目标进行毁伤的一种灵巧型弹药。通常,末制导弹药包括地面火炮发射的末制导炮弹、迫击炮发射的末制导迫弹以及从其他武器平台投放的末制导子弹药等。

11.3.1 末制导炮弹

1. 末制导炮弹概述

为提高火炮射击精度,实现远距离精确压制打击能力,炮弹制导化是弹药发展的必然需求和重要发展方向。末制导炮弹是由火炮发射,在接近目标的一段弹道或弹道降弧段上进行制导控制实现精确命中的弹药。末制导炮弹与一般炮弹的主要差别是弹丸上装有制导系统和可供驱动的弹翼或尾舵等空气动力装置,在末段弹道上,制导系统探测和处理来袭目标的信息,形成控制指令,驱动弹翼或尾舵,修正弹丸的飞行弹道,使弹丸命中目标。末制导炮弹借助现代火炮较高的射击密集度可降低自身搜索目标的难度,除了具有常规炮弹的射程远、威力大和精度高的特点外,末制导炮弹还能越过地形障碍命中静止或行进中的坦克、装甲车辆、舰艇以及掩体、工事等目标,它比一般反坦克导弹射程远、射速高,同时又比一般无控炮弹精度好,首发命中率高,可对付静止或运动中的点目标。由于只在末段弹道制导,因此它比战术导弹结构简单、成本低。末制导炮弹的产生,使以往只能进行面覆盖的榴弹炮、加农炮、火箭炮、迫击炮等也能对点目标实施远距离精确打击,使火炮成为打击远距离点目标的有效远程武器。因此,它是一种集常规炮弹的初始精度和末制导于一体的"经济型"精确制导弹药,有力地加强了火炮的压制效果和毁伤能力,减少了弹药消耗,适应现代战争对弹药的要求,具有广阔的发展应用前景。由末制导炮弹、发射装药、通信指挥系统(C^3I)、火炮系统、火控系统和检测维修设备等共同组成末制导炮弹武器系统。

2. 末制导炮弹结构组成

末制导炮弹在常规炮弹的基础上增加探测和制导控制装置。末制导炮弹的发射药筒(药包)的结构与作用和普通炮弹相同,为保证最大射程和所要求的末段速度,末制导炮弹通常采用增程发动机增加其在弹道上的飞行速度,保证对射程和末段速度的战术要求,结构如图 11.21 所示,一般由弹体结构、制导装置、战斗部、控制及稳定装置、动力装置等几部分组成。

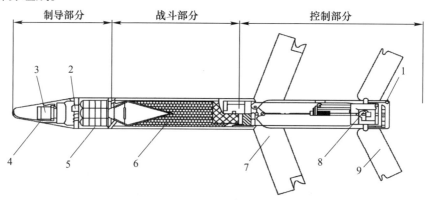

1—滑动闭气环;2—滚转速率传感器;3—陀螺;4—寻的导引头;
5—电子舱;6—战斗部;7—舵翼;8—控制执行元件;9—尾翼。

图 11.21 "铜斑蛇"末制导炮弹的结构

（1）弹体结构：由弹身和前、后翼面连接组成的整体。

（2）制导装置：由导引头部件、整流罩、馈线、电子组件、微处理器、自动驾驶仪、时间程序机构、传感器等组成。

（3）战斗部：由装药、引信等组成。

（4）控制及稳定装置：由舵机、热电池、气瓶、减压阀、尾翼等组成。

（5）动力装置：包括助推发动机、闭气减旋弹带、底座等。

为了保证末制导炮弹内的各类部件能充分发挥各自的功效，通常会把导引头、自动驾驶仪和电子器件布置在弹体前段，战斗部和引信居中，控制段置后。在末制导炮弹导引头的前部常安置有电子线路组件和风帽。风帽的作用是减少头部波阻，故必安装在导引头之前。在末制导炮弹开始搜索、跟踪目标时，为了不影响导引头工作，风帽必须提前脱落。战斗部舱之后是控制舱，主要装有舵机伺服机构。为了增加射程，在战斗部舱和控制舱之间还会安排增程助推器，有时也可将它变为一个独立舱段。由于采用火炮发射，末制导炮弹发射时，最大过载高达上万个 g，其制导系统需要承受高过载且需满足小型化的要求。对于部分较为"脆弱"的器件及装置，为使其不在发射过程损坏，需要采取专门措施。例如，为了不损坏陀螺转子，采用了负载转移轴承，发射时陀螺暂时"固化"。

3. 末制导炮弹的制导方式

末制导炮弹采用弹道末段寻的制导，通常是利用弹上的接收装置（导引头）接收目标反射或散射的能量，测出目标的位置和运动参数，形成控制指令，使导弹按一定的制导规律飞向目标。目标辐射的能量可以是热能（红外辐射）、无线电波、光波或声波等。根据这些信号源所处的位置及收发方式，末制导炮弹采用的制导方法有主动式、半主动式、被动式和复合式。

（1）主动式寻的制导。信号发生器（无线电、激光雷达等）装在末制导弹丸上，由弹丸主动向目标发射能量（无线电波、激光等），再接收从目标散射的回波，以确定弹丸的误差信息，从而控制弹丸跟踪、命中目标，如图 11.22 所示，图中实线波表示发射信号，虚线波代表反射信号。主动寻的制导体制的优点是发射后炮弹能独立工作，即发射后不管。缺点是由于炮弹的尺寸有限，弹上发射机的功率较小，因此作用距离受到限制；且弹上辐射源暴露，易受干扰和拦截。

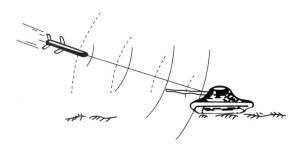

图 11.22　全主动式寻的制导示意图

（2）半主动式寻的制导。利用装在地面炮兵前沿观察哨、遥控无人机和直升机等设备上的能源发生器（无线电雷达或激光照射器等）跟踪照射目标。目标将大部分入射能量漫反射到目标周围的空间，弹上导引头探测到目标反射的能量信息，从而控制弹丸跟踪命中目标。其作用过程如图 11.23 所示。

（3）被动式寻的制导。被动式寻的制导信号（可见光、红外、毫米波、声能等）由目标自身向周围空间辐射。末制导弹丸被动地感受到目标辐射出的能量，从而控制弹丸跟踪命中目标。其作用过程如图 11.24 所示。

图 11.23　半主动式寻的制导示意图　　　　图 11.24　被动式寻的制导示意图

（4）复合式寻的制导。由于不同的电磁波段具有不同的特性，在探测和识别目标的性能上也有较大的差异，因而单一制导方式都存在着一定的局限性，难以适应复杂的各种实战环境。为了解决这一问题，发展了双模或多模复合式制导体制，这是末制导炮弹的发展方向之一，可使末制导炮弹使用起来更加方便灵活和适应未来战场上的光电对抗与快速反应。末制导炮弹上使用的复合式制导方式主要有"激光半主动/红外被动"复合式制导、"主动毫米波/被动毫米波"复合式制导以及"毫米波/红外"复合式制导等。

4. 典型的末制导炮弹

20 世纪 70 年代，美国和苏联的陆军分别开始发展应用于大口径火炮的末制导炮弹，此后很快引起英、法、德、瑞典、以色列、中国等国家的重视，也相继开始了末制导炮弹的研制。美国最早研制了 155mm M712 "铜斑蛇"激光半主动末制导炮弹，应用于 155mm 火炮，俄罗斯在 152mm 火炮上发展了 152mm 9K25 "红土地"激光半主动末制导炮弹，美国、俄罗斯、以色列等国家也发展了多种型号的激光末制导迫击炮弹。中国研制了 155mm、152mm、122mm、105mm 激光末制导榴弹和 120mm 激光末制导迫击炮弹。为克服激光半主动制导的缺点，从 20 世纪 80 年代各国相继发展使用毫米波、红外、GPS/INS 制导技术的末制导炮弹。例如，瑞典研制了 120mm Strix 红外末制导迫击炮弹，英国研制了 81mm "默林"毫米波末制导迫击炮弹，美国研制了加装 GPS/INS 制导的 155mm M982 末制导炮弹等，法国研制了 "Griffin" 120mm 红外寻的末制导迫击炮弹，德国研制了 "布萨得" 120mm 激光半主动/红外或毫米波成像末制导迫击炮弹。

1）"铜斑蛇"末制导炮弹

美国 155mm M712 "铜斑蛇"末制导炮弹是美国 20 世纪 70 年代开始研制的一种激光半主动制导的反坦克炮弹，它由 155mm 火炮发射，采用激光末制导，使火炮在远距离精确打击点目标成为现实，是把炮弹变成精确制导弹药的首创，1991 年"沙漠风暴"行动中曾经在伊拉克战场上使用。"铜斑蛇"全弹长 1.372m，弹身长细比为 8.85，弹重 62.6kg，射程为 4~17km，炮口初速为 577m/s，膛压为 29.6MPa。弹头为圆锥形，有利于减小飞行时的头部阻力，全弹由导引头、电子舱、战斗部及引信、控制舱组成，导引头和电子舱是其制导装置。外形及总体结构如图 11.25 所示。根据其作用原理，为了保证"铜斑蛇"的各部件能充分发挥各自的功效，导引头、自动驾驶仪和电子器件布置在弹的前部，战斗部和引信居中，控制段置后。

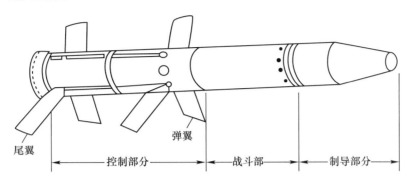

图 11.25 "铜斑蛇"激光末制导炮弹总体结构示意图

制导部分主要结构是导引头，包括位标器和电子舱两部分。位标器由探测器及其前置放大器、光学系统、陀螺及其驱动和进动执行元件组成。位标器功能是搜索、捕获和跟踪目标，即接收目标反射回来的激光束，把信号输出给电子舱进行处理，位标器的陀螺在捕获目标之后，始终要跟踪目标。"铜斑蛇"位标器是陀螺-光学耦合式的，光学系统采用单透镜，光学系统与弹体同轴，来自目标反射的激光能量，经头罩后穿过窄带光学滤光片，由单透镜会聚并由陀螺稳定的反射镜反射后，落在透镜后主点附近的四象限探测器上。透镜及探测器均固定在弹体上，陀螺只稳定反射镜，这种结构的光轴是不稳定的，但垂直于反射镜并通过探测器中心的测量轴线却是稳定的。由于这种结构只需稳定反射镜，所以陀螺的结构简单，体积质量都很小。虽然瞬时视场小，但动态视场可达 ±12.5°。

导引头陀螺及其轴承抗高过载 8000~9000g 是"铜斑蛇"的主要关键技术，为解决过载对陀螺的破坏问题，导引头陀螺采用负载传递轴承和被称为"gotcha"式轴套的特殊结构。发射时陀螺被暂时"固定"，发射时的轴向高过载作用到轴承上时就通过轴套和支撑环传递给陀螺底座，从而保护了轴承不受损伤。发射后轴套自动解锁，陀螺转子从支架上弹起并开始启动。

电子舱中有信息处理电路、陀螺驱动电路、解码电路和程序控制电路。其主要作用是把探测器输出的信号经过处理和运算，变成与弹目视线角速率成正比的控制命令。结构上，主要由 8 块电路板组件组成，电路板均被单独封装以承受高过载，其中有 3 块是接收激光编码所需的。电路板中央留有战斗部形成的金属射流的通道。电子舱前端安装有滚动控制用的速率传感器，在电子舱的外表面上有 8 位激光编码调节孔和时间控制电路的调节孔。

战斗段由战斗部和引信组成。"铜斑蛇"使用空心装药破甲战斗部，战斗部重 22.5kg，装有 6.69kg B 炸药，精密铜药型罩的锥角为 55°，战斗部前端沿弹轴向有一段锥形自由空间用于保证射流成型。引信体安装在战斗部的底部，在导引头顶部和光窗罩底部装有机电和压电引信启动机构，任何一个启动机构作用都可引爆战斗部，形成聚能射流击毁目标。

控制段由舵机伺服系统、尾翼、弹翼、弹翼/尾翼折叠和释放机构、滑动式弹带、弹底、电池组和氦气瓶组成，控制段主要是接收电子舱的控制指令，控制伺服舵机带动舵面偏转，改变弹体姿态角和速度，实现弹道修正。"铜斑蛇"采用脉冲调宽式冷气舵机控制舵面停留的两个极限位置,根据控制指令确定舵面在两个极限位置的停留时间长短,从而等效于一定的舵偏角。控制段为圆柱形外壳,前部设置4片弹翼,后部设置4片尾翼,4片弹翼是为增加弹丸的飞行距离而设置的滑翔翼,4片尾翼中的一对用于控制弹丸俯仰,另一对控制偏航。弹翼平时折叠在控制段的壳体槽内,在弹丸飞行过程中,时间程序控制电路控制释放结构将其打开以增加滑翔距离。控制段中前部装有高压氦气瓶,作为冷气舵机的动力源,后部装有舵机和电池组。在控制段后部设有套在弹底外部的滑动闭气环,滑动闭气环可在弹体上滑动,使弹体不受弹带和膛线的影响,从而防止因弹丸高速度旋转而降低空心装药战斗部的破甲效应,在发射时起封闭火药气体的作用,弹丸出炮口后起到降低弹丸转速的作用。

如图11.26所示,"铜斑蛇"末制导炮弹从发射到击中目标,可分为5个阶段,即发射前准备及发射、自由飞行段、激活段、中间飞行段、导引段。其工作过程如下:前方观察哨确定目标位置后,发射阵地下达射击指令,装定射击诸元,炮手根据激光指示器编码和目标距离,通过弹上的激光编码选取孔和定时器开关装定激光编码和定时器,为了防止敌方干扰,炮手要将制导炮弹装定成与前方激光指示器的波长和脉冲频率一致的编码,同时根据射程和选用的弹道调节时间控制器的延迟时间,以便在弹道的不同阶段分别激活各个部件,然后将炮弹装入炮膛内发射。在发射加速度作用下,给时间程序控制线路供电的11V热电池被激活。弹上的滑动闭气带卡入膛线,炮弹与滑动闭气弹带之间做相对运动,炮弹以20r/s的转速飞出炮口,炮弹出炮口后,在离心力的作用下打开尾翼,稳定弹丸飞行,进入无控弹道飞行的自由飞行段。

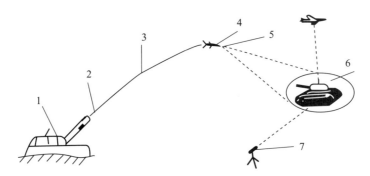

1—自行火炮;2—尾翼展开;3—无控弹道;4—开始末制导;5—探测目标;6—目标区;7—激光指示器。

图11.26 "铜斑蛇"末制导炮弹的工作过程

程序控制电路按预先装定的延迟时间,依次激活弹上各个部件:

(1) 在到达弹道最高点之前,30V热电池激活。

(2) 气瓶开始供气,滚动速率传感器和舵机伺服系统激活,滚动控制开始,使弹丸停止滚动,保持非旋转飞行姿态。

(3) 导引头陀螺激活,陀螺转子速率达到额定值。

(4) 弹丸到达弹道最高点之后,弹翼展开。

在各个部件被激活到开始捕获目标之前,"铜斑蛇"经过一个中间飞行段,在炮弹进行制导控制之前,激光指示器就要向目标照射编码脉冲激光束,以保证制导开始后导引头能立即搜索和捕获目标。在距离目标1~3km处,导引头捕获目标,接收目标反射的激光信号,陀螺测出弹体在飞行中的偏移量,再由电子舱内电路根据目标位置信息将偏移量转换成相应的比例导引指令送给舵机,操纵尾翼,控制炮弹飞向目标。到达目标点后,战斗部起爆,击毁目标。弹道末段导引过程中,对目标的照射有两种方式:一种是在前沿阵地由观察搜索人员携带地面激光指示器照射目标,弹丸上的激光导引头接收来自目标的回波信号,以提供导引信息;另一种是用装在无人驾驶飞机或直升飞机上的激光指示器照射目标,激光导引头接收来自目标的回波信号,以提供导引信息。

根据目标距离的不同,"铜斑蛇"有两种飞行弹道:一种是普通弹道,即抛物线弹道,当射击目标在8km之内时一般采用该种弹道;另一种是低伸弹道,为增加弹丸的飞行距离,或在出现云雾时便于搜索目标,为炮弹提供更多的导引时间,在弹道的某预定点弹翼展开,由控制系统控制尾翼给弹丸提供外力,形成滑翔飞行弹道模式。两种弹道如图11.27所示。

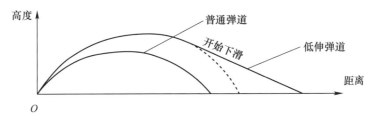

图11.27 "铜斑蛇"的两种飞行弹道示意图

2)"红土地"末制导炮弹

"红土地"末制导炮弹是苏联/俄罗斯研制的一种激光末制导炮弹,主要用于对付坦克、装甲车辆、火炮阵地、防空武器、观察所等目标。"红土地"末制导炮弹已经发展了多个型号,是制导榴弹的典型代表,系列型号包括:基本型152mm 9K25 Krasnopol末制导榴弹;改进型152/155mm Krasnopol-M末制导榴弹;发展型155mm Krasnopol-M2末制导榴弹。

"红土地"与"铜斑蛇"都是激光半主动末制导炮弹,但是"红土地"有其自己的特点,它采用了全稳式导引头、鸭式气动布局、杀伤爆破战斗部、助推发动机,"红土地"比"铜斑蛇"的质量轻、射程远。

"红土地"采用了和"铜斑蛇"类似的激光接收体制,采用八象限探测器和一套光学系统,形成大小两个探测视场,解决了大视场捕捉小视场跟踪问题。当自动导引头的激光接收器连续接收到3个从目标反射回来的激光脉冲,并确定其与给定的脉冲编码相同时,导引头输出"捕获"信号,使位标器陀螺解锁,其转子开始高速旋转,进入自动导引段。导引头对每一个激光照射脉冲都产生一个控制信号,其大小与光斑中心相对于光电接收器中心的偏移量有关。在控制信号的作用下,导引头修正线圈将产生一个修正力矩,从而使陀螺向目标方向进动,并使误差角趋近于零。在此导引过程中,导引头以一定幅度的电压脉冲向弹丸的驱动装置输出脉冲宽度和光斑相对于光接收器中心位移相关的控制信号,从而由驱动装置操纵弹丸命中目标。"红土地"的导引头采用4组激光编码类型,而且是单重频编码,远比"铜斑蛇"所采用的8组复杂编码类型简单得多,所以"红土地"比"铜斑蛇"末制导炮弹抵抗人为有源干扰性能要差。

"红土地"的战斗部在选型的理念上有了新的突破,作了大胆尝试,俄罗斯认为炮兵制导弹药所对付的目标中装甲等硬目标所占的比例约为30%,而大量的目标则是半硬目标和软目标,故在战斗部类型的选择上应重点发展榴弹战斗部。"红土地"战斗部的装药采用钝黑铝混合炸药,该炸药技术比较成熟,可以发挥其威力大、性能稳定的优势。

因为在战斗部选型上的变化,它可以不受到战斗部必须安装在弹体前部等因素的限制,因此,"红土地"末制导炮弹采用鸭式气动布局。鸭舵和尾翼呈"＋＋"形式布置,如图11.28所示。

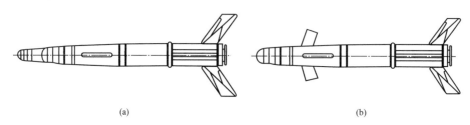

图11.28　鸭式气动布局
(a)无控状态;(b)有控状态。

"红土地"末制导炮弹可以根据作战需要变化多种弹道。全弹道分为膛内滑行段、无控飞行段、增速飞行段、惯性制导段和末端导引段,如图11.29所示。在无控飞行段和增速飞行段鸭舵处于折叠状态不张开,由张开的尾翼提供稳定力矩,同时鼻锥部脱离,以便激光导引头接收目标信号。当炮弹飞行至距离目标约3km时,进入末端导引段。

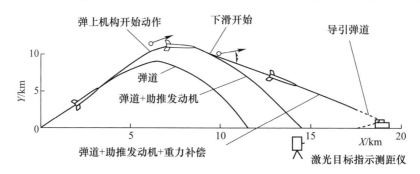

图11.29　"红土地"末制导炮弹的弹道特性

"红土地"末制导炮弹工作过程如下。

(1)前方观察员一旦发现目标,瞬即就将目标坐标传递给指挥所,若目标位于射程之内,炮手即可得到目标射击诸元,按正常操作方法装定射击诸元、瞄向目标。

(2)在炮弹离开炮口20～30m处,4片稳定翼面同时向后展开到位,机电触发引信解除保险,进入无控飞行,靠4片稳定翼和15r/s的转速保持末制导榴弹的稳定飞行。

(3)当炮弹飞至弹道顶点时,机电程序机构便启动控制舱内的惯性姿态陀螺,惯性姿态陀螺将指令信息反馈给引信的点火头,点燃火药,使头锥部与导引头分离。同时鸭舵向前展开到位,炮弹进入惯性飞行阶段,由惯性陀螺提供惯性制导信号,控制舵面自动实施对炮弹的重力补偿,调整飞行姿态,进入滑翔段弹道。

(4)当飞行到距目标只有2～3km时,弹上激光导引头自动搜索从目标反射回来的激光编码信号。经信号处理和自动识别后将控制信号传输给舵机,进入自动跟踪状态,跟踪并锁定目标。

(5) 在炮弹命中目标之前,控制舵机会给出一个补偿信号,使炮弹上仰后再急速下降,以 35°~45°着角实施击顶攻击。

3) 152mm 9K25 Krasnopol 末制导榴弹

基本型"红土地"激光末制导榴弹 152mm 9K25 Krasnopol 由苏联/俄罗斯机械制造科学研究院研制,1984 年装备部队。如图 11.30 所示,152mm 9K25 Krasnopol 末制导榴弹的弹形较长,分为两部分,一部分是由战斗部、助推发动机和稳定尾翼组成的弹丸舱,另一部分是控制装置,包括鼻锥部、导引头、自动驾驶仪和工作转换开关等组成的制导舱。发射前,将弹丸舱和制导舱两部分组装在一起。9K25"红土地"激光末制导榴弹采用鸭式气动布局,在弹体前部装有 4 片鸭舵,用于俯仰和偏航控制。弹体尾部装有 4 片尾翼,用于产生升力和保证飞行稳定。弹身前部为带有保护罩的鼻锥部,后接导引头和控制舱段,形成近似拱形的头部。战斗部舱段和发动机舱段基本为圆柱体,尾部有一短船尾。

1—风帽;2—导引头;3—鸭舵;4—战斗部;5—尾翼;6—发动机。

图 11.30 152mm 9K25 Krasnopol 激光末制导榴弹

鸭舵的平面形状为近似矩形,截面为非对称六边形,舵片厚度沿着展向变化。在炮管内时,鸭舵向后折叠插入弹体内。控制舵舱外形为锥形,鸭舵折叠后虽有部分突出锥面,但是最大直径仍小于炮管内径,弹丸在飞行弹道上进入惯性制导段时,鸭舵张开到位,呈后掠状态。尾翼平面形状为矩形,截面为非对称六边形。翼弦较小,翼展较大,属于大展弦比尾翼。发射时尾翼向前折叠插入发动机 4 个燃烧室之间的翼槽内。炮弹出炮管后,尾翼片靠惯性力解锁,在弹簧机构作用下迅速向后张开到位并锁定,呈后掠状态。飞行中依靠翼片的扭转角产生顺时针(后视)方向的滚转力矩,使弹体旋转,增加稳定性。

152mm 9K25 Krasnopol 弹重为 50kg,弹长 1300mm,战斗部重 20.5kg,炸药重 6.6kg。火炮发射速度 2~3 发/min,激光目标照射器测距误差不大于 10m,测方向角的中间误差为 0~01 密位,测高低角最大误差为 0~02 密位。其末制导炮弹适用的环境温度为 -40~+50℃。激光目标照射器具有一般观察、测距、测角器材的功能,可自动传输目标距离、方向角和高低角;可人工装定激光指示器启动延迟时间,与执行同步器连接实现自动启动激光照射器,用激光束为制导炮弹适时地指示目标。最大射程为 22km,弹道中段采用惯性制导,末段采用激光制导,是可以 30°~40°的落角命中目标,而且还可掠飞攻顶,命中率在 90% 以上。

4) 155mm Krasnopol – M 末制导炮弹

在"红土地"的基础上,根据半主动激光末制导炮弹在不同气候和地理条件下的试验,研制了152/155mm Krasnopol-M("红土地"-M)末制导炮弹(改进型),该弹可用M109A1、M109A6、G5/G6、FH77等155mm火炮发射,但要使用俄罗斯研制的1D20和1D22型激光照射器,Krasnopol-M采用了俄罗斯最先进的弹药技术,152mm和155mm"红土地"的区别在于,155mm炮弹的弹带直径较大,且战斗部位置上增加了定心环,使之能在155mm火炮身管中正常运动。

如图11.31所示,"红土地"-M结构改为整装式,不但可以存放在标准弹架上,而且由于省去了发射前结合的工序,可以减少发射准备时间20%~30%,提高射速15%~20%,增加弹药基数20%~30%。"红土地"-M的激光制导系统采用了比"红土地"更先进的技术,可以在低云层覆盖的情况下发现照射在目标上的激光斑,发现率提高了30%。

"红土地"-M弹长为955mm,弹丸重43kg,战斗部重20kg,装药重6.5kg,射程3~20km,战斗部使用温度范围为-40~+50℃,射速为4~5发/min。采用杀伤爆破战斗部。制导方式:弹道初级阶段,弹丸在弹道上自由飞行;在弹道中级阶段,采用惯性导航;弹丸在弹道末段时,采用半主动激光制导。"红土地"-M击毁远距离运动中的坦克,平均消耗弹数为1~1.2发,目标命中率为90%。

图11.31　155mm Krasnopol-M末制导炮弹

5) 155mm Krasnopol-M2末制导炮弹

2006年俄罗斯研制了发展型末制导炮弹Krasnopol-M2("红土地"-M2),该弹长度为1200mm,重54kg,战斗部装药增加至11kg。Krasnopol-M2末制导炮弹适用于2S19自行榴弹炮,也可配用于美国109式155mm自行榴弹炮、南非G6 155mm自行加榴炮等平台。"红土地"-M2系统与"红土地"相比具有以下优势:射击前不需要对接炮弹的两个舱;采用了"灵活"的弹载系统弹道中开机时间表;火控系统能确保向炮弹自动化输入飞行时间表;炮弹战斗威力实际上是"红土地"的2倍,能摧毁未来的坦克和加固火力点;射程大幅度提高;火控系统能确保全昼夜使用。"红土地"-M2系统能够全昼夜使用,在复杂气象和平原、山地等地形条件下有效摧毁各种目标,是新一代多用途高精度火炮弹药系统,具有以下突出的性能特点。

(1) 飞行程序自动化输入。Krasnopol-M2末制导炮弹飞行程序通过连接装置经头部组件自动化输入,程序译码参数通过连接装置输入弹载装置,减少了发射准备中出现错误的可能性,避免了在作战条件下手动输入可能会出现的错误。同时能对程序(保存在"孔雀石"火控系统处理器存储器中)参数进行发射后检查。

(2) 程序控制开启制导器件。新型制导炮弹的弹载装置在弹道中能分别开启控制舱的各组成部分(电源、惯性陀螺仪、操舵装置、舵面打开装置)。该能力扩展了系统的战术技术性能。

(3) 主动减震。弹载装置中包括弹体主动减震系统,在高山地形和强风情况下都能可靠地发挥功能,提高了其战斗使用相对频率。

(4) 独创的电路和总体构造方案。取代增程发动机的底部气体发生器、6片尾翼稳定装置、新型高能电源、小型处理器的电子装置、小型自导头,使全弹长度尺寸变小但战斗威力比基本型提高了80%。

(5) 现代化的火控系统。"孔雀石"便携式火炮火控系统包括激光目标指示-测距仪、热成像瞄准具、配有电子计算机和卫星导航设备(GLONASS/GPS 卫星导航系统)的指挥员操纵台和数字无线电台。该火控系统能保证:使用的机动性,包括在复杂地形进行侦察;控制的多通道性;全昼夜发现和识别目标;对指挥-观察点和火力点进行大地测量绘图准备;射击装置自动化计算并在指挥-观察所与射击阵地之间交换信息和指令。

"红土地"制导炮弹与"铜斑蛇"制导炮弹的性能参数对比如表11.2所列。

表11.2 俄、美末制导炮弹参数对比

弹药名称	"红土地" Krasnopol	"红土地" -M Krasnopol-M	"红土地" -M2 Krasnopol-M2	"铜斑蛇" Copperhead
口径/mm	152	155	155	155
长度/mm	1300	955	1200	1372
全弹质量/kg	50.8	43	54	62.6
战斗部质量/kg	20.5	20	26.5	22.5
装药质量/kg	6.5	6.2	11	6.69
战斗部类型	杀伤/爆破	杀伤/爆破	杀伤/爆破	聚能装药
射程/km	3~20	3~20	3~20	16(滑翔模式)
初速/(m/s)	—	700	—	577
发射过载	—	—	—	8100g

11.3.2 末制导迫击炮弹

随着高性能动力装置和精确制导技术的发展,迫击炮弹的研究重点悄然发生了转变。射程更远,制导更精确,更便于携带和操作的新型迫击炮弹应运而生。迫击炮弹作为现代步兵在进攻中的有效打击手段,再次焕发生机。各国都大力发展各种带有末制导的迫击炮弹(如激光制导、毫米波制导、红外制导的迫击炮弹)。

1. "默林"81mm 末制导迫击炮弹

英国研制的"默林"81mm 末制导迫击炮弹是一种毫米波主动寻的制导的反坦克迫击炮弹,弹药结构及典型弹道如图11.32所示。它由英国宇航动力公司于1981年开始研制,1989年末完成。它采用主动式毫米波寻的制导方式,主要由导引头、电子仪器、成型装药战斗部、保险与解保装置、控制翼和稳定尾翼组成。在末制导阶段,弹上的毫米波寻的器对地面进行两次扫描,第一次对 300m×300m 范围内的运动目标进行检测,若未发现目标,则在 100m×100m 范围内进行第二次扫描,对静止目标进行检测。发现目标后,导引头将炮弹导向目标正上方,该弹将以近似垂直的角度攻击目标,以求达到最大的穿透效果。

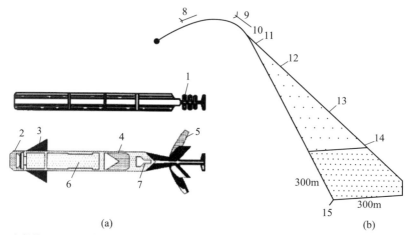

1—发射药;2—导引头;3—鸭舵;4—聚能战斗部;5—尾翼;6—弹载电子设备;7—引信;8—尾翼张开;9—引信解除保险;10—接通导引头;11—弹道转弯;12—展开鸭舵;13—搜索目标;14—导向目标;15—目标搜索区域。

图 11.32 "默林"全貌和典型弹道
(a)末制导迫击炮弹;(b)飞行弹道示意图。

2. 被动制导式 Strix 末制导迫击炮弹

瑞典 Strix 120mm 末制导迫击炮弹是一种被动式红外成像制导反坦克迫击炮弹,如图 11.33 所示。可用 120mm 迫击炮发射,射程为 5~8.5km。采用的是红外被动寻的方式,在炮弹弹体重心周围安装有径向排列的 12 枚定向火箭。炮弹进入末制导阶段后,红外寻的器接收到目标辐射出的红外信号,导引炮弹飞向目标,通过依次点燃 12 枚定向火箭来修正弹道。未燃尽的定向火箭推进剂还能增加炮弹的杀伤力。

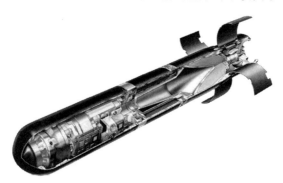

图 11.33 末制导迫击炮弹 Strix 结构组成

此外,德国的 XM395 制导迫击炮弹以 120mm Buzzard 为基础,头部加装了半主动激光导引头,弹体侧面装有火箭推进器,中、后部各有 4 片折叠翼和控制翼,全弹重 17.2kg,

最大射程为15km,能够在弹道末段进行制导控制,制导精度可达1~2m。以色列研制的120mm激光制导迫击炮弹(LGMB)可配合牵引或自行120mm迫击炮以及各种激光指示器使用,是同时为传统战场和城市作战设计的,射程为10.5km,圆概率误差为1~2m,精度高,附带毁伤小。

11.3.3 末制导反装甲子弹药

BAT子弹药(brilliant anti-armor technology submunition)是一种采用顶部攻击的反装甲子弹药,它是一种无动力的滑翔器,BAT子弹药可配用于陆军战术导弹、多管火箭发射系统、战术布撒器、巡航导弹和无人机等多种平台,用于全天候或恶劣天气条件下精确打击纵深战场内的敌方装甲车辆等目标。

BAT子弹药外形呈圆柱形,BAT折叠弹翼后装进母弹,其展开状态如图11.34所示,弹体中部有4片平直的可折叠弹翼,弹尾部有4片形状相同、较小的可折叠弧形尾翼,弹径为140mm,弹长914mm,质量为20kg,该弹采用红外、声学双模传感器,弹头部装有红外导引头,声学传感器装在弹翼翼端。BAT子弹药的制导/控制模块由惯性测量装置、动力控制装置、电子设备及舵机组成。BAT子弹药的战斗部采用前置聚能装药和后置主聚能装药串联装药结构,配用触发引信。

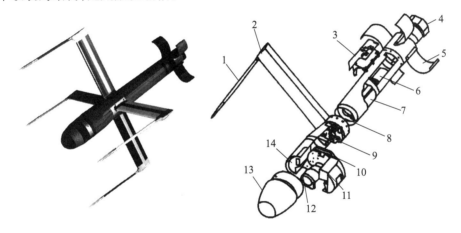

1—声学探头; 2—弹簧; 3—雷管点火电子器件; 4—降落伞装置; 5—尾翼;
6—电池; 7—电子安全解除装置; 8—主装药; 9—控制舵; 10—中央电子设备;
11—惯性测量装置; 12—前驱装药; 13—红外寻的头; 14—功能调节器。

图11.34 BAT子弹药总体结构

BAT子弹药工作过程如图11.35所示。BAT由火箭弹或导弹远距离发射后投放(也可从无人机释放),在下降过程中展开一个降落伞,减缓子弹药的飞行速度并调整其飞行姿态,使其保持稳定飞行,减小风噪声对全向声学传感器的噪声干扰。随后,子弹药展开可折叠尾翼和弹翼,弹出声传感器,4个弹翼上分别安装的声学传感器开始向下探测、捕获装甲目标,可以侦听6km内重型柴油发动机或4km内噪声较小的目标。每枚BAT子弹药可预先设定沿不同路径飞行,攻击不同的目标。利用4个声学传感器组成的阵列,可以大致确定声源的方位。一旦探测并确定目标的位置与行进方向,子弹药抛掉降落伞,转换为滑翔状态,滑翔飞向目标。在飞行弹道末段,子弹药的第二个降落伞展开,同时红外导引头开始旋转并探测目标,由声传感器提示红外导引头搜索目标的方位,辅助导引头捕获目标。确定目标位置后,第二个降落伞分离,BAT 子弹药自主导引飞向目标,起爆战斗部毁伤目标。

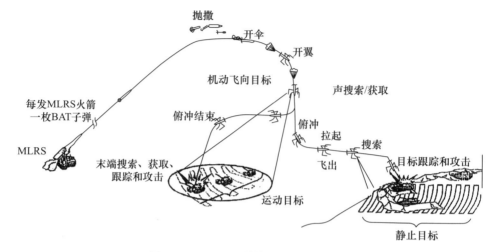

图 11.35　BAT 子弹药工作过程示意图

此外,改进型 BAT 配用装有预制破片的双用途战斗部和新型微米波雷达/红外成像双模式导引头。新型探测器将使 BAT 实现真正的全天候作战,扩展打击目标类型,包括运动或静止的导弹和火箭发射平台以及静止的冷目标,如已经熄火的坦克等。

11.4　网络化弹药

科学技术的发展和在军事领域的应用已使传统的作战形态发生了深刻的变化,其作战模式已由过去的单兵种武器独立作战逐渐转化为集成化的网络作战。过去作战行动主要是围绕武器平台(如坦克、军舰、飞机等)进行的,在行动过程中,各平台自行获取战场信息,然后指挥火力系统进行作战,平台自身的机动性有助于实施灵活的独立作战,平台间信息的交流与共享能力较差,影响整体作战效能。计算机网络技术的发展,使平台与平台之间的信息交流与共享成为可能,从而使战场传感器、指挥中心与火力打击单元构成一个有机整体,实现真正意义上的联合作战,所以这种以网络为核心和纽带的网络中心战又可称为基于网络的战争。

网络化弹药是依据网络中心战理论发展起来的一种智能化弹药,其技术发展和装备研究受到多个国家的重视。网络化弹药系统是将多个弹药通过无线通信进行组网形成一个协同作战的总体,实现弹药间的网络化信息共享,并且可以完成智能探测、目标识别、协同打击与毁伤评估等作战功能的新型弹药系统。相对于传统弹药,网络化弹药具有网内信息共享、高效协同作战、一体化察打评等多种优势。

网络化弹药根据作战任务和使用时空不同可以采用空中组网、地面组网、空地组网等方式,相应的有空中网络化弹药、地面网络化弹药以及空地联合网络化弹药等不同的网络化弹药系统。本节主要介绍地面网络化弹药。

11.4.1　地面网络化弹药

地面网络化弹药系统一般指由自主网络系统、目标探测识别及定位系统、中央控制器和战斗部系统等组成的一个集目标警戒、识别、定位、任务分配及封锁与攻击于一体的智能化弹药系统。它可由火炮、火箭弹、机载布撒器等武器平台投放或采用人工方式布撒在阵地前沿或交通要道、机场码头等,自主对目标实行长时值守,自主协同作战。它能自动感知目标类型、探测目标位置,自主进行任务规划和决策,具有长时间阻止敌方机动部队行进和部署,阻止飞机起飞以及其他限制敌方机动的功能。地面网络化封锁弹药系统还可以作为战术侦察单元,将战场信息与其他作战单元共享,提升多样化作战能力。其中弹药节点可采用声、震动、红外、毫米波等多种传感器探测目标,识别目标类型并解算出目标的方位、距离等信息,向其他弹药节点发送相关数据,通过网内决策,执行相应的攻击策略。图 11.36 所示为地面网络化弹药系统作战原理。

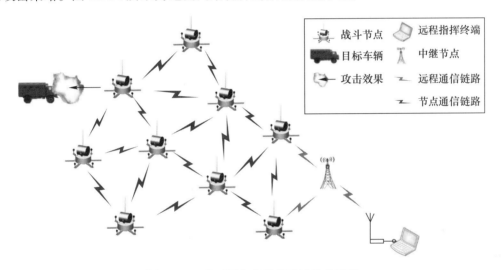

图 11.36　地面网络化弹药系统作战原理

1. 典型地面网络化弹药系统的组成

地面网络化弹药系统由若干个弹药节点组成,而弹药节点则由无线组网系统、自定位系统、预警与探测系统、决策系统、战斗部等组成,如图 11.37 所示。

无线组网系统主要由微控制器、通信电路和天线等部件组成,通过通信电路完成节点间的无线组网及安全可靠的数据交互。

自定位系统由自定位模块和天线等部件组成,完成弹药系统内各弹药节点的自定位并给出各节点的相对位置。

预警与探测系统通过多模传感器完成对目标的探测和识别,可通过低功耗的声、震动等传感器实现对目标初始探测和预警,其主要目的是节省能源,获得更长的值守时间;采用毫米波探测器等高性能探测器可完成对目标的识别和精确定位,使得弹药节点能够跟踪并完成对目标的精确打击。也可采用多个节点同时进行分布式协同探测,减小单个节点对目标探测和定位的误差。当同时存在多个敌方目标时,多节点协同探测可以更好地实现多目标的区分和跟踪。

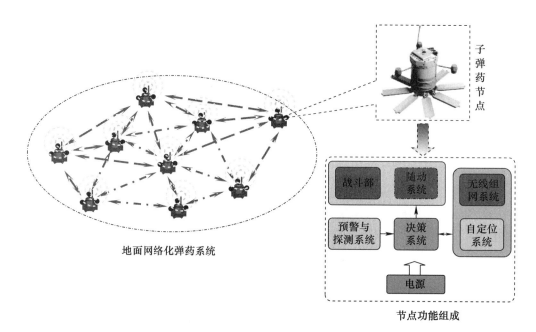

图 11.37　地面网络化弹药系统组成

决策系统主要完成网络间信息的交互和任务分配等功能,其计算单元一般采用性能较高的处理器,以完成对探测器收集的大量数据信息的快速处理,实现对目标的识别和定位,并结合网络内各个弹药节点的位置信息,选举出最佳的弹药节点作为攻击节点,通过无线网络将攻击指令和数据发送到攻击节点,攻击节点适时起爆战斗部完成对目标的攻击和毁伤。

战斗部单元一般采用高效定向毁伤战斗部,包括 EFP、MEFP 及多模毁伤战斗部;也可采用周向杀伤战斗部等。采用随动定向战斗部需配有随动系统,随动系统主要由伺服电机或火工驱动单元等部件组成,在弹药探测到目标的位置信息后可以通过随动装置将战斗部转向目标,从而实现定向毁伤。

2. 地面网络化弹药的作用过程

地面网络化弹药的作用过程一般分为 5 个阶段,如图 11.38 所示。

图 11.38　地面网络化弹药的作用过程

（1）组网及自定位。地面网络化弹药在人工或自动布设后开机,首先通过广播、搜索实现节点的入网及组网,并在此过程中测量或获取节点的位置信息完成节点的自定位。地面网络化弹药也可连接到通信中继,指控中心通过通信中继与地面网络化弹药建立连接,可实时动态获取弹药的网络拓扑信息。

（2）低功耗预警值守。建立网络后,网络进入低功耗运行状态,此时弹药节点上仅网络部件和低功耗的预警电路在工作,其他功能模块均处于休眠或断电状态。

（3）目标探测和识别。若目标出现,则预警电路唤醒控制器,网络通信恢复至正常水平,探测器上电,网络化弹药系统启动探测系统对目标进行探测定位,并开始交换数据。

(4)协同攻击决策。系统根据目标位置信息和弹药网络拓扑位置信息,由决策系统选举网络内的弹药节点进行跟踪,并在最佳时刻起爆战斗部对目标进行打击。

(5)毁伤评估及网络更新。打击完成后,该枚弹药节点被消耗,网络进行信息更新。探测器返回的数据经处理后,判断目标是否已被击毁,如果没有击毁则自动决策是否继续对其发动攻击,若目标已击毁则网络化弹药在更新网络后转入低功耗预警值守阶段。

地面网络化弹药的攻击决策既可以是网络内的弹药按照设定的策略自动判断完成,也可以是通过远程指挥控制中心的命令控制,即采用人在回路的方式。

11.4.2 地面网络化弹药关键技术

1. 无线通信组网技术

地面网络化弹药的组网工作就是要将这些弹药节点通过无线通信建立联系,明确周围节点的分布情况,形成包含战场上全部弹药节点的网络拓扑结构并周期性进行维护。网络是实现对目标进行组网探测、定位跟踪、协同信号与信息分布式处理的保障条件和物质基础,同时通过无线通信测距可兼容实现弹药群内各弹药节点相对自定位功能。

地面网络化弹药采用自组网的形式进行组网,弹药内含无线通信模块。为了保证系统通信的抗干扰能力和信息安全,一般采用跳频、扩频、加密等手段。在通信网络中,信道接入技术是用于建立可靠的点到点、点到多点或多点共享的通信链路技术,是无线通信与组网中数据链路层研究的重点。无线网络可采用的信道接入方式可分为3种,即固定分配式、随机竞争式和按需分配式。

无线通信协议一般采用分层设计,包括物理层、数据链路层、网络层、传输层、应用层。在功能上,物理层负责数据的调制、发送与接收;数据链路层负责数据成帧、帧检测、介质访问和差错控制;网络层负责数据的路由转发;传输层负责数据传输的QoS保障;应用层负责为用户提供通用网络服务和面向各个不同领域的增强网络服务。

1)无线网络结构

目前常见的无线网络结构有星型网、树型网和网状网。

(1)星型网是一种单跳网络,采用集中式管理,如图11.39所示。网络中的节点均连接到一个中心节点,并且节点之间不能互相通信,只能与中心节点进行数据交互。星型网络结构简单,稳定性好,节点的故障不会影响到其他节点。但是网络对中心节点依赖度高,一旦中心故障则网络瘫痪,并且网络只能采用增大天线功率来扩大网络范围,网络覆盖范围较固定。

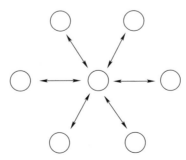

图11.39 星型网络结构

(2) 树型网是星型网络的扩展,网络中的每个节点均可扩展下层子节点,如图 11.40 所示。网络中只有一个最高层节点,其他节点为中间节点或终端节点。中间节点均有一个父节点和至少一个子节点。该网络结构中的父子关系类似树的多条分支,每条分支由父节点对子节点进行管理。树形网络容易扩展,一条分支的故障不会影响其他分支,但会影响该分支以下的所有节点。对最高层节点的依赖度较高。

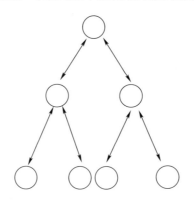

图 11.40　树型网络结构

(3) 网状网络中,所有节点的地位均等,结构相同,网络中个别节点的故障不会影响整个网络的运行,如图 11.41 所示。在平面网络中,更有利于节点间的分布式协同,比集中式网络有更快的响应速度。然而这种结构下,由于节点的硬件资源有限,节点中可保存的信息有限,给网络中路由的维护和节点的管理带来了难度。

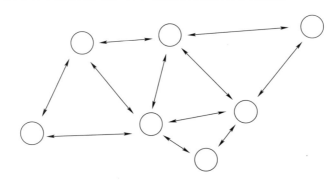

图 11.41　平面网状网络结构

在地面网络化弹药的实际使用中还可用到分簇的拓扑结构,分簇网络是树型网的一种变体。分簇网络中,节点被划分为簇,每个簇由一个簇头和多个成员节点组成。簇头负责汇集本簇内的信息以及簇间的数据转发、协调等。簇头可以预先指定也可以有簇头选举算法自动产生。分簇网络利用动态簇头对网络进行管理,较适用于传感器数据收集任务。每簇中一般包含一个中心节点和若干个战斗节点,簇内节点与中心节点(簇头)连接,簇与簇之间通过簇头完成信息交互,还可选择性地通过一个簇头完成与远程指挥控制中心的数据上传和指令接收,地面网络化弹药分簇网络结构如图 11.42 所示。

当一簇弹药的中心节点损坏或能源耗尽时,该簇内的战斗节点可以加入邻近的簇,并受该簇的中心节点控制。而当一簇内的战斗节点耗尽或不足以完成封锁任务时,该簇

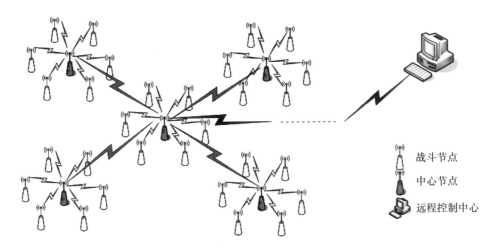

图 11.42 地面网络化弹药分簇组网示意图

的中心节点也可以加入其邻近的簇或申请接收部分战斗节点,并上报远程控制中心。

对于地面网络化弹药系统,节点组网模式可根据具体情况选用相应的拓扑结构。

2) 时间同步技术

在网络化封锁弹药系统中,整个系统要实现的复杂功能需要网络内所有弹药节点相互配合协同完成,需要一个统一的节拍,即时间标准。时钟同步是任何分布式系统的重要组成部分,同样也是无线传感器网络中的一项支撑性技术。同步的网络时间在网络化封锁弹药系统的节点自定位、数据融合、目标跟踪等应用中占有极为重要的地位。

分布式系统中,节点的本地时钟通常由晶体振荡器产生。由于不同的晶体振荡器频率存在偏差,且初始计时时刻不同,加上温度变化和电磁波干扰等因素都会对本地时钟产生影响,即使在某个时刻所有节点都达到时间同步,它们的本地时钟也会随着时间的流逝逐渐产生偏差。由于时钟间存在偏移,所以网络中各个节点的观察时间和时间的持续间隔存在差别。时间同步的目的是给网络中节点的本地时钟提供一个全局唯一的时间标准,这个时间根据需要可以是逻辑时间或者物理时间。

在网络化封锁弹药系统中,由于各弹药节点本地时钟频率不一致,随着时间流逝,时钟的漂移也是一直存在的,因此需要经常进行时钟同步,在保证同步精度的前提下,要充分考虑低功耗、低开销的时间同步算法。

目前典型的节点时间同步算法主要可分为 3 类,即基于接收者-接收者的同步算法、基于节点对的同步算法和基于发送者-接收者的同步算法。而在实现上主要有 RBS (reference broadcast synchronization)算法、TPSN(timing-sync protocol for sensor networks)同步算法、DMTS(delay measurement time synchronization)算法和 FTSP(flooding time synchronization protocol)算法等。

在采用卫星定位的网络化弹药系统中也可以采用卫星授时,获得较高精度的时间同步。

3) 超视距远程通信技术

由于无线电信号近地面传播衰减的限制,以及节点功耗、隐蔽性和保密性要求,地面网络化弹药节点间的通信距离一般较短,节点间联通后以局域网形式工作。在有些情况下,指控中心需要了解网络化弹药系统的状态信息,以便对网络化弹药系统节点拓扑结构及工作状态进行远程监控与人工控制,这就需要实现地面网络化弹药与远程指挥控制中心的信息联通。一般通过网络化弹药系统中的网关节点采用中继的方式实现两者之间数据的远距离传输。可采用的中继方式包括卫星中继、空中中继、地面基站中继和地面无线中继节点等。远距离通信扩展示意图如图11.43所示。

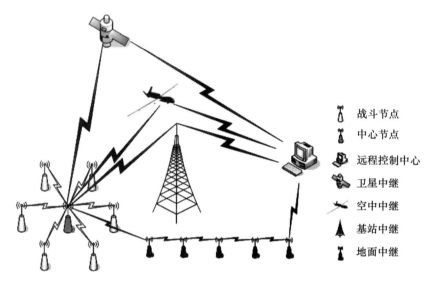

图 11.43　远距离通信扩展示意图

人造卫星全天候工作,且由于在高空中,因此具有更广的视野范围,并扩展了视距传输距离,其通信范围极广。而且节点与卫星之间的传播损耗遵循自由空间传播衰减模型而非地面传播模型,在相同的发射功率下可以传输更远的距离。因此,采用卫星中继的方式,将极大地扩展地面网络化弹药的通信距离,实现数百乃至数千千米的远距离信息传输。

2. 节点自定位技术

由于网络化封锁弹药系统可能是远程布撒在特定区域内的,所以各个弹药节点无法事先知道自身位置。而只有知道了各个弹药节点的位置信息,才能利用特定目标定位机制,确定监测到的事件发生的具体位置,实现检测到该事件的多个装备之间的相互协作,并根据弹药和事件的位置信息做出反应。此外,可以利用弹药节点的位置信息构建网络拓扑图,实时统计网络覆盖情况,对缺口区域及时采取必要的措施。可见,网络化封锁弹药节点的自身定位是系统正常工作的前提。

地面网络化弹药节点的定位方法一般可分为基于测距的相对自定位方法和基于卫星系统的绝对定位方法。

1)基于测距的相对自定位方法

常见的节点间测距方法有超声波测距、无线电测距等。超声波测距的有效距离较近,一般在50m以内可用,且有一定的指向特性;无线电测距的适用距离可达百米以上,无方向差异特性。基于测距的定位方法需要测量节点与节点之间的距离,然后根据测距结果建立坐标系,并在该坐标系下解算其他节点的位置坐标。相对定位的坐标与绝对坐标可能不同,但各节点的相对几何位置关系是不变的。

在基于测距的自定位方法中也可引入一定数量的已知绝对坐标的节点作为信标节点(卫星定位),将相对坐标通过旋转、平移和翻转转换为绝对坐标。基于无线电测距的自定位精度可以达到米级以下。

2) 基于卫星的绝对定位方法

绝对定位方法是基于绝对的地理位置信息的定位方法,其参考系是基于大地坐标或具有 GPS/BD 定位能力的信标节点来建立的,并通过绝对坐标系来确定未知节点的位置信息。

基于卫星(GPS/BD)的定位方法目前应用广泛,目前定位误差在 5~10m 内,如果采用差分自定位方法则自定位误差可降至厘米级,但单价相对较高。基于卫星定位的定位方法也存在信号盲区(如室内、水下等存在遮挡的情况下,无法完成搜星和定位)、可能存在被干扰而无法定位等问题。

3. 协同探测与轨迹跟踪

针对地面网络化弹药作战需求,弹药协同技术主要体现在协同探测、识别、跟踪以及最后的协同决策等 4 个方面。网络化弹药间的协同体现在弹药网络的整个生命周期。

由于受节点自身硬件资源的限制,单个节点的探测能力有限,主要表现在探测维度、探测灵敏度、探测精度以及值守时长等方面。而网络化协同探测利用多维度探测器数据,可以获得探测对象更加丰富和完整的信息。例如,针对车辆目标,可以将声、振、红外、磁等探测器的数据进行融合,获得关于目标的声音、振动、红外辐射、磁效应等多项特性的多维度信息,从而获得关于目标的更加全面和可靠的信息。

网络化协同探测技术可以降低对单个节点探测设计要求,通过使单个节点搭载更少的传感器使节点有限的体积获得更好的利用。

网络化协同探测原理如图 11.44 所示。当预警节点发现目标后向网络中发送预警信号,其他节点接收到预警信号开启探测器,网络化弹药系统根据协同探测策略选取几个节点共同参与目标探测,并将探测信息汇总到主节点,主节点将子节点发送来的探测信息进行信息融合,给出目标的识别、定位、航迹等信息。

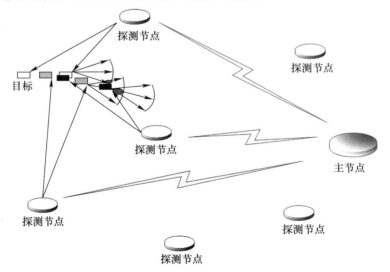

图 11.44　网络化协同探测原理

4. 协同攻击决策技术

协同攻击决策是系统的核心功能。在协同攻击决策过程中，需要根据目标探测识别和定位的结果，将目标运动轨迹与目标动态模型进行拟合，预测目标未来位置，并采取相应的攻击策略。

协同攻击决策问题的核心是目标分配问题，可根据目标威胁程度、节点当前状态、最大毁伤效果、网络整体分布情况等几个层次确定较优的攻击方案。图 11.45 所示为网络化弹药可采用的一种层次分析决策方法。

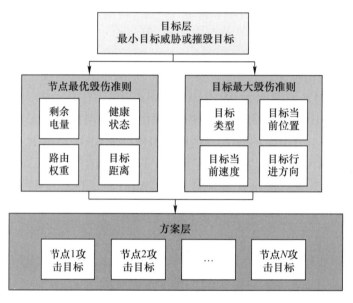

图 11.45　网络化弹药系统攻击决策层次分析

当网络化弹药系统得到目标的参数信息后，根据决策策略确定封锁区域内某个或者多个弹药节点在最佳时机对目标进行攻击。如果多目标同时出现，将通过协同决策分配作战区域，将不同的目标按最优化策略分配给多个弹药节点分别攻击。攻击完成后，网络化封锁弹药系统通过采集封锁区域环境信息，评估攻击的效果，决定是否需要进行二次打击。

5. 远程指挥控制技术

网络化弹药系统可以独立作战，也可设计成可与远程指挥中心通信，进行远程信息和指令的交互。指挥控制终端通过无线指挥控制软件显示网络化弹药各子弹的位置、子弹的自身状态、目标类型、目标位置、目标运动轨迹等信息。指挥控制终端可以协同攻击决策，指定某子弹在某个时刻对目标进行打击；也可由远程指挥控制终端手动发送起爆指令或通过终端上的算法计算在最佳预设时机起爆战斗部，完成目标打击任务。

11.4.3　典型的地面网络化弹药

地面网络化弹药是在智能地雷、网络技术、传感器技术及数据处理技术等基础上发展起来的。通常地面网络化弹药是用于对付地面目标的一种防御性杀伤武器。目前，技术比较成熟的有"猛禽"智能战斗警戒系统和"蜘蛛"网络化弹药、自愈雷场等。

1. "猛禽"智能战斗警戒系统

"猛禽"智能战斗警戒系统是在"大黄蜂"广域弹药的基础上研制的网络化弹药系统。XM93"大黄蜂"广域弹药是美军专门用于攻击坦克、装甲车辆顶部的一种地面智能弹药,如图 11.46 所示。该弹药重 13kg,高 33cm,内含一枚末端敏感子弹药,并装有 8 条自动复位的支架和传感器阵列。传感器阵列由 3 个声探测器和 1 个地震探测器组成,用于探测、跟踪和识别目标,最远探测距离达到 650m。"大黄蜂"可以手工布设或由地面抛撒布雷车、直升机布设。"大黄蜂"布设到预定位置后,3 个声探测器展开并开始监听目标,同时地震探测器开始工作,待探测到目标

图 11.46 XM93"大黄蜂"广域弹药

后,随动系统控制战斗部旋转并瞄准目标,控制子弹药发射装置处于准确的发射角度,当目标进入 100m 毁伤半径内时,控制子弹药发射装置作用发射子弹药,子弹药在发射飞行中时,其内置的红外探测器开始工作,并寻找定位目标,待发现目标并确认后,引爆 EFP 战斗部并形成爆炸成型弹丸击毁目标。

在"大黄蜂"基础上研制的"猛禽"智能战斗警戒系统集战斗部、传感器、通信系统于一体,可满足战场监视、侦察、打击、毁伤评估等一系列任务,其具体组成为具有长距离探测能力的声传感器网络、若干个"大黄蜂"广域弹药、具有信息处理和决策能力的网关节点和一个控制站,系统组成如图 11.47 所示。"猛禽"通过超视距的声传感器探测目标的特征信号,并将信息通过无线网络发送到网关,网关可将信息远距离发送至控制站或者传递给某个"大黄蜂",从而提高战场的控制能力。由于"猛禽"能够报告自己的位置、状态和提供目标信息,并能够向控制站报告固定目标和运动目标的信息,而且能利用"大黄蜂"攻击目标,所以能减少或避免侦察部队进行连续人工观察的要求,节省兵力并减少前沿部队的伤亡。通过较早地获得预警信息,增加了指挥员对战场态势的了解,为间接火力、武装直升机、近距离空中支援等提供目标信息。

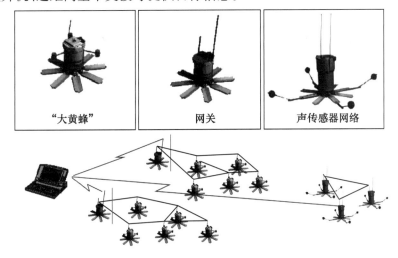

图 11.47 "猛禽"智能战斗警戒系统

2. "蜘蛛"网络化弹药

基于为部队驻地、军事基地等提供防卫安全保证的需求,美国研制了一种便携式、可复用、人在回路的新型智能屏障防卫弹药系统,该系统采用电池作为能源,允许远程士兵通过便携式膝上电脑遥控弹药系统确认目标,选择合适的防卫攻击方式。图 11.48 所示的 XM-7"蜘蛛"是这类网络化弹药的典型代表,"蜘蛛"采用的战斗部主要针对的是人员目标,并具有致命和非致命战斗部供选择更换,"蜘蛛"提供了一种新的分割战场的手段,保护部队应对不断变化的战场环境,最大化地减少友方人员和非战斗人员的伤亡,并增强现有武器的效能和更多的作战模式选择。

图 11.48 XM-7"蜘蛛"网络化智能地雷

每套"蜘蛛"包含 6 个弹药发射装置系统,由系统的弹药控制单元(munition control unit,MCU)控制发射,每个弹药发射装置可覆盖 60°的角度范围。"蜘蛛"通过其通信设备与远程的控制人员通信,可以直接与远程的控制单元通信,也可以是通过中继转发通信。远程控制人员通过人在回路的方式控制全部的"蜘蛛"弹药,其在远程通过目标指示系统观察和辨别敌方人员和非战斗人员,然后通过计算机发送指令控制"蜘蛛"的弹药发射装置起爆,或者让友方人员安全通过而不造成伤害。"蜘蛛"布设后,操作者可以选择部署 6 根绊线,以提供一个传感网络。操作员可以在一英里的距离外控制地雷或进一步使用一个中继器。当绊线被激活时,MCU 会发送信号到遥控站。操作员收到信号后,可自己实地观察,或通过其他态势感知和指挥链的指导,做出是否引爆弹药的决策。

3. 自愈雷场

美国提出了一种自愈雷场技术(self-healing minefield,SHM),由可移动的反坦克地雷构成,在一个雷场中,各个弹药节点能够确定自身的相对或者绝对坐标位置,能够与其他弹药组网通信和协同决策,能够自主地与其他弹药协同监控网络中其他地雷的工作状态,一旦有外界或自身原因引起地雷失效或被排雷设施摧毁,其他地雷能根据网络的最佳途径安排,对相邻的地雷进行调整,实时自主移动,自动填补空出来的位置,形成新的网络分布。这种地雷的移动距离可达 10m 远,能从一个地方移动到另一个地方。其工作模式如图 11.49 所示。"自愈"是该智能雷场最具特色的功能。"自愈"是指雷场在无人工参与的情况下可自行修复。当雷场遭到工兵或扫雷车破坏,被成功开辟出无雷通道时,雷场无法正常工作,这时,雷场可通过对单枚雷节点的移动操作,即让单枚雷节点移动至无雷区域,自行将无雷通道修补,使雷场正常工作。以阻止敌人的前进,为己方争取时间。

该系统的作用过程可以分为以下 5 个步骤:① 布撒;② 调整姿态,快速组网;③ 通信定位;④ 攻击目标;⑤ 自修复:起爆或自毁。

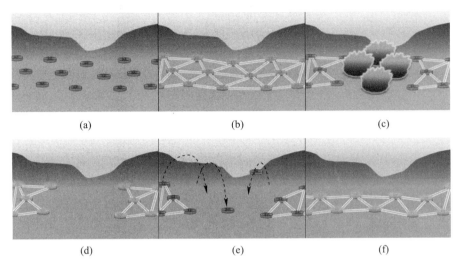

图 11.49 自愈雷场作用示意图
(a)建立雷场;(b)建立通信联系;(c)雷场遭到敌方破坏;(d)雷场探测到缺口;
(e)雷场进行自主调整;(f)雷场恢复封锁能力。

自愈雷场中智能弹药具备以下主要功能:

① 探测目标,能自主探测发现弹药落点周围的有效目标(针对飞机和有生力量,用超声、红外或其他方法探测)。

② 毁伤功能,弹药探测到目标后在合适的位置起爆。

③ 运动方向调整功能,运动机构在一定角度内应具有转向功能。

④ 二次规划功能,弹药应能二次弹跳,以重构网络。

⑤ 自毁与保密功能,在能源消耗将尽时,能够自动引爆,达到对敌方目标的有效破坏和技术自身保密。

⑥ 威慑与反清除功能,当敌方以任何的接触方式清除时均可立即引爆,达到反清除目的。

11.4.4 网络化弹药的发展趋势

随着网络化弹药技术在现代弹药领域的发展,越来越多的弹药加入组网与协同技术。目前正在研发中的有在巡飞弹基础上发展的组网巡飞弹,也有导弹通过卫星实现上千千米的组网及高带宽的数据通信。此外,蜂群弹药、云弹药等组网弹药也已成为当前弹药领域的研究热点。网络化弹药将由当前的单弹种组网协同到多弹种异构协同,向着跨区域及空域的多平台、多弹种组网协同的方向发展。

11.5 巡飞弹

巡飞弹(loitering munition)是一种可利用多种武器平台投放,能够快速抵达目标区域,并在目标区上方巡弋飞行以执行多种作战任务的新型弹药,它是一种无人机技术和弹药技术有机结合的产物,可实现情报侦察、空中预警、目标指示、信息中继、区域封控、精确打击和毁伤评估等单一或多种作战功能,是一种特征鲜明、可满足未来信息化作战需求的新型智能弹药。

与常规无控弹药相比,巡飞弹具有巡飞功能,滞空时间长,作用范围大,可发现并攻击隐蔽的时敏目标。与巡航导弹相比,巡飞弹成本低(不到巡航导弹的1/10),效费比高,尺寸小,雷达反射截面小,隐身能力较强,能承受较高的过载。与制导炮弹相比,巡飞弹能根据战场情况变化,自主或遥控改变飞行路线和任务,对目标形成较长时间的威胁,实施"有选择"的精确打击,并实现弹与弹之间的协同作战。与无人机相比,巡飞弹可以像常规导弹一样,由多种武器平台发射或投放,可根据需求配用到各军兵种,能快速进入作战区域,突防能力强,战术使用灵活,兼具信息保障和精确打击功能。

美国于1994年最早提出了巡飞弹的概念,并一直致力于巡飞弹的技术开发、装备研制与实战应用研究。巡飞弹的研制和使用极大地拓展了弹药作战使用模式,相关技术发展受到世界弹药及制导武器领域的广泛关注,俄罗斯、以色列、英国、德国、意大利、法国、中国等国家纷纷加入这个研究领域,开展了多种型号巡飞弹的研制。美国先后发展了各种平台携带的巡飞弹,典型代表包括"洛卡斯"(LOCASS)低成本自主攻击巡飞子弹药、155/203mm榴弹炮发射的"快看"(Quicklook)侦察型巡飞弹、"网火"非直瞄火力系统发射的拉姆巡飞弹、单兵便携式发射的"弹簧刀"(Switchblade)巡飞弹等。英国研制了"火影"(Fire Shadow)巡飞弹,以色列研制了"黛利拉"(Delilah)巡飞弹、HARPY巡飞弹和HERO系列化巡飞弹等。

进入21世纪之后,美国、英国和以色列加强了攻击型巡飞弹的研究工作,尤其是美国,陆、海、空三军均启动了相关项目。随着数据链技术及网络化技术的快速发展,巡飞弹还将实现彼此间信息共享,网络化协同作战,同时对付大面积分布的多个集群点目标,充分发挥作战效能。通过在指定区域上空投放部署大量巡飞弹,它们彼此自动组成作战网络,可实现对特定区域的长时间持久控制。典型巡飞弹的主要战术技术性能指标如下。

巡飞时间和作战距离:由动力装置确定,一般为15min~12h。

巡飞高度:主要取决于探测装置的性能,一般为100~1000m。

巡飞弹道段的飞行速度:一般为30~100m/s。

弹体尺寸:一般直径为120~330mm,长度为0.5~1.5m。

制导方式:中段和巡飞段采用GPS/惯性制导,巡飞段探测和末段制导采用激光雷达导引头(攻击型)或电视摄像头(侦察型)。

11.5.1 巡飞弹的分类

根据发射平台的不同,巡飞弹可分为机载投放型、车载发射型和单兵便携发射型等。

(1)机载投放型。巡飞弹作为子弹药,以子母炸弹和布撒器撒布子弹药的方式投放,或者巡飞弹作为独立的个体,由飞机挂载投放。

(2)车载发射型。包括3种类型,第一种是巡飞弹作为子弹药,利用高过载的加农炮、榴弹炮、坦克炮和舰炮等各类火炮,或低过载的迫击炮、火箭炮、战术导弹等平台,以子母弹撒布子弹药的方式投放。第二种是巡飞弹作为独立的弹药,与其他炮弹一样,由各类火炮发射投放。第三种是使用专门的车载巡飞弹发射装置发射。

(3) 单兵便携发射型。利用单兵手抛、专用便携式发射器或榴弹发射器等将巡飞弹发射出去。

无论哪种发射方式,巡飞弹通常都采用折叠弹翼和尾翼,发射后呈弹道飞行,在预定时间和高度上,弹翼和尾翼展开,发动机启动工作,巡飞弹进入巡航弹道飞行阶段,至目标区后进入巡飞弹道,在目标区上方执行各种作战任务。

根据功能的不同,巡飞弹可分为攻击型巡飞弹和侦察型巡飞弹。

(1) 攻击型巡飞弹。有效载荷通常为各种战斗部(软杀伤或硬杀伤),通过自身的导航制导设备、双向数据链路,可在目标区域上方执行搜索、监视、识别、打击和毁伤评估等任务,还可通过数据链系统接收侦察型巡飞弹或其他信息系统提供的目标指示信息,实现对特定目标的精确高效毁伤,典型型号有美国的"拉姆"(LAM)巡飞弹和"洛卡斯"巡飞弹等。

(2) 侦察型巡飞弹。通常主要携带光学侦察载荷或电子侦察载荷等设备,在目标区域上方执行搜索、侦察、识别、指示、监控以及毁伤评估等任务,并可把获取的信息通过数据链系统实时传输给己方信息系统。目前,国外研制的侦察型巡飞弹主要携带昼夜光电传感器和 CCD 摄像机。其典型产品是美国的"快看"侦察型巡飞弹和 127mm 广域侦察弹、俄罗斯的 R-90 侦察型巡飞子弹药和以色列的单兵侦察型巡飞弹等。美国陆军研制的"快看"侦察型巡飞弹,携带昼夜传感器,可在 50km 距离上巡飞 30min,扫描 $39km^2$ 区域内的目标,并将目标信息传输给地面指挥中心,利用其他精确制导弹药攻击目标,随后"快看"侦察型巡飞弹执行毁伤评估任务,大大提高了作战效果。

11.5.2 巡飞弹的结构组成

巡飞弹是传统弹药技术与航空技术交叉融合产生的高技术武器系统,主要由有效载荷(战斗部、侦察设备、电子干扰设备等)、制导装置、动力推进装置、控制装置(含大展弦比弹翼)、稳定装置(含尾翼或降落伞)、电气设备、数据链设备等部分组成。图 11.50 所示为美国"拉姆"攻击型巡飞弹结构组成。

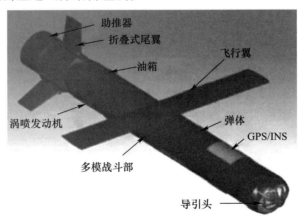

图 11.50 美国"拉姆"攻击型巡飞弹结构组成

1. 有效载荷

巡飞弹的有效载荷是其最终完成作战使命的重要部分,侦察型巡飞弹主要携带光电侦察设备;攻击型巡飞弹则主要携带战斗部,战斗部形式可以采用多模式战斗部,也可以携带单一种类常规战斗部。

多模式战斗部也称为可选择战斗部(selectable warhead),是指根据目标类型可自适应选择不同作用模式的战斗部。多模式战斗部目前多采用平盘状药型罩爆炸成型战斗部,可通过选择不同的起爆模式形成不同的毁伤元,如形成分段/长杆式射流,用于侵彻重型装甲;形成爆炸成型弹丸(EFP),用于对付装甲车辆薄弱的顶部装甲;形成杀伤破片,用于杀伤人员及无装甲目标。"拉姆"巡飞攻击弹药、"洛卡斯"巡飞弹药等都采用了多模式战斗部。图 11.51 所示为美国"洛卡斯"巡飞弹多模战斗部及起爆装置。

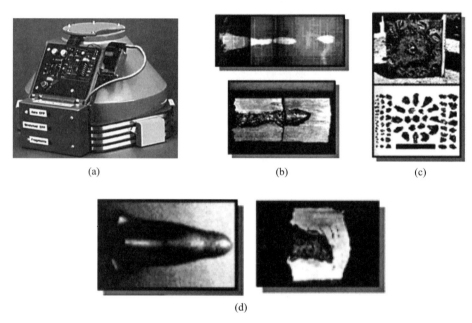

图 11.51 "洛卡斯"巡飞弹多模战斗部及起爆装置
(a)"洛卡斯"多模式战斗部与起爆装置;(b)杆式射流的终点效应;
(c)破片的终点效应;(d)EFP 弹丸及终点效应。

2. 制导装置

基于巡飞弹发射及使用的特点,巡飞弹的导航系统在设计过程中有以下几个要求。

(1) 基于坦克、火炮及迫击炮平台发射的巡飞弹,体积较小,发射环境恶劣,因此需要导航传感器满足体积小、功耗低、成本低、耐高过载等要求。

(2) 为了避开发射高过载对传感器的损伤,航电系统应处于断电状态,这要求系统能够在上电后快速提供满足精度要求的导航信息。

(3) 使用具有自适应性及可靠性的导航算法,最大限度应用现有的导航系统资源,为巡飞弹提供满足一定精度要求的导航数据。

目前,已有的巡飞弹主要采用 INS/GPS 组合导航系统,作为一种成熟的导航技术,INS/GPS 组合导航系统将惯导的自主性、短期高精度性和 GPS 误差不随时间累积、长期高精度性有机结合起来,使组合后的导航性能比任一系统的单独使用有很大提高。

近年来,飞速发展的微机电系统(MEMS)和惯导系统(INS)技术,不仅成本低、体积小,而且具有抗高过载的特点,巡飞弹作为战术级武器,目前已有的 MEMS IMU(微机电惯性测量单元)精度已经可以满足需求。因此,MEMS IMU 已成为巡飞弹惯性导航的首选,而且为了满足巡飞弹长时间滞空的要求,还增加了 GPS 作为辅助系统。

图 11.52 是单芯片的"3 轴陀螺仪 +3 轴加速度计"惯性测量单元。

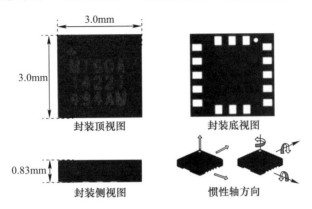

图 11.52　单芯片"3 轴陀螺仪 +3 轴加速度计"惯性测量单元

卫星导航系统(global navigation satellite system,GNSS):卫星导航是巡飞弹导航系统稳定工作的重要保证,除了辅助惯性系统提高导航精度以外,卫星导航系统在联合作战、航迹规划、精确打击等方面也发挥着不可替代的重要作用。目前,世界上仅有 4 套全球卫星导航系统处于工作或研制状态,即美国的 GPS、俄罗斯的 GLONASS、欧洲的 GALILEO 以及中国的"北斗"。GPS 使用最为广泛,但也存在一些不足:① 由于巡飞弹体积较小,难以使用多天线 GPS 系统确定导航姿态信息;② 墙体或山壁所造成的多路径接收,会导致定位出现较大偏差;③ 系统数据更新率低、易受电磁干扰、动态性能差。因此,其主要作为巡飞弹辅助导航设备。

INS/GPS 组合导航:随着组合导航系统的不断发展,系统体积、功耗不断减小,抗过载能力有了极大的提高,同时导航精度的提高也不再仅仅依靠器件的性能。

3. 动力推进装置

动力推进装置是巡飞弹的关键技术之一,决定巡飞速度和时间,巡飞弹的巡飞时间通常在 15min 以上,目前研制的巡飞弹一般为 30min,有的可长达 10h;巡飞速度可以低至 30m/s 左右。要保持如此低速长航时的飞行,对动力装置和能源的要求非常严格,其理想动力装置应具有:低推力、小型化、噪声小、长航时、质量轻、成本低的特点。目前主要有以下几种发动机可作为巡飞弹用动力装置——涡喷发动机、涡扇发动机、脉冲喷气发动机和活塞式发动机。

(1) 涡喷发动机。涡喷发动机是目前各国巡飞弹主要采用的动力装置,一般都是在其他弹用涡喷发动机的基础上改型而成的,如图 11.53 所示。巡飞弹用涡喷发动机具有推力小、质量小(一般为 4.5~9kg)、尺寸小、结构简单、成本低、飞行速度可低至 30m/s、巡飞时间长(一般在 30min 以上)等特点。针对巡飞弹未来发展的需要,研究人员正在通过多种途径加快研制新型低成本小型涡喷发动机。

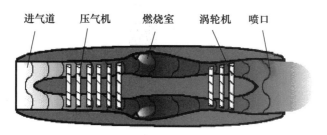

图 11.53 涡喷发动机结构原理

(2) 涡扇发动机。目前弹用涡扇发动机技术最先进的国家是美国与法国,其中美国型号最多、技术最为先进,俄罗斯具备弹用涡扇发动机独立设计与制造能力,日本、英国、以色列等国家的型号产品大多以美国或法国的技术为基础改型设计,或与美国、法国进行技术合作开展联合开发。巡飞弹用涡扇发动机的发展必须立足于导弹和无人机用涡扇发动机的成熟技术,在此基础上进行性能改进,简化结构、降低成本,并进一步小型化。其结构原理如图 11.54 所示。

(3) 脉冲喷气发动机。脉冲喷气发动机主要由单向活门、含有燃油喷嘴和火花塞的燃烧室以及特殊设计的长尾喷管构成。该发动机有两个工作状态,如图 11.55 所示。第一个状态是单向活门打开,燃烧室进气,燃油喷嘴不工作;第二个状态是进气完毕,单向活门关闭,点燃燃烧室内的气体,燃烧生成的气体产物通过长尾喷管喷出,产生推力。脉冲喷气发动机的优点是可在原地启动、构造简单、质量小、造价低,但它只适用于低速飞行且飞行高度有限。俄罗斯 R90 巡飞子弹药采用了脉冲喷气发动机,可在目标上空 9000m 高度下巡飞约 30min。随着脉冲喷气发动机技术的日趋成熟与完善,预计未来在巡飞弹中将会得到更广泛的应用与发展。

图 11.54 涡扇发动机结构

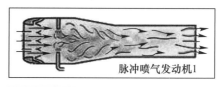

图 11.55 脉冲喷气发动机的两个工作状态

(4) 活塞式发动机。活塞式发动机成本低、技术成熟,已被应用于美国"快看"侦察型巡飞弹和英国"火力阴影"巡飞弹。"快看"巡飞弹的推进系统位于弹的前部,由一台重油发动机和折叠式螺旋桨组成,设计过载为 900g。"火力阴影"巡飞弹由助推火箭发动机提供动力起飞,在火箭发动机与弹体分离后,由活塞式发动机提供动力爬升到预定高度,并沿预先规划好的路线飞行,在弹道末端能巡飞 10h,射程在 100km 以上,可高过载机动俯冲攻击地面目标。

4. 控制装置及弹翼

巡飞弹可由多种武器平台投放,而巡飞弹的弹翼及展开方式的设计主要与巡飞弹的发射方式有关,一般有 4 种形式,分别是展开式弹翼、折叠式弹翼、旋转式弹翼和柔性充气式弹翼。

(1) 展开式弹翼。采用展开式弹翼的巡飞弹,其发射空间一般比较充足,如使用导轨发射的巡飞弹,就可以直接把弹翼设计成展开并固定的样式,从而降低结构的复杂程度,同时可以提高弹翼的可靠性。英国最典型的使用导轨发射的"火力阴影"巡飞弹采用的就是展开式弹翼,如图 11.56 所示。

图 11.56　英国"火力阴影"巡飞弹发射瞬间

对于发射空间有限的巡飞弹来说,如炮射巡飞弹或单兵筒式发射巡飞弹,应采用后 3 种形式的弹翼。

(2) 折叠式弹翼。采用折叠式弹翼的巡飞弹,展开后弹翼翼展较长,从而使巡飞弹在巡飞阶段具有较高的升阻比,但此种弹翼折叠机构复杂,对弹簧驱动的展开技术要求较高。美国单兵筒式发射巡飞弹"弹簧刀"600 采用的折叠式弹翼如图 11.57 所示。

图 11.57　美国单兵筒式发射巡飞弹"弹簧刀"600 采用的折叠式弹翼

(3) 旋转式弹翼。采用旋转式展开弹翼的巡飞弹在脱离发射载体前,弹翼是紧贴弹体的,脱离发射载体后,通过扭簧将弹翼展开,继而实现自锁。此种弹翼的设计原理和变形过程都比较简单,需要保证的是巡飞弹在弹翼展开过程中的飞行安全。美国的攻击型炮射巡飞弹"拉姆"采用的即是旋转式弹翼。

(4) 柔性充气式弹翼。柔性充气式弹翼主要由气瓶及充气气囊组成,具有体积小、抗高过载、低成本、简单可靠、形状易于改变等优点,但容易漏气、空气动力性能差、展弦比受制于承受的载荷、充气系统技术难度较大。柔性充气翼的发展大致经历了管式充气翼、Multi-spar 充气翼和充气变形翼 3 个阶段,其中充气变形翼是一种利用形状记忆材料来扭曲机翼实现控制的一种充气翼,目前还处于试验阶段。

巡飞弹主要采用的是 Multi-spar 充气翼,如美国侦察型炮射巡飞弹"快看"采用的充气翼,该充气翼内部具有隔板构造,可增加充气翼的强度,支撑充气翼的总体外形,还可用于分散由于内压产生的载荷。"快看"巡飞弹的充气翼展开前为 Z 折叠式结构,试验表明 Z 折叠式结构展开速度最快,展开最可靠,并且可使空气动力的不稳定最小化。

5. 稳定装置

采用管式发射的巡飞弹,尤其是炮射巡飞弹,发射时要承受很高的过载,且发射后会处于高速高旋状态,为保证弹翼的展开环境,且导航及其他控制元件能够正常工作,必须对弹进行减速减旋。

目前,减速机构一般采用降落伞,减旋机构一般为稳定尾翼或充气气囊等。美国"快看"巡飞弹采用了减速减旋合二为一的充气装置,该充气装置为带有减旋翼片的减速伞,由纤维编织材料充气而成,能在短时间内使"快看"巡飞弹的旋转速度由 200r/s 减至 10r/s。

11.5.3　巡飞弹的作用过程

目前国内外发展中的巡飞弹,其工作过程一般可以分为 5 个阶段(图 11.58):
(1)巡飞弹由装载平台发射。
(2)在飞行中展开弹翼和尾翼,发动机适时开始工作。
(3)巡飞弹按程序控制向目标区域飞行。
(4)到达目标区域上空后,巡飞弹按照一定策略进行巡逻飞行。
(5)巡飞弹按指令完成相应战斗任务。
其弹道基本特征有以下两种:
(1)侦察型巡飞弹:上升段 + 下降段 + 直飞段 + 巡飞段。
(2)攻击型巡飞弹:上升段 + 下降段 + 直飞段 + 巡飞段 + 攻击段(确认目标后转入)。巡飞弹在上升段、下降段和直飞段的飞行弹道与常规弹药或导弹类似。

图 11.58　车载巡飞弹工作过程模拟示意图

巡飞搜索路线主要有3种基本模式——蛇形、螺旋形和往复前进形,如图11.59所示。其他更多的搜索路线都可以分解成这3种模式,它们均由直线搜索段和转弯机动段组成,通过规划可以确保巡飞弹探测覆盖整个搜索区域,并且没有两条直线段相交。

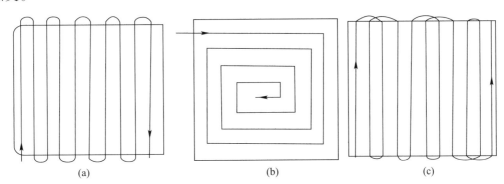

图 11.59　巡飞搜索路线 3 种基本模式
(a)蛇形;(b)螺旋形;(c)往复前进形。

11.5.4　巡飞弹的关键技术

巡飞弹作为弹药技术和无人机技术有机结合的产物,涉及机械、电子、信息等多项技术,其主要关键技术如下:

(1) 小型低推力长航时动力技术。巡飞弹的低速长航时飞行对动力装置和电源系统提出了严格要求。动力装置一般是微小型涡轮喷气发动机、涡扇发动机、脉动发动机以及新型推进剂发动机,弹载设备的电力主要由锂电池供应,银锌电池、燃料电池以及太阳能电源装置是弹载电源研制的主要方向。

(2) 远距离抗干扰双路通信链路技术。巡飞弹的射程可达几百千米,而弹体长度一般在1m左右,这对信息传输装置提出了更高的要求。为了获得远距离、高数据率、高质量的通信,必须研究高功率的数据发送机,要采用图像压缩技术以降低对宽带的要求,要在信号处理过程中进行加密,以实施保密通信,要采用双路通信链路传递和接收信息,必要时还要建立通信中继站。

(3) 气动一体总体优化设计技术。它主要指弹体外形结构的优化设计、弹体功能模块的优化匹配。弹体设计要综合考虑空气动力学和隐身性能,包括弹体形状、材料及涂层等。弹药功能模块的匹配,要综合考虑制导控制、动力、有效载荷等各部分的尺寸、重量等,如弹翼、尾翼结构形状及控制方式的选取、根据巡飞时间确定动力装置的指标、根据任务要求确定有效载荷的大小等。

(4) 多模式战斗部技术。多模式战斗部是指根据目标类型而自动选择不同作用模式的战斗部,它可以根据不同的目标选择最佳的起爆方式、达成最大的战果。

11.5.5　典型的巡飞弹产品

1. 美国"洛卡斯"低成本自主攻击巡飞子弹药

低成本自主攻击系统(LOCASS)是由洛克希德·马丁公司为美国空军和陆军研制的

灵巧型巡飞子弹药,如图 11.60 所示。"洛卡斯"长 787.4mm,重 38.6kg,铸铝机体,装有可折叠式塑料机翼,微型涡轮喷气发动机驱动,可容纳于 SUU - 64 战术弹药布撒器中,由多种载具携带和发射。按照设计要求,它在搜寻目标时可以飞行长达 185km,能够以最低消耗盘旋于战场上空,并自主搜索和摧毁目标。当 LOCASS 在 230m 的空中水平盘旋,寻的器以 15°~20° 的恒定视角下搜索地面目标,视场覆盖地面约 350m×460m 的范围。"洛卡斯"搭载了一部名为"固态激光侦察搜索"(LADAR)的激光雷达,该雷达可以起到寻的传感器和智能战斗部引信两种作用,不仅可以进行较大范围的监视,而且还能按照弹上计算机识别的结果自动瞄准目标,对目标群可选择攻击的次序和方向,也就是进行简单的任务规划。"洛卡斯"到达预定空域后,使用弹载激光雷达进行搜索和锁定目标,可将目标呈现为实时三维图像。"洛卡斯"在计算机存储器中存有多种军事目标,自动目标识别处理器将激光雷达所形成的图像用来探测和识别目标。"洛卡斯"携带多模爆炸成型战斗部,目标的瞄准点和战斗部模式可由弹载激光雷达寻的头自动决定。借助弹-弹数据链,"洛卡斯"实现了小规模的集群作战:几枚"洛卡斯"在同一区域内待机巡航,它们之间可以互相通信。当其中一枚"洛卡斯"发现目标并且难以独立击毁它时,就会向其他"洛卡斯"发出求助信号,协同毁伤目标。而如果一枚弹药可以完成任务,其他弹药就会接到指示,继续去搜寻另外的目标。其主要战术技术性能参数如表 11.3 所列。

"洛卡斯"可用 F-16、F-22、F-35 战斗机,以及 B-1B 或 B-2A Block30 型轰炸机投放,还可以用陆军多管火箭炮或战术导弹系统进行发射。"洛卡斯"在设计时就充分考虑到了通用性,按照标准化子母弹设计使可以携带它的平台种类大大增加。例如,F-16 可以携带 4 个 SUU-64 箱,共 16 枚"洛卡斯";F-15E 可以携带 5 个 SUU-64 箱,共 20 枚;B-52 可以携带 16 个 SUU-64 箱,也就是 64 枚;B-2 轰炸机则更多,共可携带 192 枚。"洛卡斯"不仅适用于几乎所有美军现役作战飞机,而且 F-22 和 F-35 也可以携载,这两种飞机都可以携带 16 枚。

图 11.60　美国"洛卡斯"攻击型巡飞弹

表 11.3 "洛卡斯"巡飞弹主要战术技术性能

弹长/m	0.787	翼展/m	0.91
质量/kg	38.6	巡飞时间/min	30
射程/km	185	巡飞速度/(m/s)	102.8
有效载荷	多模式战斗部	巡飞高度/m	190
动力装置	小型涡喷发动机	导航系统	GPS/INS 激光雷达导引头

2. 美国"拉姆"攻击型炮射巡飞弹

"拉姆"是美国陆军"网火"非直瞄火力系统的重要组成部分,如图 11.61 所示,该巡飞弹采用小型涡轮喷气发动机、多模式战斗部和空/地/延时三模式引信、自主目标识别装置和激光雷达导引头,利用 GPS/INS 进行导航,利用双向数据链路进行战场信息传输,具有搜索、监视、毁伤评估、空中无线中继以及攻击目标的功能,可在 70km 的距离上巡飞 30min,搜索 50~70km² 区域内的目标。该巡飞弹能识别和摧毁多种地面机动目标,包括对付时间敏感目标。具有反应快、杀伤力强、使用灵活、生存能力强、后勤保障简便和寿命周期成本低等特点。其主要战术技术性能参数如表 11.4 所列。

图 11.61 美国"拉姆"攻击型巡飞弹

表 11.4 "拉姆"巡飞弹主要战术技术性能

弹长/m	1.52	巡飞时间/min	30
质量/kg	45	巡飞速度/(m/s)	80~100
射程/km	250~700	巡飞高度/m	200~225
有效载荷	多模式战斗部	导航系统	GPS/INS 激光雷达导引头
动力装置	小型涡喷发动机		

3. 美国"弹簧刀"(switchblade)单兵式便携巡飞弹

"弹簧刀"巡飞弹由美国航空环境公司研发,于 2011 年在美陆军服役,2013 年在阿富汗投入作战使用,如图 11.62 所示。该巡飞弹由发射器、巡飞弹和地面控制站组成,其中发射器又兼具包装运输箱的功能,整个系统实现了小型化,便于士兵携行和展开。根据网上公开资料,巡飞弹本身不超过 2kg,最大飞行高度为 3000m,射程最大为 39km,精度号称可以达到 1m。弹上装备有摄像机和通信数据链,能够在飞行过程中实时回传视频信号,同时装备有战斗部,能够实现"察打一体"。从某种程度上,可以认为该弹实际上是一款小型而且廉价的无人机,它的最大飞行速度可以达到 37.5m/s,巡飞时间接近 1h,能够持续在战场上空飞行、监视以及打击有价值的目标。其主要战术技术性能参数如表 11.5 所列。

图 11.62 美国"弹簧刀"单兵式便携巡飞弹

表 11.5 "弹簧刀"巡飞弹主要战术技术性能

弹长/m	0.36	翼展/m	0.61
质量/kg	1.4	巡飞时间/min	10
巡飞弹、发射器和背包总质量/kg	2.5	巡飞速度/(m/s)	28~44
有效载荷(高爆战斗部)/kg	0.32	巡飞高度/m	<152.4
动力装置	电动发动机	导航系统	电视导航制导系统

11.5.6 巡飞弹的蜂群作战及智能化

目前,世界各国均开始了巡飞弹蜂群作战研究并取得了一定成果,较为典型的是波兰察打一体化作战系统——"蜂群"(SWARM)系统,该系统由波兰最大的私营防务公司 WB 集团研制,集成了"飞眼"无人机和"战友"小型巡飞弹。"飞眼"采用手抛发射,能在 30km 范围内连续飞行 2.5h,具备全天候侦察能力。此前,各国发展更多的是无人机"蜂群"技术,也就是通过人工智能与网络技术控制大批的无人机,使之可以根据战术需要,对敌方发动密集可控的智能作战。大量无人机编成战斗集群,实现飞行控制、态势感知、目标分配和智能决策,依靠整体战斗力,应对复杂、强对抗、高度不确定的作战环境。美军在叙利亚战争后,设想将无人机更换为精确制导弹药,以类似的智能控制技术启动了"黄金部落"项目。该项目就是最大限度地整合精确制导弹药,利用这些弹药上的包括红外成像在内的多模瞄准系统,在网络的支持下,在实施打击之前获取目标的图像并显示出已打击目标损伤的程度,自主判断是否需要继续打击,若判断不需要继续打击,则自动将其他仍在飞行中的弹药重新定向至新的目标上。因此,发射控制平台可不必在发射炸弹或导弹之前指定目标,这些"蜂群"弹药可使用预先编程的优先等级并根据目标摧毁情况和新出现的目标进行重新选择。

可以设想，随着人工智能、网络、协同与控制技术以及无人平台技术与智能弹药技术的飞速发展，未来在陆、海、空、天各个领域将出现类似于"蜂群"的"狼群""鱼群""星群"等各类智能作战集群，以实现无人装备与精确制导弹药集群的全域作战能力。图 11.63 所示为巡飞弹及无人机蜂群作战，图 11.64 所示为无人机蜂群作战系统。

图 11.63　巡飞弹及无人机蜂群作战

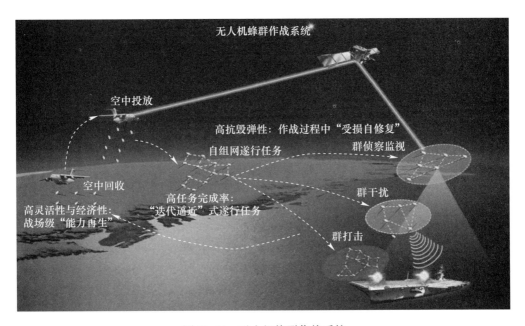

图 11.64　无人机蜂群作战系统

11.5.7　巡飞弹的发展趋势

巡飞弹的出现使得导弹的作战使用灵活性大大提高，可以在发现目标之前就发射导弹，把原来"发现、确定、跟踪、打击、评估"的线性打击流程变更为导弹发射与搜索目标同时进行的快速打击流程，可以使作战响应时间大大缩短，将对导弹作战产生革命性的影响。

未来，各国将更加重视集侦察、监视、打击及战场毁伤评估于一体的巡飞攻击武器系统，进一步提高武器系统的战场态势感知能力和实时精确打击能力。从国外巡飞武器装备的发展情况来看,将呈现出以下发展趋势。

1) 能兼容多种武器系统与平台

鉴于不同的作战任务要求和复杂的战场环境,未来的巡飞弹在投放方式上应具备较强的通用性,能够由陆、海、空军主要武器系统投放,包括火炮发射、飞机直接投放、从单兵发射筒助推发射、作为导弹的子弹药撒布等。同时,随着单个巡飞弹执行多样化作战任务能力的增强,投放平台的替换和改进也会越来越频繁。

2) 增加巡飞时间

采用先进的动力系统可以大幅度提高巡飞弹的滞空时间,较长的续航时间则可以有效保证巡飞弹作战效能的最大化。在攻击阶段,巡飞弹可为各类作战平台提供目标指示,也可直接参与对地攻击;攻击结束后,巡飞弹还可执行战场毁伤效果评估的任务。动力推进系统的创新改进主要包括两个方面:一方面是在现有小型涡喷、涡扇发动机研制基础上进行性能改进或改型研制,这是一种低成本的技术途径;二是在未来采用具有可控推力的推进系统(如涡喷 – 火箭组合发动机)以及以凝胶推进剂等新型燃料为动力能源的动力装置。

3) 采用多模复合制导技术以及先进的传感器

多模复合制导技术是一种并行制导方式,采用两种以上不同传感器组合进行导引,主要包括双模和三模制导。多模导引可以充分发挥不同传感器的优势,互相弥补不足,从而提高精确制导的精度和武器系统的生存能力。

目前的巡飞弹主要采用 GPS/INS 和激光雷达导引头制导方式,未来的巡飞弹可能使用精度更高的调频/连续波激光雷达和闪光型激光雷达导引头,以提高巡飞弹捕获和识别目标的能力,同时毫米波/红外成像技术等其他探测与制导技术的发展也值得重视。

4) 采用更完善的通信技术

数据链技术是巡飞弹的薄弱技术,容易被干扰、通信距离短和通信带宽不够是其面临的主要问题:通信距离短,导致远距离通信时信道相互干扰严重;通信带宽不够,导致同时控制多枚巡飞弹困难。未来的巡飞弹应向着数据通信方式多样化、数据传输抗干扰化和通信宽带化等方向发展。

5) 提高网络化协同作战能力

在最初发展阶段,各国研发的巡飞弹仅限于弹药与武器平台之间的简单网络化作战能力。随着智能化、网络化、信息化、自主化等技术的快速发展,巡飞弹的网络化作战能力已经拓展到巡飞弹与巡飞弹、精打弹之间的协同作战,一方面,多枚巡飞弹之间可以构成一个作战网络,弹与弹之间可互通信息,进行作战任务合理分配,提高作战效率,避免重复作用;另一方面,将巡飞弹与侧重精确打击的精打弹配合发展,实现系统的最佳搭配。

6) 采取隐身措施

巡飞弹滞空时间长,巡飞高度低,为提高突防能力和自身生存能力,可以采用的隐身措施有以下几个。

(1) 采用复合材料制造,如玻璃纤维加强合成树脂、石墨与环氧树脂、以芳纶纤维为基础的雷达吸波材料。

(2) 采用隐身外形设计。例如,弹体表面尽量设计得圆滑,减少缝隙,或者采用简单进气道、扁平狭缝状固定尾喷管、无尾布局等结构。

巡飞弹作为一种新概念武器,以其固定目标精确打击、时敏目标灵巧攻击和任务地域协同封控等多样化作战功能,受到各军事大国的重点发展。巡飞弹在战场中的使用,极大地提高了武器系统的作用和地位,提高了对目标的打击能力和精度,减少了不必要的后勤负担。巡飞弹凭借其侦察、打击、评估等多功能于一体的独特优势,将成为未来战争中至关重要的武器之一。

11.6 仿生弹药

近年来,现代化战争逐渐由大规模战争向局部战争冲突转变。随着战争形式的转变和高新技术的发展,越来越多的先进智能弹药进入人们的视野。其中,仿生弹药具有恶劣环境条件下的超常适应性、超常感知能力和避障能力,特定环境下的超常伪装能力,甚至是复杂环境下的超近距离精确探测、捕获与攻击能力等,在当前安全保障、反恐作战以及未来信息化战争中具有独特的优势,是无人系统研究领域的发展重点和方向之一。

11.6.1 仿生弹药的定义及特点

仿生弹药(bionic ammunition)是仿生无人系统的重要组成部分,通过模仿生物外形特征以及某些特定功能或行为,完成对敌方目标的毁伤或其他战术任务。

仿生弹药应具备以下能力:增强的弹药灵活性,增强的态势感知能力,增强的弹药自主性,较好的战场隐蔽能力,较强的目标探测能力,在有限空间内使用的便捷性和极低的附带毁伤能力。目前,美国正在研制微小型仿生弹药,明确了仿生武器概念发展的4个阶段——作战任务评估、侦察弹药、功能致瘫弹药、协同作战弹药。

仿生弹药与传统弹药相比,具有外形更隐蔽、运动更灵活、侦察更清晰、毁伤更精确等特点。仿生弹药的内涵包括结构仿生、功能仿生和原理仿生。通过模仿生物特征研制成的仿生弹药适合特种作战,可以在狭小空间、高原山地等特殊环境中完成作战任务,还能导致"尺寸不均衡"战争的出现,使得敌方作战能力显著下降。

11.6.2 空中仿生弹药

空中仿生弹药模仿对象主要有昆虫、鸟类、蜂群,如图11.65~图11.67所示。模仿昆虫及鸟类通常为扑翼机器人,模仿蜂群行为的武器系统称为蜂群作战无人机或蜂群仿生武器。目前,由于昆虫体积小,身体结构精巧,模仿昆虫设计仿生弹药存在机械加工困难、电子元件排布困难等问题。所以,目前大多数武器系统均采用模仿鸟类或模仿蜂群的方式。

图11.65 模仿昆虫机器人

图11.66 模仿鸟类机器人

图 11.67　模仿蜂群无人机

扑翼是一种模仿鸟类和昆虫飞行,基于仿生学原理设计制造的新型飞行器的重要结构。与固定翼和旋翼相比,扑翼的主要特点是将举升、悬停和推进功能集于一个扑翼系统,可以用很小的能量进行长距离飞行,因此更适合在长时间无能源补充及远距离条件下执行任务,同时,具有较强的机动性。扑翼飞行器具有许多独特的优点,如原地或小场地起飞、极好的飞行机动性和空中悬停性能以及飞行费用低廉。自然界的飞行生物无一例外地采用扑翼飞行方式,这也给了我们一个启迪,同时根据仿生学和空气动力学研究结果可以预见,在翼展小于 15cm 时,扑翼飞行比固定翼和旋翼飞行更具有优势。

生物飞行能力和技巧的多样性多半来源于它们翅膀的多样性和微妙复杂的翅膀运动模式。鸟类和昆虫的飞行表明,仿生扑翼飞行器在低速飞行时所需的功率要比普通飞机小得多,并且具有优异的垂直起落能力,但要真正实现像鸟类翅膀那样的复杂运动模式,或是像蜻蜓等昆虫那样高频扑翅运动非常困难,设计仿生扑翼飞行器所遇到的控制技术、材料和结构方面等问题仍是难点,将这种概念用机械装置去实现的关键在于人类要去不断的尝试。

仿生扑翼飞行器通常具有尺寸适中、便于携带、飞行灵活、隐蔽性好等特点,因此在民用和国防领域具有十分重要而广泛的应用,并能完成许多其他飞行器所无法执行的任务。它可以进行生化探测与环境监测,进入生化禁区执行任务;可以对森林、草原和农田上的火灾、虫灾及空气污染等生态环境进行实时监测;可以进入人员不易进入地区,如地势险要战地、失火或出事故建筑物中等。特别在军事上,仿生扑翼飞行器可用于战场侦察、巡逻、突袭、信号干扰及进行城市作战等。

由于微扑翼机的种种优良性能和使用价值,在 DARPA 资助下一些国外的研究机构,近年来在相关研究上取得了一定意义上的成果。美国在这方面的研究总体上处于世界领先的水平。较典型的微型扑翼飞行器有加州理工学院研制的 Microbat 微型扑翼飞行器(图 11.68)和斯坦福研究中心(SRI)研制的 Mentor 微型扑翼飞行器。其次还有美国佐治亚理工学院的 Entomopter 微型扑翼飞行器、荷兰代尔夫特理工大学的 Delfly 微型扑翼飞行器和以色列航空工业公司的"机械蝴蝶"等。

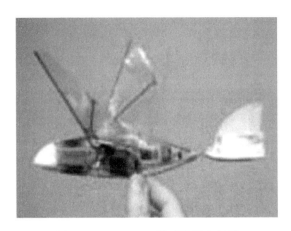

图 11.68　Microbat 微型扑翼飞行器

Microbat 微型扑翼飞行器是加州理工学院与 Aero Vironment 公司等单位共同研制的。Microbat 微型扑翼飞行器是最早的电动微型扑翼飞行器，它是一种仿生飞行方式的微型扑翼飞行器，它机翼的形状是模仿昆虫的翅膀，用微型机电系统 MEMS(micro electro-mechanical system)技术加工制作而成的。它通过微传动机构将微电机的能量转变为扑翼机构的扑动，从而产生升力与推力并克服自身重力与阻力飞行。该机有 4 种不同的原理样机，首架持续飞行了 9s；第二架以可充式镍电池为动力源，持续飞行了 22s；第三架原型机增加了无线电遥控设备，持续飞行了 6min 17s；通过进一步改进，第四架原型机巡航时间达到了 22min 45s。Microbat 翼展只有 23cm，重仅 14g，扑翼频率为 20Hz 左右，该飞行器可携带一台微型摄像机。

11.6.3　陆地仿生武器

陆地仿生武器可以适应山地高原、狭小空间等复杂地形作战，具有隐蔽性好、机动性强等优势。陆地上的生物多种多样，其身体结构和运动方式也各有不同，如狮子采用奔跑的方式追赶猎物、蜘蛛可以通过爬行和翻滚在复杂地形中运动、人类可以完成跳跃、攀爬等复杂动作。因此，陆地仿生弹药的仿生对象较多，其结构功能也较为复杂，目前的陆地仿生机器人主要以模仿人、狗、猎豹、昆虫为主。图 11.69 所示为 MR-40 仿生蚂蚁机器人。

图 11.69　MR-40 仿生蚂蚁机器人

"大狗"(Bigdog)四足机器人是由波士顿动力学工程公司专门为美国军队研究设计,因形似机械狗被命名为"大狗",如图 11.70 所示。这种机器狗的体型与大型犬相当,被视为一种可伴随士兵行动的有一定智商且训练良好的"骡子",能够在战场上发挥非常重要的作用:在交通不便的地区为士兵运送弹药、食物和其他物品。它不但能够行走和奔跑,而且还可跨越一定高度的障碍物。该机器人的动力来自一部带有液压系统的汽油发动机。"大狗"的四条腿完全模仿动物的四肢设计,内部安装有特制的减震装置。机器人的长度为 1m,高 70cm,质量为 75kg,从外形上看,它基本上相当于一条真正的大狗。机器人的内部安装有一台计算机,可根据环境的变化调整行进姿态。而大量的传感器则能够保障操作人员实时地跟踪"大狗"的位置并监测其系统状况。这种机器人的行进速度可达 7km/h,能够攀越 35°的斜坡。它可携带质量超过 150kg 的武器和其他物资。"大狗"既可以自行沿着预先设定的简单路线行进,也可以进行远程控制。

图 11.70 "大狗"四足机器人

"大狗"的身体是一种钢架结构,里面装有一个圆筒形汽油发动机,为"大狗"的液压系统、电脑和惯性测算单元(IMU)提供动力。惯性测算单元是机器狗的重要组成部分,它使用光纤激光陀螺仪和一组加速器跟踪机器狗的运动和位置。这些装置与四条腿一起发挥作用,就可以使"大狗"迈出准确的步伐。

机器狗的腿由铝制成,每条腿有 3 个靠传动装置提供动力的关节,并有一个"弹性"关节,关节上装有传感器,负责测量力量和位置,探测地势变化。电脑参照这些数据,结合从惯性测算单元获得的信息,确定四条腿应该是抬起还是放下、向右走还是向左走。通过调整关节的水压液体的流动,电脑可以将每一只爪子准确地放下。例如,如果有一条腿比预期更早地碰到了地面,计算机就会认为它可能踩到了岩石或是山坡,然后"大狗"就会相应地调节自己的步伐。而当遭到外界"骚扰"时(比如踹它一脚),"大狗"的主动平衡性使其可以保持稳定。

"大狗"还有视力:它的头部装有一个立体摄像头和一部激光扫描仪。第一代"大狗"并不能依照这两种仪器前进,但第二代"大狗"将利用它们识别前方的地形,发现障碍物。"大狗"需要遥控,但未来版将不需要人来指导,就可以自行作出决定。专家预测,未来更加强大的、自理能力更强的"大狗"随时可以在战场上驰骋。机器狗还未能称得上成熟,还需要长期的密集测试。在此之后,机器狗将能够具有语音识别控制功能,即能听懂人话。

11.6.4 水下仿生武器

水下仿生武器具有低成本、隐蔽性好等特点,配合常规弹药武器系统作战,可同时对付水下航行器、水面大型舰艇等多种目标,具有十分重要的军事意义。

水中仿生武器模仿对象主要为水中游动的鱼类、鲸豚类和头足类生物,这些水中生物在长期残酷的生存斗争中,进化出了极其适合水中运动的外形和器官。水中生物运动方式主要分为喷射式、身体波动式、BCF 推进式(图 11.71)和 MPF 推进式(图 11.72)4 种。BCF 推进式依靠尾鳍摆动驱动鱼体运动,具有高效率、高机动性、低噪声和隐身能力强等优势,是水下仿生系统应用最多的推进方式。截至目前,美国麻省理工学院、英国埃塞克斯大学、中国科学院自动化研究所等机构均研制出了各自的水中仿生机器鱼产品。

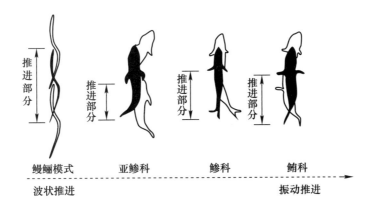

图 11.71 BCF 推进模式示意图

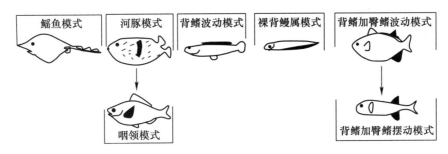

图 11.72 MPF 推进模式分类

1994 年美国麻省理工学院成功研制了世界上第一条机器鱼 Robotuna,如图 11.73 所示,开启了水下机器人研制的先河,该阶段机器鱼主要采用 BCF 推进模式,研究人员致力于探索如何提高推进效率及提高机器鱼的运动灵活性,同时注重外观和运动与鱼接近。

2008 年美国波士顿工程公司启动了资助仿生机器鱼 GhostSwimmer 研制的 SCOPE 工程计划,旨在打造一条兼具高机动、高速及高效的自主水下仿生移动平台。GhostSwimmer 以蓝鳍金枪鱼为仿生对象,采用金枪鱼的高速、高效游动方式,如图 11.74 所示。

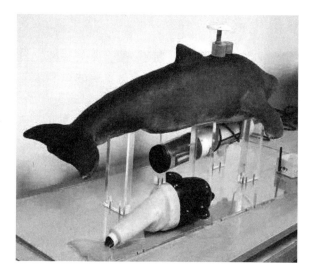

图 11.73　Robotuna 仿生机器鱼

图 11.74　GhostSwimmer 仿生机器鱼

11.6.5　仿生弹药的关键技术

仿生弹药是复杂的智能无人机电系统，作战过程中需要目标探测与感知系统、智能决策与控制系统、高效毁伤战斗部系统和仿生运动机械系统等多系统协同工作，涉及仿生学、电子信息、机械动力、探测制导、人工智能和高效毁伤等多学科多领域融合交叉。研制和开发仿生弹药过程中相关技术众多，其主要关键技术如下：

（1）MEMS 技术。MEMS 指微机电系统，也叫微电子机械系统、微系统、微机械等，指尺寸在几毫米乃至更小的高科技装置。微机电系统是在微电子技术（半导体制造技术）基础上发展起来的，融合了光刻、腐蚀、薄膜、LIGA、硅微加工、非硅微加工和精密机械加工等技术制作的高科技电子机械器件。

（2）人工智能技术。人工智能是研究用计算机来模拟人的某些思维过程和智能行为（如学习、推理、思考、规划等）的学科，主要包括计算机实现智能的原理、制造类似人脑智能的计算机,使计算机能实现更高层次的应用,人工智能技术的发展将大幅提高仿生弹药的自主作战能力。

(3)增材制造技术。又称3D打印技术,融合了计算机辅助设计、材料加工与成型技术、以数字模型文件为基础,通过软件与数控系统将专用的金属材料、非金属材料以及医用生物材料,按照挤压、烧结、熔融、光固化、喷射等方式逐层堆积,制造出实体物品的制造技术。

(4)组网通信技术。主要是将仿生弹药组网形成弹药群,使整体效能大于单一弹药效能之和。组网弹药群可以协助实现有效的战场态势感知,满足作战力量"知己知彼"的需求,提升武器系统的态势感知、信息处理和智能决策能力。

(5)伺服电机技术。伺服电机可实现速度和位置精准控制,将电压信号转化为转矩和转速以驱动控制对象。伺服电机转子转速受输入信号控制,并能快速反应,在自动控制系统中,用作执行元件,且具有机电时间常数小、线性度高等特性,可把所收到的电信号转换成电动机轴上的角位移或角速度输出。

第 12 章　软杀伤弹药

所谓软杀伤弹药,是指专门设计主要用来使人和装备失去能力或作用,把对人的致命性或永久性伤害以及对装备和环境的破坏降至最低限度的一类弹药,也称为非致命弹药、失能武器等。这类弹药不是靠弹药的本身动能或携带化学能毁伤敌方人员、装备和设施等目标,而是采用电、磁、光、声、化学、生物等某种形式的能量使敌方武器装备性能降低乃至失效,或使人员失去战斗力。例如,战场上已使用的各类干扰弹、诱饵弹、碳纤维弹等,或已经发展和正在研制中的电磁脉冲弹、γ 射线弹、高功率微波武器、计算机病毒武器、使内燃机熄火的抑制剂和使其爆燃的助燃剂、化学和生物腐蚀剂、光弹、声弹、等离子体武器等都属于这类弹药。用于防暴的弱杀伤榴弹,如海绵榴弹、橡胶球弹药、橡胶普通弹以及木制防暴弹等,也可归于软杀伤弹药。在现代战争以及战争以外的军事行动中,非致命武器作为常规杀伤性武器的重要补充,其作用越来越突出。

目前,国内外发展的非致命武器和软杀伤弹药类型较多。

1. 根据作用对象不同分类

(1) 反有生力量软杀伤弹药。包括次声与超声波发生器、噪声发生器、失能物质、臭味剂、刺激剂、催吐剂、非穿透性射弹、高强度频闪灯、高压喷水系统、高能微波系统、低能激光器、光学弹药、胶黏剂、发泡材料、烟幕剂及心理战用的全息摄影技术。

(2) 反装备器材与基础设施软杀伤弹药。

① 反电子和光电传感器件。电磁干扰装置、高压电发生器、非核电磁脉冲发生装置、微型导电颗粒、高功率微波系统(高功率微波战斗部、高功率微波武器)、低能和高能激光器、光学弹药、烟幕剂及光学涂料等。

② 反车辆等运动系统。高黏性涂料和黏结剂、高效润滑剂、过滤器堵塞剂、燃料改性添加剂/增稠剂及轮胎腐蚀剂等。

③ 反指挥、控制、通信、计算机和情报(C^4I)系统。高功率微波武器、计算机病毒武器、计算机间谍程序、计算机病毒程序等。

④ 反基础设施。材料脆化剂、腐蚀性细菌武器、碳纤维弹等。

2. 按作用于目标的能量属性分类

(1) 电学类。高能微波武器、微波战斗部、微型导电颗粒、计算机病毒和计算机间谍程序、电磁干扰装置、高压电发生器、碳纤维弹等。

(2) 光学类。强度闪光灯、光学弹药、低能激光武器。

(3) 声学类。次声与超声波发生器,噪声发生器。

(4) 化学与生物战剂类。臭味剂、刺激剂、催吐剂、胶黏剂、发泡材料、烟幕剂、材料脆化剂、腐蚀性细菌武器等。

(5) 低动能武器类。橡皮子弹、海绵榴弹、木棒弹、缠绕弹等。

12.1 反有生力量软杀伤弹药

针对有生力量的软杀伤弹药,是指主要用于使作战人员丧失作战能力,但不会产生致命性伤害的一种弹药。目前,世界各国研制成功或正在研制的这类弹药多种多样、功能各异,失能机理也不尽相同,主要有非致命光学类弹药、非致命声学类弹药、非致命化学类弹药、非致命电磁类弹药(参见12.2.5)等。

12.1.1 非致命光学类弹药

反人员非致命光学武器主要有两类,即低能激光和高强度可见光,主要作用途径是通过眼睛的光化学效应,使人头晕目眩、暂时失明或产生幻觉等。

1. 激光炫目器或辐射器

反人员激光武器通常指低能激光武器。低能激光武器主要用于激光致盲、激光眩目,属于非致命性技术范畴,它同时可以破坏精确制导武器或 C^3I 系统的传感器,使其不起作用。

致盲或致眩是指利用激光能量使人晕眩或使人暂时失明、使光敏元件失灵。这类武器是一种战术性的非致命性武器,使人致眩和致盲的激光武器需要的激光能量低,使光敏元件失灵的能量要比使人致眩或致盲的能量至少高一个数量级。

激光的波长越短,能量越高,对目标的破坏力就越大,但所需的激发能量也大;反之,激光的波长越长,能量越低,对目标的杀伤作用越小,但所需的激发能量也小,且转换效率较高。激光波长取决于所选用的工作物质,其范围为 $0.1\mu m$ 深紫外光到 $1000\mu m$ 的远红外光。

激光对人员的毁伤机理主要是对于人眼或皮肤的热损伤、光化学作用和离子化损伤。激光武器对目标的杀伤效果,除取决于激光波长、光束强度、照射时间外,还与目标的通频带以及激光在大气中传播的距离有关。也就是说,当激光器发射的光束强度相同时,传播的距离越远则照射在目标上的能量密度越小。因此,功率一定的激光武器对不同距离上的目标会产生不同的杀伤效果,在远距离上可致盲人眼,距离近时可以致盲光电设备或烧伤皮肤。

2. 强光爆震手榴弹

强光爆震手榴弹是一种军警通用的非致命弹药,主要是利用弹药爆炸时产生的强烈闪光、噪声和冲击波超压,使人员暂时失聪、晕眩、失明而丧失战斗能力和抵抗能力,但不会使人员死亡、重伤或致残。军用时,将产生致命武器所不具备的特殊作战效能,是致命武器的一种有力补充。警用时,可以利用其巨大的威慑效果驱散围观人群,控制局面,平息暴乱,尤其在平暴、反恐、反动乱、反劫持、缉毒等行动中,能最大限度地减少无辜群众的伤亡和保护财产不受损失。

非致命强光爆震手榴弹和军用致命手榴弹的结构和使用方法基本相同,主要由翻板击针机构、弹体、装填物(闪光剂)三大部分组成。采用延时引信,延时时间为 $2.5s$,确保投中目标后爆炸。强光爆震手榴弹通常采用军用制式手榴弹的翻板击针发火机构,可以确保使用安全可靠;弹体采用非金属材料,以保证手榴弹在距炸点 $0.5m$ 以外不产生杀伤破片;装在弹体内的是闪光剂,而非猛炸药。使用时,先拿掉护套,一只手紧握保险握片,另一只手拔掉保险销,此时击针处于自由状态;投掷时,保险握片在击针簧的作用下飞离弹体,击针簧使击针击发火帽,点燃延期药管,进而引爆点火药和闪光剂,产生使人致盲、致晕的强烈闪光和具有强大威慑作用的爆炸声。

3. 致幻武器

新型致幻武器能借助激光和复杂的计算机系统产生图像投影,在战场上任何表面和大气层中都映射出物体的虚假形象,包括飞机、坦克、舰船、部队,从而压制对手的意志,引他们走上歧途,攻击虚假的目标,还使对手无法掌握我方部队的兵力、设备和作战企图等真实情况。这种虚拟武器还能在战场上空复现历史人物或传奇人物,包括在敌军中拥有绝对威信的宗教先知形象,还能结合光学和声学武器,在特殊调制器的帮助下合成声音,向信徒下达放下武器、缴械投降的命令,从而对敌军官兵产生非常强烈的心理震慑效果。

12.1.2 非致命声学类弹药

以声学技术为基础的新型非致命武器主要有次声波武器、超声波子弹、声爆发器、高强度定向声波装置等。

美国科技公司(ATC)研究出的"高超声速声音系统",看起来就像是一个巨大的立体声喇叭,共有 50 种不同的"声音子弹",在发射子弹时,系统会把声音放大成震耳欲聋的巨响。声波强度高达 145dB,是人类承受极限的 50 倍。"声音子弹"可以轻而易举地让攻击者丧失行动能力。这种超声波武器对大多数人来说,即便他们捂上耳朵,也会产生类似偏头疼的感觉,反应严重的人则会被击倒在地。"高超声速声音系统"特点就是使用者能把噪声"导向"个别目标,只有"中弹者"才会听到由声音子弹发出的巨响,而使用者本人和旁边的人却丝毫不会受到噪声伤害。新型超声波武器用圆柱体包装,既可手持,也可安装在装甲车上。

12.1.3 非致命化学类弹药

1. 催泪弹

催泪弹是军警最常用的一种化学型非致命武器。大部分催泪剂都是以晶体状态存在,粉碎成极细小的粉末后,可以装入榴弹、烟雾发生器或混入烟雾剂中使用。

常见的警用刺激催泪剂主要有 4 种,即苯氯乙酮(CN)、邻氯苯亚甲基丙二腈(CS)、二苯并氧杂吖庚因(CR)和油性树脂辣椒剂(OC)。前面 3 种催泪剂在使用后多少会给人体带来相对持久的副作用,目前已经逐渐为 OC 所取代。OC 刺激催泪剂是通过使作用对象的皮肤产生灼痛感的方式发挥作用,但副作用非常小,并且由于 OC 喷射剂是纯天然物质,使用后的剩余物质可以自然分解,不会对环境造成污染,而 CN 和 CS 的剩余物质却难以清除。因此,类似 OC 这样的毒性低、刺激性效果好的催泪剂将会是未来的主要发展方向。

装载催泪剂构成催泪装备的形式多种多样,常见的有催泪手榴弹、催泪枪榴弹、催泪喷射器、警棍和手枪式自卫喷射器等。催泪枪榴弹可采用 37mm 气步枪、防暴枪或气手枪发射,射程在 50~400m 之间。较大型的催泪喷射器还可以进行车载喷射,喷射的催泪剂有气雾型、射流型、粉尘型和泡沫型等类型。

俄罗斯研制了一种名为"钉子"的新型非致命性武器,形如 40mm 榴弹,装有刺激性物质,可配在枪榴弹发射器上,可有效对抗大规模混乱和恐怖主义行动。"钉子"新型榴弹质量 170g,发射距离为 50~250m,内装 CS 型刺激性物质,气体完全析出时间为 15s,通过装挂在卡拉什尼科夫步枪、阿巴坎步枪上的榴弹发射器发射,射速为 4~5 发/min,在开阔地带可产生约 500m³ 的刺激性细散物质烟雾,使处于这种烟雾中的人群呈毒瘾发作或酗酒状态。"钉子"榴弹有防外伤的安全橡胶头,装填物质经医学生物试验证明对人体健康不会产生危害,比较安全。

2. 超臭弹

气味也能成为一种独特的非致命武器,神经学家认为,任何气味都可能会引起某些人的恐慌甚至惊惧。超臭弹也将成为军警常用的一种化学型非致命武器。超臭剂通常是在硫磺、氯、硫化氢、氨等基础上研制的,与催泪弹类似,将超臭剂装填于弹体即可构成超臭弹,通过产生大量的恶臭气体,把怀有敌意的人群或战斗中的士兵熏得四处躲避,使其无法集中精力闹事和战斗。目前使用的臭味剂有的是从自然物质中提取的活性臭味成分,有的是人工合成。国外现在已经成功合成出一种超臭剂,在 30m² 的室内,使用 10g 超臭剂,室内人员在 30s 内将感到无法忍受,出现恶心、呕吐,从而迫使其离开现场。经试验表明,这种超臭剂并无毒副作用,使用后人员只需要在新鲜空气环境下休息 15~20min 便可完全恢复。

12.2 反装备器材与基础设施软杀伤弹药

反装备器材与基础设施软杀伤弹药是指能够用发射装置或运载体投放到目标区域使装备器材或基础设施丧失功能或效能的一次性弹药,如各种干扰弹、诱饵弹、胶黏弹、电磁炸弹、激光弹、碳纤维弹等;还有一种设计成多次重复使用的发射平台类武器,由发射平台直接发出能量对目标进行攻击,称为软杀伤武器,如高功率微波武器、高能激光武器等。

12.2.1 高能激光武器

激光武器又称为定向能武器。激光武器系统包括激光器、捕获跟踪瞄准(ATP)系统、波束控制及发射系统、自适应光学系统等。激光器是产生激光的源泉,是激光武器的核心。

激光武器作用的面积很小,但作用在目标的关键部位上,可造成目标的毁灭性破坏。高能激光武器的应用主要有天基和地基激光武器以及战术激光武器,主要用于摧毁空间飞行器(卫星和导弹)或其他空中的目标,如地基防空反导激光武器系统、天基激光反导武器系统、空基激光反导武器系统、反卫星高能激光武器系统等。战术激光武器可以由车载、机载、舰载,其突出优点是反应时间短、可拦击突然发现的低空目标。用激光拦击多目标时,能迅速变换射击对象,灵活地对付多个目标。

1. 激光武器的毁伤机理

无论是低能激光武器还是高能激光武器,其主要的杀伤机理都是目标与激光之间的热相互作用。当辐射照到目标表面时,既未被反射也未被安全吸收的束能量很快转变为热能,这些热能引起目标的熔融和汽化,甚至在加热到熔点之前,目标的强度就会严重减弱。而在材料局部汽化之后,还会由非直接机制的应力引起进一步破坏。这些机制包括激光束的强热和高压,以及激光火花和等离子体对目标的作用。由于热效应和机械效应的结合而产生的热机作用,会导致更严重的破坏,类似于玻璃被突然击打和非均匀加热所出现的现象。激光对目标的损伤破坏主要体现为两个方面:一是穿孔;二是层裂。穿孔就是高功率密度的激光束使目标表面急剧熔化,进而汽化蒸发,汽化物质向外喷射,反冲力形成冲击波,在目标上穿一个孔。层裂就是目标表面吸收激光能量后,原子被电离,形成等离子体"云"。"云"向外膨胀喷射形成应力波向深处传播。应力波的反射造成目标拉断,形成"层裂"破坏。此外,等离子体"云"还能辐射紫外线或 X 射线,破坏目标结构和电子元件。

2. 高能激光武器的作用过程及特点

高能激光武器要比低能激光武器复杂得多。首先,它要求一个高平均功率的激光器;其次,需确保光束时刻指向目标,并在大气中传输相当远的距离;第三,需要将很高的能量聚焦在很小面积上,并维持足够长的时间。此外,大多数高能激光武器攻击的目标均在高速运动,因而需要自动识别与跟踪。对于导弹防御体系,还必须用适当方式从远距离了解激光武器的毁伤效果,即需要一套可靠的毁伤效果评估机制。

高能激光武器系统的作用过程可概括为以下几点:

(1) 识别目标,选择适当的攻击点,并对目标进行跟踪;
(2) 使光束对准目标上的选定点,并将光斑聚焦到尽可能小;
(3) 补偿大气影响,尽量减小光斑抖动和能量弥散;
(4) 毁伤效果评估。

以上所列的任何一项实现起来都有很大的技术难度,需要很好地实现光束控制与火控协调。两者之间很难划一条明确的界限,但大体上可以这样来区分:光束控制的任务包括引导光束并将其聚焦在目标上,通常还需要对大气引起的光束畸变进行校正;火控决定武器系统的指向并控制发射,其任务包括对目标识别和跟踪,触发发射机制,并对毁伤效果进行评估。

激光武器具有攻击速度快、转向灵活、打击精确度高、无后坐力、不易受电磁干扰等很多独特的优点。它可以 $3 \times 10^5 \mathrm{km/s}$ 的光速飞行,其他任何武器都没有这样高的速度。一旦瞄准,几乎没有什么时间差就立刻击中目标,是真正的"发现即杀伤",因此用不着考虑提前量。另外,它可以在极小的面积上、在极短的时间内集中高密度能量,还能很灵活地改变方向,没有任何放射性污染。但是,它也有明显的缺点,即易受天气和环境等的影响,不能全天候作战,大雾、大雪、大雨、烟尘等因素对其有较大影响,且激光发射系统属精密光学系统,在战场上的生存能力有待考验。

12.2.2　通信干扰弹

通信干扰弹是在传统的通信干扰机的基础上发展起来的,是先进的电子技术与弹药技术相结合而产生的一种新型软杀伤弹药,主要功能是干扰敌方战场的无线电通信。通信干扰弹可以由火炮发射,也可由火箭、导弹等运载工具投送,一般采用子母弹形式,母弹内装有多个一次性使用的宽频带通信干扰机。母弹被发射到目标区域上空后,逐一抛撒出干扰机,干扰机以一定速度降落至既定高度,然后展开天线,开始对战场无线电通信实施干扰。

1. 通信干扰弹的工作原理

通信干扰是在敌方通信系统使用的频率上发射某种干扰信号,如果干扰功率足够强,敌方接收机所接收的通信信号就会被干扰信号淹没,从而无法正常通信。单个干扰系统的干扰功率有限,只能在某个区域阻止敌方接收无线电信号,如需对更广大的区域实施干扰,就必须使用多个干扰系统。干扰系统的有效辐射功率由输出功率和天线增益决定,如需提高干扰率,则要求具有较高的有效辐射功率。此外,由于干扰机通常距被干扰的接收机有一定距离,因此要提高干扰效果,就要尽量缩小两者之间的距离,并尽量减小路径损失,即从干扰机天线至目标接收机天线间电波的传播损失。干扰原理如图12.1所示。

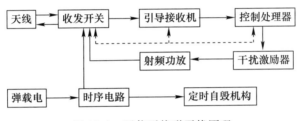

图 12.1 通信干扰弹干扰原理

2. 干扰方式

通信干扰经常使用的较成熟的干扰技术包括调频噪声、猝发噪声、连续波干扰和扫频-瞄准干扰等。常用的主要通信干扰方式有以下几种:

(1) 瞄准式干扰。可将干扰能量集中于敌方通信系统的很窄的频带内,因而有很高的干扰效率,但要求预先掌握敌方通信所使用的频率。这就需要有自动监视系统或由操作员监视敌方通信系统的频率覆盖范围,并确定重点干扰的接收机。

(2) 阻塞式干扰。可以覆盖某个预定的频率范围,无需准确地掌握被干扰信道的频率,但干扰能量将分散在数量众多的信道内,从而降低了对单个信道的干扰效能,同时对工作在相同频率范围内的己方通信也可能造成不良影响。因此,使用这种干扰方式时必须小心谨慎,如图12.2所示。

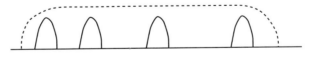

图 12.2 阻塞式干扰频谱示意图

(3) 时分多路干扰。这种干扰方式可使干扰机有足够的功率干扰几个通信信道。时分多路干扰机可迅速从一个频率转换到另一个频率,短暂而有规律地干扰每一个目标信道。当接收机内的电路被干扰后,需要一定的恢复时间才能正常工作,还没等它恢复正常,下一次干扰又到了。

(4) 跟随跳频式干扰。跳频无线电通信系统的工作频率从一个信道跳到另一个信道,在每个频率以一定的时间(称为"闭锁时间")短促地发射信号,如图 12.3 所示。这种通信体制,发射机和接收机的跳频次序必须一致,在通信网中的所有组成必须同步工作。慢速跳频电台的频率变化速率为 50~500 跳/s,快速跳频系统可达 1000 跳/s 或更高。干扰机不可能有足够的功率去干扰跳频目标的整个频带,在电台跳频之后,必须迅速调谐到新的频率,并在新的频率发射足够长的时间,使其产生足够多的误码,迫使其信号不能使用。根据当前蜂窝式电话系统易损性理论,要阻止敌方信息的有效传输,大约需对其造成 20% 的误码率。

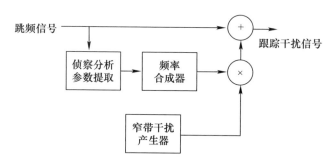

图 12.3 跟随跳频式干扰产生模型

3. 通信干扰弹的优点

通信干扰弹具有以下 5 个方面的优点:

(1) 在敌通信设备附近施放干扰,所以能以较小的干扰功率获得较高的干扰幅度和较好的干扰效果,用一部阻塞式干扰机可以同时抑制某一频段的所有电台。

(2) 在敌我双方电台功率及通信距离相同的情况下,对我方电台影响小,便于作战使用。

(3) 干扰机采用迫击炮、加榴炮、火箭炮等投放平台,可选择遮掩阵地,发射后又能迅速转移,具有较强生存能力。

(4) 便于掌握干扰区域、干扰方向和干扰时间,可根据作战需要灵活使用,如在反恐、营救人质和小规模武装冲突中,动用大型装备受时间、地点等诸多条件的限制,不如小巧的干扰弹简便、灵活、快速、有效。

(5) 在局部战争中,情况瞬息万变、战机稍纵即逝,为取得局部的甚至小到几百平方米的制电磁权,更需小型投掷式干扰弹的有力补充。如外军的师、团级炮兵为保障射击指挥和任务协调,均配备了相当数量的超短波电台来组网通信,对于这种超短波电台,采用瞄准式干扰显然不适宜,而使用阻塞式干扰,充分发挥干扰机在一定区域内施放干扰的优势则十分有效。

4. 一种典型的通信干扰弹——XM867 式 155mm 通信干扰弹

20 世纪 70 年代,美国研制了 XM867 式 155mm 通信干扰弹,配用于 M109A1 式 155mm 榴弹炮,最大射程为 17.74km,如图 12.4 所示。

XM867 式通信干扰弹为药包分装式炸弹,它属于子母弹结构形式,用于干扰离前沿部队 30~150km 纵深地区行进中装甲部队的通信联络,其频段范围为 3~1000MHz;它还可用于干扰敌方雷达使其失效。

该弹由引信、弹体(作为母弹)、6 部电子干扰机、弹带、推板和弹底塞组成。所使用

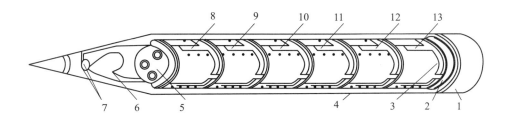

1—底塞；2—抛射药座；3—减旋尾翼；4—155mm弹体；5—推板；
6—柔性电缆；7—开关组件；8~13—分别对应1~6号干扰机。

图12.4 XM867式155mm通信干扰弹

的干扰机外形为短圆柱体,高88.9mm,直径为127mm,造价低廉,能够承受火炮发射时的冲击力,属于宽频带阻塞式干扰发射机。

干扰作用过程如图12.5所示,使用时如同发射普通炮弹一样,将通信干扰弹对准预定目标射击,出炮口后,通过母弹上的定时引信和抛射药作用,按预定时间在最小高度1000m处从弹底部抛出干扰机。干扰机在离心力作用下使尾翼张开。与此同时,干扰机还展开1根0.914m长的定向带,与干扰机中的消旋翼片共同作用使干扰机减速定向着地,落速为40m/s,并以合适角度埋入土内25.4~76.2mm处,之后露出在地面的天线展开,在几秒钟内干扰机上的发射机接通,开始干扰敌通信联络,即干扰敌方运动中的指挥通信网。如果处于守势时,可以用这种干扰弹结合爆炸性武器来对付撤退的敌方部队或者在横向防御中阻止敌增援部队行进。这种通信干扰弹已正式装备美军,据称曾在"沙漠风暴"行动中用来干扰伊拉克的无线电通信设施。

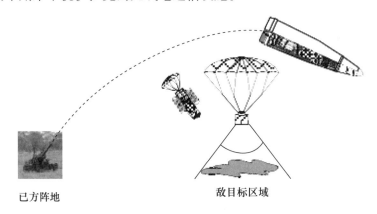

已方阵地　　　　　敌目标区域

图12.5 通信干扰弹作用过程简图

5. 其他干扰弹

除了直接干扰通信信号外,还有另外一些阻断或者扰乱某类信号的干扰弹,如箔条干扰弹、声音干扰弹等。

1) 箔条干扰弹

这种弹药是一种在弹体内装有大量箔条以干扰雷达回波信号的干扰弹。当飞机受到雷达制导导弹跟踪威胁时,投放箔条干扰弹,形成箔条云,吸引导弹跟踪,从而保护平台安全。其作用原理:雷达制导导弹工作时,当雷达分辨单元内只有一个目标时,雷达跟踪该目标的能量中心；当两个目标同时处于雷达分辨单元时，雷达跟踪由两个目标共同构成的能量中心，通常把这个能量中心称为"质心"，质心总是靠近反射能量较大的目标。因此，当雷达分辨单元存在两个以上目标时，雷达的跟踪点则会偏向反射能量较大的目标，图12.6所示为箔条质心式干扰示意图。箔条用于飞机自卫就是利用了箔条对雷达信号的强反射，将雷达对飞机的跟踪吸引到对箔条的跟踪上。为了实现这一目的，箔条必须在宽频带上具有比被保护飞机大的有效散射截面，必须保证在雷达的每个分辨单元内至少有一包箔条。在实际应用中，箔条的投放应保证箔条能快速散开，并且在方向上做适当的机动，以躲避雷达的跟踪。按这种方式投放箔条，更有利于干扰飞机身后的雷达，这时雷达的距离波门将首先锁定在距雷达较近的箔条上。

箔条是雷达无源干扰技术中应用最早，并且是效果最好的干扰器材，具有频带宽、适应性强、使用方便、干扰效果明显、成本低等优点，在实战中的应用越来越广。箔条通常由金属箔切成的条、镀金属的介质或直接由金属丝制成。从20世纪70年代末到80年代初，西方国家的箔条诱饵普遍采用镀银尼龙材料。后来，美国研制出效费比更高的镀铝玻璃丝，至今它仍是制造箔条的主要材料。

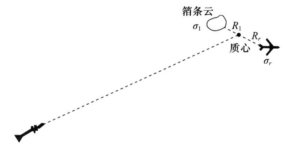

图12.6　箔条干扰弹干扰机理示意图

2）声音干扰弹

声音干扰弹是专门用于干扰敌方指挥信息接收的弹种。这种弹药由信息传感器、文字编排和声音模拟系统组成，专门用以干扰敌方指挥信息的接收。它能接收到敌方人员发出的各种指令口令，通过转换模仿敌方声音，重新编排成与原内容相反的口令发送出去，从而干扰敌方武器射手、车辆驾驶员及飞机飞行员，以此干扰敌方战斗人员执行口令，指挥调动敌军，使之真假难辨，无法正确执行指令。

12.2.3　红外诱饵弹

1. 红外干扰诱饵弹

红外干扰诱饵弹是一种通过辐射强大的红外线能量，从而制造出一个与所保护目标相同或类似的红外辐射源，进而诱骗红外制导导弹的弹药。目前常用的有烟火型诱饵弹、复合型诱饵弹和燃料型诱饵弹等类型。红外诱饵技术是伴随着红外探测技术的发展而发展的，它主要是使用可产生 $3\sim5\mu m$ 和 $8\sim14\mu m$ 波段红外信号的红外辐射药剂，制作成诱饵体模拟目标的辐射特性，使之在形体上达到相似，从而诱骗红外成像导引头，对于运动目标还需模拟其运动状态。

烟火型诱饵弹是以燃烧的烟火剂来辐射红外能量；复合型诱饵弹既能辐射红外能量

进行红外线欺骗干扰,又能通过抛撒金属箔条实施无源性雷达电子干扰,是一种专门对付红外与雷达复合制导导弹的干扰武器;燃料型诱饵弹是一种向威胁区喷洒诱饵燃料,引诱红外制导导弹发生误差的一种干扰弹药。例如,德国生产的 76mm"热狗"红外诱饵弹,发射后 2s 即可形成红外诱饵。

1)红外诱饵弹的干扰机理

从红外理论可知,凡是温度高于绝对零度的物体都有红外辐射,而空中运动军事目标往往都具有大功率的发动机作动力,这就形成了高强度的红外辐射源。红外制导导弹的导引头能探测目标的发动机尾罩和尾气流的热辐射,从而使导弹跟踪、追击这个热辐射源。此时,投放红外诱饵弹是干扰红外制导导弹的一种有效方法,它依靠红外药柱产生一个与目标红外辐射特性类似,但能量大于目标红外辐射能量 2~3 倍的热源,来达到欺骗来袭红外制导导弹的目的。当红外诱饵弹和目标同时出现在红外导引头视场内时,红外导弹跟踪两者的等效辐射能量中心,如图 12.7 所示。

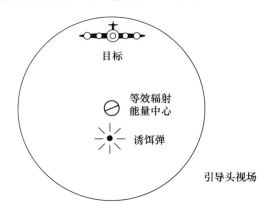

图 12.7 红外诱饵弹干扰机理示意图

2)红外诱饵弹的结构与作用

红外诱饵弹一般是由弹壳、抛射管、活塞、药柱、安全点火装置和端盖等零部件组成。主要零部件的功能如下:弹壳起发射管的作用,并在发射前对红外诱饵提供环境保护;抛射管内装有火药,通常由电能起爆,产生燃气压力以抛射红外诱饵;活塞密封火药气体,防止药柱被过早点燃;安全点火装置用于适时点燃药柱,并保证药柱在膛内不被点燃。

从诱饵弹的形状看,有圆柱形、棱柱形及角柱形等多种;按其工作方式,又可分为燃烧烛型、燃烧浮筒型和空中悬挂型 3 种;从装备对象看,又可将其分为机载型、舰载型及陆地型 3 种。当前,以机载及舰载红外诱饵弹系统的使用最为广泛。

3)红外诱饵弹的工作过程

当红外诱饵弹被抛射点燃后产生高温火焰,并在规定的光谱范围内产生强红外辐射,从而欺骗或诱惑敌红外探测系统或红外制导系统。红外诱饵弹的前身是侦察机上的照明闪光弹。目前,普通红外诱饵弹的药柱由镁粉、聚四氟乙烯树脂和黏合剂等组成。通过化学反应使化学能转变成辐射能,反应生成物主要有氟化镁、碳和氧化镁等,其燃烧反应温度高达 2000~2200K。典型红外诱饵弹配方在真空中燃烧时产生的热量约为 7500J/g,在空气中燃烧时约是真空中的 2 倍。

红外干扰诱饵弹广泛应用于飞机、舰船的自卫,该弹大多数为投掷式燃烧型,内装的烟火剂多为镁粉、硝化棉和聚四氟乙烯的混合物。燃烧时,能产生强烈的红外辐射,在红外寻的装置工作的 $1\sim3\mu m$ 和 $3\sim5\mu m$ 波段范围内,其有效辐射强度比被保护目标的红外辐射至少大 2 倍。当发现有导弹来袭时,可将红外诱饵弹从目标(飞机、舰船)上投射到空中,烟火剂经点燃后迅速燃烧形成假目标。此时,在导弹红外导引头的视场内便出现两个红外辐射源,而导引头锁定在两个目标之间的一个等效辐射中心,也称质心上,这一锁定点则由于诱饵弹的辐射强度大于目标的辐射强度而偏向诱饵弹一边。

随着目标与诱饵弹之间的距离拉开,目标越来越处于导引头视场的边缘,直至脱离导引头视场,导弹则完全抛弃目标而稳定跟踪红外诱饵弹,从而达到欺骗的目的。红外诱饵弹的主要性能参数有起燃时间、燃烧时间、燃烧温度及有效辐射强度等,参数值的确定取决于被保护目标的红外辐射特征及战术使用方式等。图 12.8 所示为飞机投放干扰诱饵弹的场面。

图 12.8　飞机投放干扰诱饵弹的场面

2. 红外成像诱饵弹

红外诱饵技术的发展使得红外寻的导弹的作战效能大幅度下降,针对红外点源诱饵弹只考虑目标的辐射特性这一问题,发展了红外成像导引头。红外成像导引头不仅要考虑目标的辐射特性,而且要考虑形体特征。

从技术对抗发展的角度,红外成像诱饵弹技术和红外/毫米波复合干扰弹技术也在相应发展。红外成像诱饵弹与点源诱饵弹有着显著不同,技术难度更大,它不但要模拟目标的辐射特性,而且要模拟目标的形体特性,对于运动的目标还要模拟其运动特性。将红外药剂与箔条复合,发射到空中燃烧,形成大阵面的热云,它能够有效干扰红外成像导引头。其干扰机制是减少目标和背景的反差,目标被热云"淹没"掉,在荧光屏上显示不了目标图像,这种红外成像干扰弹将得到广泛应用。用红外成像诱饵弹模拟目标的红外辐射特性、形体特征以及运动特性,并且目标在运动中保持其形体,技术上难度较大,且造价较高。

美国研制了"多频谱近战诱饵",它采用一个小型多燃料发动机产生红外和射频信号,可使红外成像设备误认为是一辆三维坦克的全尺寸截面,已用于 M1 坦克的多频谱近战诱饵系统。美国还研制了一种气动红外诱饵弹(SIRF),投放后可在一段时间内伴随飞机飞行,模拟整个飞机的红外辐射特性。采用涂敷金属膜的可燃增强碳纤维织品制成诱饵体,模拟与目标相似的形体特征。

12.2.4 反装备器材非致命化学弹

使用化学制剂制成的针对装备器材的一类非致命弹药,主要通过制剂的作用使装备失去正常功能或正常行动能力,从而丧失作战功能。正在研制或使用的化学制剂主要有特种黏合剂、超级润滑剂、气溶胶、金属致脆液、超级腐蚀剂、油料凝合剂、阻燃剂等。

1. 泡沫体胶黏剂弹

泡沫体胶黏剂是一种超黏聚合物,可以由航弹、炮弹、火箭弹等投放。在敌武器装备上方或前方抛撒,发泡并形成云雾。该烟云具有两种效能:

(1) 泡沫体胶粒像胶水一样直接黏附在坦克、直升飞机的观察、瞄准用的光学窗上,切断观察瞄准器材的光路,且在短时间内难以清除。干扰或挡住乘员的视线,使驾驶员看不清前进的方向,不能监视战场情况,无法及时、准确地搜索、跟踪和瞄准目标,从而失去战斗力。

(2) 泡沫胶黏云雾随空气进入坦克发动机,在高温条件下瞬时固化,使汽缸活塞的运动受阻,导致发动机喘息停车,失去战斗能力。泡沫体胶黏剂弹可以在一定时间内阻止坦克和直升机的前进和进攻,使其失去战斗能力,而不像常规弹药那样造成严重的破坏。

泡沫体胶黏剂弹的发展需要解决以下关键技术:① 泡沫体胶黏剂的配方,弹体结构与泡沫体胶黏剂装填的匹配;大面积喷射与发泡雾化喷撒技术;② 在整个弹的系统设计时,应着重考虑该弹的战术使用,尤其对运动速度比较高的目标,如何使用才能将泡沫体胶黏剂喷撒到关键部位。此外,还要考虑风、温度、湿度等气象条件的影响。

2. 乙炔弹

乙炔与空气混合,当压力超过 0.15MPa 时,很容易发生爆炸,在氧气中燃烧产生 3500℃的高温及强光。如果坦克装甲车辆的发动机吸入乙炔与空气混合后可能发生爆炸或爆燃,使发动机无法正常工作,这就是乙炔弹产生的基础。弹内隔离分别装水和碳化钙,由引信和控制装置控制,使水和碳化钙混合产生乙炔气体,乙炔气体与空气混合被吸入发动机内部,引起爆燃,具有像燃料空气弹那样的攻击效能。就作用原理而言,使用 0.5kg 的乙炔弹,可阻滞或摧毁一辆坦克或装甲车辆。但是,作为装备产品,还需要解决一系列工程设计和战术使用上的问题,一般坦克装甲车辆处于高速运动中,又有风的影响,在短时间内吸入足以使发动机爆燃的混合气体还有相当的难度。

3. 超级润滑弹

弹内装有颗粒极细的高性能润滑剂,这是一种采用含油聚合物微球、表面改性技术、无机润滑剂等作原料复配而成的一种化学物质,这种物质摩擦系数几乎为零,且附在物体上极难消除。主要用于攻击机场跑道、航空母舰甲板、铁轨、高速公路、桥梁等目标,使飞机难以起降,汽车难以行驶,火车行驶脱轨,借以达到破坏敌方装备正常使用和军事部署的目的。还可以把超强润滑剂雾化喷入空气里,当坦克、飞机等的发动机吸入后,功率就会骤然下降,甚至熄火。

12.2.5 微波武器与电磁脉冲弹

现代战争中,雷达、计算机、通信、探测、瞄准、侦察等光电设备和电子仪器设备起到关键作用。一个性能先进可靠、功能完善齐备的 C^4I 系统,是取得战争胜利的重要保障。这类装备失效,意味着部队几乎失去战斗力,因此它们是作战中主要的攻击目标。高功率微波武器就是利用微波束干扰或烧伤敌方电子设备、毁伤人员的武器,又称为射频武器。主要有两种形式:一种是由各种发射平台和运载工具将高功率微波装置运送到目标附近,即称为高功率微波战斗部和电磁脉冲弹;另一种是由发射平台直接发射微波攻击目标,也称为高功率微波武器。

根据产生的电磁脉冲频段,可分为两类:一类辐射的电磁波为微波频段,称为微波炸弹;另一类辐射的电磁波频谱较宽,称为电磁脉冲炸弹。

电磁脉冲武器毁伤原理:炸药爆炸或者是核爆炸产生的化学能或者核能在经过脉冲发生器后生成电磁脉冲,经过天线发射出来,进入目标后,通过耦合产生高电压电流,从而破坏目标。耦合模式分前门耦合和后门耦合。前门耦合是指能量从电磁脉冲武器耦合进入与雷达或通信设备相连的天线,造成电子设备本体的破坏与伤害。后门耦合模式是电磁脉冲武器所产生的短暂电流或驻波,引起的电磁场耦合进入固定电缆(线)所造成的耦合效应,此时,电缆(线)所连接的电子设备会间接地受到伤害。通常情况下,微波炸弹比电磁脉冲炸弹的能量耦合效果好,采用圆极化耦合方式比采用线性极化耦合方式效果好。

1. 微波对目标的毁伤原理

定向微波束能量高度集中,就会成为杀伤力很强的武器。基于这种原理,微波武器利用高增益定向天线,将强微波发生器输出的微波能量汇聚在窄波束内,从而辐射出强大的微波束(频率为 $1\sim300GHz$ 的电磁波),直接毁伤目标或杀伤人员。由于微波武器是靠射频电磁波能量打击目标的,所以又称为"射频武器"。定向微波束的穿透力极强,能杀伤目标(如装甲车辆)内部的人员,如指挥人员、飞行员、武器装备操纵人员等,从而瘫痪目标。不过微波对人体组织的杀伤,既非冲击伤,也非撞击伤,而是"软杀伤",其杀伤作用是通过对人体产生热效应和非热效应而形成的。热效应是强微波能量对人体照射引起的(如微波炉的效应)。微波照射人体时,一部分被吸收,一部分被反射。被人体吸收的强微波在人体内的细胞分子之间以惊人的速度碰撞、运动,产生强热效应。由于微波有很强的穿透力,所以不仅人体皮肤表面被加热,更严重的是人体内部器官组织也被加热。由于人体内深层软组织散热难,升温比表层更快,所以会导致皮肤尚未感灼痛,深部组织已受损伤。当微波能量密度达 $20W/cm^2$ 时,照射 $1s$ 就可能致人死亡。据研究表明,一次射频的直接闪击,大脑就可死亡,整个神经系统会产生混乱,心跳和呼吸功能停止。

与常规武器、激光武器等相比,微波武器并不直接破坏和摧毁武器装备,而是通过强大的微波束,破坏它们内部的电子设备。达到这种目的的途径有两条。一是通过强微波辐射形成瞬变电磁场,从而使各种金属目标产生感应电流和电荷,感应电流可以通过各种入口(如天线、导线、电缆和密封性差的部位)进入导弹、卫星、飞机、坦克等武器系统内部电路。当感应电流较低时,会使电路功能混乱,如出现误码、抹掉记忆或逻辑等;当感应电流较高时,则会造成电子系统内的一些敏感部件(如芯片等)被烧毁,从而使整个武器系统失效。这种效应与核爆炸产生的电磁脉冲效应相似,所以又称为"非核爆炸电磁脉冲效应"。二是强微波束直接使工作于微波波段的雷达、通信、导航、侦察等电子设备因过载而失效或烧毁。因此,微波武器也被认为是现代武器电子设备的克星。

2. 微波弹结构组成与作用原理

微波弹主要由电池组和电容组、级联式爆炸磁通量压缩发生器(FCG)、虚阴极振荡器(Vircator)、聚焦天线等部件构成。

图 12.9 所示为美国基于 MK84 型航空炸弹开发的高功率微波弹,全长 3.84m,直径为 0.46m,总质量为 908kg,高功率微波源脉冲功率为 1~10GW,脉冲宽度为 0.1~0.6μs,工作频率为 6GHz。微波弹的使用过程与常规炸弹类似,首先与常规炸弹一样由发射平台发射,当微波炸弹到达目标区域预定的起爆位置时,由引信启动第一个同步开关,由电容器组组成的初级电源放电,脉冲电源通过爆炸激励电磁通量发生器的线圈时,第二个同步开关工作,起爆炸药,利用炸药迅速压缩磁场,将爆炸的能量转化为电磁能,同时产生电磁脉冲,形成强大的脉冲电流,然后通过脉冲形成装置将电子束流变成适合虚阴极振荡器要求的电子束形式,再进入虚阴极振荡器中,使高速电子流加速通过网状阳极,形成空间电荷聚集区。在适当条件下产生微波振荡,将高能电子束流的能量转化为高功率微波能量,以作为适宜的高功率微波源,由天线发射出去。简而言之,其工作过程如下:

(1)由电容器或小的爆炸磁通量压缩发生器产生初始电流,在回路及负载中产生磁通量。

(2)利用炸药爆炸的能量压缩磁通量,产生高脉冲电压和强脉冲电流。

(3)高脉冲电压和强脉冲电流激发虚阴极振荡器发出高能微波,并通过天线发射微波束。

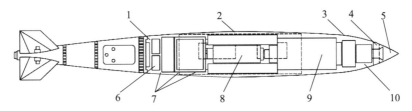

1—电源;2—压载环;3—脉冲成型网络;4—微波天线;5—介质头锥;6—电池;7—同轴电容器组;
8—一级螺旋形磁通量压缩发生器;9—二级螺旋形磁通量压缩发生器;10—虚阴极振荡器微波管。

图 12.9 高功率微波弹结构

电磁脉冲武器通常选用螺旋形爆炸磁压缩发生器,主要由电枢和螺旋导线组成。电枢为圆柱形金属管,其内部填充高能炸药。由粗导线绕成的螺线圈围绕在电枢的周围。爆炸磁通量压缩发生器的原理结构如图 12.10 所示。

爆炸磁通量压缩发生器能够产生强电磁脉冲,但其输出频率通常低于 1MHz。在这种频率下,即使能量很高,还有许多目标难以攻击,因此引入虚阴极振荡器(图 12.11),将低频调高至高频(微波段),可有效克服以上问题。

电磁脉冲弹(EMP)与高功率微波战斗部的原理和功能相近,它发射的不是微波脉

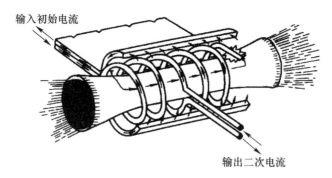

图 12.10　爆炸磁通量压缩发生器原理结构

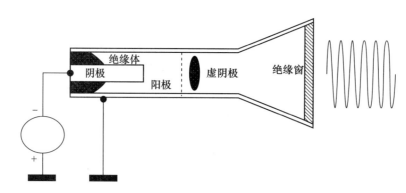

图 12.11　虚阴极振荡器

冲,而是一种混频单脉冲,因此不需要微波发生器,只是通过一个脉冲调制电路将功率源输出的脉冲锐化压缩后直接发射。这样可以避免微波发生器中的许多技术难题,同时也可以使电磁脉冲弹的整体装置体积小、质量小,更适合于使用常规武器发射和运载。电磁脉冲弹由初级电源、爆炸磁压缩发电机、脉冲调制网格、发射天线四大部分组成。

电磁脉冲对目标的破坏作用原理主要分为以下 4 个方面:

(1) 热效应。静电放电和高功率脉冲产生的热效应一般是在 ns 或 μs 级完成的,是一个绝热过程。这种效应可作为点火源和引爆源,瞬时引起易燃易爆气体或电火工品等物品燃烧爆炸;也可以使武器系统中的微电子器件、电磁敏感电路过热,造成局部热损伤,导致电路性能变化或失效。

(2) 射频干扰和"浪涌"效应。电磁辐射引起的射频干扰,对信息化设备造成电噪声、电磁干扰,使其产生误动作或功能失效。强电磁脉冲及其"浪涌"效应对武器装备还会造成硬损伤,即可使器件和电路的性能参数劣化或完全失效,也可能形成积累效应,埋下潜在的危害,降低设备和电路的可靠性。(浪涌是发生在仅仅几百万分之一秒时间内的一种剧烈脉冲,超出正常工作电压的瞬间过电压)。

(3) 强电场效应。电磁危害源形成的强电场不仅可以使武器装备中金属氧化物半导体(MOS)电路的栅氧化层或金属化线间造成介质击穿,致使电路失效,而且对武器系统自检仪器和敏感仪器的工作可靠性造成影响。

(4) 磁效应。静电放电、雷击闪电及类似电磁脉冲引起的强电流可以产生强磁场,使电磁能量直接耦合到系统内部,干扰电子设备的正常工作。

3. 关键技术

1）高功率源

微波高功率发生器是高能微波武器的关键和先决条件,因此各国都花大气力加以研究。目前,虚阴极振荡器、相对论速调管、多波切伦柯夫振荡器和相对论磁控管的输出功率均达到或超过吉瓦(GW)级。

美国、苏联等国家对虚阴极振荡器技术投入了大量的研究。辐射频率为 0.5~17GHz;辐射功率在 1GHz 时已经超过 1GW,脉冲宽度超过 250ns。美国海军实验室研制出的相对论速调管,工作于 X 波段、脉宽 5ns、重复频率 100Hz 时辐射功率已达 1GW。随着平衡微波技术的发展,相信功率源技术必将有大的突破,脉冲峰值功率也会有极大提高。但是,这些高功率发生器体积和重量很大(如某型号源的体积约 4m×1m×7m,质量约 7t),并且必须有高质量的冷却设备和能源供应系统,还要能与传输发射设备一起构成一个机动灵活、反应灵敏的武器系统,以满足现代战争对机动性能的要求。因此,高功率技术的发展对减小整个系统的体积和提高系统的可靠性至关重要。

2）耐高功率部件

高功率能量由发生器产生后必须传输到发射天线,由天线辐射出去。传输馈线必须耐受如此大的功率并使之衰减最小。常规的微波传输部件耐受功率为兆瓦(MW)级,高能微波武器所传输的能量要大到数千倍,在传输馈线中由于阻抗不连续将打火击穿传输线,在馈源输出口面由于能量集中将发生空气击穿打火的现象。同时在天线面接缝处由于阻抗不连续而产生尖端放电打火可能会烧毁天线面。为解决这些问题,除精心设计和高精度加工外,还可以在传输线腔体内加载高压惰性气体,防止打火击穿现象发生。天线面板力求做成完整的一块,如果不得不拼接,则接缝处要严格进行导电处理,使得阻抗连续。

3）高效率传输天线系统

高能量只有高效率地辐射出去才能构成杀伤力,因此,高能武器中天线系统也是关系成败的技术瓶颈。

4. 电磁脉冲的作用目标

电磁脉冲的作用对象主要可分为:通信、预警、雷达等系统;卫星、导弹、飞机、舰艇、坦克、装甲车辆;隐身武器和人员。

(1) 普通计算机设备对电磁脉冲效应是很脆弱的,因为计算机大都是由高密度金属氧化物(MOS)器件制造的,它对瞬态高压极为敏感。MOS 器件最致命的缺点是很少的能量就能使它产生永久性损伤或破坏。在 MOS 上超过几十伏的电压就可以产生门电路击穿效应,摧毁这些器件。由于强电场效应,即使这个电磁脉冲没有强到足以产生热损伤,但是设备中的电源可能迅速地提供足够的能量以致计算机被完全破坏(热效应)。设备的机壳屏蔽电子设备能提供的防护也有限,因为工作电缆在设备中的进与出将显示着很像天线的特性,从而将瞬态高压引入设备中(磁效应)。

(2) 通信、预警、雷达系统设备中的电子元器件失效或烧毁。一方面由于电信设备之间存在过长的铜电缆,另一方面各类接收机上有高度灵敏的小型高频晶体三极管,很容易通过瞬态暴露于高压而被破坏。当能量密度为 $0.01~1\mu W/cm^2$ 的微波束照射目标时,可使工作在相应波段上的雷达和通信设备受干扰,不能正常工作;当其密度为 0.01~

$1W/cm^2$ 时,可使雷达、通信、导航等设备的微波器件性能降低或失效,尤其是小型计算机的芯片更容易失效或被烧毁;当能量密度为 $10\sim100W/cm^2$ 时,可使工作在任何波段的电子元件完全失效。

(3) 隐身武器或装备。隐身武器除了具有独特的气动外形设计、减少雷达反射波之外,更重要的是采用吸波材料,吸收雷达探测的电磁波。例如,美国 B-2 隐身轰炸机,机体采用吸波材料,机体表面涂有吸波涂料。高功率微波的强度和能量密度要比雷达微波高几个数量级,它产生的脉冲频带远远超过吸波涂层的带宽,足以抵消这种隐身效果,高功率微波武器攻击隐身飞机,轻者机毁人亡,重者甚至使武器器件即刻熔化。高功率微波武器还能破坏反辐射导弹的制导系统,使导弹跟踪偏离制导航向。

(4) 杀伤人员。生物效应:以 $3\sim13mW/cm^2$ 微波能量照射时,可使导弹、雷达的操纵人员、飞机驾驶员以及炮手、坦克手等的生理功能紊乱,出现烦躁、头痛、记忆力减退、神经错乱以及心脏功能衰竭等症状;能量密度达 $10\sim15mW/cm^2$、频率低于 10GHz 时人员会发生痉挛或失去知觉。热效应:当微波高功率照射时,人的皮肤灼热($0.5W/cm^2$)、皮肤内部组织严重烧伤和甚至致死($20\sim80W/cm^2$)。

5. 电磁脉冲武器的作战特点

(1) 电磁脉冲武器比传统的电子战系统更具有杀伤力。电磁脉冲弹作用后,它们的破坏作用并不会立即结束,而是顺着电线和通信网络系统扩散到其他地方,持续时间能达 15min 之久。另外,电磁脉冲的特殊作用机理使它能够轻易打击深埋于地下的指挥控制中心和武器生产基地。

(2) 对瞄准精度要求不高,可同时杀伤多个目标。微波由定向天线发射后,形成沿一定方向的宽波束,覆盖面积大,频谱范围宽,可弥补跟踪与瞄准精度不高的缺陷,几乎能够攻击其杀伤半径内所有带电子部件的武器系统。

(3) 隐身武器的克星。目前,隐身武器主要是通过外表采用吸波材料吸收雷达波从而达到隐身效果的,高功率电磁脉冲武器能够提供更高的束能密度,使隐身武器吸收更多的能量,轻者使隐身目标外壳强度受损变形,重者能够烧穿或者烧毁隐身目标。

(4) 具有全天候作战能力。电磁脉冲武器利用发射到空中的强电磁波来杀伤和破坏目标,在大气中这种高功率电磁波不存在严重的传输衰减问题,因此,具有全天候作战能力。

(5) 有效杀伤高速目标。微波射束以光速传输,躲避其攻击非常困难,高速飞行的目标(如导弹)也不例外。

12.2.6 碳纤维弹

碳纤维弹是主要用于破坏电力设施,进而连带影响相关装备的一种新技术软杀伤弹药。碳纤维弹的最突出特点是以长的丝束状导电纤维为弹药装填物和毁伤元素,弹用碳纤维或导电纤维丝束一般由数十到上百根直径 $10\mu m$ 量级的纤维丝编制而成,长度一般为数十米,纤维丝束按一定方式缠绕成丝团或线轴状装填于战斗部中。早期型号的战斗部装填物和毁伤元是丝束状碳纤维,后来发展的型号开始使用丝束状镀铝导电纤维,但是人们习惯上仍称其为"碳纤维"。

碳纤维弹战斗部到达发电厂、配电站、输电网等目标上空时,战斗部内的低速炸药或火药将导电纤维丝团抛出,这些纤维丝团在空中展开,纤维丝飘落,当其搭接到高压线路上,在高压相线之间形成导电空间,可引起高压线的空气击穿放电,造成引弧放电和短路。导电纤维丝也有可能引起任意相线之间或与大地的短路行为。当短路时间达到电网跳闸时间阈值,即可造成电网断电。任何短路行为引起的电火花都有可能使周围的可燃物质被引燃而造成火灾。高压电网短路行为是在短时间内完成的过程,导电纤维飘落时间相对较长。在已造成高压线短路停电后,如果没有清除飘落到高压线上的纤维丝,则继续发挥短路效应,电网难以恢复供电。导电纤维丝破坏了电力系统的安全绝缘度,使高压电网产生引弧放电,形成巨大的瞬间短路电流,导致自动重合闸保护器跳闸,使电力系统局部供电中断;或者破坏输电枢纽、变电站、输电主干线等设施,使电力系统运行失衡而崩溃。该类型武器的战术目的是通过破坏发电厂、变电站及输配电线路的正常供电,致使敌方用电系统(如 C^4I 等)的供电中断,实现打击外围、毁伤核心、瘫痪系统的意图,继而瓦解敌方战斗意志,削弱其作战能力,为我方赢得战机。此外,导电纤维丝还可进入电子设备内部、冷却管道和控制系统等,对电子设备、电子器件也具有干扰和软杀伤效应,能够造成设备故障和失能。

使用碳纤维弹攻击敌电力系统,不但可以避免大量人员伤亡和环境污染,将附带毁伤减至最低,而且会对敌方构成强大的心理压力和生理痛苦,达到瓦解敌方战斗意志、削弱作战能力的战术效果。适应了新时期软杀伤战争规则,对于打击特定对象和特殊目标具有十分重要的现实意义和军事应用价值。

碳纤维弹的发展来源美国的一次电网故障,1985 年美国受圣迭哥一次供电事故造成电网短路故障的启发开始研制此类弹药。在海湾战争中,美军使用了携带碳纤维的"战斧"巡航导弹,对伊拉克巴格达地区的电厂、变电站等电力设施进行打击,使伊拉克 85%的供电能力受到限制,导致伊拉克军队的防空作战系统等处于瘫痪状态,从而达到了破坏军事指挥、通信联络的目的,使伊拉克的有效军事行动受限,处于被动局面。1999 年科索沃战争中,美军使用装填图 12.12 所示的 BLU-114/B 型子弹药的 CBU-94 航空子母炸弹,对南联盟电力系统进行打击,造成南联盟 70%的电力系统处于瘫痪状态,南斯拉夫的贝尔格莱德大部分地区停电数小时,南联盟的指挥控制系统和防空系统不同程度地受到了损害,获得了极佳的作战效果。

CBU-94 航空炸弹质量为 454kg,长 2330mm,弹径为 396mm,由 SUU-66/B 战术布撒器和 202 颗装填导电纤维的 BLU-114/B 子弹构成,母弹头部是开舱引信,中间是 3 片壳体组成的圆柱形容器,尾部是折叠尾翼。BLU-114/B 型子弹药长 200mm,直径约 60mm,内有充气伞。它被释放后,放出充气伞,稳定下降。经过预定时间后,它释放出总长度 4.5km 的导电纤维细丝。这些导电纤维丝像团乌云一样随风飘动,附着到变压器、输电线等高压设备上,造成短路,从而造成供电中断。当电流流经导电纤维丝时,该点的场强增大,电流流动加快,开始放电,形成一个电弧,导致电力设备局部熔化。如果电流进一步增强,可以烧断输电线,甚至由于过热或电流过强而引起大火。有时电弧产生的电能极高,能够引起爆炸,爆炸产生的金属片又引发更大的灾难,所以这种子弹药对电力设施的破坏能力极强,通过多次打击,可以有效"掌握敌方的电力开关"。

CBU-94 抛撒 BLU-114/B 型子弹药过程如图 12.12(a)所示。

(1)到达目标上空的母弹开舱、旋转并释放出 202 个 BLU-114/B 子弹药。

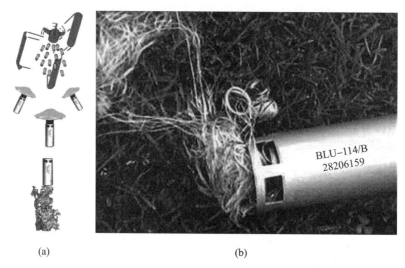

图 12.12　BLU-114/B 型碳纤维弹抛撒过程
(a)子母弹抛撒过程；(b)未正常展开的 BLU-114/B 型子弹。

（2）每个 BLU-114/B 子弹均带有一个囊式减速伞,减速伞打开后使子弹药减速并保持垂直下落。

（3）子弹药内的抛撒装置在预定高度启动,使子弹底部弹开,释放出纤维丝团。

（4）纤维丝束在空中展开,互相交织,形成网状。

（5）由于纤维丝具有良好的导电性,当其搭在供电线路上时即产生短路造成供电设施崩溃。

12.2.7　软杀伤弹药的发展

软杀伤弹药属于非致命武器范畴,其研制、运用和发展不仅将改变传统的军事行动方式和战争观念,而且作为由歼灭敌人为标志的工业时代战争向信息时代战争过渡的一种新概念武器,将广泛活跃于未来的战场,使失能战法成为未来战争的一种常见的作战样式。

随着时代的发展,高新技术的产生以及战争的概念和模式不断发生变化,必将不断产生新的不同毁伤机理的软杀伤弹药。软杀伤弹药(武器)作为一种新的弹药类型,其发展必将对未来战争的模式和新战法的出现产生重要影响。

参 考 文 献

[1] 孟宪昌,等. 弹箭结构与作用[M]. 北京:兵器工业出版社,1989.
[2] 于骐,等. 弹药学[M]. 北京:国防工业出版社,1987.
[3] 姜春兰,邢郁丽,周明德,等. 弹药学[M]. 北京:兵器工业出版社,2000.
[4] 田棣华,马宝华,范宁军. 兵器科学技术总论[M]. 北京:北京理工大学出版社,2003.
[5] 王儒策. 弹药工程[M]. 北京:北京理工大学出版社,2002.
[6] 尹建平,王志军. 弹药学[M]. 3版. 北京:北京理工大学出版社,2017.
[7] 现代弹箭系统概论编写组. 现代弹箭系统概论[M]. 北京:兵器工业出版社,2007.
[8] 张志鸿,周申生. 防空导弹引信与战斗部配合效率和战斗部设计[M]. 北京:宇航出版社,1994.
[9] 钱建平. 火箭复合增程弹总体理论及其应用研究[D]. 南京:南京理工大学,2002.
[10] 张相炎. 现代火炮技术概论[M]. 北京:国防工业出版社,2015.
[11] 张相炎. 武器发射系统设计理论[M]. 北京:国防工业出版社,2015.
[12] 张相炎. 武器发射系统设计概论[M]. 北京:国防工业出版社,2014.
[13] 方向. 武器弹药系统工程与设计[M]. 北京:国防工业出版社,2012.
[14] 钱建平. 弹药系统工程[M]. 北京:电子工业出版社,2014.
[15] 石秀华. 水下武器系统概论[M]. 西安:西北工业大学出版社,2014.
[16] 叶迎华. 火工品技术[M]. 北京:国防工业出版社,2014.
[17] 夏建才. 火工品制造[M]. 北京:北京理工大学出版社,2009.
[18] 曹柏祯. 飞航导弹战斗部与引信[M]. 北京:宇航出版社,1995.
[19] 张合,李豪杰. 引信机构学[M]. 北京:北京理工大学出版社,2014.
[20] 马宝华. 引信构造与作用[M]. 北京:国防工业出版社,1983.
[21] 李向东. 弹药概论[M]. 北京:国防工业出版社,2017.
[22] 黄正祥,祖旭东. 终点效应[M]. 北京:科学出版社,2014.
[23] 黄正祥. 聚能装药理论与实践[M]. 北京:北京理工大学出版社,2014.
[24] 李向东,杜忠华. 目标易损性[M]. 北京:北京理工大学出版社,2013.
[25] 金泽渊,詹彩琴. 火炸药与装药概论[M]. 北京:兵器工业出版社,1988.
[26] 欧育湘. 炸药学[M]. 北京:北京理工大学出版社,2014.
[27] 王树山. 终点效应学[M]. 北京:科学出版社,2019.
[28] 王海福. 活性毁伤增强聚能战斗部技术[M]. 北京:北京理工大学出版社,2020.
[29] 金志明. 高速推进内弹道学[M]. 北京:国防工业出版社,2001.
[30] 张小兵. 枪炮内弹道学[M]. 北京:北京理工大学出版社,2014.
[31] 韩子鹏. 弹箭外弹道学[M]. 北京:北京理工大学出版社,2014.
[32] 北京工业学院八系《爆炸及其作用》编写组. 爆炸及其作用[M]. 北京:国防工业出版社,1979.
[33] 张宝平,张庆明,黄风雷. 爆轰物理学[M]. 北京:兵器工业出版社,2001.
[34] 曹红松,张亚,高跃飞. 兵器概论[M]. 北京:兵器工业出版社,2001.
[35] 何益艳,高欣宝. 外军集束弹药技术手册[M]. 北京:国防工业出版社,2016.
[36] 朱福亚. 火箭弹构造与作用[M]. 北京:国防工业出版社,2005.

[37] 周长省. 火箭弹设计理论[M]. 北京:北京理工大学出版社,2014.
[38] 杨绍卿,等. 火箭弹散布和稳定性理论[M]. 北京:国防工业出版社,1979.
[39] 蒋浩征. 火箭战斗部设计原理[M]. 北京:国防工业出版社,1982.
[40] 陆珥. 炮兵照明弹设计[M]. 北京:国防工业出版社,1978.
[41] 杨绍卿,等. 灵巧弹药工程[M]. 北京:国防工业出版社,2010.
[42] 苗昊春,杨栓虎,袁军. 智能化弹药[M]. 北京:国防工业出版社,2014.
[43] 王在成,姜春兰,李明. 反机场弹药及其发展[J]. 飞航导弹,2010(3):42-47.
[44] MURPHR M J. Performance analysis of two-stage munitions[C]. 8th international symposium on Ballistics, Orlando, Florida, USA, 1984:23-29.
[45] 谭多望. 高速杆式弹丸的成形机理和设计技术[D]. 绵阳:中国工程物理研究院,2005.
[46] WALTERS W P, Zukas J A. Fundamentals of shaped charges[M]. New York JohnWiley&Sons, Inc,1989.
[47] KENNEDY D R. History of the shaped charge effect(the first 100 years)[P]. ADA 220095,1990.
[48] ROBINSON A C. Multistage liners for shaped charge jets[R]. Sand 85-2300,1985.
[49] BAKER E L. Development of Tungsten shaped charge liners producing high ductility jets[C]. 16th International Symposium on Ballistics, San Francisco,1996.
[50] 桂毓林,于川,刘仓理,等. 带尾翼的爆炸成形弹丸三维数值模拟[J]. 爆轰波与冲击波,2003(4):313-318.
[51] 江厚满. 爆炸成型弹丸优化设计及相关问题研究[D]. 长沙:国防科学技术大学,1999.
[52] 曹兵. EFP成形机理及关键技术研究[D]. 南京:南京航空航天大学,2001.
[53] 郭美芳. 国外弹药技术发展研究[R]. 北京:中国兵器工业第210研究所,1999.
[54] 黄正祥. 聚能杆式侵彻体成型机理研究[D]. 南京:南京理工大学,2003.
[55] 王辉. 聚能装药侵彻混凝土介质效应研究[D]. 北京:北京理工大学,1997.
[56] 王志军. 机载布撒器弹药系统效能与总体技术研究[D]. 北京:北京理工大学,1998.
[57] 沃尔特斯. 成型装药原理及其应用[M]. 王树魁,译. 北京:兵器工业出版社,1992:55-62.
[58] 卢芳云,蒋邦海,等. 武器战斗部投射与毁伤[M]. 北京:科学出版社,2013.
[59] 卢芳云,李翔宇,林玉亮. 战斗部结构与原理[M]. 北京:科学出版社,2009.
[60] 李文彬,王晓鸣,李伟兵,等. 成型装药多模战斗部设计原理[M]. 北京:国防工业出版社,2016.
[61] 尹建平. 多爆炸成型弹丸战斗部技术[M]. 北京:国防工业出版社,2012.
[62] 韩晓明,高峰. 导弹战斗部原理及应用[M]. 西安:西北工业大学出版社,2012.
[63]《空军装备系列丛书》编审委员会. 机载武器[M]. 北京:航空工业出版社,2008.
[64]《空军装备系列丛书》编审委员会. 新概念武器[M]. 北京:航空工业出版社,2008.
[65]《新概念武器》编委会. 新概念武器[M]. 北京:航空工业出版社,2009.
[66] 午新民,王中华. 国外机载武器战斗部手册[M]. 北京:兵器工业出版社,2005.
[67] 匡兴华. 高新技术武器装备与应用[M]. 北京:解放军出版社,2011.
[68] 孙连山,梁学明. 航空武器发展史[M]. 北京:航空工业出版社,2004.
[69] 沈如松. 导弹武器系统概论[M]. 北京:国防工业出版社,2010.
[70] 王凤英,刘天生. 毁伤理论与技术[M]. 北京:北京理工大学出版社,2009.
[71] 中国兵工学会. 2010—2011兵器科学技术学科发展报告[M]. 北京:中国科学技术出版社,2011.
[72] 中国兵工学会. 2012—2013兵器科学技术学科发展报告[M]. 北京:中国科学技术出版社,2013.
[73] 中国兵工学会. 2012—2013兵器科学技术学科发展报告(含能材料)[M]. 北京:中国科学技术出版社,2013.
[74] 中国兵工学会. 2014—2015兵器科学技术学科发展报告(装甲兵器技术)[M]. 北京:中国科学技

术出版社,2015.

[75]《世界制导兵器手册》编辑部. 世界制导兵器手册[M]. 北京:兵器工业出版社,1996.

[76]《炮弹及弹药》编委会. 炮弹及弹药[M]. 北京:航空工业出版社,2010.

[77] 刘怡忻,等. 子母弹射击效力与使用分析[M]. 北京:兵器工业出版社,1992.

[78] 杨启仁. 子母弹飞行动力学[M]. 北京:国防工业出版社,1999.

[79] 宋振铎,反坦克制导兵器论证与试验[M]. 北京:国防工业出版社,2003.

[80] 张亚. 弹药可靠性技术与管理[M]. 北京:兵器工业出版社,2001.

[81] 李景云. 弹丸作用原理[M]. 北京:国防工业出版社,1963.

[82] 魏惠芝. 弹丸设计理论[M]. 北京:国防工业出版社,1985.

[83] 付伟,红外干扰弹的工作原理[J]. 电光与控制,2001(1):36-42.

[84] 赵玉清,牛小敏,王小波,等. 智能子弹药发展现状与趋势[J]. 制导与引信,2012,33(4):13-19.

[85] 夏彬,周亮. 弹道修正弹及弹道修正关键技术分析[J]. 国防科技,2013,34(3):27-34.

[86] 魏波. 小口径榴弹一维修正技术研究[D]. 太原:中北大学,2015.

[87] 杨伟苓. 网络化封锁弹药系统总体技术研究[D]. 北京:北京理工大学,2011.

[88] 黄正平. 爆炸与冲击电测技术[M]. 北京:北京理工大学出版社,2006.

[89] 翁佩英,任国民,于骐. 弹药靶场试验[M]. 北京:兵器工业出版社,1995.

[90] Janes Information Group. Jane's 军事装备与技术情报中心数据库.

[91] 白春华,梁慧敏,李建平,等. 云雾爆轰[M]. 北京:科学出版社,2012.

[92] 杨绍卿. 论武器装备的新领域[J]. 中国工程科学,2009,11(10):4-7.

[93] 严平,谭波,等. 战斗部及其毁伤原理[M]. 北京:国防工业出版社,2020.

[94] 韦爱勇,等. 常规弹药[M]. 北京:国防工业出版社,2019.

[95] 黄正祥,等. 弹药设计概论[M]. 北京:国防工业出版社,2017.

[96] 曹兵,郭锐,杜忠华. 弹药设计理论[M]. 北京:北京理工大学出版社,2016.

[97] 周起槐,任务正. 火药物理化学性能[M]. 北京:国防工业出版社,1983.

[98] 李世中. 引信概论[M]. 北京:北京理工大学出版社,2017.

[99] 金韶化,松全才. 炸药理论[M]. 北京:西北工业大学出版社,2010.

[100] 何卫东,等. 火炸药应用技术论[M]. 北京:国防工业出版社,2020.

[101] 崔庆忠,刘德润,徐军培. 高能炸药与装药设计[M]. 北京:国防工业出版社,2016.

[102] 王泽山,何卫东,徐复铭. 火炮发射装药设计原理与技术[M]. 北京:北京理工大学出版社,2014.

[103] 吴护林. 炮弹增程技术的发展[J]. 四川兵工学报,2005(3):3-6.

[104] 崔平. 现代炮弹增程技术综述[J]. 四川兵工学报,2006,3:17-19.

[105] 钱伟长. 穿甲力学[M]. 北京:国防工业出版社,1982.

[106] 陈海华,张先锋,刘闯,等. 高熵合金冲击变形行为研究进展[J]. 爆炸与冲击,2021,41(04):30-53.

[107] 汪德武,任柯融,江增荣,等. 活性材料冲击释能行为研究进展[J]. 爆炸与冲击,2021,41(03):86-102.

[108] 蓝肖颖. 含能破片毁伤效应研究现状[J]. 飞航导弹,2020(11):90-94.

[109] 王璐瑶,蒋建伟,李梅. 钨锆铪合金活性破片对间隔靶耦合毁伤特性[J]. 兵工学报,2020,41(S2):144-148.

[110] 李建国,黄瑞瑞,张倩,等. 高熵合金的力学性能及变形行为研究进展[J]. 力学学报,2020,52(02):333-359.

[111] 王晓鹏,孔凡涛. 高熵合金及其他高熵材料研究新进展[J]. 航空材料学报,2019,39(6):1-19.

[112] 李鑫,梁争峰,刘扬,等. 空中目标燃油舱引燃特性研究进展[J]. 飞航导弹,2019(6):69-74.

[113] 耿铁强. Ni-Al 含能结构材料的制备及性能研究[D]. 沈阳:沈阳理工大学,2019.
[114] 吕昭平,雷智锋,黄海龙,等. 高熵合金的变形行为及强韧化[J]. 金属学报,2018,54(11): 1553-1566.
[115] 任柯融. Al/Ni 基含能结构材料冲击释能行为实验与数值模拟研究[D]. 长沙:国防科技大学,2018.
[116] 陈鹏,袁宝慧,陈进,等. 金属/氟聚物反应材料研究进展[J]. 飞航导弹,2018(10):95-98,84.
[117] 石永相,李文钊. 活性材料的发展及应用[J]. 飞航导弹,2017(2):93-96.
[118] 林庆章. 高速动能导弹发动机壳体用含能材料研究[D]. 长沙:国防科学技术大学,2016.
[119] 樊自建. 横向效应增强弹丸侵彻及破碎机理研究[D]. 长沙:国防科学技术大学,2016.
[120] 刘润滋. 含能复合药型罩的技术研究[D]. 太原:中北大学,2016.
[121] 肖艳文. 活性破片侵彻引发爆炸效应及毁伤机理研究[D]. 北京:北京理工大学,2016.
[122] 江自生. 亚稳态分子间复合物 Al/Bi_2O_3 的制备及性能研究[D]. 北京:北京理工大学,2016.
[123] 洪晓文. 爆轰驱动含能定向战斗部结构及毁伤威力研究[D]. 沈阳:沈阳理工大学,2016.
[124] 张晶晶. 新型金属铝/氟聚物含能材料制备及其结构性能研究[D]. 北京:北京理工大学,2015.
[125] 伊建亚. 串联战斗部前级聚能装药技术研究[D]. 太原:中北大学,2015.
[126] 殷艺峰. 活性材料增强侵彻体终点侵爆效应研究[D]. 北京:北京理工大学,2015.
[127] 宋勇,潘名伟,冉秀忠,等. 活性破片的研究进展及应用前景[C]. 第六届含能材料与钝感弹药技术学术研讨会,2014.
[128] 孟燕刚,金学科,陆盼盼,等. 活性材料增强 PELE 杀伤效应[J]. 科技导报,2014,32(9):31-35.
[129] 杨益,郑颖,王坤. 高密度活性材料及其毁伤效应进展研究[J]. 兵器材料科学与工程,2013,36(4):81-85.
[130] 乔良. 多功能含能结构材料冲击反应与细观特性关联机制研究[D]. 南京:南京理工大学,2013.
[131] 于盈. 某仿生弹药气动特性分析及飞行过程数值模拟[D]. 南京:南京理工大学,2015.
[132] 刘方,肖玉杰,代平,等. 仿生弹药时代的新浪潮[J]. 舰船电子工程,2014,34(7):26-28,33.
[133] 袁明. 基于生物蠕动机理的弹药转运技术研究[D]. 哈尔滨:哈尔滨工程大学,2016.
[134] 张龙. 基于生物蠕动特性的弹药输送系统设计及机理研究[D]. 哈尔滨:哈尔滨工程大学,2015.
[135] 喻俊志. 高机动仿生机器鱼设计与控制技术[M]. 武汉:华中科技大学出版社,2018.
[136] 张春林. 仿生机械学[M]. 北京:机械工业出版社,2018.
[137] 郭美芳,彭翠枝. 巡飞弹:一种巡弋待机的新型弹药[J]. 现代军事,2006(4):49-52.
[138] 庞艳珂,韩磊,张民权,等. 攻击型巡飞弹技术现状及发展研究[J]. 兵工学报,2010,31(s2):149-152.
[139] 彭翠枝,郭美芳,樊琳,等. 巡飞弹用动力装置与技术发展初探[J]. 飞航导弹,2011(10):84-88.
[140] 张建生. 国外巡飞弹发展概述[J]. 飞航导弹,2015(6):19-26.
[141] 李佳,王昊宇,房玉军. 侦察巡飞弹发展及关键技术分析[J]. 飞航导弹,2015(2):16-20.
[142] 柏席峰. 美国大兵手中又一把小利刃——"弹簧刀"巡飞弹[J]. 兵器知识,2012(8):51-54.
[143] 刘菲,李杰,王海福. 巡飞弹导航技术及其发展研究[J]. 飞航导弹,2013(12):67-70.
[144] 杨艺. 空中主宰者——国外陆军巡飞弹发展[J]. 现代兵器,2007(8):22-2.
[145] 黄瑞,高敏,陈建辉. 轻小型巡飞弹及其关键技术浅析[J]. 飞航导弹,2015(12):16-19,24.
[146] GJB 3197—98. 炮弹试验方法[S]. 国防科学技术委员会,1998.
[147] GJB 2425—95 常规兵器战斗部威力试验方法[S]. 国防科学技术委员会,1995.
[148] 殷希梅,王占操,张运兵,等. 地面区域封锁弹药综述[J]. 兵工自动化,2014,33(7):79-82.
[149] 李健. 防区外机载布撒器总体设计关键技术研究[D]. 西安:西北工业大学,2003.

[150] 万文乾,孙百连,史俊超,等. 固态一次起爆 FAE 水中爆炸性能研究[J]. 火工品,2013(5): 32-35.

[151] 李媛媛,南海. 国外温压武器及其应用研究状况[J]. 飞航导弹,2013(9):54-58.

[152] 阚金玲. 液固复合云爆剂的爆炸和毁伤特性研究[D]. 南京:南京理工大学,2008.

[153] 郭美芳,阎向前. 从燃料空气弹到温压弹[J]. 现代军事,2002(3):21-23.

[154] 周晓峰,杨建军,王志勇. 美国小直径炸弹的发展概述和作战运用研究[J]. 飞航导弹,2015(2): 47-50.

[155] 朱丽华. 备受关注的美国小直径炸弹[J]. 现代军事,2005,(9):45-46.

[156] 国力. 详解杰达姆精确制导炸弹[J]. 现代军事,2003,(7):28-30.

[157] 予阳. 详解 JDAM [J]. 舰载武器,2006,(2):63-69.

[158] 冯云松,郭宇翔. 雷达箔条的战术应用及发展趋势[J]. 飞航导弹,2012,(12):54-57+61.

[159] 宋扬,刘赵云. 电磁脉冲武器技术浅析[J]. 飞航导弹,2009,(2):24-29.

[160] 侯民胜,秦海潮. 高功率微波(HPM)武器[J]. 空间电子技术,2008,(2):17-22.

[161] 郑高谦. 高能微波电磁脉冲武器[J]. 现代电子技术,2003,(10):4-6.

[162] 赵鸿燕. 国外高功率微波武器发展研究[J]. 飞航导弹,2018,(5):21-28.

[163] 方有培,汪立萍,赵霜. 信息侦察弹的国外发展及其设计构想[J]. 航天电子对抗,2004,(4): 13-15,19.

[164] 方艳艳,柴金华. 美俄激光末制导炮弹的对比分析[J]. 制导与引信,2004,(3):12-18.

[165] 张敬修,陶声祥,陈栋. 两种末制导炮弹控制方式比较分析[J]. 火力与指挥控制,2009,34(4): 73-75.

[166] 李向东,郭锐,陈雄. 智能弹药原理与构造[M]. 北京:国防工业出版社,2016.

[167] 王海福,郑元枫,余庆波. 活性毁伤材料终点效应[M]. 北京:北京理工大学出版社,2020.

[168] 罗会彬. 深水炸弹技术[M]. 北京:国防工业出版社,2016.

[169] 楚一权. 装填可释放化学能材料的 PELE 的研究[D]. 南京:南京理工大学,2009.

[170] 安宣谊. 环形装药爆炸驱动机理及威力特性研究[D]. 北京:北京理工大学,2021.

[171] 臧晓京,蒋琪. 威力可调的常规战斗部[J]. 飞航导弹,2011(4):90-91,97.

[172] 张博. 基于 DDT 的威力可控战斗部机理研究[D]. 南京:南京理工大学,2012.

[173] 冯吉奎. 爆炸驱动亚毫米级金属颗粒群试验与数值模拟研究[D]. 北京:北京理工大学,2019.

[174] 张渝. 串联 EFP 对于披挂反应装甲的坦克顶甲侵彻性能研究[D]. 太原:中北大学,2021.

[175] XU L Z,WANG J B,WANG X D,et al. Opening behavior of PELE perforation on reinforced concrete target[J]. Defence Technology,2020,17(3):898-911.

[176] 蒋建伟,张谋,门建兵,等. PELE 弹侵彻过程壳体膨胀破裂的数值模拟[J]. 计算力学学报,2009 (4):6.

[177] 尹建平,王志军,魏继允. 装填材料密度对侵彻膨胀弹终点效应的影响[J]. 中北大学学报(自然科学版),2011,32(6):671-675.

[178] 朱建生,赵国志,杜忠华,等. 着靶速度对 PELE 横向效应的影响[J]. 力学与实践,2007(5):12-16.

[179] 楚一权. 装填可释放化学能材料的 PELE 的研究[D]. 南京:南京理工大学,2009.

[180] 胡云超. 某型横向效应增强弹研制方案及分析[D]. 秦皇岛:燕山大学,2017.

[181] 朱建生. 横向效应增强型侵彻体作用机理研究[D]. 南京:南京理工大学,2008.

[182] 张洪成. PELE 对低空目标毁伤性能研究[D]. 太原:中北大学,2013.

[183] 李干. 不同材料对 PELE 毁伤性能的影响[D]. 太原:中北大学,2017.

[184] 陈浦. PELE 弹丸破碎及横向扩孔效应研究[D]. 长沙:国防科学技术大学,2014.

[185] PAULUS G, SEHIRM V. Impact behavior of projectiles Perforating thin target Plates[J]. International Journal of Impact Engineering, 2006(33):566-579.

[186] KESBERG G, SEHIRM V, KERK St. The Future Ammunition Concept[C]. 21st International Symposium on Ballistics, Adelaide, Australia, 2004, 1134-1144.

[187] LEI M A, WANG H F, YU Q B, et al. Fragmentation behavior of large-caliber PELE impacting RHA plate at low velocity[J]. Defence Technology, 2019, 15(6):11.

[188] 程鑫轶. 地面网络化弹药总体技术研究[D]. 北京:北京理工大学, 2015.

[189] 刘瀚文. 地面网络化封锁弹药网络协议及自定位技术研究[D]. 北京:北京理工大学, 2015.

[190] 孙宝亮. 地面网络化弹药协同技术研究[D]. 北京:北京理工大学, 2016.

[191] 李超. 弹壳材料局部激冷改善破片性能的研究[D]. 沈阳:沈阳理工大学, 2013.

[192] 刘桂峰. 激光加工壳体破片形成及杀伤威力研究[D]. 南京:南京理工大学, 2015.

[193] 邱浩, 蒋建伟, 门建兵, 等. 基于细观建模的电子束预控弹体破裂机理数值研究[J]. 爆炸与冲击, 2021, 41(7):84-95.

[194] 李超. 激光和等离子弧加工弹体材料脆性带的对比[J]. 成都工业学院学报, 2013, 16(1):22-24.